DIE THEORIE DER
DESTILLATION und EXTRAKTION VON FLÜSSIGKEITEN

VON

DR. G. KORTÜM
PROFESSOR FÜR PHYSIKALISCHE CHEMIE
AN DER UNIVERSITÄT TÜBINGEN

UND

DR. H. BUCHHOLZ-MEISENHEIMER
HEIDELBERG

MIT 139 ABBILDUNGEN

Springer-Verlag Berlin Heidelberg GmbH

1952

© SPRINGER-VERLAG BERLIN HEIDELBERG 1952
URSPRÜNGLICH ERSCHIENEN BEI SPRINGER-VERLAG OHG. BERLIN, GÖTTINGEN AND HEIDELBERG 1952
SOFTCOVER REPRINT OF THE HARDCOVER 1ST EDITION 1952

ISBN 978-3-540-01638-0   ISBN 978-3-642-86380-6 (eBook)
DOI 10.1007/978-3-642-86380-6

BRÜHLSCHE UNIVERSITÄTSDRUCKEREI GIESSEN

Vorwort.

Die Theorie flüssiger Gemische wurde um die Jahrhundertwende im wesentlichen von VAN DER WAALS, SCHREINEMAKERS, KUENEN, VAN LAAR und anderen Forschern der holländischen Schule auf der Grundlage der GIBBSschen Thermodynamik entwickelt und gleichzeitig durch zahlreiche experimentelle Arbeiten gestützt. Sie geriet dann fast vollständig in Vergessenheit und hat erst in neuester Zeit durch die modernen technischen Trennungsverfahren der „azeotropen" und „extraktiven" Destillation sowie der Extraktion wieder Bedeutung gewonnen. Während die Originalarbeiten der genannten Autoren durch die Verquickung rein thermodynamischer Überlegungen mit Folgerungen aus der damals als allgemeingültig betrachteten VAN DER WAALSschen Zustandsgleichung und durch die z. T. umständliche Formulierung der Gleichgewichtsbedingungen eine oft recht schwierige Lektüre darstellen, kann die 1906 erschienene Monographie von KUENEN „Theorie der Verdampfung und Verflüssigung von Gemischen" auch heute noch als vorzügliche Einführung in dieses spezielle Gebiet der Thermodynamik empfohlen werden. Allerdings entspricht auch dieses Buch nicht mehr den heutigen Anforderungen infolge der modernen, im wesentlichen der Statistik entnommenen Begriffe und des inzwischen außerordentlich angewachsenen experimentellen, einer theoretischen Behandlung bedürftigen Materials. Es soll deshalb die Aufgabe des vorliegenden Buches sein, die Thermodynamik flüssiger Gemische in einer den heutigen Bedürfnissen entsprechenden Form darzustellen und ihren Nutzen an Hand praktischer Beispiele zu zeigen.

Fragen der Destillation, Rektifikation und Extraktion von Flüssigkeiten interessieren in erster Linie den experimentell arbeitenden Chemiker. Es erschien uns deshalb wesentlich, soll dieses Buch seinen Zweck erfüllen, die Theorie dieser Vorgänge in einer zwar thermodynamisch strengen, aber doch möglichst anschaulichen und nicht allzu abstrakten Form darzustellen, damit gerade der Praktiker angeregt wird, sich mit den Grundlagen seiner Arbeit zu befassen und daraus für weitere Experimente Nutzen zu ziehen. Allerdings mußten, damit der Umfang des Buches in erträglichen Grenzen blieb, die allgemeinen thermodynamischen Gesetze als bekannt vorausgesetzt werden, etwa in dem Umfang, in dem sie in der „Einführung in die chemische Thermodynamik" des einen Verfassers dargestellt sind. Ebenso mußte aus dem gleichen Grunde auf eine vollständige Wiedergabe der außerordentlich zahlreichen Arbeiten auf diesem Gebiet verzichtet werden. Wir haben uns jedoch bemüht, alle neueren Ergebnisse zu berücksichtigen, soweit sie für den oben genannten Zweck dieses Buches wichtig erschienen.

Herrn Dipl.-Chem. J. FREIER haben wir für seine Hilfe beim Lesen der Korrekturen und bei der Herstellung des Sachverzeichnisses zu danken, dem Springer-Verlag für das bereitwillige Eingehen auf alle Wünsche und die vorbildliche Ausstattung dieses Buches.

Inhaltsverzeichnis.

Seite

Vorwort III

Tabelle der benutzten Formelzeichen VIII

I. Graphische Darstellung von Gleichgewichtszuständen 1

A. Reine Stoffe 1

B. Zweistoffsysteme 2

   1. Homogene Zustände 4

   2. Heterogene Zustände 5

C. Dreistoffsysteme 6

   1. Homogene Zustände 8

   2. Heterogene Zustände 8

II. Allgemeine Thermodynamik der Mischphasen 10

A. Chemische Potentiale und ihre Konzentrationsabhängigkeit 10

   1. Die GIBBS-DUHEM-MARGULESschen Gleichungen 10

   2. Mittlere molare Zustandsgrößen 15

B. Gleichgewichtsbedingungen und Phasenstabilität 19

   1. Thermisches und chemisches Gleichgewicht 19

   2. Stabilitätsbedingungen für reine Phasen 22

   3. Stabilitätsbedingungen für binäre Phasen 25

   4. Stabilitätsbedingungen in Drei- und Mehrstoffsystemen 32

C. Aufrechterhaltung des Gleichgewichts bei Änderung der Zustandsvariablen 34

   1. Allgemeine Koexistenzgleichung für das Zweiphasengleichgewicht . 35

   2. Dampfdruck reiner Flüssigkeiten 37

   3. Koexistenzgleichungen binärer Systeme 40

   4. Temperaturabhängigkeit der Löslichkeit fester Stoffe 42

   5. Temperatur- und Druckabhängigkeit des Phasengleichgewichtes
beschränkt mischbarer Flüssigkeiten 44

   6. Verdampfungsgleichgewicht binärer Mischungen 46

   7. Die verallgemeinerte CLAUSIUS-CLAPEYRONsche Gleichung 49

   8. Koexistenzgleichung ternärer Systeme 51

III. Systematik der Mischphasen 54

A. Ideale Mischungen 54

   1. Thermodynamische Zustandsgrößen 54

   2. Das RAOULTsche Gesetz 56

   3. Fugazitäten 62

   4. RAOULTsches Gesetz und innerer Druck von Flüssigkeiten 72

B. Ideale verdünnte Lösungen 74
   1. Das HENRYsche Gesetz 74
   2. Grenzwerte der thermodynamischen Funktionen 77
C. Athermische Mischungen 79
D. Reguläre Mischungen 85
E. Irreguläre Mischungen 92
   1. Temperatur- und Druckabhängigkeit der Aktivitätskoeffizienten . 93
   2. Versuche zur physikalischen Interpretation der Aktivitäts-
      koeffizienten 105
      a) Bildung stöchiometrischer Verbindungen 106
      b) Assoziation einer Mischungskomponente 108
      c) Orientierungseffekte 120
      d) Dispersionswechselwirkung 121
   3. Empirische Gesetzmäßigkeiten in den thermodynamischen
      Mischungseffekten 125
IV. Aktivitätskoeffizienten binärer und ternärer Systeme 129
  A. Anwendung der GIBBS-DUHEMschen Gleichung 129
    1. Nachprüfung experimenteller Daten 129
    2. Berechnung der Partialdrucke mit Hilfe des Gesamtdrucks . . . 137
  B. Reihenentwicklungen für die Aktivitätskoeffizienten binärer Systeme 144
    1. Der MARGULESsche Ansatz 145
    2. Die Ansätze von VAN LAAR und SCATCHARD 148
    3. Verallgemeinerung und Erweiterung dieser Ansätze durch WOHL und
      BENEDICT 150
    4. Der Ansatz für log (f_2/f_1) von REDLICH und KISTER 155
  C. Anwendung und Prüfung dieser Ansätze (praktische Beispiele) . . . 159
    1. Berechnung der Partialdruckkurven aus dem Gesamtdruck mittels
      der vereinfachten MARGULESschen Gleichung 159
    2. Berechnung der Partialdruckkurven aus dem Gesamtdruck mittels
      der MARGULESschen oder VAN LAARschen Gleichung 162
    3. Nachprüfung und Korrektur experimenteller Aktivitätskoeffizienten
      mit der MARGULESschen bzw. VAN LAARschen Gleichung 165
    4. Anwendung des REDLICHschen Ansatzes auf das System Wasser-
      Äthanol 174
  D. Reihenentwicklungen und Interpolationsverfahren für die Aktivitäts-
    koeffizienten ternärer Systeme 176
    1. Ansätze von WOHL, BENEDICT, REDLICH und KISTER 176
    2. Interpolationsverfahren 183
    3. Berechnung der Aktivitätskoeffizienten aus dem Gesamtdruck . . 185
  E. Prüfung der verschiedenen Berechnungsmethoden an Hand experimen-
    teller Meßdaten in ternären Systemen 187
V. Systeme beschränkter Mischbarkeit 191
  A. Zweistoffsysteme 191
    1. Entmischungsbedingungen 191
    2. Löslichkeitskurven 196
    3. Vorausberechnung von Aktivitätskoeffizienten aus Löslichkeitsdaten 200

B. Dreistoffsysteme 203
   1. Verschiedene Typen von Löslichkeitsdiagrammen 203
   2. Bedingungsgleichungen für den kritischen Punkt 209

VI. Dampf-Flüssigkeitsgleichgewichte 216
  A. Einstoffsysteme 216
    1. pT-Diagramm 217
    2. pV-Diagramm 219
  B. Zweistoffsysteme ohne Mischungslücke 223
    1. pV-Isothermen 224
    2. $\overline{V}x$-Isothermen 224
    3. px-Isothermen 230
    4. Tx-Isobaren 240
    5. pT-Diagramme 245
    6. Gleichgewichtsdiagramme 249
    7. MOLLIERsche Diagramme 256
  C. Zweistoffsysteme mit Mischungslücke 258
  D. Dreistoffsysteme ohne Mischungslücke 265
    1. Verdampfungs- und Kondensationskurven 265
    2. Koexistenzgleichung der Flüssigkeits- und Dampffläche 269
    3. Ternäre azeotrope Punkte 274
    4. Gleichgewichtsdiagramme 280
      a) Destillationslinien 280
      b) Dampflinien 289
  E. Dreistoffsysteme mit Mischungslücke 290

VII. Trennung von Flüssigkeitsgemischen 300
  A. Rektifikation 300
    1. Allgemeine Gesetze der Rektifikation 301
    2. Rektifikations- und Destillationslinien ternärer Systeme 305
    3. Abhängigkeit des azeotropen Gleichgewichts von Druck bzw. Temperatur 313
    4. Azeotrope Destillation 321
    5. Extraktive Destillation 330
  B. Extraktion 339
    1. Systeme mit einer Mischungslücke 341
      a) Verteilungskurven 341
      b) Graphische und rechnerische Ermittlung von Konnoden 343
      c) Voraussagen auf Grund von Aktivitätskoeffizienten 346
    2. Systeme mit zwei Mischungslücken 348
    3. Auswahl des Lösungsmittels 350
    4. Verschiedene Extraktionsverfahren 351
      a) Mehrstufige Gleichstromextraktion 352
      b) Gegenstromextraktion 355
      c) Gegenstromextraktion mit Rückfluß 358
      d) Technische Durchführung der Verfahren 360

Sachverzeichnis 363

Häufig benutzte Formelzeichen.

a_i	Aktivität der Komponente i
C_{p_i}	Molwärme des reinen Stoffes i
$\overline{C}_{p_i}$	Partielle Molwärme der Komponente i
$\overline{C}_p$	Wärmekapazität pro Mol Mischung
f_i	Aktivitätskoeffizient der Komponente i
F	Freie Energie
$\overline{F}$	Freie Energie pro Mol Mischung
g_i	Gewichtsbruch der Komponente i
G	Freie Enthalpie
$\overline{G}$	Freie Enthalpie pro Mol Mischung
$\Delta \overline{G}$	Freie molare Mischungsenthalpie
$\Delta \overline{G}^E$	Freie molare Zusatzenthalpie
H	Enthalpie
H_i	Molare Enthalpie des reinen Stoffes i
$\overline{H}_i$	Partielle molare Enthalpie der Komponente i
$\Delta \overline{H}$	Integrale molare Mischungswärme
ΔH_i	Differentielle Mischungswärme der Komponente i
L	HENRYsche Konstante
L_p	Molare Verdampfungswärme reiner Stoffe
M	Molgewicht
n_i	Molzahl der Komponente i
A	Maximale Nutzarbeit einer chemischen Reaktion
N_L	LOSCHMIDTsche Zahl
p	Druck
p_{0i}	Dampfdruck des reinen Stoffes i
p_i	Partialdruck der Komponente i
$\overset{*}{p}_i$	Fugazität der Komponente i
R	Gaskonstante
S	Entropie
S_i	Molare Entropie des reinen Stoffes i
$\overline{S}_i$	Partielle molare Entropie der Komponente i
$\overline{S}$	Entropie pro Mol Mischung
$\Delta \overline{S}$	Molare Mischungsentropie
$\Delta \overline{S}^E$	Molare Zusatz-Mischungsentropie
ΔS_i	Differentielle molare Mischungsentropie
t	Temperatur in ° Celsius
T	Temperatur in ° Kelvin
V	Volumen
V_i	Molvolumen des reinen Stoffes i
$\overline{V}_i$	Partielles Molvolumen der Komponente i
$\overline{V}$	Mittleres Molvolumen
$\Delta \overline{V}$	Volumenänderung pro Mol Mischung
x_i	Molenbruch der Komponente i
α	Ausdehnungskoeffizient
α	Relative Flüchtigkeit
α_0	Relative Flüchtigkeit idealer Gemische
$\alpha^{(0)}$	Grenzwert der relativen Flüchtigkeit bei $x = 0$
$\alpha^{(1)}$	Grenzwert der relativen Flüchtigkeit bei $x = 1$
β	Spannungskoeffizient
λ	Reaktionslaufzahl
μ_i	Chemisches Potential der Komponente i
μ_i	Chemisches Potential des reinen Stoffes i
$\mu_{i\infty}$	Chemisches Potential des reinen Stoffes in unendlich verdünnter Lösung
ν_i	Chemische Äquivalenzzahlen
ϱ_i	Dichte des reinen Stoffes i
φ_i	Volumenbruch der Komponente i
χ	Kompressibilität

I. Graphische Darstellung von Gleichgewichtszuständen.

Für die Untersuchung von Gleichgewichtszuständen haben sich graphische Darstellungen als außerordentlich nützlich erwiesen. Um insbesondere die oft verwickelten Verhältnisse bei Mehrstoffsystemen zu übersehen, ist die geometrische Veranschaulichung ihrer Eigenschaften praktisch unentbehrlich, da die analytische Behandlung der experimentell gefundenen Zusammenhänge in der Regel sehr kompliziert und unanschaulich, in zahlreichen Fällen sogar mangels ausreichender Meßdaten nicht möglich ist. Tatsächlich ist die Entwicklung der Thermodynamik der Mischphasen mit der Einführung neuer graphischer Methoden vor allem durch die Arbeiten von GIBBS, VAN DER WAALS, SCHREINEMAKERS, KUENEN u. a. Hand in Hand gegangen.

A. Reine Stoffe.

Der thermische Zustand von Einstoffsystemen ist durch die Zustandsvariablen *Druck p*, *Volumen V* und *Temperatur T* eindeutig festgelegt. Man kann deshalb die gegenseitige Abhängigkeit dieser drei Variablen in einem räumlichen pVT-Diagramm darstellen und erhält wie bei jeder Funktion von zwei Variablen eine räumliche Fläche. In Abb. 1 ist als Beispiel die Zustandsfläche eines realen Gases, das etwa der VAN DER WAALSschen Gleichung gehorcht, in der Umgebung der kritischen Temperatur, d. h. im Zweiphasengebiet schematisch wiedergegeben. In die Abbildung ist eine Reihe von Isothermen (bezeichnet mit T_1, T_2, T_3 usw.), von Isobaren (bezeichnet mit p_1, p_2 usw.) und eine Isochore (bezeichnet mit $V_1 V_1$) eingezeichnet. Sie stellen die partiellen Funktionen $(V)_T = f(p)$, $(V)_p = f(T)$ und $(p)_V = f(T)$ für eine Reihe konstanter Parameter dar, die man dadurch erhält, daß man Schnittebenen senkrecht zu jeweils einer der Koordinaten legt. Der horizontale Teil der Isothermen bzw. Isobaren entspricht den Gleichgewichtszuständen zwischen Flüssigkeit und gesättigtem Dampf. Die Neigungen dieser Kurven liefern für jeden Punkt

$$\text{die Kompressibilität} \qquad \chi \equiv - \frac{1}{V}\left(\frac{\partial V}{\partial p}\right)_T, \tag{1}$$

$$\text{den thermischen Ausdehnungskoeffizienten} \qquad \alpha \equiv \frac{1}{V}\left(\frac{\partial V}{\partial T}\right)_p \tag{2}$$

$$\text{und den Spannungskoeffizienten} \qquad \beta \equiv \frac{1}{p}\left(\frac{\partial p}{\partial V}\right)_V \tag{3}$$

des Systems, bezogen auf den jeweiligen Zustand. Man entnimmt der Abb. 1, daß im Zweiphasengebiet $\chi = \infty$ und $\alpha = \infty$ wird. Auf die Abhängigkeit des Druckes und der Phasenvolumina von der Temperatur im heterogenen Gebiet werden wir später im einzelnen zurückkommen (s. S. 217ff).

Um die unhandliche räumliche Darstellung zu vermeiden, zieht man es in der Regel vor, die verschiedenen Isothermen auf die pV-Ebene, die Isobaren auf die VT-Ebene, die Isochoren auf die pT-Ebene zu projizieren. Man erhält so jeweils eine Schar von Kurven, mit deren Hilfe sich die möglichen Zustände des Systems vollständig übersehen lassen. .

Es ist natürlich auch möglich, irgendwelche auf der Zustandsfläche liegende räumliche Kurven auf die Ebene von zwei Koordinatenachsen zu projizieren. Komprimiert man etwa ein Gas adiabatisch, so ändern sich gleichzeitig p, V und T, die zugehörige Kurve liegt also in der Zustandsfläche. Projiziert man sie auf die pV-Ebene, so gibt die Projektion die Änderung von V mit p bei der adiabatischen Kompression wieder, jedoch kommt die gleichzeitige Veränderung der Temperatur dabei natürlich nicht mehr zum Ausdruck. Von derartigen projizierten Raumkurven macht man häufig Gebrauch, wenn die Änderung der einen Variablen praktisch nicht interessiert.

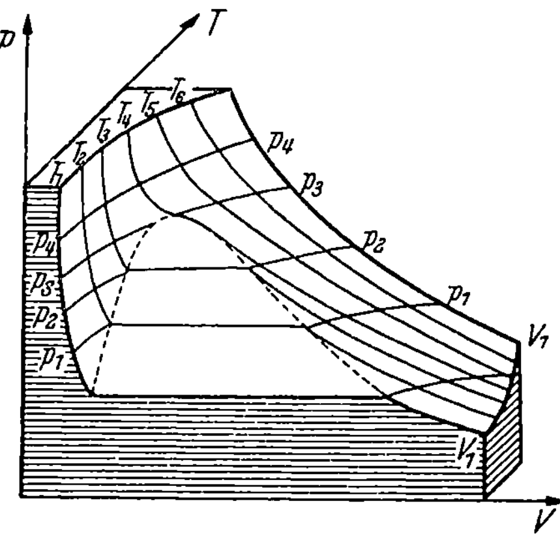

Abb. 1. pVT-Zustandsfläche eines realen Gases.

B. Zweistoffsysteme.

Bei binären Systemen kommt als weitere Zustandsvariable die *chemische Zusammensetzung* hinzu. Um mit einer einzigen Variablen auszukommen, gibt man nicht die Mengen oder Molzahlen der beiden Komponenten an, sondern das Verhältnis der Menge der einen Komponente zur Gesamtmenge des Gemisches, den sog. *Gewichtsbruch* bzw. das Verhältnis der Molzahl der einen Komponente zur Gesamtmolzahl, den sog. *Molenbruch*. Beide variieren zwischen 0 und 1; mit 100 multipliziert ergeben sie Gewichts- bzw. Molprozente. In manchen Fällen benutzt man auch den entsprechend definierten *Volumenbruch* bzw. Volumenprozente. Man hat so folgende Definitionsgleichungen (für eine Komponente i der Mischung):

Molenbruch:
$$x_i \equiv \frac{n_i}{\Sigma\, n_i} \tag{4}$$

Gewichtsbruch:
$$g_i \equiv \frac{G_i}{\Sigma\, G_i} = \frac{n_i\, M_i}{\Sigma\, n_i\, M_i} \tag{5}$$

Volumenbruch:
$$\varphi_i \equiv \frac{n_i\, V_i}{\Sigma\, n_i\, V_i} \,. \tag{6}$$

Dabei bedeuten n_i, G_i, M_i und V_i Molzahl, Gesamtmenge, Molgewicht und Molvolumen der Komponente i. Die häufig gebrauchten Beziehungen zur Umrechnung der so definierten Größen ineinander ergeben sich folgendermaßen:

Aus (4) und (5) folgt
$$x_i = \frac{G_i/M_i}{\Sigma\,(G_i/M_i)} \,.$$

Dividiert man Zähler und Nenner durch $\Sigma\, G_i$, so wird
$$x_i = \frac{g_i/M_i}{\Sigma\,(g_i/M_i)} \,. \tag{7}$$

In analoger Weise erhält man
$$g_i = \frac{x_i\, M_i}{\Sigma\, x_i\, M_i} \,. \tag{8}$$

Die Beziehung zwischen Gewichtsbruch und Volumenbruch ergibt sich aus (5) und (6) unter Einführung der Dichten $\varrho_i = M_i/V_i$:
$$g_i = \frac{\varrho_i\, n_i\, V_i}{\Sigma\, \varrho_i\, n_i\, V_i} = \frac{\varrho_i\, \varphi_i}{\Sigma\, \varrho_i\, \varphi_i} \,. \tag{9}$$

Man kann deshalb den Volumenbruch auch ausdrücken durch
$$\varphi_i = \frac{n_i\, M_i/\varrho_i}{\Sigma\,(n_i\, M_i/\varrho_i)} \,.$$

Dividiert man Zähler und Nenner durch $\Sigma\, n_i$, so erhält man die Beziehung zwischen Volumenbruch und Molenbruch zu
$$\varphi_i = \frac{x_i\, M_i/\varrho_i}{\Sigma\,(x_i\, M_i/\varrho_i)} \,. \tag{10}$$

Für *ideale Gase* hat $V_i = M_i/\varrho_i$ immer denselben Wert, so daß aus (10) folgt
$$\varphi_i = x_i \,.$$

Zur raschen Umrechnung der verschiedenen Einheiten ineinander sind graphische Methoden entwickelt worden (*295*).

Zur Kennzeichnung des Zustandes von Mischphasen ist es ferner von Vorteil, anstelle des Gesamtvolumens V eine etwas anders definierte Maßgröße als Variable einzuführen, weil dadurch die thermodynamischen Gleichungen auf ihre einfachste Form gebracht werden. Das Gesamtvolumen der Phase hängt wie das Gesamtgewicht von den Mengen der vorhandenen Stoffe ab und ist deshalb eine „kapazitive" oder auch

„*extensive*" Eigenschaft der Phase. Im Gegensatz dazu sind Druck und Temperatur von den Stoffmengen unabhängig, sie werden als „*intensive*" Eigenschaften des Systems bezeichnet. Diese Unterscheidung zwischen intensiven und extensiven Eigenschaften ist nicht nur rein äußerlich, sondern spielt für die Zusammensetzung aller Energiegrößen aus je einer intensiven und einer extensiven Maßgröße eine wichtige Rolle, worauf später noch einzugehen sein wird (s. S. 11).

Um nun die Volumenvariable von den Stoffmengen unabhängig zu machen, bezieht man sie jeweils auf ein Mol der Mischung und definiert das *mittlere Molvolumen* durch

$$\overline{V} \equiv \frac{V}{\Sigma\, n_i} \tag{11}$$

$\overline{V}$ hängt offenbar nur noch von der Zusammensetzung und nicht mehr von der Menge der Mischung ab und ist deshalb ebenfalls eine intensive Eigenschaft der Phase, analog wie etwa die Dichte oder das mittlere Molgewicht intensive Eigenschaften sind im Gegensatz zum Gesamtgewicht.

1. Homogene Zustände.

In einer homogenen binären Mischung ist jede der vier Intensitäts-Variablen p, $\overline{V}$, T und x in eindeutiger Weise von den drei übrigen abhängig. Für die räumliche graphische Darstellung dieser Abhängigkeit ist deshalb jeweils eine dieser Größen konstant zu setzen. Insgesamt gibt es $\binom{4}{3} = 4$ verschiedene Möglichkeiten:

$p\,\overline{V}\,T$-Diagramm ($x =$ konstant)

$p\,\overline{V}\,x$ -Diagramm ($T =$ konstant)

$\overline{V}\,T\,x$-Diagramm ($p =$ konstant)

$p\,T\,x$ -Diagramm ($\overline{V} =$ konstant).

Auch in diesem Fall zieht man es der besseren Anschaulichkeit wegen vor, die Abhängigkeit von je zwei Variablen unter Konstantsetzung der beiden anderen in der Ebene darzustellen. Es gibt $\binom{4}{2} = 6$ Kombinationsmöglichkeiten, die sämtlich praktisch verwendet werden und uns im folgenden häufig begegnen werden:

$p\,\overline{V}$-Diagramm (T u. x konstant); $p\,T$ -Diagramm $\overline{V}$ u. x konstant;

$p\,x$ -Diagramm (T u. $\overline{V}$ konstant); $T\,x$ -Diagramm (p u. $\overline{V}$ konstant);

$\overline{V}x$-Diagramm (p u. T konstant); $\overline{V}\,T$-Diagramm (p u. x konstant).

Indem man eine der beiden konstanten Größen als Parameter variiert, erhält man je zwei Kurvenscharen, also z. B. eine Schar von $\overline{V}x$-Kurven bei konstantem Druck aber variierten Temperaturen, oder eine Schar von $\overline{V}x$-Kurven bei konstanter Temperatur aber variiertem Druck (vgl. auch Abb. 19).

2. Heterogene Zustände.

Zerfällt eine binäre Mischung in zwei koexistente Phasen, so sind in diesem Bereich die oben genannten ebenen Diagramme unter Konstanthaltung *zweier* Zustandsvariablen nicht mehr realisierbar, wie sofort aus dem Phasengesetz folgt: ein zweiphasiges System aus zwei Komponenten besitzt nur zwei Freiheiten. Man kann daher nur jeweils eine der Variablen von vornherein festlegen und erhält z. B. zwei ebene $p\overline{V}$-Diagramme, je nachdem man T oder x konstant hält. Bei diesen Sättigungskurven handelt es sich demnach — analog zu den S. 2 erwähnten pV-Adiabaten reiner Stoffe — um Projektionen von Raumkurven in der $p\overline{V}x$- bzw. in der $p\overline{V}T$-Zustandsfläche auf die $p\overline{V}$-Ebene; die gleichzeitige Variation von x bzw. T geht bei dieser Darstellung natürlich verloren. Ein Beispiel gibt die später zu besprechende Abb. 62 b (S. 220), in der die $p\overline{V}$-Isotherme eines binären Gemisches unterhalb der kritischen Temperatur dargestellt ist. Die mit fortschreitender Verflüssigung des Gemisches sich ändernde Zusammensetzung der beiden Phasen kommt dabei nicht zum Ausdruck.

Häufig ist diese Unzulänglichkeit der ebenen Diagramme für ihre praktische Verwendung ohne Belang. So ändert sich, um noch ein Beispiel anzuführen, in dem viel gebrauchten Tx-Diagramm einer unter konstantem Druck siedenden binären Flüssigkeit [Abb. 73 (S. 241)] gleichzeitig mit x auch das mittlere Molvolumen $\overline{V}$ in beiden Phasen, was in diesem Zusammenhang meist ohne Bedeutung ist. Analoge Überlegungen gelten für sämtliche ebenen Grenzkurven im Zweiphasengebiet.

Trägt man wieder die Funktion zweier Variablen für verschiedene Werte des konstanten Parameters im gleichen Diagramm auf, so erhält man eine Kurvenschar, aus der sich die dreidimensionale Zustandsfläche rekonstruieren läßt. Ein Beispiel ist Abb. 70, in der das Dampfdruck-(px)-Diagramm einer binären Flüssigkeit für verschiedene konstante Temperaturen angegeben ist.

Bei drei koexistenten Phasen in einem binären System (zwei beschränkt mischbare Flüssigkeiten mit ihrem Dampf) gibt es nach dem Phasengesetz nur noch eine Freiheit, durch Wahl einer Zustandsvariablen, z. B. der Temperatur, ist deshalb auch Druck sowie Zusammensetzung und mittleres Molvolumen aller drei Phasen festgelegt. Bei graphischen Darstellungen gibt es daher in diesem Gebiet keine konstanten Parameter, sondern nur ein einziges ebenes $p\overline{V}$-, pT-, px-, Tx-, $\overline{V}x$- und $\overline{V}T$-Diagramm, wobei die beiden jeweiligen anderen Variablen sich ebenfalls ändern, ohne daß dies in den Kurven zum Ausdruck kommt. Auch die räumlichen $p\overline{V}T$-, $p\overline{V}x$-, $\overline{V}Tx$- und pTx-Diagramme geben im Dreiphasengebiet den Zustand des Systems nicht erschöpfend an, eine vollständige Zustandsfläche müßte hier bereits vierdimensional sein.

Bei graphischen Darstellungen in mehrphasigen Systemen ist schließlich noch folgendes zu beachten: Druck und Temperatur sind im Gleichgewicht für alle Phasen identisch, dagegen sind die mittleren Molvolumina und die Molenbrüche in den einzelnen Phasen im allgemeinen voneinander verschieden. In allen Diagrammen, in denen $\overline{V}$ oder x als Variable benutzt werden, erhält man demnach ebenso viele Kurven, wie

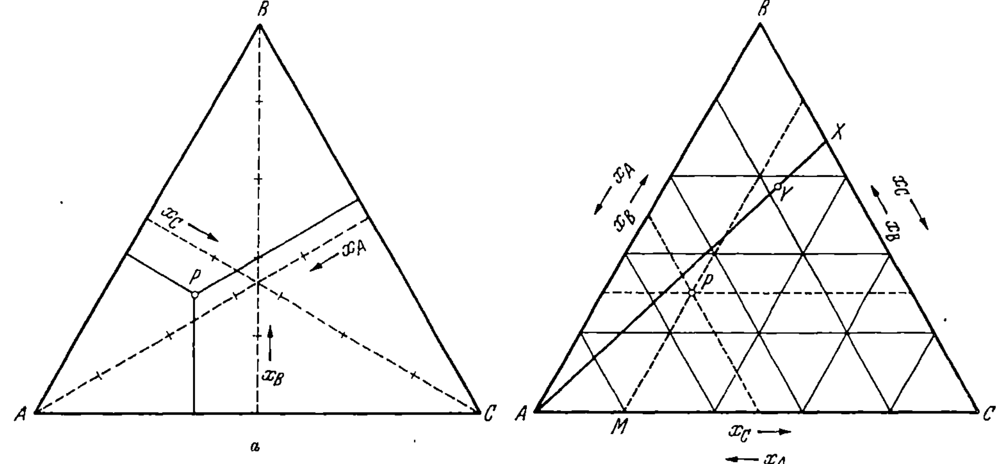

Abb. 2a u. b. Gibbssche Dreieckskoordinaten zur Darstellung der Zusammensetzung ternärer Systeme.

Phasen vorhanden sind. So besteht z. B. das Dampfdruck (px)-Diagramm einer binären Flüssigkeit bei konstanter Temperatur aus zwei zusammengehörigen Kurven, indem man p einmal als Funktion der Zusammensetzung x' der Flüssigkeit und einmal als Funktion der Zusammensetzung x'' des koexistenten Dampfes aufträgt (Abb. 69, S. 230). Oder das Tx-Diagramm beschränkt mischbarer Flüssigkeiten besteht aus drei Kurvenästen, die T als Funktion der Zusammensetzung der beiden flüssigen und der dampfförmigen Phase darstellen (Abb. 50, S. 198).

C. Dreistoffsysteme.

Die Zusammensetzung einer ternären Phase ist durch die Angabe der Molenbrüche von zwei Komponenten vollständig bestimmt, da sich die Summe aller Molenbrüche stets zu 1 ergänzt:

$$\sum_{1}^{i} x_i = 1. \tag{12}$$

Insgesamt ist so der Zustand der Phasen durch fünf Variable gekennzeichnet. Um die Zusammensetzung graphisch darzustellen, braucht man bereits zwei Koordinaten. Anstelle rechtwinkliger Koordinaten benutzt man aus Symmetriegründen meistens besser die von GIBBS eingeführten *Dreieckskoordinaten* (Abb. 2a u. 2b). Die Ecken des Dreiecks stellen die reinen Komponenten dar, Punkte auf den drei Seiten die Molenbrüche der binären Gemische; die Zusammensetzung jeder beliebigen ternären Mischung wird durch einen Punkt innerhalb des Dreiecks dargestellt. Die zugehörigen drei Molenbrüche erhält man, wenn man von diesem Punkt aus die Lote auf die Dreiecksseiten fällt (Abb. 2a). Ihre Summe ist stets gleich der Höhe des gleichseitigen Dreiecks, die man somit als Einheit benutzt. Z.B. entspricht dem Punkt P die Zusammensetzung: $x_A = 0{,}5$; $x_B = 0{,}3$; $x_C = 0{,}2$.

Statt an den Loten kann man die Zusammensetzung des Gemisches auch an den Seiten des Dreiecks ablesen (Abb. 2b), indem man die Länge der Seite als Einheit benutzt. Um z. B. für den Punkt P den Molenbruch zu finden, zieht man durch P die Parallele zu AB; ihr Schnittpunkt mit AC oder BC ergibt unmittelbar x_C. Die Parallelen zu AC bzw. BC liefern analog x_B und x_A. Anstelle der Molenbrüche kann man natürlich auch hier Volumenbrüche oder Gewichtsbrüche zur Konzentrationsangabe benutzen, was in der Praxis manchmal vorzuziehen ist.

Jede von einer Ecke ausgehende Gerade teilt die Gegenseite und alle Parallelen zu ihr im gleichen Verhältnis. So ist z. B. für alle Punkte der Geraden AX (Abb. 2b) das Verhältnis x_B/x_C konstant gleich 3/7. Destilliert man aus einem Gemisch Y, dessen Zusammensetzung auf AX liegt, den reinen Stoff A ab, so muß sich die Zusammensetzung des Rückstandes auf YX bewegen. Gibt man umgekehrt reinen Stoff A zu, so muß die Zusammensetzung des entstehenden Gemisches auf YA liegen.

In analoger Weise könnte man die Zusammensetzung eines Vierstoffsystems, für die man drei Koordinaten braucht, durch die Punkte in einem regulären Tetraeder darstellen, da auch hier die Summe der von einem Punkt auf die vier Begrenzungsflächen gefällten Lote gleich der Höhe des Tetraeders ist, die somit wieder als Konzentrationseinheit ($\sum x_i = 1$) dient. Die Eckpunkte des Tetraeders stellen die reinen Komponenten, die sechs Kanten die sechs möglichen binären Systeme, die vier Begrenzungsdreiecke die vier möglichen ternären Systeme dar. Praktisch besitzt diese graphische Darstellung im Raum keine Bedeutung. Über verschiedene Verfahren, die Konzentrationen von 4-Stoff-Systemen in einer Ebene darzustellen vgl. SAYRE (*248*) und die dort angegebene Literatur.

1. Homogene Zustände.

Für ein Gemisch gegebener *konstanter Zusammensetzung* ist der Zustand des homogenen ternären Systems offenbar wieder vollständig durch die $p\overline{V}T$-Fläche bzw. durch die zugehörigen $p\overline{V}$ (T const.)-, pT ($\overline{V}$ const.)- und VT (p const.)-Kurven in den Schnittebenen senkrecht zu den Koordinaten bestimmt. Gewöhnlich wird man sich jedoch für die Änderungen von Druck, Temperatur oder Volumen bei Variation der beiden Molenbrüche x_1 und x_2 interessieren. Da für diesen Fall schon die Wiedergabe der Zusammensetzung zwei Koordinaten in Anspruch nimmt, erhält man bei Konstantsetzung zweier Parameter offenbar Zustandsflächen, indem man die gewünschte Variable senkrecht zum GIBBSschen Dreieck aufträgt. Es gibt prinzipiell $p\,x_1\,x_2$ ($\overline{V}$ u. T const.)-, $\overline{V}\,x_1\,x_2$ (p u. T const.)-, und $T\,x_1\,x_2$ (p und $\overline{V}$ const.)-Flächen, von denen nur die $\overline{V}\,x_1\,x_2$-Fläche praktische Bedeutung hat, um die Volumenänderungen bei der Mischung von Flüssigkeiten bei konstantem Druck und konstanter Temperatur zu untersuchen.

2. Heterogene Zustände.

Bei zwei koexistenten Phasen im ternären System ist es ebenfalls noch möglich, $p\overline{V}$-, pT- und $\overline{V}T$-Sättigungskurven in der Ebene darzustellen, sofern man die Zusammensetzung (x_1 und x_2) konstant setzt, doch haben diese Kurven keine praktische Bedeutung. Variiert man x_1 und x_2 der einen Phase und trägt wieder eine der übrigen Variablen senkrecht zum GIBBSschen Dreieck auf, so erhält man anstelle der Sättigungskurven bei binären Systemen jetzt Sättigungsflächen, wobei nach dem Phasengesetz noch *eine* der übrigen Variablen als konstanter Parameter eingeführt werden muß; man hat so $\overline{V}x_1\,x_2$ (T oder p const)-, $T\,x_1\,x_2$ (p oder $\overline{V}$ const)- und $p\,x_1\,x_2$ (T oder $\overline{V}$ const.)-Flächen.

Ein Beispiel für eine $p\,x_1\,x_2$ (T const.)-Fläche zeigt Abb. 9 (S. 59). sie besitzt zwei Blätter entsprechend der Tatsache, daß man den Dampfdruck sowohl als Funktion der Molenbrüche x_1' und x_2' der flüssigen wie als Funktion der Molenbrüche x_1'' und x_2'' der gasförmigen Phase darstellen kann. Die Schnittkurven dieser Flächen mit den drei Koordinatenebenen des dreiseitigen Prismas sind die ebenen $p\,x$ (T const.)-Sättigungskurven der zugehörigen binären Systeme (Abb. 70), aus deren Form sich die allgemeine Gestalt der Fläche in jedem einzelnen Fall annähernd rekonstruieren läßt.

Man kann diese Darstellung weiterhin dadurch vereinfachen, daß man durch Schnittebenen parallel zur Dreiecksfläche diejenigen Zustände zusammenfaßt, bei denen die senkrecht aufgetragene Variable konstant ist. Durch diese Ebenen werden die beiden Blätter der Zustandsfläche in zwei zusammengehörigen Isochoren, Isothermen oder Isobaren geschnitten, die man auf die $x_1\,x_2$-Ebene projiziert. Je zwei Punkte dieser Kurven entsprechen den beiden koexistenten Phasen, man verbindet sie, um ihre Zusammengehörigkeit zu kennzeichnen, durch gerade Linien, die man als *Konnoden* bezeichnet. In Abb. 9 ist dies im $p\,x_1\,x_2$ (T const.)-Diagramm ebenfalls schematisch angedeutet.

Legt man mehrere zur Dreiecksebene parallele Schnittebenen durch die Zustandsflächen, so erhält man eine Schar von je zwei zusammengehörigen Kurven mit $\bar{V}, p$ oder T als Parameter, die man ebenfalls auf die Dreiecksebene projiziert. In Praxis begnügt man sich natürlich stets mit diesen Projektionen, und wir werden weiterhin häufig von dieser Darstellung Gebrauch machen (vgl. Abb. 88). Diese Überlegungen gelten in gleicher Weise für eine flüssige und eine koexistente Dampfphase wie für zwei koexistente flüssige Phasen mit dem Unterschied, daß im letzten Fall die Verschiebung der Sättigungskurven mit dem Druck in der Regel äußerst gering sein wird, so daß die verschiedenen Kurvenscharen mit p als Parameter praktisch zusammenfallen werden.

Die entsprechenden Diagramme für den Fall, daß *drei koexistente Phasen* (drei flüssige bzw. zwei flüssige und eine Gasphase) auftreten, lassen sich aus dem eben Gesagten folgendermaßen ableiten: Im Existenzbereich der zugehörigen drei *zwei*phasigen Systeme gibt es je zwei zusammengehörige Projektionskurven in der Dreiecksebene, wobei zwei Variable (z. B. p und T) konstant gehalten werden. Sollen nun alle drei Phasen koexistieren können, so müssen sich diese drei Kurvenpaare offenbar in drei Punkten schneiden, da nach Verfügung über zwei Freiheiten (p und T) der Zustand des Systems eindeutig festgelegt ist. Je nach der Form der Kurvenpaare für die Zweiphasengebiete gibt es zahlreiche Möglichkeiten für die Lage dieser Dreiphasenpunkte (vgl. z. B. Abb. 58, S. 207), worauf später an einzelnen Beispielen einzugehen sein wird.

Prinzipiell kann zu drei koexistenten flüssigen Phasen noch eine gemeinsame Gasphase hinzukommen, so daß ein *Vierphasengleichgewicht* im ternären System vorliegt. Ein solches ist bei gegebener Temperatur nach dem Phasengesetz nur realisierbar, wenn alle übrigen Variablen festliegen, also auch die Zusammensetzung aller vier Phasen. Ein solches System wird also in der obigen Darstellung durch 4 Punkte in der Dreiecksebene wiedergegeben. Daneben sind maximal drei Dreiphasengleichgewichte und sechs Zweiphasengleichgewichte möglich *161, (245)*.

II. Allgemeine Thermodynamik der Mischphasen.

A. Chemische Potentiale und ihre Konzentrationsabhängigkeit.

1. Die Gibbs-Duhem-Margulesschen Gleichungen.

Der energetische Zustand einer Mischphase ist bekanntlich bis auf eine additive Konstante durch die Angabe einer der Zustandsfunktionen U (innere Energie), H (Enthalpie), F (freie Energie) oder G (freie Enthalpie) ausreichend definiert, denn durch ein- oder mehrfache Differentiationen dieser Zustandsfunktionen nach ihren „charakteristischen" unabhängigen Variablen lassen sich alle notwendigen Zustandsgrößen gewinnen. Sieht man von speziellen Variablen wie Oberfläche, elektrische Ladung, Magnetisierung usw. ab, so sind die vollständigen Differentiale dieser Zustandsfunktionen gegeben durch

$$
\begin{aligned}
dU = {}& \left(\frac{\partial U}{\partial V}\right)_{S,n} dV + \left(\frac{\partial U}{\partial S}\right)_{V,n} dS + \\
&+ \left(\frac{\partial U}{\partial n_1}\right)_{S,V,n_2\ldots n_i} dn_1 + \cdots + \left(\frac{\partial U}{\partial n_i}\right)_{S,V,n_1\ldots n_{i-1}} dn_i \\[4pt]
dH = {}& \left(\frac{\partial H}{\partial p}\right)_{S,n} dp + \left(\frac{\partial H}{\partial S}\right)_{p,n} dS + \\
&+ \left(\frac{\partial H}{\partial n_1}\right)_{S,p,n_2\ldots n_i} dn_1 + \cdots + \left(\frac{\partial H}{\partial n_i}\right)_{S,p,n_1\ldots n_{i-1}} dn_i \\[4pt]
dF = {}& \left(\frac{\partial F}{\partial V}\right)_{T,n} dV + \left(\frac{\partial F}{\partial T}\right)_{V,n} dT + \\
&+ \left(\frac{\partial F}{\partial n_1}\right)_{T,V,n_2\ldots n_i} dn_1 + \cdots + \left(\frac{\partial F}{\partial n_i}\right)_{T,V,n_1\ldots n_{i-1}} dn_i \\[4pt]
dG = {}& \left(\frac{\partial G}{\partial p}\right)_{T,n} dp + \left(\frac{\partial G}{\partial T}\right)_{p,n} dT + \\
&+ \left(\frac{\partial G}{\partial n_1}\right)_{T,p,n_2\ldots n_i} dn_1 + \cdots + \left(\frac{\partial G}{\partial n_i}\right)_{T,p,n_1\ldots n_{i-1}} dn_i
\end{aligned}
\tag{1}
$$

Unter Benutzung der bekannten Ableitungen der Zustandsfunktionen kann man diese von GIBBS als *Fundamentalgleichungen* bezeichneten Beziehungen in der Form schreiben:

$$
\begin{aligned}
dU &= -\,p\,dV + T\,dS + \sum_{1}^{i} \mu_i\,dn_i \\[4pt]
dH &= V\,dp + T\,dS + \sum_{1}^{i} \mu_i\,dn_i \\[4pt]
dF &= -\,p\,dV - S\,dT + \sum_{1}^{i} \mu_i\,dn_i \\[4pt]
dG &= V\,dp - S\,dT + \sum_{1}^{i} \mu_i\,dn_i
\end{aligned}
\tag{1a}
$$

μ_i ist das *chemische Potential* der Mischungskomponente i, es ist eine *intensive* Eigenschaft in dem S. 4 definierten Sinn und deshalb außer von Temperatur und Druck nur von der relativen Zusammensetzung der Phase, nicht von ihrer Menge abhängig[1]. Die vollständigen Differentiale der Zustandsfunktionen lassen sich demnach als Summe von Produkten aus je einer Extensitätsvariablen (V, S, n_i) und einer Intensitätsvariablen (p, T, μ_i) darstellen. Jedes dieser Produkte hat natürlich wieder die Dimension einer Energie.

Beschränkt man sich auf Änderungen der Zusammensetzung der Mischphase bei konstantem Druck und konstanter Temperatur, wie es in Praxis meistens der Fall ist, so gilt für die Änderung der freien Enthalpie nach (1) oder (1a)

$$(d\,G)_{p,\,T} = \mu_1\,d\,n_1 + \mu_2\,d\,n_2 + \cdots + \mu_i\,d\,n_i = \sum_{1}^{i} \mu_i\,d\,n_i. \qquad (2)$$

Denkt man sich die Mischphase in der Weise hergestellt, daß man die reinen Stoffe in infinitesimalen Mengen derart zusammengibt, daß immer die Zusammensetzung der endgültigen Mischung erhalten bleibt, so bleiben die relative Zusammensetzung der Mischung und damit auch die chemischen Potentiale während des Mischungsvorganges offenbar konstant. Dann ergibt die Integration

$$(G)_{p,\,T} = n_1\,\mu_1 + n_2\,\mu_2 + \cdots + n_i\,\mu_i = \sum_{1}^{i} n_i\,\mu_i. \qquad (3)$$

Die freie Enthalpie der Mischphase ist demnach durch die chemischen Potentiale der Mischungskomponenten eindeutig festgelegt. Darin kommt die große Bedeutung der chemischen Potentiale für die Thermodynamik der Mischphasen zum Ausdruck.

Ändert man außer der Zusammensetzung auch Druck und Temperatur der Mischphase, so gilt für den neuen Zustand nach Gleichung (3)

$$(G + d\,G)_{p+dp,\,T+dT} = (n_1 + d\,n_1)\,(\mu_1 + d\,\mu_1) +$$
$$(n_2 + d\,n_2)\,(\mu_2 + d\,\mu_2) + \cdots + (n_i + d\,n_i)\,(\mu_i + d\,\mu_i), \qquad (4)$$

und entsprechend für $d\,G$ unter Vernachlässigung der Glieder höherer Ordnung ($d\,n_i\,d\,\mu_i$)

$$d\,G = n_1\,d\,\mu_1 + n_2\,d\,\mu_2 + \cdots + n_i\,d\,\mu_i$$
$$+ \mu_1\,d\,n_1 + \mu_2\,d\,n_2 + \cdots + \mu_i\,d\,n_i = \sum_{1}^{i} n_i\,d\,\mu_i + \sum_{1}^{i} \mu_i\,d\,n_i, \qquad (5)$$

wobei in den $d\,\mu_i$ auch die Änderung der Potentiale mit p und T enthalten ist. Wie der Vergleich mit (1a) zeigt, ergibt sich für die

---

[1] Die Formulierung von μ_i als $(\partial U/\partial n_i)_{S,\,V,\,n_1 \ldots n_{i-1}}$ bzw. $(\partial H/\partial n_i)_{S,\,p,\,n_1 \ldots n_{i-1}}$ ist abstrakt, denn die Änderung der Masse einer Phase unter Konstanthaltung der Entropie entspricht keinem einfachen physikalischen Vorgang.

gegenseitige Abhängigkeit der Intensitätsvariablen p, T, μ_1, $\mu_2 \ldots \mu_i$ einer Mischphase die allgemein gültige GIBBS-DUHEMsche Beziehung:

$$\sum_1^i n_i\, d\, \mu_i - V\, d\, p + S\, d\, T = 0, \qquad (6)$$

die *bei konstant gehaltenem p und T* in

$$n_1\, d\, \mu_1 + n_2\, d\, \mu_2 + \cdots + n_i\, d\, \mu_i = \sum_1^i n_i\, d\, \mu_i = 0 \qquad (6a)$$

übergeht. Analoge Gleichungen gelten für alle übrigen partiellen molaren Größen der Mischphase, die nach den bekannten Beziehungen

$$\left(\frac{\partial\, \mu_i}{\partial\, p}\right)_{T,n} = V_i\,; \qquad (7)$$

$$\left(\frac{\partial\, \mu_i}{\partial\, T}\right)_{p,n} = -\, S_i\,; \qquad (8)$$

$$\left(\frac{\partial\left(\frac{\mu_i}{T}\right)}{\partial\, T}\right)_{p,n} = -\, \frac{H_i}{T^2}\,; \qquad (9)$$

$$\left(\frac{\partial\, H_i}{\partial\, T}\right)_{p,n} = -\, T\left(\frac{\partial^2\, \mu_i}{\partial\, T^2}\right)_{p,n} = C_{p_i} \qquad (10)$$

sich unmittelbar aus den chemischen Potentialen ableiten lassen.

Da sich die Molzahlen der einzelnen Komponenten der Mischung unabhängig voneinander ändern lassen, hat man insgesamt i Molzahländerungen $d\, n_1$, $d\, n_2 \ldots d\, n_i$; für jede von ihnen gilt die Gl. (6a), also z. B. für eine Änderung $d\, n_j$:

$$n_1\, \frac{\partial\, \mu_1}{\partial\, n_j} + n_2\, \frac{\partial\, \mu_2}{\partial\, n_j} + \cdots + n_i\, \frac{\partial\, \mu_i}{\partial\, n_j} = 0. \qquad (11)$$

Berücksichtigt man ferner, daß nach dem Satz von der Vertauschbarkeit der Differentiationsfolge

$$\frac{\partial^2 G}{\partial\, n_1\, \partial\, n_2} = \frac{\partial^2 G}{\partial\, n_2\, \partial\, n_1}$$

oder

$$\frac{\partial\, \mu_1}{\partial\, n_2} = \frac{\partial\, \mu_2}{\partial\, n_1}, \qquad (12)$$

so kann man die Gln. (11) auch in der Form schreiben

$$n_1\, \frac{\partial\, \mu_j}{\partial\, n_1} + n_2\, \frac{\partial\, \mu_j}{\partial\, n_2} + \cdots + n_i\, \frac{\partial\, \mu_j}{\partial\, n_i} = 0. \qquad (13)$$

Die in diesen Gleichungen vorkommenden Größen $\partial\mu/\partial n$ spielen in mehrfacher Hinsicht eine Rolle, z. B. für die Bestimmung der praktisch wichtigen Konzentrationsabhängigkeit der chemischen Potentiale gelöster Stoffe, sodann für die Formulierung der später zu besprechenden Stabilitätsbedingungen koexistenter Phasen, z. B. der Forderung, daß das chemische Potential eines Stoffes i mit steigender Molzahl desselben nur zunehmen kann, für das Auftreten von Mischungslücken usw.

Anstelle der Größen $\partial \mu_i/\partial n_j$, von denen bei i Komponenten der Mischung insgesamt $\dfrac{i\,(i-1)}{2}$ voneinander unabhängig sind (bei einem Zweistoffsystem also 1, bei einem Dreistoffsystem 3 usw.), werden in der Praxis noch häufiger die entsprechenden Ableitungen nach den *Molenbrüchen* $\partial \mu/\partial x$ benutzt. Dabei ist zu berücksichtigen, daß man eine Variable weniger hat als bei Verwendung der Molzahlen, weil ja nach (I, 12)

$$\sum_{1}^{i} x_i = 1\,,$$

so daß nur noch $i-1$ Variable vorhanden sind. Man muß deshalb bei der partiellen Differentiation nach irgend einem x_j immer angeben, auf Kosten welches Bestandteiles der Mischung die Vergrößerung des betreffenden x_j gehen soll. Bei Zweistoffsystemen ist dies natürlich immer die andere Komponente, aber schon bei Dreistoffsystemen wäre ohne eine solche Angabe die Änderung unbestimmt. Im folgenden wird z. B. angenommen, daß die Änderung von x_j auf Kosten der Komponente 1 geschieht, daß also $d\,x_j = -\,d\,x_1$, während $x_2, x_3 \ldots$ ungeändert bleiben.

Für diesen Fall erhält man aus Gl. (11), indem man durch $\sum\limits_{1}^{i} n_i$ dividiert, $\partial\,\mu_i/\partial\,n_j$ durch $\dfrac{\partial\,\mu_i}{\partial\,x_j} \cdot \dfrac{\partial\,x_j}{\partial\,n_j}$ ersetzt und schließlich den konstanten Faktor $\partial\,x_j/\partial\,n_j$ heraushebt, z. B. für $j=2$:

$$x_1 \frac{\partial\,\mu_1}{\partial\,x_2} + x_2 \frac{\partial\,\mu_2}{\partial\,x_2} + \cdots + x_i \frac{\partial\,\mu_i}{\partial\,x_2} = 0 \tag{14}$$

und weitere $i-2$ entsprechende Gleichungen für die Konzentrationsänderungen der Komponenten 3 bis i.

Für *binäre Phasen* geht (14) über in

$$x_1 \frac{\partial\,\mu_1}{\partial\,x_2} + x_2 \frac{\partial\,\mu_2}{\partial\,x_2} = 0 \quad \text{oder} \quad (1-x) \frac{\partial\,\mu_1}{\partial\,x} + x \frac{\partial\,\mu_2}{\partial\,x} = 0$$

$$\text{bzw.} \quad \frac{\partial\,\mu_1}{\partial\,x} = -\,\frac{x}{1-x}\,\frac{\partial\,\mu_2}{\partial\,x}\,, \tag{15}$$

wenn man $x_2 = 1 - x_1 = x$ setzt, den Index 2 also wegläßt, weil die Zusammensetzung der Mischung durch die Angabe *eines* Molenbruches vollständig gegeben ist. Diese „*spezielle* Gibbs-Duhem*sche Gleichung*" besagt, daß sich μ_1 und μ_2 stets in entgegengesetzter Richtung ändern, und daß die Neigungen der gegen x aufgetragenen μ-Kurven bei $x = 1 - x = 0{,}5$ entgegengesetzt gleich sind.

Zerlegt man die chemischen Potentiale nach Lewis in Standard- und Restpotentiale

$$\mu_i = \mu_i + R\,T \ln a_i \tag{16}$$

und wählt, wie es bei der Betrachtung von Flüssigkeitsgemischen zweckmäßig ist, den *realen reinen Zustand* der flüssigen Komponente als Bezugs- und Standardzustand[1], so wird aus (15), da die Grundpotentiale konzentrationsunabhängig sind,

$$\frac{\partial \ln a_1}{\partial x} = - \frac{x}{1 - x}\, \frac{\partial \ln a_2}{\partial x}\,. \tag{17}$$

Die Integration liefert

$$\ln a_1 = - \int\limits_0^x \frac{x}{1 - x}\, \frac{\partial \ln a_2}{\partial x}\, dx\,. \tag{18}$$

Ist demnach a_2 als Funktion von x bekannt, so läßt sich daraus auch a_1 als Funktion von x berechnen. Verhält sich z. B. die Komponente 2 im gesamten Mischungsbereich ideal (vgl. dazu S. 54 ff), so daß $a_2 = x_2$, so erhält man aus (18)

$$\ln a_1 = - \int\limits_0^x \frac{d x}{1 - x} = \ln (1 - x)\,, \tag{19}$$

d. h. es wird $a_1 = x_1$. Aus der GIBBS-DUHEMschen Gleichung folgt also, daß das ideale Verhalten der einen Komponente auch das ideale Verhalten der anderen Komponente bedingt.

Führt man schließlich noch die *Aktivitätskoeffizienten* ein durch die Definitionsgleichung

$$a_i = f_i\, x_i\,, \tag{20}$$

so läßt sich (17) in der Form schreiben

$$\frac{\partial \ln f_1}{\partial x} + \frac{\partial \ln (1 - x)}{\partial x} = - \frac{x}{1 - x}\, \frac{\partial \ln f_2}{\partial x} - \frac{x}{1 - x}\, \frac{\partial \ln x}{\partial x}\,.$$

Da $\dfrac{\partial \ln (1 - x)}{\partial x} + \dfrac{x}{1 - x}\, \dfrac{\partial \ln x}{\partial x} = 0$, folgt die vielbenutzte Beziehung

$$\frac{\partial \ln f_1}{\partial x} = - \frac{x}{1 - x}\, \frac{\partial \ln f_2}{\partial x}\,, \tag{21}$$

mit deren Hilfe sich durch (meistens graphische) Integration die Aktivitätskoeffizienten der Komponente 1 aus denen der Komponente 2 berechnen lassen, was häufig von großer praktischer Bedeutung ist (vgl.

---

[1] Dadurch werden die Aktivitäten a_i und ebenso die weiter unten definierten Aktivitätskoeffizienten f_i für verschiedene Phasen $'$ und $''$ unmittelbar miteinander vergleichbar, weil dann stets $\mu_i' = \mu_i''$. Für die Aktivität des reinen Stoffes i ergibt sich so aus (16)
$$\lim_{x_i \to 1} a_i = 1\,.$$

Bei verdünnten Lösungen wählt man häufig für den gelösten Stoff zwar ebenfalls den reinen Stoff als Standardzustand, schreibt diesem aber die Eigenschaften zu, die der Stoff in unendlich verdünnter Lösung besitzen würde. Der *Standard*zustand ist also in diesem Fall ein rein hypothetischer Zustand, der sich nicht realisieren läßt, der *Bezugs*zustand ist die unendlich verdünnte Lösung. In solchen Fällen bezeichnet man das Standardpotential mit $\mu_{i\infty}$, und (16) geht über in
$$\mu_i = \mu_{i\infty} + R\,T \ln a_{i\infty}\,. \tag{16a}$$
Vgl. dazu auch S. 74.

S. 132). Erst dadurch, daß man die Konzentrationsabhängigkeiten (11) bis (15) zwischen den experimentell nicht unmittelbar zugänglichen chemischen Potentialen auf die direkt meßbaren Aktivitäten, bzw. Aktivitätskoeffizienten überträgt, macht man sie allgemein anwendungsfähig. Für Mehrstoffgemische gilt analog zu (21) bei konstantem p und T

$$x_1 \frac{\partial \ln f_1}{\partial x_i} + x_2 \frac{\partial \ln f_2}{\partial x_i} + x_3 \frac{\partial \ln f_3}{\partial x_i} + \cdots + x_i \frac{\partial \ln f_i}{\partial x_i} = 0 \,. \quad (22)$$

Für die *experimentelle Bestimmung* von Aktivitätskoeffizienten in flüssigen Gemischen eignen sich in erster Linie Partialdruckmessungen. Nach dem verallgemeinerten RAOULTschen Gesetz (vgl. S. 74) ist die Aktivität einer Komponente i in der Mischung gegeben durch das Verhältnis ihres Partialdruckes p_i über der Mischung zu ihrem Dampfdruck p_{0i} über der reinen Phase. Danach gilt

$$a_i = f_i \, x_i = \frac{p_i}{p_{0i}} \,. \quad (23)$$

Gilt für die Dampfphase das ideale Gasgesetz nicht mit genügender Näherung, so muß man die Drucke durch die *Fugazitäten* $\overset{*}{p}$ ersetzen (vgl. S. 62 ff) und erhält allgemeiner

$$a_i = f_i \, x_i = \frac{\overset{*}{p_i}}{\overset{*}{p_{0i}}} \,. \quad (24)$$

Setzt man dies in (17) ein, so ergibt sich, da p_{0i} bzw. $\overset{*}{p}_{0i}$ von x unabhängig ist, für ein binäres Gemisch die Beziehung

$$\frac{\partial \ln p_1}{\partial x} = - \frac{x}{1-x} \frac{\partial \ln p_2}{\partial x} \quad \text{bzw.} \quad \frac{\partial \ln \overset{*}{p_1}}{\partial x} = - \frac{x}{1-x} \frac{\partial \ln \overset{*}{p_2}}{\partial x} \,, \quad (25)$$

die als DUHEM-MARGULESsche Gleichung bekannt ist. Aus ihr folgt, daß die Gestalt der einen Partialdruckkurve durch die der anderen vollständig bestimmt ist (vgl. S. 132)[1].

2. Mittlere molare Zustandsgrößen.

Man kann nach GIBBS und VAN DER WAALS weitere Beziehungen zwischen den $\partial \mu/\partial x$ ableiten, die sich für die Untersuchung von Mischphasen als besonders geeignet erweisen, indem man wie in Gl. (I, 11) die Zustandsfunktionen auf *ein Mol der homogenen Mischphase* bezieht, d. h. die für die Gesamtphase geltenden *extensiven* Größen V, U, H, S, F, G durch die Gesamtmolzahl $\sum n_i$ dividiert. Die durch die Gleichungen

$$\overline{V} \equiv \frac{V}{\sum n_i} ; \; \overline{U} \equiv \frac{U}{\sum n_i} ; \; \overline{H} \equiv \frac{H}{\sum n_i} ; \; \overline{F} \equiv \frac{F}{\sum n_i} ; \; \overline{G} \equiv \frac{G}{\sum n_i} ; \; \overline{S} \equiv \frac{S}{\sum n_i} \quad (26)$$

[1] Die Allgemeingültigkeit der DUHEM-MARGULESschen Gleichung ist gelegentlich angezweifelt worden (77), die dort angestellten Überlegungen beruhen jedoch auf der Konstruktion willkürlicher und thermodynamisch wie physikalisch unmöglicher Partialdruckkurven nichtidealer Systeme, so daß sie bedeutungslos sind.

definierten *mittleren molaren Zustandsfunktionen* sind demnach spezifische, nur von den x, p und T abhängige, d. h. *intensive* Größen. Für die mittlere freie molare Enthalpie ergibt sich aus (3) und (26)

$$(\overline{G})_{p,T} = x_1 \mu_1 + x_2 \mu_2 + \cdots + x_i \mu_i = \sum_1^i x_i \mu_i \,. \tag{27}$$

Analoge Gleichungen gelten für alle übrigen mittleren molaren Zustandsfunktionen. Das der Gl. (1 a) entsprechende vollständige Differential lautet in dieser Schreibweise

$$d\overline{G} = \overline{V} dp - \overline{S} dT + \sum_1^i \mu_i d x_i \,, \tag{28}$$

die Gibbs-Duhemsche Gleichung (6)

$$\sum_1^i x_i d\mu_i - \overline{V} dp + \overline{S} dT = 0 \,. \tag{29}$$

Man bezeichnet die auf ein Mol Mischung bezogene freie Enthalpie $\overline{G}$ gelegentlich auch als *mittleres chemisches Potential* der Phase.

Ändert man z. B. x_i auf Kosten von x_1, indem man alle übrigen Molenbrüche konstant läßt, so daß $d x_i = - d x_1$, so ergibt die Differentiation von (27) nach x_i unter Berücksichtigung von (14):

$$\frac{\partial \overline{G}}{\partial x_i} = \mu_i - \mu_1 \,. \tag{30}$$

Entsprechend gilt für eine analoge Änderung von x_j: $\dfrac{\partial \overline{G}}{\partial x_j} = \mu_j - \mu_1$, so daß die Vertauschbarkeit der Differentiationsfolge ergibt

$$\frac{\partial^2 \overline{G}}{\partial x_i \partial x_j} = \frac{\partial (\mu_i - \mu_1)}{\partial x_j} = \frac{\partial (\mu_j - \mu_1)}{\partial x_i} \,. \tag{31}$$

Von den Größen $\partial \mu_i/\partial x_j$ sind ebenso wie von den $\partial \mu/\partial n$ insgesamt $i\,(i-1)/2$ voneinander unabhängig, bei zwei Komponenten ist also durch ein $\partial \mu/\partial x$ das andere gegeben, bei drei Komponenten müssen drei $\partial \mu/\partial x$ bekannt sein usw. Analoge Beziehungen gelten natürlich auch hier für alle aus G bzw. $\overline{G}$ ableitbaren partiellen molaren Größen wie V_i, H_i, S_i, C_{p_i} usw.

Die Einführung der *mittleren* freien Enthalpie bietet z. B. Vorteile, wenn man partielle molare Größen ermitteln will. Setzt man die aus (30) sich ergebenden Werte

$$\mu_2 = (\partial \overline{G}/\partial x_2) + \mu_1, \mu_3 = (\partial \overline{G}/\partial x_3) + \mu_1, \ldots \mu_i = (\partial \overline{G}/\partial x_i) + \mu_1$$

in Gl. (27) ein, so erhält man

$$\begin{aligned}
\overline{G} &= x_1 \mu_1 + x_2 \left(\mu_1 + \frac{\partial \overline{G}}{\partial x_2}\right) + x_3 \left(\mu_1 + \frac{\partial \overline{G}}{\partial x_3}\right) + \cdots + x_i \left(\mu_1 + \frac{\partial \overline{G}}{\partial x_i}\right) \\
&= \sum_1^i x_i \mu_1 + \sum_2^i x_i \frac{\partial \overline{G}}{\partial x_i} = \mu_1 + \sum_2^i x_i \frac{\partial \overline{G}}{\partial x_i} \,.
\end{aligned} \tag{32}$$

Ändert man die einzelnen Molenbrüche nicht jeweils auf Kosten von x_1, sondern auf Kosten von x_j, so wird allgemein

$$\mu_j = \overline{G} - \sum_{\substack{i=1 \\ i \neq j}}^{i} x_i \frac{\partial \overline{G}}{\partial x_i}. \tag{33}$$

Für ein *binäres* System wird aus (33) mit $x_2 = 1 - x_1 = x$:

$$\mu_1 = \overline{G} - x \frac{\partial \overline{G}}{\partial x}; \quad \mu_2 = \overline{G} + (1 - x) \frac{\partial \overline{G}}{\partial x}. \tag{34}$$

Analoge Gleichungen gelten für alle übrigen partiellen molaren Größen, also z. B. für die partiellen Molvolumina in binären Mischungen:

$$V_1 = \overline{V} - x \frac{\partial \overline{V}}{\partial x} \quad \text{und} \quad V_2 = \overline{V} + (1 - x) \frac{\partial \overline{V}}{\partial x}. \tag{35}$$

Man kann diese Gleichungen benutzen, um die beiden Größen V_1 und V_2 aus derselben graphischen Darstellung abzulesen (*245*). Trägt man das gemessene $\overline{V}$ gegen x auf (Abb. 3a) und zieht an einem beliebigen Punkt O der Kurve die Tangente und die Parallele zur Abszisse, so ist $\partial \overline{V}/\partial x = CE/EO$ und damit nach (35) $CE = x \dfrac{\partial \overline{V}}{\partial x} = \overline{V} - V_1$. Da $AE = \overline{V}$ an der Stelle O, folgt, daß der Ordinatenabschnitt CA der Tangente unmittelbar das partielle Molvolumen V_1 für die Mischphase des Punktes O darstellt. In analoger Weise ergibt sich $BD = V_2$ für die gleiche Zusammensetzung der Mischung, d. h. die beiden partiellen Molvolumina sind jeweils durch die Ordinatenabschnitte der Tangente an die $\overline{V}x$-Kurve gegeben.

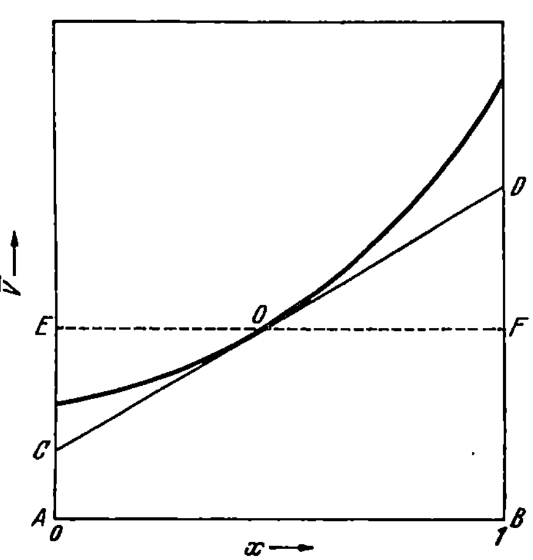

Abb. 3a. Bestimmung partieller molarer Größen in binären Mischungen nach der Methode der Ordinatenabschnitte.

Das beschriebene Verfahren läßt sich stets anwenden, wenn die betreffende mittlere molare Größe experimentell zugänglich ist, wie $\overline{V}$ oder $\overline{C}_p$. Ist dies nicht der Fall, wie etwa bei der Enthalpie $\overline{H}$ oder der mittleren freien Enthalpie $\overline{G}$, bei denen sich nur *Änderungen* dieser Größen experimentell messen lassen (z. B. Mischungswärmen), so muß man die Gl. (34) entsprechend abändern und erhält

$$\mu_1 - \mu_1 = \Delta\overline{G} - x \frac{\partial (\Delta\overline{G})}{\partial x} \quad \text{bzw.} \quad \mu_2 - \mu_2 = \Delta\overline{G} + (1 - x) \frac{\partial (\Delta\overline{G})}{\partial x} \tag{36}$$

oder

$$H_1 - H_1 = \Delta\overline{H} - x \frac{\partial (\Delta\overline{H})}{\partial x} \quad \text{bzw.} \quad H_2 - H_2 = \Delta\overline{H} + (1 - x) \frac{\partial (\Delta\overline{H})}{\partial x}. \tag{37}$$

Dabei ist $\Delta \bar{H}$ die experimentell unmittelbar zugängliche integrale Mischungswärme pro Mol Mischung, während die freie molare Mischungsenthalpie $\Delta \bar{G}$ sich z. B. nach (16) und (27) aus den Aktivitäten ermitteln läßt:

$$\Delta \bar{G} = (1 - x)\,(\mu_1 - \mu_1) + x\,(\mu_2 - \mu_2) = R\,T\,[(1 - x)\ln a_1 + x \ln a_2] \\ = R\,T\,[(1 - x)\ln(1 - x) + x \ln x] + R\,T\,[(1 - x)\ln f_1 + x \ln f_2]. \tag{38}$$

Trägt man also $\Delta \bar{H}$ bzw. $\Delta \bar{G}$ als Funktion von x auf, so liefern die Ordinatenabschnitte der Tangente in jedem Punkt der Kurve unmittelbar die differentiellen Mischungswärmen $H_1 - H_1 \equiv \Delta H_1$ und $H_2 - H_2 \equiv \Delta H_2$ bzw. die Aktivitäten a_1 und a_2 der beiden Komponenten, wie es in Abb. 3 b schematisch dargestellt ist[1].

Für eine ternäre Phase ergibt sich aus (33) analog zu (34) und (36):

$$\mu_1 = \bar{G} - x_2 \frac{\partial \bar{G}}{\partial x_2} - x_3 \frac{\partial \bar{G}}{\partial x_3} \quad \text{bzw.} \quad \Delta \mu_1 = \Delta \bar{G} - x_2 \frac{\partial(\Delta \bar{G})}{\partial x_2} - x_3 \frac{\partial(\Delta \bar{G})}{\partial x_3}$$

$$\mu_2 = \bar{G} - x_1 \frac{\partial \bar{G}}{\partial x_1} - x_3 \frac{\partial \bar{G}}{\partial x_3} \quad \text{bzw.} \quad \Delta \mu_2 = \Delta \bar{G} - x_1 \frac{\partial(\Delta \bar{G})}{\partial x_1} - x_3 \frac{\partial(\Delta \bar{G})}{\partial x_3} \tag{39}$$

$$\mu_3 = \bar{G} - x_1 \frac{\partial \bar{G}}{\partial x_1} - x_2 \frac{\partial \bar{G}}{\partial x_2} \quad \text{bzw.} \quad \Delta \mu_3 = \Delta \bar{G} - x_1 \frac{\partial(\Delta \bar{G})}{\partial x_1} - x_2 \frac{\partial(\Delta \bar{G})}{\partial x_2}$$

und analoge Gleichungen für die übrigen partiellen molaren Größen[2]. Dabei bedeutet [z. B. für die erste der Gln. (39)] $\partial \bar{G}/\partial x_2$, daß x_2 sich auf Kosten von x_1 ändern soll bei konstantem x_3, und entsprechend $\partial \bar{G}/\partial x_3$, daß x_3 sich ebenfalls auf Kosten von x_1 ändern soll bei konstantem x_2 usw.

Trägt man in diesem Fall z. B. $\bar{V}$ oder

$$\Delta \bar{G} = \sum_3^1 x_i \mu_i - \sum_3^1 x_i \mu_i$$

senkrecht zur Ebene der Dreieckskoordinaten (Abb. 2) für

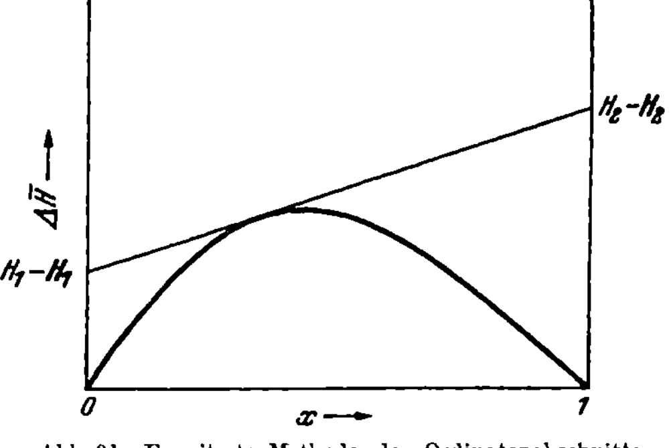

Abb. 3 b. Erweiterte Methode der Ordinatenabschnitte.

---

[1] Selbstverständlich kann man z. B. auch $\Delta \bar{V}$ gegen x auftragen. Dann stellen die Ordinatenabschnitte der Tangenten die Differenzen $V_1 - V_1 \equiv \Delta V_1$ und $V_2 - V_2 \equiv \Delta V_2$ dar.

[2] Ähnliche Beziehungen erhält man, wenn man z. B. x_2 auf Kosten von x_1 und x_3 ändert, dabei aber das Verhältnis x_1/x_3 konstant hält, sich also z. B. in Abb. 2 b auf der Geraden $A\,X$ bewegt [vgl. dazu DARKEN (46)]. Dann ergibt sich anstelle von (39):

$$\mu_1 = \bar{G} + (1 - x_1)\left(\frac{\partial \bar{G}}{\partial x_1}\right)_{x_2/x_3} \quad \text{bzw.} \quad \Delta \mu_1 = \Delta \bar{G} + (1 - x_1)\left(\frac{\partial \Delta \bar{G}}{\partial x_1}\right)_{x_2/x_3}$$

$$\mu_2 = \bar{G} + (1 - x_2)\left(\frac{\partial \bar{G}}{\partial x_2}\right)_{x_1/x_3} \quad \text{bzw.} \quad \Delta \mu_2 = \Delta \bar{G} + (1 - x_2)\left(\frac{\partial \Delta \bar{G}}{\partial x_2}\right)_{x_1/x_3} \tag{39a}$$

$$\mu_3 = \bar{G} + (1 - x_3)\left(\frac{\partial \bar{G}}{\partial x_3}\right)_{x_1/x_2} \quad \text{bzw.} \quad \Delta \mu_3 = \Delta \bar{G} + (1 - x_3)\left(\frac{\partial \Delta \bar{G}}{\partial x_3}\right)_{x_1/x_2}.$$

jeden Punkt des Dreiecks auf, so erhält man eine *Fläche*, die $\overline{V}$ oder $\varDelta\,\overline{G}$ als Funktion der Zusammensetzung der ternären Phase darstellt. Dann erzeugt in ganz analoger Weise wie beim binären System eine an einen Punkt dieser Fläche gelegte Tangentialebene auf den Loten in den Eckpunkten des Dreiecks drei Ordinatenabschnitte, die unmittelbar die partiellen Molvolumina V_1, V_2 und V_3 oder die Aktivitäten a_1, a_2 und a_3 der drei Komponenten liefern. Für Systeme aus mehr Komponenten ist diese graphische Bestimmungsmethode nicht mehr durchführbar.

In *idealen Mischphasen*, in denen man die Aktivitätskoeffizienten gleich 1 setzen kann (vgl. auch S. 55), ist an Stelle von (38) zu schreiben

$$\varDelta\,\overline{G}_{id} = R\,T\,[(1 - x)\ln(1 - x) + x\ln x].\qquad(40)$$

Die Differenz zwischen (38) und (40), d. h. die Abweichungen der freien Enthalpieänderung von ihrem Idealwert bezeichnet man gewöhnlich als „freie molare *Zusatzenthalpie*" $\varDelta\,G^E$ (excess-Wert) beim Mischen. Diese ist demnach für binäre Mischphasen definiert durch

$$\varDelta\,\overline{G}^E \equiv \varDelta\,\overline{G} - \varDelta\,\overline{G}_{id} = R\,T\,[(1 - x)\ln f_1 + x\ln f_2].\qquad(41)$$

Entsprechend gilt für die *Zusatz*mischungsentropie unter Benutzung von (8)

$$-\frac{\partial\,(\varDelta\,\overline{G}^E)}{\partial\,T} = \varDelta\,\overline{S}^E = \varDelta\,\overline{S} - \varDelta\,\overline{S}_{id} = -R\,[(1 - x)\ln f_1 + x\ln f_2],\qquad(42)$$

für die Mischungswärme mittels (9)

$$\varDelta\ddot{H} = -T^2\frac{\partial\,(\varDelta\,\overline{G}^E/T)}{\partial\,T} = -R\,T^2\left[(1 - x)\frac{\partial\ln f_1}{\partial\,T} + x\,\frac{\partial\ln f_2}{\partial\,T}\right].\quad(43)$$

Analoge Beziehungen gelten natürlich für Mehrstoffgemische. Die gleiche Zerlegung kann man auch für die partiellen molaren Größen vornehmen:

$$\varDelta\mu_i^E \equiv \mu_i - \mu_{i\,id} = R\,T\ln f_i$$

$$\varDelta S_i^E \equiv S_i - S_{i\,id} = -R\ln f_i\qquad(44)$$

$$\varDelta H_i = -T^2\frac{\partial\,(\varDelta\mu_i^E/T)}{\partial\,T} = -R\,T^2\frac{\partial\ln f_i}{\partial\,T}\,.$$

Mit diesen Zusatzeffekten werden wir später häufig rechnen.

B. Gleichgewichtsbedingungen und Phasenstabilität.

1. Thermisches und chemisches Gleichgewicht.

Die allgemeinste Bedingung des ungehemmten thermischen und chemischen Gleichgewichtes

$$\delta S = 0\qquad(45)$$

bedeutet bekanntlich, daß die als Stabilitätsmaß dienende Gesamtentropie eines Systems einen Maximalwert besitzt. Aus ihr lassen sich die speziellen Gleichgewichtsbedingungen für chemische Vorgänge, Phasenübergänge usw. in abgeschlossenen und nichtabgeschlossenen Systemen ableiten:

Zunächst ist der Gleichgewichtszustand eines *abgeschlossenen* Systems dadurch charakterisiert, daß in allen Teilen des Systems die *gleiche Temperatur* herrscht. Bei einem infinitesimalen Wärmeübergang zwischen verschiedenen Teilen des abgeschlossenen Systems müßte die Entropie des einen Teils um $\delta S' = \delta Q/T'$ zunehmen, die des anderen Teiles um $\delta S'' = - \delta Q/T''$ abnehmen. Die Änderung der Gesamtentropie würde demnach betragen: $\delta S = \delta S' + \delta S'' = \delta Q \left(\frac{1}{T'} - \frac{1}{T''} \right)$.

Da aber nach (45) $\delta S = 0$ sein soll, folgt zwangsläufig, daß $\frac{1}{T'} - \frac{1}{T''} = 0$ oder

$$T' = T'' \tag{46}$$

sein muß.

Außer durch gleiche Temperatur ist der ungehemmte Gleichgewichtszustand eines abgeschlossenen Systems dadurch bestimmt, daß in allen seinen Teilen der *gleiche Druck* herrscht, wie in analoger Weise daraus hervorgeht, daß bei Druckunterschieden ein spontan eintretender Druckausgleich zu irreversiblen Zustandsänderungen und damit zu einer Entropievermehrung führen müßte, die ja gerade im Gleichgewicht ausgeschlossen sein soll. Die zweite Gleichgewichtsbedingung lautet demnach

$$p' = p'' \tag{47}$$

Für *nichtabgeschlossene* Systeme, die mit ihrer Umgebung in ungehemmtem Wärme- und Arbeitsaustausch stehen, sind die möglichen infinitesimalen Zustandsänderungen durch Gl. (1) bzw. (1 a) gegeben. Ersetzt man den Ausdruck $\sum \mu_i d n_i$ durch $A' d\lambda$, worin $A' = \sum \nu_i \mu_i$ die maximale Nutzarbeit einer möglichen chemischen Reaktion und $d\lambda = d n_i/\nu_i$ einen infinitesimalen Formelumsatz bedeutet, so kann man die Gln. (1 a) in der Form schreiben

$$dU + p\,dV - T\,dS - A'\,d\lambda = 0$$
$$dH - V\,dp - T\,dS - A'\,d\lambda = 0$$
$$dF + p\,dV + S\,dT - A'\,d\lambda = 0$$
$$dG - V\,dp + S\,dT - A'\,d\lambda = 0. \tag{48}$$

Aus (48) lassen sich die Gleichgewichtsbedingungen für die verschiedenen möglichen Fälle infinitesimaler Zustandsänderungen unmittelbar ablesen. Befindet sich ein System im ungehemmten thermischen und chemischen Gleichgewicht, so ist $A' = 0$; dann ist z. B. nach der ersten Gleichung bei konstantem Volumen $(dV = 0)$ und konstanter Entropie $(dS = 0)$ auch $dU = 0$, d. h. die innere Energie des Systems besitzt entsprechend der potentiellen Energie mechanischer Systeme einen

Minimalwert. Die Gleichgewichtsbedingungen lassen sich also in diesem Fall ausdrücken durch $(d\,U)_{V,\,S} = 0$. Analoge Überlegungen gelten für die anderen drei Gleichungen, so daß man die Gleichgewichtsbedingungen für nichtabgeschlossene Systeme allgemein ausdrücken kann durch

$$A\!J = 0; \quad (d\,U)_{V,\,S} = 0; \quad (d\,H)_{p,\,S} = 0; \quad (d\,F)_{V,\,T} = 0; \quad (d\,G)_{p,\,T} = 0. \quad (49)$$

Da $F = U - T\,S$ und $G = H - T\,S$, enthalten die beiden letzten Bedingungen gleichzeitig die Bedingung (45); da T eine bequemere unabhängige Variable ist als S, besitzen sie auch die größere praktische Bedeutung.

Für isotherm-isobare *Phasenübergänge* in einem heterogenen System, in dem keine chemischen Umsätze stattfinden können, folgt aus (1) und (49)

$$(d\,G)_{p,\,T} = \mu_1\,d\,n_1 + \mu_2\,d\,n_2 + \cdots + \mu_i\,d\,n_i = \sum_{1}^{i} \mu_i\,d\,n_i = 0. \quad (50)$$

Da für den Übergang eines Stoffes aus der Phase $'$ in die Phase $''$ offenbar gelten muß $d\,n' = -\,d\,n''$, kann (50) nur erfüllt sein, wenn

$$\mu_i' = \mu_i''. \quad (51)$$

Im thermischen Gleichgewicht sind die chemischen Potentiale der einzelnen Stoffe in verschiedenen Phasen gleich. Drückt man die chemischen Potentiale noch mittels (33) oder (34) durch die mittlere molare freie Enthalpie $\overline{G}$ aus, so kann man die Gleichgewichtsbedingung, z. B. für ein binäres System auch in der Form schreiben

$$\begin{aligned}
\left(\overline{G} - x\,\frac{\partial\,\overline{G}}{\partial\,x}\right)'_{p,\,T} &= \left(\overline{G} - x\,\frac{\partial\,\overline{G}}{\partial\,x}\right)''_{p,\,T} \\
\left(\overline{G} + (1-x)\,\frac{\partial\,\overline{G}}{\partial\,x}\right)'_{p,\,T} &= \left(\overline{G} + (1-x)\,\frac{\partial\,\overline{G}}{\partial\,x}\right)''_{p,\,T}
\end{aligned} \quad (52)$$

Subtraktion beider Gleichungen liefert die einfachere Bedingung

$$\left(\frac{\partial\,\overline{G}}{\partial\,x}\right)'_{p,\,T} = \left(\frac{\partial\,\overline{G}}{\partial\,x}\right)''_{p,\,T} \quad (53)$$

Auf die physikalische Bedeutung dieser Gleichungen kommen wir S. 27 nochmals zurück.

Außer diesen sog. Gleichgewichtsbedingungen erster Ordnung hat GIBBS (*83*) die *Gleichgewichtskriterien höherer Ordnung* in die Thermodynamik eingeführt, die vor allem für die *Stabilität* von Phasen gegenüber der Bildung neuer Phasen mit anderen Eigenschaften von Bedeutung sind und die uns im folgenden häufig beschäftigen werden[1]. Es kann vorkommen, daß ein System in sich und mit seiner Umgebung im thermischen Gleichgewicht ist, so daß alle Gleichgewichtsbedingungen erster Ordnung erfüllt sind, und daß trotzdem das System spontan in einen

---

[1] Zur Ableitung der Stabilitätsbedingungen vgl. z. B. auch ROOZEBOOM (*245*), KUENEN (*161*), SCHOTTKY (*266*), HAASE (*99*), KOHNSTAMM (*149*).

anderen Zustand übergeht, ohne daß anscheinend besondere Hemmungen (etwa durch Einwirkung eines Katalysators) aufgehoben werden müssen. Ein Beispiel ist das System Eisen-Zementit, das bei längerem Verweilen auf höherer Temperatur spontan in das System Eisen-Graphit umschlagen kann. Man spricht in solchen Fällen in Analogie zu entsprechenden mechanischen Systemen von einem *instabilen Gleichgewicht.*

Derartige Gleichgewichte beobachtet man vor allem bei manchen Phasen, die sich zwar in bezug auf andere Veränderungsmöglichkeiten im ungehemmten Gleichgewicht befinden (z. B. in bezug auf eine innerhalb der Phase mögliche chemische Reaktion), die jedoch spontan in zwei koexistente Phasen zerfallen können. So ist z. B. Wasserdampf von $0°$ C und 0,01 Atm. Druck durchaus realisierbar, trotzdem aber phaseninstabil in bezug auf die feste Eisphase bei gleichem p und T. Ein ähnlicher Fall liegt bei den häufig vorkommenden übersättigten Lösungen vor. Vom thermodynamischen Standpunkt aus ist deshalb die Frage zu stellen: Welche über die Gleichgewichtsbedingungen erster Ordnung hinausgehenden Kriterien muß ein System besitzen, damit es unter den gegebenen äußeren Bedingungen (Druck, Temperatur, Zusammensetzung) dauernd existenzfähig ist, d. h. unter welchen Bedingungen befindet es sich im *stabilen* Gleichgewicht?

Dabei ist noch folgende Unterscheidung wichtig: Könnten sich aus einer Phase eine oder mehrere Nachbarphasen bilden, deren Eigenschaften sich von denen der betrachteten Phase nur unendlich wenig unterscheiden, ohne daß dabei die Gleichgewichtsbedingungen verletzt werden, so ist die betrachtete Phase überhaupt nicht existenzfähig. Man bezeichnet solche (denkbaren) Phasen als „instabil gegenüber unendlich benachbarten Zuständen" oder gewöhnlich auch als *labil*, entsprechend etwa einem auf der Spitze balancierenden Kegel in der Mechanik. Dagegen bezeichnet man eine Phase, die zwar unendlich benachbarten Zuständen gegenüber stabil, jedoch gegenüber der Entstehung anderer Phasen mit völlig anderen Eigenschaften instabil ist, wie das erwähnte Beispiel einer übersättigten Lösung oder einer unterkühlten Flüssigkeit, als phaseninstabil oder *metastabil*. Das entsprechende mechanische Beispiel wäre etwa ein auf der Schmalseite stehendes Prisma.

2. Stabilitätsbedingungen für reine Phasen.

Wir leiten zunächst die *Stabilitätsbedingungen* oder Gleichgewichtsbedingungen zweiter Ordnung für eine *reine homogene Phase* gegenüber infinitesimalen Änderungen von Temperatur bzw. Druck ab. Innere Energie, Entropie und Volumen der stabilen Phase sei durch U, S und V dargestellt. Wir denken uns die Zustandsänderung in der Weise durchgeführt, daß die eine Hälfte der Phase die Entropie $\frac{1}{2}(S + \delta S)$

und das Volumen $\frac{1}{2}\,V$, die andere Hälfte die Entropie $\frac{1}{2}\,(S - \delta\,S)$ und das Volumen $\frac{1}{2}\,V$ annimmt, Gesamtentropie und Volumen sollen also ungeändert bleiben. Dann ist die innere Energie der beiden Hälften, wenn man sie nach TAYLOR in einer Reihe entwickelt und Glieder höherer Ordnung vernachlässigt, gegeben durch

$$\frac{1}{2}\left[U + \frac{\partial U}{\partial S}\,\delta\,S + \frac{1}{2}\,\frac{\partial^2 U}{\partial S^2}\,(\delta\,S)^2\right]$$

bzw.

$$\frac{1}{2}\left[U - \frac{\partial U}{\partial S}\,\delta\,S + \frac{1}{2}\,\frac{\partial^2 U}{\partial S^2}\,(\delta\,S)^2\right].$$

Die innere Energie der Gesamtphase hat sich demnach geändert um

$$\Delta^2 U = \frac{1}{2}\left(\frac{\partial^2 U}{\partial S^2}\right)_V (\delta\,S)^2. \tag{54}$$

Da nun im ungehemmten stabilen Gleichgewicht nach (49) für gegebene Werte von S und V die innere Energie ein Minimum besitzt, muß die betrachtete Änderung eine Zunahme der inneren Energie verursacht haben, d. h. der Ausdruck (54) muß *positiv* sein. Wir erhalten demnach als notwendige Bedingung für ein stabiles Gleichgewicht

$$\left(\frac{\partial^2 U}{\partial S^2}\right)_V > 0. \tag{55}$$

Da ferner nach Gl. (1a) für reine homogene Phasen $d\,U = -\,p\,d\,V + T\,d\,S$, also $(\partial U/\partial S)_V = T$ ist, kann man (55) auch in der Form schreiben

$$\left(\frac{\partial S}{\partial T}\right)_V > 0. \tag{56}$$

Eine vollkommen analoge Überlegung führt ausgehend von den Zustandsgrößen H, S, und p zu der Stabilitätsbedingung

$$\left(\frac{\partial S}{\partial T}\right)_p > 0. \tag{57}$$

Physikalisch bedeuten diese Bedingungen, daß die Entropie einer reinen stabilen Phase durch Temperaturerhöhung stets zunimmt, daß es also keine negative Wärmekapazität gibt. Unter Berücksichtigung der bekannten partiellen Ableitungen $(\partial F/\partial T)_V = -\,S_V$ und $(\partial G/\partial T)_p = -\,S_p$ lassen sich diese Bedingungen auch in der meist gebräuchlichen Form schreiben

$$\left(\frac{\partial^2 F}{\partial T^2}\right)_V < 0; \tag{58}$$

$$\left(\frac{\partial^2 G}{\partial T^2}\right)_p < 0. \tag{59}$$

Um die Bedingung der Stabilität einer Phase gegenüber infinitesimalen Druckänderungen zu finden, denken wir uns die Zustandsänderung der Phase so ausgeführt, daß die eine Hälfte der Phase das Volumen $\frac{1}{2}(V + \delta V)$, die andere Hälfte das Volumen $\frac{1}{2}(V - \delta V)$ annimmt, während die Temperatur konstant gehalten wird. Dann ändert sich die freie Energie F des Gesamtsystems auf Grund einer analogen Entwicklung um die Größe zweiter Ordnung

$$\Delta^2 F = \frac{1}{2}\left(\frac{\partial^2 F}{\partial V^2}\right)_T (\delta V)^2, \tag{60}$$

während Gesamtvolumen und Temperatur ungeändert bleiben. Da die stabile Phase nach (49) bei gegebenem V und T ein Minimum der freien Energie besitzt, muß diese durch die Zustandsänderung angewachsen sein, d. h. der Ausdruck (60) ist positiv, und die Stabilitätsbedingung lautet

$$\left(\frac{\partial^2 F}{\partial V^2}\right)_T > 0, \tag{61}$$

was man wegen $(\partial F/\partial V)_T = - p$ auch in der Form schreiben kann

$$\left(\frac{\partial V}{\partial p}\right)_T < 0. \tag{62}$$

Das bedeutet, daß das Volumen einer stabilen Phase mit zunehmendem Druck stets abnimmt, daß es also keine negative Kompressibilität gibt (vgl. auch Abb. 62a). Da ferner $(\partial G/\partial p)_T = V$, kann man diese Stabilitätsbedingung auch ausdrücken durch

$$\left(\frac{\partial^2 G}{\partial p^2}\right)_T < 0. \tag{63}$$

Die Bedingungen (59) und (63) sind notwendige, aber nicht immer ausreichende Bedingungen für die Stabilität einer reinen Phase. Variiert man nämlich gleichzeitig Druck und Temperatur, so kommen noch Zusatzbedingungen hinzu, die sich durch folgende Überlegung ergeben: Aus der allgemeinen Beziehung zwischen freier Enthalpie und freier Energie

$$G = F + p V \quad \text{bzw.} \quad dG = dF + p\,dV + V\,dp \tag{64}$$

folgt

$$(dF)_T = dG - V\,dp = \left(\frac{\partial G}{\partial T}\right)_p dT + \left(\frac{\partial G}{\partial p}\right)_T dp - V\,dp,$$

oder

$$\left(\frac{\partial F}{\partial T}\right)_V = \left(\frac{\partial G}{\partial T}\right)_p + \left(\frac{\partial G}{\partial p}\right)_T \left(\frac{\partial p}{\partial T}\right)_V - V\left(\frac{\partial p}{\partial T}\right)_V.$$

Differenziert man nochmals nach T, so wird

$$\left(\frac{\partial^2 F}{\partial T^2}\right)_V = \left(\frac{\partial^2 G}{\partial T^2}\right)_p + \left(\frac{\partial^2 G}{\partial p\,\partial T}\right)\left(\frac{\partial p}{\partial T}\right)_V + \left(\frac{\partial G}{\partial p}\right)_T \left(\frac{\partial^2 p}{\partial T^2}\right)_V - V\left(\frac{\partial^2 p}{\partial T^2}\right)_V.$$

Da $(\partial G/\partial p)_T = V$, fallen die beiden letzten Glieder fort. Setzt man ferner

$$\left(\frac{\partial p}{\partial T}\right)_V = -\frac{(\partial V/\partial T)_p}{(\partial V/\partial p)_T} = -\frac{(\partial^2 G/\partial p\, \partial T)}{(\partial^2 G/\partial p^2)_T},$$

so erhält man nach (58)

$$\left(\frac{\partial^2 F}{\partial T^2}\right)_V = \left(\frac{\partial^2 G}{\partial T^2}\right)_p - \frac{(\partial^2 G/\partial p\, \partial T)^2}{(\partial^2 G/\partial p^2)_T} < 0,$$

oder in anderer Schreibweise, da $(\partial^2 G/\partial p^2)$ nach (63) negativ ist

$$\left(\frac{\partial^2 G}{\partial T^2}\right)_p \cdot \left(\frac{\partial^2 G}{\partial p^2}\right)_T - \left(\frac{\partial^2 G}{\partial p\, \partial T}\right)^2 > 0. \tag{65}$$

Diese Bedingung geht über die Bedingungen (59) und (63) hinaus. Letztere bedeuten geometrisch, daß die *Krümmung* jeder GT-Kurve bei konstantem p und jeder Gp-Kurve bei konstantem T konkav gegenüber der T- bzw. der p-Achse ist, während (65) fordert, daß jeder beliebige vertikale Schnitt durch die G-Fläche eine Kurve mit konkaver Krümmung gegen die pT-Ebene ergibt. Ist demnach z. B. (65) und (59) erfüllt, so muß es auch (63) sein, d. h. von diesen drei Bedingungen ist entweder die erste oder die zweite überflüssig, wenn die beiden anderen erfüllt sind.

Schreibt man Gl. (65) in Determinantenform, so lauten die Stabilitätsbedingungen für eine *reine homogene Phase*

$$\begin{vmatrix} \dfrac{\partial^2 G}{\partial T^2} & \dfrac{\partial^2 G}{\partial T\, \partial p} \\[2mm] \dfrac{\partial^2 G}{\partial p\, \partial T} & \dfrac{\partial^2 G}{\partial p^2} \end{vmatrix} > 0 ; \quad \frac{\partial^2 G}{\partial T^2} < 0 ; \quad \frac{\partial^2 G}{\partial p^2} < 0 . \tag{66}$$

3. Stabilitätsbedingungen für binäre Phasen.

Für Zweistoffsysteme ist außerdem die Bedingung aufzusuchen, daß nicht eine Phase bei konstantem Druck und konstanter Temperatur sich in zwei Phasen verschiedener Zusammensetzung aufspaltet. Zur Ableitung dieser Stabilitätsbedingung denken wir uns die durch (27) definierte mittlere freie Enthalpie des binären Systems $\overline{G} = (1 - x)\, \mu_1 + x\, \mu_2$ bei konstantem p und T in Abhängigkeit vom Molenbruch dargestellt. Wir setzen zunächst voraus, daß das System im ganzen Mischungsbereich eine homogene stabile Phase bildet. Die allgemeine Form einer solchen $\overline{G}x$-Kurve ergibt sich nach GIBBS durch folgende Überlegung: Zerlegt man mittels (16) in Grund- und Restpotentiale, so wird

$$\overline{G} = (1 - x)\, \mu_1 + x\, \mu_2 + (1 - x)\, R\, T \ln a_1 + x\, R\, T \ln a_2 \tag{67}$$

Für $x = 0$ wird $\overline{G} = \mu_1$, für $x = 1$ wird $\overline{G} = \mu_2$, die Kurve setzt bei den chemischen Potentialen der beiden reinen Komponenten ein (vg.Abb. 4).Die μ_1 und μ_2 verbindende gestrichelte Gerade stellt den jeweiligen Beitrag der Grundpotentiale zu $\overline{G}$, d. h. den Beitrag der beiden ersten Glieder von (67) dar. Da im ganzen Mischungsbereich für beide Aktivitäten stets $1 > a > 0$, ist der Beitrag der beiden letzten Glieder stets negativ, d. h. die $\overline{G}$-Kurve muß *unterhalb* dieser Geraden liegen. Um den Verlauf der Kurve bei kleinem bzw. großem x zu übersehen, untersuchen wir den speziellen Fall einer idealen Mischung, für die (67) sich in der Form schreiben läßt (vgl. S. 19):

$$\overline{G} = (1 - x)\,\mu_1 + x\,\mu_2 + (1 - x)\,R\,T\,\ln(1 - x) + x\,R\,T\,\ln x. \tag{68}$$

Dann ergibt sich die Neigung der Kurve in jedem Punkt zu

$$\frac{\partial \overline{G}}{\partial x} = \mu_2 - \mu_1 - R\,T - R\,T\,\ln(1 - x) + R\,T + R\,T\,\ln x$$
$$= \mu_2 - \mu_1 + R\,T\,\ln\frac{x}{1 - x} \equiv A + B\,\ln\frac{x}{1 - x}. \tag{69}$$

Daraus folgt für die Anfangsneigungen der Kurve

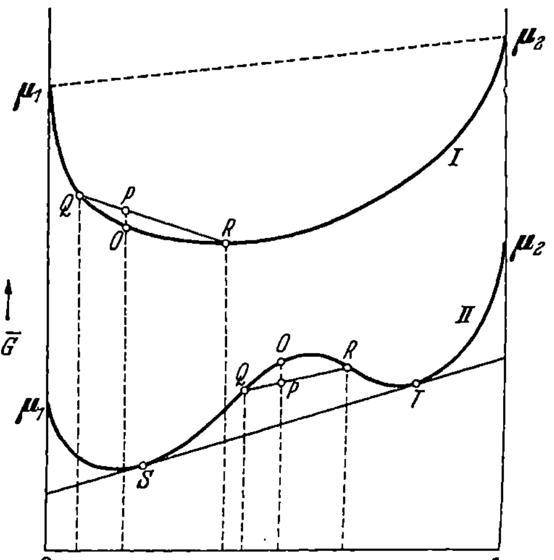

$$\lim_{x \to 0}\frac{\partial \overline{G}}{\partial x} = -\infty$$
$$\text{bzw.} \quad \lim_{x \to 1}\frac{\partial \overline{G}}{\partial x} = +\infty, \tag{70}$$

da die Konstanten A und B nur von Temperatur und Druck, aber nicht von x abhängen. Die Kurve muß also mit unendlicher Tangente in die beiden Werte μ_1 bzw. μ_2 einmünden, wie es in Abb. 4 dargestellt ist.

Für den Verlauf der Kurve im mittleren x-Bereich betrachten wir die beiden Fälle I und II. Nehmen wir an, daß die homogene Phase der Zusammensetzung O instabil sei und in die koexistenten Phasen der Zusammensetzung Q und R zerfalle. Dann wird die mittlere freie Enthalpie der beiden Phasen durch den Punkt P, ihr Molzahlverhältnis n'/n'' durch das Verhältnis PQ/PR dargestellt[1]. P liegt oberhalb oder

Abb. 4. Zur Ableitung der Stabilitätsbedingungen in 2-Stoff-Systemen.

---

[1] Bezeichnet man den mittleren Molenbruch des Punktes P mit $\bar{x}$, die Molenbrüche der koexistenten Phasen Q und R mit x' bzw. x'', so gilt

$$(n' + n'')\,\bar{x} = n'\,x' + n''\,x'',$$

woraus unmittelbar folgt (sog. *Hebelgesetz*):

$$\frac{n'}{n''} = \frac{x'' - \bar{x}}{x - x'} = \frac{PQ}{PR}. \tag{71}$$

unterhalb von O, je nachdem die $\overline{G}$-Kurve bei O konvex oder konkav gegen die x-Achse ist. Da nun nach der Gleichgewichtsbedingung (49) die freie Enthalpie und damit nach (26) auch $\overline{G}$ ein Minimum besitzen soll, wird ein Zerfall in zwei Phasen nur dann eintreten, wenn P unterhalb von O liegt, d. h. wenn die $\overline{G}$-Kurve konkav gegen die x-Achse ist (Fall II). Für eine im ganzen Mischungsbereich homogene stabile Phase muß danach die *Krümmung* der $\overline{G}x$-Kurve überall konvex gegen die x-Achse sein (Fall I), was analytisch bedeutet

$$\left(\frac{\partial^2 \overline{G}}{\partial x^2}\right)_{p,\,T} > 0 . \tag{72}$$

Diese notwendige Stabilitätsbedingung für eine homogene Phase bedeutet, daß im Fall II das Gemisch im konkaven Teil der Kurve instabil ist und in zwei koexistente Phasen zerfällt, deren Zusammensetzung durch die Berührungspunkte S und T der *gemeinsamen Tangente* gegeben ist. Für diese koexistenten Phasen gilt nämlich nach (51) die Gleichgewichtsbedingung $\mu_1' = \mu_1''$ und $\mu_2' = \mu_2''$. Daraus folgt unter Einführung der mittleren freien Enthalpie mittels (34)

$$\left(\overline{G} + (1-x)\frac{\partial \overline{G}}{\partial x}\right)'_{p,\,T} = \left(\overline{G} + (1-x)\frac{\partial \overline{G}}{\partial x}\right)''_{p,\,T}$$
$$\text{und}\ \left(\overline{G} - x\frac{\partial \overline{G}}{\partial x}\right)'_{p,\,T} = \left(\overline{G} - x\frac{\partial \overline{G}}{\partial x}\right)''_{p,\,T} , \tag{73}$$

was sich durch Subtraktion der beiden Gleichungen[1] auch in der einfacheren mit (53) identischen Form schreiben läßt

$$\left(\frac{\partial \overline{G}}{\partial x}\right)'_{p,\,T} = \left(\frac{\partial \overline{G}}{\partial x}\right)''_{p,\,T} . \tag{74}$$

Gl. (74) bedeutet gleiche Neigung der Tangenten in S und T, Gl. (73) gleiche Ordinatenabschnitte dieser Tangenten. Die beiden Punkte S und T mit gemeinsamer Tangente entsprechen demnach den koexistenten Phasen. Der Übergang zwischen konvex und konkav und damit zwischen stabil und instabil findet an den Wendepunkten Q und R der Kurve II statt, wo $(\partial^2 \overline{G}/\partial x^2) = 0$ wird. Zwischen Q und R ist demnach die homogene Phase nicht existenzfähig. Zwischen S und Q bzw. R und T ist (72) erfüllt, trotzdem ist in diesen Gebieten die homogene Phase zwar existenzfähig, jedoch in bezug auf den Zerfall in die Phasen S und T *metastabil*, da eine hier gezogene Tangente nicht *überall* unterhalb der Kurve liegt. Die Bedingung (72) ist danach, analog wie oben die Bedingung (63), für die Stabilität einer homogenen Phase zwar notwendig, aber nicht in jedem Fall ausreichend.

In vielen Fällen ist es von Vorteil, anstelle von p, T und x die unabhängigen Variablen *Volumen*, Temperatur und Molenbruch zu be-

---

[1] Gleichung (74) läßt sich auch unmittelbar aus (30) und (51) ableiten.

nutzen, weil koexistenten Phasen im Gleichgewicht Druck und Temperatur gemeinsam ist, während Dichte und Zusammensetzung sich unterscheiden. Insbesondere ist das Volumen von *Flüssigkeit-Dampf-Gleichgewichten* häufig von Interesse. Man benutzt dann statt $\overline{G}$ die mittlere freie Energie $\overline{F}$ als abhängige Zustandsgröße; der Zusammenhang zwischen beiden ist durch die zu (64) analoge Beziehung

$$(d\overline{G})_{p,\,T} = d\overline{F} + p\,d\overline{V}$$

gegeben, die für ein binäres Gemisch bei konstantem T lautet

$$(d\overline{G})_{p,\,T} = \left(\frac{\partial \overline{F}}{\partial x}\right)_{\overline{V},\,T} dx + \left(\frac{\partial \overline{F}}{\partial \overline{V}}\right)_{x,\,T} d\overline{V} + p\,d\overline{V}$$

oder

$$\left(\frac{\partial \overline{G}}{\partial x}\right)_{p,\,T} = \left(\frac{\partial \overline{F}}{\partial x}\right)_{\overline{V},\,T} + \left(\frac{\partial \overline{F}}{\partial \overline{V}}\right)_{x,\,T}\left(\frac{\partial \overline{V}}{\partial x}\right)_{p,\,T} + p\left(\frac{\partial \overline{V}}{\partial x}\right)_{p,\,T}. \tag{75}$$

Nochmalige Differentiation nach x ergibt mittels (72) die Stabilitätsbedingung für eine homogene Phase

$$\left(\frac{\partial^2 \overline{G}}{\partial x^2}\right)_{p,\,T} = \left(\frac{\partial^2 \overline{F}}{\partial x^2}\right)_{\overline{V},\,T} + \left(\frac{\partial^2 \overline{F}}{\partial \overline{V} \partial x}\right)_{T}\left(\frac{\partial \overline{V}}{\partial x}\right)_{p,\,T} +$$
$$+ \left(\frac{\partial \overline{F}}{\partial \overline{V}}\right)_{x,\,T}\left(\frac{\partial^2 \overline{V}}{\partial x^2}\right)_{p,\,T} + p\left(\frac{\partial^2 \overline{V}}{\partial x^2}\right)_{p,\,T} > 0.$$

Wegen $(\partial \overline{F}/\partial \overline{V}) = -p$ fallen die beiden letzten Glieder fort. Ferner ist $(\partial \overline{V}/\partial x)_p = -(\partial p/\partial x)_{\overline{V}}/(\partial p/\partial \overline{V})_x$. Setzt man dies ein, so wird

$$\left(\frac{\partial^2 \overline{G}}{\partial x^2}\right)_{p,\,T} = \left(\frac{\partial^2 \overline{F}}{\partial x^2}\right)_{\overline{V},\,T} - \left(\frac{\partial^2 \overline{F}}{\partial \overline{V} \partial x}\right)_{T}\frac{(\partial p/\partial x)_{\overline{V}}}{(\partial p/\partial \overline{V})_x} =$$
$$= \left(\frac{\partial^2 \overline{F}}{\partial x^2}\right)_{\overline{V},\,T} - \frac{\left(\frac{\partial^2 \overline{F}}{\partial \overline{V} \partial x}\right)^2}{\left(\frac{\partial^2 \overline{F}}{\partial \overline{V}^2}\right)_x} > 0. \tag{76}$$

Da nach (61) $(\partial^2 \overline{F}/\partial \overline{V}^2)_x$ positiv ist, läßt sich dies auch in der Form schreiben

$$\left(\frac{\partial^2 \overline{F}}{\partial x^2}\right)_{\overline{V}}\left(\frac{\partial^2 \overline{F}}{\partial \overline{V}^2}\right)_x - \left(\frac{\partial^2 \overline{F}}{\partial \overline{V} \partial x}\right)^2 > 0, \tag{77}$$

eine Gleichung, die als zusätzliche Stabilitätsbedingung der Gl. (65) entspricht und entsprechend zu interpretieren ist. Zunächst folgt aus (77), daß analog zu (72) auch

$$\left(\frac{\partial^2 \overline{F}}{\partial x^2}\right)_{\overline{V},\,T} > 0. \tag{78}$$

Trägt man die mittlere freie Energie $\overline{F}$ in einem rechtwinkligen Koordinatensystem als Funktion von x und $\overline{V}$ auf, so erhält man eine Fläche. (61) und (78) bedeuten, daß sowohl jede $\overline{F}x$-Kurve (Schnitt senkrecht zur $\overline{V}$-Achse) wie jede $\overline{F}\overline{V}$-Kurve (Schnitt senkrecht zur x-Achse) für eine homogene stabile binäre Phase *konvex* gegen die x- bzw. $\overline{V}$-Achse gekrümmt ist. Darüber hinaus bedeutet Gl. (77) geometrisch, daß auch jeder andere beliebige vertikale Schnitt durch die $\overline{F}$-Fläche eine Kurve mit konvexer Krümmung gegen die $x\overline{V}$-Ebene ergibt. Diese drei Gleichungen stellen demnach die *ausreichende* Bedingung für die Stabilität der homogenen Phase dar, wobei die Gültigkeit von (77) und einer der beiden Bedingungen (61) oder (78) auch jeweils die der dritten bedeutet. Eine Berührungsebene der $\overline{F}$-Fläche liegt dann stets *ganz* unterhalb der Fläche.

Enthält andererseits die $\overline{F}$-Fläche gegen die $x\overline{V}$-Ebene konkav gekrümmte Teile (d. h. besitzt sie eine *Falte*), so ist die Phase in diesem Bereich labil bzw. metastabil und zerfällt in zwei koexistente Phasen, deren Zusammensetzung und mittleres Molvolumen durch die Berührungspunkte einer *gemeinsamen Tangentialebene* gegeben sind (analog zur gemeinsamen Tangente der Kurve II in Abb. 4). Für diese Phasen gelten nämlich anstelle von (73), indem man $\overline{G}$ durch $\overline{F} + p\overline{V}$ und p durch $-(\partial\overline{F}/\partial\overline{V})_x$ ersetzt, die Gleichungen

$$\left[\overline{F} - \overline{V}\left(\frac{\partial\overline{F}}{\partial\overline{V}}\right)_x + (1-x)\left(\frac{\partial\overline{F}}{\partial x}\right)_{\overline{V}}\right]' = \left[\overline{F} - \overline{V}\left(\frac{\partial\overline{F}}{\partial\overline{V}}\right)_x + (1-x)\left(\frac{\partial\overline{F}}{\partial x}\right)_{V}\right]''$$
$$\left[\overline{F} - \overline{V}\left(\frac{\partial\overline{F}}{\partial\overline{V}}\right)_x - x\left(\frac{\partial\overline{F}}{\partial x}\right)_{\overline{V}}\right]' = \left[\overline{F} - \overline{V}\left(\frac{\partial\overline{F}}{\partial\overline{V}}\right)_x - x\left(\frac{\partial\overline{F}}{\partial x}\right)_{\overline{V}}\right]'', \tag{79}$$

deren Subtraktion analog zu (74) ergibt

$$\left(\frac{\partial\overline{F}}{\partial x}\right)'_{\overline{V},T} = \left(\frac{\partial\overline{F}}{\partial x}\right)''_{\overline{V},T}. \tag{80}$$

Außerdem gilt wegen der Druckgleichheit im Gesamtsystem

$$\left(\frac{\partial\overline{F}}{\partial\overline{V}}\right)'_{x,T} = \left(\frac{\partial\overline{F}}{\partial\overline{V}}\right)''_{x,T} = -p. \tag{81}$$

In Abb. 5 ist eine solche Fläche mit Falte schematisch wiedergegeben.

Rollt man die Tangentialebene auf der $\overline{F}$-Fläche ab, so erhält man zwei Kurven als geometrischen Ort aller zusammengehörigen Berührungspunkte. Die Geraden, die je zwei solcher Berührungspunkte verbinden, sind die schon S. 9 erwähnten *Konnoden*, weswegen man die Kurven auch als *Konnodalkurven* bezeichnet. Unter bestimmten Bedingungen von Druck und Temperatur können die Berührungspunkte der Tangentialebene immer näher

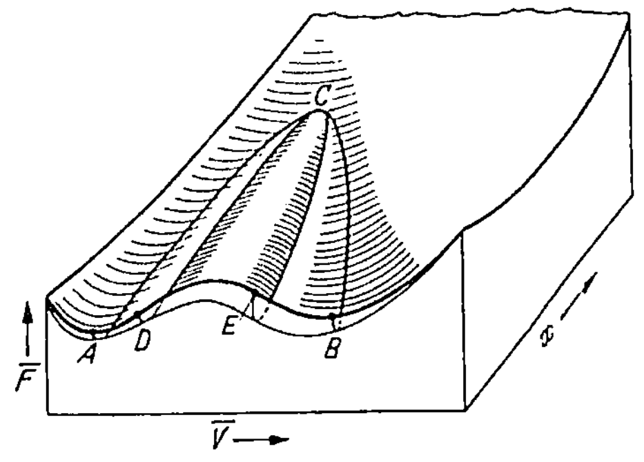

Abb. 5. $\overline{F}\,\overline{V}\,x$-Fläche binärer Systeme.

zusammenrücken und schließlich in einem Punkt zusammenfallen. In solchen Fällen hat man eine geschlossene Konnodalkurve vor sich (in Abb. 5 die Kurve $A\,C\,B$). Der sog. „Faltenpunkt" C entspricht also dem kritischen Punkt, bei dem die beiden Phasen identisch werden.

Innerhalb des Bereichs der Kurve $A\,C\,B$ ist die Phase metastabil oder labil. Die Grenze zwischen dem metastabilen und dem labilen Gebiet bildet die Kurve $D\,C\,E$, die man als *Spinodalkurve* bezeichnet. Mit Hilfe der später abzuleitenden Koexistenzgleichungen läßt sich zeigen, daß die Spinodalkurve innerhalb der Konnodalkurve verläuft, und daß beide Kurven sich im Faltenpunkt berühren. Für die Spinodalkurve gilt anstelle der Stabilitätsbedingungen (76) bzw. (77):

$$\left(\frac{\partial^2 \bar{G}}{\partial x^2}\right)_{p,\,T} = 0;\tag{82}$$

$$\left(\frac{\partial^2 \bar{F}}{\partial x^2}\right)_{\bar{V},\,T}\left(\frac{\partial^2 \bar{F}}{\partial \bar{V}^2}\right)_{x,\,T} - \left(\frac{\partial^2 \bar{F}}{\partial x\,\partial \bar{V}}\right)_{T}^2 = 0.\tag{83}$$

(83) kann nur erfüllt sein, wenn die Ungleichungen (61) und (78) weiterhin gültig bleiben, d. h. wenn $(\partial^2 \bar{F}/\partial x^2)_{\bar{V},\,T}$ und $(\partial^2 F/\partial \bar{V}^2)_{x,\,T}$ beide positiv sind. Erst innerhalb des von der Spinodalkurve umschlossenen Gebietes können auch $(\partial^2 \bar{F}/\partial x^2)_{\bar{V},\,T}$ und $(\partial^2 \bar{F}/\partial \bar{V}^2)_{x,\,T}$ gleich Null werden. Lediglich in der vertikalen Grenzebene $x = 0$ fallen die Wendepunkte D und E der Schnittkurve mit der Spinodalkurve zusammen. Hier ist also $(\partial^2 \bar{F}/\partial \bar{V}^2)_{x,\,T} = -\,\partial p/\partial \bar{V} = 0$, wie es vom kritischen Punkt reiner Stoffe im $p\,V$-Diagramm bekannt ist (vgl. auch Abb. 62a).

Zur vereinfachten Darstellung der Koexistenzbedingungen der beiden Phasen projiziert man gewöhnlich die Konnodalkurven nebst den Konnoden und die Spinodalkurven auf die $\bar{V}x$-Grundfläche; aus diesem Diagramm lassen sich die Zusammensetzung der beiden Phasen und das mittlere Molvolumen unmittelbar ablesen. Das Molzahlverhältnis der beiden Phasen ergibt sich für jeden Punkt einer Konnode nach dem Hebelgesetz (S. 26) aus den beiden Abschnitten der Konnode. Graphische Darstellungen dieser Art sind in den Ab. 66 bis 68 wiedergegeben.

Der kritische Entmischungspunkt C ist dadurch gekennzeichnet, daß einerseits zwei koexistente Phasen zusammenfallen und andererseits stabiles und labiles Gebiet aneinander grenzen, d. h. daß Konnodalkurve und Spinodalkurve sich berühren (*152*). Analytisch bedeutet dies, daß außer (82) noch die Bedingung erfüllt ist

$$\left(\frac{\partial^3 \bar{G}}{\partial x^3}\right)_{p,\,T} = 0.\tag{84}$$

Man kann die beiden Bedingungen (82) und (84) in praktisch auswertbarer Form schreiben, indem man $(\partial \bar{G}/\partial x)_{p,\,T}$ durch die chemischen Potentiale ausdrückt. Nach (30) gilt für gegebenes p und T

$$\left(\frac{\partial \bar{G}}{\partial x}\right) = \mu_2 - \mu_1.\tag{85}$$

Damit wird aus (82)

$$\frac{\partial \mu_1}{\partial x} = \frac{\partial \mu_2}{\partial x}, \tag{86}$$

und aus (84)

$$\frac{\partial^2 \mu_1}{\partial x^2} = \frac{\partial^2 \mu_2}{\partial x^2}. \tag{87}$$

Ferner ist nach der GIBBS-DUHEMschen Gleichung (15)

$$(1-x)\frac{\partial \mu_1}{\partial x} + x\frac{\partial \mu_2}{\partial x} = 0, \tag{88}$$

was nochmals nach x differenziert ergibt

$$(1-x)\frac{\partial^2 \mu_1}{\partial x^2} - \frac{\partial \mu_1}{\partial x} + x\frac{\partial^2 \mu_2}{\partial x^2} + \frac{\partial \mu_2}{\partial x} = 0. \tag{89}$$

Für die Bedingungen des kritischen Punktes folgt demnach aus (86) und (88)

$$\frac{\partial \mu_1}{\partial x} = \frac{\partial \mu_2}{\partial x} = 0, \tag{90}$$

aus (87) und (89)

$$\frac{\partial^2 \mu_1}{\partial x^2} = \frac{\partial^2 \mu_2}{\partial x^2} = 0. \tag{91}$$

Zerlegt man weiter nach (16) und (20) in Grund- und Restpotential:

$$\mu = \mu + RT \ln x + RT \ln f,$$

so erhält man die Bedingungen des kritischen Punktes in der Form

$$\frac{\partial \ln f_1}{\partial x} - \frac{1}{1-x} = \frac{\partial \ln f_2}{\partial x} + \frac{1}{x} = 0 \tag{92}$$

$$\frac{\partial^2 \ln f_1}{\partial x^2} - \frac{1}{(1-x)^2} = \frac{\partial^2 \ln f_2}{\partial x^2} - \frac{1}{x^2} = 0. \tag{93}$$

Von diesen Formeln werden wir später Gebrauch machen (vgl. S. 194).

Das Ergebnis der GIBBSschen Untersuchung über die Bedingungen der Phasenstabilität in Ein- und Zweistoffsystemen läßt sich folgendermaßen verallgemeinern: Stabiles Gleichgewicht herrscht dann, wenn die partiellen zweiten Ableitungen der Zustandsfunktionen nach einer ihrer charakteristischen Extensitätsvariablen (V, S, n) größer als Null, nach einer Intensitätsvariablen (p, T) kleiner als Null werden. Bei je zwei unabhängigen Variablen kommen außerdem Zusatzbedingungen hinzu, wie sie durch die Gln. (65) oder (77) ausgedrückt sind. So gilt z. B. für eine stabile binäre Mischphase, wenn man die mittlere freie Enthalpie durch die Gesamtenthalpie und den Molenbruch durch die Molzahl ersetzt:

$$\left(\frac{\partial^2 G}{\partial n_2^2}\right)_{p,\,T} > 0 \quad \text{oder} \quad \left(\frac{\partial \mu_2}{\partial n_2}\right)_{p,\,T} > 0, \tag{94}$$

d. h. das chemische Potential eines Stoffes und damit auch seine Aktivität muß mit Vergrößerung seiner Molzahl stets zunehmen. Schreibt man (94) in der Form

oder

$$\frac{\partial \mu_2}{\partial n_2} = \frac{\partial \mu_2}{\partial x} \cdot \frac{\partial x}{\partial n_2} = \frac{1-x}{n_1 + n_2} \cdot \frac{\partial \mu_2}{\partial x} > 0$$

$$\frac{\partial \mu_2}{\partial x} = \frac{n_1 + n_2}{1 - x} \cdot \frac{\partial \mu_2}{\partial n_2} > 0, \tag{95}$$

so sieht man, daß bei stabilem Gleichgewicht auch $\partial \mu_2/\partial x$ stets positiv sein muß. Aus der GIBBS-DUHEMschen Gl. (15) folgt dann unmittelbar, daß $(\partial \mu_1/\partial x) < 0$ wird.

4. Stabilitätsbedingungen in Drei- und Mehrstoffsystemen.

Bei Dreistoffsystemen eignet sich die mittlere freie Energie $\overline{F}$ nicht mehr zur anschaulichen graphischen Darstellung der Stabilitätsbedingungen, weil $\overline{F}$ als Funktion von $\overline{V}$ und zwei variablen Molenbrüchen x_1 und x_2 nur im vierdimensionalen Raum dargestellt werden könnte. Man könnte zwar $\overline{V}$ konstant setzen, doch hat dies keine praktische Bedeutung, da Phasenumwandlungen bei konstantem Volumen im allgemeinen nicht durchführbar sind; außerdem enthält die allgemeine Gleichgewichtsbedingung (47) bereits einen Differentialquotienten nach $\overline{V}$, da $p = -\dfrac{\partial \overline{F}}{\partial \overline{V}}$, und ebenso die Gleichgewichtsbedingungen in x_1 und x_2, wie aus dem Vergleich von (53) und (75) hervorgeht.

Im Gegensatz dazu enthalten die durch die freie Enthalpie auszudrückenden Gleichgewichtsbedingungen (52) oder (53) keine Differentialquotienten nach p, man kann also, wie es auch praktisch fast stets üblich ist, Druck- und Temperatur als konstant annehmen und $\overline{G}$ im räumlichen Diagramm als Funktion der beiden Molenbrüche x_1 und x_2 darstellen[1]. Man erhält wieder — analog wie beim $\overline{F}\,\overline{V}\,x$-Diagramm der Abb. 5 — eine Zustandsfläche, aus deren Eigenschaften man die Stabilitätsbedingungen ablesen kann.

Ist die Phase im gesamten Mischungsbereich stabil, so muß eine Berührungsebene in jedem Punkt der Fläche *ganz* unterhalb derselben liegen, d. h. die $\overline{G}$-Fläche ist überall konvex-konvex gegen die $x_1\,x_2$-Ebene. Analytisch bedeutet dies, daß analog zu (61), (77) und (78)

$$\frac{\partial^2 \overline{G}}{\partial x_1^2} > 0; \quad \frac{\partial^2 \overline{G}}{\partial x_2^2} > 0; \tag{96}$$

$$\frac{\partial^2 \overline{G}}{\partial x_1^2} \cdot \frac{\partial^2 \overline{G}}{\partial x_2^2} - \left(\frac{\partial^2 \overline{G}}{\partial x_1 \partial x_2} \right)^2 > 0. \tag{97}$$

Außerdem gelten natürlich für Änderungen von p und T die Bedingungen (66).

---

[1] Man kann dabei Dreieckskoordinaten oder rechtwinklige Koordinaten benutzen, letztere sind für rechnerische Zwecke bequem.

Besitzt die $\overline{G}$-Fläche konvex-konkave Teile (Falten), so bedeutet dies auch hier metastabile bzw. labile Zustände der Phase, die in analoger Weise wie in Abb. 5 durch Konnodal- bzw. Spinodalkurven voneinander getrennt sind: es tritt ein Zerfall der Phase in zwei koexistente Phasen ein, etwa in zwei flüssige oder in eine flüssige und eine dampfförmige Phase, deren Zusammensetzung durch die Berührungspunkte einer gemeinsamen Tangentialebene gegeben ist, für die analog zu (73) und (74) gilt

$$\left(\frac{\partial \overline{G}}{\partial x_1}\right)'_{p,\,T} = \left(\frac{\partial \overline{G}}{\partial x_1}\right)''_{p,\,T} \; ; \quad \left(\frac{\partial \overline{G}}{\partial x_2}\right)'_{p,\,T} = \left(\frac{\partial \overline{G}}{\partial x_2}\right)''_{p,\,T} \tag{98}$$

$$\left(\overline{G} - x_1\frac{\partial \overline{G}}{\partial x_1} - x_2\frac{\partial \overline{G}}{\partial x_2}\right)' = \left(\overline{G} - x_1\frac{\partial \overline{G}}{\partial x_1} - x_2\frac{\partial \overline{G}}{\partial x_2}\right)'' \tag{99}$$

(98) bedeutet, daß die Berührungsebenen in den beiden koexistenten Punkten parallel sind, (99), daß sie auf den bei $x_1 = 0$ und $x_2 = 0$ errichteten $\overline{G}$-Achsen gleiche Strecken abschneiden.

Auch hier können in bestimmten Druck- und Temperaturbereichen kritische Faltenpunkte auftreten, in denen Konnodal- und Spinodalkurve zusammenfallen. Die Gleichung der Spinodalkurve lautet analog zu (83)

$$D \equiv \frac{\partial^2 \overline{G}}{\partial x_1^2} \cdot \frac{\partial^2 \overline{G}}{\partial x_2^2} - \left(\frac{\partial^2 \overline{G}}{\partial x_1 \partial x_2}\right)^2 = 0. \tag{100}$$

Sie bedeutet, da die Ungleichungen (96) gültig bleiben, daß es für jeden Punkt der Spinodalkurve *eine* ausgezeichnete Richtung v gibt (unter allen möglichen Richtungen zwischen der x_1 und der x_2-Achse), in der die Krümmung der Fläche gleich Null ist. Da in einem kritischen Entmischungspunkt Spinodal- und Konnodalkurve zusammenfallen, ist (100) gleichzeitig die eine Bedingungsgleichung für einen solchen Punkt. Die zweite Bedingungsgleichung ergibt sich nach GIBBS (*83*) aus Stabilitätsbetrachtungen einer kritischen Phase (vgl. *99*) bei konstantem p, und T zu

$$\frac{\partial^2 \overline{G}}{\partial x_1^2} \cdot \frac{\partial D}{\partial x_2} - \frac{\partial^2 \overline{G}}{\partial x_1 \partial x_2} \cdot \frac{\partial D}{\partial x_1} = 0. \tag{101}$$

In einer etwas anderen, zu (82) und (84) analogen Form lauten die beiden Bedingungsgleichungen (*189, 274*)

$$\frac{\partial^2 \overline{G}}{\partial v^2} = 0 \; ; \tag{102}$$

$$\frac{\partial^3 \overline{G}}{\partial v^3} = 0, \tag{103}$$

wenn man, wie schon erwähnt, mit v die jeweils ausgezeichnete Richtung zwischen x_1 und x_2 bezeichnet, in der die Krümmung der $\overline{G}$-Fläche für jeden Punkt der Spinodalkurve verschwindet.

Für Mehrstoffgemische kann man die Stabilitätsbedingungen (96) und (97) sinngemäß erweitern. Schreibt man sie in Determinantenform, so gilt für gegebenes p und T

$$\begin{vmatrix} \dfrac{\partial^2 \bar{G}}{\partial x_1^2} & \dfrac{\partial^2 \bar{G}}{\partial x_1 \partial x_2} & \dfrac{\partial^2 \bar{G}}{\partial x_1 \partial x_3} & \cdots \\[2mm] \dfrac{\partial^2 \bar{G}}{\partial x_2 \partial x_1} & \dfrac{\partial^2 \bar{G}}{\partial x_2^2} & \dfrac{\partial^2 \bar{G}}{\partial x_2 \partial x_3} & \cdots \\[2mm] \dfrac{\partial^2 \bar{G}}{\partial x_3 \partial x_1} & \dfrac{\partial^2 \bar{G}}{\partial x_3 \partial x_2} & \dfrac{\partial^2 \bar{G}}{\partial x_3^2} & \cdots \\[2mm] \cdot & \cdot & \cdot & \cdots \\[2mm] \cdot & \cdot & \cdot & \cdots \; \dfrac{\partial^2 \bar{G}}{\partial x_{n-1}^2} \end{vmatrix} > 0. \qquad (104)$$

Da nach dem vorangehenden auch sämtliche Hauptminoren der Determinante positiv sind, folgt, daß auch alle Diagonalglieder positiv sein müssen.

Man faßt die beiden Stabilitätsbedingungen (104) und (66) für Mehrstoffgemische häufig in der abgekürzten Form zusammen

$$[\Delta^2 \bar{G} (x_1, x_2 \ldots x_{n-1})]_{p,\,T} - [\Delta^2 \bar{G} (p, T)]_x > 0. \qquad (105)$$

Diese allgemeinste Form der Stabilitätsbedingungen gilt für alle Zustandsfunktionen mit ihren charakteristischen Extensitäts- und Intensitätsvariablen. Sie lautet für die freie Energie:

$$[\Delta^2 \bar{F} (\bar{V}, x_1, x_2 \ldots x_{n-1})]_T - [\Delta^2 \bar{F} (T)]_{\bar{V},\,x} > 0, \qquad (106)$$

für die innere Energie:

$$[\Delta^2 U (\bar{S}, \bar{V}, x_1, x_2 \ldots x_{n-1})] > 0, \qquad (107)$$

für die Enthalpie:

$$[\Delta^2 \bar{H} (\bar{S}, x_1, x_2 \ldots x_{n-1})]_p - [\Delta^2 \bar{H} (p)]_{\bar{S},\,x} > 0. \qquad (108)$$

C. Aufrechterhaltung des Gleichgewichts bei Änderungen der Zustandsvariablen.

Wir fragen weiter nach den Bedingungen, die einzuhalten sind, damit ein existierendes thermisches Gleichgewicht zwischen verschiedenen Phasen erhalten bleibt, wenn wir die Zustandsvariablen verändern. Denken wir uns als Beispiel die freie Enthalpie $\bar{G}$ pro Mol Mischung für zwei Phasen eines binären Systems bei gegebenem Druck als Funktion von T und x in einem räumlichen Koordinatensystem aufgetragen, so erhalten wir zwei räumliche Flächen, die sich gegenseitig durchdringen.

Das Koexistenzgebiet der beiden Phasen ist nach den Ergebnissen des vorangehenden Abschnittes durch die beiden Zweige der Konnodalkurve festgelegt, die sich durch Abrollen einer Doppelberührungsebene auf den beiden $\overline{G}$-Flächen ergeben. Die Frage nach den Bedingungen, unter denen das Phasengleichgewicht bei Änderung von T und x erhalten bleibt, ist demnach in diesem Fall gleichbedeutend mit der Frage nach der Differentialgleichung dieser Tx-Kurven auf den $\overline{G}$-Flächen. Allgemein formuliert: aus welchen Eigenschaften der $\overline{G}$- oder $\overline{F}$-Fläche lassen sich die Änderungen dT, dp, $d\overline{V}$, dx der unabhängigen Variablen ableiten, die der Koexistenzgleichung der beiden Phasen genügen?

Nun ist es, um bei dem genannten Beispiel zu bleiben, zur Vorausbestimmung benachbarter Berührungspunkte der gemeinsamen Tangentialebene offenbar nicht genügend, die *Neigungen* der $\overline{G}$-Flächen $\partial\overline{G}/\partial T$ und $\partial\overline{G}/\partial x$ für zwei koexistente Phasen zu kennen, denn diese Neigungen bestimmen ja lediglich die Lage der Doppelberührungsebene in den anfänglichen Koexistenzpunkten und lassen keine Schlüsse darüber zu, wie diese Lage in benachbarten Koexistenzpunkten sein wird. Hierfür müssen vielmehr die *Krümmungen* der beiden $\overline{G}$-Flächen gegeben sein, d. h. für die Bedingungen des sog. „während en Gleichgewichtes" spielen wieder die zweiten Differentialkoeffizienten (in dem gewählten Beispiel also die Größe $\partial^2\overline{G}/\partial T^2$ und $\partial^2\overline{G}/\partial x^2$) und ihre Vorzeichen eine ausschlaggebende Rolle.

1. Allgemeine Koexistenzgleichung
für das Zweiphasengleichgewicht.

Zur Ableitung der allgemeinen Differentialgleichung für die Koexistenz zweier Phasen in einem Mehrstoffsystem gehen wir von der Gleichgewichtsbedingung (51) für Phasengleichgewichte aus, nach der die chemischen Potentiale der einzelnen Komponenten in beiden Phasen gleich sein müssen. Ebenso herrscht im Gleichgewicht nach den Überlegungen von S. 20 im gesamten System gleiche Temperatur und gleicher Druck. Soll das Phasengleichgewicht bei Änderung der Zustandsvariablen erhalten bleiben, so gelten diese Bedingungen natürlich auch für den benachbarten Gleichgewichtszustand. Damit folgt unmittelbar als Bedingung des „währenden Gleichgewichtes" für die koexistenten Phasen $'$ und $''$

$$dT' = dT'' = dT$$
$$dp' = dp'' = dp \tag{109}$$
$$d\mu_i' = d\mu_i'' = d\mu_i.$$

Ferner gilt für jede Phase die GIBBS-DUHEMsche Gleichung (29), so daß wir als Koexistenzbedingung der beiden Phasen erhalten

$$\sum_{1}^{i} x_i' \, d\mu_i = \overline{V}' \, dp - \overline{S}' \, dT$$

$$\sum_{1}^{i} x_i'' \, d\mu_i = \overline{V}'' \, dp - \overline{S}'' \, dT .$$

(110)

Wir führen nun mittels (27) und (33) die mittlere freie Enthalpie pro Mol Mischung ein

$$(\overline{G})_{p,\,T} = \sum_{1}^{i} x_i \, \mu_i = \mu_j + \sum_{\substack{i=1 \\ i \neq j}}^{i} x_i \, \frac{\partial \overline{G}}{\partial x_i} , \qquad (111)$$

indem wir voraussetzen, daß die einzelnen Molenbrüche x_i jeweils auf Kosten von x_j geändert werden (vgl. S. 13). Aus (111) folgt

$$\sum_{1}^{i} x_i \, d\mu_i = d\mu_j + \sum_{\substack{i=1 \\ i \neq j}}^{i} x_i \, d\left(\frac{\partial \overline{G}}{\partial x_i}\right) . \qquad (112)$$

Setzt man dies in (110) ein und berücksichtigt man, daß nach (74) bei währendem Gleichgewicht auch

$$d\left(\frac{\partial \overline{G}}{\partial x_i}\right)' = d\left(\frac{\partial \overline{G}}{\partial x_i}\right)'' , \qquad (113)$$

sein muß, so lauten die Koexistenzbedingungen

$$\sum_{\substack{i=1 \\ i \neq j}}^{i} x_i' \, d\left(\frac{\partial \overline{G}}{\partial x_i}\right) + d\mu_j = \overline{V}' \, dp - \overline{S}' \, dT$$

$$\sum_{\substack{i=1 \\ i \neq j}}^{i} x_i'' \, d\left(\frac{\partial \overline{G}}{\partial x_i}\right) + d\mu_j = \overline{V}'' \, dp - \overline{S}'' \, dT .$$

(114)

Subtraktion der beiden Gleichungen ergibt

$$\sum_{\substack{i=1 \\ i \neq j}}^{i} (x_i'' - x_i') \, d\left(\frac{\partial \overline{G}}{\partial x_i}\right) = (\overline{V}'' - \overline{V}') \, dp - (\overline{S}'' - \overline{S}') \, dT . \qquad (115)$$

Zur Entwicklung des vollständigen Differentials $d\left(\dfrac{\partial \overline{G}}{\partial x_i}\right)$ berücksichtigen wir, daß nach dem Satz von der Vertauschbarkeit der Differentiationsfolge

$$\frac{\partial^2 \overline{G}}{\partial x_i \, \partial p} = \frac{\partial^2 \overline{G}}{\partial p \, \partial x_i} = \frac{\partial \overline{V}}{\partial x_i} \quad \text{und} \quad \frac{\partial^2 \overline{G}}{\partial x_i \, \partial T} = \frac{\partial^2 \overline{G}}{\partial T \, \partial x_i} = - \frac{\partial \overline{S}}{\partial x_i} .$$

Damit wird

$$d\left(\frac{\partial \overline{G}}{\partial x_i}\right) = \left(\frac{\partial \overline{V}}{\partial x_i}\right)_T dp - \left(\frac{\partial \overline{S}}{\partial x_i}\right)_p dT + \sum_{\substack{k=1 \\ k \neq j}}^{k=i} \left(\frac{\partial^2 \overline{G}}{\partial x_i \, \partial x_k}\right) dx_k \qquad (116)$$

Setzt man dies in (115) ein, so folgt schließlich

$$\left[\overline{V}'' - \overline{V}' - \sum_{\substack{i=1 \\ i \neq j}}^{i} (x_i'' - x_i') \frac{\partial \overline{V}}{\partial x_i}\right] dp - \left[\overline{S}'' - \overline{S}' - \sum_{\substack{i=1 \\ i \neq j}}^{i} (x_i'' - x_i') \frac{\partial \overline{S}}{\partial x_i}\right] dT$$

$$= (x_1'' - x_1') \sum_{\substack{k=1 \\ k \neq j}}^{k=i} \left(\frac{\partial^2 \overline{G}}{\partial x_1 \partial x_k}\right) dx_k + (x_2'' - x_2') \sum_{\substack{k=1 \\ k \neq j}}^{k=i} \left(\frac{\partial^2 \overline{G}}{\partial x_2 \partial x_k}\right) dx_k + \cdots$$

$$+ (x_i'' - x_i') \sum_{\substack{k=1 \\ k \neq j}}^{k=i} \left(\frac{\partial^2 \overline{G}}{\partial x_i \partial x_k}\right) dx_k \equiv \sum_{\substack{i=1 \\ i \neq j}}^{i=i} \cdot \sum_{\substack{k=1 \\ k \neq j}}^{k=i} (x_i'' - x_i') \left(\frac{\partial^2 \overline{G}}{\partial x_i \partial x_k}\right) dx_k. \quad (117)$$

(117) entspricht zwei Gleichungen, indem man wahlweise für $(\partial \overline{V}/\partial x_i)$, $(\partial \overline{S}/\partial x_i)$ und $(\partial^2 \overline{G}/\partial x_i \partial x_k)\, dx_k$ einmal die Werte der einen Phase und einmal die Werte der anderen Phase einsetzen kann. Diese allgemeine Koexistenzgleichung für das Zweiphasengleichgewicht von beliebig vielen Komponenten wurde von STORONKIN (*293*) angegeben [vgl. auch (*96*)]. Aus ihr lassen sich sämtliche Beziehungen ableiten, die zwischen dp, dT und den dx in beiden Phasen bei währendem Gleichgewicht bestehen. Im folgenden wenden wir die Gleichung auf eine Reihe von Beispielen an.

2. Dampfdruck reiner Flüssigkeiten.

Der einfachste Fall eines Zweiphasengleichgewichtes ist das Gleichgewicht zwischen der flüssigen und der dampfförmigen Phase eines reinen Stoffes. Da x als Variable bei reinen Stoffen nicht in Betracht kommt, bleiben die Variablen p und T. Wählt man eine derselben, so ist nach dem Phasengesetz auch die andere festgelegt, die Untersuchung der Bedingungen für währendes Gleichgewicht besteht also darin, die Beziehung zwischen zusammengehörigen Veränderungen des Sättigungsdruckes p_s und der Gleichgewichtstemperatur T_s, d. h. den Differentialquotienten dp_s/dT_s zu bestimmen. Da in Gl. (117) alle x enthaltenden Glieder verschwinden und mittleres Molvolumen $\overline{V}$ bzw. mittlere molare Entropie $\overline{S}$ durch Molvolumen V bzw. molare Entropie S des reinen Stoffes zu ersetzen sind, vereinfacht sich die Gleichung zu

$$(V'' - V')\, dp_s = (S'' - S')\, dT_s$$

oder

$$\frac{dp_s}{dT_s} = \frac{S'' - S'}{V'' - V'} = \frac{L_p}{T\,(V'' - V')}\,. \quad (118)$$

Das ist die CLAUSIUS-CLAPEYRONsche Gleichung, wobei $S'' - S' = L_p/T$ die Verdampfungsentropie darstellt[1]. Da $S = -\partial\mu/\partial T$ und $V = \partial\mu/\partial p$ ist, genügen in diesem Fall, d. h. allgemein für Einstoffsysteme, bereits die *ersten* Ableitungen von μ, um die zusammengehörigen Änderungen

---

[1] Über Verdampfungsentropien vgl. STAVELEY u. TUPMAN (*291*).

dp_s und dT_s längs der Koexistenzkurve zu bestimmen, da letztere bei Einstoffsystemen durch den Schnitt der beiden G-Flächen von Dampf und Flüssigkeit festgelegt ist, so daß ihre Richtung bereits durch die Neigung dp_s/dT_s gegeben ist.

Mit Hilfe der CLAUSIUS-CLAPEYRONschen Gleichung lassen sich auch die weiteren Koexistenzbedingungen ableiten, wenn man andere Variable zur Darstellung der eingeführten Zustandsänderung benutzt. So ergibt sich z. B. der Zusammenhang zwischen Temperatur und Molvolumen der Dampfphase bei während Gleichgewicht aus

$$dV'' = \left(\frac{\partial V''}{\partial T}\right)_p dT + \left(\frac{\partial V''}{\partial p}\right)_T dp = \left(\frac{\partial V''}{\partial T}\right)_p dT + \left(\frac{\partial V''}{\partial p}\right)_T \frac{dp_s}{dT_s} dT, \quad (119)$$

indem man für dp_s/dT_s den Wert aus (118) einsetzt, zu

$$\left(\frac{dV''}{dT}\right)_{koex} = \left(\frac{\partial V''}{\partial T}\right)_p + \frac{L_p}{T(V''-V')} \cdot \left(\frac{\partial V''}{\partial p}\right)_T. \quad (120)$$

Kann man den Dampf als ideales Gas annehmen, so ist

$$\left(\frac{\partial V''}{\partial T}\right)_p = \frac{R}{p} = \frac{V''}{T} \quad \text{und} \quad \left(\frac{\partial V''}{\partial p}\right)_T = -\frac{RT}{p^2} = -\frac{V''^2}{RT},$$

und aus (120) wird

$$\left(\frac{dV''}{dT}\right)_{koex} = \frac{V''}{T}\left(1 - \frac{L_p}{RT}\right), \quad (121)$$

wenn man (in genügender Entfernung vom kritischen Punkt) außerdem V', das Molvolumen der flüssigen Phase, gegenüber V'' vernachlässigt. Da außer in großer Nähe des kritischen Punktes $L_p \gg RT$ ist, wird $(dV''/dT)_{koex}$ negativ (die Dampfdichte nimmt mit steigender Temperatur zu) und dem Betrag nach sehr viel größer als $(\partial V''/\partial T)_p$ (vgl. dazu auch S. 222). Eine zu (120) analoge Gleichung ergibt sich für die flüssige Phase:

$$\left(\frac{dV'}{dT}\right)_{koex} = \left(\frac{\partial V'}{\partial T}\right)_p + \frac{L_p}{T(V''-V')}\left(\frac{\partial V'}{\partial p}\right)_T, \quad (122)$$

in der man das letzte Glied wegen der geringen Kompressibilität gewöhnlich vernachlässigen kann, so daß sich Ausdehnungskoeffizienten bei konstantem Druck und bei während Gleichgewicht nicht wesentlich unterscheiden.

Die Änderung der molaren Entropien dS' und dS'' der beiden Phasen bei einer willkürlichen Temperaturerhöhung dT unter Erhaltung des Gleichgewichts ergibt sich analog aus

$$dS'' = \left(\frac{\partial S''}{\partial T}\right)_p dT + \left(\frac{\partial S''}{\partial p}\right)_T dp = \left(\frac{\partial S''}{\partial T}\right)_p dT + \left(\frac{\partial S''}{\partial p}\right)_T \frac{dp_s}{dT_s} dT$$

unter Einführung von (118) zu

$$\left(\frac{dS''}{dT}\right)_{koex} = \left(\frac{\partial S''}{\partial T}\right)_p - \frac{L_p}{T(V''-V')}\left(\frac{\partial V''}{\partial T}\right)_p, \quad (123)$$

wenn man $(\partial S/\partial p)_T$ durch $-(\partial V/\partial T)_p$ ersetzt. Eine entsprechende Gleichung gilt für $(dS'/dT)_{koex}$. Bei der flüssigen Phase kann man das letzte Glied der Gleichung wieder vernachlässigen wegen des geringen Ausdehnungskoeffizienten von Flüssigkeiten, so daß $(dS'/dT)_{koex} \cong (\partial S'/\partial T)_p$. Bei der koexistenten Gasphase sind beide Glieder der rechten Seite positiv und von gleicher Größenordnung, so daß $(dS''/dT)_{koex}$ sowohl positiv wie negativ werden kann. Dieses zunächst überraschende Resultat, daß die molare Entropie des koexistierenden Dampfes mit steigendem T auch abnehmen kann, erklärt sich daraus, daß durch die gleichzeitige Drucksteigerung die Entropie stärker abnimmt, als der Entropiezunahme durch das wachsende T entspricht.

Da ferner $dS/dT = C/T$ die Molwärme des Stoffes unter den gewählten Bedingungen angibt, kann man (123) auch in der Form schreiben

$$C''_{koex} = T\left(\frac{dS''}{dT}\right)_{koex} = C''_p - \frac{L_p}{V'' - V'}\left(\frac{\partial V''}{\partial T}\right)_p. \qquad (124)$$

Danach kann auch C''_{koex} negative Werte annehmen, wenn durch die Kompression des Dampfes mehr Wärme frei wird als die Erwärmung bei konstantem Druck verbrauchen würde.

So wird z. B. für gesättigten Wasserdampf bei 25° C unter Annahme idealen Gasverhaltens und Vernachlässigung von V' gegenüber V'' mit den empirischen Werten $C''_p = 8{,}0$ cal/° und $L_p = 10500$ cal

$$C''_{koex} = C''_p - \frac{L_p}{T} = 8{,}0 - 35{,}2 = -27{,}2 \text{ cal/°}.$$

Eine analoge Gleichung gilt für die koexistente flüssige Phase, wobei wieder das letzte Glied der Gleichung vernachlässigt werden kann, so daß in erster Näherung

$$C'_{koex} \cong C'_p. \qquad (125)$$

Eine Beziehung zwischen C''_{koex} und dem experimentell leicht zugänglichen C'_p erhält man aus $S'' - S' = L/T$, indem man bei während dem Gleichgewicht nach T differenziert. Dann wird

$$\frac{1}{T}\left(\frac{dL}{dT}\right)_{koex} - \frac{L}{T^2} = \frac{C''_{koex} - C'_{koex}}{T},$$

oder unter Berücksichtigung von (125)

$$C''_{koex} = C'_p + \left(\frac{dL}{dT}\right)_{koex} - \frac{L}{T}. \qquad (126)$$

Für gesättigten Wasserdampf von 25° C erhält man mit $C'_p = 18{,}0$ cal/°, $(dL/dT)_{koex} = -10{,}1$ cal/° und $L/T = -35{,}2$ cal/° in Übereinstimmung mit dem nach (124) berechneten Wert $C''_{koex} = 18{,}0 - 10{,}1 - 35{,}2 = -27{,}3$ cal/°.

In ähnlicher Weise kann man die Veränderungen bei während dem Gleichgewicht berechnen, die etwa bei konstantem Gesamtvolumen (isochores Verhalten) oder bei konstanter Gesamtentropie des Systems (isentropes Verhalten) auftreten, worauf im einzelnen nicht eingegangen werden soll[1].

3. Koexistenzgleichungen binärer Systeme.

Für binäre Systeme, deren Zustand außer durch Temperatur und Druck durch je einen Molenbruch in jeder Phase festgelegt ist, geht Gl. (117) über in

$$\left[\overline{V}'' - \overline{V}' - (x'' - x')\left(\frac{\partial \overline{V}}{\partial x}\right)'\right] dp - \left[\overline{S}'' - \overline{S}' - (x'' - x')\left(\frac{\partial \overline{S}}{\partial x}\right)'\right] dT$$
$$= (x'' - x')\left(\frac{\partial^2 \overline{G}}{\partial x^2} dx\right)' \tag{127a}$$

bzw.

$$\left[\overline{V}'' - \overline{V}' - (x'' - x')\left(\frac{\partial \overline{V}}{\partial x}\right)''\right] dp - \left[\overline{S}'' - \overline{S}' - (x'' - x')\left(\frac{\partial \overline{S}}{\partial x}\right)''\right] dT$$
$$= (x'' - x')\left(\frac{\partial^2 \overline{G}}{\partial x^2} dx\right)''. \tag{127b}$$

Nach der Stabilitätsbedingung (72) muß $(\partial^2 \overline{G}/\partial x^2) > 0$ sein. Wir führen zur Vereinfachung der Schreibweise für die Koeffizienten in den eckigen Klammern die Symbole V_0', S_0', V_0'' und S_0'' ein und erhalten die Koexistenzgleichungen für die beiden Phasen in der abgekürzten Form

$$V_0'\, dp - S_0'\, dT - (x'' - x')\left(\frac{\partial^2 \overline{G}}{\partial x^2} dx\right)' = 0 \tag{128a}$$

$$V_0''\, dp - S_0''\, dT - (x'' - x')\left(\frac{\partial^2 \overline{G}}{\partial x^2} dx\right)'' = 0. \tag{128b}$$

Um die physikalische Bedeutung der Koeffizienten V_0 und S_0 zu erkennen, substituieren wir in dem Ausdruck

$$V_0' \equiv \overline{V}'' - \overline{V}' - (x'' - x')\left(\frac{\partial \overline{V}}{\partial x}\right)' \tag{129}$$

analog zu (27): $\qquad \overline{V}'' = (1 - x'')\, V_1'' + x''\, V_2''$,

nach (35): $\qquad \overline{V}' = V_2' - (1 - x')\left(\frac{\partial \overline{V}}{\partial x}\right)'$,

analog zu (30): $\qquad \left(\frac{\partial \overline{V}}{\partial x}\right)' = V_2' - V_1'$.

Dabei bedeuten V_1 und V_2 die partiellen Molvolumina der beiden Komponenten. Damit wird aus (129)

$$V_0' = x''\, (V_2'' - V_2') + (1 - x'')\, (V_1'' - V_1') \tag{130a}$$

Eine völlig analoge Rechnung liefert

$$V_0'' = x'\, (V_2'' - V_2') + (1 - x')\, (V_1'' - V_1'), \tag{130b}$$

---

[1] Vgl. z. B. (266, 316).

und entsprechende Ausdrücke ergeben sich für S_0' und S_0'':

$$S_0' = x'' \, (S_2'' - S_2') + (1 - x'') \, (S_1'' - S_1') \tag{131a}$$

bzw.

$$S_0'' = x' \, (S_2'' - S_2') + (1 - x') \, (S_1'' - S_1'). \tag{131b}$$

Die Koeffizienten von dp und dT sind also durch die Differenzen der partiellen molaren Volumina bzw. Entropien der beiden Komponenten in den beiden Phasen bestimmt. dp, dT und dx bedeuten, um dies nochmals hervorzuheben, zusammengehörige Änderungen von Druck, Temperatur und Zusammensetzung, wenn man von einem Gleichgewichtszustand zwischen zwei Phasen zu einem unendlich benachbarten übergeht. Mit (130) und (131) gehen die Koexistenzgleichungen über in

$$[x'' \, (V_2'' - V_2') + (1 - x'') \, (V_1'' - V_1')] \, dp$$
$$- \, [x'' \, (S_2'' - S_2') + (1 - x'') \, (S_1'' - S_1')] \, dT = (x'' - x') \left(\frac{\partial^2 \bar{G}}{\partial x^2} \, dx \right)' \tag{132a}$$

$$[x' \, (V_2'' - V_2') + (1 - x') \, (V_1'' - V_1')] \, dp$$
$$- \, [x' \, (S_2'' - S_2') + (1 - x') \, (S_1'' - S_1')] \, dT = (x'' - x') \left(\frac{\partial^2 \bar{G}}{\partial x^2} \, dx \right)''. \tag{132b}$$

Gelegentlich verwendet man diese Gleichungen noch in einer anderen Form, die man erhält, indem man (132a) mit x' bzw. $(1 - x')$, (132b) mit x'' bzw. $(1 - x'')$ multipliziert und jeweils beide Gleichungen voneinander subtrahiert. Dann ergibt sich

$$(V_1'' - V_1') \, dp - (S_1'' - S_1') \, dT + x' \left(\frac{\partial^2 \bar{G}}{\partial x^2} \, dx \right)' - x'' \left(\frac{\partial^2 \bar{G}}{\partial x^2} \, dx \right)'' = 0 \tag{133a}$$

$$(V_2'' - V_2') \, dp - (S_2'' - S_2') \, dT$$
$$- \, (1 - x') \left(\frac{\partial^2 \bar{G}}{\partial x^2} \, dx \right)' + (1 - x'') \left(\frac{\partial^2 \bar{G}}{\partial x^2} \, dx \right)'' = 0. \tag{133b}$$

Diese Gleichungen werden wir später sehr häufig benutzen; sie wurden zuerst von VAN DER WAALS (*315*) abgeleitet.

Es ist selbstverständlich möglich, die Zustandsänderung bei während dem Phasen-Gleichgewicht statt durch dp, dT, dx durch die Veränderungen von anderen Zustandsvariablen auszudrücken, was zu entsprechenden Gleichungen führt. Die nächstwichtigen, ebenfalls häufig verwendeten Koexistenzgleichungen enthalten die Variablen V, T, x die charakteristisch sind für die Zustandsfunktion F (vgl. S. 10).

Wir leiten die zu (128) und (132) analogen Gleichungen für binäre Systeme am einfachsten aus den Bedingungsgleichungen (79) bis (81) ab. Aus (79) folgt analog zu (113)

$$\tag{134}$$

$$d\left[\bar{F} - \bar{V} \left(\frac{\partial \bar{F}}{\partial \bar{V}} \right)_{x,\,T} - x \left(\frac{\partial \bar{F}}{\partial x} \right)_{\bar{V},\,T} \right]' = d\left[\bar{F} - \bar{V} \left(\frac{\partial \bar{F}}{\partial \bar{V}} \right)_{x,\,T} - x \left(\frac{\partial \bar{F}}{\partial x} \right)_{\bar{V},\,T} \right]''.$$

Führt man die Differentiation aus und berücksichtigt, daß entsprechend (28) und (1a)

$$d\bar{F} = - \, p \, d\bar{V} - \bar{S} \, dT + \frac{\partial \bar{F}}{\partial x} \, dx,$$

so wird aus (134)

$$\left[- \bar{S}\, dT - \bar{V} d\left(\frac{\partial \bar{F}}{\partial \bar{V}}\right)_{x,\,T} - x\, d\left(\frac{\partial \bar{F}}{\partial x}\right)_{\bar{V},\,T} \right]'$$
$$= \left[- \bar{S}\, dT - \bar{V} d\left(\frac{\partial \bar{F}}{\partial \bar{V}}\right)_{x,\,T} - x\, d\left(\frac{\partial \bar{F}}{\partial x}\right)_{\bar{V},\,T} \right]'' . \tag{136}$$

Entwickelt man die vollständigen Differentiale $d\left(\frac{\partial \bar{F}}{\partial \bar{V}}\right)_{x,\,T}$ und $d\left(\frac{\partial \bar{F}}{\partial x}\right)_{\bar{V},\,T}$ unter Benutzung der Vertauschbarkeit der Differentiationsfolge analog wie in (116), so gelangt man schließlich zu den Koexistenzgleichungen für Zweiphasengleichgewichte in binären Systemen unter Benutzung der Variablen $\bar{V}$, T und x (für die Phase ' bzw. ''):

$$- \left[(V'' - \bar{V}')\left(\frac{\partial^2 \bar{F}}{\partial \bar{V}^2}\right)' + (x'' - x')\left(\frac{\partial^2 \bar{F}}{\partial x\, \partial \bar{V}}\right)' \right] d\bar{V}'$$
$$- \left[\bar{S}'' - \bar{S}' - (\bar{V}'' - \bar{V}')\left(\frac{\partial \bar{S}}{\partial \bar{V}}\right)'_{x',\,T} - (x'' - x')\left(\frac{\partial \bar{S}}{\partial x}\right)'_{\bar{V}',\,T} \right] dT \tag{137a}$$
$$= \left[(\bar{V}'' - \bar{V}')\left(\frac{\partial^2 \bar{F}}{\partial \bar{V}\, \partial x}\right)' + (x'' - x')\left(\frac{\partial^2 \bar{F}}{\partial x^2}\right)' \right] dx'$$

bzw.

$$- \left[(\bar{V}'' - \bar{V}')\left(\frac{\partial^2 \bar{F}}{\partial V^2}\right)'' + (x'' - x')\left(\frac{\partial^2 \bar{F}}{\partial x\, \partial \bar{V}}\right)'' \right] d\bar{V}''$$
$$- \left[\bar{S}'' - \bar{S}' - (\bar{V}'' - \bar{V}')\left(\frac{\partial \bar{S}}{\partial \bar{V}}\right)''_{x'',\,T} - (x'' - x')\left(\frac{\partial \bar{S}}{\partial x}\right)''_{\bar{V}'',\,T} \right] dT \tag{137b}$$
$$= \left[(\bar{V}'' - \bar{V}')\left(\frac{\partial^2 \bar{F}}{\partial \bar{V}\, \partial x}\right)'' + (x'' - x')\left(\frac{\partial^2 \bar{F}}{\partial x^2}\right)'' \right] dx'' .$$

Man kann diese beiden Gleichungen noch in etwas anderer Gestalt gewinnen, wenn man von (128a) und (128b) ausgeht und folgende Substitution benutzt:

$$dp = \left(\frac{\partial p}{\partial \bar{V}}\right)_{x,\,T} d\bar{V} + \left(\frac{\partial p}{\partial T}\right)_{x,\,V} dT + \left(\frac{\partial p}{\partial x}\right)_{\bar{V},\,T} dx . \tag{138}$$

Dann erhält man unmittelbar

$$V_0'\left(\frac{\partial p}{\partial \bar{V}}\right)'_{x',\,T} d\bar{V}' - \left[S_0' - V_0'\left(\frac{\partial p}{\partial T}\right)_{x',\,\bar{V}'} \right] dT$$
$$- \left[(x'' - x')\left(\frac{\partial^2 \bar{G}}{\partial x^2}\right)'_{p,\,T} - V_0'\left(\frac{\partial p}{\partial x'}\right)_{\bar{V}',\,T} \right] dx' = 0 \tag{139a}$$

$$V_0''\left(\frac{\partial p}{\partial \bar{V}}\right)''_{x'',\,T} d\bar{V}'' - \left[S_0'' - V_0''\left(\frac{\partial p}{\partial T}\right)_{x'',\,\bar{V}''} \right] dT$$
$$- \left[(x'' - x')\left(\frac{\partial^2 \bar{G}}{\partial x^2}\right)''_{p,\,T} - V_0''\left(\frac{\partial p}{\partial x''}\right)_{\bar{V}'',\,T} \right] dx'' = 0 . \tag{139b}$$

Wie man zeigen kann (*161*), sind die beiden Gleichungspaare identisch.

4. Temperaturabhängigkeit der Löslichkeit fester Stoffe.

Wir wenden jetzt die gewonnenen Koexistenzgleichungen für das Zweiphasengleichgewicht in binären Systemen auf einige uns besonders interessierende Spezialfälle an. Verstehen wir unter der Phase '' die praktisch reine feste Phase in einem Löslichkeitsgleichgewicht ($x'' = 1$), so interessiert in erster Linie die Temperaturabhängigkeit der Löslichkeit bei konstantem Druck. Setzen wir $dp = 0$, so erhalten wir aus (132a)

$$- (S_2'' - S_2') \, dT = (1 - x') \left(\frac{\partial^2 \overline{G}}{\partial x^2} \right)' dx'$$

$$\text{oder} \quad \left(\frac{\partial x'}{\partial T} \right)_{koex, p} = - \frac{S_2'' - S_2'}{(1 - x') \left(\frac{\partial^2 \overline{G}}{\partial x^2} \right)'} . \tag{140}$$

$$S_2'' - S_2' = \frac{H_2'' - H_{2s}'}{T} \tag{141}$$

ist die Differenz zwischen der molaren Entropie des reinen festen Stoffes 2 und seiner partiellen molaren Entropie in gesättigter Lösung, $(H_{2s}' - H_2'')$ also die differentielle *letzte* Lösungswärme. Wir formen noch den Ausdruck $(\partial^2 \overline{G}/\partial x^2)$ um: Nach (30) ist $(\partial^2 \overline{G}/\partial x^2) = (\partial \mu_2/\partial x) - (\partial \mu_1/\partial x)$; nach der GIBBS-DUHEMschen Gleichung (15) ist $\dfrac{\partial \mu_1}{\partial x} = - \dfrac{x}{1 - x} \cdot \dfrac{\partial \mu_2}{\partial x}$; setzt man dies ein, so wird

$$\left(\frac{\partial^2 \overline{G}}{\partial x^2} \right)' = \frac{1}{1 - x'} \left(\frac{\partial \mu_2}{\partial x} \right)' . \tag{142}$$

Ferner ist bei Zerlegung in Grund- und Restpotential[1] nach (16) und (20)

$$\mu_2' = \mu_{2\infty}' + R T \ln a_2' = \mu_{2\infty}' + R T \ln x_2' f_{2\infty}' . \tag{143}$$

Mit (141) bis (143) wird aus (140)

$$\left(\frac{\partial x'}{\partial T} \right)_{koex, p} = \frac{H_{2s}' - H_2''}{R T^2 \left(\dfrac{\partial \ln a_2}{\partial x} \right)_{p, T}'} . \tag{144}$$

Die Gleichung ist äquivalent der sonst gebräuchlichen Gleichung für die T-Abhängigkeit der *Aktivität* des gelösten Stoffes bei währendem Gleichgewicht:

$$\left(\frac{\partial \ln a_2'}{\partial T} \right)_p = \frac{H_{2\infty}' - H_2''}{R T^2} , \tag{145}$$

die gegenüber (144) den Vorteil besitzt, daß sie unmittelbar integriert werden kann, da die rechte Seite ausschließlich von T abhängt, während man in (144) die Variabeln T und x' nicht ohne weiteres voneinander trennen kann, sondern das $(\partial \ln a/\partial x)'$ gesondert bestimmen muß. $(H_{2\infty}' - H_2'')$ ist die differentielle *erste* Lösungswärme.

Ersetzt man in dem vollständigen Differential

$$d \ln a_2' = \left(\frac{\partial \ln a_2'}{\partial T} \right)_{x'} dT + \left(\frac{\partial \ln a_2'}{\partial x'} \right)_T dx'$$

$$= \left[\left(\frac{\partial \ln a_2'}{\partial T} \right)_{x'} + \left(\frac{\partial \ln a_2'}{\partial x'} \right)_T \left(\frac{dx'}{dT} \right)_{koex} \right] dT \tag{146}$$

---

[1] Grundpotential und Aktivitätskoeffizient sind hier also auf die unendlich verdünnte Lösung als Bezugszustand normiert (vgl. dazu auch S. 74).

$$\left(\frac{\partial \ln a_2'}{\partial T}\right)_{x'} = \left(\frac{\partial \ln f_{2\infty}'}{\partial T}\right)_{x'} \text{ durch } - \frac{H_{2s}' - H_{2\infty}'}{R T^2}, \text{ wobei } (H_{2s}' - H_{2\infty}')$$ die Restwärmetönung darstellt, die beim Übergang von einem Mol des gelösten Stoffes aus der unendlich verdünnten in die gesättigte Lösung auftritt (d. h. die Differenz zwischen letzter und erster Lösungswärme), und $(dx/dT)_{koex}$ durch (144), so wird aus (146)

$$\left(\frac{\partial \ln a_2'}{\partial T}\right)_p = - \frac{H_{2s}' - H_{2\infty}'}{R T^2} + \frac{H_{2s}' - H_2''}{R T^2} = \frac{H_{2\infty}' - H_2''}{R T^2}, \qquad (147)$$

d. h. wir erhalten wieder die Gleichung (145). $(H_{2\infty}' - H_2'')$ ist, wie erwähnt, die „erste Lösungswärme" des Stoffes 2, d. h. die Wärmetönung bei Auflösung eines Mols zu unendlicher Verdünnung.

Es gibt Fälle, bei denen erste und letzte Lösungswärme eines Stoffes nicht nur verschiedene Zahlenwerte, sondern auch verschiedene Vorzeichen besitzen. So gelten z. B. für die Lösungswärme von $CaSO_4 \cdot 2\,H_2O$ in Wasser bei 25° C folgende Werte:

$$H_{2\infty}' - H_2'' = - 273 \text{ cal}, \quad H_{2s}' - H_2'' = + 622 \text{ cal},$$

die erste Lösungswärme ist exotherm, die letzte endotherm. Das bedeutet, daß die *Löslichkeit* nach (144) mit steigender Temperatur zunimmt, denn nach (95) ist auch $(\partial \ln a/\partial x)_T > 0$. Dagegen muß nach (147) die Aktivität des Gipses in der gesättigten Lösung mit steigender Temperatur abnehmen, was darauf zurückzuführen ist, daß der stark negative Temperaturkoeffizient des Aktivitätskoeffizienten $f_{2\infty}'$ den Einfluß des mit T anwachsenden Molenbruchs überkompensiert, denn in diesem Fall ist $H_{2s}' - H_{2\infty}' = (H_{2s}' - H_2'') - (H_{2\infty}' - H_2'') = + 895 \text{ cal}$, so daß dieses Glied für das Vorzeichen von $(\partial \ln a_2'/\partial T)_p$ in (147) den Ausschlag gibt.

5. Temperatur- und Druckabhängigkeit des Phasengleichgewichtes beschränkt mischbarer Flüssigkeiten.

Die gegenseitige Löslichkeit beschränkt mischbarer Flüssigkeiten ist im wesentlichen eine Funktion der Temperatur, wie später an Beispielen zu zeigen sein wird, während sie vom Druck in viel geringerem Maße abhängt. Nehmen wir letzteren zunächst als konstant an $(d\,p = 0)$, so fällt in den Koexistenzgleichungen (132a) und (132b) das erste Glied weg. Wir formen nun diese Gleichungen dadurch um, daß wir die Differenzen der partiellen molaren Entropien $(S_1'' - S_1')$ und $(S_2'' - S_2')$ in den koexistenten Phasen durch experimentell zugängliche thermische Meßgrößen ausdrücken. Für jede der beiden koexistenten flüssigen Phasen gilt auf Grund der GIBBS-HELMHOLTZschen Gleichung:

$$H_i - H_i = \mu_i - \mu_i + T\,(S_i - S_i),$$

oder in anderer Schreibweise unter Benutzung von (16)

$$\varDelta H_i = R\,T \ln a_i + T\,\varDelta S_i. \qquad (148)$$

$\varDelta H_i$ ist die differentielle molare Mischungswärme, $\varDelta S_i$ die differentielle molare Mischungsentropie. Führen wir mittels (37) die unmittelbar meßbare integrale Mischungswärme $\Delta \bar{H}$ ein, so gelten für jede der ko-existenten Phasen die Gleichungen

$$\Delta \bar{H} - x\,\frac{\partial\,(\Delta \bar{H})}{\partial\,x} = H_1 - \boldsymbol{H_1} = RT \ln a_1 + T\,\Delta S_1 \tag{149}$$

$$\Delta \bar{H} + (1 - x)\,\frac{\partial\,(\Delta \bar{H})}{\partial\,x} = H_2 - \boldsymbol{H_2} = RT \ln a_2 + T\,\Delta S_2. \tag{150}$$

Da ferner unter Zerlegung in Grund- und Restentropie, mit dem Zu-stand der reinen Flüssigkeiten als Bezugszustand,

$$S_1'' - S_1' = (S_1 + \Delta S_1'') - (S_1 + \Delta S_1') = \Delta S_1'' - \Delta S_1' \tag{151a}$$

$$S_2'' - S_2' = (S_2 + \Delta S_2'') - (S_2 + \Delta S_2') = \Delta S_2'' - \Delta S_2', \tag{151b}$$

kann man die gewünschten Differenzen $(S_1'' - S_1')$ und $(S_2'' - S_2')$ aus den Gl. (149) und (150) berechnen. Dabei tritt noch eine weitere Ver-einfachung ein, weil wegen des gleichen Bezugszustandes für beide Phasen $a_1'' = a_1'$ und $a_2'' = a_2'$ gesetzt werden muß, so daß die Glieder $RT \ln a$ wegfallen. Damit ergeben sich die Beziehungen

$$\Delta \bar{H}'' - \Delta \bar{H}' - x''\left(\frac{\partial\,(\Delta \bar{H})}{\partial\,x}\right)'' + x'\left(\frac{(\partial\,\Delta \bar{H})}{\partial\,x}\right)'$$
$$= T\,(\Delta S_1'' - \Delta S_1') = T\,(S_1'' - S_1') \tag{152a}$$

$$\Delta \bar{H}'' - \Delta \bar{H}' + (1 - x'')\left(\frac{\partial\,(\Delta \bar{H})}{\partial\,x}\right)'' - (1 - x')\left(\frac{\partial\,(\Delta \bar{H})}{\partial\,x}\right)'$$
$$= T\,(\Delta S_2'' - \Delta S_1') = T\,(S_2'' - S_2'). \tag{152b}$$

Setzt man diese Werte in die Koexistenzgleichungen (132a) und (132b) ein, so erhält man folgende Differentialgleichungen für die beiden Zweige der sog. „Löslichkeitskurve":[1]

$$\left(\frac{\partial\,x'}{\partial\,T}\right)_{koex,\,p} = \frac{1}{T\left(\dfrac{\partial^2 \bar{G}}{\partial\,x^2}\right)'} \cdot \left[\left(\frac{\partial\,(\Delta \bar{H})}{\partial\,x}\right)' - \frac{\Delta \bar{H}'' - \Delta \bar{H}'}{x'' - x'}\right] \tag{153a}$$

$$\left(\frac{\partial\,x''}{\partial\,T}\right)_{koex,\,p} = \frac{1}{T\left(\dfrac{\partial^2 \bar{G}}{\partial\,x^2}\right)''} \cdot \left[\left(\frac{\partial\,(\Delta \bar{H})}{\partial\,x}\right)'' - \frac{\Delta \bar{H}'' - \Delta \bar{H}'}{x'' - x'}\right] \tag{153b}$$

Diese lassen sich unter Umformung von $(\partial^2\,\bar{G}/\partial x^2)$ mittels (142) und (143) auch schreiben:

$$\left(\frac{\partial\,x'}{\partial\,T}\right)_{koex,\,p} = \frac{1 - x'}{R\,T^2\left(\dfrac{\partial \ln a_2}{\partial\,x'}\right)_T} \cdot \left[\left(\frac{\partial\,(\Delta \bar{H})}{\partial\,x}\right)' - \frac{\Delta \bar{H}'' - \Delta \bar{H}'}{x'' - x'}\right] \tag{154a}$$

---

[1] Zu diesen Gleichungen gelangt man auch ausgehend von (127a) und (127b) ohne weitere Rechnung durch die Überlegung, daß $\bar{H} = \bar{G} + T\,\bar{S}$ und, wie man aus (51) bis (53) leicht nachrechnet, $(\bar{G}' - \bar{G}'') + (x'' - x')\left(\dfrac{\partial \bar{G}}{\partial\,x}\right)' = 0$, so daß $\bar{S}'' - \bar{S}' = \dfrac{1}{T} \cdot (\bar{H}'' - \bar{H}')$ und $(\partial\,\bar{S}/\partial\,x) = \dfrac{1}{T} \cdot (\partial\,\bar{H}/\partial x)$. Da ferner die Bezugs-zustände für beide Phasen die gleichen sind, kann man $\bar{H}$ durch $\Delta \bar{H}$ ersetzen und erhält unmittelbar die Gleichungen (153a) und (153b).

$$\left(\frac{\partial x''}{\partial T}\right)_{koex,p} = \frac{1 - x''}{R\,T^2\left(\frac{\partial \ln a_2}{\partial x''}\right)_T} \cdot \left[\left(\frac{\partial(\Delta\bar{H})}{\partial x}\right)'' - \frac{\Delta\bar{H}'' - \Delta\bar{H}'}{x'' - x'}\right]. \qquad (154b)$$

Hier bezieht sich die Aktivität a_2 (im Gegensatz zu Gl. (144)) auf die reine flüssige Phase der Komponente 2 als Grundzustand. Da nach (95) stets $(\partial \ln a_2/\partial x)_T > 0$, hängt das Vorzeichen der Neigungen der Löslichkeitskurven ausschließlich von dem Vorzeichen der eckigen Klammerausdrücke ab, d. h. von den integralen Mischungswärmen der beiden Phasen und ihrer Konzentrationsabhängigkeit. Trägt man die $\Delta\bar{H}$-Werte beider Phasen als Funktion von x auf (Abb. 6), so sieht man,

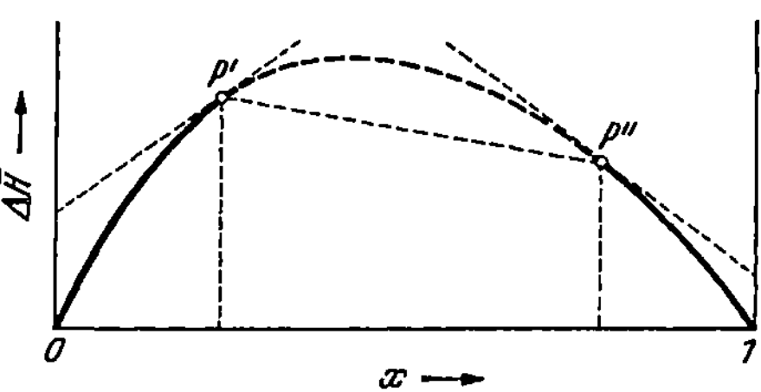

Abb. 6. Integrale Mischungswärmen zweier beschränkt mischbarer Flüssigkeiten als Funktion des Molenbruchs.

daß die Klammerausdrücke in (154a) und (154b) die Differenz zweier Steigungen darstellen, nämlich der Kurvensteigung $\partial(\Delta\bar{H})/\partial x$ an einem der Koexistenzpunkte P' bzw. P'' und der Steigung der von P' nach P'' gezogenen Verbindungsgeraden.

Für den *Druckeinfluß* auf das Gleichgewicht zwischen binären kondensierten Phasen ergeben sich unmittelbar aus den Gln. (127a) und (127b) mit $d\,T = 0$ die zu (154a) und (154b) analogen Beziehungen

$$\left(\frac{\partial x'}{\partial p}\right)_{koex,T} = -\frac{1 - x'}{R\,T\left(\frac{\partial \ln a_2}{\partial x'}\right)_p} \cdot \left[\left(\frac{\partial\bar{V}}{\partial x}\right)' - \frac{\bar{V}'' - \bar{V}'}{x'' - x'}\right] \qquad (155a)$$

$$\left(\frac{\partial x''}{\partial p}\right)_{koex,T} = -\frac{1 - x''}{R\,T\left(\frac{\partial \ln a_2}{\partial x''}\right)_p} \cdot \left[\left(\frac{\partial\bar{V}}{\partial x}\right)'' - \frac{\bar{V}'' - \bar{V}'}{x'' - x'}\right]. \qquad (155b)$$

6. Verdampfungsgleichgewicht binärer Mischungen.

Als im Rahmen dieses Buches wichtigstes Beispiel für die Anwendung der allgemeinen Koexistenzgleichungen binärer Systeme untersuchen wir das Gleichgewicht zwischen einer flüssigen und ihrer koexistenten Gasphase als Funktion von Druck und Temperatur. Setzen wir zunächst $d\,T = 0$, so erhalten wir aus (132a) und (132b) bzw. (128a) und (128b):

$$\left(\frac{\partial p}{\partial x'}\right)_{koex,T} = \frac{(x'' - x')\left(\frac{\partial^2\bar{G}}{\partial x^2}\right)'}{x''(V_2'' - V_2') + (1 - x'')(V_1'' - V_1')} \equiv \frac{(x'' - x')\left(\frac{\partial^2\bar{G}}{\partial x^2}\right)'}{V_0'} \qquad (156a)$$

$$\left(\frac{\partial p}{\partial x''}\right)_{koex,T} = \frac{(x'' - x')\left(\frac{\partial^2\bar{G}}{\partial x^2}\right)''}{x'(V_2'' - V_2') + (1 - x')(V_1'' - V_1')} \equiv \frac{(x'' - x')\left(\frac{\partial^2\bar{G}}{\partial x^2}\right)''}{V_0''} \qquad (156b)$$

Das sind die Differentialgleichungen der *isothermen* Dampfdruckkurven binärer Mischungen im px-Diagramm, deren verschiedene Typen wir später im einzelnen besprechen werden. Sie sind äquivalent der bekannten Beziehung

$$\left(\frac{\partial \ln\left(\frac{a_2''}{a_2'}\right)}{\partial p}\right)_T = -\frac{V_2'' - V_2'}{RT}, \tag{157}$$

die die Druckabhängigkeit des *Aktivitäts*verhältnisses einer Komponente in den koexistenten Phasen wiedergibt, wobei $V_2'' - V_2'$ die Differenz der Molvolumina in den beiden reinen Phasen der Komponente darstellt. Zwischen (156) und (157) besteht demnach das gleiche Verhältnis wie zwischen (144) und (145).

Zum Nachweis dieser Äquivalenz benutzen wir folgende, zu (146) analoge Entwicklungen für $d \ln a$:

$$\left.\begin{aligned}
d \ln a_2' &= \left[\left(\frac{\partial \ln a_2'}{\partial p}\right)_{x'} + \left(\frac{\partial \ln a_2'}{\partial x'}\right)_p \left(\frac{d x'}{d p}\right)_{koex}\right] d p \\
d \ln a_2'' &= \left[\left(\frac{\partial \ln a_2''}{\partial p}\right)_{x''} + \left(\frac{\partial \ln a_2''}{\partial x''}\right)_p \left(\frac{d x''}{d p}\right)_{koex}\right] d p
\end{aligned}\right\} \tag{158}$$

Ersetzen wir ferner in (156) $(\partial^2 \bar{G}/\partial x^2)$ nach (142) und (143) durch $\dfrac{RT}{1-x}\dfrac{\partial \ln a_2}{\partial x}$, so erhalten wir

$$\left.\begin{aligned}
\left(\frac{\partial \ln a_2'}{\partial x'}\right)_p \left(\frac{d x'}{d p}\right)_{koex} &= \frac{[x''(V_2'' - V_2') + (1 - x'')(V_1'' - V_1')](1 - x')}{RT(x'' - x')} \\
\left(\frac{\partial \ln a_2''}{\partial x''}\right)_p \left(\frac{d x''}{d p}\right)_{koex} &= \frac{[x'(V_2'' - V_2') + (1 - x')(V_1'' - V_1')](1 - x'')}{RT(x'' - x')}
\end{aligned}\right\} \tag{159}$$

Setzt man dies in (158) ein, berücksichtigt, daß $(\partial \ln a_2/\partial p)_x = \Delta V_2/RT$, wobei $\Delta V_2 \equiv V_2 - V_2$ die Differenz zwischen partiellen Molvolumen in der Mischphase und Molvolumen der zugehörigen reinen Phase darstellt, und subtrahiert beide Gleichungen voneinander, so fallen alle Glieder mit $(V_1'' - V_1')$ weg, und es ergibt sich identisch mit (157)

$$\left(\frac{\partial \ln (a_2''/a_2')}{\partial p}\right)_T = \frac{\Delta V_2'' - \Delta V_2'}{RT} - \frac{V_2'' - V_2'}{RT} = -\frac{V_2'' - V_2'}{RT}.$$

Setzen wir $d p = 0$, so ergibt sich aus (132a) und (132b):

$$\left(\frac{\partial T}{\partial x'}\right)_{koex, p} = -\frac{(x'' - x')\left(\frac{\partial^2 \bar{G}}{\partial x^2}\right)'}{x''(S_2'' - S_2') + (1 - x'')(S_1'' - S_1')} \tag{160a}$$

$$= -\frac{(x'' - x')\left(\frac{\partial^2 \bar{G}}{\partial x^2}\right)'}{S_0'}$$

$$\left(\frac{\partial T}{\partial x''}\right)_{koex, p} = -\frac{(x'' - x')\left(\frac{\partial^2 \bar{G}}{\partial x^2}\right)''}{x'(S_2'' - S_2') + (1 - x')(S_1'' - S_1')} \tag{160b}$$

$$= -\frac{(x'' - x')\left(\frac{\partial^2 \bar{G}}{\partial x^2}\right)''}{S_0''}.$$

Das sind die Differentialgleichungen der *isobaren* Siedepunktskurven binärer Mischungen im Tx-Diagramm. Von ihnen führt eine analoge Entwicklung wie oben zu der Temperaturabhängigkeit des *Aktivitätsverhältnisses* einer Komponente in den koexistenten Phasen

$$\left(\frac{\partial \ln (a_2''/a_2')}{c\,T}\right)_p = -\frac{\Delta H_2'' - \Delta H_2'}{R\,T^2} + \frac{H_2'' - H_2'}{R\,T^2} = \frac{H_2'' - H_2'}{R\,T^2}, \qquad (161)$$

worin $H_2'' - H_2' \equiv L_p$ die äußere molare Verdampfungswärme der reinen Komponente 2 bedeutet.

Die Vorzeichen von $(\partial p/\partial x)_{koex,\,T}$ in (156) und von $(\partial T/\partial x)_{koex,\,p}$ in (160) werden durch die Differenz $(x'' - x')$ bestimmt, da alle übrigen Größen in diesen Gleichungen bei genügendem Abstand vom kritischen Gebiet positiv sind, wenn man die ''-Phase als Dampfphase definiert. Ist z. B. $(\partial p/\partial x') > 0$, so muß $(\partial T/\partial x') < 0$ sein und umgekehrt. In dem speziellen Fall, daß beide Phasen die gleiche Zusammensetzung haben $(x'' = x')$, werden $(\partial p/\partial x')$ und $(\partial p/\partial x'')$ gleich Null, d. h. die $p\,x'$- und die $p\,x''$-Kurve besitzen einen Extremwert und berühren sich mit horizontaler Tangente. Analoges gilt für die isobaren Siedepunktskurven, wobei wegen des entgegengesetzten Vorzeichens einem Minimum im $p\,x$-Diagramm ein Maximum im $T\,x$-Diagramm entspricht und umgekehrt. Dies wird als die erste Regel von GIBBS-KONOWALOW *(151)* bezeichnet:

1. *Der Dampfdruck (die Siedetemperatur) eines binären Gemisches hat bei konstanter Temperatur (bei konstantem Druck) einen Extremwert, wenn die Zusammensetzung beider Phasen gleich ist.*

Ist die Komponente 2 die flüchtigere der beiden, so daß sie sich im Dampf anreichert, so ist $(x''-x') > 0$, und damit werden nach (156) $(\partial p/\partial x')$ und $(\partial p/\partial x'')$ beide positiv, nach (160) $(\partial T/\partial x')$ und $(\partial T/\partial x'')$ beide negativ. Das ist der Inhalt der zweiten und dritten Regel von KONOWALOW:

2. *Der Dampfdruck (die Siedetemperatur) eines binären Gemisches steigt (sinkt) bei konstanter Temperatur (bei konstantem Druck) durch Zufügung der flüchtigeren Komponente.*

3. *Bei Änderung von Druck oder Temperatur verschiebt sich die Zusammensetzung der beiden koexistenten Phasen in der gleichen Richtung.*

Aus diesen Regeln folgt das Verhalten binärer Gemische bei der *einfachen Destillation* bzw. bei der *Rektifikation*. Bei der Destillation (ohne Rückfluß) sinkt der Dampfdruck (bzw. steigt der Siedepunkt) bei konstanter Temperatur (bzw. bei konstantem Druck) monoton, bis Destillat und Rückstand dieselbe Zusammensetzung besitzen. Bei der Rektifikation in einer Kolonne mit idealem Trennvermögen bleibt der Siedepunkt des Destillats konstant, bis der Rückstand eine konstant siedende Flüssigkeit, d. h. eine reine Komponente oder ein azeotropes Gemisch geworden ist, um dann sprunghaft anzusteigen. Bei Drei- und Mehrstoffgemischen sind die KONOWALOWschen Sätze nur noch teilweise erfüllt (vgl. S. 52, 271).

7. Die verallgemeinerte Clausius-Clapeyronsche Gleichung.

In Zweistoffsystemen können auch zwei flüssige Phasen mit ihrem Dampf koexistieren, dann liegt ein (nach dem Phasengesetz univariantes) *Dreiphasengleichgewicht* vor. Zur Ableitung der Koexistenzgleichung (*83, 97, 266*) geht man wieder von den Bedingungen (109) aus, wobei in diesem Fall für alle drei Phasen $d\mu_i' = d\mu_i'' = d\mu_i''' = d\mu_i$ zu setzen ist. Für jede Phase gilt wieder die Gibbs-Duhemsche Gleichung (29), so daß wir drei unabhängige Gleichungen mit denselben Differentialen dp, dT, $d\mu_1$ und $d\mu_2$ vor uns haben, von denen wir eines als gegeben annehmen (univariantes Gleichgewicht) und die drei andern als Unbekannte aus diesen Gleichungen ermitteln können. Man wählt in der Regel (als praktisch wichtigsten Fall) dT als unabhängige Veränderung, d. h. untersucht die Temperaturabhängigkeit des Sättigungsdrucks und der Zusammensetzung der drei koexistenten Phasen.

Die Gibbs-Duhemschen Gleichungen lauten analog zu (110)

$$(1 - x')\, d\mu_1 \ + x'\, d\mu_2 \ - \overline{V}'\, dp \ = - \overline{S}'\, dT$$
$$(1 - x'')\, d\mu_1 \ + x''\, d\mu_2 \ - \overline{V}''\, dp \ = - \overline{S}''\, dT \qquad (162)$$
$$(1 - x''')\, d\mu_1 + x'''\, d\mu_2 - \overline{V}'''\, dp = - \overline{S}'''\, dT\,.$$

Aus diesem System von drei linearen Gleichungen kann man die drei Unbekannten dp, $d\mu_1$ und $d\mu_2$ ermitteln. Um z. B. die Änderung des Sättigungsdampfdruckes dp_s als Funktion der Temperatur zu erhalten, stellt man die Koeffizienten der drei Unbekannten dp, $d\mu_1$ und $d\mu_2$ in der Form der Determinante

$$- D = \begin{vmatrix} \overline{V}' & 1 - x' & x' \\ \overline{V}'' & 1 - x'' & x'' \\ \overline{V}''' & 1 - x''' & x''' \end{vmatrix} \qquad (163)$$

dar. Dann läßt sich nach den Regeln der Determinantenrechnung die Unbekannte dp als ein Bruch darstellen, dessen Nenner $- D$ ist, und dessen Zähler man erhält, wenn man in $- D$ die Koeffizienten von dp durch die Koeffizienten des auf der rechten Seite stehenden vorgegebenen dT ersetzt[1]. Damit wird

$$\frac{dp_s}{dT} = \begin{vmatrix} \overline{S}' & 1 - x' & x' \\ \overline{S}'' & 1 - x'' & x'' \\ \overline{S}''' & 1 - x''' & x''' \end{vmatrix} : \begin{vmatrix} \overline{V}' & 1 - x' & x' \\ \overline{V}'' & 1 - x'' & x'' \\ \overline{V}''' & 1 - x''' & x''' \end{vmatrix}. \qquad (164)$$

Da eine Determinante ihren Wert nicht ändert, wenn man zu den Elementen einer Spalte die Elemente einer anderen Spalte addiert[1], kann

---

[1] Vgl. z. B. Joos-Kaluza, Höhere Mathematik für den Praktiker, 4. Aufl. Leipzig 1947.

man (164) auch schreiben

$$\frac{dp_s}{dT} = \begin{vmatrix} \bar{S}' & 1 & x' \\ \bar{S}'' & 1 & x'' \\ \bar{S}''' & 1 & x''' \end{vmatrix} : \begin{vmatrix} \bar{V}' & 1 & x' \\ \bar{V}'' & 1 & x'' \\ \bar{V}''' & 1 & x''' \end{vmatrix} \tag{165}$$

oder ausgerechnet

$$\frac{dp_s}{dT} = \frac{x'(\bar{S}'' - \bar{S}''') + x''(\bar{S}''' - \bar{S}') + x'''(\bar{S}' - \bar{S}'')}{x'(\bar{V}'' - \bar{V}''') + x''(\bar{V}''' - \bar{V}') + x'''(\bar{V}' - \bar{V}'')} . \tag{166}$$

Die Form dieser Gleichung erinnert an die CLAUSIUS-CLAPEYRON-sche Gleichung (118), die die Temperaturabhängigkeit des Sättigungs-dampfdruckes eines Einkomponentensystems angibt, und bei der auf der rechten Seite ebenfalls im Zähler die molare Entropieänderung, im Nenner die molare Volumenänderung beim Verdampfungsvorgang steht. Setzt man in (166) anstelle der mittleren molaren Größen wieder die partiellen molaren Größen ein, also z. B. $\bar{S}' = (1 - x')\,S_1' + x'\,S_2'$ usw., so erhält man

$$\frac{dp_s}{dT} = \frac{(x'' + x'\,x''')(S_1''' - S_1') - (x' + x''\,x''')(S_1''' - S_1'') + (x''' + x'\,x'')(S_1' - S_1'')}{(x'' + x'\,x''')(V_1''' - V_1') - (x' + x''\,x''')(V_1''' - V_1'') + (x''' + x'\,x'')(V_1' - V_1'')}$$
$$\frac{- x'\,x'''(S_2''' - S_2') + x''\,x'''(S_2''' - S_2'') - x'\,x''(S_2' - S_2'')}{- x'\,x'''(V_2''' - V_2') + x'\,x'''(V_2''' - V_2'') - x'\,x''(V_2' - V_2'')} . \tag{167}$$

Wenn die $'''$-Phase die Dampfphase, die $''$- und $'$-Phase die beiden mit dem Dampf koexistenten teilweise mischbaren Flüssigkeiten bedeuten, so sind $(S_1''' - S_1')$, $(S_2''' - S_2')$, $(S_1''' - S_1'')$ und $(S_2''' - S_2'')$ die durch T dividierten differentiellen molaren Verdampfungswärmen der beiden Komponenten aus den flüssigen Mischphasen, $(S_1' - S_1'')$ und $(S_2' - S_2'')$ die durch T dividierten reversiblen molaren Übergangswärmen der Komponenten zwischen den beiden flüssigen Phasen, d. h. die durch T dividierten Differenzen der differentiellen letzten Lösungswärmen; ent-sprechendes gilt für die zugehörigen ΔV-Werte, so daß die in (167) vor-kommenden Ausdrücke eine der CLAUSIUS-CLAPEYRONschen Gleichung analoge Bedeutung besitzen, weswegen man (166) als die CLAUSIUS-CLAPEYRONsche Gleichung eines dreiphasigen binären Systems bezeich-nen kann.

Es läßt sich zeigen (*97, 229, 266*), daß ganz allgemein für *univariante* Mehrstoffsysteme eine der CLAUSIUS-CLAPEYRONschen Gleichung analoge Beziehung gilt, wobei die auftretenden Entropie- und Volumenände-rungen sich auf eine sog. „*Phasenreaktion*" beziehen, die dadurch cha-rakterisiert ist, daß die Intensitätsgrößen p, T und μ des Systems un-geändert bleiben, und nur die Extensitätsgrößen V, S usw. sich ändern. So kann man z. B. dem aus einer reinen Flüssigkeit und ihrem koexi-stenten Dampf bestehenden System bei konstantem p und T Wärme zuführen, wodurch lediglich das Mengenverhältnis der beiden Phasen und damit auch Volumen und Entropie des Systems geändert wird, ohne daß sich jedoch das chemische Potential des Stoffes ändert. Das gleiche gilt für das oben betrachtete System aus zwei nur teilweise mischbaren binären Flüssigkeiten und ihrem gesättigten Dampf. Verkleinert man z. B. unter Konstanthaltung von p und T das Volumen, so kondensiert sich ein Teil der Dampfphase; damit ihre Zusammensetzung unverändert bleibt, muß das Verhältnis $\Delta n_1''' / \Delta n_2''' = x_1''' / x_2'''$ sein. Der kondensierte Dampf muß sich auf die beiden flüssigen Phasen so verteilen, daß auch deren Zusammensetzung die gleiche bleibt, d. h. *die Zusammensetzung der koexistenten Phasen ist bei einem univarianten System vom Volumen unabhängig.* Diese Eigenschaft spielt für die Destillation solcher Systeme eine wichtige Rolle, worauf wir später zurückkommen (S. 294). Sie läßt sich allgemein durch die Gleichungen ausdrücken

$$
\begin{array}{rcccccccccc}
d\,n_1' &:& d\,n_2' &:& d\,n_3' &:\ldots=& x_1' &:& x_2' &:& x_3' &:\ldots \\
d\,n_1'' &:& d\,n_2'' &:& d\,n_3'' &:\ldots=& x_1'' &:& x_2'' &:& x_3'' &:\ldots \\
\cdot && \cdot && \cdot && \ldots= & \cdot && \cdot && \cdot && \ldots \\
d\,n_1^{(z)} &:& d\,n_2^{(z)} &:& d\,n_3^{(z)} &:\ldots=& x_1^{(z)} &:& x_2^{(z)} &:& x_3^{(z)} &:\ldots
\end{array}
\tag{168}
$$

wobei z, die Zahl der koexistenten Phasen, für univariante Systeme gleich der Zahl der Komponenten plus eins sein muß.

8. Koexistenzgleichung ternärer Systeme.

Die Koexistenzgleichung für Zweiphasengleichgewichte in ternären Systemen läßt sich natürlich ebenso wie die Gln. (127a) und (127b) unmittelbar mit Hilfe der allgemeinen Koexistenzgleichung (117) hinschreiben. Wir benutzen die Molenbrüche der Komponenten 1 und 2 als unabhängige Variable, für den Molenbruch der Komponente 3 gilt demnach

$$
\begin{aligned}
x_3' &= 1 - x_1' - x_2' \\
x_3'' &= 1 - x_1'' - x_2''.
\end{aligned}
\tag{169}
$$

Damit ergibt sich aus (117) (mit $j = 3$) für die Phase $'$:

$$
\begin{aligned}
&\left[\overline{V}'' - \overline{V}' - (x_1'' - x_1')\left(\frac{\partial \overline{V}}{\partial x_1}\right)' - (x_2'' - x_2')\left(\frac{\partial \overline{V}}{\partial x_2}\right)'\right] d\,p \\
&-\left[\overline{S}'' - \overline{S}' - (x_1'' - x_1')\left(\frac{\partial \overline{S}}{\partial x_1}\right)' - (x_2'' - x_2')\left(\frac{\partial \overline{S}}{\partial x_2}\right)'\right] d\,T \\
&=\left[(x_1'' - x_1')\left(\frac{\partial^2 \overline{G}}{\partial x_1^2}\right)' + (x_2'' - x_2')\left(\frac{\partial^2 \overline{G}}{\partial x_1 \,\partial x_2}\right)'\right] d\,x_1' \\
&+\left[(x_1'' - x_1')\left(\frac{\partial^2 \overline{G}}{\partial x_1 \,\partial x_2}\right)' + (x_2'' - x_2')\left(\frac{\partial^2 \overline{G}}{\partial x_2^2}\right)'\right] d\,x_2'
\end{aligned}
\tag{170a}
$$

4*

und entsprechend für die Phase $''$:

$$\left[\overline{V}'' - \overline{V}' - (x_1'' - x_1')\left(\frac{\partial \overline{V}}{\partial x_1}\right)'' - (x_2'' - x_2')\left(\frac{\partial \overline{V}}{\partial x_2}\right)'' \right] dp$$
$$- \left[\overline{S}'' - \overline{S}' - (x_1'' - x_1')\left(\frac{\partial \overline{S}}{\partial x_1}\right)'' - (x_2'' - x_2')\left(\frac{\partial \overline{S}}{\partial x_2}\right)'' \right] dT$$
$$= \left[(x_1'' - x_1')\left(\frac{\partial^2 \overline{G}}{\partial x_1^2}\right)'' + (x_2'' - x_2')\left(\frac{\partial^2 \overline{G}}{\partial x_1 \partial x_2}\right)'' \right] d x_1''$$
$$+ \left[(x_1'' - x_1')\left(\frac{\partial^2 \overline{G}}{\partial x_1 \partial x_2}\right)'' + (x_2'' - x_2')\left(\frac{\partial^2 \overline{G}}{\partial x_2^2}\right)'' \right] d x_2'' . \qquad (170\text{b})$$

Auch in diesem Fall führen wir zur Abkürzung für die Koeffizienten von dp und dT die Symbole V_0', S_0', V_0'' und S_0'' ein und erhalten

$$V_0' d p - S_0' d T = \left[(x_1'' - x_1')\left(\frac{\partial^2 \overline{G}}{\partial x_1^2}\right)' + (x_2'' - x_2')\left(\frac{\partial^2 \overline{G}}{\partial x_1 \partial x^2}\right)' \right] d x_1'$$
$$+ \left[(x_1'' - x_1')\left(\frac{\partial^2 \overline{G}}{\partial x_1 \partial x_2}\right)' + (x_2'' - x_2')\left(\frac{\partial^2 \overline{G}}{\partial x_2^2}\right)' \right] d x_2' \qquad (171\text{a})$$

$$V_0'' d p - S_0'' d T = \left[(x_1'' - x_1')\left(\frac{\partial^2 \overline{G}}{\partial x_1^2}\right)'' + (x_2'' - x_2')\left(\frac{\partial^2 \overline{G}}{\partial x_1 \partial x_2}\right)'' \right] d x_1''$$
$$+ \left[(x_1'' - x_1')\left(\frac{\partial^2 \overline{G}}{\partial x_1 \partial x_2}\right)'' + (x_2'' - x_2')\left(\frac{\partial^2 \overline{G}}{\partial x_2^2}\right)'' \right] d x_2'' \qquad (171\text{b})$$

Wie sich leicht zeigen läßt (96), kann man die Koeffizienten V_0', S_0', V_0'' und S_0'' wie bei binären Systemen (S. 40) durch die partiellen molaren Volumina bzw. Entropien der Komponenten ausdrücken. Eine analoge Rechnung ergibt z. B.

$$V_0' = x_1'' (V_1'' - V_1') + x_2'' (V_2'' - V_2') + (1 - x_1'' - x_2'') (V_3'' - V_3') \qquad (172)$$

und entsprechende Ausdrücke für die übrigen Koeffizienten. Handelt es sich speziell um ein Dampfdruckgleichgewicht, und verstehen wir unter der $''$-Phase die Dampfphase, so sind die Koeffizienten V_0', V_0'', S_0' und S_0'' durchweg positiv (außer in der Nähe der kritischen Temperatur), da partielle Molvolumina und partielle molare Entropie der Komponenten in der Dampfphase stets größer sind als in der Flüssigkeit. Man sieht ferner aus (171 a) und (171 b), daß bei gleicher Zusammensetzung beider Phasen ($x_1'' = x_1'$; $x_2'' = x_2'$) für konstante Temperatur auch $d p = 0$ und für konstanten Druck auch $d T = 0$ wird, was bedeutet, daß auch für Drei- und Mehrstoffgemische die erste KONOWALOWsche Regel erfüllt ist. Dagegen kann man die zweite und dritte KONOWALOWsche Regel nicht ohne weiteres auf Mehrstoffsysteme übertragen.

Um zu prüfen, wie sich der Dampfdruck einer ternären Flüssigkeit bei einer einfachen Destillation (ohne Rücklauf) ändert, hat SCHREINEMAKERS (270) folgende Überlegung angegeben: Destilliert man aus der Flüssigkeit, die aus $n + dn$ Molen besteht, und deren Zusammensetzung durch die Molenbrüche $(x_1' + d x_1')$ und $(x_2' + d x_2')$ gegeben sei, bei einem

Druck $p + dp$ insgesamt dn Mole ab, so möge der Rückstand die Zusammensetzung x_1' und x_2' und den Dampfdruck p haben. Der übergegangene Dampf enthält $(n + dn)(x_1' + dx_1') - nx_1' \cong (n\,dx_1' + x_1'\,dn)$ Mole der Komponente 1 und $(n\,dx_2' + x_2'\,dn)$ Mole der Komponente 2, wenn man Größen zweiter Ordnung vernachlässigt. Dann ist

$$x_1'' = \frac{n\,dx_1' + x_1'\,dn}{dn} \;; \quad x_2'' = \frac{n\,dx_2' + x_2'\,dn}{dn}$$

oder

$$dx_1' = \frac{(x_1'' - x_1')\,dn}{n} \quad \text{und} \quad dx_2' = \frac{(x_2'' - x_2')\,dn}{n}$$

bzw.

$$\frac{dx_1'}{dx_2'} = \frac{x_1'' - x_1'}{x_2'' - x_2'}. \tag{173}$$

Setzt man dies in (171a) ein, so wird für konstante Temperatur, indem man z. B. dx_2' eliminiert:

$$V_0' \, dp = \frac{dx_1'}{x_1'' - x_1'} \left[(x_1'' - x_1')^2 \left(\frac{\partial^2 \bar G}{\partial x_1^2}\right)' + 2(x_1'' - x_1')(x_2'' - x_2')\left(\frac{\partial^2 \bar G}{\partial x_1 \partial x_2}\right)' + \right.$$
$$\left. + (x_2'' - x_2')^2 \left(\frac{\partial^2 \bar G}{\partial x_2^2}\right)' \right]. \tag{174}$$

Nach den Stabilitätsbedingungen (96) und (97) ist $\left(\dfrac{\partial^2 \bar G}{\partial x_1^2}\right) > 0\,;\; \left(\dfrac{\partial^2 \bar G}{\partial x_2^2}\right)' > 0$ und $\left(\dfrac{\partial^2 \bar G}{\partial x_1^2} \cdot \dfrac{\partial^2 \bar G}{\partial x_2^2}\right) - \left(\dfrac{\partial^2 \bar G}{\partial x_1 \partial x_2}\right)^2 > 0$. Sind diese Stabilitätsbedingungen erfüllt, so ergibt sich aus der Theorie der Kurven zweiter Ordnung[1], daß die eckige Klammer in (174) ebenfalls positiv ist. Das gleiche wurde schon für V_0' bewiesen, so daß $(x_1'' - x_1')$ und dx_1' gleiches Vorzeichen besitzen müssen, wenn dp positiv ist, dagegen verschiedenes Vorzeichen, wenn dp negativ ist. Ist $x_1'' - x_1'$ positiv (negativ), so ist bei einer Destillation dx_1' negativ (positiv) und nach dem Gesagten auch $dp < 0$. Es gilt demnach auch hier wie bei binären Systemen, daß der Dampfdruck des *Rückstandes* bei der einfachen isothermen Destillation monoton absinkt. Dagegen läßt sich über das *Destillat* keine Aussage machen, da ein der dritten Konowalowschen Regel analoges Postulat aus (174) nicht abgeleitet werden kann. Tatsächlich hat sich gezeigt, daß — im Gegensatz zu dem Verhalten von Zweistoffsystemen — bei Mehrstoffsystemen der Siedepunkt des Destillats bei fortschreitender einfacher Destillation der Mischung auch wieder fallen kann (vgl. S. 311).

Auch ternäre Systeme, bei denen *zwei* flüssige Phasen sich mit dem gemeinsamen Dampf im Gleichgewicht befinden (bivariantes Gleichgewicht nach dem Phasengesetz) verhalten sich bei der einfachen Destillation analog: bei konstantem T sinkt der Dampfdruck monoton, bei konstantem p steigt der Siedepunkt monoton, und Zusammensetzung und Mengenverhältnis aller drei Phasen ändern sich ständig. Ist

---

[1] Vgl. z. B. R. Rothe, Höhere Mathematik, Teil IV, Heft 7, S. 7.

dagegen die Zusammensetzung der einen flüssigen Phase mit der des Dampfes identisch, so hat, nach einem von SCHREINEMAKERS (270) abgeleiteten Satz, der Dampfdruck bei konstantem T bzw. der Siedepunkt bei konstantem p einen Extremwert, wie es bei den binären azeotropen Gemischen der Fall ist. Es handelt sich also bei der Verdampfung wieder um eine „Phasenreaktion" in dem S. 50 genannten Sinn. Eine solche Phasenreaktion ist aber auch dann möglich, wenn die Zusammensetzungen der beiden flüssigen Phasen bestimmte ausgezeichnete Werte haben, und gleichzeitig die mittlere Totalzusammensetzung der beiden Flüssigkeiten gleich der des Dampfes ist. Im ersteren Fall wird bei der einfachen Destillation schließlich eine der beiden flüssigen Phasen verschwinden, im zweiten Fall verschwinden beide flüssigen Phasen gleichzeitig, analog einem homogenen Azeotrop.

Für ein univariantes ternäres System (drei flüssige Phasen im Gleichgewicht mit ihrem Dampf) gilt wieder die verallgemeinerte CLAUSIUS-CLAPEYRONsche Gleichung, d. h. ein solches System verhält sich ebenfalls wie ein Azeotrop, entsprechend dem univarianten binären System mit zwei flüssigen Phasen und ihrer koexistenten Dampfphase.

III. Systematik der Mischphasen.

Um das ebenso umfangreiche wie mannigfaltige und verwickelte Gebiet der flüssigen Mischungen und Lösungen einigermaßen ordnen und übersehen zu können, hat man versucht, die Gesamtheit der Mischungen in verschiedene Mischungstypen einzuteilen. Zur Charakterisierung dieser Typen dienen die empirisch gefundenen thermodynamischen Mischungseffekte bzw. die daraus ableitbaren partiellen molaren Zustandsgrößen der Mischungskomponenten. Da letztere sich stets aus den chemischen Potentialen gewinnen lassen, kann man bestimmte *Grenztypen* von Mischungen festlegen, die durch eine bestimmte Temperatur- und Konzentrationsabhängigkeit der chemischen Potentiale der Komponenten definiert sind, und die wir in der Natur — mehr oder weniger angenähert — verwirklicht vorfinden. Auf diese Weise gelangt man zu einer zwar formalen, aber doch praktisch brauchbaren Einteilung der Mischungen, die die Übersichtlichkeit und auch die rechnerische Behandlung der zahlreichen Einzelfälle wesentlich erleichtert.

A. Ideale Mischungen.

1. Thermodynamische Zustandsgrößen.

Der denkbar einfachste Grenztyp einer Mischung ist die sog. „ideale Mischung". Sie ist dadurch definiert, daß im gesamten Mischungsbereich die Aktivitäten a_i mit den Molenbrüchen x_i der Komponenten identisch sind, daß also die Aktivitätskoeffizienten f_i gleich 1 gesetzt werden können. Die Zerlegung der chemischen Potentiale in Grund- und Restpotentiale ergibt für diesen Fall anstelle von (II, 16)

$$\mu_i = \mu_i + R\,T \ln x_i, \tag{1}$$

womit gleichzeitig die Konzentrationsabhängigkeit des chemischen Potentials festgelegt ist. Da ferner die Molenbrüche als solche von Temperatur und Druck nicht abhängen, erhalten wir mittels der Gln. (II, 7, 8, 9, 10, 27) die folgenden, gelegentlich schon benutzten thermodynamischen Zustandsgrößen einer binären idealen Mischphase:

$$\mu_1 = \mu_1 + R\,T \ln (1 - x); \quad \mu_2 = \mu_2 + R\,T \ln x \tag{2}$$

$$\left.\left(\frac{\partial \mu_1}{\partial p}\right)_{T,x} = V_1 = \left(\frac{\partial \mu_1}{\partial p}\right)_{T,x} = V_1; \quad \left(\frac{\partial \mu_2}{\partial p}\right)_{T,x} = V_2 = \left(\frac{\partial \mu_2}{dp}\right)_{T,x} = V_2 \right\} \tag{3}$$
$$\text{oder} \quad V_1 - V_1 = V_2 - V_2 = 0; \quad \Delta \overline{V} = 0$$

$$\left.\begin{array}{l} \left(\dfrac{\partial \mu_1}{\partial T}\right)_{p,x} = - S_1 = \left(\dfrac{\partial \mu_1}{\partial T}\right)_{p,x} + R \ln (1 - x) = - S_1 + R \ln (1 - x) \\[2mm] \left(\dfrac{\partial \mu_2}{\partial T}\right)_{p,x} = - S_2 = \left(\dfrac{\partial \mu_2}{\partial T}\right)_{p,x} + R \ln x = - S_2 + R \ln x \end{array}\right\} \tag{4}$$
$$\text{oder} \quad S_1 - S_1 = - R \ln (1 - x); \quad S_2 - S_2 = - R \ln x$$

$$\left.\begin{array}{l} T^2 \left(\dfrac{\partial (\mu_1/T)}{\partial T}\right)_{p,x} = - H_1 = T^2 \left(\dfrac{\partial (\mu_1/T)}{\partial T}\right)_{p,x} = - H_1 \\[2mm] T^2 \left(\dfrac{\partial (\mu_2/T)}{\partial T}\right)_{p,x} = - H_2 = T^2 \left(\dfrac{\partial (\mu_2/T)}{\partial T}\right)_{p,x} = - H_2 \end{array}\right\} \tag{5}$$
$$\text{oder} \quad H_1 - H_1 = H_2 - H_2 = 0; \quad \Delta \overline{H} = 0$$

$$\left.\left(\frac{\partial H_1}{\partial T}\right)_{p,x} = C_{p_1} = \left(\frac{\partial H_1}{\partial T}\right)_{p,x} = C_{p_1}; \quad \left(\frac{\partial H_2}{\partial T}\right)_{p,x} = C_{p_2} = \left(\frac{\partial H_2}{\partial T}\right)_{p,x} = C_{p_2} \right\} \tag{6}$$
$$C_{p_1} - C_{p_1} = C_{p_2} - C_{p_2} = 0$$

$$\left.\begin{array}{l} (\overline{G})_{p,T} = (1 - x)\,\mu_1 + x\,\mu_2 = (1 - x)\,\mu_1 + x\,\mu_2 + \\[1mm] \qquad + R\,T\,[(1 - x) \ln (1 - x) + x \ln x] \\[1mm] (\Delta \overline{G})_{p,T} = R\,T\,[(1 - x) \ln (1 - x) + x \ln x] \end{array}\right\} \tag{7}$$

$$\left.\begin{array}{l} (\overline{S})_{p,T} = (1 - x)\,S_1 + x\,S_2 = (1 - x)\,S_1 + x\,S_2 - \\[1mm] \qquad - R\,[(1 - x) \ln (1 - x) + x \ln x] \\[1mm] (\Delta \overline{S})_{p,T} = - R\,[(1 - x) \ln (1 - x) + x \ln x]. \end{array}\right\} \tag{8}$$

Aus (3), (5) und (6) sieht man, daß partielles Molvolumen, partielle molare Enthalpie und partielle Molwärme jeder Komponente mit Molvolumen, molarer Enthalpie und Molwärme des reinen Stoffes identisch ist, d. h. diese Größen sind konzentrationsunabhängig. Bei der Mischung der Komponenten unter konstantem Druck und bei konstanter

Temperatur treten daher weder Volumenänderungen noch Wärmetönungen auf. Die durch (8) gegebene Mischungsentropie pro Mol Mischung hat den gleichen Wert wie bei einer binären Mischung idealer Gase, sie ist nach (7) gleich dem negativen, durch T dividierten Wert der Änderung der freien Enthalpie $(\Delta \overline{G})_{p,\,T}$ pro Mol Mischung und ist stets positiv, da

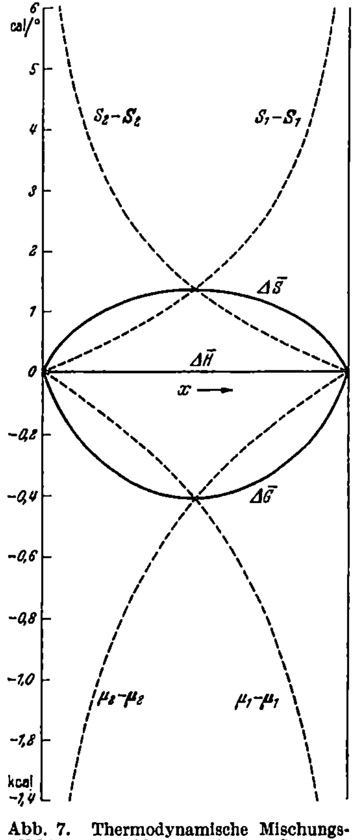

Abb. 7. Thermodynamische Mischungseffekte eines idealen binären Systems.

$(1 - x)$ und x stets zwischen 0 und 1 variieren. Analoge Gleichungen gelten für jede Komponente i einer idealen Mischung aus mehreren Stoffen.

In Abb. 7 sind die thermodynamischen Mischungseffekte $\Delta \overline{H}$, $\Delta \overline{G}$ und $\Delta \overline{S}$ des binären idealen Systems sowie die Differenzen $S_1 - S_1$, $S_2 - S_2$, $\mu_1 - \mu_1$ und $\mu_2 - \mu_2$ als Funktion von x dargestellt. Die Kurven verlaufen spiegelsymmetrisch zur Ordinate bei $x = 0{,}5$, wie auch aus den Gln. (2), (4), (7) und (8) abzulesen ist, und schneiden sich dort in einem Punkt.

2. Das Raoultsche Gesetz.

Aus den abgeleiteten thermodynamischen Funktionen idealer Gemische läßt sich weiterhin die Abhängigkeit der Partialdrucke von der Zusammensetzung der flüssigen Phase gewinnen. Aus der Bedingung (II, 109) des währenden Gleichgewichtes für zwei koexistente Phasen ergibt sich nach Gl. (2) z. B. für die Komponente 2 der idealen Mischung

$$d\mu_2'' = d\mu_2'' + d(R\,T \ln x'') =$$
$$= d\mu_2' = d\mu_2' + d(R\,T \ln x') \tag{9}$$

worin mit $'$ die flüssige, mit $''$ die gasförmige Phase bezeichnet sei. Für konstante Temperatur $(d\,T = 0)$ folgt mittels (II, 7)

$$V_2'' dp + R T \left(\frac{\partial \ln x''}{\partial p}\right)_T dp = V_2' dp + RT \left(\frac{\partial \ln x'}{\partial p}\right)_T dp$$

$$\text{oder} \quad \frac{\partial \ln(x'/x'')}{\partial p} = \frac{V_2'' - V_2'}{R T} . \tag{10}$$

Setzt man weiter voraus, daß nicht nur die flüssige Phase, sondern auch die Dampfphase sich ideal verhält, daß also das ideale Gasgesetz gilt, so daß $V_2'' = R\,T/p$, und vernachlässigt man das Molvolumen der reinen Flüssigkeit V_2' gegenüber dem Molvolumen V_2'' des Dampfes, was im Geltungsbereich des idealen Gasgesetzes stets zulässig ist, so wird aus (10)

$$\int\limits_1^{x'} d\ln x' - \int\limits_1^{x''} d\ln x'' = \int\limits_{p_{01}}^{p} \frac{dp}{p} \tag{11}$$

$$\text{oder}\quad \ln x' - \ln\frac{p_2}{p} = \ln\frac{p}{p_{02}}\quad \text{bzw.}\quad \ln x' = \ln\frac{p_2}{p_{02}}$$

Eine analoge Überlegung gilt für die Komponente 1, d. h. wir haben die beiden Beziehungen

$$p_2 = p_{02}\,x'; \quad p_1 = p_{01}\,(1 - x')\,. \tag{12}$$

Der Partialdruck jeder Komponente einer idealen Mischung ist ihrem Molenbruch in der flüssigen Phase proportional. Das ist das von Raoult (*232;* vgl. auch *48*) empirisch gefundene und nach ihm benannte Gesetz. Wie die Ableitung zeigt, ist der Molenbruch in der *flüssigen* Phase nach dem Molekularzustand des *Dampfes* zu berechnen, da V'' nach dem Gasgesetz durch RT/p ersetzt wurde. Diese Überlegung muß berücksichtigt werden, wenn z. B. in der Dampfphase ein Assoziationsgleichgewicht vorliegt, wie es etwa bei Essigsäuredampf der Fall ist (vgl. z. B. *332*).

Für den Gesamtdruck des Dampfes ergibt sich aus (12)

$$p = p_1 + p_2 = p_{01}\,(1 - x') + p_{02}\,x' = p_{01} + (p_{02} - p_{01})\,x'\,, \tag{13}$$

d. h. auch der Gesamtdruck über der idealen Mischung ist eine lineare Funktion des Molenbruches der *flüssigen Phase.* Gl. (13) läßt sich auch unmittelbar aus der Koexistenzgleichung (II, 132a) für zwei binäre Mischphasen ableiten, wenn man für das chemische Potential der Komponenten den Ansatz (1) benutzt und das ideale Gasgesetz als gültig annimmt.

Da ferner in einem idealen Gasgemisch

$$x'' = \frac{p_2}{p} = \frac{p_{02}\,x'}{p}\,, \tag{14}$$

kann man in (13) x' auch durch x'', den Molenbruch in der Dampfphase, ersetzen und erhält

$$p = p_{01} + \left(1 - \frac{p_{01}}{p_{02}}\right)p\,x''\quad \text{oder}\quad p = \frac{p_{01}}{1 - \left(1 - \dfrac{p_{01}}{p_{02}}\right)x''}\,. \tag{15}$$

Trägt man also den Gesamtdruck als Funktion des Molenbruches der *Dampfphase* auf, so erhält man keine Gerade mehr (vgl. auch S. 230). In Abb. 8 ist dies schematisch dargestellt. Die ausgezogenen Geraden geben die Partialdrucke und den Gesamtdruck als Funktion von x', die punktierte Kurve den Gesamtdruck als Funktion von x'' nach Gl. (15) wieder.

Für *ternäre ideale Mischungen* gilt nach dem RAOULTschen Gesetz analog zu (13) bei konstanter Temperatur

$$p = p_1 + p_2 + p_3 = p_{01}\, x_1' + p_{02}\, x_2' + p_{03}\, (1 - x_1' - x_2')$$
$$= p_{03} + (p_{01} - p_{03})\, x_1' + (p_{02} - p_{03})\, x_2' . \tag{16}$$

Das ist die Gleichung einer Ebene, wie sofort daraus folgt, daß

$$\frac{\partial^2 p}{\partial x_1'^2} = 0 ; \quad \frac{\partial^2 p}{\partial x_2'^2} = 0 ; \quad \frac{\partial^2 p}{\partial x_1'\, \partial x_2'} = 0 .$$

Ersetzt man wieder x_1' und x_2' nach (14) durch x_1'' bzw. x_2'', so wird

$$p = p_{03} + \left(\frac{p_{01} - p_{03}}{p_{01}}\right) p\, x_1'' + \left(\frac{p_{02} - p_{03}}{p_{02}}\right) p\, x_2''$$

oder umgeformt

$$p = \frac{p_{03}}{1 - \left(1 - \dfrac{p_{03}}{p_{01}}\right) x_1'' - \left(1 - \dfrac{p_{03}}{p_{02}}\right) x_2''} , \tag{17}$$

was der Gl. (15) entspricht. Trägt man den Gesamtdruck senkrecht zum GIBBSschen Dreieck als Funktion der x' bzw. x'' auf, so erhält man

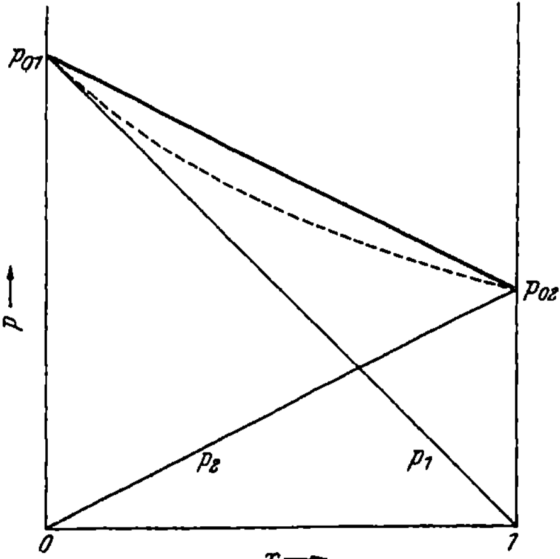

Abb. 8. Dampfdruck binärer idealer Gemische als Funktion des Molenbruchs (RAOULTsches Gesetz).

die beiden Flächen der Abb. 9, die in den Eckpunkten natürlich zusammenfallen und von den Prismenseiten in den $p\, x'$- bzw. px''-Kurven der drei zugehörigen binären Gemische (vgl. Abb. 8) geschnitten werden.

Zur experimentellen Prüfung des RAOULTschen Gesetzes werden teils statische, teils dynamische Dampfdruck- bzw. Partialdruckmessungen verwendet. Erstere geben zwar sehr sichere Resultate, sind aber umständlich und zeitraubend, so daß letztere gewöhnlich vorgezogen werden (vgl. *156*). Bei der von v. ZAWIDZKI (*332*) ausgearbeiteten Methode, die im Prinzip noch heute benutzt wird, werden die Gemische *isotherm* unter Vermeidung von Rückfluß destilliert. Aus dem gemessenen Gesamtdruck und der Analyse von Destillat und Rückstand (gewöhnlich mit Hilfe des Brechungsindex) erhält man die Partialdrucke als Funktion der Zusammensetzung der Flüssigkeit. Von ZAWIDZKI konnte nach dieser Methode das RAOULTsche Gesetz an den binären Systemen Benzol-Äthylenchlorid und Äthylenbromid-Propylenbromid mit großer Genauigkeit bestätigen.

In neuerer Zeit benutzt man vorwiegend die von OTHMER (*210, 211*) angegebene und vielfach verbesserte (*84, 131, 156, 255*) Methode der *isobaren* Umlaufdestillation, indem man das Gemisch bei konstantem Druck (in der Regel 760 mm Hg) unter Vermeidung von Rückfluß sieden läßt und das Kondensat ständig in den Siedekolben zurückführt, bis sich ein stationärer Zustand eingestellt hat. Die Analyse von Destillat und Rückstand liefert die Molenbrüche der beiden koexistenten Phasen, die Dampfdrucke p_{01} und p_{02} entnimmt man den gesondert zu bestimmenden Dampfdruckkurven der reinen Komponenten bei den abgelesenen Siedetemperaturen der Gemische, womit alle Daten zur Prüfung der Gln. (12) bis (14) gegeben sind. Für ternäre und quaternäre Mischungen sind ebenfalls allgemeine Analysenmethoden entwickelt worden (*86, 217*).

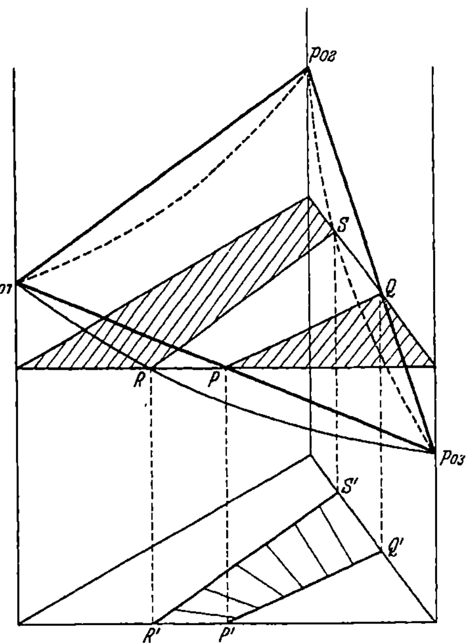

Abb. 9. Dampfdruck ternärer idealer Gemische als Funktion der Zusammensetzung (RAOULTsches Gesetz).

Tabelle 1.

Temp. t° C	x'_2	x''_2	f'_2	f'_1
87,1	0,812	0,909	1,102	0,996
87,7	0,784	0,893	1,004	1,008
90,2	0,700	0,844	0,996	0,999
92,2	0,585	0,765	1,012	0,994
92,6	0,568	0,750	1,000	0,986
95,9	0,479	0,674	1,006	0,988
96,0	0,446	0,645	1,005	0,994
96,8	0,415	0,614	1,008	0,993
97,8	0,375	0,578	1,008	0,973
99,3	0,365	0,565	0,989	0,960
100,8	0,252	0,424	1,002	1,008
102,0	0,235	0,401	1,014	1,018
107,0	0,100	0,197	1,009	0,990
108,4	0,045	0,095	1,029	1,000

Eventuelle Abweichungen ergeben nach

$$\frac{x''_{gem}}{x''_{ber}} = \frac{p_{2\,gem}}{p_{2\,ber}} = \frac{a'_2}{x'} = f'_2 \tag{18}$$

den Aktivitätskoeffizienten der betreffenden Komponente in der flüssigen Mischung.

Als Beispiel einer neueren Messung (*131*) sind in Tab. 1 die experimentellen Gleichgewichtsdaten des Systems Dichloräthylen (2)-Toluol (1) bei 760 mm Druck nebst den daraus berechneten f-Werten angegeben.

Die f'-Werte streuen unregelmäßig und liegen nahe bei 1, so daß das RAOULTsche Gesetz innerhalb der erreichten (nicht sehr hohen) Meßgenauigkeit als erfüllt gelten kann.

Allgemein folgt aus der DUHEM-MARGULESschen Gleichung (II, 15) für binäre Mischungen, daß die Gültigkeit des RAOULTschen Gesetzes für eine der beiden Komponenten (z. B. 1) auch seine Gültigkeit für die andere Komponente im ganzen Mischungsbereich bedingt (vgl. S. 14). Schreibt man (II, 15) in der Form

$$\left(\frac{\partial \mu_1}{\partial \ln (1 - x)}\right)_{p,\,T} = \left(\frac{\partial \mu_2}{\partial \ln x}\right)_{p,\,T} \tag{19}$$

und führt für die chemischen Potentiale die Ausdrücke

$$\mu'_1 = \mu'_1 + R\,T \ln \frac{p_1}{p_{0\,1}} \equiv {}^1\mu'_1 + R\,T \ln p_1$$
$$\text{und} \qquad \mu'_2 = \mu'_2 + R\,T \ln \frac{p_2}{p_{0\,2}} \equiv {}^1\mu'_2 + R\,T \ln p_2 \tag{20}$$

ein, worin ${}^1\mu'_1$ und ${}^1\mu'_2$ nur noch von der Temperatur abhängen, so wird

$$\left(\frac{\partial \ln p_1}{\partial \ln (1 - x)}\right)_{p,\,T} = \left(\frac{\partial \ln p_2}{\partial \ln x}\right)_{p,\,T}. \tag{21}$$

Aus (12) und (21) folgt: Wenn für die Komponente 1 das RAOULTsche Gesetz gilt, also $\left(\dfrac{\partial \ln p_1}{\partial \ln (1 - x)}\right)_{p,\,T} = 1$, so muß es auch für die Komponente 2 gelten[1].

Eine vollständige Prüfung auf ideales Verhalten einer Mischung müßte außer der Gültigkeit des RAOULTschen Gesetzes auch eine Prüfung der Bedingungen (3) und (5) umfassen, wonach die Volumenänderung bei der Mischung sowie die integrale Mischungswärme gleich Null sein müssen. Nach einer neueren Zusammenstellung (*59*) sind diese Bedingungen für die in Tab. 2 angegebenen binären Systeme innerhalb der Meßgenauigkeit der verwendeten Methoden exakt oder mit guter

---

[1] Wie die Ableitung zeigt, gilt (21) *streng* nur für konstanten Gesamtdruck und konstante Temperatur, was bei der Prüfung des RAOULTschen Gesetzes natürlich nicht realisiert werden kann.

Näherung erfüllt. Diese Systeme lassen sich verschiedenen, durch römische Ziffern gekennzeichneten Gruppen zuordnen:

I. Gemische von Molekülen mit isotopen Atomen.

II. Gemische optischer Antipoden.

III. Gemische von Stereoisomeren.

IV. Gemische von Strukturisomeren.

V. Gemische von Nachbarn in homologen Reihen.

VI. Gemische, deren Komponenten sich in einem Substituenten unter-scheiden.

Für sämtliche Systeme der Tab. 2 gilt das Raoultsche Gesetz mit sehr geringen Abweichungen. Bei den in Spalte 3 und 4 angegebenen maximalen Mischungswärmen bzw. Volumenänderungen pro Mol Mischung bedeutet eine Null, daß $\Delta \bar{H} < 5$ cal und $\Delta \bar{V} < 0,2\%$ ist. Ausdrücklich sei nochmals darauf hingewiesen, daß die Gültigkeit des Raoultschen Gesetzes allein bei einer gegebenen Temperatur nicht ausreicht, um ein System als ideal zu bezeichnen (vgl. auch S. 84).

Tabelle 2.

„Ideale" binäre Systeme, die dem Raoultschen Gesetz mit guter Näherung gehorchen.

Gruppe	System	$\Delta \bar{H}$	$\Delta \bar{V}$
I	$H_2O - D_2O$	0	$0 > \Delta \bar{V} > -0,3\,\%$
I	$CH_3COCH_3 - CD_3COCD_3$	0	
II	d-Campher — l-Campher	0	0
III	Methylfumarat — Methyl-maleinat	0	0
VI	$C_2H_5Br - C_2H_5J$	20 cal $> \Delta \bar{H} > 0$	0
VI	$C_6H_5Cl - C_6H_5Br$	10 cal $> \Delta \bar{H} > 0$	0
VI	$H_2ClC-CClH_2 - H_2BrC-CBrH_2$	20 cal $> \Delta \bar{H} > 0$	$0 > \Delta \bar{V} > -0,5\,\%$
VI	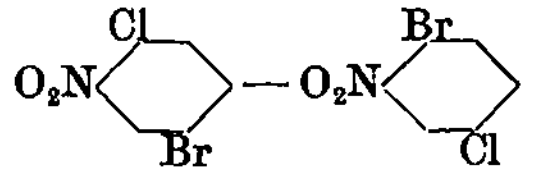 $O_2N\langle\!\!\bigcirc^{Cl}_{Br}\!\!\rangle - O_2N\langle\!\!\bigcirc^{Br}_{Cl}\!\!\rangle$	0	
VI	$C_6H_5Cl - C_6H_5CH_3$	$0 > \Delta \bar{H} > 10$ cal	$0 > \Delta \bar{V} > -0,3\,\%$
II	d-Chloräpfelsäure — l-Chlor-äpfelsäure	0	0
II	d-Bromcampher — l-Brom-campher	0	0
III	Fumarsäure — Maleinsäure	0	0
III	$Cl_2C=CH_2 - ClHC=CHCl$	0	0
IV	o-Xylol — p-Xylol	0	0
IV	o-Xylol — m-Xylol	0	0
IV	o-Kresol — m-Kresol	0	0
V	$CH_3OH - C_2H_5OH$	10 cal $> \Delta \bar{H} > 0$	0
V	$CH_3COOCH_3 - CH_3COOC_2H_5$	20 cal $> \Delta \bar{H} > 0$	0
V	$C_6H_6 - C_6H_5CH_3$	20 cal $> \Delta \bar{H} > 0$	0

3. Fugazitäten.

Wir hatten bei der Ableitung des RAOULTschen Gesetzes vorausgesetzt, daß nicht nur die flüssige Phase, sondern auch die koexistente Dampfphase sich ideal verhält, da sowohl das ideale Gasgesetz wie das DALTONsche Gesetz (Additivität der Partialdrucke) als gültig angenommen wurde. Die abgeleiteten Gleichungen gelten demnach nur für genügend kleine Sättigungsdrucke. Um jedoch die Form dieser Gleichungen auch bei höheren Drucken, bei denen sich die Dampfphase nicht mehr ideal verhält, beibehalten zu können, führt man nach LEWIS (*175*) anstelle der Partialdrucke p_i *korrigierte* Drucke $\overset{*}{p}_i$ ein, die man als *Fugazitäten* bezeichnet. Diese werden mit den Partialdrucken identisch, wenn sich die Dampfphase als ideales Gas verhält, d. h. die Fugazitäten sind durch die (für alle Temperaturen gültige) Beziehung definiert

$$\lim_{p \to 0} \frac{\overset{*}{p}_i}{p_i} = 1 \,. \tag{22}$$

$\dfrac{\overset{*}{p}_i}{p_i} = \dfrac{\overset{*}{p}_i}{x_i'' p}$ wird auch als „Fugazitätskoeffizient" bezeichnet.

Während man das chemische Potential eines Stoffes i in einer idealen Gasmischung nach Gl. (1) durch

$$\mu_{i_{id}}'' = \mu_i'' + R T \ln x_i'' = \mu_i'' + R T \ln \frac{p_i}{p}$$
$$= (\mu_i'' - R T \ln p) + R T \ln p_i \equiv {}^1\mu_i'' + R T \ln p_i \tag{23}$$

darstellen kann[1], ist es in einer nichtidealen Gasmischung auszudrücken durch

$$\mu_i'' = {}^1\mu_i'' + RT \ln \overset{*}{p}_i \,, \tag{24}$$

wobei der obere Index [1] andeuten soll, daß sich das chemische Potential auf einen Standardzustand bezieht, in dem sich die betreffende Komponente unter 1 Atm. Druck ideal verhält, ein Zustand, der natürlich nicht realisierbar ist. Durch Subtraktion der beiden Gleichungen folgt

$$\mu_i'' - \mu_{i_{id}}'' = R T \ln \frac{\overset{*}{p}_i}{p_i} \,. \tag{25}$$

Man ermittelt die Fugazitäten mit Hilfe der partiellen Molvolumina der Gase. Nach Gl. (II, 7) ist

$$(\partial \mu_i / \partial p)_{T,\,x} = V_i \quad \text{und} \quad (\partial \mu_{i_{id}} / \partial p)_{T,\,x} = V_{id} = \frac{R T}{p} \,.$$

---

[1] μ_i'' ist das chemische Potential des reinen Gases i bein Druck p; zur Umrechnung auf das chemische Potential bei einer Atmosphäre erhält man aus (II, 7):

$$d\mu_i'' = V_i'' \, dp = \frac{R T}{p} \, dp$$

$$\text{oder integriert} \quad {}^1\mu_i'' = \mu_i'' + R T \int_p^1 d \ln p = \mu_i'' - R T \ln p \,.$$

Damit wird unter Berücksichtigung von (22)

$$\int\limits_{1}^{\overset{*}{p}_i/p_i} d\ln \frac{\overset{*}{p}_i}{p_i} = \ln \frac{\overset{*}{p}_i}{p_i} = \frac{1}{RT} \int\limits_{0}^{p} \left(V_i'' - \frac{RT}{p} \right) dp. \tag{26}$$

Da ferner in idealen Gasgemischen $p_i = x_i'' p$, kann man (26) auch schreiben

$$\ln \overset{*}{p}_i = \ln x_i'' + \ln p + \frac{1}{RT} \int\limits_{0}^{p} \left(V_i'' - \frac{RT}{p} \right) dp. \tag{27}$$

Ist das partielle Molvolumen V_i'' bei gegebener Temperatur und gegebener Zusammensetzung des Dampfes als Funktion von p bekannt, so läßt sich die Fugazität aus (27) mittels graphischer Integration ermitteln.

Die partiellen Molvolumina sind im Prinzip experimentell stets zugänglich (vgl. Abb. 3a). Man versucht, das Gesamtvolumen V der Gasmischung durch eine geeignete Zustandsgleichung darzustellen; aus der Beziehung

$$V = \sum_{1}^{i} n_i V_i \tag{28}$$

ergibt sich dann das Partialvolumen der Komponente i durch Differentiation nach n_i.

Das Molvolumen eines reinen realen Gases läßt sich stets in bequemer Form durch den Ansatz

$$V = \frac{RT}{p} + B + C p + D p^2 + \cdots \tag{29}$$

darstellen, worin $B, C, D \ldots$ die noch von der Temperatur abhängigen *Virialkoeffizienten* bedeuten. Für nicht zu hohe Drucke bricht man die Reihe gewöhnlich nach dem zweiten Glied ab, so daß die Abweichungen vom idealen Gasgesetz allein durch den zweiten Virialkoeffizienten B dargestellt werden. Man versucht deshalb, B durch eine geeignete thermische Zustandsgleichung auszudrücken. Da bekanntlich das Theorem der übereinstimmenden Zustände für reale Gase nicht erfüllt ist, gibt es eine ungewöhnlich große Zahl solcher Zustandsgleichungen [vgl. z. B. die Zusammenstellung von J. OTTO (*222*)], von denen nur relativ wenige in der Thermodynamik praktisch benutzt werden, soweit es sich speziell um die Berechnung der Abweichungen der Dämpfe vom idealen Gasverhalten in Dampf-Flüssigkeitsgleichgewichten handelt, die uns hier besonders interessieren. Von den vorgeschlagenen Gleichungen, die nur zwei Konstanten enthalten, seien erwähnt (jeweils auf 1 Mol bezogen): nach VAN DER WAALS:

$$pV = RT \left[\frac{1}{1 - b/V} - \frac{a}{RTV} \right] \cong RT \left[1 + \left(b - \frac{a}{RT} \right) \frac{1}{V} \right] \tag{30}$$

nach DIETERICI (53):

$$pV = RT\left[\frac{pb}{RT} + \exp\left(-\frac{a}{RTV}\right)\right] \cong RT\left[1 + \left(b - \frac{a}{RT}\right)\frac{1}{V}\right] \quad (31)$$

nach BERTHELOT (20):

$$pV = RT\left[1 + \frac{pb}{RT} - \frac{a}{RT^2V} + \frac{ab}{RT^2V^2}\right] \cong RT\left[1 + \frac{pb}{RT} - \frac{ap}{R^2T^3}\right] \quad (32)$$

nach REDLICH (239):

$$pV = RT\left[\frac{V}{V-b} - \frac{a}{RT^{3/2}(V+b)}\right]. \quad (33)$$

Die rechts stehenden Näherungsausdrücke gelten für mäßige Drucke und ergeben sich durch geeignete Vereinfachungen[1]. Der Vergleich mit (29) ergibt für den zweiten Virialkoeffizienten nach (30) und (31)

$$B = b - \frac{a}{RT} \quad (34)$$

nach (32)

$$B = b - \frac{a}{RT^2} \quad (35)$$

nach (33)

$$B = b - \frac{a}{RT^{1,5}}. \quad (36)$$

Die Konstanten a und b, die als Maß für die Attraktionskräfte und das Eigenvolumen der Moleküle interpretiert werden können, lassen sich mittels der kritischen Bedingungen $(\partial p/\partial V)_T = 0$ und $(\partial^2 p/\partial V^2)_T = 0$ aus den kritischen Größen p_k, V_k und T_k ermitteln. Benutzt man zur Berechnung die experimentell leichter zugänglichen Größen p_k und T_k^2, so erhält man mittels (30)

$$a = \frac{0,422\,R^2\,T_k^2}{p_k} \; ; \quad b = \frac{0,125\,RT_k}{p_k} ; \quad s \equiv \frac{p_k\,V_k}{RT_k} = 0,375 \quad (37)$$

mittels (31)

$$a = \frac{0,5412\,R^2\,T_k^2}{p_k} ; \quad b = \frac{0,1353\,RT_k}{p_k} ; \quad s = 0,271 \quad (38)$$

mittels (32)

$$a = \frac{0,4116\,R^2\,T_k^3}{p_k} ; \quad b = \frac{0,0686\,RT_k}{p_k} ; \quad s = 0,281 \quad (39)$$

mittels (33)

$$a = \frac{0,4278\,R^2\,T_k^{2,5}}{p_k} ; \quad b = \frac{0,0867\,RT_k}{p_k} ; \quad s = 0,3335. \quad (40)$$

---

[1] Bei nicht sehr hohen Drucken ist $V \gg b$, so daß

$$\frac{1}{1-b/V} \cong 1 + \frac{b}{V} ; \quad \exp(-a/RTV) \cong 1 - \frac{a}{RTV} ; \quad \frac{ab}{RT^2V^2} \cong 0.$$

[2] Da die Zustandsgleichungen nur Näherungsgleichungen sind und deshalb die experimentellen Ergebnisse nur mehr oder weniger gut wiedergeben können, erhält man mehrere zusammengehörige Zahlenwerte a und b, je nachdem man sie aus p_k und V_k oder aus p_k und T_k oder aus V_k und T_k berechnet.

Damit ergeben sich für die zweiten Virialkoeffizienten folgende Ausdrücke:

nach VAN DER WAALS:

$$B = 0{,}125\ \frac{R\,T_k}{p_k} - 0{,}422\ \frac{R\,T_k^2}{p_k\,T} \qquad (41)$$

nach DICTERICI:

$$B = 0{,}1353\,\frac{R\,T_k}{p_k} - 0{,}5412\,\frac{R\,T_k^2}{p_k\,T} \qquad (42)$$

nach BERTHELOT:

$$B = 0{,}0686\,\frac{R\,T_k}{p_k} - 0{,}4116\,\frac{R\,T_k^3}{p_k\,T^2} \qquad (43)$$

nach REDLICH:

$$B = 0{,}0867\,\frac{R\,T_k}{p_k} - 0{,}4278\,\frac{R\,T_k^{2,5}}{p_k\,T^{1,5}}\ . \qquad (44)$$

Die Leistungsfähigkeit der Gleichungen (30) bis (33) geht etwa aus Abb. 10 hervor, in der der sog. *Kompressibilitätsfaktor*

$$\varkappa \equiv \frac{p\,V}{R\,T} \qquad (45)$$

von Äthan bei 237,8° C als Funktion des Druckes dargestellt ist. Die eingetragenen Meßpunkte entstammen neueren Messungen (*234*). Offenbar vermag in diesem Fall und in einer Reihe anderer (*239*) die Gleichung von REDLICH in einem größeren Druckbereich die Messungen am besten wiederzugeben.

Eine weitere häufig benützte Beziehung für den zweiten Virialkoeffizienten, in der ebenfalls nur die kritischen Daten p_k und T_k vorkommen, hat WOHL (*321*) angegeben:

$$(46)$$

$$B = 0{,}197\,\frac{R\,T_k}{p_k} - 0{,}012\,\frac{R\,T}{p_k} -$$

$$- 0{,}400\,\frac{R\,T_k^2}{p_k\,T} - 0{,}146\,\frac{R\,T_k^{4,27}}{p_k\,T^{3,27}}\ .$$

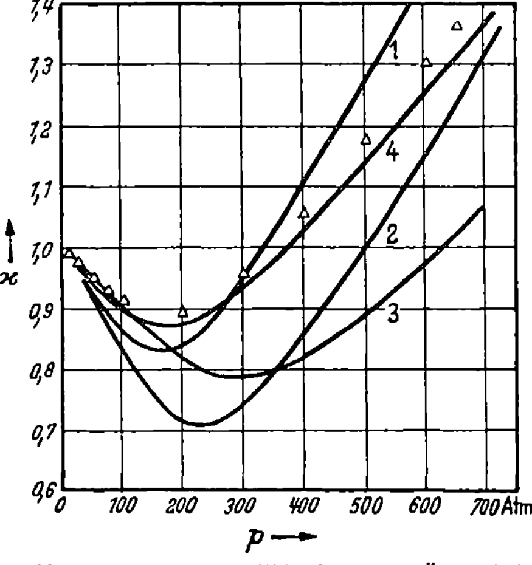

Abb. 10. Kompressibilitätsfaktor von Äthan bei 37,8° C nach verschiedenen Zustandsgleichungen. *1* VAN DER WAALS, *2* DIETERICI *3* BERTHELOT, *4* REDLICH, △ exp. Werte.

Für größere Druckbereiche wird die von BEATTIE und BRIDGEMAN (*8*) angegebene Zustandsgleichung mit fünf willkürlichen Konstanten viel verwendet:

$$p\,V = R\,T\left[\frac{(1 - C)\,(V + B')}{V} - \frac{A}{R\,T\,V}\right] \qquad (47)$$

mit $A = A_0\left(1 - \dfrac{a}{V}\right)$; $\quad B' = B_0'\left(1 - \dfrac{b'}{V}\right)$; $\quad C = \dfrac{c}{V\,T^3}\ .$

Die Konstanten dieser Gleichung sind für eine Reihe von Gasen tabelliert $(8, 63)$. Aus (47) erhält man für den zweiten Virialkoeffizienten

$$B = B_0' - \frac{A_0}{RT} - \frac{c}{T^3}\,. \tag{48}$$

Zustandsgleichungen, die im Sinne des VAN DER WAALSschen Kontinuitätsprinzips sowohl den gasförmigen wie den flüssigen Zustand eines Stoffes zu beschreiben vermögen, sind ebenfalls mehrfach aufgestellt worden [vgl. z. B. (12)]. Sie enthalten im allgemeinen eine wesentlich größere Zahl von Konstanten und sind deshalb nur für spezielle Aufgaben wertvoll.

Aus (27) und (29) ergibt sich der Zusammenhang zwischen der Fugazität und dem Druck eines *reinen* Gases zu

$$\ln \overset{*}{p} = \ln p + \frac{1}{RT} \int\limits_{0}^{p} \left(V - \frac{RT}{p} \right) dp = \ln p + \frac{Bp}{RT}\,; \tag{49}$$

die Fugazität eines Gases läßt sich somit aus dem zweiten Virialkoeffizienten bzw., falls man eine der Gln. (41) bis (44) benutzt, aus kritischem Druck und kritischer Temperatur für jeden Druck berechnen, für den die betreffende Zustandsgleichung mit genügender Genauigkeit gilt.

Sind die Virialkoeffizienten der reinen Gase bekannt, so entsteht die weitere Aufgabe, den *Virialkoeffizienten einer Gasmischung* gegebener Zusammensetzung zu berechnen, indem man für das Gasgemisch wieder den Ansatz (29) macht und versucht, den mittleren Virialkoeffizienten $\overline{B}$ mit Hilfe der zugehörigen B-Werte der einzelnen Komponenten und der Molenbrüche auszudrücken. Dabei ist zu berücksichtigen, daß schon bei binären Gemischen entsprechend den drei verschiedenen potentiellen Energien Φ_{11}, Φ_{22} und Φ_{12} auch drei verschiedene Virialkoeffizienten B_{11}, B_{22} und B_{12} existieren, deren Zusammenwirken den mittleren Koeffizienten $\overline{B}$ liefern wird. Der Einfluß der einzelnen B-Werte ist offenbar der Häufigkeit der gerade in Wechselwirkung stehenden Molekülpaare 11, 22 und 12 proportional. Bezeichnen wir wieder den Molenbruch der Komponente 2 einer binären Mischung mit x, so ergibt sich die relative Häufigkeit für ein Molekülpaar 11 zu $(1 - x)\,(1 - x)$, für ein Molekülpaar 22 zu $(x\,x)$, für ein Molekülpaar 12 aber zu $2\,x\,(1 - x)$, da offenbar kein Unterschied zwischen den Molekülpaaren 12 und 21 besteht. Damit ergibt sich bei konstanter Temperatur für den mittleren Virialkoeffizienten unmittelbar die Beziehung

$$\begin{aligned}
\overline{B} &= (1 - x)^2\, B_{11} + 2\,x\,(1 - x)\, B_{12} + x^2\, B_{22} \\
&= B_{11}\,(1 - x) + B_{22}\,x + (2\,B_{12} - B_{11} - B_{22})\,x\,(1 - x)\,.
\end{aligned} \tag{50}$$

$\overline{B}$ erhält man aus der experimentell zu ermittelnden Zustandsgleichung der Mischung, B_{11} und B_{22} aus den Zustandsgleichungen der reinen

Komponenten, so daß B_{12} aus (50) berechnet werden kann. Das so ermittelte B_{12} kann dann zur Berechnung des mittleren Koeffizienten $\overline{B}$ für andere Zusammensetzungen x der binären Mischung verwendet werden. Häufig setzt man auch für Näherungsrechnungen $B_{12} = \dfrac{B_{11} + B_{22}}{2}$ so daß das letzte Glied in (50) wegfällt, und man einfach hat

$$\overline{B} = B_{11}(1 - x) + B_{22} x. \tag{51}$$

Stehen keine Messungen an Gasgemischen zur Verfügung, oder will man $\overline{B}$ auf andere Temperaturen umrechnen, so muß man die Gln. (34) bis (36) heranziehen. Benutzt man etwa die VAN DER WAALSsche Näherung, so ergibt sich aus (50)

$$\overline{B} = \overline{b} - \frac{\overline{a}}{RT} = [(1 - x)^2 b_{11} + 2x(1 - x) b_{12} + x^2 b_{22}]$$
$$- \frac{1}{RT}[(1 - x)^2 a_{11} + 2x(1 - x) a_{12} + x^2 a_{22}]. \tag{52}$$

Da die Konstanten b gleich dem vierfachen Eigenvolumen der Molekeln und damit der dritten Potenz des Moleküldurchmessers σ proportional sind, folgt

$$\sigma_{12} = \frac{1}{2}(\sigma_{11} + \sigma_{22})$$

und damit

$$b_{12} = \frac{1}{8}\left(\sqrt[3]{b_{11}} + \sqrt[3]{b_{22}}\right)^3, \tag{53}$$

das in (52) einzusetzen ist. Für hohe Drucke scheint es sich zu bewähren (*234, 239*), daß man einfach $\overline{b}$ als lineare Funktion der Molenbrüche ansetzt, analog zu (51):

$$\overline{b} = (1 - x) b_1 + x b_2 = \Sigma x_i b_i. \tag{54}$$

Für die Attraktionskonstante a_{12} sind verschiedene Ansätze gemacht worden, in der Regel kommt man mit dem einfachen Ansatz (*19*)

$$a_{12} = \sqrt{a_{11} a_{22}} \tag{55}$$

aus, da die Zustandsgleichungen ohnehin nur Näherungsgleichungen sind. Damit erhält man für den zweiten Term der Gl. (52)

$$\overline{a} = [(1 - x)\sqrt{a_{11}} + x\sqrt{a_{22}}]^2, \tag{56}$$

so daß alle Daten zur Berechnung von $\overline{B}$ gegeben sind. Auch für Mischungen scheint der Ansatz (36) von REDLICH besonders geeignet zu sein. Aus (36), (54) und (56) ergibt sich für binäre Gemische und mäßige Drucke:

$$\overline{B} = (1 - x) b_1 + x b_2 - \frac{1}{RT^{1,5}}[(1 - x)\sqrt{a_{11}} + x\sqrt{a_{22}}]^2 \tag{57}$$

und

$$\overline{V} = \frac{RT}{p} + \overline{B}. \tag{58}$$

In Abb. 11 ist der nach (58) berechnete Kompressibilitätsfaktor $\varkappa = p\overline{V}/RT$ für ein Gemisch von CH_4 und CO_2 ($x_{CH_4} = 0,4055$) bei 37,8° C als Funktion von p dargestellt und mit neueren Messungen (234) verglichen. Die Übereinstimmung ist ausgezeichnet. Aus $\overline{V}$ kann man die partiellen Molvolumina mit Hilfe von (II, 35) berechnen:

$$V_1 = \frac{RT}{p} + b_1 - \frac{1}{RT^{1,5}}\left[a_{11} - x^2\left(\sqrt{a_{11}} - \sqrt{a_{22}}\right)^2\right]$$
$$V_2 = \frac{RT}{p} + b_2 - \frac{1}{RT^{1,5}}\left[a_{22} - (1-x)^2\left(\sqrt{a_{11}} - \sqrt{a_{22}}\right)^2\right]. \tag{59}$$

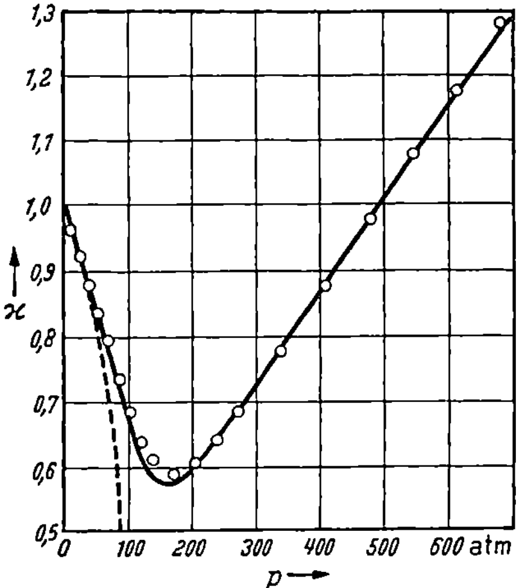

Abb. 11. Kompressibilitätsfaktor eines CH_4-CO_2-Gemisches ($x_{CH_4} = 0,4$) bei 37,8° C. Ausgezogene Kurve: Gleichung (58), gestrichelte Kurve nach BERTHELOT.

Für Mehrstoffgemische kann man auch den BEATTIE-BRIDEGE-MANschen Ansatz (48) benutzen, um die T-Abhängigkeit des mittleren Virialkoeffizienten darzustellen, weil sich empirisch gezeigt hat, daß die Konstanten dieser Gleichung analog zu (54) bzw. (56) wieder den einfachen Beziehungen

$$\overline{B}_0 = x_1 B_{01} + x_2 B_{02} + x_3 B_{03} + \cdots$$
$$\overline{c} = x_1 c_1 + x_2 c_2 + x_3 c_3 + \cdots \tag{60}$$
$$\overline{A}_0 = \left(x_1\sqrt{A_{01}} + x_2\sqrt{A_{02}} + x_3\sqrt{A_{03}} + \cdots\right)^2$$

gehorchen (9). Damit ergibt sich für das Volumen pro Mol Mischung [unter Beschränkung auf die beiden ersten Glieder von (29)]:

$$\overline{V} = \frac{RT}{p} + \overline{B} = \frac{RT}{p} + \sum_1^i x_i B_{0i} - \frac{\sum_1^i x_i c_i}{T^3} - \frac{\left(\sum_1^i x_i\sqrt{A_{0i}}\right)^2}{RT}, \tag{61}$$

bzw. für das Gesamtvolumen (durch Multiplikation mit $\sum_1^i n_i$):

$$V = \sum_1^i n_i V_i = \frac{\sum_1^i n_i RT}{p} + \sum_1^i n_i B_{0i} - \frac{\sum_1^i n_i c_i}{T^3} - \frac{\left(\sum_1^i n_i\sqrt{A_{0i}}\right)^2}{\sum_1^i n_i RT} \tag{62}$$

Durch Differentiation nach n_i erhält man daraus das partielle Molvolumen der Komponente i:

$$V_i = \frac{RT}{p} + B_{0i} - \frac{c_i}{T^3} - \frac{2\left(\overset{i}{\underset{1}{\sum}} n_i \sqrt{A_{0i}}\right)\sqrt{A_{0i}}}{\overset{i}{\underset{1}{\sum}} n_i RT} + \frac{\left(\overset{i}{\underset{1}{\sum}} n_i \sqrt{A_{0i}}\right)^2}{\left(\overset{i}{\underset{1}{\sum}} n_i\right)^2 RT} \tag{63}$$

$$= \frac{RT}{p} + B_{0i} - \frac{c_i}{T^3} - \frac{2\left(\overset{i}{\underset{1}{\sum}} x_i \sqrt{A_{0i}}\right)\sqrt{A_{0i}}}{RT} + \frac{\left(\overset{i}{\underset{1}{\sum}} x_i \sqrt{A_{0i}}\right)^2}{RT} .$$

Mit Hilfe der Gl. (63) oder (59) läßt sich das partielle Molvolumen eines realen Gases in einer Mischung in meist ausreichender Näherung aus den Konstanten der Zustandsgleichung für die reinen Komponenten berechnen, und zwar bis zu Drucken von 100 bis 200 Atm. und innerhalb eines recht großen Temperaturbereiches. Setzt man den so ermittelten Wert von V_i (als V_i'') in Gl. (27) ein, so ergibt die Integration die Fugazität der betreffenden Komponente unter den gegebenen Bedingungen von Druck, Temperatur und Zusammensetzung der Mischung:

$$\ln \frac{\overset{*}{p}_i}{x_i'' p} = \int\limits_0^p \left(\frac{p V_i''}{RT} - 1\right) \frac{dp}{p} . \tag{64}$$

$\overset{*}{p}_i / x_i'' p$ ist der „Fugazitätskoeffizient" (S. 62), $p V_i''/RT$ nach (45) der partielle molare Kompressibilitätsfaktor. Unter Benutzung von (59) erhält man z. B.

$$\ln \frac{\overset{*}{p}_1}{(1-x'')p} = p\left(\frac{b_1}{RT} - \frac{a_{11} - x''^2 (\sqrt{a_{11}} - \sqrt{a_{22}})^2}{R^2 T^{2,5}}\right)$$

$$\ln \frac{\overset{*}{p}_2}{x'' p} = p\left(\frac{b_2}{RT} - \frac{a_{22} - (1-x'')^2 (\sqrt{a_{11}} - \sqrt{a_{22}})^2}{R^2 T^{2,5}}\right) \tag{65}$$

Die Konstanten b_1, b_2, a_{11} und a_{22} werden nach (40) berechnet. Diese Formeln haben den Vorteil, daß zu ihrer Anwendung keine experimentellen Daten außer dem kritischen Druck und der kritischen Temperatur notwendig sind, und daß sie trotzdem die experimentellen Messungen, soweit solche bisher vorliegen, bis zum kritischen Gebiet und auch darüber hinaus befriedigend wiedergeben können. Über weitere Zustandsgleichungen für Gemische, die sowohl den gasförmigen wie den flüssigen Zustand zu beschreiben vermögen, vgl. z. B. BENEDICT und Mitarbeiter (13) sowie JOFFE (129) und die dort angegebene Literatur.

Häufig begnügt man sich damit, das partielle Molvolumen V_i'' dem Molvolumen V_i'' der reinen Komponente gleichzusetzen, was bedeutet, daß sich die verschiedenen Gase ohne Volumenänderung mischen sollten, ohne daß es sich jedoch um ideale Gase handelt. Die beiden letzten Terme der Gl. (27) entsprechen dann der Fugazität $\overset{*}{p}_{0i}$ der reinen

Komponente i *beim Gesamtdruck p der Mischung*, d. h. man kann (27) näherungsweise schreiben

$$\ln \overset{*}{p}_i \cong \ln x_i'' + \ln \overset{*}{p}_{0i} \quad \text{oder} \quad \overset{*}{p}_i = x_i'' \overset{*}{p}_{0i} . \tag{66}$$

Diese „Fugazitätsregel" von LEWIS (*175*) liefert brauchbare Näherungswerte für die Fugazitäten, sofern der Gesamtdruck 100 Atm. nicht übersteigt[1].

Stellt man in der hier benutzten Näherung

$$\ln \overset{*}{p}_{0i} = \ln p + \frac{1}{RT} \int\limits_0^p \left(V_i'' - \frac{RT}{p} \right) dp \tag{67}$$

V_i'' durch (29) dar und bricht die Reihe wieder nach dem zweiten Glied ab, so wird

$$\ln \overset{*}{p}_{oi} = \ln p + \frac{1}{RT} \int\limits_0^p B_i \, dp = \ln p + \frac{B_i p}{RT} . \tag{68}$$

Damit geht (27) über in

$$\ln \overset{*}{p}_i = \ln x_i'' + \ln p + \frac{B_i p}{RT} , \tag{69}$$

eine Gleichung, die häufig zur näherungsweisen Berechnung der Fugazitäten in Gasgemischen verwendet worden ist. Unter Einführung des *Fugazitätskoeffizienten* $f_i'' \equiv \dfrac{\overset{*}{p}_i}{x_i'' p}$ lautet die Gleichung (69)

$$RT \ln f_i'' = B_i p . \tag{69a}$$

Mit der letztgenannten Näherung, daß $V_i'' \cong V_i'' = \dfrac{RT}{p} + B_i$ lautet die Gl. (10), von der ausgehend das RAOULTsche Gesetz abgeleitet wurde, d. h. die Bedingungsgleichung für das Dampfdruckgleichgewicht einer binären idealen Mischung:

$$V_2'' \, dp + RT \left(\frac{\partial \ln x'' f_2''}{\partial p} \right)_T dp = V_2' \, dp + RT \left(\frac{\partial \ln x'}{\partial p} \right)_T dp$$

oder unter Benutzung von (69a)

$$RT \left[\int\limits_1^{x'} d \ln x' - \int\limits_1^{x''} d \ln x'' \right] = \int\limits_{p_{0_2}}^p V_2'' \, dp - \int\limits_{p_{0_2}}^p V_2' \, dp + \int\limits_{p_{0_2}}^p B_2 \, dp .$$

Die Integration liefert, wenn man V_2' als druckunabhängig, d. h. inkompressibel betrachtet und $V_2'' = RT/p$ setzt:

$$\ln x' = \ln \frac{x'' p}{p_{0_2}} + \frac{(B_2 - V_2')(p - p_{0_2})}{RT} . \tag{70}$$

---

[1] Zur Kritik dieser Regel vgl. z. B. REDLICH (*239*), JOFFE (*129*).

Können wir also den Dampf nicht mehr als ideales Gas betrachten, so lautet das RAOULTsche Gesetz anstelle von (12)

$$p_2 = x' \, p_{02} \cdot \exp\left[-\frac{(V'_2 - B_2)\,(p_{02} - p)}{RT}\right]$$

bzw.

$$p_1 = (1 - x') \, p_{01} \cdot \exp\left[-\frac{(V'_1 - B_1)\,(p_{01} - p)}{RT}\right]. \tag{71}$$

Schreibt man andererseits das RAOULTsche Gesetz unter Benutzung der LEWISschen Fugazitätsregel (S. 70) in der Form

$$\overset{*}{p}_2 = x' \, \overset{*}{p}_{02} \quad\text{bzw.}\quad \overset{*}{p}_1 = (1 - x') \, \overset{*}{p}_{01}, \tag{72}$$

so folgt mit dieser Näherung

$$\frac{\overset{*}{p}_2}{\overset{*}{p}_{02}} = \frac{p_2}{p_{02}} \cdot \exp\left[\frac{(V'_2 - B_2)\,(p_{02} - p)}{RT}\right]$$

bzw.

$$\frac{\overset{*}{p}_1}{\overset{*}{p}_{01}} = \frac{p_1}{p_{01}} \cdot \exp\left[\frac{(V'_1 - B_1)\,(p_{01} - p)}{RT}\right]. \tag{73}$$

Diese Gleichungen sind häufig zur Korrektur von Dampfdruckmessungen benutzt worden (*11, 254*), worauf wir später zurückkommen werden (vgl. S. 133).

Es sei noch erwähnt, daß man den Begriff „Fugazität" nicht nur für Gasphasen, sondern allgemein für beliebige Phasen verwendet. Die Fugazität $\overset{*}{p}_i$ einer Komponente in einer Mischphase wird definiert als identisch mit ihrer Fugazität in der Dampfphase, die sich mit der betrachteten Mischphase im Gleichgewicht befindet, wobei natürlich der Bezugszustand in beiden Fällen der gleiche sein muß, wie er durch (24) festgelegt ist. Das chemische Potential der Komponente i in einer flüssigen Mischphase läßt sich demnach sowohl durch

$$\mu_i = {}^1\mu_i + RT \ln \overset{*}{p}_i$$

wie nach (II, 16) durch

$$\mu_i = \mu_i + RT \ln a_i$$

darstellen, wobei μ_i sich auf den reinen flüssigen Zustand bei gleicher Temperatur und 1 Atm. Druck bezieht. Für diesen meist gebräuchlichen Standardzustand gilt ferner nach (24)

$$\mu_i = {}^1\mu_i + RT \ln \overset{*}{p}_{0i},$$

so daß man (II, 16) auch in der Form schreiben kann

$$\mu_i = {}^1\mu_i + RT \ln \overset{*}{p}_{0i} + RT \ln a_i.$$

Der Vergleich mit (24) ergibt die schon S. 15 erwähnte Beziehung zwischen Aktivität (bezogen auf den reinen flüssigen Zustand bei 1 Atm. Druck) und Fugazität (bezogen auf idealen Gaszustand bei 1 Atm. Druck) zu

$$\overset{*}{p}_i = \overset{*}{p}_{0i}\, a_i \quad\text{oder}\quad a_i = x_i f_i = \frac{\overset{*}{p}_i}{\overset{*}{p}_{0i}}. \tag{74}$$

4. Raoultsches Gesetz und innerer Druck von Flüssigkeiten.

Die zunächst empirische Tatsache, daß das RAOULTsche Gesetz nur für eine recht beschränkte Zahl von Systemen gültig ist, wirft die Frage auf, welche Bedingungen erfüllt sein müssen, damit zwei Stoffe dem RAOULTschen Gesetz in allen Mischungsverhältnissen gehorchen. Die thermodynamischen Bedingungen (3) und (5), daß sich die Stoffe bei konstantem p und T ohne Änderung von Volumen und Enthalpie mischen, lassen sich vom molekulartheoretischen Standpunkt aus offenbar dadurch interpretieren, daß die durch die zwischenmolekularen Wechselwirkungskräfte bedingten (negativen) potentiellen Energien Φ_{11}, Φ_{22} und Φ_{12} zwischen je zwei Nachbarmolekeln identisch sind, und daß bei der Mischung keine spezifischen sterischen Packungseffekte auftreten. Gilt daher das RAOULTsche Gesetz für eine bestimmte Temperatur, so kann man *in der Regel* annehmen, daß es auch für andere Temperaturen gültig bleibt, da Druck und Temperatur die potentiellen Energien in ähnlicher Weise beeinflussen wird (vgl. dazu auch S. 84). Tatsächlich findet man, daß Abweichungen vom RAOULTschen Gesetz um so stärker von Druck und Temperatur abhängen, je größer sie sind. Man kann deshalb ideale Mischungen auch vereinfacht als solche definieren, die dem RAOULTschen Gesetz bei allen Temperaturen und Drucken gehorchen (*67*).

Auf Grund dieser Definition kann man nach HILDEBRAND (*115*) eine makroskopische, experimentell leicht zugängliche Eigenschaft der beiden reinen Komponenten angeben, die sich als Kriterium verwenden läßt, ob die beiden Stoffe ideale Mischungen bilden werden oder nicht. Schreibt man die Änderung der Fugazität einer Komponente als vollständiges Differential

$$d \ln \overset{*}{p}_2 = \left(\frac{\partial \ln \overset{*}{p}_2}{\partial p} \right)_T dp + \left(\frac{\partial \ln \overset{*}{p}_2}{\partial T} \right)_p dT$$

und variiert Druck und Temperatur in der Weise, daß das Volumen der Flüssigkeit konstant bleibt, so wird

$$\left(\frac{\partial \ln \overset{*}{p}_2}{\partial T} \right)_V = \left(\frac{\partial \ln \overset{*}{p}_2}{\partial p} \right)_T \left(\frac{\partial p}{\partial T} \right)_V + \left(\frac{\partial \ln \overset{*}{p}_2}{\partial T} \right)_p . \tag{75}$$

Die Forderung, daß das RAOULTsche Gesetz für alle Temperaturen und Drucke gelten soll, läßt sich nach (12) ausdrücken durch

$$\left(\frac{\partial \ln \overset{*}{p}_2}{\partial \ln x'} \right)_p = \left(\frac{\partial \ln \overset{*}{p}_2}{\partial \ln x'} \right)_T = 1 , \tag{76}$$

so daß für die genannte gleichzeitige Änderung von p und T unter Konstanthaltung des Volumens der flüssigen Phase auch gelten muß

$$\left(\frac{\partial \ln \overset{*}{p}_2}{\partial \ln x'} \right)_V = 1 . \tag{77}$$

Die Differentiation von (75) nach $\ln x'$ ergibt

$$\left(\frac{\partial^2 \ln \overset{*}{p_2}}{\partial T\,\partial \ln x'}\right)_V = \left(\frac{\partial^2 \ln \overset{*}{p_2}}{\partial p\,\partial \ln x'}\right)_T \cdot \left(\frac{\partial p}{\partial T}\right)_V$$
$$+ \left(\frac{\partial \ln \overset{*}{p_2}}{\partial p}\right)_T \left(\frac{\partial^2 p}{\partial T\,\partial \ln x'}\right)_V + \left(\frac{\partial^2 \ln \overset{*}{p_2}}{\partial T\,\partial \ln x'}\right)_p,$$

oder unter Vertauschung der Differentiationsfolge

$$\frac{\partial \left(\dfrac{\partial \ln \overset{*}{p_2}}{\partial \ln x'}\right)_V}{\partial T} = \frac{\partial \left(\dfrac{\partial \ln \overset{*}{p_2}}{\partial \ln x'}\right)_T}{\partial p}\left(\frac{\partial p}{\partial T}\right)_V$$
$$+ \left(\frac{\partial \ln \overset{*}{p_2}}{\partial p}\right)_T \cdot \frac{\partial \left(\dfrac{\partial p}{\partial T}\right)_V}{\partial \ln x'} + \frac{\partial \left(\dfrac{\partial \ln \overset{*}{p_2}}{\partial \ln x'}\right)_p}{\partial T}.\tag{78}$$

Da nach (76) und (77) bei Gültigkeit des RAOULTschen Gesetzes die zweiten Differentialquotienten in (78) sämtlich gleich Null werden, vereinfacht sich die Gleichung zu

$$\left(\frac{\partial \ln \overset{*}{p_2}}{\partial p}\right)_T \cdot \frac{\partial \left(\dfrac{\partial p}{\partial T}\right)_V}{\partial \ln x'} = 0.\tag{79}$$

Da ferner nach (24) und (II, 7) $(\partial \ln \overset{*}{p_2}/\partial p)_T = V_2''/R\,T$, muß der zweite Faktor Null sein, damit (79) erfüllt ist, so daß

$$\frac{\partial \left(\dfrac{\partial p}{\partial T}\right)_V}{\partial \ln x'} = 0 \quad \text{oder} \quad \left(\frac{\partial p}{\partial T}\right)_V = \text{konst.}\tag{80}$$

Wenn das RAOULTsche Gesetz bei allen Temperaturen und Drucken gültig sein soll, so muß der *Spannungskoeffizient* der Flüssigkeit von ihrer Zusammensetzung unabhängig sein, d. h. auch für die beiden reinen Komponenten den gleichen Wert besitzen. Nun hängt nach einer allgemeinen, aus dem Entropiesatz abgeleiteten Beziehung

$$\left(\frac{\partial U}{\partial V}\right)_T = T\left(\frac{\partial p}{\partial T}\right)_V - p\tag{81}$$

der Spannungskoeffizient aufs engste mit dem *inneren Druck* $\left(\dfrac{\partial U}{\partial V}\right)_T$ der Flüssigkeit und damit mit den zwischenmolekularen Kräften zusammen. Die Bedingung (80) bedeutet demnach wieder nichts anderes, als daß bei Gültigkeit des RAOULTschen Gesetzes die zwischenmolekularen Kräfte und damit die potentiellen Energien Φ_{11}, Φ_{22} und Φ_{12} identisch sein müssen.

Mit Hilfe der VAN DER WAALSschen Zustandsgleichung (30) wird

$$\left(\frac{\partial U}{\partial V}\right)_T = T\left(\frac{\partial p}{\partial T}\right)_V - p = \frac{a}{V^2} \quad \text{bzw.} \quad U = -\frac{a}{V},\tag{82}$$

so daß man Gl. (80) auch formulieren kann durch (*318*)

$$\frac{a_1}{V_1^2} = \frac{a_2}{V_2^2},\tag{83}$$

oder wenn man $b^2 \sim V^2$ als ein Maß für das Gesamtabstoßungspotential und a als ein Maß für das Gesamtanziehungspotential der Molekeln interpretiert und für die Mischungen die Gleichungen (54) und (55) als gültig ansieht:

$$\frac{a_1}{b_1^2} = \frac{a_2}{b_2^2} \cdot \tag{84}$$

Obwohl die VAN DER WAALSsche Zustandsgleichung für Flüssigkeiten eine recht rohe Näherung darstellt (vgl. *47*), haben Messungen des Spannungskoeffizienten einer Reihe unpolarer Flüssigkeiten (n-Heptan, $SiBr_4$, $SnCl_4$, $TiCl_4$, $SiCl_4$, CCl_4, C_6H_6 usw.) durch HILDEBRAND und Mitarbeiter (*113*) gezeigt, daß die Beziehung (82) innerhalb weniger Prozente erfüllt ist.

B. Ideale verdünnte Lösungen.

1. Das Henrysche Gesetz.

Für nichtideale Mischungen wird Gl. (1) ungültig, und das chemische Potential jeder Komponente ist nach (II, 16) und (II, 20) auszudrücken durch

$$\mu_i = \mu_i + R\,T \ln a_i = \mu_i + R\,T \ln x_i\,f_i \cdot \tag{85}$$

Die Abweichungen von den Gesetzen der idealen Mischungen lassen sich demnach formal durch die Aktivitätskoeffizienten und ihre Differentialquotienten nach den verschiedenen Variablen ausdrücken. Eine analoge Überlegung wie auf S. 56 ergibt z. B. für den Dampfdruck jeder Komponente i die schon in (74) und (II, 23) benutzte Beziehung

$$p_i = p_{0\,i}\, x_i\, f_i\,, \tag{86}$$

die bei nichtidealem Gasverhalten entsprechend auch für die Fugazitäten gilt. μ_i bezieht sich auf den Grundzustand der reinen flüssigen Komponente i bei 1 atm. Druck und der gleichen (konstanten) Temperatur.

Diese Normierung der Aktivität führt bei Stoffen, die unter den gegebenen Bedingungen in reinem Zustand in fester oder in gasförmiger Form vorliegen, zu Schwierigkeiten, da dann die Größe p_{0i} bzw. $\overset{*}{p}_{0i}$ nicht meßbar ist und höchstens durch Extrapolation von Meßdaten bei anderen Temperaturen mit größerer oder kleinerer Genauigkeit geschätzt werden kann. In solchen Fällen ist es deshalb vorteilhaft, einen anderen Bezugszustand zu wählen, auf den man die Aktivitäten normiert. Man benutzt als solchen *die ideale verdünnte Lösung* und bezeichnet das zugehörige Standardpotential mit $\mu_{i\infty}$, wovon früher ebenfalls schon Gebrauch gemacht wurde (S. 43). Damit erhält man für das chemische Potential

$$\mu_i = \mu_i + R\,T \ln x_i\,f_i = \mu_{i\infty} + R\,T \ln x_i\,f_{i\infty}\,, \tag{87}$$

und für das Verhältnis der beiden, auf verschiedene Bezugszustände normierten Aktivitätskoeffizienten

$$\frac{f_i}{f_{i\infty}} = \exp\left(\frac{\mu_{i\infty} - \mu_i}{R\,T}\right) \cdot \tag{88}$$

Dieses Verhältnis ist demnach für gegebene Temperatur und gegebenen Druck eine Konstante.

Man übersieht den Unterschied zwischen f_i und $f_{i\infty}$ unmittelbar am Dampfdruckdiagramm einer binären nichtidealen Mischung. In Abb. 12 sind die Partialdrucke von Wasser-Äthanol-Mischungen bei 25° C (1) wiedergegeben, sie weichen nach oben von dem Raoultschen Geraden ab (positive Abweichungen). Man sieht, daß für $x_{Äth} \to 1$ die Partialdruckkurve des Äthanols, für $x_{Äth} \to 0$ die Partialdruckkurve des Wassers asymptotisch in die Raoultsche Gerade übergeht. Das folgt zwangsläufig aus der Gibbs-Duhemschen Gleichung (II, 21), denn es ist

$$\lim_{x \to 1} \frac{\partial \ln f_2}{\partial x} = \lim_{x \to 1} \tag{89}$$
$$-\frac{1-x}{x}\frac{\partial \ln f_1}{\partial x} = 0.$$

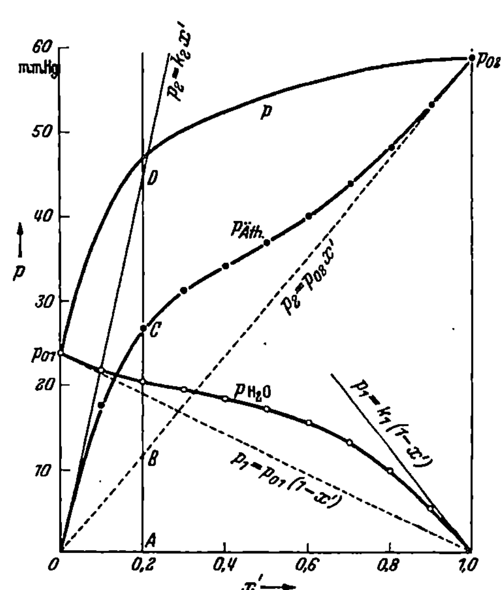

Abb. 12. Partialdrucke von Wasser-Äthanol-Gemischen bei 25° C (Beziehung zwischen den Aktivitätskoeffizienten f_i und $f_{i\infty}$).

Setzt man den Wert für f_2 aus (86) ein, so wird

$$\lim_{x \to 1} \frac{\partial p_2}{\partial x} = \lim_{x \to 1} p_{02}\, x\, f_2\left(\frac{\partial \ln f_2}{\partial x} + \frac{1}{x}\right) = p_{02}. \tag{90a}$$

Entsprechend gilt für die Komponente 1

$$\lim_{x \to 0} \frac{\partial p_1}{\partial x} = -p_{01}. \tag{90b}$$

Dagegen läßt sich über die Steigung der Kurven $\lim_{x \to 0} (\partial p_2/\partial x)$ und $\lim_{x \to 1} (\partial p_1/\partial x)$ thermodynamisch nichts aussagen (vgl. dazu 104), sondern diese Neigungen sind rein empirisch gegeben und von Stoff zu Stoff sowie von System zu System verschieden. Dagegen kann man mit Hilfe der Statistik zeigen, daß p_i gegen x aufgetragen eine Kurve mit endlicher Anfangsneigung k ergeben muß, d. h. es gilt für hochverdünnte Lösungen des Stoffes 2 bzw. des Stoffes 1:

$$\lim_{x \to 0} \frac{\partial p_2}{\partial x} = k_2 \quad \text{und} \quad \lim_{x \to 1} \frac{\partial p_1}{\partial x} = -k_1. \tag{91}$$

Das Grenzgebiet, in dem diese Gleichungen erfüllt sind, und das sich von Fall zu Fall über einen größeren oder kleineren x-Bereich erstrecken kann, nennt man das Gebiet der *idealen verdünnten Lösung*, in ihm gilt auf Grund von (91) das HENRYsche Gesetz

$$p_2 = k_2\, x \quad \text{bzw.} \quad p_1 = k_1\,(1 - x), \tag{92}$$

vorausgesetzt, daß der gelöste Stoff in Dampf und Lösung das gleiche Molekulargewicht besitzt, daß also weder Assoziationen noch Dissoziationen auftreten (*104, 175*). Im Fall einer idealen Mischung gilt (92) über den ganzen Mischungsbereich, so daß $k_2 = p_{02}$ und $k_1 = p_{01}$.

In Abb. 12 stellt die Gerade OB das RAOULTsche Gesetz, die Gerade OD das HENRYsche Gesetz für Äthanol in hochverdünnter wäßriger Lösung dar. Für $x = 0{,}2$ ergibt sich aus den Ordinatenabschnitten der Partialdruckkurve des Äthanols

$$f_2 = \frac{p_2}{x\,p_{02}} = \frac{A\,C}{A\,B} = 2{,}3$$

$$f_{2\infty} = \frac{p_2}{x\,k_2} = \frac{A\,C}{A\,D} = 0{,}6,$$

indem man unter Beibehaltung der Form des HENRYschen Gesetzes und unter Einführung des Aktivitätskoeffizienten $f_{2\infty}$ anstelle von (92) schreibt

$$p_2 = k_2\, x\, f_{2\infty} \quad \text{bzw.} \quad p_1 = k_1\,(1 - x)\, f_{1\infty}. \tag{93}$$

Man sieht ferner, daß bei positiven Abweichungen vom RAOULTschen Gesetz $f > 1$ und $f_\infty < 1$, bei negativen Abweichungen ist es umgekehrt. Aus (93) und (86) ergibt sich das Verhältnis der beiden Aktivitätskoeffizienten bei gegebener Temperatur und gegebenem Gesamtdruck zu

$$\frac{f_2}{f_{2\infty}} = \frac{k_2}{p_{02}} \quad \text{bzw.} \quad \frac{f_1}{f_{1\infty}} = \frac{k_1}{p_{01}}. \tag{94}$$

Wie sich weiter leicht zeigen läßt, muß bei binären Lösungen in dem Konzentrationsbereich, in dem für den in geringer Konzentration vorliegenden „gelösten Stoff" 2 das HENRYsche Gesetz mit einer gewissen Näherung gilt, das RAOULTsche Gesetz für das in hoher Konzentration vorhandene „Lösungsmittel" 1 mit der gleichen Näherung gültig sein, denn logarithmische Differentiation von (92) liefert $\left(\dfrac{\partial \ln p_2}{\partial \ln x}\right)_{p,\,T} = 1$, was nach (21) bedeutet, daß für die Komponente 1 das RAOULTsche Gesetz gilt.

Vom molekulartheoretischen Standpunkt aus ist der Konzentrationsbereich, in dem für den gelösten Stoff das HENRYsche, für das Lösungsmittel das RAOULTsche Gesetz gilt, dadurch gekennzeichnet, daß sich

das Lösungsmittel in so großem Überschuß befindet, daß die Wechselwirkungskräfte zwischen den Molekülen des gelösten Stoffes keinen meßbaren Einfluß mehr auf die Eigenschaften der Lösung besitzen. Deshalb
wird z. B. bei Elektrolytlösungen, bei denen diese Wechselwirkungskräfte
auf Grund des COULOMBschen Gesetzes sehr weitreichend sind, das Gebiet der idealen verdünnten Lösung innerhalb der Genauigkeit der ver-
fügbaren Meßmethoden praktisch überhaupt nicht erreicht.

2. Grenzwerte der thermodynamischen Funktionen.

Mit Hilfe des HENRYschen und des RAOULTschen Gesetzes lassen
sich die thermodynamischen Zustandsgrößen im Grenzgebiet der idealen
verdünnten Lösung in analoger Weise aus dem chemischen Potential (87)
ableiten wie bei idealen Mischungen. Wir nehmen im folgenden an,
daß es sich bei der Komponente 2 stets um den „gelösten Stoff", bei
der Komponente 1 um das im Überschuß befindliche „Lösungsmittel"
handelt.

Aus (87) ergibt sich durch Ableitung nach p, da x von p nicht abhängt:

$$V_2 = V_{2\infty} + R\,T\left(\frac{\partial \ln f_{2\infty}}{\partial p}\right)_{T,\,x} \quad \text{bzw.} \quad V_2 = V_2 + R\,T\left(\frac{\partial \ln f_2}{\partial p}\right)_{T,\,x}.$$

Da nach (92), (93) und (94)

$$\lim_{x\to 0} f_{2\infty} = 1 \quad \text{und} \quad \lim_{x\to 0} f_2 = \frac{k_2}{p_{0\,2}}, \tag{95}$$

wird

$$\lim_{x\to 0} (V_2 - V_{2\infty}) = 0 \quad \text{bzw.} \quad \lim_{x\to 0} (V_2 - V_2) = R\,T\,\frac{\partial \ln k_2}{\partial p} = \text{konst.} \tag{96}$$

Letzteres folgt aus der bekannten thermodynamischen Aussage, daß der
Partialdruck einer Flüssigkeitskomponente linear mit dem Gesamtdruck
ansteigt. Gleichung (96) bedeutet, daß das partielle Molvolumen des
gelösten Stoffes in der idealen verdünnten Lösung von der Zusammensetzung unabhängig ist. Da ferner nach dem RAOULTschen Gesetz

$$\lim_{x\to 0} f_1 = 1, \tag{97}$$

wird entsprechend

$$\lim_{x\to 0} (V_1 - V_1) = 0. \tag{98}$$

Das partielle Molvolumen des Lösungsmittels in der idealen verdünnten
Lösung ist gleich dem Molvolumen des reinen Lösungsmittels. Über
diese Aussage hinausgehend folgt aus der Tatsache, daß nicht nur
nach (97) $\lim\limits_{x\to 0} \ln f_1 = 0$, sondern daß auch nach (II, 21) $\lim\limits_{x\to 0} \dfrac{\partial \ln f_1}{\partial x} = 0$,
die Forderung, daß im Gebiet der idealen verdünnten Lösung auch

$$\lim_{x\to 0} \frac{V_1 - V_1}{x} = 0, \tag{99}$$

was bedeutet, daß das sog. „Verdünnungsvolumen" mit höherer Ordnung gegen Null geht, wie unmittelbar daraus hervorgeht, daß die Ableitung nach x im Zähler Null, im Nenner dagegen 1 ergibt.

Was für die Ableitung des chemischen Potentials nach dem Druck gilt, gilt entsprechend für die Ableitungen nach den übrigen Variablen, wenn man stets die Bedingungen (95) und (97) berücksichtigt. Auf diese Weise erhält man analog zu (4) und (5)

$$\lim_{x \to 0} (S_2 - S_{2\infty}) = - R \ln x$$

bzw. $\qquad\qquad\qquad\qquad\qquad\qquad\qquad\qquad\qquad$ (100)

$$\lim_{x \to 0} (S_2 - S_2) = - R \ln x - R \ln \frac{k_2}{p_{0\,2}} - R\,T\, \frac{\partial \ln (k_2/p_{0\,2})}{\partial T} \equiv - R \ln x + C .$$

$$\lim_{x \to 0} (S_1 - S_1) = - R \ln (1 - x) \cong R\,x \qquad (101)$$

$$\lim_{x \to 0} (H_2 - H_{2\infty}) = 0 \quad \text{bzw.} \quad \lim_{x \to 0} (H_2 - H_2) = -R\,T^2 \frac{\partial \ln (k_2/p_{0\,2})}{\partial T} \equiv C' \quad (102)$$

$$\lim_{x \to 0} (H_1 - H_1) = 0 \quad \text{und} \quad \lim_{x \to 0} \frac{H_1 - H_1}{x} = 0 . \qquad (103)$$

(101) bedeutet, daß die „Verdünnungsentropie" der idealen verdünnten Lösung dem Molenbruch des gelösten Stoffes proportional ist; (103), daß die „Verdünnungswärme" wie das Verdünnungsvolumen mit höherer Ordnung verschwindet für $x \to 0$. Da nach (87) und (95)

$$\lim_{x \to 0} (\mu_2 - \mu_2) = R\,T \ln x + R\,T \ln \frac{k_2}{p_{0\,2}} \equiv R\,T \ln x + C'' , \qquad (104)$$

folgt durch Vergleich mit (100) und (102)

$$C'' = C' - T\,C . \qquad (105)$$

Aus (102) ergibt sich für die *Temperaturabhängigkeit* der HENRYschen Konstanten

$$\left(\frac{\partial \ln k_2}{\partial T} \right)_p = \left(\frac{\partial \ln p_{0\,2}}{\partial T} \right)_p - \frac{H_{2\infty} - H_2}{R\,T^2} = \frac{L_{p_2} - (H_{2\infty} - H_2)}{R\,T^2} , \qquad (106)$$

wenn man nach der CLAUSIUS-CLAPEYRONschen Gleichung (II, 118) mit L_{p_2} die Verdampfungswärme des reinen Stoffes 2 bezeichnet, während $(H_{2\infty} - H_2)$ die differentielle erste Lösungswärme darstellt. Analog erhält man aus (96) die *Druckabhängigkeit* der HENRYschen Konstanten zu

$$\left(\frac{\partial \ln k_2}{\partial p} \right)_T = \frac{V_{2\infty} - V_2}{R\,T} . \qquad (107)$$

Für das Lösungsmittel gilt im Bereich der idealen verdünnten Lösung das RAOULTsche Gesetz, so daß man unmittelbar erhält

$$\frac{\partial \ln p_1}{\partial T} = \frac{\partial \ln p_{0\,1}}{\partial T} = \frac{L_{p_1}}{R\,T^2} , \qquad (108)$$

die Verdampfungswärme ist die gleiche wie für den reinen Stoff 1.

Auch in *Mehrstoffgemischen* gilt im Gebiet idealer verdünnter Lösungen in bezug auf die Komponente i das verallgemeinerte HENRYsche Gesetz

$$p_i = k\, x_i, \tag{109}$$

jedoch hängt die Konstante k in diesem Fall noch von den Molenbrüchen der übrigen Komponenten ab. Ist jedoch die Mischung in bezug auf sämtliche Komponenten bis auf das „Lösungsmittel" ideal verdünnt, so gilt für jede dieser Komponenten das HENRYsche Gesetz im engeren Sinn, d. h. die Konstante k hängt nur von den Eigenschaften des Lösungsmittels und denen des betreffenden Stoffes ab, ist dagegen von den Eigenschaften der übrigen gelösten Stoffe unabhängig. Betrachten wir in einem ternären System die Komponente 3 als das Lösungsmittel, so gilt

nach (97) $\lim\limits_{x_3 \to 1} f_3 = 1$ und damit $p_3 = x_3\, p_{03}$

nach (95) $\lim\limits_{x_3 \to 1} f_1 = \mathrm{Const.}$ und damit $p_1 = k_{13}\, x_1 = p_{01}\, x_1\, f_1$ $\qquad$ (110)

$\qquad\lim\limits_{x_3 \to 1} f_2 = \mathrm{Const'.}$ und damit $p_2 = k_{23}\, x_2 = p_{02}\, x_2\, f_2,$

wobei k_{13} nur von den Eigenschaften von 1 und 3, k_{23} nur von den Eigenschaften von 2 und 3 abhängt.

C. Athermische Mischungen.

Die Bedingungen (3) und (5), daß sich zwei Stoffe bei gegebenem p und T ohne Änderung von Volumen und Enthalpie mischen, sind zwar notwendige, aber nicht ausreichende Bedingungen dafür, daß die beiden Stoffe ideale Mischungen bilden. Hinzu kommt die Bedingung (4) bzw. (8), daß die Mischungsentropie ihren Idealwert annimmt. Diese Forderung ist vom Standpunkt der statistischen Mechanik nur dann erfüllt, wenn die beiden Molekülsorten gleiche Größe und gleiche Gestalt besitzen, also z. B. beide kugelsymmetrisch und von gleichem Radius sind. Es ist deshalb z. B. nicht zu erwarten, worauf vor allem GUGGENHEIM (*92*) hingewiesen hat, daß Mischungen von Molekülen, die sich in der Größe oder Form stark unterscheiden, dem RAOULTschen Gesetz gehorchen werden, selbst wenn sie sich ohne Volumen- oder Enthalpieänderung mischen. Es ist auch mehrfach die Frage diskutiert worden (*78, 112*), ob nicht bei Verschiedenheit der Molvolumina der Dampfdruck bzw. die Fugazität der beiden Komponenten in einer idealen Mischung der Zahl der Molekeln in der Volumeneinheit statt dem Molenbruch proportional sein sollte.

Thermodynamisch läßt sich über derartige Systeme folgendes aussagen: Da voraussetzungsgemäß für alle Molenbrüche die Mischungswärmen $\Delta \bar{H} = 0$ sein sollen, gilt nach der GIBBS-HELMHOLTZschen Gleichung

$$\Delta \bar{G} = - T \Delta \bar{S}. \tag{111}$$

Weicht nun die Mischungsentropie, wie aus der Statistik hervorgeht, vom Idealwert (8) ab, so muß dies auch für die Änderung der freien Enthalpie beim Mischen gelten, d. h. beide Änderungen weisen gegenüber idealen Mischungen einen *Mehrbetrag* (excess entropie, excess free enthalpie) auf, der sich natürlich auch in allen von G bzw. S abhängigen Größen bemerkbar machen muß. Zum Unterschied von idealen Mischungen bezeichnet man solche Systeme, für die $\Delta \bar{H} = 0$, als *athermische Mischungen*; ist gleichzeitig auch $\Delta \bar{V} = 0$, so spricht man auch von „halbidealen" Mischungen, jedoch besteht thermodynamisch kein unmittelbarer Zusammenhang zwischen diesen beiden Bedingungen. Allgemein ist zu erwarten, daß sich die chemischen Potentiale in athermischen Mischungen von Molekülen verschiedener Größe durch den Ansatz $\mu_i = \mu_i + R T [\ln x_i + C (x_i)]$, die partiellen molaren Entropien durch den Ansatz $S_i = S_i - R [\ln x_i + C (x_i)]$ darstellen lassen, worin $C (x_i)$ ausschließlich von der Zusammensetzung (nicht von p und T) abhängig ist.

Zahlreiche Autoren haben in einer Reihe von Arbeiten[1] versucht, die thermodynamischen Zustandsfunktionen in Mischungen von Stoffen verschiedener Molekülgröße auf statistischem Wege zu berechnen. Man geht dabei in der Regel von der Annahme aus, daß die Moleküle je nach ihrer Größe einen oder mehrere Punkte eines quasikrystallinen Gitters besetzen, wobei sich dieses zwar nur über kleine Bereiche erstreckt, aber doch als genügend ausgedehnt angesehen wird, daß man die Diskontinuitäten vernachlässigen kann. Die Koordinationszahl z der Gitterpunkte ist deshalb als ein zeitlicher Mittelwert aufzufassen. Ist die Bedingung erfüllt, daß $\Delta \bar{V} = 0$ und $\Delta \bar{H} = 0$, so besteht die statistische Ermittlung der Zustandsfunktionen offenbar nur darin, die Zahl der verschiedenen Besetzungsmöglichkeiten der Gitterpunkte, d. h. die Zahl der sog. Standard-Konfigurationen der Mischung zu berechnen, indem man alle möglichen Vertauschungen zwischen den Molekülen vornimmt. Zur Berechnung dieser Verteilungsfunktion sind verschiedene Methoden entwickelt worden, auf die hier im einzelnen nicht eingegangen werden kann[2]. Die allgemeinsten Ergebnisse lieferten die Untersuchungen von GUGGENHEIM (*93, 95*), sie enthalten die meisten Formeln der übrigen Autoren als Spezialfälle.

Man kann die Abweichungen von den Gesetzen binärer idealer Mischungen, die durch verschiedene Molekülgröße der Mischungskomponenten bedingt sind, mit anscheinend recht guter Näherung durch

---

[1] Ausführliche Literaturangaben z. B. bei MÜNSTER (*198*), TOMPA (*303*), HILDEBRAND u. SCOTT (*115*), Guggenheim (*95*).

[2] Vgl. z. B. die zusammenfassende Übersicht bei HILDEBRAND u. SCOTT (*115*)

Formeln beschreiben (*94*), in die nur ein einziger neuer Parameter eingeht, nämlich das *Verhältnis der beiden Molvolumina*

$$r \equiv \frac{V_2}{V_1}.\tag{112}$$

Definiert man die den Molenbrüchen analogen *Volumenbrüche* der beiden Komponenten nach (I, 6) durch

$$\varphi \equiv \frac{n_2 V_2}{n_1 V_1 + n_2 V_2} \quad \text{und} \quad (1 - \varphi) \equiv \frac{n_1 V_1}{n_1 V_1 + n_2 V_2},\tag{113}$$

und führt darin das Verhältnis r ein, so erhält man

$$\varphi = \frac{r\,x}{1 + (r - 1)\,x} \quad \text{und} \quad (1 - \varphi) = \frac{1 - x}{1 + (r - 1)\,x}\tag{114}$$

Dann läßt sich auf Grund statistischer Überlegungen für die freie Enthalpie pro Mol Mischung anstelle von (7) näherungsweise schreiben

$$(\overline{G})_{p,\,T} = (1 - x)\,\mu_1 + x\,\mu_2 + R\,T\,[(1 - x)\ln(1 - \varphi) + x\ln\varphi].\tag{115}$$

Setzt man dies in die Gln. (II, 34) ein, so ergibt sich für die chemischen Potentiale

$$\mu_1 = \mu_1 + R\,T\left[\ln\frac{1 - x}{1 + (r - 1)\,x} + \frac{(r - 1)\,x}{1 + (r - 1)\,x}\right]$$
$$= \mu_1 + R\,T\left[\ln(1 - \varphi) + \left(1 - \frac{1}{r}\right)\varphi\right]\tag{116a}$$

$$\mu_2 = \mu_2 + R\,T\left[\ln\frac{r\,x}{1 + (r - 1)\,x} - \frac{(r - 1)\,(1 - x)}{1 + (r - 1)\,x}\right]$$
$$= \mu_2 + R\,T\,[\ln\varphi - (r - 1)\,(1 - \varphi)].\tag{116b}$$

Da ferner ganz allgemein für beliebige binäre Mischungen nach (II, 16) und (74) unter Einführung der Aktivitätskoeffizienten

$$\mu_1 = \mu_1 + R\,T\ln a_1 = \mu_1 + R\,T\ln(1 - x)\,f_1 = \mu_1 + R\,T\ln\frac{\overset{*}{p}_1}{\overset{*}{p}_{0\,1}}\tag{117a}$$

$$\mu_2 = \mu_2 + R\,T\ln a_2 = \mu_2 + R\,T\ln x\,f_2 = \mu_2 + R\,T\ln\frac{\overset{*}{p}_2}{\overset{*}{p}_{0\,2}},\tag{117b}$$

ergibt sich durch Vergleich von (116) und (117)

$$\ln f_1 = \ln\frac{1}{1 + (r - 1)\,x} + 1 - \frac{1}{1 + (r - 1)\,x}$$
$$= \ln\frac{1 - \varphi}{1 - x} + \varphi\left(1 - \frac{V_1}{V_2}\right)\tag{118a}$$

$$\ln f_2 = \ln\frac{r}{1 + (r - 1)\,x} + 1 - \frac{r}{1 + (r - 1)\,x}$$
$$= \ln\frac{\varphi}{x} + (1 - \varphi)\left(1 - \frac{V_2}{V_1}\right).\tag{118b}$$

Die beiden Beziehungen genügen, wie man leicht nachrechnet, der DUHEM-MARGULESschen Gleichung (II, 21) und sind deshalb thermodynamisch widerspruchsfrei. Für $r = 1$ wird $\ln f_1 = \ln f_2 = 0$ oder

$f_1 = f_2 = 1$, d. h. man erhält die Gleichungen der idealen Mischungen zurück.

Da weiter nach (74) für nichtideale Mischungen anstelle des RAOULT-schen Gesetzes (72) die Beziehungen gelten

$$\frac{\overset{*}{p_2}}{\overset{*}{p_{02}}} = x f_2 = a_2 \quad \text{bzw.} \quad \frac{\overset{*}{p_1}}{\overset{*}{p_{01}}} = (1 - x) f_1 = a_1, \qquad (119)$$

ergibt sich für die Fugazitäten bzw. bei idealem Gasverhalten für die Dampfdrucke aus (119) und (118) bzw. (116)

$$\frac{\overset{*}{p_1}}{\overset{*}{p_{01}}} = \frac{(1 - x)}{1 + (r - 1) x} \cdot \exp\left[\frac{(r - 1) x}{1 + (r - 1) x}\right] = (1 - \varphi) \cdot \exp\left[\left(1 - \frac{1}{r}\right) \varphi\right] \quad (120a)$$

$$\frac{\overset{*}{p_2}}{\overset{*}{p_{02}}} = \frac{r x}{1 + (r - 1) x} \cdot \exp\left[-\frac{(r - 1)(1 - x)}{1 + (r - 1) x}\right] = \varphi \cdot \exp\left[-(r - 1)(1 - \varphi)\right].$$

$$(120b)$$

Auch diese Gleichungen gehen für $r = 1$ wieder in das RAOULTsche Gesetz über, sie wurden zuerst von FLORY (71) auf statistischem Wege abgeleitet. Sie bedeuten, daß bei athermischen Mischungen Abweichungen vom RAOULTschen Gesetz auftreten, wenn sich die beiden Stoffe in ihrer Molekülgröße unterscheiden. Diese Abweichungen entsprechen nach (115) einer Mischungsentropie pro Mol Mischung von

$$-\left(\frac{\Delta \bar{G}}{T}\right)_{p, T} \equiv (\Delta \bar{S})_{p, T} = - R \left[(1 - x) \ln (1 - \varphi) + x \ln \varphi\right] \qquad (121)$$

anstelle der idealen, durch (8) gegebenen Mischungsentropie. Setzt man etwa $x = 0{,}5$ und $r = 2$, so erhält man nach (8)

$$\Delta \bar{S}_{id} = - 2{,}30 \, R \log 0{,}5 = 1{,}376 \, \text{cal}/°,$$

nach (121) $\quad \Delta \bar{S}_{atherm} = - 2{,}30 \, R \left(0{,}5 \log \frac{1}{3} + 0{,}5 \log \frac{2}{3}\right) = 1{,}493 \, \text{cal}/°.$

Die strengere Rechnung von GUGGENHEIM (93, 95) liefert für die chemischen Potentiale der beiden Komponenten verschiedener Molekülgröße in einer binären athermischen Mischung anstelle von (116)

$$\mu_1 = \mu_1 + R T \left[\frac{z q_1}{2} \ln \frac{q_1 (1 - x)}{q_1 (1 - x) + q_2 x} - \left(\frac{z}{2} - 1\right) r_1 \ln \frac{r_1 (1 - x)}{r_1 (1 - x) + r_2 x}\right]$$

$$(122a)$$

$$\mu_2 = \mu_2 + R T \left[\frac{z q_2}{2} \ln \frac{q_2 x}{q_1 (1 - x) + q_2 x} - \left(\frac{z}{2} - 1\right) r_2 \ln \frac{r_2 x}{r_1 (1 - x) + r_2 x}\right].$$

$$(122b)$$

z ist die Koordinationszahl des quasikrystallinen Gitters. Die Molekeln denkt man sich in gleich große Segmente unterteilt, deren jedes einen Gitterpunkt besetzen kann (bei Kohlenwasserstoffen können dies z. B.

die $-CH_2-$ bzw. $-CH_3$-Gruppen sein). Die Moleküle des Stoffes 1
bestehen aus r_1, die des Stoffes 2 aus r_2 solchen Segmenten. Die Zahl
$z\,q_1$ gibt die Anzahl der unmittelbar benachbarten Gitterpunkte an,
die in der Umgebung eines Moleküls 1 durch die Segmente *anderer*
Moleküle besetzt werden können. $z\,q_1$ ist natürlich kleiner als $z\,r_1$,
denn einige der Nachbargitterpunkte werden durch die nächsten Elemente des betreffenden Moleküls selbst besetzt. Für offene Ketten-
moleküle (ohne Ringe) ergibt sich

$$z\,q_1 = r_1\,(z - 2) + 2. \tag{123}$$

Entsprechende Bedeutung hat $z\,q_2$.

Aus den chemischen Potentialen erhält man mittels (117) das verallgemeinerte RAOULTsche Gesetz für Molekeln, die eine verschiedene
Anzahl von Gitterpunkten besetzen:

$$\frac{\overset{*}{p}_1}{\overset{*}{p}_{01}} = \frac{\left[\dfrac{q_1\,(1-x)}{q_1\,(1-x)+q_2\,x}\right]^{z\,q_1/2}}{\left[\dfrac{r_1\,(1-x)}{r_1\,(1-x)+r_2\,x}\right]^{\left(\frac{z}{2}-1\right)r_1}} \tag{124a}$$

$$\frac{\overset{*}{p}_2}{\overset{*}{p}_{02}} = \frac{\left[\dfrac{q_2\,x}{q_1\,(1-x)+q_2\,x}\right]^{z\,q_2/2}}{\left[\dfrac{r_2\,x}{r_1\,(1-x)+r_2\,x}\right]^{\left(\frac{z}{2}-1\right)r_2}} \tag{124b}$$

Für die Mischungsentropie pro Mol Mischung ergibt sich anstelle von
(121)

$$(\Delta\overline{S})_{p,\,T} = -R\,\frac{z}{2}\left[q_1\,(1-x)\ln\frac{q_1\,(1-x)}{q_1\,(1-x)+q_2\,x} + q_2\,x\ln\frac{q_2\,x}{q_1\,(1-x)+q_2\,x}\right]$$
$$+ R\left(\frac{z}{2}-1\right)\left[r\,(1-x)\ln\frac{r_1\,(1-x)}{r_1\,(1-x)+r_2\,x} + r_2\,x\ln\frac{r_2\,x}{r_1\,(1-x)+r_2\,x}\right]. \tag{125}$$

Für $r_1 = r_2 = 1$ wird natürlich auch $q_1 = q_2 = 1$, und (125) geht wieder
in die Gl. (8) für ideale Mischungen, (124a) und (124b) in das RAOULT-
sche Gesetz über.

Die Ergebnisse der statistischen Rechnung sind in neuerer Zeit an
einer Reihe von athermischen bzw. angenähert athermischen Mischungen
mit Hilfe von Dampfdruckmessungen geprüft worden, z. B. an benzoli-
schen Gummilösungen (*81*), am System Benzol-Diphenyl (*303*) und
an einer Reihe von Mischungen von Alkanen verschiedener Kettenlänge (*26, 304, 317*). Die Übereinstimmung zwischen Theorie und Experiment war im allgemeinen befriedigend. Als Beispiel sind in Abb. 13 die
thermodynamischen Mischungseffekte, soweit sie über die idealer Mischungen hinausgehen [d. h. die durch (II, 41) bis (II, 43) definierten
Zusatzwerte $\Delta\overline{H}$, $\Delta\overline{G}^E$ und $-T\cdot\Delta\overline{S}^E$] des Systems n-Heptan — n-Hexadekan bei 20° C als Funktion des Molenbruches dargestellt (*317*). Die

ausgezogenen Kurven geben die experimentellen Werte, die gestrichelten die nach GUGGENHEIM berechneten Mischungsentropien nach Gl. (125) an, wobei für z der Wert 8 und für Kurve 1 die Werte $r_1 = 4{,}5$ und $r_2 = 9$, für Kurve 2 die Werte $r_1 = 7$ und $r_2 = 16$ benutzt wurden. Im ersteren Fall entsprechen die „Segmente", die die Gitterpunkte besetzen, den CH_3-Endgruppen bzw. den dazwischen liegenden C_2H_4-Gruppen der Kohlenwasserstoffe, eine Wahl, die den Vorteil besitzt, daß das Verhältnis $r_2/r_1 = V_2/V_1$ wird; im zweiten Fall ist angenommen, daß jedes C-Atom der Kette einen Gitterpunkt besetzt. Man sieht, daß die Übereinstimmung mit den experimentellen Werten für den ersten Fall etwas besser ist. Die Koordinationszahl kann in den

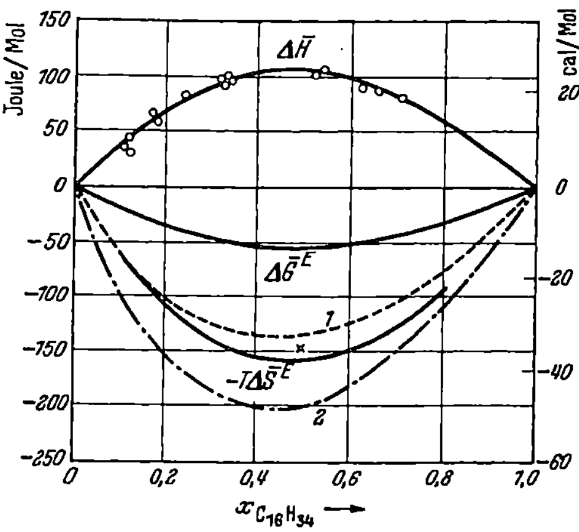

Abb. 13. Thermodynamische Mischungseffekte $\Delta \bar{H}$, $\Delta \bar{G}^E$ und $- T \Delta S^E$ des Systems Heptan-Hexadekan bei 20° C.

Grenzen $4 \leqq z \leqq 12$ variiert werden, ohne daß die Kurven sich wesentlich ändern. Auch die einfachere Formel (121) vermag die Messungen gut wiederzugeben (durch ein Kreuz in Abb. 13 angedeutet). Die $\Delta \bar{H}$-Werte sind sehr klein ($\Delta \bar{H} < 0{,}06\,RT$), so daß man die Theorie der athermischen Lösungen verwenden kann, ohne daß die Mischungsentropie durch diese geringen Mischungswärmen merklich gefälscht wird (93).

Wie sehr im übrigen der Typus einer Mischphase chemisch ähnlicher Komponenten von der Konstitution bzw. den sterischen Eigenschaften der Moleküle abhängt, zeigt das Beispiel des Systems 2,2,4-Trimethylpentan-n-Hexadekan (317) bei 25° C, dessen thermodynamische Mischungseffekte $\Delta \bar{H}$, $\Delta \bar{G}^E$ und $- T \Delta \bar{S}^E$ in analoger Weise in Abb. 14 dargestellt sind. Bei der angegebenen Temperatur gilt zwar das RAOULTsche Gesetz mit guter Näherung ($\Delta \bar{G}^E \cong 0$), aber es treten beträchtliche Mischungswärmen und entsprechend der GIBBS-HELMHOLTzschen Gleichung auch eine zusätzliche Mischungsentropie $\Delta \bar{S}^E$ auf, die von den berechneten Werten merklich abweichen. [Die gestrichelte Kurve 1 gibt die nach (121) berechneten Werte mit $V_2/V_1 = 1{,}77$ und Kurve 2 die nach (125) berechneten Werte mit $r_1 = 8$, $r_2 = 16$ und $z = 8$ wieder.] Wegen der Beziehung $\partial (\Delta \bar{G}^E/T)/\partial T = - \Delta \bar{H}/T^2$ ist deshalb zu erwarten, daß bei anderen Temperaturen auch merkliche Abweichungen

vom RAOULTschen Gesetz auftreten werden. Dieses Beispiel zeigt, daß
zur Beurteilung des Mischungstyps stets Messungen von Dampfdrucken,
Mischungswärmen und nach Mög-
lichkeit auch Volumeneffekten
nebeneinander notwendig sind.

Daß die statistische Theorie
des quasi-Gitter-Modells einer
Flüssigkeit nicht in allen Fällen
ausreicht, zeigen auch Untersuchungen am System Triäthylme-
than-n-Octan (*184*), bei dem die
Messungen von Dampfdrucken
und Mischungswärmen eine sehr
beträchtliche Zusatzentropie $\Delta \bar{S}^E$
ergeben, obwohl hier die Zahl der
besetzten Gitterpunkte bei beiden
Komponenten etwa die gleiche
ist, so daß die Mischungsentropie
nach (125) dem Idealwert entsprechen sollte. Während die Abweichungen vom RAOULTschen
Gesetz tatsächlich bei der Meß-

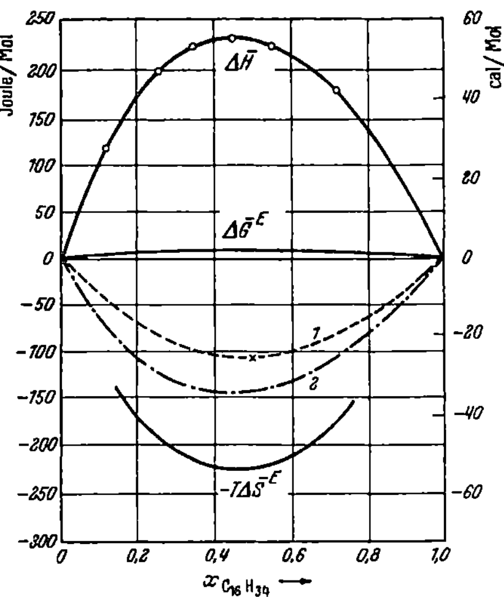

Abb. 14. Thermodynamische Mischungseffekte
$\Delta \bar{H}$, $\Delta \bar{G}^E$ und $-T\Delta \bar{S}^E$ des Systems
2,2,4-Trimethyl-Pentan — Hexadekan bei 25° C.

temperatur (50°C) nur gering sind, tritt eine beträchtliche *exotherme*
Mischungswärme auf, d. h. dieses System läßt sich nicht in den Typus
der athermischen Mischungen einordnen.

Ein weiteres Beispiel aus neueren Messungen (*43*) ist das System
Cyclohexan-n-Heptan, bei dem eine beträchtliche temperaturunab-
hängige positive Mischungsenthalpie $\Delta \bar{H}$ beobachtet wird, die aber
durch eine positive Zusatzentropie $\Delta \bar{S}^E$ größtenteils kompensiert wird,
so daß zwischen 40 und 60° C das RAOULTsche Gesetz innerhalb der
Meßgenauigkeit gültig ist.

Gerade auf Grund der fast ausnahmslos beobachteten Tatsache, daß
bei der Mischung dipolloser Stoffe eine *exotherme* Mischungswärme auftritt, die im allgemeinen beträchtlich größer ist als die aus Dampfdruckmessungen ermittelte freie Zusatzenthalpie, hat KUHN (*163*) an der Auffassung, die Mischungsentropie lasse sich ausschließlich aus der statistisch zu berechnenden Wahrscheinlichkeit der räumlichen Schwer-
punktsverteilung ermitteln, berechtigte Kritik geübt, worauf wir später
nochmals zurückkommen werden (vgl. S. 122).

D. Reguläre Mischungen.

Während bei athermischen Mischungen keine Mischungswärme auftritt, dagegen die Mischungsentropie gegenüber ihrem Idealwert um

einen von der Temperatur unabhängigen Zusatzbetrag $- R\, C(x)$ vergrößert ist, kann man umgekehrt einen Mischungstyp definieren, bei dem die Mischungsentropie ideal ist, dagegen eine *von der Temperatur unabhängige Mischungswärme* beobachtet wird. Für eine solche, nach HILDEBRAND (*110*) als *regulär* bezeichnete Mischung gilt nach der GIBBS-HELMHOLTZschen Gleichung

$$\Delta \mu_i = \Delta H_i - T\, \Delta S_{i_{id}}.$$

Setzt man nach (II, 16) $\Delta \mu_i = R\,T \ln x_i\, f_i$, nach (4) $\Delta S_{i_{id}} = - R \ln x_i$, so folgt für die Komponenten einer binären regulären Mischung

$$R\,T \ln (1 - x)\, f_1 = \Delta H_1 + R\,T \ln (1 - x) \quad \text{bzw.} \quad R\,T \ln x\, f_2 = \Delta H_2 + R\,T \ln x$$

oder   (126)

$$\ln f_1 = \frac{\Delta H_1}{R\,T} = \frac{\varphi (1 - x)}{R\,T} \quad \text{bzw.} \quad \ln f_2 = \frac{\Delta H_2}{R\,T} = \frac{\varphi (x)}{R\,T}.$$

Die Definition der regulären Mischung verlangt, daß wie in der idealen Mischung eine vollkommene statistische Unordnung herrscht, daß also weder Orientierungs- noch Assoziationserscheinungen vorhanden sind, dagegen bedeutet das Auftreten einer Mischungswärme, daß die Wechselwirkungsenergien Φ_{11}, Φ_{22} und Φ_{12} benachbarter Molekelpaare offenbar nicht mehr identisch sind. Aus den Überlegungen des letzten Abschnittes folgt außerdem, daß die Volumina der Mischungskomponenten annähernd gleich und additiv sein müssen.

Die Funktion $\Delta H_i = \varphi (x)$ wurde zuerst von HERZFELD und HEITLER (*109*) abgeleitet, und zwar ebenfalls mit Hilfe des quasi-Gittermodells der Flüssigkeit. In einer regulären binären Mischung sei die Zahl der Molekeln N_1 bzw. N_2 pro Volumeneinheit. Jede Molekel der Sorte 1 wird im Mittel von z_1 Nachbarn der Sorte 1 und z_2 Nachbarn der Sorte 2 umgeben sein, $(z_1 + z_2) \equiv z$ ist also wieder die mittlere Koordinatenzahl des quasi-Gitters (vgl. S. 80). Entsprechendes gilt für die Molekeln der Sorte 2. Dann gibt es insgesamt $N_1\, z_1/2$ Molekelpaare der Sorte 11, $N_2\, z_2/2$ Molekelpaare der Sorte 22 und $N_1\, z_2/2 + N_2\, z_1/2$ Molekelpaare der Sorte 12, die einander unmittelbar benachbart sind. Macht man nun die Annahme, daß zwischen den Molekeln keine weitreichenden Kräfte auftreten, was bei der vorausgesetzten Abwesenheit von Orientierungseffekten und damit auch von Polaritätsunterschieden (Dipolmomenten usw.) zulässig erscheint, so ist nur die Wechselwirkungsenergie zwischen den unmittelbaren Nachbarn zu berücksichtigen, und man erhält für die (negative) Gesamtenergie $\Delta \bar{E}$ pro Mol Mischung, bezogen auf den kräftefreien idealen Gaszustand

$$\Delta \bar{E} = \frac{N_L}{N_1 + N_2} \left[\frac{N_1\, z_1}{2}\, \Phi_{11} + \frac{N_2\, z_2}{2}\, \Phi_{22} + \left(\frac{N_1\, z_2}{2} + \frac{N_2\, z_1}{2} \right) \Phi_{12} \right]. \quad (127)$$

Da ferner $z_1 = z\,(1 - x)$ und $z_2 = z\,x$, kann man die Gleichung [analog zu (50)] umformen in

$$\Delta \overline{E} = \frac{N_L z}{2}\left[(1 - x)^2\,\varPhi_{11} + x^2\,\varPhi_{22} + 2\,x\,(1 - x)\,\varPhi_{12}\right] \qquad (128)$$

$E_{11} \equiv \dfrac{N_L z}{2}\,\varPhi_{11}$ bzw. $E_{22} \equiv \dfrac{N_L z}{2}\,\varPhi_{22}$ sind offenbar die negativen molaren Verdampfungswärmen L_{p1} bzw. L_{p2} der reinen Komponenten und lassen sich deshalb experimentell ermitteln. $E_{12} \equiv \dfrac{N_L z}{2}\,\varPhi_{12}$ ist nicht direkt meßbar, steht jedoch in unmittelbarem Zusammenhang mit der experimentell zugänglichen Mischungswärme: Denkt man sich ein Mol der Mischung hergestellt, indem man x bzw. $(1 - x)$ Mole der reinen Komponenten verdampft und die Gase zu der Mischung kondensiert, so muß man die Verdampfungswärme $-\,[(1 - x)\,E_{11} + x\,E_{22}]$ aufwenden, während die freiwerdende Kondensationswärme durch (128) gegeben ist. Die algebraische Summe beider ist gleich der integralen Mischungswärme pro Mol Mischung

$$\Delta \overline{H} = [(1 - x)\,E_{11} + x\,E_{22}] + [(1 - x)^2\,E_{11} + x^2\,E_{22} + 2\,x\,(1 - x)\,E_{12}]$$
$$= -\,(E_{11} + E_{22} - 2\,E_{12})\,x\,(1 - x)\,. \qquad (129)$$

Man sieht, daß $\Delta \overline{H}$ symmetrisch in bezug auf x und $(1 - x)$ verlaufen muß, denn differenziert man (129) nach x und setzt $d\,(\Delta \overline{H})/d\,x = 0$, so wird $x = 0{,}5$. Setzt man dies in (129) ein, so wird

$$\Delta \overline{H}_{max} = \frac{1}{2}\,E_{12} - \frac{1}{4}\,E_{11} - \frac{1}{4}\,E_{22}\,. \qquad (130)$$

Aus (129) und (130) folgt für beliebige Zusammensetzung der Mischung

$$\Delta \overline{H} = 4\,x\,(1 - x)\,\Delta \overline{H}_{max}\,. \qquad (131)$$

Die integrale Mischungswärme als Funktion von x geht somit analog wie die ideale Mischungsentropie (vgl. Abb. 7) symmetrisch vom Extremwert bei $x = 0{,}5$ nach beiden Seiten hin gegen Null. Rechnet man noch mittels (II, 37) auf die differentielle Mischungswärme um, so ergibt sich für die gesuchte Funktion $\Delta H_i = \varphi\,(x)$:

$$H_1 - H_1 = 4\,\Delta \overline{H}_{max}\,x^2\,; \quad H_2 - H_2 = 4\,\Delta \overline{H}_{max}\,(1 - x)^2\,. \qquad (132)$$

Setzt man dies in (126) ein, so erhält man für die Aktivitätskoeffizienten der binären regulären Lösung

$$\ln f_1 = \frac{4\,\Delta \overline{H}_{max}}{R\,T}\,x^2; \qquad \ln f_2 = \frac{4\,\Delta \overline{H}_{max}}{R\,T}\,(1 - x)^2\,. \qquad (133)$$

Die Gln. (132) und (133) kann man als die Definitionsgleichungen der regulären Mischung ansehen, *wobei vorausgesetzt wird, daß $\Delta \overline{H}_{max}$ unabhängig von der Temperatur ist.*

Läßt man in (132) x bzw. $(1 - x)$ gegen 1 gehen, so wird

$$\lim_{x \to 1} \Delta H_1 = \lim_{x \to 0} \Delta H_2 = 4 \, \Delta \bar{H}_{max}. \tag{134}$$

Das bedeutet, daß die differentielle *erste* Lösungswärme des Stoffes 1 im Stoff 2 gleich sein muß der differentiellen *ersten* Lösungswärme des Stoffes 2 im Stoff 1. Alle übrigen thermodynamischen Größen ergeben sich ohne weiteres aus Gl. (133). So folgt für das chemische Potential

$$\mu_1 = \mu_1 + R\,T \ln (1 - x)\, f_1 = \mu_1 + R\,T \ln (1 - x) + 4 \, \Delta \bar{H}_{max}\, x^2$$
$$\mu_2 = \mu_2 + R\,T \ln x\, f_2 = \mu_2 + R\,T \ln x + 4 \, \Delta \bar{H}_{max}\, (1 - x)^2, \tag{135}$$

für die freie Zusatzenthalpie pro Mol Mischung

$$\Delta \bar{G}^E = 4 \, \Delta \bar{H}_{max}[(1 - x)\, x^2 + x\,(1 - x)^2] = 4\,\Delta \bar{H}_{max}\, x\,(1 - x) = \Delta \bar{H}. \tag{136}$$

Für die Partialdrucke (bzw. Fugazitäten) der binären regulären Mischung ergibt sich aus (119) und (133)

$$p_1 = p_{01}\,(1 - x) \cdot \exp\left(\frac{4\,\Delta\bar{H}_{max}}{R\,T}\, x^2\right)$$
$$p_2 = p_{02}\, x \cdot \exp\left(\frac{4\,\Delta\bar{H}_{max}}{R\,T}\,(1 - x)^2\right). \tag{137}$$

Für sehr verdünnte Lösungen gehen diese Gleichungen über in

$$\lim_{x \to 1} p_1 = p_{01}\, e^{4\,\Delta\bar{H}_{max}/R\,T}\,(1 - x) \equiv k_1\,(1 - x)$$
$$\lim_{x \to 0} p_2 = p_{02}\, e^{4\,\Delta\bar{H}_{max}/R\,T}\, x \equiv k_2\, x, \tag{138}$$

was mit dem HENRYschen Gesetz (92) identisch ist. In regulären verdünnten Lösungen ist somit die HENRYsche Konstante durch die maximale integrale Mischungswärme festgelegt.

Man kann versuchen *(115, 161)*, die Gl. (129) für die integrale Mischungswärme noch weiter zu vereinfachen, indem man für die potentielle Energie zwischen den verschiedenen Partnern den einfachen zu (55) analogen Ansatz macht

$$E_{12} = - (E_{11}\, E_{22})^{1/2}. \tag{139}$$

Damit wird aus (129)

$$\Delta \bar{H} = - (E_{11} + E_{22} + 2 \sqrt{E_{11}\, E_{22}})\, x\,(1 - x). \tag{140}$$

Berücksichtigt man, daß alle E negativ sind, so kann man dies in der Form schreiben

$$\Delta \bar{H} = \left(\sqrt{E_{11}^2} + \sqrt{E_{22}^2} - 2\sqrt{E_{11}\, E_{22}}\right) x\,(1 - x)$$
$$= \left(\sqrt{|E_{11}|} - \sqrt{|E_{22}|}\right)^2 x\,(1 - x) = \left(L_{p1}^{1/2} - L_{p2}^{1/2}\right)^2 x\,(1 - x), \tag{141}$$

wenn man wieder mit L_{p1} bzw. L_{p2} die molaren Verdampfungswärmen der reinen Stoffe bezeichnet. Die Gültigkeit von (139) vorausgesetzt, sollte sich die (stets positive[1]) integrale Mischungswärme aus den Verdampfungswärmen der reinen Stoffe abschätzen lassen. Rechnet man wieder auf die differentielle Mischungswärme um, so wird

$$\Delta H_1 = x^2 \left(L_{p1}^{1/2} - L_{p2}^{1/2}\right)^2 ; \quad \Delta H_2 = (1 - x)^2 \left(L_{p1}^{1/2} - L_{p2}^{1/2}\right). \tag{142}$$

Die Gleichung wurde z. B. an Lösungen von Jod in Schwefelkohlenstoff geprüft (*115*), indem die differentielle Lösungswärme aus dem Temperaturkoeffizienten der Löslichkeit ermittelt wurde, sie ist natürlich nur näherungsweise gültig, da die Gl. (139) ebenfalls nur eine relativ grobe Näherung darstellt.

Eine analoge Gleichung wurde unter denselben vereinfachenden Annahmen auch für zwei *Stoffe mit ungleichen* (kugelförmigen) *Volumen* von verschiedenen Autoren (vgl. z. B. *115, 165, 249*) abgeleitet, wobei weiterhin vorausgesetzt wurde, daß die potentiellen Energien E_{11} und E_{22} dem Molvolumen umgekehrt proportional seien[2]. Sie lautet in der einfachsten Form

$$\Delta U_1 = \varphi^2 V_1 \left[\left(\frac{L_{V1}}{V_1}\right)^{1/2} - \left(\frac{L_{V2}}{V_2}\right)^{1/2}\right]^2 ,$$

$$\Delta U_2 = (1 - \varphi)^2 V_2 \left[\left(\frac{L_{V1}}{V_1}\right)^{1/2} - \left(\frac{L_{V2}}{V_2}\right)^{1/2}\right]^2 \tag{143}$$

$$\Delta \overline{U} = [(1 - x) V_1 + x V_2] \left[\left(\frac{L_{V1}}{V_1}\right)^{1/2} - \left(\frac{L_{V2}}{V_2}\right)^{1/2}\right]^2 \varphi (1 - \varphi),$$

worin φ den durch Gl. (113) definierten Volumenbruch der Komponente 2 bedeutet, der in diesem Fall an die Stelle des Molenbruchs in (142) tritt, und L_V die „innere" Verdampfungswärme (ohne äußere Arbeitsleistung). Mittels (126) ergibt sich daraus für die Aktivitätskoeffizienten einer binären regulären Mischung mit verschiedenem Molvolumen der beiden Komponenten in dieser Näherung

$$R T \ln f_1 = A V_1 \varphi^2 \quad \text{bzw.} \quad R T \ln f_2 = A V_2 (1 - \varphi)^2, \tag{144}$$

wenn man das Quadrat der eckigen Klammer in (143) zur Abkürzung mit A bezeichnet[3]. Diese Gleichungen sind vor allem von HILDEBRAND (*110, 115*) zur Diskussion von Löslichkeitsmessungen (violette Jodlösungen) benutzt worden. Für $V_1 = V_2$ gehen sie wieder in (142) über. Ähnliche Gleichungen sind auch von anderen Autoren abgeleitet worden.

---

[1] Dies rührt daher, daß das geometrische Mittel nach (139) stets kleiner ist als das arithmetische, so daß in Gleichung (129) die beiden ersten Terme stets überwiegen.

[2] Dies folgt z. B. nach (82) aus der VAN DER WAALSschen Korrektur a/V^2 für den inneren Druck, die mit V multipliziert die zugehörige potentielle Energie $- a/V$ liefert.

[3] Da die Volumina als additiv vorausgesetzt wurden ($\Delta \overline{V} = 0$), ist $\Delta U_1 = \Delta H_1$.

So hat z. B. SCATCHARD folgenden Ausdruck für die Mischungswärme einer annähernd regulären Mischung aus Komponenten ungleichen Molvolumens angegeben:

$$\Delta \overline{U} = \frac{A\,V_1\,V_2\,x\,(1-x)}{(1-x)\,V_1 + x\,V_2} \equiv A\,((1-x)\,V_1 + x\,V_2)\,\varphi\,(1-\varphi)\,, \quad (145)$$

der sich in manchen Fällen gut bewährt [vgl. auch (32, 167)].

Berücksichtigt man schließlich außerdem die im vorangehenden Abschnitt behandelten Abweichungen von den Gesetzen der idealen Mischungen, die durch die verschiedene Molekülgröße der Komponenten bedingt sind, so erhält man z. B. durch Kombination der Gl. (118) und (144) für die Aktivitätskoeffizienten die Ausdrücke

$$R\,T \ln f_1 = A\,V_1\,\varphi^2 + R\,T\left[\ln\frac{1-\varphi}{1-x} + \varphi\left(1 - \frac{V_1}{V_2}\right)\right] \quad (146a)$$

$$R\,T \ln f_2 = A\,V_2\,(1-\varphi)^2 + R\,T\left[\ln\frac{\varphi}{x} + (1-\varphi)\left(1 - \frac{V_2}{V_1}\right)\right]. \quad (146b)$$

aus denen sich alle übrigen thermodynamischen Zusatzeffekte in üblicher Weise berechnen lassen. Diese Gleichungen sind z. B. am System $WF_6 - n\text{-}C_5F_{12}$ geprüft worden (7).

Experimentell hat es sich gezeigt, daß der Typus regulärer Mischungen zwar in vielen Fällen mehr oder weniger angenähert verwirklicht ist, z. B. bei den von HILDEBRAND (115) untersuchten violetten Jodlösungen [vgl. auch (155)] oder in Lösungen von AgBr in NaBr- oder KBr-Schmelzen (114), daß aber — im Gegensatz zum Fall idealer Mischungen — kein Beispiel bekannt ist, das den Definitionsgleichungen (132) und (133) innerhalb der Meßgenauigkeit der üblichen Methoden gehorcht. Zwar findet man relativ häufig, daß die Mischungswärme symmetrisch zur x-Achse verläuft (74, 310), dagegen hat sich die Bedingung, daß die Mischungsentropie der idealen entspricht, bisher in keinem Fall als erfüllt erwiesen, sondern es treten stets mehr oder weniger große Zusatzentropien auf, so daß diese Mischungen nicht als regulär in strengem Sinn bezeichnet werden können. Eines der bestuntersuchten binären Gemische, das die Bedingungen der regulären Mischung mit einiger Näherung erfüllt, ist

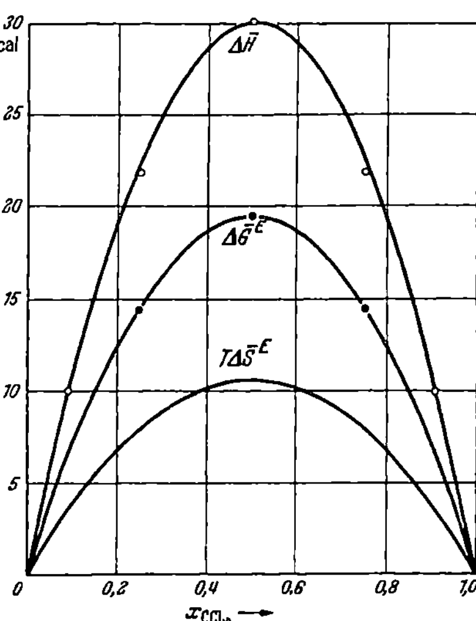

Abb. 15. Thermodynamische Mischungseffekte $\Delta \overline{H}$, $\Delta \overline{G}^E$ und $T\Delta \overline{S}^E$ des Systems Benzol-Tetrachlorkohlenstoff bei 25° C.

das System Benzol-Tetrachlorkohlenstoff (257). In Abb. 15 sind die auf Grund sehr exakter Fugazitätsmessungen bei verschiedenen Temperaturen ermittelten thermodynamischen Zusatzeffekte $\Delta \overline{G}^E$, $\Delta \overline{H}$ und $\Delta \overline{S}^E$ bei 25° C als Funktion von x dargestellt. Man sieht, daß die geforderte Symmetrie vorhanden ist, die Meßpunkte fallen auf die nach (131) berechnete Kurve, dagegen fallen die Kurven für $\Delta \overline{G}^E$ und $\Delta \overline{H}$ nicht zusammen, wie es die reguläre Mischung verlangen würde, sondern es existiert eine beträchtliche Zusatzentropie, für die natürlich die Beziehung $\Delta \overline{H} = \Delta \overline{G}^E + T \, \Delta \overline{S}^E$ gilt.

Wie die statistische Theorie zeigt [vollständige Literaturangaben bei z. B. Münster (199, 201)], ist die thermodynamisch definierte „reguläre Mischung" ein Spezialfall der „*streng regulären Mischung*", deren Eigenschaften sich auf Grund der oben erwähnten Voraussetzungen (kugelförmige Moleküle gleicher Größe und gleicher Koordinationszahl z, Additivität der Molvolumina beim Mischen, kugelsymmetrisches Potential der zwischenmolekularen Kräfte, die nur auf die nächsten Nachbarn wirken) aus dem Gittermodell der Flüssigkeit ableiten lassen. Setzt man die durch (129) definierte, auf den idealen Gaszustand normierte Wechselwirkungsenergie der Mischungspartner pro Mol

$$E_{11} + E_{22} - 2\,E_{12} \equiv E$$

und zur Abkürzung

$$\frac{E}{R\,T} \equiv \xi, \qquad (147)$$

so ergibt die statistische Rechnung folgende Beziehungen für die thermodynamischen Zusatzeffekte (in zweiter Näherung):

$$\Delta \overline{H} = -\frac{z}{2}\,E\,x\,(1-x) - \frac{z}{2}\,E\,(1-e^{-\xi})\,x^2\,(1-x)^2 \qquad (148)$$

$$\Delta \overline{G}^E = -\frac{z}{2}\,R\,T\,[\xi\,x\,(1-x) - (1-\xi-e^{-\xi})\,x^2\,(1-x)^2] \qquad (149)$$

$$\Delta \overline{S}^E = -\frac{z}{2}\,R\,[1 - (1+\xi)\,e^{-\xi}]\,x^2\,(1-x)^2. \qquad (150)$$

Für $E \ll R\,T$ gehen (148) und (149) in die Gln. (129) und (136) für reguläre Mischungen über, im übrigen ist auch bei „streng regulären Mischungen" der Verlauf von $\Delta \overline{H}$ und $\Delta \overline{G}^E$ in bezug auf die beiden Komponenten symmetrisch. Außerdem ergibt jedoch die statistische Rechnung eine zur idealen Mischungsentropie hinzukommende Zusatzentropie $\Delta \overline{S}^E$, die für $E \ll R\,T$ von höherer Ordnung klein wird, so daß die Mischung unter dieser Bedingung wieder in den regulären Typ übergeht. Diese Zusatzentropie ist (im Gegensatz zur Mischungswärme und zur freien Zusatzenthalpie, die sowohl positiv wie negativ werden können je nach dem Vorzeichen von E) stets negativ, unabhängig vom Vorzeichen der Mischungswärme, denn sowohl für positive wie für negative E ist stets $1 + \xi < e^\xi$, so daß die eckige Klammer stets positiv wird.

Physikalisch bedeutet dies, daß infolge der verschiedenen Wechselwirkungsenergien E_{11}, E_{22} und E_{12} Konfigurationen bevorzugt sind, bei denen entweder gleiche Moleküle benachbart sind (Assoziation), oder verschiedene Moleküle benachbart sind (Solvatation), beides aber bedeutet eine zusätzliche Ordnung gegenüber der regellosen Unordnung der idealen Lösung, d. h. eine negative Zusatzentropie. Nur wenn $E \ll R\,T$, geht diese zusätzliche Ordnung infolge der Temperaturbewegung verloren, und wir erhalten wieder den Typ der regulären Mischung.

Im Gegensatz zu dieser Forderung der Theorie findet man bei allen binären Systemen aus unpolaren Komponenten, die angenähert dem Typ regulärer Mischungen entsprechen, d. h. einen nahezu oder völlig symmetrischen Verlauf von $\Delta \bar{H}$ zeigen, eine *positive* Zusatzentropie, wie schon in Abb. 15 für das System $C_6H_6-CCl_4$ gezeigt wurde. Daraus muß man schließen, daß das Modell der „streng regulären Mischung" in Wirklichkeit nicht vorkommt, und daß diese Zusatzentropien auf andere Weise gedeutet werden müssen (vgl. S. 122).

E. Irreguläre Mischungen.

Während sich in athermischen und in regulären Mischungen die Aktivitätskoeffizienten auf Grund der eingeführten Bedingungen allgemein durch bestimmte physikalische Meßgrößen oder physikalisch definierte Parameter der Molekeln ausdrücken lassen, ist dies bei irregulären Mischungen, bei denen diese einschränkenden Bedingungen teilweise oder ganz wegfallen, nicht mehr möglich, sondern es lassen sich nur von Fall zu Fall Beziehungen qualitativer und in selteneren Fällen auch quantitativer Art zwischen den Eigenschaften der Molekeln und der Größe der beobachteten Aktivitätskoeffizienten auffinden. Das beruht offenbar darauf, daß infolge der Vielfältigkeit der zwischenmolekularen Wechselwirkung Assoziations-, Dissoziations-, Orientierungs- und Packungseffekte auftreten können, die sich auch statistisch nicht genügend übersehen lassen, so daß eine statistische Berechnung der Energie oder der Entropie solcher Mischungen nur in einfachen Fällen durchführbar ist. Man ist deshalb auf die empirische Bestimmung der Aktivitätskoeffizienten angewiesen und kann lediglich versuchen, diese in bestimmten Fällen auf charakteristische Eigenschaften der Molekeln (z. B. Orientierung durch Dipolmomente, Fähigkeit zur Verbindungsbildung durch H-Brückenbildung usw.) zurückzuführen. Bevor wir auf diese Möglichkeiten eingehen, sollen kurz die Aussagen zusammengestellt werden, die sich rein thermodynamisch über die Aktivitätskoeffizienten und ihre Abhängigkeit von den Zustandsvariablen machen lassen.

1. Temperatur- und Druckabhängigkeit der Aktivitätskoeffizienten.

Allgemein gilt für das chemische Potential einer Komponente i in einer irregulären (realen) Mischung

$$\mu_i = \mu_i + R\,T \ln x_i\,f_i = \mu_i\,(p,\,T) + R\,T\,[\ln x_i + \varphi\,(p,\,T,\,x)]\,,\quad (151)$$

d. h. der Aktivitätskoeffizient ist eine Funktion von Druck, Temperatur und Zusammensetzung der Mischung. Die T-Abhängigkeit ergibt sich mittels (II, 9) zu

$$\left(\frac{\partial \ln f_i}{\partial T}\right)_{p,\,x} = -\,\frac{H_i - H_i}{R\,T^2} \equiv -\,\frac{\varDelta H_i}{R\,T^2}\,,\quad (152)$$

wenn man mit $\varDelta H_i$ die differentielle Mischungswärme bezeichnet. Ist die Komponente i das im Überschuß befindliche „Lösungsmittel" so nennt man $\varDelta H_i$ die differentielle Verdünnungswärme. Da nach (86) $f_i = \dfrac{p_i}{x_i\,p_{0i}}$, kann man (152) auch in der Form schreiben

$$\left(\frac{\partial \ln\,(p_i/p_{0i})}{\partial T}\right)_x = -\,\frac{\varDelta H_i}{R\,T^2}\,,\quad (153)$$

wobei gegebenenfalls die Partialdrucke durch die entsprechenden Fugazitäten zu ersetzen sind.

Da im allgemeinen Systeme mit *positiven* Abweichungen vom RAOULT-schen Gesetz ($f > 1$) auch positive (endotherme) Mischungswärmen, Systeme mit negativen Abweichungen vom RAOULTschen Gesetz ($f < 1$) negative (exotherme) Mischungswärmen zeigen, nähern sich die Aktivitätskoeffizienten nach (152) mit steigender Temperatur dem Wert 1. Allerdings gilt diese Regel nicht immer, da die Mischungswärmen, insbesondere wenn Wasser die eine Komponente ist, häufig stark von der Temperatur abhängen und sogar ihr Vorzeichen wechseln können. So ist z. B. beim System Wasser-Äthanol die Mischungswärme bei Zimmertemperatur negativ, während die Abweichungen vom RAOULTschen Gesetz positiv sind (vgl. Abb. 12). Auch bei anderen binären wasserhaltigen Mischungen findet man häufig, daß in einem gewissen Temperaturgebiet die Aktivitätskoeffizienten mit steigender Temperatur zu- statt abnehmen (*40*). Dies dürfte mit den spezifischen Eigenschaften des Wassers (Schwarmbildung, Assoziation) zusammenhängen.

Differenziert man (152) nochmals nach T, so folgt mittels (II, 10) für die partielle molare Wärmekapazität:

$$C_{p_i} = C_{p_i} - 2\,R\,T\,\frac{\partial \ln f_i}{\partial T} - R\,T^2\,\frac{\partial^2 \ln f_i}{\partial T^2}\,.\quad (154)$$

Es ist nun zu erwarten, und wird auch im allgemeinen von der Erfahrung bestätigt, daß (in Analogie zum Verhalten realer Gase) eine irreguläre Mischung sich mit steigender Temperatur mehr und mehr einem einfacheren Mischungstyp nähern wird. In Abb. 16 ist als Beispiel die mittlere molare Wärmekapazität $\overline{C}_p$ des Systems Chloroform-Äthyläther bei verschiedenen Temperaturen wiedergegeben (139, 271). Die

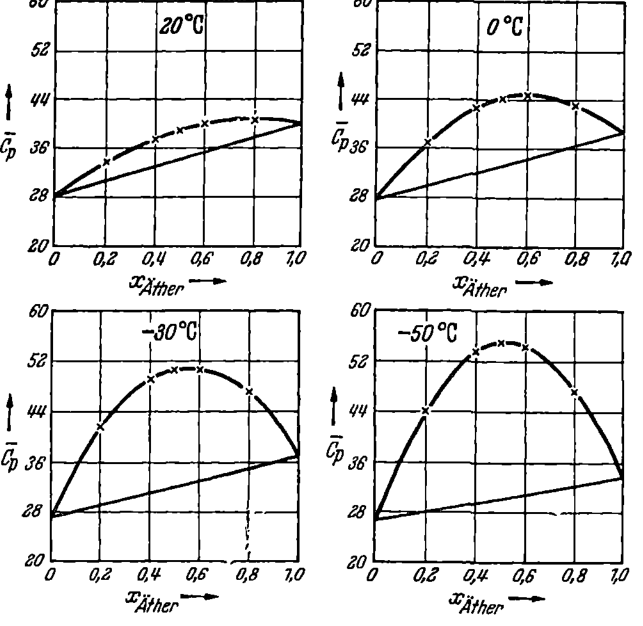

Abb. 16. Mittlere molare Wärmekapazität des Systems Chloroform-Äthyläther bei verschiedenen Temperaturen.

Abweichungen vom idealen Verhalten, für das nach (6) $\overline{C}_p = (1 - x)\, C_{p_1} + x\, C_{p_2}$ gelten würde, werden mit zunehmender Temperatur beträchtlich geringer und nähern sich offenbar dem Wert Null (vgl. auch das Beispiel in Tab. 3, S. 104).

Man kann allerdings aus diesem Verhalten der mittleren Molwärmen nicht ersehen, ob sich das System mit wachsendem T dem idealen, dem athermischen oder dem regulären Mischungstyp nähert, da für alle drei Typen die Gl. (6) gültig bleibt. Eine solche Prüfung wäre nur an Hand von Messungen der Temperaturabhängigkeit der Aktivitätskoeffizienten möglich. Läßt sich etwa die Funktion $\varphi\,(T,\,x)$ in Gl. (151) darstellen durch

$$\varphi\,(T,\,x) = \frac{A\,(x)}{T^n} + \frac{B\,(x)}{T^m} + \cdots,\tag{155}$$

wobei $m > n > 1$, so sind bei genügend hoher Temperatur alle Bedingungen für eine ideale Mischung [mit Ausnahme von (3)] erfüllt, wie man sich leicht durch Differentiation nach T überzeugt. Gehorcht die Funktion dem Ansatz

$$\varphi\,(T,\,x) = C\,(x) + \frac{A\,(x)}{T^n} + \frac{B\,(x)}{T^m} + \cdots, \tag{156}$$

so wird die Mischung bei hohen Temperaturen in den athermischen Typ übergehen; erfüllt sie den Ansatz

$$\varphi\,(T,\,x) = \frac{C\,(x)}{T} + \frac{A\,(x)}{T^n} + \frac{B\,(x)}{T^m} + \cdots, \tag{157}$$

wird sie sich bei hohen Temperaturen dem regulären Typ nähern. Allerdings existieren bisher zu wenig experimentelle Unterlagen, um diese Forderungen der Theorie an einzelnen Beispielen zu prüfen, weil es an isothermen Messungen bei genügend verschiedenen Temperaturen mangelt. In älteren Arbeiten [z. B. (265)] sind in der Regel nur die Gesamtdrucke und nicht die Partialdrucke in Abhängigkeit von T bestimmt worden. Als Beispiel aus einer neueren Arbeit (194) sind in Abb. 17 die f-Werte von 1-Buten in Mischungen mit Furfurol als Funktion des Molenbruchs x in halblogarithmischer Darstellung bei vier verschiedenen

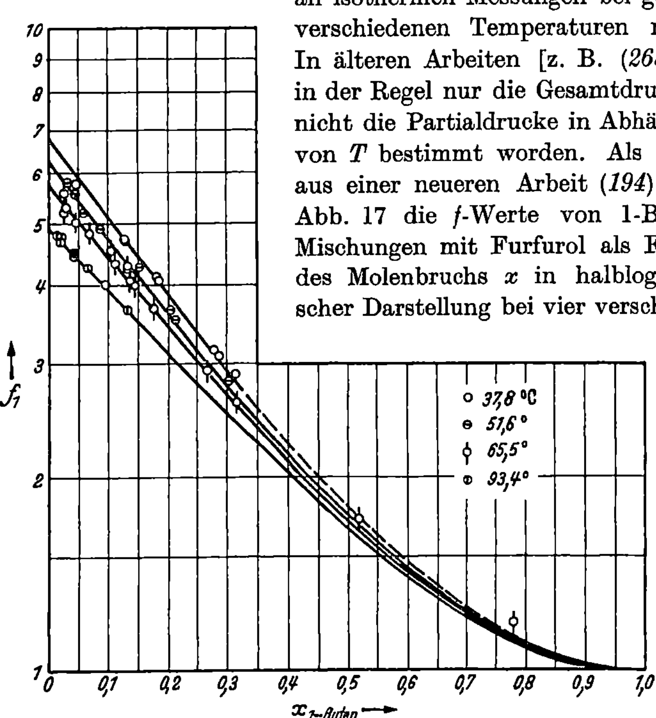

Abb. 17. Aktivitätskoeffizienten von 1-Buten in Furfurol bei verschiedenen Temperaturen.

Temperaturen nach isothermen Fugazitäts-Messungen wiedergegeben. Man sieht, daß mit zunehmender Temperatur die Aktivitätskoeffizienten abnehmen, wie es nach den obigen Überlegungen zu erwarten ist. Schreibt man die Gl. (152) in der Form

$$\frac{\partial \ln f_i}{\partial\,(1/T)} = \frac{\Delta H_i}{R}, \tag{158}$$

so sieht man, daß $\Delta H_i/R$ die Neigung der Kurve angibt, die für gegebenen konstanten Molenbruch $\ln f_i$ als Funktion von $1/T$ darstellt. In diesem Fall liegen die gegen $1/T$ aufgetragenen $\ln f$-Werte angenähert auf einer Geraden, d. h. die differentielle Mischungswärme ist praktisch temperaturunabhängig, wie es streng bei regulären Mischungen der Fall ist (vgl. S. 86).

Eine halbempirische Gleichung zur Ermittlung der Temperaturabhängigkeit von Aktivitätskoeffizienten in angenähert regulären Mischungen hat man ausgehend von der Gleichung (144)

$$R\,T \ln f_1 = \varphi^2\, V_1 \left[\left(\frac{L_1}{V_1} \right)^{1/2} - \left(\frac{L_2}{V_2} \right)^{1/2} \right] \tag{159}$$

entwickelt (17). Aus der Annahme, daß f_1 und f_2 bei der kritischen Temperatur des Gemisches gleich 1 werden, daß also die reguläre Mischung sich mit zunehmender Temperatur der idealen Mischung nähert, folgt, daß bei der kritischen Temperatur $L_1 V_2 = L_2 V_1$ werden sollte. Damit diese Bedingung erfüllt ist, müßten L_1 und L_2 bei der kritischen Temperatur der Mischung gleichzeitig gegen Null gehen, was im allgemeinen nicht der Fall sein wird. Aus diesem Grund definiert man die L-Werte als die Verdampfungswärmen der reinen Komponenten nicht bei der Temperatur der Mischung, sondern bei der gleichen *reduzierten* Temperatur, wie sie die Mischung gerade besitzt.

Stellt man weiter sowohl die Verdampfungswärmen L wie die Dichten ϱ der beiden Komponenten als lineare Funktionen der Verdampfungswärme L_r bzw. der Dichte ϱ_r einer Bezugssubstanz dar, was sich empirisch in zahlreichen Fällen als gültig erwiesen hat [vgl. auch S. 98), so erhält man

$$L_1 = k_1\, L_r \qquad \text{bzw.} \qquad L_2 = k_2\, L_r \tag{160}$$

$$\varrho_1 \equiv \frac{M_1}{V_1} = k_3\, \varrho_r \quad \text{bzw.} \quad \varrho_2 \equiv \frac{M_2}{V_2} = k_4\, \varrho_r\,. \tag{161}$$

Setzt man dies in (159) ein, so wird unter Zusammenfassung aller Konstanten und für konstanten Molenbruch

$$(\log f_1)_x = k_5 \cdot \frac{L_r}{T}\,. \tag{162}$$

L_r läßt sich empirisch als Funktion der reduzierten Temperatur T_R des Systems bei konstanter Zusammensetzung darstellen durch die Gleichung

$$L_r = k_6\, (1 - T_R)^{0,43}, \tag{163}$$

so daß sich (162) mit $T_R \equiv T/T_k = C \cdot T$ in der Form schreiben läßt

$$(\log f_1)_x = k\, \frac{(1 - T_R)^{0,43}}{T_R}\,. \tag{164}$$

Am System Äthan-Acetylen, bei dem Aktivitätsmessungen bei verschiedenen Temperaturen vorliegen, wurde die Brauchbarkeit der Gleichung bestätigt. Die $(\log f_1)$-Werte ergeben gegen $(1 - T_R)^{0,43}/T_R$ aufgetragen eine Gerade, die durch den Nullpunkt geht, da voraussetzungsgemäß für $T_R = 1$, d. h. beim kritischen Punkt der Mischung, auch $f_1 = 1$ werden muß. Ist umgekehrt der Aktivitätskoeffizient der einen Komponente bereits bei zwei Temperaturen bekannt, so kann man aus (164) durch Auflösung nach $T_k = T/T_R$ die kritische Temperatur der betreffenden Mischung ermitteln.

Ein sehr einfaches *graphisches* Verfahren zur Extrapolation von Dampfdruckmessungen und damit auch von Aktivitätskoeffizienten auf andere Temperaturen und Drucke ist von OTHMER (*218*) angegeben worden. Es beruht auf der CLAUSIUS-CLAPEYRONschen Gleichung (II, 118), die sich bekanntlich in der vereinfachten Form

$$\frac{d \ln p_s}{dT} = \frac{Lp}{RT^2} \tag{165}$$

schreiben läßt, indem man das Volumen V' der flüssigen Phase gegenüber dem Molvolumen V'' der Gasphase vernachlässigt und für letzteres das ideale Gasgesetz anwendet: $V'' = RT/p_s$. Für zwei reine Stoffe 1 und 2 gilt demnach *bei gleicher Temperatur*

$$\frac{d \ln p_{02}}{d \ln p_{01}} = \frac{L_2}{L_1}, \tag{166}$$

oder in integrierter Form

$$\log p_{02} = \frac{L_2}{L_1} \log p_{01} + \text{Const.}, \tag{167}$$

wenn man das Verhältnis der molaren Verdampfungswärmen in dem in Frage kommenden Bereich als praktisch temperaturunabhängig ansieht. Diese Voraussetzung ist nun wesentlich besser erfüllt, als für die Einzelwerte L_1 und L_2, die bekanntlich mit steigender Temperatur abnehmen und bei der kritischen Temperatur Null werden. Handelt es sich um verwandte Stoffe (etwa Glieder einer homologen Reihe), so wird die T-Abhängigkeit der Verdampfungswärme nach dem KIRCHHOFFschen Gesetz sehr ähnlich sein, so daß der Quotient L_2/L_1 tatsächlich praktisch konstant sein wird, aber auch für beliebige Stoffe wird dieser Quotient über einen wesentlich größeren T-Bereich als angenähert konstant betrachtet werden können als jeder der beiden Einzelwerte[1].

Für eine *binäre Mischung* ergibt sich analog[2] nach (152) bzw. (153) aus

$$\left(\frac{\partial \ln f_2}{\partial T}\right)_x = \left(\frac{\partial \ln p_2}{\partial T}\right)_x - \frac{d \ln p_{02}}{dT} = \frac{L_2 - \mathsf{L}_2}{RT^2} = -\frac{\Delta H_2}{RT^2} \tag{168}$$

mit (165) wieder *für gleiche Temperatur*

$$\frac{d \ln f_2}{d \ln p_{02}} = -\frac{\Delta H_2}{L_2}, \tag{169}$$

oder integriert

$$\log f_2 = -\frac{\Delta H_2}{L_2} \log p_{02} + \text{Const.} \tag{170}$$

Die Kombination von (166) und (169) liefert

$$\frac{d \ln f_2}{d \ln p_{01}} = -\frac{\Delta H_2}{L_1} \quad \text{oder} \quad \log f_2 = -\frac{\Delta H_2}{L_1} \log p_{01} + \text{Const.} \tag{171a}$$

---

[1] So steigt z. B. die Verdampfungswärme von Wasser zwischen 60 und 0° C um 6%, die von CCl_4 um 8,5%, der Quotient beider daher nur um 2,3%, obwohl es sich hier um sehr verschiedene Stoffe handelt.

[2] L in (168) ist die differentielle molare Verdampfungswärme (vgl. auch S. 243).

Analog gilt für die Komponente 1

$$\log f_1 = -\frac{\Delta H_1}{L_1}\log p_{01} + \text{Const.} = -\frac{\Delta H_1}{L_2}\log p_{02} + \text{Const.} \quad (171\,\text{b})$$

In Abb. 18 sind die (log f)-Werte von Wasser und Essigsäure in binären Mischungen konstanter Zusammensetzung als Funktion von log p_{0,H_2O}

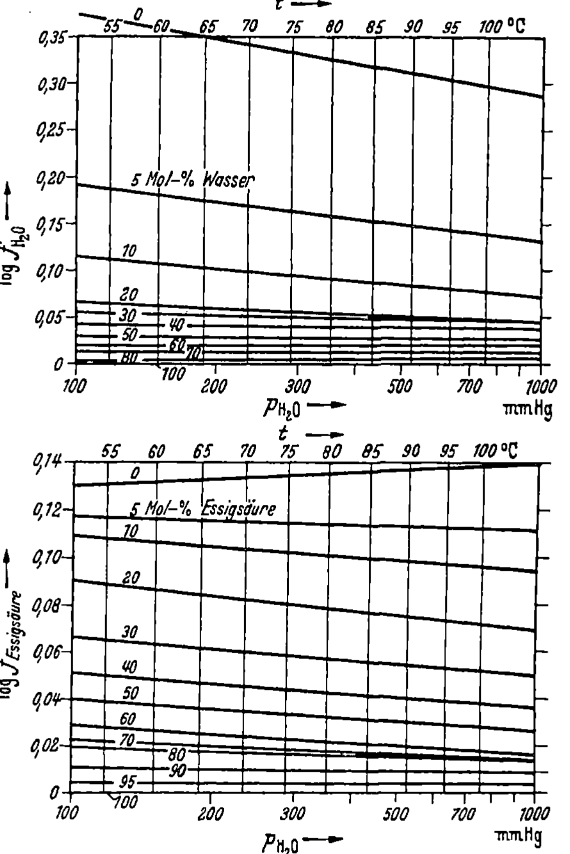

Abb. 18. Logarithmen der Aktivitätskoeffizienten von Wasser und Essigsäure in binären Gemischen als Funktion von log p_{0H_2O} bei gleichen Temperaturen.

bei jeweils gleichen Temperaturen nach Gl. (171 a) und (171 b) aufgetragen. Es ergeben sich mit guter Näherung Geraden, aus denen man die (log f)-Werte für beliebige Temperaturen ablesen kann. Man braucht zur Konstruktion dieser Geraden lediglich zwei (log f)-Werte bei zwei Temperaturen und die Dampfdruckkurve einer Bezugssubstanz, da die differentiellen Mischungswärmen im allgemeinen nicht genügend genau

bekannt sein werden. Umgekehrt kann man aus den Neigungen dieser
Geraden die ΔH-Werte errechnen. Man sieht z. B. aus Abb. 18, daß
die differentielle Mischungswärme von Wasser in Mischungen mit einem
Gehalt bis zu 50 Mol-% Essigsäure von Null kaum verschieden ist,
während die der Essigsäure schon in einer Lösung mit 10 Mol-% H_2O
von Null deutlich abweicht.

Die *Druckabhängigkeit* der Aktivitätskoeffizienten ergibt sich aus
(151) und (II, 7) zu

$$\left(\frac{\partial \ln f_i}{\partial p}\right)_{T,\,x} = \frac{\partial \ln (p_i/p_{0i})}{\partial p} = \frac{V_i - v_i}{RT} = \frac{\Delta V_i}{RT} . \tag{172}$$

Da die Volumenänderungen bei der Mischung flüssiger Stoffe meistens
gering sind, kann man den Druckeinfluß auf die Aktivitätskoeffizienten
in der Regel vernachlässigen.

Obwohl zwischen den Volumenänderungen und den Wärmetönungen
beim Mischungsvorgang kein unmittelbarer thermodynamischer Zusammenhang existiert, ist diese Frage häufig sowohl experimentell (*223,
264*) wie theoretisch (*115, 168, 250*) untersucht worden. Dabei muß man
sich naturgemäß auf solche Systeme beschränken, bei denen nicht durch
chemische Reaktionen (Solvatation, Assoziation, Dissoziation) zwischen
den Mischungskomponenten ungewöhnlich hohe Wärmetönungen auftreten. Unter dieser Voraussetzung sollte man erwarten, daß einer Volu-
menabnahme beim Mischen eine exotherme, einer Volumenzunahme eine
endotherme Mischungswärme entspricht, da im ersten Fall vom inneren
Druck Arbeit geleistet wird, während im zweiten gegen den inneren
Druck Arbeit aufzuwenden ist. Dies trifft tatsächlich beim Mischen
unpolarer Stoffe in der Regel zu. Man kann daraus schließen (*58, 272*),
daß es sich bei solchen Volumenänderungen lediglich um Packungseffekte
handelt, die durch sterische Bedingungen gegeben sind. Da man fast
ausnahmslos Volumenvergrößerungen beobachtet, kann man diese ver-
größerte Raumbeanspruchung auf die gegenseitige *Sperrigkeit* verschiedener Moleküle zurückführen, die einer dichtesten Kugelpackung, wie sie
bei reinen Flüssigkeiten angestrebt wird, entgegensteht (vgl. jedoch
S. 120).

Daß dieser Volumenaufweitung beim Mischen unpolarer Flüssigkeiten eine gemeinsame und unspezifische Ursache zugrunde liegt, kann
man weiterhin daraus schließen, daß sie sich durch eine zu (131) völlig
analoge Gleichung

$$\Delta \overline{V} = 4\,\Delta \overline{V}_{max}\,x\,(1 - x) \tag{173}$$

darstellen läßt, wie in Abb. 19 an einigen Beispielen gezeigt ist (*21, 58*).
Dies gilt selbst dann noch, wenn die integrale Mischungswärme schon
einen merklich unsymmetrischen Verlauf zeigt. Mißt man in Einheiten
von $\Delta \overline{V}_{max}$, d. h. reduziert man den Ordinatenmaßstab, so fallen die

verschiedenen Kurven zusammen, worin die Gemeinsamkeit der Ursachen für die zusätzliche Raumbeanspruchung anschaulich zum Ausdruck kommt. Die stoffspezifischen Unterschiede der Volumenaufweitung lassen sich so zwanglos auf im wesentlichen sterische Gründe (Sperrigkeit der Moleküle) zurückführen. Dies kommt auch darin zum Ausdruck, daß Mischungswärme und Volumenausweitung im ganzen Konzentrationsbereich näherungsweise den gleichen relativen *Temperaturkoeffizienten* besitzen, so daß die Form der symmetrischen Kurven in Abb.19 und 15 bei verschiedenen Temperaturen erhalten bleibt (*74*); ferner in der geringen *Oberflächenaktivität* solcher Mischungen

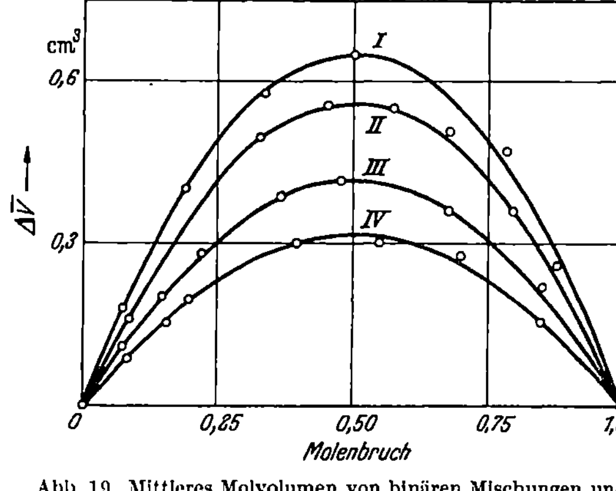

Abb. 19. Mittleres Molvolumen von binären Mischungen unpolarer Stoffe. I. Cyclohexan — Benzol; II. Schwefelkohlenstoff — Benzol; III. Hexan — Benzol; IV. Cyclopentan — Benzol.

(*309*), d. h. auch die Oberflächenspannung gehorcht in erster Näherung der Mischungsregel. Schließlich läßt auch der Vergleich der *Verdampfungsentropien* von unpolaren Flüssigkeiten unter vergleichbaren Bedingungen (*111*) darauf schließen, daß die beobachteten Abweichungen von einem Normalwert (z. B. für Hg oder $C(CH_3)_4$) von der geometrischen Form der Moleküle abhängen.

Scatchard (*250, 256, 257*) hat die Frage untersucht, ob die beobachteten Zusatzentropien bei Mischungen, von denen man eigentlich ein *reguläres* Verhalten erwarten sollte (vgl. S. 92), nicht mit den gleichzeitigen Volumenänderungen bei der Mischung in ursächlichem Zusammenhang stehen. Er berechnet die Differenzen der thermodynamischen Mischungseffekte für zwei Mischungsvorgänge, bei denen ausgehend vom gleichen Anfangszustand einmal der Druck und einmal das Volumen konstant gehalten wird. Zur Vereinfachung des Problems werden folgende Annahmen gemacht: Die Wechselwirkungsenergie zweier beliebiger benachbarter Moleküle hängt lediglich von ihrem Abstand und von ihrer Orientierung, dagegen nicht von ihrer übrigen Umgebung noch von der Temperatur ab; die Verteilungsfunktion der Molekülpaare ist unabhängig von der Temperatur und von der Natur aller übrigen Moleküle der Umgebung, d. h. die Mischungsentropie $(\varDelta \bar{S})_V$ ist die ideale; für die Wechselwirkungsenergie zweier Partner wird der Ansatz $E_{ij} = (E_{ii}\,E_{jj})^{1/2}$ gemacht, wie er schon in Gl. (139) verwendet wurde. Es handelt sich demnach um den S. 88 behandelten, vereinfachten Typ einer regulären Mischung mit dem Unterschied, daß die Volumina der Komponenten sich bei der Mischung unter konstantem Druck nicht additiv verhalten, wie es ja praktisch fast immer zutrifft.

Der Ausgangszustand der reinen Komponenten sei charakterisiert durch den Druck p_0, die Temperatur T und die Volumina $n_1 V_1$ und $n_2 V_2$. Für einen *isochor-isothermen* Mischungsvorgang ist der reversible Arbeitsumsatz gegeben durch

$$A = \varDelta \overline{F} + \overline{V}_0 \int_{p_0}^{P} dp = \varDelta \overline{F} + \overline{V}_0 (P - p_0), \tag{174}$$

worin $\varDelta \overline{F}$ die Änderung der freien Energie, $\overline{V}_0 = (1 - x) V_1 + x V_2$ das konstante Gesamtvolumen pro Mol Mischung und p der jeweilige Druck ist, um das konstante Volumen bei der Mischung aufrecht zu erhalten. Der schließlich erreichte Enddruck sei mit P bezeichnet.

Für einen *isobar-isothermen* Mischungsvorgang gilt entsprechend, wenn man nach erfolgter Mischung wieder von dem tatsächlichen Volumen $\overline{V}_0 + \varDelta \overline{V}$ auf das Volumen $\overline{V}_0$ komprimiert und so zum gleichen Endzustand gelangt:

$$A = \varDelta \overline{G} + \int_{\overline{V}_0 + \varDelta \overline{V}}^{\overline{V}_0} V dp = \varDelta \overline{F} + p_0 \int_{\overline{V}_0}^{\overline{V}_0 + \varDelta \overline{V}} dV + \int_{\overline{V}_0 + \varDelta \overline{V}}^{\overline{V}_0} V dp. \tag{175}$$

Dabei ist der Effekt dieser nachträglichen Kompression auf $\varDelta \overline{F}$ vernachlässigt. Die Kombination der beiden Gleichungen liefert

$$\varDelta \overline{G} - \varDelta \overline{F} = \overline{V}_0 (P - p_0) - \int_{\overline{V}_0 + \varDelta \overline{V}}^{\overline{V}_0} V dp. \tag{176}$$

$(P - p_0)$ ergibt sich aus dem als druckunabhängig angenommenen Kompressibilitätskoeffizienten (I, 1)

$$\chi = - \frac{1}{V} \left(\frac{\partial V}{\partial p} \right)_T \tag{177}$$

zu $\int_{p_0}^{P} dp = - \frac{1}{\chi} \int_{\overline{V}_0 + \varDelta \overline{V}}^{\overline{V}_0} \frac{dV}{V}$ oder $P - p_0 = \frac{1}{\chi} \ln \left(1 + \frac{\varDelta \overline{V}}{\overline{V}_0} \right).$ (178)

Ferner ist, ebenfalls unter Benutzung von (177)

$$- \int_{\overline{V}_0 + \varDelta \overline{V}}^{\overline{V}_0} V dp = \frac{1}{\chi} \int_{\overline{V}_0 + \varDelta \overline{V}}^{\overline{V}_0} dV = - \frac{\varDelta \overline{V}}{\chi}, \tag{179}$$

so daß man für die Differenz zwischen freier Enthalpie- und freier Energieänderung beim Mischen erhält

$$\varDelta \overline{G} - \varDelta \overline{F} \equiv \varDelta \overline{G}^E - \varDelta \overline{F}^E$$
$$= \frac{\overline{V}_0}{\chi} \left[\ln \left(1 + \frac{\varDelta \overline{V}}{\overline{V}_0} \right) - \frac{\varDelta \overline{V}}{\overline{V}_0} \right] \cong - \frac{\overline{V}_0}{2 \chi} \left(\frac{\varDelta \overline{V}}{\overline{V}_0} \right)^2, \tag{180}$$

wenn man den Logarithmus in eine Reihe entwickelt und wegen der Kleinheit von $\Delta \bar{V}/\bar{V}_0$ die höheren Glieder vernachlässigt. Da die Konzentrationsabhängigkeit von $\Delta \bar{G}_{id}$ und $\Delta \bar{F}_{id}$ identisch ist, ist diese Differenz gleichzeitig auch die Differenz der Zusatzeffekte $(\Delta \bar{G}^E - \Delta \bar{F}^E)$.

Die entsprechende Entropiedifferenz bei der Mischung unter konstantem Druck bzw. unter konstantem Volumen erhält man aus der bekannten Beziehung

$$\left(\frac{\partial S}{\partial V}\right)_T = \left(\frac{\partial p}{\partial T}\right)_V = \frac{\alpha}{\chi} , \tag{181}$$

worin

$$\alpha \equiv \frac{1}{V}\left(\frac{\partial V}{\partial T}\right)_p \tag{182}$$

den kubischen Ausdehnungskoeffizienten bedeutet, zu

$$(\Delta \bar{S})_p - (\Delta \bar{S})_V \equiv (\Delta \bar{S}^E)_p - \int\limits_{\bar{V}_0}^{\bar{V}_0 + \Delta \bar{V}} \left(\frac{\partial p}{\partial T}\right) d V .$$

Setzt man für p den Wert aus (178) ein[1], so wird

$$(\Delta \bar{S})_p - (\Delta \bar{S})_V = \int\limits_{\bar{V}_0}^{\bar{V}_0 + \Delta \bar{V}} \left[\left(\frac{\partial p_0}{\partial T}\right)_V + \frac{\partial (1/\chi)}{\partial T} \ln \frac{\bar{V}_0 + \Delta \bar{V}}{\bar{V}}\right] d V$$

$$= \Delta \bar{V}\left(\frac{\partial p_0}{\partial T}\right)_V + \frac{\bar{V}_0}{\chi} \frac{d \ln \chi}{d T}\left[\ln\left(1 + \frac{\Delta \bar{V}}{\bar{V}_0}\right) - \frac{\Delta \bar{V}}{\bar{V}_0}\right] \tag{183}$$

$$\cong \Delta \bar{V}\frac{\alpha_0}{\chi_0} - \frac{\bar{V}_0 d \ln \chi}{2 \chi d T}\left(\frac{\Delta \bar{V}}{\bar{V}_0}\right)^2 ,$$

wobei wieder der Logarithmus entwickelt und die Reihe nach dem zweiten Glied abgebrochen wurde[2].

Aus (180) und (183) ergibt sich mittels der Gibbs-Helmholtzschen Gleichung $(\Delta \bar{H} - \Delta \bar{U}) = (\Delta \bar{G}^E - \Delta \bar{F}^E) + T [(\Delta \bar{S}^E)_p - (\Delta \bar{S}^E)_V]$:

$$\Delta \bar{H} - \Delta \bar{U} = \frac{\Delta \bar{V} T \alpha_0}{\chi_0} - \frac{\bar{V}_0}{2 \chi}\left(\frac{\Delta \bar{V}}{\bar{V}_0}\right)^2\left(1 + \frac{d \ln \chi}{d \ln T}\right) . \tag{184}$$

Aus den Gl. (180), (183) und (184) können die nicht meßbaren Mischungseffekte $\Delta \bar{F}^E$, $(\Delta \bar{S}^E)_V$ und $\Delta \bar{U}$ ermittelt werden, wenn $\Delta \bar{G}^E$, $(\Delta \bar{S}^E)_p$ und $\Delta \bar{H}$ aus Fugazitätsmessungen und ihren Temperaturkoeffizienten bekannt sind, und die Volumenänderung ebenfalls gemessen ist. Der Unterschied der Kompressibilitätskoeffizienten χ_0 und

---

[1] Für den variablen Druck p gilt analog zu (178)

$$\int\limits_{p_0}^{p} d p = - \frac{1}{\chi} \int\limits_{\bar{V}_0 + \Delta \bar{V}}^{\bar{V}} \frac{d V}{V} \quad \text{oder} \quad p = p_0 + \frac{1}{\chi} \ln \frac{\bar{V}_0 + \Delta \bar{V}}{\bar{V}} .$$

[2] α_0 und χ_0 sind Mittelwerte für die reinen Komponenten, nicht die Werte für die Mischung; sie lassen sich etwa nach der Mischungsregel berechnen, z. B. $\alpha_0 = (1 - \varphi) \alpha_1 + \varphi \alpha_2$.

χ der reinen Stoffe bzw. der Mischung kann meistens vernachlässigt werden, ebenso die Abhängigkeit des T-Koeffizienten $d \ln \chi / d\, T$ vom Mischungsverhältnis. SCATCHARD und Mitarbeiter (*254, 256, 257*) haben sehr sorgfältige Fugazitätsmessungen bei verschiedenen Temperaturen an den Systemen C_6H_6–C_6H_{12}, C_6H_{12}–CCl_4 und C_6H_6–CCl_4 durchgeführt, um die abgeleiteten Beziehungen zu prüfen (vgl. auch *27*). Alle drei Systeme zeigen einen symmetrischen Verlauf der integralen Mischungswärme mit dem Molenbruch, wie es für reguläre Lösungen zu fordern ist, dagegen treten beträchtliche über die ideale Mischungsentropie hinausgehende Zusatzentropien $(\varDelta \overline{S}^E)_p$ auf, was bedeutet, daß keine echten regulären Mischungen vorliegen, und eine in der angegebenen Reihenfolge abnehmende Volumenaufweitung beim Mischen.

In Abb. 20 sind als Beispiel die integralen Mischungseffekte $\varDelta \overline{G}^E$, $\varDelta \overline{H}$ und $\varDelta \overline{U}$ nach Gl. (184) in Abhängigkeit vom Molenbruch des Benzols für das System C_6H_6–C_6H_{12} wiedergegeben. Die Kurve für $\varDelta \overline{F}^E$ fällt mit der für $\varDelta \overline{G}^E$ praktisch zusammen, was bedeutet, daß die Volumenänderung auf die freie Enthalpie kaum Einfluß ausübt[1]. Dagegen sind die Kurven für $\varDelta \overline{U}$ und $\varDelta \overline{H}$ beträchtlich verschieden, d. h. auch $T\,(\varDelta \overline{S}^E)_p$ und $T\,(\varDelta \overline{S}^E)_V$, die sich als Differenz zwischen der obersten

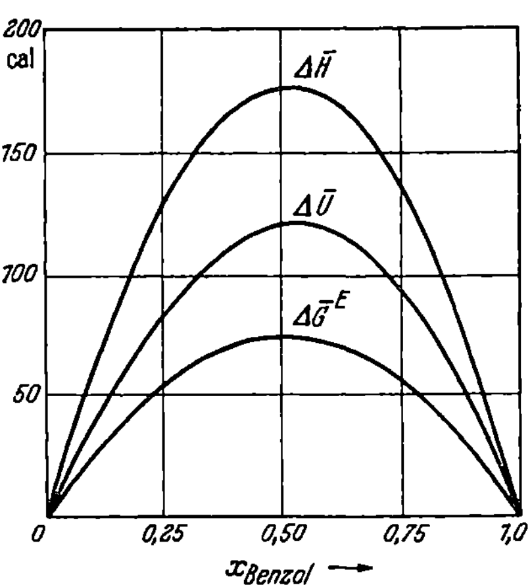

Abb. 20. Thermodynamische Mischungseffekte $\varDelta \overline{G}^E$, $\varDelta \overline{U}$ und $\varDelta \overline{H}$ des Systems Benzol-Cyclohexan bei 30° C.

und der untersten bzw. der mittleren und der untersten Kurve ergeben, unterscheiden sich merklich, und zwar sieht man daß $(\varDelta \overline{S}^E)_V$ kaum halb so groß ist wie $(\varDelta \overline{S}^E)_p$. *Die Hälfte der Abweichung vom Typ der regulären Mischung ist danach auf die Volumenausdehnung bei der Mischung zurückzuführen.*

In Tab. 3 sind verschiedene Eigenschaften der oben genannten drei Systeme bei $x = 0,5$ zusammengestellt.

Der Ausdruck $100\,(p - p_{id})/p_{id}$ ist ein Maß für die Abweichungen vom idealen Verhalten der Mischungen. Man sieht, daß mit zunehmender Temperatur diese Abweichungen geringer werden (vgl. S. 94). Für die beiden ersten Systeme, die große Volumenaufweitung beim Mischen

---

[1] Das geht auch aus (180) hervor, da fast immer $\varDelta \overline{V} \ll \overline{V}_0$, so daß wegen des quadratischen Gliedes die Differenz $\varDelta \overline{G}^E - \varDelta \overline{F}^E$ sehr klein werden muß. Dagegen geht in die Differenzen $\varDelta \overline{H} - \varDelta \overline{U}$ und $(\varDelta \overline{S}^E)_p - (\varDelta \overline{S}^E)_V$ nach (183) und (184) $\varDelta \overline{V}$ linear ein.

Tabelle 3. *Eigenschaften äquimolarer Mischungen.*

System	C_6H_6—C_6H_{12}	C_6H_{12}—CCl_4	C_6H_6—CCl_4
$100\ \Delta \bar{V}/\bar{V}_0$	0,65%	0,16%	0,003%
$100\ (p-p_{id})/p_{id}$ bei $40°$	12,32%	2,63%	3,15 %
$100\ (p-p_{id})/p_{id}$ bei $70°$	9,73%	2,17%	2,75 %
$\Delta \bar{H}$ cal/Mol	175,8	34,2	30,2
$\Delta \bar{G}^E$,, ...	74,4	16,7	19,5
$T\,(\Delta \bar{S}^E)_p$,, ...	101,4	17,5	10.7
ΔU ,, ...	120,0	20,7	29,0
$T\,(\Delta \bar{S}^E)_V$,, ...	45,6	4,0	9,5

zeigen, ist die Zusatzentropie bei konstantem Volumen beträchtlich kleiner als bei konstantem Druck, wie es die Theorie von SCATCHARD verlangt. Analoge Ergebnisse zeigten neuere Messungen am System Benzol-n-Heptan (*28*).

Für kleine $\Delta \bar{V}/\bar{V}_0$ kann man die quadratischen Glieder in (180), (183) und (184) vernachlässigen und die Gleichungen entsprechend umformen (*115*). Da für diesen Fall nach (180) $\Delta \bar{G} \cong \Delta \bar{F}$, kann man schreiben:

$$\Delta \bar{V} = \left(\frac{\partial \Delta \bar{G}}{\partial p}\right)_{T,\,p\,=\,p_0} \cong \left(\frac{\partial \Delta \bar{F}}{\partial p}\right)_{T,\,p\,=\,p_0} = \left(\frac{\partial \Delta \bar{U}}{\partial p}\right)_{T,\,p\,=\,p_0} - T\left(\frac{\partial \Delta \bar{S}_V}{\partial p}\right)_{T,\,p\,=\,p_0}.$$

Da die Mischungsentropie $\Delta \bar{S}_V$ als ideal vorausgesetzt wurde, ist sie sicher von p unabhängig, so daß das letzte Glied wegfällt. Damit wird unter Benutzung von (177)

$$\Delta \bar{V} = \left(\frac{\partial \Delta \bar{U}}{\partial p}\right)_T = \left(\frac{\partial \Delta \bar{U}}{\partial \bar{V}_0}\right)_T \left(\frac{\partial \bar{V}_0}{\partial p}\right)_T = -\chi_0 \bar{V}_0 \left(\frac{\partial \Delta \bar{U}}{\partial \bar{V}_0}\right)_T. \qquad (185)$$

Setzt man die potentielle Energie dem Molvolumen umgekehrt proportional an [vgl. (82)], so daß $\partial (\Delta \bar{U})/\partial \bar{V}_0 = -\Delta \bar{U}/\bar{V}_0$, so wird schließlich

$$\Delta \bar{V} = \chi_0 \Delta \bar{U}. \qquad (186)$$

Einer Volumenaufweitung entspricht also eine endotherme Mischungswärme. Setzt man außerdem wieder $\chi \cong \chi_0$, so erhält man anstelle von (180), (183) und (184) in erster Näherung:

$$\Delta \bar{G} = \Delta \bar{F} \qquad (187)$$

$$(\Delta \bar{S})_p = (\Delta \bar{S})_V + \alpha_0 \Delta \bar{U} \qquad (188)$$

$$\Delta \bar{H} = \Delta \bar{U}\,(1 + \alpha_0\,T). \qquad (189)$$

Das wesentliche Ergebnis der SCATCHARDschen Rechnung besteht also darin, daß auch bei Nichtadditivität der Volumina aber idealer Mischungsentropie $(\Delta \bar{S})_V$ die freie Mischungsenthalpie und freie Mischungsenergie praktisch identisch sind, so daß die z. B. aus (144) berechneten

Aktivitätskoeffizienten nicht wesentlich verfälscht sein können, auch wenn $\Delta \overline{V} \neq 0$. Dagegen· werden Mischungswärme und Mischungsentropie merklich durch $\Delta \overline{V}$ beeinflußt. Da $\alpha_0 \cong 1{,}2 \cdot 10^{-3}$ bei Zimmertemperatur für zahlreiche Flüssigkeiten, wird z. B. $\Delta \overline{H} \cong 1{,}4\, \Delta \overline{U}$, was beachtet werden muß, wenn man etwa calorimetrisch bestimmte Mischungswärmen mit den nach (143) berechneten Werten vergleichen will.

Die Gln. (156) bis (159) gelten natürlich auch für die entsprechenden partiellen molaren Größen. Da $(\Delta \overline{S})_V$ als ideal vorausgesetzt wurde, ist nach HELMHOLTZ-GIBBS $\Delta \overline{U} = \Delta \overline{F} + T\,(\Delta \overline{S})_V = \Delta \overline{F}^E$, so daß

$$\Delta V_1 \equiv V_1 - V_1 = \chi_0\, \Delta F_1^E = \chi_0\, R\,T \ln f_1$$
$$\Delta V_2 \equiv V_2 - V_2 = \chi_0\, \Delta F_2^E = \chi_0\, R\,T \ln f_2 . \tag{190}$$

Auf diese Weise werden die Volumenänderungen beim Mischen mit den Aktivitätskoeffizienten verknüpft. Sind letztere durch Gl. (133) gegeben (reguläre Mischungen), so folgt

$$\Delta \overline{V} = k\,(1 - x)\,x , \tag{191}$$

was der empirisch gefundenen Gl. (173) entspricht.

2. Versuche zur physikalischen Interpretation der Aktivitätskoeffizienten.

Wie schon S. 72 erwähnt wurde, bedeutet die Gültigkeit des RAOULTschen Gesetzes bei allen Temperaturen und Drucken, daß die Wechselwirkungsenergien Φ_{11}, Φ_{22} und Φ_{12} benachbarter Molekeln in binären Mischungen identisch sind. Umgekehrt bedeuten *positive* Abweichungen vom RAOULTschen Gesetz offenbar, daß $|\Phi_{11} + \Phi_{12}| > 2\,|\Phi_{12}|$ und *negative* Abweichungen, daß $|\Phi_{11} + \Phi_{22}| < 2\,|\Phi_{12}|$ sein muß. Bestehen also zwischen den beiden Komponenten einer binären Mischung spezifische Anziehungskräfte, die zur Bildung einer *stöchiometrischen Molekülverbindung* ausreichen, so werden die Partialdrucke beider Komponenten erniedrigt, und es treten Aktivitätskoeffizienten $f_i < 1$ auf. Sind umgekehrt die Anziehungskräfte zwischen den arteigenen Molekeln einer oder auch beider Komponenten so spezifisch, daß sie zu einer ebenfalls *stöchiometrischen Assoziation* zu Doppel- oder Mehrfachmolekülen führen, so muß die Verdünnung mit der zweiten Komponente stets einen Rückgang der Assoziation und damit eine Erhöhung des Partialdrucks gegenüber dem durch das RAOULTsche Gesetz geforderten Wert verursachen, d. h. es treten Aktivitätskoeffizienten $f_i > 1$ auf. Die naheliegende Annahme, daß Abweichungen vom RAOULTschen Gesetz sich ganz oder teilweise durch die Bildung stöchiometrischer Molekülverbindungen oder den Zerfall stöchiometrischer Assoziate deuten lassen, ist deshalb auch sehr häufig vertreten und diskutiert worden.

Läßt sich eine stöchiometrische Verbindungsbildung oder Assoziation nicht nachweisen, wie es bei unpolaren Mischungskomponenten in der Regel der Fall ist, so kann man wenigstens bei solchen Systemen, bei denen die thermodynamischen Zusatzeffekte $\Delta \overline{H}$, $\Delta \overline{G}^E$ und $\Delta \overline{S}^E$ einen zur x-Achse symmetrischen Verlauf zeigen (vgl. Abb. 15), die Abweichungen vom idealen Verhalten und damit auch die empirischen Aktivitätskoeffizienten durch gegenseitige *Orientierung* der Molekeln deuten und damit auf physikalische Ursachen zurückführen. Dagegen ist eine generelle Deutung der unsymmetrischen Zusatzeffekte, wie sie bei Mischungen aus einer polaren und einer unpolaren Komponente oder aus zwei verschieden polaren Komponenten fast immer beobachtet werden, auch auf statistischem Wege bisher nicht möglich gewesen.

a) Bildung stöchiometrischer Verbindungen.

Es sei angenommen, daß die Komponenten A und B einer binären Mischung eine stöchiometrische Verbindung bilden nach der Gleichung

$$A + B \rightleftarrows A\,B .$$

Geht man von n Molen A und einem Mol B aus, und bilden sich y Mole A B, so sind die Gleichgewichtsmolzahlen $n - y$, $1 - y$ und y, die Gesamtmolzahl $n + 1 - y$ und die Gleichgewichtsmolenbrüche

$$x_A = \frac{n - y}{n + 1 - y}; \quad x_B = \frac{1 - y}{n + 1 - y}; \quad x_{AB} = \frac{y}{n + 1 - y}. \quad (192)$$

Daraus ergibt sich die klassische Massenwirkungskonstante zu

$$K_x = \frac{x_{AB}}{x_A\, x_B} = \frac{y\,(n + 1 - y)}{(n - y)\,(1 - y)} . \quad (193)$$

Eliminiert man y aus den beiden Gleichungen, so erhält man z. B. für den Molenbruch der Komponente A

$$x_A = \frac{n - 1 + [(n + 1)^2 - k\,n]^{1/2}}{n + 1 + [(n + 1)^2 - k\,n]^{1/2}} , \quad (194)$$

wobei $k \equiv \dfrac{4\,K_x}{K_x + 1}$, und ähnliche Ausdrücke für die beiden anderen Molenbrüche. Für $K_x = 0$ (keine Verbindungsbildung) reduziert sich (194) zu $x_A = n/n + 1$, für $K_x = \infty$ (vollständige Verbindungsbildung) zu $x_A = \dfrac{n - 1}{n}$ wie man erwarten muß. Wählt man für K eine Reihe verschiedener Werte und trägt den jeweils aus (194) berechneten wahren Molenbruch gegen den scheinbaren Molenbruch $\overset{*}{x}_A = n/n + 1$ auf, so erhält man eine Reihe von Kurven mit dem Parameter K_x, die zwischen der Geraden für $K_x = 0$ und der Grenzkurve für $K_x = \infty$ liegen.

Macht man nun die Annahme, daß unter Berücksichtigung dieses Gleichgewichts das RAOULTsche Gesetz gilt, daß also z. B. $x_A = p_A/p_{0\,A}$, und daß der Dampfdruck der Verbindung so gering ist, daß man ihn gegenüber den beiden anderen Partialdrucken vernachlässigen kann, so wird der experimentell ermittelte Molenbruch gegen den scheinbaren Molenbruch aufgetragen eine Kurve ergeben, die mit einer Kurve der oben erwähnten Schar zusammenfällt. Das zugehörige K_x stellt dann die Gleichgewichtskonstante der Verbindung dar.

DOLEZALEK und seine Schüler (54, 55) haben zuerst versucht, negative Abweichungen vom RAOULTschen Gesetz durch Verbindungsbildung der Komponenten quantitativ auf diese Weise zu deuten. Eine solche Verbindungsbildung ist z. B. bei den Systemen Aceton-Chloroform und Äther-Chloroform auf Grund von Wasserstoffbrückenbindungen zu erwarten, auf die die stark exotherme Mischungswärme und die beträchtliche Volumenkontraktion hinweisen, die sogar beim Mischen der ungesättigten Dämpfe beobachtet werden können. Im Fall des zuletzt genannten Systems läßt sich die Verbindung auch in fester Phase fassen.

Tatsächlich lassen sich die Partialdruck- und Gesamtdruckkurven dieser Systeme bei Wahl eines geeigneten Wertes von K_x innerhalb der Meßgenauigkeit quantitativ durch die abgeleiteten Gleichungen wiedergeben, wie in Tab. 4 am Beispiel Aceton-Chloroform bei 35,17° C gezeigt ist. Für das System Äther-Chloroform gilt das gleiche unter Benutzung folgender Gleichgewichtskonstanten:

t	20°	33,25°	60°	80°	100° C
K_x	2,96	2,36	1,00	0,80	0,71

Tabelle 4.

Partialdrucke von Chloroform-Aceton-Mischungen bei 35,17° C; $K_x = 1,25$.

$x_{CHCl_3}^{*}$	p_{CHCl_3} mm		p_{Aceton} mm		p mm	
	beob.	ber.	beob.	ber.	beob.	ber.
0	0		345		345	
0,060	9	8	323	323	332	331
0,184	32	30	276	274	308	304
0,263	50	47	241	241	291	288
0,361	73	73	200	198	273	271
0,424	89	92	174	170	263	262
0,508	115	120	138	134	253	254
0,581	140	147	109	106	248	253
0,662	170	177	79	78	249	255
0,802	224	229	38	38	262	267
0,918	266	268	13	14	280	282
1	293		0		293	

Daß tatsächlich das Massenwirkungsgesetz in seiner klassischen Form in derartigen Mischungen über den gesamten Mischungsbereich mit guter Näherung gültig bleiben kann, konnte neuerdings auch durch Löslichkeitsmessungen von Jod in Cyclohexan-Methylbutyläther-Mischungen nachgewiesen werden (*155*). Diese Messungen beweisen demnach, daß sich die Abweichungen vom RAOULTschen Gesetz in manchen Fällen unter Einführung eines einzigen konstanten und physikalisch interpretierbaren Parameters K_x quantitativ darstellen und gegebenenfalls auch deuten lassen, was auch bei einer Reihe anderer Systeme (z. B. Hg-Cd) bestätigt wurde.

Selbstverständlich lassen sich auch kompliziertere Fälle wie etwa eine Verbindungsbildung nach der Gleichung

$$2\,A + B \rightleftarrows A_2 B$$

auf analoge Weise behandeln, worauf wir im einzelnen nicht eingehen [vgl. (*115*)].

Die thermodynamischen Zusatzeffekte $\Delta \bar{H}$, $\Delta \bar{G}^E$ und $\Delta \bar{S}^E$ des Systems $CHCl_3 - (CH_3)_2CO$ wurden in neuerer Zeit von KIREJEW (*145*) gemessen; sie sind im ganzen Konzentrationsbereich negativ. Sie lassen sich in befriedigender Übereinstimmung mit den Messungen statistisch deuten unter Benutzung des S. 91 behandelten Modells der streng regulären Mischung, wenn man die Annahme macht, daß das Wechselwirkungspotential nicht mehr kugelsymmetrisch ist (*200, 201*). Das bedeutet: Während die Lösungsmittelmoleküle ($CHCl_3$) in reiner Phase eine Reihe gleichwertiger Orientierungen einnehmen können, gibt es in der Mischung für sie eine bevorzugte Orientierung geringerer potentieller Energie, sofern sie einem gelösten Molekül [$(CH_3)_2CO$] benachbart sind. Die spezifische Wechselwirkung der Mischungspartner führt somit zu einer Reduktion der Orientierungsmöglichkeiten, aus der sich die thermodynamischen Zusatzeffekte in üblicher Weise statistisch ableiten lassen. Der quantitative Vergleich zwischen Theorie und Experiment ergibt befriedigende Übereinstimmung, wenn man die potentielle Energie der Orientierung pro Mol $\Phi_{or} = -1685$ cal setzt, was größenordnungsmäßig der Energie der Wasserstoffbrückenbindung entspricht. Mischungswärme und Zusatzmischungsentropie werden, wie zu erwarten, negativ. Für $\Phi_{or} = 0$ gehen die abgeleiteten Gleichungen wieder in die Gleichungen der „streng regulären Mischung" über.

b) Assoziation einer Mischungskomponente.

Daß positive Abweichungen vom RAOULTschen Gesetz sich auf eine stöchiometrische Assoziation der einen Mischungskomponente zurückführen lassen könnten, wurde ebenfalls zuerst von DOLEZALEK (*54*) als Arbeitshypothese eingeführt. Vermag etwa die Komponente B Doppelmoleküle zu bilden nach der Gleichung

$$2\,B \rightleftarrows B_2,$$

und geht man wieder von n Molen A und einem Mol B aus, so hat man im Gleichgewicht n Mole A, y Mole B_2 und $1 - 2\,y$ Mole B. Die Gesamtmolzahl ist auch hier $n + 1 - y$. Damit ergeben sich die Gleichgewichtsmolenbrüche zu

$$x_A = \frac{n}{n + 1 - y}; \quad x_{B_2} = \frac{y}{n + 1 - y}; \quad x_B = \frac{1 - 2\,y}{n + 1 - y}, \quad (195)$$

und die Massenwirkungskonstante zu

$$K_x = \frac{y\,(n + 1 - y)}{(1 - 2\,y)^2}. \quad (196)$$

Eliminiert man wieder y aus den beiden Gleichungen, so erhält man für den Molenbruch von A

$$x_A = \frac{2\,k\,n}{k\,(2\,n + 1) - n + (n^2 + 2\,k\,n + k)^{1/2}}, \quad (197)$$

wobei $k \equiv 4\,K_x + 1$. Für $K_x = 0$ (keine Assoziation) wird wieder $x_A = \frac{n}{n + 1}$, für $K_x = \infty$ (vollständige Assoziation) wird $x_A = \frac{2\,n}{2\,n + 1}$. Man kann wieder die aus (197) mit verschiedenen Parametern K_x berechneten Molenbrüche gegen den scheinbaren Molenbruch $\overset{*}{x}_A = \frac{n}{n + 1}$ auftragen. Fällt die experimentell bestimmte Partialdruckkurve von A mit einer der berechneten Kurven zusammen, so läßt sich auf diese Weise die Assoziationskonstante — wieder unter Annahme der Gültigkeit des Massenwirkungsgesetzes über den gesamten Mischungsbereich — ermitteln.

Aus (196) und (197) ergibt sich analog für den Molenbruch von B

$$x_B = \frac{- 2\,n + 2\,(n^2 + 2\,k\,n + k)^{1/2}}{k\,(2\,n + 1) - n + (n^2 + 2\,k\,n + k)^{1/2}} = \frac{p_B}{p_{0\,B}}, \quad (198)$$

worin $p_{0\,B}$ den Dampfdruck der reinen Komponente B bedeutet, wenn diese nur aus Einermolekülen bestehen würde. Setzt man $n = 0$, so wird

$$x_B = \left(\frac{p_B}{p_{0\,B}} \right)_{rein} = \frac{2\,k^{1/2}}{k + k^{1/2}}, \quad (199)$$

d. h. man kann mit Hilfe des ermittelten K_x auch den Molenbruch der Einermoleküle in der reinen B-Komponente berechnen.

Dolezalek hat die abgeleiteten Gleichungen am System Benzol-Tetrachlorkohlenstoff geprüft und gefunden, daß sich die gemessenen Partialdruckkurven ausgezeichnet wiedergeben lassen, wenn man das CCl_4 als assoziiert annimmt mit einer Assoziationskonstanten von $K_x = 0,207$ bei 50° C. Dieses Ergebnis zeigt, daß die Auffassung, positive Abweichungen vom Raoultschen Gesetz könnten stets durch ein stöchiometrisches Assoziationsgleichgewicht einer Mischungskomponente gedeutet werden, einer strengeren Kritik nicht standhält, denn gerade bei CCl_4 ist infolge seiner hohen Symmetrie eine Assoziation äußerst unwahrscheinlich (64). Die Übereinstimmung der gemessenen und der nach (197) und (198) berechneten Partialdrucke beweist deshalb lediglich, daß sich die relativ geringen Abweichungen von den RAOULTschen Geraden mit Hilfe eines einzigen Parameters K_x befriedigend darstellen lassen, ohne daß dies ein Beweis für die Richtigkeit der zugrunde liegenden Theorie bedeutet. Tatsächlich reicht die Theorie auch nicht mehr aus, sobald große positive Abweichungen vom RAOULTschen Gesetz auftreten, wie es etwa beim System Äthanol-Heptan oder Aceton-Schwefelkohlenstoff der Fall ist, oder sobald Mischungslücken beobachtet werden. Die von DOLEZALEK vertretene Auffassung, daß sämtliche Abweichungen vom RAOULTschen Gesetz sich allgemein durch Verbindungsbildungs- oder Assoziationseffekte quantitativ deuten ließen, daß also das RAOULTsche Gesetz stets gültig sei, wenn man nur die *wahren* Molenbrüche der Komponenten einsetzte, und daß sich alle Systeme ideal verhielten, hat deshalb auch zu sehr scharfer und berechtigter Kritik geführt (115, 164). Die Anwendung dieser Theorie ist offenbar nur dann berechtigt, wenn die Verbindungsbildung oder die Assoziation auch durch andere Methoden (etwa durch optische Messungen) mit Sicherheit nachgewiesen werden kann, wie dies z. B. beim System Essigsäure-Benzol oder Essigsäure-Toluol (332) der Fall ist, bei denen die Essigsäure zweifellos sowohl in der flüssigen Phase wie im Dampf teilweise zu Doppelmolekülen assoziiert ist auf Grund von Wasserstoffbrückenbindungen. In solchen Fällen können offenbar die Abweichungen vom RAOULTschen Gesetz und damit die Aktivitätskoeffizienten durch Berücksichtigung des Gleichgewichts reduziert werden, ohne daß sich jedoch das System dann ideal verhalten muß.

Daß sich tatsächlich die Assoziationsfaktoren einer Mischungskomponente unter Benutzung des RAOULTschen Gesetzes aus den Partialdrucken der Mischung in einem recht großen Konzentrationsbereich ermitteln lassen, haben in neuerer Zeit WOLF (326), MECKE (188) und EUCKEN (64) gezeigt. Wie übereinstimmend aus spektroskopischen Messungen [Intensität der OH-Schwingungsbande (143, 119)] und aus kryoskopisch oder ebullioskopisch[1] bestimmten Molgewichten (324, 326) in Abhängigkeit von der Konzentration in indifferenten (nicht assoziierenden) Lösungsmitteln hervorgeht, neigen Alkohole zu einer stöchiometrischen *Kettenassoziation* über Wasserstoff-Sauerstoffbrücken. Das bedeutet, daß

---

[1] Es ist allerdings einschränkend zu bemerken, daß diesen Messungen nicht die gleiche Beweiskraft zukommt wie optischen Messungen, da sie streng nur bei unendlicher Verdünnung zur Berechnung von Molgewichten des „gelösten Stoffes" ausgewertet werden sollten. Eigentlich handelt es sich um Messungen der Aktivität des „Lösungsmittels".

in solchen Lösungen Assoziationskomplexe (Übermoleküle) verschiedener Größe neben den Einermolekülen vorhanden sind.

Wir unterscheiden wieder zwischen *analytischen* Molenbrüchen, $\overset{*}{x}$ die sich unmittelbar aus der Bruttozusammensetzung der Mischung unter Verwendung der einfachen Molgewichte ergeben, und den *wahren* Molenbrüchen x der tatsächlich vorhandenen Teilchensorten[1]. Bezeichnen wir den Alkohol mit A, das nicht assoziierende Lösungsmittel mit L, so gelten folgende Beziehungen:

$$\overset{*}{x}_n \qquad \text{analytischer Molenbruch des } n\text{-fachen Assoziats}$$

$$\overset{*}{x}_A = \Sigma\, \overset{*}{x}_n \quad \text{analytischer Molenbruch des gesamten Alkohols} \qquad (200)$$

$$\overset{*}{x}_L = 1 - \overset{*}{x}_A \quad \text{analytischer Molenbruch des Lösungsmittels}$$

$$x_n \qquad \text{wahrer Molenbruch des } n\text{-fachen Assoziats}$$

$$x_A = \Sigma\, x_n \quad \text{wahrer Molenbruch des gesamten Alkohols} \qquad (201)$$

$$x_L = 1 - x_A \quad \text{wahrer Molenbruch des Lösungsmittels}$$

$$\bar{n} \equiv \frac{\Sigma\, n\, x_n}{\Sigma\, x_n} = \frac{\Sigma\, n\, x_n}{x_A} = \frac{\Sigma\, n\, x_n}{1 - x_L} \qquad (202)$$

mittlerer Assoziationsfaktor oder *mittlere Zähligkeit*.

Da ferner für jede beliebige Molekelart das Verhältnis $\overset{*}{x}_n / n\, x_n$ konstant ist[2], ergibt sich durch Summierung

$$\frac{\Sigma\, \overset{*}{x}_n}{\Sigma\, n\, x_n} = \frac{\overset{*}{x}_L}{x_L} \quad \text{oder} \quad \Sigma\, n\, x_n = \frac{\overset{*}{x}_A\, x_L}{\overset{*}{x}_L}. \qquad (203)$$

Setzt man dies in (202) ein, so ergibt sich für die mittlere Zähligkeit

$$\bar{n} = \frac{\overset{*}{x}_A\, x_L}{x_A\, \overset{*}{x}_L} = \frac{\left(1 - \overset{*}{x}_L\right) x_L}{(1 - x_L)\, \overset{*}{x}_L}. \qquad (204)$$

---

[1] Besteht etwa die Mischung aus 80 Molen Lösungsmittel und 20 Molen Alkohol, von denen 8 Mole in Form von Doppelmolekülen vorliegen mögen, so hat man folgende Molenbrüche:

$$\text{Lösungsmittel:} \qquad \overset{*}{x}_L = \frac{80}{100}; \quad x_L = \frac{80}{96}$$

$$\text{Alkohol-Einermolekeln:} \qquad \overset{*}{x}_1 = \frac{12}{100}; \quad x_1 = \frac{12}{96}$$

$$\text{Alkohol-Doppelmolekeln:} \qquad \overset{*}{x}_2 = \frac{8}{100}; \quad x_2 = \frac{4}{96}.$$

[2] Im obigen Zahlenbeispiel ist

$$\frac{\overset{*}{x}_L}{1 \cdot x_L} = \frac{\overset{*}{x}_1}{1 \cdot x_1} = \frac{\overset{*}{x}_2}{2\, x_2} = \frac{96}{100}$$

Für das Gleichgewicht zwischen Einermolekülen und n-zähligen Assoziaten

$$A_n \rightleftharpoons n\, A_1$$

ergibt das Massenwirkungsgesetz

$$K_{(1,n)} = \frac{x_1^n}{x_n}, \tag{205}$$

für das Gleichgewicht zwischen n- und $(n-1)$-zähligen Assoziaten

$$A_n \rightleftharpoons A_{n-1} + A_1$$

entsprechend

$$K_{(n-1,n)} = \frac{x_{n-1}\, x_1}{x_n}. \tag{206}$$

Wie man leicht einsieht, gilt die Beziehung

$$K_{(1,n)} = K_{1,2} \cdot K_{2,3} \cdot K_{3,4} \ldots K_{n-1,n}. \tag{207}$$

Für eine *gleichmäßige* Kettenassoziation, wie sie nach optischen Messungen (*143*) bei Phenol in CCl_4 vorliegt, sind die Konstanten $K_{n-1,n}$ sämtlich gleich groß (Assoziation mit wiederholbarem Schritt), d. h. es ist

$$K_{1,2} = K_{2,3} = K_{3,4} = \cdots = K_{n-1,n} \equiv K_0, \tag{208}$$

so daß für diesen Spezialfall

$$K_{1,n} = K_0^{n-1}. \tag{209}$$

Setzt man dies in (205) ein, so wird

$$x_n = \frac{x_1^n}{K_0^{n-1}} = \frac{x_1\, x_1^{n-1}}{K_0^{n-1}} \equiv x_1\, y^{n-1}, \tag{210}$$

wenn man zur Abkürzung

$$y \equiv \frac{x_1}{K_0} \tag{211}$$

setzt. Summierung über sämtliche x_n ergibt unter Berücksichtigung von (201)

$$\Sigma\, x_n = x_A = 1 - x_L = x_1\, \Sigma\, y^{n-1}, \tag{212}$$

oder

$$\Sigma\, y^{n-1} = \frac{x_A}{x_1} \equiv \frac{1}{z}. \tag{213}$$

Mit diesen Abkürzungen erhält man für die mittlere Zähligkeit nach (202)

$$\bar{n} = z\, \Sigma\, n\, y^{n-1}. \tag{214}$$

Handelt es sich nicht um eine Kettenassoziation mit wiederholbarem Schritt, wie es z. B. bei aliphatischen Alkoholen der Fall ist[1], so kann man

[1] Sowohl aus Messungen der Ultrarotabsorption (*119*) wie der Volumenänderung beim Mischen (*290*) scheint hervorzugehen, daß die Assoziation der primären Alkohole nicht mit den Dimeren, sondern mit Trimeren, in Benzol als Lösungsmittel sogar mit den Tetrameren einsetzt.

dem Rechnung tragen, indem man die einzelnen x_n in (210) mit einem individuellen Häufigkeitsfaktor C_n versieht. Man erhält dann anstelle der Reihen (213) und (214)

$$\frac{1}{z} = \Sigma\, C_n\, y^{n-1} \qquad\qquad (213a)$$

$$\bar{n} = z\, \Sigma\, n\, C_n\, y^{n-1}. \qquad\qquad (214a)$$

Mit Hilfe dieser Gleichungen lassen sich die isothermen Partialdruck-kurven von Alkohollösungen in nicht assoziierenden Lösungsmitteln aus dem RAOULTschen Gesetz berechnen, wobei wieder angenommen wird, daß letzteres erfüllt ist, sofern man die *wahren* Molenbrüche der verschiedenen Molekelarten einsetzt.

Wie aus den schon erwähnten optischen Messungen (*119*) hervorgeht, steigt die mittlere Zähligkeit bei den niedrigen aliphatischen Alkoholen in Lösungen bis $\overset{*}{x}_A = 0{,}5$ höchstens bis zu Werten 4 bis 5 an. Man kann nun die mittlere Zähligkeit eines *reinen* Alkohols $\bar{n}_r$ auf folgende Weise ermitteln: In hochkonzentrierten Alkohollösungen ist der Partialdruck des Lösungsmittels seinem *wahren* Molenbruch x_L proportional, wobei der Proportionalitätsfaktor gleich dem Sättigungsdruck des reinen (nicht assoziierten) Lösungsmittels ist, d. h. es gilt

$$p_L = x_L\, p_{0L}. \qquad\qquad (215)$$

Den zu p_L gehörenden *analytischen* Molenbruch $\overset{*}{x}_L$ entnimmt man der gemessenen Partialdruckkurve (vgl. Abb. 21), und kann dann aus (204) die mittlere Zähligkeit der verschiedenen konzentrierten Alkohollösungen ermitteln, woraus sich $\bar{n}_r$ durch eine geringfügige Extrapolation auf $x_L = 0$ ergibt. Dabei ist vorausgesetzt, daß das betreffende Lösungsmittel mit dem betreffenden Alkohol „milieugleich" ist, d. h. in bezug auf die unspezifischen Wechselwirkungskräfte sollen Lösungsmittel und Alkohol übereinstimmen[1]. Man gelangt so zu folgenden mittleren Zähligkeiten $\bar{n}_r$ der *reinen* Alkohole:

Alkohol \ Temperatur	20° C	0° C
Methanol.	4,8	5,1
Äthanol	4,6	4,9
n-Propanol	4,5	4,8

[1] Dies ist z. B. für Äthanol und Benzol mit guter Näherung der Fall, dagegen sind z. B. aliphatische Kohlenwasserstoffe gegenüber den Alkoholen milieu-ungleich, indem ihre Molekeln von den Assoziaten weniger festgehalten werden, als von ihren artgleichen Nachbarn. In diesem Fall ist p_L größer als der Gleichung (215) entspricht, d. h. diese ist durch einen Korrekturfaktor > 1 auf der linken Seite zu ergänzen. Die Größe dieses Korrekturfaktors ergibt sich näherungsweise aus der Forderung, daß die $\bar{n}$-Werte für *hoch*konzentrierte Alkohollösungen und etwas verschiedene $\overset{*}{x}_L$ praktisch konstant bleiben müssen.

Durch eine ähnliche Überlegung läßt sich der wahre Molenbruch x_{1r} der Einermolekeln in den *reinen* Alkoholen ermitteln: Der Dampfdruck des reinen Alkohols wird dem wahren Molenbruch der Einermoleküle proportional gesetzt, da im Dampf praktisch keine Assoziate vorhanden sind: $p_{0A} = k\,x_{1r}$. In sehr verdünnten Alkohollösungen ($\overset{*}{x}_A \to 0$) liegen ebenfalls nur Einermoleküle in der flüssigen Phase vor, so daß $\overset{*}{x}_A = x_A = x_{1A}$. Der Partialdruck des Alkohols über solchen Lösungen kann also proportional zu $\overset{*}{x}_A$ gesetzt werden: $p_A = k \cdot \overset{*}{x}_A$. Unter der Voraussetzung, daß das RAOULTsche Gesetz für die wahren Molenbrüche gültig ist, sind die Proportionalitätsfaktoren identisch, so daß

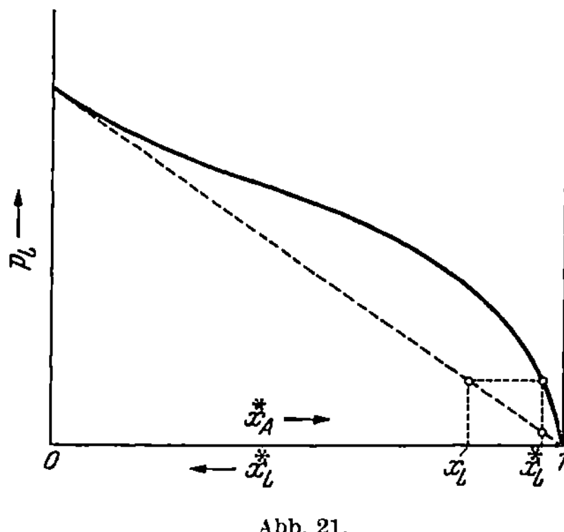

Abb. 21.
Zur Ermittlung der mittleren Zähligkeit der Kettenassoziate in reinen Alkoholen.

$$p_{0A} = \left(\frac{p_A}{\overset{*}{x}_A}\right)_{\overset{*}{x}_A \to 0} x_{1r}. \tag{216}$$

Daraus kann x_{1r} ermittelt werden. Auch in diesem Fall ist u. U. ein Korrekturfaktor für mangelnde Milieugleichheit einzuführen. Man findet so für den Molenbruch der Einermoleküle in reinem Methanol $x_{1r} = 0,085$, in reinem Äthanol oder Propanol $x_{1r} \cong 0,075$ bei 20° C.

Mit dem letzten Wert ergibt sich aus (213) $1/z_r = 13,25$, da in reinem Äthanol $x_A = \Sigma\,x_n = 1$. Nimmt man noch den oben ermittelten Wert von $\bar{n}_r = 4,6$ hinzu, so muß man $y_r = 0,92$ setzen, damit die Gln. (213a) und (214a) für reines Äthanol bei 20° C gültig sind. Dabei wurden in diesen Reihen für n die Werte 1 bis 8 verwendet und die Häufigkeitsfaktoren C_n aus den optischen Messungen entnommen. Mit $y_r = 0,92$ und $x_{1r} = 0,075$ ergibt sich aus (211) der Wert $K_0 = 0,0822$.

Mit Hilfe der so ermittelten Zahlenwerte für das reine Äthanol kann man nun auch die Partialdrucke der Mischungen auf folgende Weise ermitteln: Für eine Reihe von y-Werten berechnet man mit den Reihen (213a) und (214a) $1/z$ und $\bar{n}$ und erhält daraus, da K_0 bekannt ist, mittels (211) die Molenbrüche x_1 der Einermolekeln, mittels (213) x_A und $x_L = 1 - x_A$. Aus x_A und $\bar{n}$ ergibt sich mittels (204) das zu dem gewählten y gehörende $\overset{*}{x}_A$. Damit sind alle Größen gegeben, um mit dem RAOULTschen Gesetz unter Benutzung der *wahren* Molenbrüche die Partialdrucke zu berechnen [nach (215) bzw. nach der (216) entsprechenden Gleichung für beliebige Mischungen]. In Tab. 5 sind die so berechneten Partial- und Gesamtdrucke des Systems Äthanol-Benzol bei 20°

den von NIINI (*205*) gemessenen Werten gegenübergestellt. Die Übereinstimmung ist befriedigend, was bedeutet, daß sich die Abweichungen vom RAOULTschen Gesetz in diesem Fall zum größten Teil (abgesehen von den Korrekturen auf Milieugleichheit) auf die Kettenassoziation des Alkohols zurückführen und somit physikalisch sinnvoll interpretieren lassen. Ähnlich befriedigende Ergebnisse sind bei den Systemen $CH_3OH-CCl_4$ (*188*), $C_2H_5OH-CCl_4$ und $C_6H_5CH_2OH-CCl_4$ (*230*) erhalten worden.

Tabelle 5. *Unter Berücksichtigung der Kettenassoziation des Äthanols berechnete und gemessene Partialdrucke im System Äthanol-Benzol bei 20° C.*

y	$\dfrac{1}{z}$	$\bar{n}$	x_1	x_A	$\overset{*}{x}_A$	p_L ber. Torr	p_A ber. Torr	p ber. Torr	p gem. Torr
0,92	13,24	4,59	0,076	1,000	1,000	0,0	43,8	43,8	43,8
0,80	8,20	4,25	0,066	0,539	0,833	37,9	41,2	79,1	79,1
0,70	5,45	3,86	0,058	0,313	0,638	55,2	38,7	93,9	92,9
0,60	3,64	3,38	0,049	0,179	0,425	64,5	35,7	100,2	97,6
0,50	2,49	2,79	0,041	0,102	0,242	69,1	31,5	100,6	97,4
0,40	1,79	2,17	0,0329	0,0590	0,1198	71,5	26,1	97,6	95,8
0,30	1,39	1,63	0,0264	0,0343	0,0547	72,8	20,0	92,8	92,4
0,20	1,18	1,26	0,0164	0,0194	0,0243	73,7	13,5	87,2	87,3
0,10	1,06	1,08	0,0082	0,0087	0,0094	74,3	6,8	81,1	80,8
0,00	1,00	1,00	0,0000	0,0000	0,0000	74,9	0,0	74,9	74,9

Der Zusammenhang mit den Aktivitätskoeffizienten f_A und f_L dieser irregulären Systeme ergibt sich auf folgende Weise (*230*): Bei einer Mischung, die sich mit ihrem Dampf im Gleichgewicht befindet, seien die folgenden inversen elementaren Prozesse betrachtet:

a) Verdampfung eines Moleküls L und Kondensation eines Einzelmoleküls A_1 der Gasphase.

b) Verdampfung eines Einzelmoleküls A_1 und Kondensation eines Moleküls L der Gasphase.

Im Gleichgewicht verlaufen beide Prozesse gleich schnell, d. h. es gilt

$$k_a \, x_L \, p_A = k_b \, x_1 \, p_L$$

oder

$$\frac{p_A \, x_L}{p_L \, x_1} = K, \tag{217}$$

wobei die x wieder die wahren Molenbrüche darstellen. Setzt man nun in üblicher Weise[1]

$$p_A = k_A \, \overset{*}{x}_A \, f_{A\infty} \quad \text{und} \quad p_L = p_{0L} \, \overset{*}{x}_L \, f_L, \tag{218}$$

---

[1] Man normiert also den Aktivitätskoeffizienten von A nach (93) auf den Zustand der unendlich verdünnten Lösung, den von L auf den der reinen Phase, wie es bei Lösungen häufig üblich ist (vgl. S. 74).

worin die $\overset{*}{x}$ die analytischen Molenbrüche und die f die Aktivitäts-koeffizienten darstellen, so wird

$$\frac{\overset{*}{x}_A\, f_{A\infty}\, x_L}{\overset{*}{x}_L\, f_L\, x_1} = K'. \tag{219}$$

Die Konstante K' ist unabhängig von der Zusammensetzung der Mischung. Für hochverdünnte Lösungen von A in L ($\overset{*}{x}_L \to 1$, $x_L \to 1$, $f_L \to 1$) wird auch ($\overset{*}{x}_A/x_1 \to 1$)und $f_{A\infty} \to 1$, so daß auch $K' = 1$ sein muß. Daraus folgt mit $\dfrac{\overset{*}{x}_L}{x_L} = \dfrac{\overset{*}{x}_1}{x_1}$

$$\frac{f_{A\infty}}{f_L} = \frac{\overset{*}{x}_L\, x_1}{x_L\, \overset{*}{x}_A} = \frac{n_{A1}}{n_A} \equiv \delta. \tag{220}$$

Das Verhältnis der Aktivitätskoeffizienten ist gleich dem Verhältnis der Molzahl der Einermoleküle zur Molzahl des Gesamtalkohols, das unmittelbar optisch aus der Extinktion der OH-Schwingungsbanden bestimmt werden kann (*188*). Da nun nach dem HENRYschen bzw. dem RAOULTschen Gesetz anstelle von (218) auch geschrieben werden kann

$$p_A = k_A\, x_1 \quad \text{und} \quad p_L = p_{0L}\, x_L, \tag{221}$$

folgt weiter für die Einzelwerte der Aktivitätskoeffizienten

$$f_{A\infty} = \frac{x_1}{\overset{*}{x}_A} \quad \text{und} \quad f_L = \frac{x_L}{\overset{*}{x}_L}. \tag{222}$$

Die Zusammenfassung von (222), (220), (204) und (201) ergibt schließlich

$$f_{A\infty} = \delta \cdot \frac{\bar{n}}{\overset{*}{x}_A + n\,\overset{*}{x}_L}; \quad f_L = \frac{\bar{n}}{\overset{*}{x}_A + \bar{n}\,\overset{*}{x}_L}, \tag{223}$$

so daß sich die Aktivitätskoeffizienten aus den mittleren Zähligkeiten und den analytischen Molenbrüchen unmittelbar berechnen lassen. Sie sind gegeben durch das Verhältnis der wahren zu den scheinbaren (analytischen) Molenbrüchen. In Abb. 22 ist der Anteil δ der monomeren Methanolmolekeln in CCl_4-Lösung als Funktion von $\overset{*}{x}_A$ dargestellt. Die teils aus spektroskopischen (*119*), teils aus Partialdruckmessungen (*205*) nach (220) berechneten δ-Werte fallen auf eine gemeinsame Kurve und bilden so eine gute Bestätigung der entwickelten Vorstellungen. In Abb. 23 a und 23 b sind als weiteres Beispiel die nach verschiedenen Methoden (optisch bzw. kryoskopisch) bestimmten (*143, 188, 324*) mittleren Zähligkeiten $\bar{n}$ nach Gl. (202) für eine Reihe von Alkoholen in verschiedenen unpolaren Lösungsmitteln als Funktion der molaren Konzentration c_0 wiedergegeben. Die daraus berechneten Gleichgewichtskonstanten der Kettenassoziation stimmen trotz der verschiedenen Meßmethoden hinreichend überein und liefern damit einen Beweis für das Vorliegen einer stöchiometrischen Assoziation der Alkohole in derartigen Lösungsmitteln. Ähnliche Versuche, die freie Zusatzenthalpie und damit die Aktivitätskoeffizienten von binären Mischungen, deren eine Komponente (oder auch beide) zur Assoziation neigt, durch Einführung einer Assoziationskonstan-

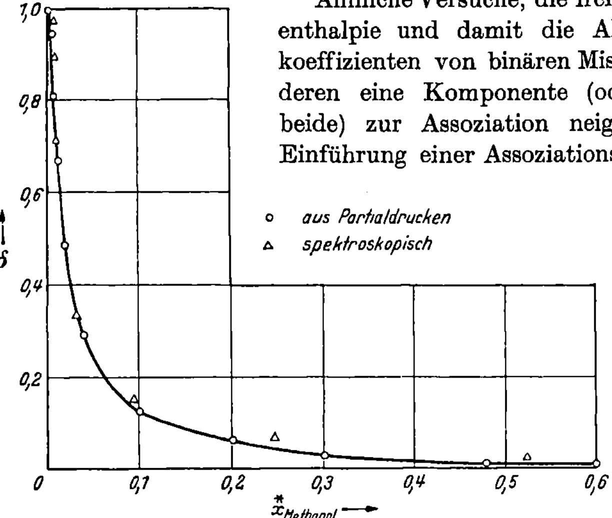

Abb. 22.   Der Anteil monomerer Methanol-Molekeln im System Methanol-Tetrachlorkohlenstoff bei 20° C nach spektroskopischen und Dampfdruck-Messungen.

ten und „wahrer Molenbrüche" zu interpretieren, sind auch von REDLICH und KISTER (235) gemacht worden und zwar im Zusammenhang

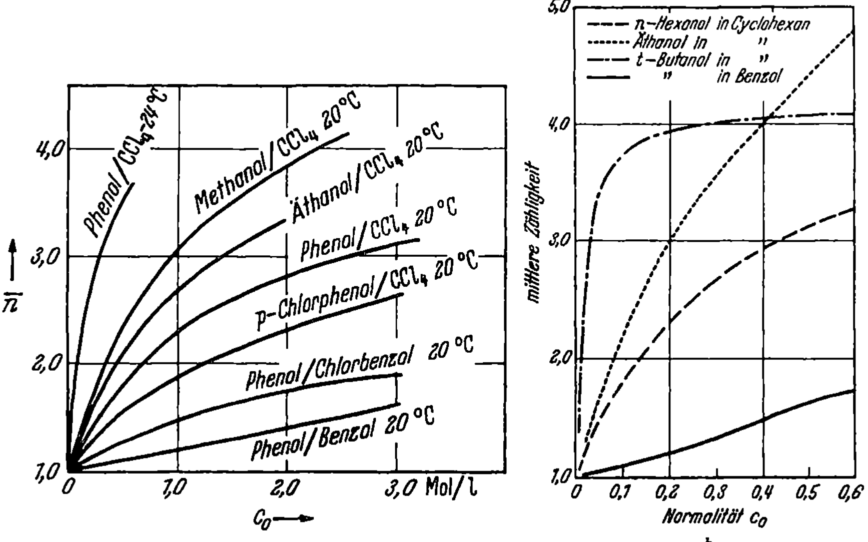

Abb. 23a u. b.   a Mittlere Zähligkeit von Kettenassoziaten aus spektroskopischen Messungen.
b Mittlere Zähligkeit von Kettenassoziaten aus kryoskopischen Messungen.

mit der Darstellung der Aktivitätskoeffizienten durch eine Reihenentwicklung, auf die wir später zurückkommen werden (vgl. S. 155 ff). Die Verf. finden, daß in dieser Reihenentwicklung immer dann ein bestimmter Term auftritt, wenn eine der Komponenten Eigen-Assoziation zeigt, und können diesen Term auch mit einer „Assoziationsfunktion" darstellen, die im wesentlichen von der stöchiometrischen Gleichgewichtskonstanten K abhängt.

Neben diesen quantitativ auswertbaren Messungen gibt es zahlreiche qualitative bzw. halbquantitative Beobachtungen, aus denen einwandfrei hervorgeht, daß in zahlreichen Mischungen die Abweichungen von den idealen Gesetzen durch eine stöchiometrische Assoziation einer der Komponenten mehr oder weniger vollständig bedingt sein werden. Hier sind vor allem die Untersuchungen von WOLF und seinen Schülern (*323, 325, 327*) zu nennen. Als Beispiel sind in Abb. 24a u. b die integralen molaren

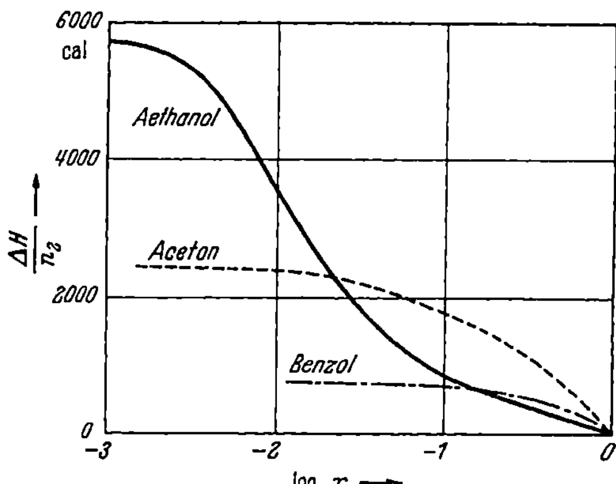

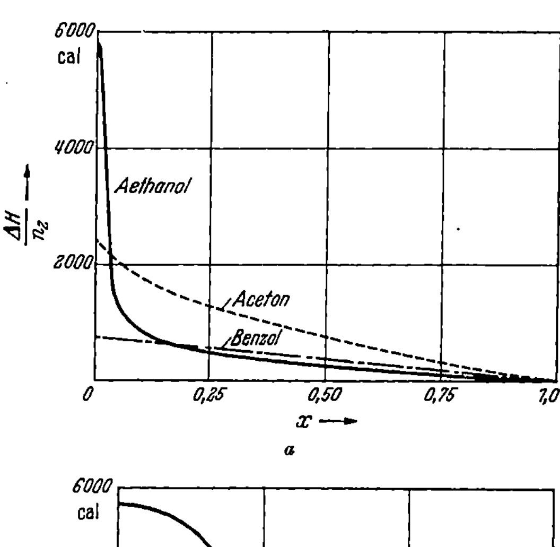

Abb. 24a u. b. Integrale molare Lösungswärmen verschiedener Stoffe in Cyclohexan bei 20° C.

Lösungswärmen[1] von Äthanol, Aceton und Benzol in Cyclohexan (*74*) wiedergegeben. Aus der Tatsache, daß die Lösungswärmen von Äthanol und Benzol im Bereich $0 < x_{Cycloh.} < 0{,}8$ praktisch zusammenfallen, geht hervor, daß hier nur die (geringen) Unterschiede der Dispersionskräfte maßgebend sind, daß also die kettenartige Verknüpfung der Alkoholmolekeln durch H-Brücken weitgehend erhalten bleibt. Erst bei kleinen Alkoholkonzentrationen kennzeichnet der steile Anstieg der Lösungs-

---

[1] Diese sind nicht wie $\Delta \bar{H}$ auf 1 Mol Mischung, sondern auf 1 Mol des gelösten Stoffes (Äthanol, Aceton, Benzol) bezogen.

wärme den Energiebedarf, der zur zunehmenden Sprengung der Wasser-
stoffbrücken, d. h. Rückgang der Assoziation, notwendig ist; er wird
bei sehr kleinen Alkoholkonzentrationen konstant (vgl. Abb. 24b, wo x
zur besseren Darstellung logarithmisch aufgetragen ist), erst hier wird
also eine vollkommene molekulare Durchmischung erreicht. In der
Mischung Aceton-Cyclohexan setzt die Aufbrechung der hier vorliegenden, vermutlich nicht stöchiometrischen Dipolassoziate bereits bei
kleinen Cyclohexankonzentrationen ein.

Man kann wieder die beobachteten integralen Lösungswärmen des
Alkohols (Abb. 25) quantitativ deuten, wenn man unter Benutzung der

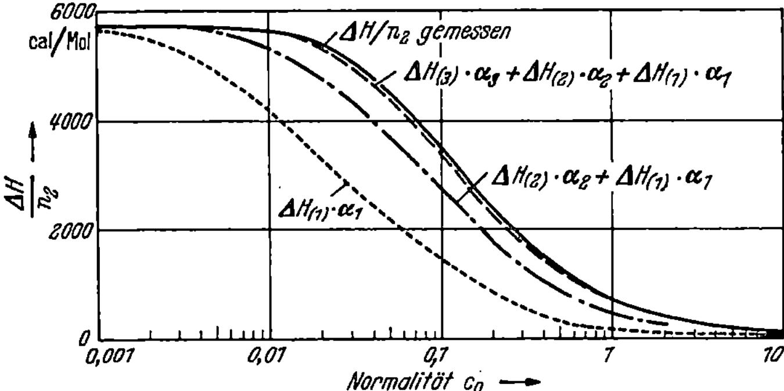

Abb. 25. Berechnete und gemessene integrale Lösungswärme von Äthanol in Cyclohexan bei 20° C.

Mischungsregel die Zusammensetzung der assoziierten Komponente aus
Assoziaten verschiedener Zähligkeit berücksichtigt (*108, 324*). Eine schein-
bare Zweistoffmischung ist also wieder als Vielstoffmischung aufzufassen,
und für die integrale Lösungswärme ergibt sich nach der Mischungsregel

$$\frac{\Delta H}{n_2} = \alpha_1\,\Delta H_{(1)} + \alpha_2\,\Delta H_{(2)} + \alpha_3\,\Delta H_{(3)} + \cdots \qquad (224)$$

wobei

$$\alpha_n = \frac{n\,c_n}{c_0}$$

der Bruchteil der zu n-zähligen Ketten assoziierten Einermolekeln ist.
In dem Gebiet, in dem die integrale Lösungswärme konstant ist (Abb. 24b),
in dem also praktisch nur Einermolekeln vorliegen, ist $\alpha_1 = 1$,

$$\alpha_2 = \alpha_3 = \cdots = 0,$$

und nach (224) wird $\Delta H = \Delta H_{(1)}$. Bei einer Konzentration, bei der
neben Einermolekeln praktisch ausschließlich Doppelmolekeln vorhanden
sind, ist $\Delta H - \alpha_1\,\Delta H_{(1)} = \alpha_2\,\Delta H_{(2)}$, woraus sich $\Delta H_{(2)}$ berechnen
läßt usw. Auf diese Weise gelingt es, die gemessene Konzentrations-
abhängigkeit der integralen Lösungswärme quantitativ wiederzugeben,
wobei sich ergibt, daß die höherzähligen Assoziate zur Lösungswärme
kaum noch beitragen, wie aus Abb. 25 hervorgeht.

Mit Hilfe dieser Vorstellungen lassen sich auch feinere Einzelheiten wie die Temperaturabhängigkeit der Mischungswärmen, der Einfluß der Polarisierbarkeit der unpolaren Partner (etwa in der Reihenfolge C_6H_{12}, C_6H_{14}, CS_2, CCl_4, C_6H_6), sterische Einflüsse bei isomeren Alkoholen usw. zwanglos deuten (74, 325). Auch in den *Volumeneffekten* (108) macht sich die Unvollkommenheit der molekularen Durchmischung bemerkbar, und zwar nicht nur in einem Versagen der Gl. (173), sondern in ganz analoger Weise in einem charakteristischen Verlauf der auf 1 Mol des Mischungspartners bezogenen Volumenänderung, wie aus Abb. 26 hervorgeht, die sich durch die gleichen Überlegungen deuten läßt. In ähnlicher Weise lassen sich Orientierungspolarisation, Oberflächenaktivität, innere Reibung und andere Meßgrößen, bezogen auf 1 Mol Mischung bzw. 1 Mol der gelösten Komponente, als Funktion des Molenbruchs interpretieren (323, 327).

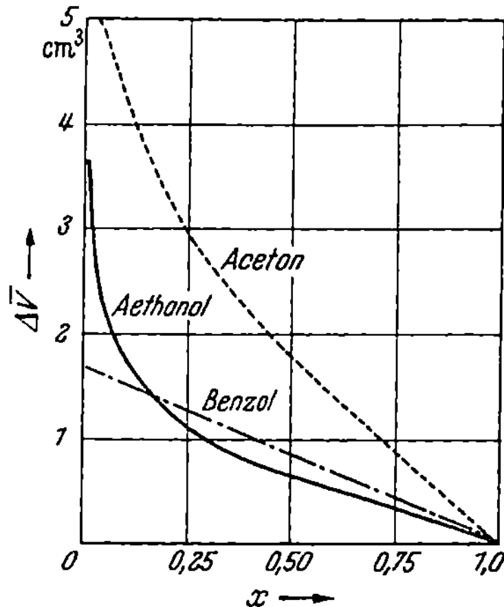

Abb. 26. Änderung der molaren Raumbeanspruchung verschiedener in Hexan gelöster Stoffe bei 6° C.

c) Orientierungseffekte.

Wie schon auf S. 108 erwähnt wurde, lassen sich die Abweichungen von den Gesetzen der idealen Mischung beim System Chloroform-Aceton sowohl unter Einführung einer Gleichgewichtskonstanten für die Verbindungsbildung der Mischungskomponenten wie durch die Annahme einer eingeschränkten Orientierungsmöglichkeit der Moleküle in unmittelbarer Nachbarschaft eines Moleküls der anderen Sorte in befriedigender Übereinstimmung mit dem Experiment deuten. Diese letztere (statistische) Methode ist nun auch auf den Fall angewendet worden, daß die Moleküle eines reinen Stoffes durch gegenseitige energetische Koppelung bevorzugte Orientierungen besitzen, die durch zugesetzte Fremdmoleküle gestört werden (201, 202). Dieser Fall liegt z. B. beim Benzol vor, wo die Ringebenen infolge solcher Koppelungskräfte in mehr oder weniger großen Bereichen parallel liegen, wie aus der Röntgenanalyse geschlossen wird, ohne daß man hier von einer stöchiometrischen Assoziation sprechen kann. Eine solche Orientierung bedeutet eine zusätzliche Ordnung, so daß die durch den Mischungsvorgang hervorgerufene Unordnung noch größer sein wird als bei der idealen Mischung, d. h. die Mischungsentropie wird über den idealen Wert anwachsen. Auf diese Weise kann man versuchen, die sonst nur schwer verständlichen *positiven* Zusatzentropien $\Delta \bar{S}^E$, wie sie z. B. bei dem S. 103 erwähnten System C_6H_6-C_6H_{12} auftreten (vgl. Abb. 20 und Tab. 3) zu deuten.

Die statistische Rechnung (*202*) geht auch in diesem Fall von dem schon mehrfach erwähnten Gittermodell der Flüssigkeit aus, wie es dem „streng regulären Mischungstyp" zugrunde liegt. Anstelle des kugelsymmetrischen Wechselwirkungspotentials wird jedoch angenommen, daß eine Parallelorientierung der Moleküle der einen Komponente energetisch bevorzugt ist, die natürlich durch die thermische Bewegung dauernd gestört wird. Der wesentliche Unterschied gegenüber der S. 108 erwähnten Koppelung verschiedenartiger Moleküle besteht darin, daß sich die einzelnen Moleküle nicht unabhängig voneinander orientieren, weswegen man auch von „kooperativer Orientierung" spricht. Letztere wird durch die Moleküle des zweiten Stoffes unterbrochen, woraus sich die Zusatzterme $\Delta \bar{H}$, $\Delta \bar{G}^E$ und $\Delta \bar{S}^E$ statistisch ermitteln lassen. Das wesentliche Ergebnis der Rechnung besteht darin, daß die Zusatzentropie $\Delta \bar{S}^E$ im Gegensatz zum Fall der streng regulären Mischung positiv wird. Auch die quantitative Übereinstimmung mit den Meßwerten ist z. B. beim System C_6H_6-C_6H_{12} in Anbetracht des rohen Modells befriedigend, wenn man für die Orientierungsenergie pro Mol C_6H_6 einen Wert von $\Phi_{Or.} = -880$ cal benutzt, der mit der quantenmechanischen Abschätzung der Wechselwirkungsenergie der π-Elektronenwolken der Benzolringe recht gut übereinstimmt. Für $\Phi_{Or.} = 0$ gehen die entwickelten Gleichungen wieder in die der streng regulären Mischung über.

Für das ähnliche System C_6H_6-CCl_4 reicht jedoch die Theorie nicht aus, die berechnete Zusatzentropie ergibt sich gegenüber dem gemessenen Wert (Tab. 3) als wesentlich zu hoch. Schon SCATCHARD (*257*) hatte aus dem Vergleich der Zusatzeffekte der in Tab. 3 angegebenen Systeme den Schluß gezogen, daß eine Orientierung der Benzolmoleküle allein den Gang dieser Effekte nicht zu deuten vermag. Als weitere Hypothese könnte man annehmen, daß etwa in dem System C_6H_6-CCl_4 eine zusätzliche Koppelung der verschiedenartigen Moleküle auftritt, die durch die starken Partialmomente der C-Cl-Bindung einerseits und die hohe Polarisierbarkeit der π-Elektronen des Benzolringes andererseits hervorgerufen sein könnte. Eine solche Koppelung würde nach S. 108 einen negativen Beitrag zu $\Delta \bar{S}^E$ liefern, der den positiven Beitrag der „kooperativen Orientierung" der Benzolmoleküle z. T. kompensieren könnte. Da aber für eine solche Koppelung keine sonstigen experimentellen Anhaltspunkte vorliegen, kommt dieser Deutungsversuch über den Wert einer Hilfshypothese nicht hinaus.

d) Dispersionswechselwirkung.

Die experimentell begründete Tatsache, daß athermische und reguläre Mischungen im Definitionssinn praktisch niemals streng verwirklicht vorkommen, sowie die Beobachtung, daß bei der Mischung *unpolarer Flüssigkeiten* fast ausnahmslos eine positive Mischungswärme auftritt, die etwa doppelt so groß ist wie die freie Zusatzenthalpie $\Delta \bar{G}^E$, läßt vermuten, daß diesen Effekten eine gemeinsame Ursache zugrunde liegt, die sich durch spezielle Annahmen (Assoziation, Orientierung, Verbindungsbildung) nicht befriedigend erfassen läßt. Eine einleuchtende Deutung dieser stets beobachteten Zusatzentropie haben neuerdings KUHN und MASSINI (*163*) gegeben, indem sie darauf hinweisen, daß auf Grund der Dispersionswechselwirkung die Bindungsenergie einer VAN DER WAALSschen Mischmolekel AB stets kleiner ist als der Mittelwert der VAN DER WAALSschen Bindungsenergie der Doppelmolekeln AA und BB, wie schon aus der LONDONschen Rechnung (*178*) hervorgeht. Das bedeutet, daß die Wärmetönung der VAN DER WAALSschen Reaktion

$$AA + BB \to 2\,AB \tag{225}$$

für dipollose Moleküle, bei denen die Wechselwirkungsenergie praktisch ausschließlich auf Dispersionskräften beruht, stets positiv ist, wodurch sich die stets endotherme Mischungswärme erklärt. Dieser auf der Lockerung der VAN DER WAALSschen Bindungen beruhende Energiebedarf setzt sich etwa zur Hälfte aus freier Enthalpie, zur anderen Hälfte aus einem $T\,\Delta\,\bar{S}^E$-Glied zusammen, was besagt, daß mit dieser Lockerung der VAN DER WAALSschen Bindungen ein Anteil an Mischungsentropie verknüpft ist, der in den bisherigen statistischen Ansätzen nicht berücksichtigt ist, und der von speziellen Orientierungen oder bevorzugten Ordnungszuständen in der Mischung unabhängig ist. Da eine Dispersionswechselwirkung stets vorhanden ist, erklärt sich auf diese Weise zwanglos die stets beobachtete positive Zusatzentropie, auch ohne daß spezielle Annahmen über Orientierungs- oder Assoziationserscheinungen, die zweifellos in manchen Fällen außerdem berücksichtigt werden müssen, notwendig sind.

Nach der Theorie der Dispersionswechselwirkung (*178*) beträgt die potentielle Energie einer VAN DER WAALSschen Molekel AA

$$\Phi_{11} = - \frac{3}{2} \frac{\alpha_1^2}{r_{11}^6} \cdot \frac{U_1}{2}, \tag{226}$$

wenn α_1 die Polarisierbarkeit der Molekeln A und $U_1 = h\nu_0$ eine Nullpunktsenergie bedeutet entsprechend einer im fernen UV liegenden Eigenfrequenz ν_0 der Dispersionsgleichung. r_{11} ist der Gleichgewichtsabstand der beiden Molekeln. Entsprechend gilt für die VAN DER WAALSschen Molekeln BB und AB

$$\Phi_{22} = - \frac{3}{2} \frac{\alpha_2^2}{r_{22}^6} \frac{U_2}{2}, \tag{227}$$

$$\Phi_{12} = - \frac{3}{2} \frac{\alpha_1 \alpha_2}{r_{12}^6} \frac{U_1 U_2}{U_1 + U_2}, \tag{228}$$

wobei

$$r_{12} = \frac{r_{11} + r_{22}}{2} \qquad (229)$$

gesetzt wird. Der Energiebedarf der Reaktion (225) ergibt sich somit zu

$$\Phi = 2\,\Phi_{12} - (\Phi_{11} + \Phi_{22})\,. \qquad (230)$$

Es läßt sich nun zeigen, daß dieser Energiebedarf für *unpolare Molekeln ähnlicher Art* stets positiv ist.

Es sei

$$\begin{aligned}
\alpha_2 &= \alpha_1\,(1 + \beta)\\
U_2 &= U_1\,(1 + \gamma)\\
r_{22} &= r_{11}\,(1 + \delta)\,,
\end{aligned} \qquad (231)$$

wobei die Größen β, γ, δ klein sind gegenüber 1, aber beliebiges Vorzeichen haben können. Setzt man die Ausdrücke (231) in (227) ein und entwickelt nach β, γ und δ, so wird unter Vernachlässigung von Größen höherer Ordnung

$$\Phi_{22} = \Phi_{11}\,(1 + 2\,\beta + \beta^2 + \gamma - 6\,\delta + 21\,\delta^2 + 2\,\beta\,\gamma - 12\,\beta\,\delta - 6\,\gamma\,\delta)\,.$$

In ähnlicher Weise erhält man aus (228), indem man nach (229) und (231)

$$r_{12} = r_{11}\left(1 + \frac{\delta}{2}\right)\ \text{setzt:}$$

$$\Phi_{12} = \Phi_{11}\left(1 + \beta + \frac{\gamma}{2} - \frac{\gamma^2}{4} - 3\,\delta + \frac{21}{4}\,\delta^2 + \frac{1}{2}\,\beta\,\gamma - 3\,\beta\,\delta - \frac{3}{2}\,\gamma\,\delta\right),$$

so daß sich für den Energiebedarf der Reaktion (225) nach (230) ergibt

$$\Phi = -\,\Phi_{11}\left(\beta^2 + \frac{\gamma^2}{2} + \frac{21}{2}\,\delta^2 + \beta\,\gamma - 6\,\beta\,\delta - 3\,\gamma\,\delta\right),$$

was sich leicht umformen läßt in

$$\Phi = -\,\Phi_{11}\left[\left(\beta + \frac{\gamma}{2} - 3\,\delta\right)^2 + \frac{3}{2}\,\delta^2 + \frac{1}{4}\,\gamma^2\right]. \qquad (232)$$

Da Φ_{11} nach (226) negativ ist, und in der eckigen Klammer eine Summe von Quadraten steht, muß Φ stets positiv sein, unabhängig von den Vorzeichen der Größen β, γ und δ. Das bedeutet nach (230), daß die Wechselwirkungsenergie in der VAN DER WAALSschen Molekel AB kleiner ist als der Mittelwert der Energien in den Molekeln AA und BB, so daß der Gleichgewichtsabstand r_{12} größer sein sollte als der in (229) angenommene Mittelwert. Berechnet man den Abstand r_{12} unter Mitberücksichtigung der Abstoßungskräfte, für deren Potential man einen Ansatz der Form $U = C/r^{12}$ verwenden kann, so erhält man eine bessere Näherung für Φ:

$$\Phi = -\,\Phi_{11}\,[\beta^2 + (\beta + \gamma)^2 + 18\,\delta^2]\,, \qquad (233)$$

für die aber bezüglich des Vorzeichens die gleichen Überlegungen gelten. Es ist also die Arbeit, die notwendig ist, um die Dispersionswechselwirkung der Molekeln AA und BB zu überwinden, stets größer als die Arbeit, die bei der Bildung von zwei VAN DER WAALSschen Molekülen AB gewonnen wird.

Aus Φ läßt sich der durch die geänderte Dispersionswechselwirkung bedingte Energiebedarf bei der Mischung von $(1 - x)$ Molen A und x Molen B in vollkommen analoger Weise berechnen wie die Wärmetönung nach Gl. (129) bei regulären Mischungen. Es ergibt sich analog zu (128) bzw. (129)

$$\Delta \bar{E} = \frac{N_L z}{2} (2 \Phi_{12} - \Phi_{11} - \Phi_{22}) x (1 - x) , \tag{234}$$

d. h. auch $\Delta \bar{E}$ ist stets positiv. Für $x = 0,5$ nimmt $\Delta \bar{E}$ einen maximalen Wert an:

$$\Delta \bar{E}_{max} = \frac{N_L z}{8} \Phi . \tag{235}$$

Setzt man dies ein, so erhält man analog zu (131)

$$\Delta \bar{E} = 4 x (1 - x) \Delta \bar{E}_{max} . \tag{236}$$

Beim absoluten Nullpunkt, d. h. ohne Wärmebewegung der Molekeln, wäre $\Delta \bar{E}$ offenbar der Anteil der freien Enthalpieänderung, der durch die geänderte Dispersionswechselwirkung beim Mischen bedingt ist. Bei anderen Temperaturen ist dies nicht mehr exakt der Fall, jedoch wird $\Delta \bar{E}$ auch dann nicht wesentlich von $\Delta \bar{G}^E$ abweichen, da es sich bei der beschriebenen Lösung bzw. Neuknüpfung VAN DER WAALSscher Bindungen um einen von T weitgehend unabhängigen Vorgang handelt. KUHN setzt deshalb

$$\vartheta \Delta \bar{E} = \Delta \bar{G}^E , \tag{237}$$

wobei ϑ ein von 1 nicht wesentlich verschiedener Faktor ist.

Zu diesem VAN DER WAALSschen Beitrag zur freien Mischungsenthalpie kommt nun noch ein weiterer Beitrag der geänderten Dispersionswechselwirkung hinzu, der auf folgendem beruht: Da die VAN DER WAALSschen Bindungen der AB-Molekeln im Mittel schwächer sind als die der AA und BB-Molekeln, ist mit der Mischung auch eine Änderung der zwischenmolekularen Schwingungen sowie der innermolekularen Torsionsschwingungen verbunden, da die gesamte Flüssigkeitsstruktur lockerer wird, wie auch aus der schon besprochenen und stets beobachteten Volumenausdehnung beim Mischen hervorgeht [vgl. S. 100 und Gl. (173)]. Das bedeutet einen Beitrag der geänderten Dispersionskräfte zur Mischungsentropie, der ebenfalls positiv ist, da er ebenfalls zu Φ proportional sein muß. Setzt man diesen Energiebeitrag als das λ-fache von $\vartheta \Delta \bar{E}$ an, so ergibt sich für die Mischungswärme nach HELMHOLTZ-GIBBS:

$$\Delta H = \Delta \bar{G}^E (1 + \lambda) = 4 \vartheta \Delta \bar{E}_{max} x (1 - x) (1 + \lambda) . \tag{238}$$

Alle übrigen thermodynamischen Größen ergeben sich in üblicher Weise (vgl. S. 88). Beispielsweise erhält man für die chemischen Potentiale analog zu (135)

$$\mu_1 = \mu_1 + R\,T \ln (1 - x) + 4\vartheta\,\varDelta\bar{E}_{max}\,x^2$$
$$\mu_2 = \mu_2 + R\,T \ln x + 4\vartheta\,\varDelta\bar{E}_{max}\,(1 - x)^2 , \qquad (239)$$

für die Aktivitätskoeffizienten analog zu (133)

$$\ln f_1 = \frac{4\vartheta\,\varDelta\bar{E}_{max}}{R\,T}\,x^2 ; \quad \ln f_2 = \frac{4\vartheta\,\varDelta\bar{E}_{max}}{R\,T}\,(1 - x)^2, \qquad (240)$$

für die differentiellen Mischungsentropien

$$\varDelta S_1 = -R \ln (1 - x) + \frac{4\vartheta\,\varDelta\bar{E}_{max}\,\lambda\,x^2}{T}$$
$$\varDelta S_2 = -R \ln x + \frac{4\vartheta\,\varDelta\bar{E}_{max}\,\lambda\,(1 - x)^2}{T} . \qquad (241)$$

$\varDelta\,\bar{G}^E = \vartheta\,\varDelta\bar{E}$ kann wie üblich aus Partialdruckmessungen, $\vartheta\,\varDelta\bar{E}\,(1 + \lambda)$ durch Messung der integralen Mischungswärme ermittelt werden, außerdem aber ist es möglich, $\varDelta\bar{E}$ nach den Gln. (234) und (226) bis (228) aus der Dispersionswechselwirkung mit Hilfe von Meßdaten der Molrefraktionen, Dichten und Verdampfungswärmen angenähert zu berechnen. Die Übereinstimmung ist angesichts des Näherungscharakters der Formeln (226) bis (228) befriedigend, wie aus der von KUHN und MASSINI angegebenen Tab. 6 hervorgeht.

Tabelle 6. *Mischungswärme und freie Zusatzenthalpie unpolarer Stoffe bei $x = 0,5$ auf Grund der Dispersionswechselwirkung.*

	$\vartheta\,\varDelta\bar{E}_{max}\,(1 + \lambda)$ $= \varDelta\bar{H}_{max}$ cal	$\varDelta\bar{E}_{max}$ aus Dispersions- wechselwirkung cal	$\vartheta\,\varDelta\bar{E}_{max}$ $= \varDelta\,\bar{G}^E_{max}$ aus Partitialdrucken cal
Benzol-Cyclohexan	172	51	67,5
Benzol-Methylcyclopentan .	150	76	74
Benzol—n-Hexan	193	198	75

3. Empirische Gesetzmäßigkeiten in den thermodynamischen Mischungseffekten.

Wie aus dem vorangehenden Abschnitt hervorgeht, ist eine quantitative Deutung der Mischungseffekte bzw. der Aktivitätskoeffizienten irregulärer Mischungen durch Verbindungsbildung, Assoziation, Orientierungseffekte oder Dispersionswechselwirkung nur in vereinzelten Fällen möglich, und man ist zur Sichtung des großen Materials an Messungen darauf angewiesen, dieses nach empirischen Regeln in gewisse Gruppen einzuordnen. Je nach den im Vordergrund des Interesses stehenden Gesichtspunkten wird diese Klassifizierung von Fall zu Fall verschieden sein, und wir werden im folgenden mehrere solche

Einteilungen vornehmen, etwa in Kapitel IV die Klassifizierung nach der Zahl der Konstanten, die für die analytische Darstellung der Aktivitätskoeffizienten mittels einer Reihenentwicklung notwendig sind. In diesem Kapitel sollen im Anschluß an die besprochenen thermodynamischen Mischungseffekte in idealen, athermischen und regulären Mischungen einige empirische Gesetzmäßigkeiten zusammengestellt werden, die man bei diesen Effekten in irregulären Mischungen beobachtet hat, und die zu einer wenn auch nicht allgemein gültigen, so doch brauchbaren Einteilung dieser Gemische benutzt werden kann, unabhängig davon, ob die Abweichungen von den idealen Gesetzen sich physikalisch interpretieren lassen oder nicht (102). Allerdings fehlt es hier vielfach noch an genügend vollständigen (in der Regel sind nur die Dampfdruck- oder Siedediagramme bekannt) und meistens auch an genügend genauen Messungen, so daß diese Einordnung keine endgültige zu sein braucht.

Typ A. Wie schon mehrfach erwähnt wurde, verlaufen die Mischungseffekte ΔH, $\Delta \overline{G}^E$ und $\Delta \overline{S}^E$ bei binären Systemen aus unpolaren oder sehr schwach polaren Komponenten völlig oder nahezu symmetrisch (parabolisch) zur x-Achse und sind im gesamten Konzentrationsbereich positiv, sofern es sich nicht um angenähert reguläre oder athermische Mischungen handelt (vgl. Abb. 15). Man kann dann diese Effekte häufig analog zu Gl. (131) bzw. (136) durch einen von PORTER (225) angegebenen Ansatz darstellen:

$$\Delta \overline{G}^E = A\, x\, (1 - x)$$
$$\Delta \overline{H} \;= B\, x\, (1 - x) \qquad (242)$$
$$\Delta \overline{S}^E = C\, x\, (1 - x),$$

wobei die Konstanten A, B und C noch Temperaturfunktionen sind [im Gegensatz zu $\Delta \overline{H}_{max}$ in Gl. (131)] und ihrerseits nach den bekannten thermodynamischen Beziehungen auf folgende Weise zusammenhängen:

$$\frac{d}{d\,T}\left(\frac{A}{T}\right) = -\frac{B}{T^2}\;;\; C = -\frac{dA}{d\,T}\;;\; A = B - C\,T. \qquad (243)$$

Außer den schon genannten Systemen C_6H_6-CCl_4, C_6H_{12}-CCl_4 und C_6H_6-C_6H_{12} der Tab. 3 gehorcht z. B. auch das System C_6H_6-CS_2 dem Ansatz (242) mit guter Näherung[1]. In allen diesen Fällen sind die Abweichungen von den idealen Gesetzen gering und lassen sich durch Assoziations- und Orientierungseffekte oder durch Dispersionswechselwirkung angenähert erfassen. In den unpolaren Systemen Cyclohexan-n-Hexan und

---

[1] Bei zahlreichen Systemen, die einerseits aus β, β'-Dichloräthyläther und andererseits aus verschiedenen Kohlenwasserstoffen bestanden, wurden neuerdings (310) symmetrische Mischungswärmen beobachtet, doch fehlt es noch an isothermen Dampfdruckmessungen zur Berechnung der übrigen Mischungseffekte.

Tetraäthylmethan-n-Octan (*184*) verlaufen jedoch $\Delta \bar{H}$ und $\Delta \bar{S}^E$ deutlich unsymmetrisch zur x-Achse und sind bei letzterem System außerdem negativ, was die begrenzte Gültigkeit dieser Klassifizierung unterstreicht.

Typ B. In einer Reihe von Systemen, die aus einer polaren und einer unpolaren Komponente bestehen, verläuft zwar $\Delta \bar{G}^E$ noch *annähernd* symmetrisch zur x-Achse, dagegen zeigen $\Delta \bar{H}$ und $\Delta \bar{S}^E$ einen unsymmetrischen Verlauf und können sogar ihr Vorzeichen wechseln (*157*, *328*). Die Unsymmetrie in $\Delta \bar{G}^E$ erfordert zur Darstellung einen zusätzlichen Term, so daß anstelle von (242) ein Ansatz der Form

$$\Delta \bar{G}^E = x\,(1 - x)\,[A\,(T) + f\,(T, x)] \tag{244}$$

verwendet werden kann[1]. Dabei ist $|A\,(T)| \gg |f\,(T, x)|$ für alle Werte von x und gegebene Temperatur, weil eben die Unsymmetrie von $\Delta \bar{G}^E$ nur gering ist. In erster Näherung kann man zur Darstellung von $\Delta \bar{G}^E$ häufig noch den einfachen PORTERschen Ansatz (242) benutzen.

Die starke Unsymmetrie von $\Delta \bar{H}$ und $\Delta \bar{S}^E$ kommt nun auf Grund von (243) dann zustande, wenn zwar $|A\,(T)| \gg |f\,(T, x)|$, wenn aber für die Ableitung nach T gilt $|A'\,(T)| \approx |f'\,(T, x)|$, so daß auch

$$\frac{|A\,(T)|}{|A'\,(T)|} \gg \frac{|f\,(T, x\,|}{|f'\,(T, x)|} \,. \tag{245}$$

Beispielsweise läßt sich die freie Zusatzenthalpie des (nur teilweise mischbaren) Systems C_6H_{12}-CH_3OH im Bereich zwischen 31 und 45° C darstellen durch (*328*)

$$\Delta \bar{G}^E = x\,(1 - x)\,[A + B\,x^2]$$

mit $A = 2070 - 1,85\,T$ und $B = -3170 + 10\,T$.

Für die mittlere Temperatur $T = 310°\,K$ ergibt sich mittels (243)

$$\Delta \bar{G}^E = x\,(1 - x)\,[1500 - 70\,x^2]$$
$$\Delta \bar{S}^E = x\,(1 - x)\,[1,85 - 10\,x^2]$$
$$\Delta \bar{H}\ = x\,(1 - x)\,[2070 - 3170\,x^2]\,.$$

Die Bedingung $|A\,(T)| \gg |f\,(T, x)|$ ist also erfüllt, und man sieht, daß die dem Betrag nach ähnlichen Temperaturkoeffizienten von A und B bewirken, daß trotz der geringen Asymmetrie von $\Delta \bar{G}^E$ die Funktionen $\Delta \bar{S}^E$ und $\Delta \bar{H}$ sehr stark unsymmetrisch werden, da hier der quadratische Korrekturterm ins Gewicht fällt. In Abb. 27 sind die Zusatzeffekte des sich ganz ähnlich verhaltenden, aber vollständig mischbaren Systems CCl_4-CH_3OH als Beispiel für diesen Typ wiedergegeben (*328*).

Typ C. Zu dieser Gruppe werden alle Systeme gerechnet, bei denen alle drei Funktionen $\Delta \bar{G}^E$, $\Delta \bar{H}$ und $\Delta \bar{S}^E$ unsymmetrisch und häufig

---

[1] Vgl. dazu Gleichung (95) in Kap. IV.

S-förmig unter Vorzeichenwechsel verlaufen. Als Beispiel ist in Abb. 28 das System Wasser-Äthanol dargestellt. Selbst in diesen Fällen ist die Unsymmetrie in $\Delta\overline{G}^E$ sehr viel geringer als in $\Delta\overline{S}^E$ bzw. $\Delta\overline{H}$, so daß die Bedingung (245) in gewissem Umfang gültig bleibt, und in vielen Fällen der einfache PORTERsche Ansatz (242) wenigstens in erster Nähe-rung benutzt werden kann. Zu dieser Gruppe gehören alle Systeme mit zwei polaren Komponenten, insbesondere also alle wäßrigen Gemische. Wie stark im übrigen die Mischungseffekte und ihre Symmetrie von der zwischen-molekularen Wechselwirkung abhängen, zeigen die großen Unterschiede der Mischungs-wärmen für die Systeme H_2O-Methanol und H_2O-Propanol, die ebenfalls in Abb. 28 ein-getragen sind. Mit zunehmen-der Kettenlänge nimmt die

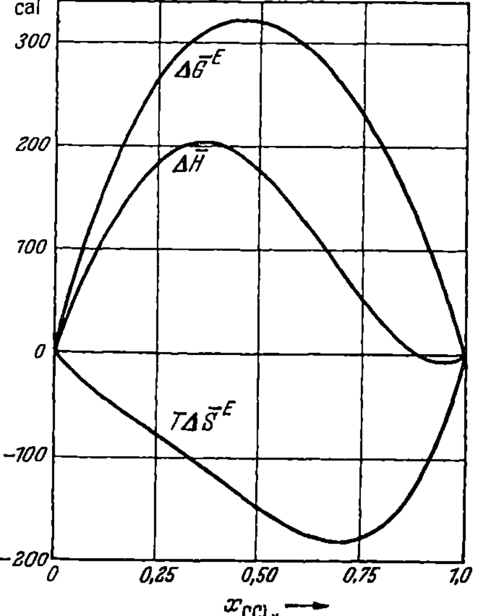
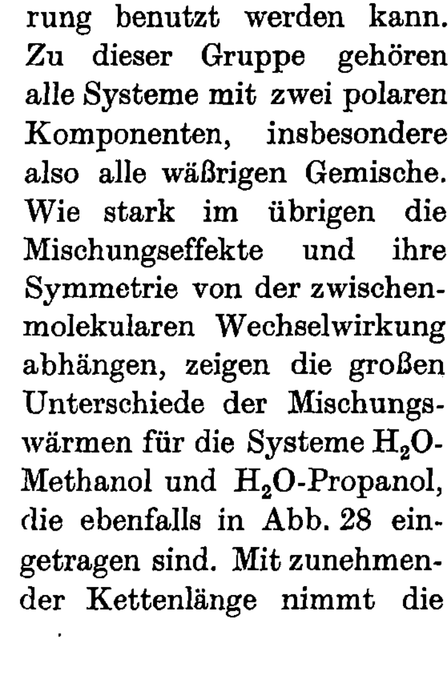

Abb. 28. Thermodynamische Mischungseffekte $\Delta\overline{H}, \Delta\overline{G}^E$ und $\Delta\overline{S}^E$ des Systems Wasser-Äthanol bei 25° C und Mischungswärmen der Systeme Wasser-Methanol und Wasser-Propanol (gestrichelt).

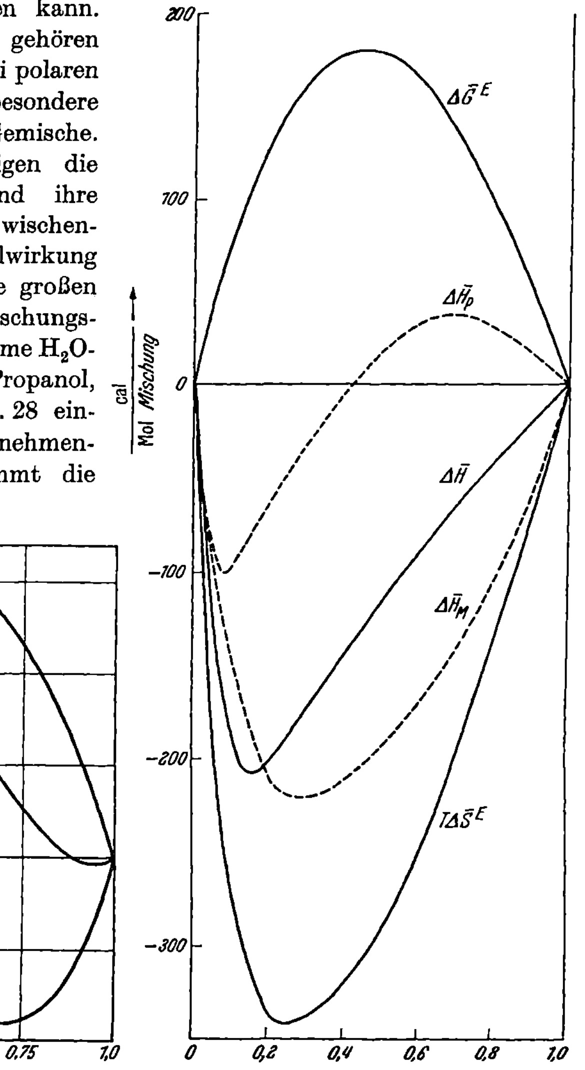

Abb. 27. Thermodynamische Mischungseffekte $\Delta\overline{H}, \Delta\overline{G}^E$ und $\Delta\overline{S}^E$ des Systems Methanol-Tetrachlorkohlenstoff.

Wechselwirkung zwischen Alkohol und Wasser rasch ab, die Mischungswärmen werden zunehmend positiver, und bei höheren Alkoholen treten bereits Entmischungserscheinungen auf (kritische Mischungstemperaturen: n-Butanol-H_2O 129,5° C; i-Butanol-H_2O 131,5° C; i-Amylalkohol-H_2O 187,5° C).

IV. Aktivitätskoeffizienten binärer und ternärer Systeme

Die Ermittlung der Aktivitätskoeffizienten und ihrer Abhängigkeit von der Zusammensetzung der Mischung besitzt nicht nur für die Zuordnung der Mischungen zu bestimmten Typen und damit für unsere Kenntnis des Zustandes von Mischungen, sondern auch für die modernen Trennungsverfahren durch die sog. azeotrope und extraktive Destillation sowie durch Extraktion eine entscheidende Bedeutung. Während die f-Werte binärer Systeme aus Dampfdruckmessungen relativ leicht experimentell zugänglich sind, bedarf es bei ternären Systemen, um die es sich bei den neuen Trennungsverfahren stets handelt, recht umfangreicher und mühsamer Messungen, so daß die notwendigen Daten meistens nicht zur Verfügung stehen. Es sind deshalb zahlreiche Versuche gemacht worden, die f-Were ternärer Systeme aus den meist bekannten f-Werten der zugehörigen drei binären Systeme auf rechnerischem oder graphischem Wege zu ermitteln. Diese Methoden sollen im folgenden beschrieben und kritisch gewertet werden, z. T. an Hand der wenigen sorgfältigen Messungen, die über Dreistoffsysteme vorliegen. Wir gehen dabei von der thermodynamisch exakten GIBBS-DUHEMschen Gleichung aus, mittels derer sich stets entscheiden läßt, ob gemessene oder aus Näherungsgleichungen abgeleitete Aktivitätskoeffizienten bzw. Partialdrucke thermodynamisch widerspruchsfrei sind.

A. Anwendung der Gibbs-Duhemschen Gleichung.

1. Nachprüfung experimenteller Daten.

In binären Systemen ist die Abhängigkeit der Aktivitätskoeffizienten von der Zusammensetzung x der Mischphase durch die GIBBS-DUHEMsche Gleichung (II, 21) gegeben:

$$\frac{\partial \ln f_1}{\partial x} = -\frac{x}{1-x}\frac{\partial \ln f_2}{\partial x}. \tag{1}$$

Wie aus der Ableitung dieser Gleichung hervorgeht, gilt sie exakt nur für konstanten Druck und konstante Temperatur, sie kann deshalb nach dem Phasengesetz auf Zweistoffsysteme nur angewendet werden, wenn diese einphasig sind. Da andererseits die Aktivitätskoeffizienten flüssiger Phasen praktisch ausschließlich aus Dampfdruck- bzw. Fugazitätsmessungen, d. h. aus Messungen an Zweiphasengleichgewichten, zugänglich sind, ist streng genommen die GIBBS-DUHEMsche Gleichung zur Darstellung der Konzentrationsabhängigkeit der Aktivitätskoeffizienten nicht verwendbar, da bei Änderung der Zusammensetzung unter während dem Dampfdruckgleichgewicht sich gleichzeitig p oder T ändern muß.

Da, wie S. 99 erwähnt, die Druckabhängigkeit der Aktivitätskoeffizienten gering und deshalb in der Regel zu vernachlässigen ist, läßt sich gegen die Anwendung der GIBBS-DUHEMschen Gleichung auf die aus *isothermen* Dampfdruckmessungen ermittelten Aktivitätskoeffizienten binärer Systeme nichts einwenden, dagegen ist dies wegen der T-Abhängigkeit der f-Werte nicht mehr der Fall, sobald man die Aktivitätskoeffizienten aus *isobaren* Siedepunktsmessungen entnimmt. Aus diesem Grund sind isotherme Messungen den isobaren wesentlich vorzuziehen, obwohl letztere in der Literatur weitaus überwiegen.

Um die GIBBS-DUHEMsche Gleichung auch für isobare Dampfdruckmessungen anwendbar zu machen, kann man die bei verschiedenen Temperaturen ermittelten Aktivitätskoeffizienten auf eine mittlere Temperatur $\overline{T}$ reduzieren:

$$(\ln f_i)_{\overline{T}} = (\ln f_i)_T + \int\limits_{T}^{\overline{T}} \frac{\partial \ln f_i}{\partial T}\, dT\,.$$

Setzt man für die T-Abhängigkeit von f_i den Ausdruck (III, 152) ein, so erhält man für nicht zu große Temperaturdifferenzen, innerhalb deren man die differentielle Mischungswärme noch als konstant ansehen kann:

$$(\ln f_i)_{\overline{T}} = (\ln f_i)_T + \frac{\Delta H_i}{R T \overline{T}}\,(T - \widetilde{T})\,. \tag{2}$$

Leider stehen die zur Reduktion der f-Werte auf eine mittlere Temperatur $\overline{T}$ notwendigen differentiellen Mischungswärmen in der Regel nicht zur Verfügung, so daß man in der Praxis die T-Abhängigkeit der Aktivitätskoeffizienten sehr häufig vernachlässigt und die GIBBS-DUHEMsche Gleichung allgemein anwendet, ohne sich immer über die dadurch verursachte Unsicherheit im klaren zu sein. Es ist deshalb bei genauen Messungen stets vorzuziehen, die Aktivitätskoeffizienten auf eine gemeinsame Temperatur umzurechnen, am einfachsten mittels des S. 97 beschriebenen graphischen Verfahrens.

Man kann bekanntlich die GIBBS-DUHEMsche Gleichung dazu benutzen, die Aktivitätskoeffizienten der einen Komponente der Mischung zu berechnen, wenn die der anderen als Funktion von x bekannt sind (*175*).

Da nach S. 77 für beliebige Mischungen stets $\lim\limits_{x\to 0} f_1 = 1$, also $\lim\limits_{x\to 0} \ln f_1 = 0$, ergibt die Integration von (1)

$$\ln f_1 = - \int_0^x \frac{x}{1-x}\, d\ln f_2, \qquad (3)$$

trägt man also $\ln f_2$, das aus den Messungen bekannt sein möge, gegen $x/(1-x)$ auf, so läßt sich das Integral graphisch auswerten. Praktisch spielt diese Möglichkeit bei den hier interessierenden Systemen keine große Rolle, weil die Ermittlung der Partialdrucke unmittelbar beide Aktivitätskoeffizienten liefert. Dagegen kann die GIBBS-DUHEMsche Gleichung dazu dienen, experimentelle Ergebnisse daraufhin zu prüfen, ob sie thermodynamisch widerspruchsfrei sind. Das ist deswegen von Bedeutung, weil sich die Gleichgewichtszustände zwischen Dampf und Flüssigkeit häufig schwer einstellen, insbesondere bei ternären Systemen und bei den meist gebräuchlichen Umlaufapparaturen (vgl. S. 59). Die dadurch bedingte Unsicherheit der experimentellen Daten macht deshalb eine Nachprüfung mittels der GIBBS-DUHEMschen Gleichung in vielen Fällen notwendig. Zeigt diese Nachprüfung, daß die gewonnenen Werte dieser Gleichung nicht genügen, so kann man mit Sicherheit sagen, daß sie systematische Fehler enthalten (vgl. auch S. 156).

Trägt man die experimentell gefundenen $(\ln f)$-Werte gegen x auf, so müssen die beiden Kurven auf Grund der GIBBS-DUHEMschen Gleichung folgenden unmittelbar nachprüfbaren Forderungen genügen: Steigt die eine Kurve stetig, so muß die andere stetig fallen mit wachsendem x. Sind die $(\ln f)$-Werte der einen Komponente stets größer als 1 und ohne Extremwert, so müssen auch die der anderen Komponente stets größer als 1 sein und vice versa. Findet man für eine der Kurven einen Extremwert, so muß auch die andere Kurve bei gleichem x einen Extremwert besitzen. Die Neigung der beiden Kurven bei $x = 0,5$ muß entgegengesetzt gleich sein. Für unendliche Verdünnung folgt ebenfalls unmittelbar aus (1), ebenso auch aus (III, 95) und (III, 97)

$$\lim_{x\to 0} \frac{\partial \ln f_1}{\partial x} = 0; \quad \lim_{x\to 0} \frac{\partial \ln f_2}{\partial x} \neq \infty$$

$$\lim_{x\to 1} \frac{\partial \ln f_1}{\partial x} \neq \infty; \quad \lim_{x\to 1} \frac{\partial \ln f_2}{\partial x} = 0. \qquad (4)$$

Diese Forderungen der GIBBS-DUHEMschen Gleichung sind unmittelbar aus Abb. 29 abzulesen.

Eine eingehendere Prüfung der experimentellen Werte ist mittels Gl. (3) möglich, indem man die Aktivitätskoeffizienten der Komponente 1 aus den experimentellen Werten von $\ln f_2$ durch graphische Integration ermittelt und mit den experimentellen Werten von $\ln f_1$ vergleicht. Ein Beispiel aus neueren isobaren Messungen (292) ist in

Abb. 29 wiedergegeben. Aus den experimentellen (log f)-Werten des Toluols wurde mittels (3) die (log f)-Kurve des Methyläthylketons berechnet (ausgezogene Kurven), die zugehörigen Meßpunkte fallen mit dieser Kurve

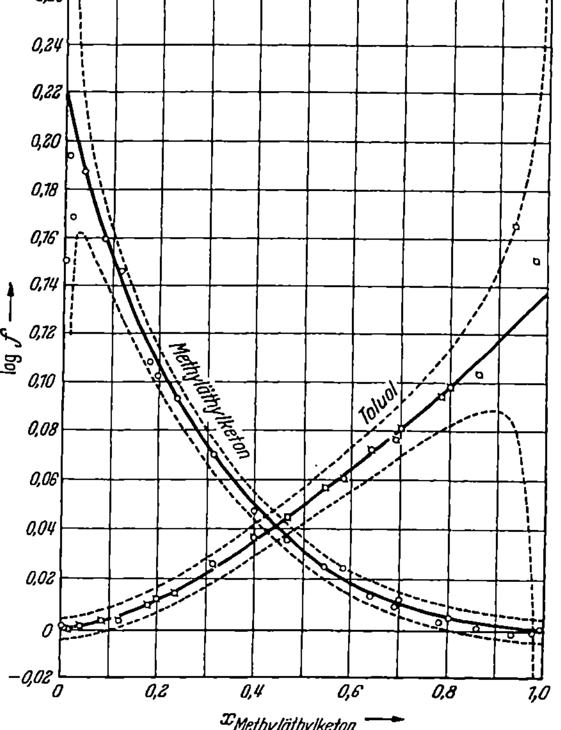

Abb. 29. (log f), x-Kurven im binären System Methyläthylketon-Toluol aus isobaren Messungen bei 760 mm Druck.

innerhalb geringer Streuungen zusammen, was bedeutet, daß die Meßwerte thermodynamisch konsistent sind. Um die Grenzen der Meßfehler festzulegen, wurden die experimentellen Gleichgewichtsmolenbrüche in Dampf und Flüssigkeit willkürlich um 0,002 Einheiten und die Gleichgewichtstemperaturen um 0,2° C geändert. Die mit diesen Änderungen berechneten maximalen Abweichungen der (log f)-Werte werden durch die gestrichelten Kurven dargestellt. Daraus schließen die Autoren (*292*), daß die Meßwerte innerhalb dieser Grenzen thermodynamisch widerspruchsfrei sind, da alle Meßpunkte innerhalb dieser gestrichelten Kurven liegen. Dieses Verfahren ist auch auf ternäre Systeme ausgedehnt worden (*292*), ist dann allerdings wesentlich komplizierter und langwieriger. Über eine weitere von Gl. (II, 39a) ausgehende Anwendung der GIBBS-DUHEMschen Gleichung auf ternäre Systeme vgl. DARKEN (46).

Diese Prüfung bedeutet natürlich nicht, daß die Meßwerte *richtig* sind, d. h. den wirklichen Gleichgewichtswerten entsprechen, denn auch unrichtige Meßergebnisse können u. U. thermodynamisch widerspruchsfrei sein. Tatsächlich müßten ja, wie S. 130 erwähnt, die Aktivitätskoeffizienten auf eine gemeinsame mittlere Temperatur reduziert werden, da Gl. (1) nur für konstante Temperaturen gilt, und außerdem sind bei den Messungen die Abweichungen vom idealen Gasgesetz nicht berücksichtigt worden, die bei 760 mm Druck schon eine merkliche Korrektur der f-Werte verursachen sollten (vgl. S. 71).

Wie groß solche Korrekturen unter den üblichen Meßbedingungen sein können, sei an einigen Beispielen gezeigt. Unter Verwendung der meistgebräuchlichen Gleichung (III, 73) erhält man für den Aktivitätskoeffizienten der Komponente 2 aus (III, 74)

$$\ln f_2 = \ln \frac{\overset{*}{p_2}}{\overset{*}{p_{02}} x'} = \ln \frac{p_2}{p_{02} x'} + (V_2' - B_2)(p_{02} - p)/RT \ . \tag{5}$$

Für einen beliebig herausgegriffenen Punkt des Systems Furfurol (1)-n-Butan (2) findet man folgende experimentelle Werte (*194*):

Gleichgewichtstemperatur $T = 311{,}0°$ K;   Gleichgewichtsdruck $p = 1174$ mm Hg.

$1 - x' = 0{,}9541; \quad x' = 0{,}0459; \quad p_1 = 5{,}7$ mm; $\quad p_2 = 1168$ mm.

$\quad p_{01} = 5{,}9$ mm; $\quad p_{02} = 2638$ mm; $V_2' = 103{,}9$ cm³;

$\quad B_2 = -711{,}9$ cm³; $\quad R = 62365$ cm³mm Hg/°.

Der zweite Virialkoeffizient wurde mittels (III, 46) aus den kritischen Daten errechnet. Setzt man diese Werte in (5) ein, so wird $f_2 = 10{,}27$, während man ohne Korrektur des Partialdrucks $f_2 = 9{,}65$ berechnet.

BENEDICT (*11*) gibt für n-Heptan, Methanol und Toluol bei $p = 760$ mm und verschiedenen Gleichgewichtstemperaturen folgende Korrekturwerte von $(V_i' - B_i)(p_{0i} - p) \equiv \Delta$ in cal/Mol an:

Tabelle 7. *Fugazitätskorrekturen für verschiedene Stoffe
unter gegebenen Meßbedingungen.*

$\Delta \equiv (V_i' - B_i)(p_{0i} - p)$ in cal/mol bei $p = 760$ mm.

Temperatur °C	n-Heptan $t_S = 98{,}43°$	Methanol $t_S = 64{,}51°$	Toluol $t_S = 110{,}61°$
60	− 38,0	− 4,7	− 44,7
70	− 29,3	+ 5,6	− 36,2
80	− 19,9	+ 15,6	− 27,7
90	− 9,6	+ 25,1	− 19,0
100	+ 1,9	+ 34,5	− 10,0
110	+ 14,6	+ 43,6	− 0,4

Mit Hilfe dieser Korrekturen findet man z. B. im System n-Heptan-Methanol bei $t_S = 58{,}93°$ C, $x'_{\text{Heptan}} = 0{,}61$, $p_{\text{Heptan}} = 26{,}1$ mm, $p_{0\,\text{Heptan}} = 202$ mm für, $f_{\text{Heptan}} = 1{,}53$, während ohne Korrektur $f_{\text{Heptan}} = 1{,}61$ wird. In erster Näherung ist die Größe der Korrektur der Temperaturdifferenz ΔT zwischen Meßtemperatur und Siedetemperatur des reinen Stoffes proportional, was auch für andere Stoffe bestätigt wurde. Das bedeutet, daß die Korrektur für eine Komponente immer dann sehr groß wird, wenn der Siedepunkt der Mischung sehr viel höher liegt als der Siedepunkt der betreffenden reinen Komponente.

Ist das Molvolumen V_i' der reinen flüssigen Komponente beim Siedepunkt der Mischung nicht bekannt[1], so kann man es nach einer empirischen Formel (*191*)

$$V_i' = \frac{M_i}{\varrho_i} = \frac{\mu_L\,R\,T}{p_{0i}} \tag{6}$$

berechnen. μ_L ist eine von der Natur der Flüssigkeit weitgehend unabhängige Größe, die von der reduzierten Temperatur $T_r \equiv T/T_k$ und dem reduzierten Druck $p_r \equiv p/p_k$ abhängt. Man findet, daß

$$\frac{\mu_L}{p_r} = f(T_r)\,, \tag{7}$$

daß also bei konstanter Temperatur μ_L gegen p_r aufgetragen eine Gerade ergibt. μ_L/p_r wurde für eine Reihe von T_r-Werten ermittelt. Damit erhält man für das Molvolumen

$$V_i' = \frac{R\,T}{p_{ki}}\,f(T_r)\,. \tag{8}$$

Setzt man diesen Wert sowie die Gleichung (III, 46) für den zweiten Virialkoeffizienten in das Korrekturglied von (5) ein, so erhält man

$$(V_i' - B_i)\,(p_{0i} - p)/R\,T = \frac{p_{0i} - p}{p_{ki}}\left[f(T_r) - \frac{0{,}197}{T_r} + 0{,}012 + \frac{0{,}400}{T_r^2} + \frac{0{,}146}{T_r^{4{,}27}}\right]. \tag{9}$$

Diese Gleichung wurde in Form eines Nomogrammes dargestellt (*260*), aus dem man die Korrektur direkt ablesen kann. Zu ihrer Ermittlung ist also lediglich die Kenntnis der kritischen Temperatur und des kritischen Drucks der reinen Komponente notwendig. Sind diese nicht bekannt, so kann man sie häufig mittels empirischer Gleichungen näherungsweise berechnen (*191, 260*).

In neuerer Zeit haben REDLICH und KISTER (*236*) darauf hingewiesen, daß zum Ausgleich experimenteller Daten die Verwendung einer abgeleiteten Funktion wie des Aktivitätskoeffizienten anstelle der unmittelbaren experimentellen Meßgrößen nicht vorteilhaft ist, besonders dann nicht, wenn die Fehlergrenzen der experimentellen Methode innerhalb der Meßreihe stark schwanken. Nun sind bei der Ermittlung der üblichen Siedediagramme die Siedetemperatur t sowie die Molenbrüche x' und x'' der beiden koexistenten Phasen die eigentlichen Meßgrößen. Die GIBBS-DUHEMsche Gleichung wird deshalb in der Weise umgeformt, daß sie eine direkte Differentialbeziehung zwischen diesen Meßgrößen herstellt. ·

Wir schreiben Gl. (III, 86) für den Aktivitätskoeffizienten in der Form

$$f_i = \frac{p\,x_i''}{p_{0i}\,x_i'}\,, \tag{10}$$

---

[1] Für eine Reihe von Stoffen sind die Dichten von Flüssigkeiten als Funktion der Temperatur in Form einer Potenzreihe nach T in den Int. crit. Tables Bd. III angegeben.

indem wir den Partialdruck p_i durch $p\,x_i''$ ersetzen (p = Gesamtdruck, x_i'' = Molenbruch in der Dampfphase). Die gegebenenfalls notwendige Reduktion auf eine gemeinsame mittlere Temperatur $\overline{T}$ sowie die Abweichung vom idealen Gasverhalten wird durch Einführung der Fugazitäten $\overset{*}{p}_{0i}$ berücksichtigt, so daß

$$f_i = \frac{p\,x_i''}{\overset{*}{p}_{0i}\,x_i'}.\tag{11}$$

Dabei sei nach der durch Gl. (2) und (5) gegebenen Näherung $\overset{*}{p}_{0i}$ definiert durch

$$\ln \overset{*}{p}_{0i} = \ln p_{0i} + \frac{1}{R\,T}\left[(V_i' - B_i)(p - p_{0i}) - \varDelta H_i(T - \overline{T})/\overline{T}\right].\tag{12}$$

Im Gültigkeitsbereich dieser Näherung hängen die Aktivitätskoeffizienten also nicht mehr explizit von T ab, sondern nur noch indirekt über x, das sich ja mit der Siedetemperatur t des Gemisches ändert. Wir können demnach schreiben

$$\frac{d\,f_i}{d\,T} = \left(\frac{\partial f_i}{\partial x'}\right)_t \frac{d\,x'}{d\,t}.\tag{13}$$

Kombiniert man dies mit Gl. (1), so ergibt sich für die GIBBS-DUHEM-sche Gleichung die Form

$$(1 - x')\frac{\partial \ln f_1}{\partial t} + x'\frac{\partial \ln f_2}{\partial t} = 0.\tag{14}$$

Aus (11) folgt durch logarithmische Differentiation nach t

$$\begin{aligned}
\frac{\partial \ln f_1}{\partial t} &= -\frac{1}{1 - x''}\frac{d\,x''}{d\,t} + \frac{1}{1 - x'}\frac{d\,x'}{d\,t} - \frac{d \ln \overset{*}{p}_{01}}{d\,t}\\[2mm]
\frac{\partial \ln f_2}{\partial t} &= \frac{1}{x''}\frac{d\,x''}{d\,t} - \frac{1}{x'}\frac{d\,x'}{d\,t} - \frac{d \ln \overset{*}{p}_{02}}{d\,t}.
\end{aligned}\tag{15}$$

Damit geht (14) über in

$$\left(\frac{x'}{x''} - \frac{1 - x'}{1 - x''}\right)\frac{d\,x''}{d\,t} - \left[(1 - x')\frac{d \ln \overset{*}{p}_{01}}{d\,t} + x'\frac{d \ln \overset{*}{p}_{02}}{d\,t}\right] = 0,\tag{16}$$

oder in anderer Form geschrieben

$$\frac{d\,t}{d\,x''} = s\,\frac{x' - x''}{x''(1 - x'')},\tag{17}$$

wobei

$$s \equiv \frac{0{,}4343}{(1 - x')\dfrac{d \log \overset{*}{p}_{01}}{d\,t} + x'\dfrac{d \log \overset{*}{p}_{02}}{d\,t}}.\tag{18}$$

Gl. (17) stellt die gewünschte Beziehung zwischen den eigentlichen Meßgrößen t, x' und x'' her und ist der GIBBS-DUHEMschen Gleichung äquivalent. Für kleine Drucke ($\overset{*}{p}_{0i} = p_{0i}$) stellt die Größe $R\,T^2/s$ nach der CLAUSIUS-CLAPEYRONschen Gleichung die Verdampfungswärme pro Mol Mischung dar.

Die Grenzwerte $\lim\limits_{x' \to 0} (dt/dx'')$ und $\lim\limits_{x' \to 1} (dt/dx'')$ sind nach (17) unbestimmt. Man kann sie mit Hilfe der sog. „*relativen Flüchtigkeit*" ausdrücken, die definiert ist durch

$$\alpha \equiv \frac{x''(1 - x')}{x'(1 - x'')} \cdot \qquad (19)$$

Drückt man x'' durch α aus und setzt dies in (17) ein, so wird

$$\frac{dt}{dx''} = s\,(1 - x' + \alpha x')\,(1 - \alpha)/\alpha\,. \qquad (20)$$

Ferner folgt aus (19) durch logarithmische Differentiation

$$\frac{d\ln\alpha}{dx'} = \frac{1}{x''(1 - x'')}\,\frac{dx''}{dt} \cdot \frac{dt}{dx'} - \frac{1}{x'(1 - x')} \cdot \qquad (21)$$

Eliminiert man dt/dx'' aus den letzten beiden Gleichungen, so folgt

$$s\left[\frac{d\ln\alpha}{dx'}\,x'(1 - x') + 1\right] = \frac{x'(1 - x')}{x''(1 - x'')} \cdot \frac{\alpha}{(1 - x' + \alpha x')\,(1 - \alpha)} \cdot \frac{dt}{dx'}\,. \qquad (22)$$

Mit $x''\,(1 - x' + \alpha x') = \alpha x'$ und $1 - x'' = 1 - \dfrac{\alpha x'}{1 - x' + \alpha x'}$ aus (19) läßt sich (22) umformen in

$$\left(\frac{1}{1 - \alpha} - x'\right)\frac{dt}{dx'} = s\left[\frac{d\ln\alpha}{dx'}\,x'\,(1 - x') + 1\right]. \qquad (23)$$

Da α stets positiv und endlich, und $\dfrac{d\ln\alpha}{dx'}$ ebenfalls stets endlich ist, muß auch dt/dx' stets endlich sein. Die Grenzwerte für $x' \to 0$ und $x' \to 1$ ergeben sich nach (23) und (20) zu:

x'	0	1
dt/dx'	$s\,(1 - \alpha)$	$s\,(1 - \alpha)/\alpha$
dt/dx''	$s\,(1 - \alpha)/\alpha$	$s\,(1 - \alpha)$
α	$1 - \dfrac{1}{s}\cdot\dfrac{dt}{dx'}$	$\dfrac{1}{1 + \dfrac{1}{s}\dfrac{dt}{dx'}}$
dx''/dt	$\dfrac{dx'}{dt} - \dfrac{1}{s}$	$\dfrac{dx'}{dt} + \dfrac{1}{s}$

Um mit den abgeleiteten Beziehungen die experimentellen x'-, x''- und t-Werte zu prüfen und auszugleichen, geht man folgendermaßen vor: Man trägt in üblicher Weise die Siedetemperaturen t gegen x' bzw. x'' auf. Die Fugazitäten $\overset{*}{p}_{01}$ und $\overset{*}{p}_{02}$ werden nach (12) berechnet, häufig kann man auch in erster Näherung p_{01} und p_{02} selbst benutzen. Der Neigungsfaktor s wird nach (18) berechnet, $d\ln p_{0i}/dt$ aus den üblichen Dampfdruckformeln. Die durch (17) gegebenen Tangenten werden für jeden x''-Meß-Punkt in das Diagramm eingezeichnet. Durch die x'-Punkte wird eine ausgeglichene Kurve gelegt und die Grenzneigungen

dx'/dt für $x' = 0$ und $x' = 1$ werden aus dieser Kurve ermittelt; die zugehörigen dx''/dt-Grenzwerte werden nach der obigen Tabelle berechnet, und die Grenztangenten an die $x''t$-Kurve ebenfalls eingezeichnet. Diese Kurve muß die durch (17) vorgeschriebenen Tangenten haben, andernfalls sind die experimentellen Werte zweifelhaft. Das Verfahren wird am Siedediagramm des Systems n-Hexan-Benzol bei 735 mm Druck im einzelnen durchgeführt. Als weiteres Beispiel geben die

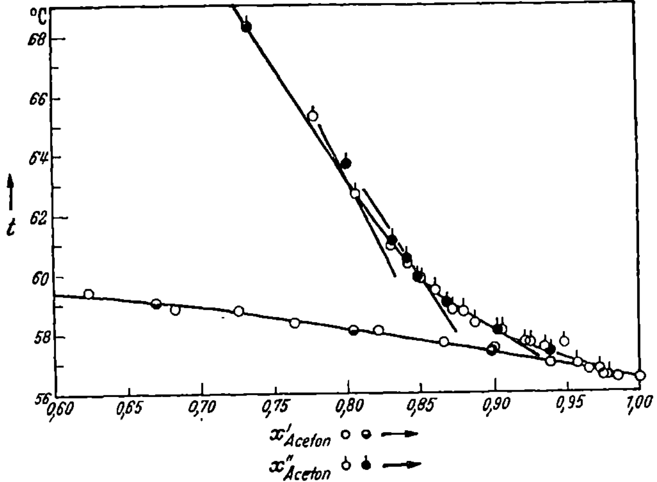

Abb. 30. Ausschnitt des Siedediagramms Aceton-Wasser.

Autoren einen Teil des Siedediagramms des Systems Aceton-Wasser nach Messungen verschiedener Autoren wieder. Obwohl die $x''t$-Meßwerte auf einer glatten Kurve liegen, erfüllt diese nicht die Bedingung der nach (17) berechneten Neigungen, die berechneten Tangenten sind wesentlich zu steil (vgl. Abb. 30). Die Autoren schließen daraus, daß die verschiedenen Meßreihen trotz ihrer Übereinstimmung einen systematischen Fehler enthalten müssen. Dieses Beispiel unterstreicht die Notwendigkeit, die thermodynamische Konsistenz der Meßwerte an Hand der GIBBS-DUHEMschen Gleichung zu prüfen.

2. Berechnung der Partialdrucke mit Hilfe des Gesamtdrucks.

Für *binäre Systeme* hat man mit der GIBBS-DUHEMschen Gleichung in der Form (II, 25)

$$(1 - x') \frac{\partial \ln p_1}{\partial x'} + x' \frac{\partial \ln p_2}{\partial x'} = 0 \qquad (24)$$

und mit

$$p_1 + p_2 = p \qquad (25)$$

zwei Gleichungen, mit deren Hilfe man die beiden Unbekannten p_1 und p_2 prinzipiell berechnen kann, wenn der Gesamtdruck p als Funktion von x' bekannt ist. Das würde bedeuten, daß man die Partialdruckmessungen umgehen und lediglich aus Gesamtdruckmessungen das Verdampfungs-gleichgewicht ermitteln kann. Eliminiert man mittels (25) einen der Partialdrucke aus (24), so erhält man

$$\frac{\partial p_2}{\partial x'} = \frac{1 - x'}{1 - \frac{p}{p_2} x'} \cdot \frac{\partial p}{\partial x'} . \tag{26}$$

Diese Differentialgleichung ist jedoch nicht allgemein integrierbar, sondern kann nur durch numerische oder durch graphische Integration gelöst werden. Beide Verfahren sind mehrfach beschrieben worden. Im folgenden sei das von KRITSCHEWSKY und KARSARNOWSKY (158) an-gegebene Verfahren zur numerischen Integration von (26) kurz erläutert, das den Vorzug besitzt, auch dann brauchbar zu sein, wenn die Dampf-phase sich nicht ideal verhält (weitere Literaturangaben bei den gleichen Autoren).

Setzt man zunächst für ideale Dampfphase $p_2 = p\, x''$ und führt dies in (26) ein, so wird

$$d\,x'' = \frac{x'' (1 - x'')}{(x'' - x')\, p}\, d\,p . \tag{27}$$

Das ist eine Differentialgleichung von der Form $(d y/d x) = f(x, y)$, wobei die Anfangsbedingungen bekannt sind, d. h. für $x = a$ sei $y = b$[1]. Man ersetzt nun zur numerischen Integration die Differentiale durch kleine aber endliche Zunahmen h und fragt nach dem Wert für $y + \Delta y$, wenn $x = a + h$ wird. Für Δy kann man nach einer von RUNGE angegebenen Methode folgende Näherungen benutzen:

$$\Delta_1 y = h \cdot f(a, b); \quad (\text{entspr. } d y = d x\, f(x, y) \tag{28}$$

$$\Delta_2 y = h \cdot f(a + h,\, b + \Delta_1 y)$$

$$\Delta_3 y = h \cdot f(a + h,\, b + \Delta_2 y)$$

$$\Delta_4 y = h \cdot f\left(a + \frac{h}{2};\ b + \frac{\Delta_1 y}{2}\right) \tag{29}$$

$$\Delta_5 y = \frac{1}{2}(\Delta_1 y + \Delta_3 y)$$

$$\Delta_6 y = \Delta_4 y + \frac{1}{3}(\Delta_5 y - \Delta_4 y) .$$

Die letzte Näherung ist die beste, doch unterscheidet sich für kleine h $\Delta_4 y$ und $\Delta_6 y$ nur wenig, so daß Gl. (29) für den vorliegenden Zweck meist ausreicht. Je kleiner man h wählt, je größer also die Anzahl der Schritte ist, umso genauer wird die Lösung.

---

[1] Allgemeine Lösungen dieser Differentialgleichung ohne Verwendung von Näherungsrechnungen sind neuerdings von KAMKE (135) angegeben worden.

Die für das Problem gegebene Anfangsbedingung, daß für $x' = x'' = 1$ der Druck $p = p_{02}$ wird, ist allerdings nicht brauchbar, weil bei Einsetzen dieser Werte in (27) die rechte Seite unbestimmt wird. Man wählt deshalb einen Punkt, bei dem x' nahezu gleich 1 ist und erhält den entsprechenden Anfangswert von x'' durch Ausprobieren etwa mit Hilfe des RAOULTschen Gesetzes (vgl. Abb. 12). Der zugehörige p-Wert ist aus der Gesamtdruckkurve bekannt. Von diesem Punkt ausgehend kann man das RUNGEsche Verfahren durchführen, indem man für einen bekannten Zuwachs Δp des Gesamtdrucks das zugehörige $\Delta x''$ nach (28) und (29) berechnet. $(x'' + \Delta x'')$ und $(p + \Delta p)$ sind dann die neuen Werte, von denen ausgehend der nächste Schritt vorgenommen wird. Ein einmal gemachter Fehler (durch Wahl eines zu großen Zuwachses Δp) geht also systematisch in die ganze weitere Rechnung ein.

Das Verfahren wurde mit gutem Erfolg auf das System CS_2-$(CH_3)_2CO$ angewendet (*158*), für das genaue Messungen von ZAWIDZKI (*332*) vorliegen[1]. Besitzt das betreffende System ein Dampfdruckmaximum oder -minimum, für das $x' = x''$, so kann man auch die numerische Integration von diesem Punkt ausgehend nach beiden Seiten hin durchführen.

Gehorcht die Dampfphase nicht dem idealen Gasgesetz, und führt man die Fugazitäten nach der Näherungsgleichung (III, 66) in der Form

$$\overset{*}{p}_2 = \overset{*}{p}_{02}\, x'' \quad \text{und} \quad \overset{*}{p}_1 = \overset{*}{p}_{01}\, (1 - x'') \tag{30}$$

ein, so führt die entsprechende Rechnung zu der zu (27) analogen Beziehung

$$d\,x'' = \frac{x''(1 - x'')}{(x'' - x')} \left[x' \frac{\partial \ln \overset{*}{p}_{02}}{\partial p} + (1 - x)' \frac{\partial \ln \overset{*}{p}_{01}}{\partial p} \right] d\,p. \tag{31}$$

Da ferner nach (II, 7) $(\partial \ln \overset{*}{p}_{0i}/\partial p) = V_i''/R\,T$, worin V_i'' das Molvolumen der reinen Komponente beim Druck p darstellt, kann man (31) umformen in die Differentialgleichung

$$d\,x'' = \frac{x''(1 - x'')}{x'' - x'} \cdot \frac{x'\, V_2'' + (1 - x')\, V_1''}{R\,T}\, d\,p, \tag{32}$$

deren numerische Integration wieder nach dem RUNGEschen Verfahren möglich ist. Die Molvolumina V_i'' werden dabei nach (III, 29) berechnet.

Für *ternäre Systeme* lautet die GIBBS-DUHEMsche Gleichung

$$x_1'\, d \ln p_1 + x_2'\, d \ln p_2 + (1 - x_1' - x_2')\, d \ln p_3 = 0. \tag{33}$$

Ferner gilt

$$p_1 + p_2 + p_3 = p. \tag{34}$$

---

[1] Neuere Anwendungsbeispiele für dieses Verfahren bei FONTELL (*72*), NIINI (*205*) und KOHLER (*148*).

Zur Berechnung der Unbekannten p_1, p_2 und p_3 braucht man deshalb noch eine dritte Gleichung, die nur für bestimmte Spezialfälle aufgestellt werden kann, z. B. für Mischungen, bei denen die eine Kompo-

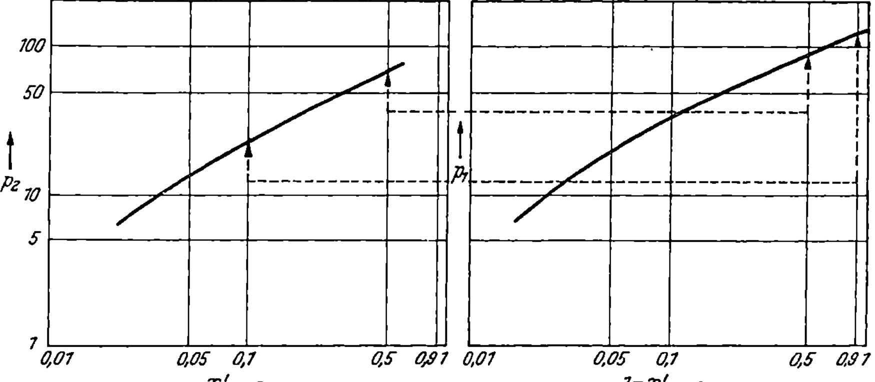

Abb. 31. DUHEM-MARGULESsche Gleichung in doppeltlogarithmischer Darstellung.

nente nicht flüchtig ist (Lösung eines Salzes in einem binären Lösungsmittelgemisch). Dann läßt sich wieder eine Differentialgleichung aufstellen, die numerisch integriert werden kann (158).

Gegenüber der recht mühsamen numerischen Integration der DUHEM-MARGULESschen Gleichung besitzen die *graphischen* Integrationsverfahren erhebliche Vorteile, worauf in neuerer Zeit wieder mehrfach hingewiesen wurde (122, 206, 209). Formt man Gl. (24) um in

$$\frac{\partial \ln p_2}{d \ln x'} = \frac{\partial \ln p_1}{\partial \ln (1 - x')} , \tag{35}$$

so sieht man, daß p_2 gegen x' und p_1 gegen $(1 - x')$ in doppelt logarithmischen Koordinaten aufgetragen zwei Kurven geben muß, deren Neigung in einander entsprechenden Punkten identisch ist (vgl. Abb. 31). Sind

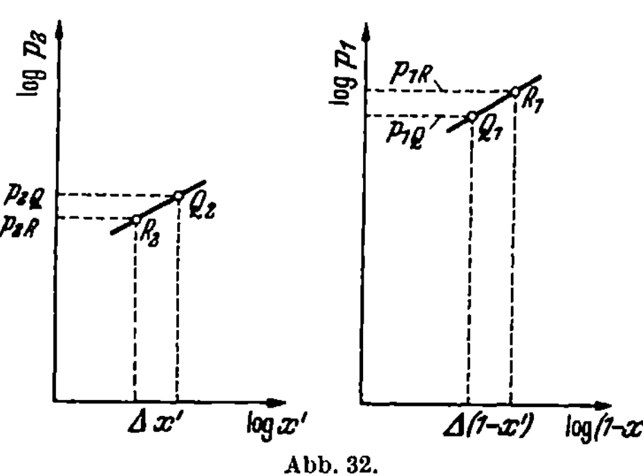

Abb. 32.
Zur graphischen Integration der DUHEM-MARGULESschen Gleichung.

Q_2 und Q_1 in Abb. 32 korrespondierende Punkte der Partialdruckkurven (bei x' und $(1 - x')$), und wählt man $\varDelta x' = \varDelta (1 - x')$ genügend klein, so kann man die Kurvenstücke $Q_2 R_2$ und $Q_1 R_1$ als geradlinig betrachten, ihre Neigungen müssen nach (35) identisch sein. Geht man also von bekannten Partial-

drucken in Q_2 und Q_1 aus und kennt man außerdem die Gesamtdruckkurve, so muß man, um nach R_2 und R_1 zu gelangen, die Neigung
der beiden Geraden $Q_2 R_2$ und $Q_1 R_1$ durch Ausprobieren so wählen,
daß $p_{1R} + p_{2R} = p_R$, dem bekannten Gesamtdruck bei $x' - \Delta x'$
wird. Man hat so die unbekannten Partialdrucke p_{1R} und p_{2R} aus den
bekannten Partialdrucken p_{1Q} und p_{2Q} und der Gesamtdruckkurve ermittelt. Setzt man jetzt von R_1 und R_2 ausgehend die Konstruktion
in gleicher Weise fort, so erhält man die gesamten Partialdruckkurven
als gebrochene Linienzüge, die mit den wirklichen Kurven um so besser
übereinstimmen, je kleiner man die Schritte $\Delta x'$ wählt.

Als bekannte Ausgangspunkte kann man auch in diesem Fall nicht
$x' = 0$ mit $p_2 = 0$, $p = p_{01}$ und $(1 - x') = 0$ mit $p_1 = 0$, $p = p_{02}$ wählen
wegen $\log 0 = - \infty$. Da jedoch nach (III, 90) die Partialdruckkurven bei
genügend großem x' bzw. $1 - x'$ stets asymptotisch in die RAOULTschen
Geraden übergehen, wählt man
z. B. $x' = 0{,}99$ (oder 0,999
oder 0,9999) mit $p_2 = x' \, p_{02}$
und $p_1 = p - p_2$ als Anfangspunkt für die Konstruktion
der Partialdruckkurven. Wie
groß x' gewählt werden muß,
hängt davon ab, wie stark
das System vom idealen Verhalten abweicht. Für diesen
Anfangspunkt ist die Neigung
der Partialdruckkurven im
doppelt logarithmischen Koordinatensystem gleich 45°.
Man konstruiert zweckmäßig
beide Partialdruckkurven von
beiden Seiten her [$x' \to 0$ und
$(1 - x') \to 0$] und hat dann in
der Forderung, daß die Kurven
in der Mitte aufeinander treffen
müssen, eine Kontrolle für die
Genauigkeit der Konstruktion.

Selbstverständlich kann
man auch von der Gl. (II, 21)
in der Form

$$\frac{\partial \ln f_2}{\partial \ln x'} = \frac{\partial \ln f_1}{\partial \ln (1 - x')} \qquad (36)$$

ausgehend die Kurven der
Aktivitätskoeffizienten durch

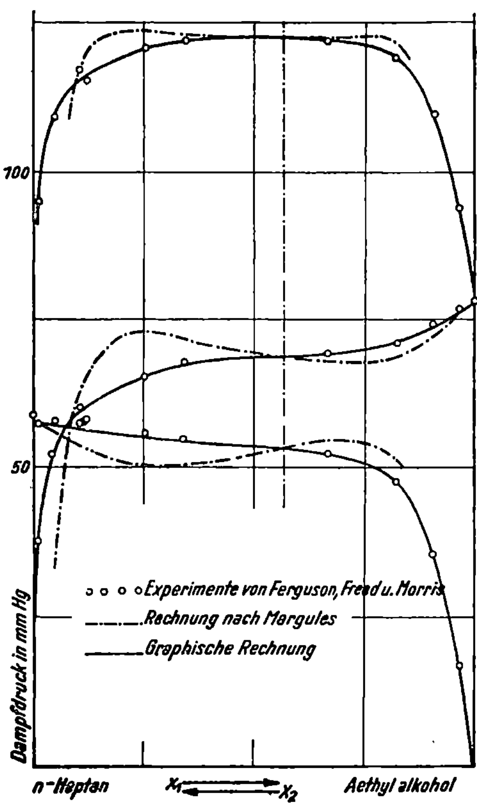

Abb. 33. Vergleich der experimentellen und durch
graphische Integration der DUHEM-MARGULESschen
Gleichung ermittelten Partialdruckkurven des
Systems Äthanol—n-Heptan.

graphische Integration in der gleichen Weise ermitteln wie die Partial-druckkurven, wobei $p = x' p_{02} f_2 + (1 - x') p_{01} f_1$. ORLICEK (209) hat nach dem beschriebenen Verfahren die Partialdruckkurven des stark vom idealen Verhalten abweichenden Systems Äthanol-n-Heptan aus Gesamtdruckmessungen ermittelt. In Abb. 33 stellen die Punkte die Meßwerte, die ausgezogenen Kurven die durch graphische Integration erhaltenen Partialdrucke dar. Auf die Bedeutung der gestrichelten Kurven wird später eingegangen (vgl. S. 170).

Der Vorzug der graphischen Methode macht sich besonders geltend bei azeotropen Mischungen, bei denen man einfache Beziehungen ab-leiten kann, mit deren Hilfe sich der ungefähre Verlauf der Partial-druckkurven aus der Gesamtdruckkurve sofort abschätzen läßt (206).

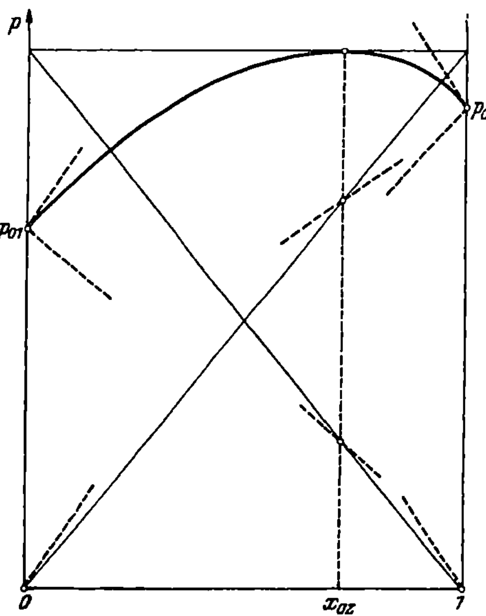

Abb. 34. Konstruktion der Partialdrucke und der Tangente der Partialdruckkurven für die azeotrope Zusammensetzung.

Für den azeotropen Punkt ist $(\partial p/\partial x') = 0$, woraus nach Gl. (26) für die zugehörige Zusammen-setzung folgt

$$x'_{az} = \frac{p_{2\,az}}{p_{az}} . \qquad (37)$$

Ist demnach die Zusammenset-zung des azeotropen Punktes bekannt, so kann man die beiden Partialdrucke sofort angeben. Man ermittelt sie graphisch, in-dem man den Maximum- bzw. Minimumdruck auf den Ordi-natenachsen abträgt und kreuz-weise mit den Nullpunkten ver-bindet (Abb. 34). Ferner lassen sich die Neigungen der Partial-druckkurven im azeotropen Punkt exakt angeben. In letz-terem nimmt $(\partial p_2/\partial x')$ nach Gl. (26) den unbestimmten Ausdruck 0/0 an. Die Differentiation von Zähler und Nenner liefert

$$\left(\frac{\partial p_2}{\partial x'}\right)_{az} = \frac{p_{az}}{2} \pm \sqrt{\left(\frac{p_{az}}{2}\right)^2 + p_{2\,az}\,(1 - x'_{az})\left(\frac{\partial^2 p}{\partial x'^2}\right)_{az}} . \qquad (38)$$

Auch diese Neigungen lassen sich graphisch konstruieren (206), doch sind graphische Differentiationen nicht sehr genau, so daß man die Neigungen besser rechnerisch ermittelt. Zusammen mit den Tangenten, die sich aus dem RAOULTschen und dem HENRYschen Gesetz angeben lassen (vgl. S. 75), hat man somit für jede Partialdruckkurve bereits drei Punkte mit ihren Tangenten, woraus der ungefähre Verlauf dieser Kurven mit guter Annäherung vorausgesagt werden kann (vgl. Abb. 34).

Weitere Punkte der Partialdruckkurve lassen sich nach einem ähnlichen Verfahren ermitteln wie nach der oben beschriebenen numerischen Methode nach RUNGE. Durch Gl. (26) ist ja die Neigung der Partialdruckkurve als Funktion der bekannten Neigung der Gesamtdruckkurve und der Werte von x', p und p_2 bzw. p_1 dargestellt. Man kann also von einem bekannten Wert von p_2 ausgehend (z. B. vom azeotropen Punkt) die Partialdruckkurve stückweise zeichnen, indem man $(\partial p_2/\partial x')$ aus (26) berechnet und die einzelnen Stücke wieder als geradlinig ansieht. Wie groß man diese geradlinigen Stücke wählen darf, läßt sich aus der Krümmung der Gesamtdruckkurve jeweils abschätzen. Zweckmäßig wählt man auch hier doppelt logarithmische Koordinaten: Schreibt man (35) in der Form

$$\frac{\partial \ln p_2}{\partial \ln x'} = \frac{1 - x'}{p_1}\, \frac{\partial p_1}{\partial (1 - x')}$$

und ersetzt $\partial p_1/\partial (1 - x')$ nach (26) durch $\dfrac{x'}{1 - \dfrac{p}{p_1}(1 - x')} \cdot \dfrac{\partial p}{\partial (1 - x')}$,

so erhält man

$$\frac{\partial \ln p_2}{\partial \ln x'} = \frac{1 - x'}{\dfrac{p_2}{p} - x'} \cdot \frac{\partial \ln p}{\partial \ln x'}, \tag{39}$$

und kann so die Neigung der Partialdruckkurve aus der Neigung der Gesamtdruckkurve, beide in doppelt logarithmischem Maßstab, berechnen.

Dieses graphische Verfahren läßt sich auch auf ternäre Systeme übertragen. Den beiden Partialdruckkurven und der Gesamtdruckkurve des binären Systems entsprechen hier drei Partial- und eine Gesamtdruckfläche über dem GIBBSschen Dreieck, deren Lagen in jedem Punkt durch *zwei* Neigungen bestimmt sind. Die Integration muß deshalb von jeweils zwei Punkten in zwei Richtungen vor sich gehen. Sind z. B. in P und Q (Abb. 35) die Partialdrucke gegeben, so kann man den Partialdruck in R bestimmen, indem man von P in Richtung von x_1 um das Intervall $\varDelta x_1$, von Q in Richtung von x_2 um $\varDelta x_2$

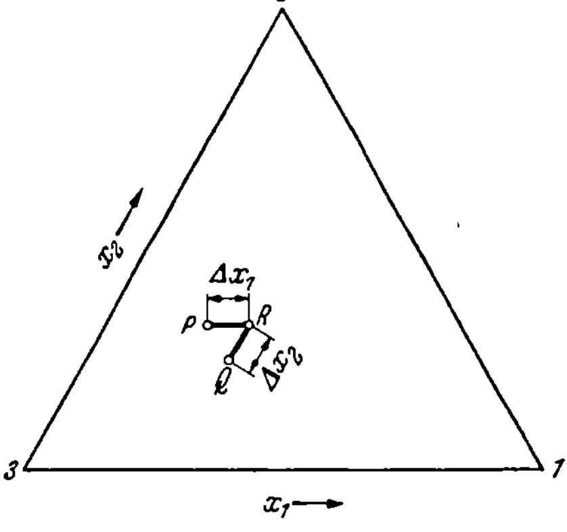

Abb. 35. Zur graphischen Integration der DUHEM-MARGULESschen Gleichung im 3-Stoff-System.

fortschreitet und die Intervalle so klein wählt, daß die Neigung der Partialdruck- und der Gesamtdruckfläche als konstant angesehen werden kann. Der gesuchte Partialdruck der Komponente i im Punkt R ist gegeben durch

$$p_{iR} = p_{iP} + \Delta x_1 \frac{\partial p_{iR}}{\partial x_1} = p_{iQ} + \Delta x_2 \frac{\partial p_{iR}}{\partial x_2}. \tag{40}$$

Da nun unter Berücksichtigung der kleinen Intervalle

$$\frac{\partial \ln p_{iR}}{\partial x_1} \equiv \frac{1}{p_{iR}} \cdot \frac{\partial p_{iR}}{\partial x_1} = \frac{1}{p_{iP}} \cdot \frac{\partial p_{iR}}{\partial x_1}$$

und

$$\frac{\partial \ln p_{iR}}{\partial x_2} \equiv \frac{1}{p_{iR}} \cdot \frac{\partial p_{iR}}{\partial x_2} = \frac{1}{p_{iQ}} \cdot \frac{\partial p_{iR}}{\partial x_2}$$

gesetzt werden kann, geht (40) durch Division mit p_{iP} bzw. p_{iQ} über in

$$\frac{p_{iR}}{p_{iP}} = 1 + \Delta x_1 \frac{\partial \ln p_{iR}}{\partial x_1} \quad \text{und} \quad \frac{p_{iR}}{p_{iQ}} = 1 + \Delta x_2 \frac{\partial \ln p_{iR}}{\partial x_2}. \tag{41}$$

Setzt man dies in die DUHEM-GIBBSsche Gleichung für Dreistoffsysteme

$$x_1 \frac{\partial \ln p_1}{\partial x_i} + x_2 \frac{\partial \ln p_2}{\partial x_i} + x_3 \frac{\partial \ln p_3}{\partial x_i} = 0 \tag{42}$$

ein, ergibt sich mit (34)

$$p_{1R}\left(\frac{p_{3P}\, x_1}{p_{1P}\, x_3} - 1\right) + p_{2R}\left(\frac{p_{3P}\, x_2}{p_{2P}\, x_3} - 1\right) = \frac{p_{3P}}{x_3} - p_R$$

$$p_{1R}\left(\frac{p_{3Q}\, x_1}{p_{1Q}\, x_3} - 1\right) + p_{2R}\left(\frac{p_{3Q}\, x_2}{p_{2Q}\, x_3} - 1\right) = \frac{p_{3Q}}{x_3} - p_R. \tag{43}$$

Schreibt man dies in der abgekürzten Form

$$p_{1R}\, a_P + p_{2R}\, b_P = c_P \quad \text{und} \quad p_{1R}\, a_Q + p_{2R}\, b_Q = c_Q,$$

wobei die Ausdrücke a, b und c lauter bekannte Größen enthalten, so kann man die gewünschten Partialdrucke im Punkt R berechnen zu

$$p_{1R} = \frac{b_P c_Q - b_Q c_P}{b_P a_Q - b_Q a_P} \quad \text{und} \quad p_{2R} = \frac{a_P c_Q - a_Q c_P}{a_P b_Q - a_Q b_P}. \tag{44}$$

p_{3R} ist natürlich dann wegen des bekannten Gesamtdrucks ebenfalls sofort anzugeben.

B. Reihenentwicklungen für die Aktivitätskoeffizienten binärer Systeme.

Die im vorausgehenden Abschnitt beschriebene graphische und numerische Integration der DUHEM-MARGULESschen Gleichung ist im allgemeinen sehr mühsam und zeitraubend und setzt außerdem sehr genaue Gesamtdruckmessungen voraus, wenn die Ergebnisse zuverlässig sein sollen. Man hat deshalb schon sehr früh versucht, die partiellen molaren Größen und insbesondere die Aktivitätskoeffizienten durch geeignete Reihenentwicklungen nach fortschreitenden Potenzen der Molenbrüche darzustellen, wobei diese Ansätze natürlich stets der grundlegenden Gibbs-Duhemschen Gleichung genügen müssen, damit sie thermodynamisch konsistent sind. Je nach dem vorliegenden Typ der Mischphase genügen mehr oder weniger Glieder der Reihe, um die Konzentrationsabhängigkeit der Aktivitätskoeffizienten innerhalb der Genauigkeit der Messungen wiederzugeben. Sind die zugehörigen Konstanten aus einzelnen sorgfältigen Messungen einmal ermittelt, so eignen sich diese Ansätze zur Interpolation und in vielen Fällen auch zur Extrapolation der Meßwerte auf andere Molenbrüche. Die wesentliche Bedeutung dieser Reihenentwicklung besteht aber darin, daß es mit ihrer Hilfe häufig gelingt, auch die experimentell schwierig zugänglichen Aktivitätskoeffizienten ternärer Systeme unter Benutzung der gleichen Konstanten, die für die Darstellung der f-Werte der zugehörigen drei binären Systeme ermittelt werden, mit hinreichender Genauigkeit darzustellen.

Grundsätzlich ist solchen Reihenentwicklungen durch die Gibbs-Duhemsche Gleichung die allgemeine Bedingung vorgeschrieben [die stets erfüllt sein muß, damit der betreffende Ansatz thermodynamisch widerspruchsfrei ist (*104, 175*)], daß die ln f nach beliebigen, aber stets positiven Potenzen von x entwickelt werden müssen. Enthielte nämlich einer dieser Ansätze Glieder mit negativem Exponenten von x, so würde auch $(\partial \ln f/\partial x)$ Potenzen mit negativem Exponenten enthalten, die für $x \to 0$ unendlich werden müßten, was nach Gl. (4) ausgeschlossen ist, da die Neigung der ln f, x-Kurven hier nur endlich oder Null werden kann. Der allgemeinste, der Gibbs-Duhemschen Gleichung genügende Ansatz muß demnach lauten:

$$\ln f = A + B\,x^{1/n} + C\,x^{2/n} + D\,x^{3/n} + \cdots, \qquad (45)$$

wobei n eine positive ganze Zahl sein muß.

1. Der Margulessche Ansatz.

Der erste von Margules (*181*) angegebene Ansatz dieser Art verwendet ganze Potenzen der Molenbrüche ($n = 1$), wobei die Koeffizienten der einzelnen Glieder noch Temperaturfunktionen sind[1]:

$$\ln f_1 = \alpha_1\,x_2 + \frac{1}{2}\,\beta_1\,x_2^2 + \frac{1}{3}\,\delta_1\,x_2^3 + \cdots \qquad (46a)$$

$$\ln f_2 = \alpha_2\,x_1 + \frac{1}{2}\,\beta_2\,x_1^2 + \frac{1}{3}\,\delta_2\,x_1^3 + \cdots. \qquad (46b)$$

---

[1] Wir verwenden im folgenden häufig aus Symmetriegründen statt der einen Variablen x die beiden Molenbrüche x_1 und x_2, ohne daß dies etwa bedeutet, daß zwei unabhängige Variable vorhanden seien.

Auch die Koeffizienten α_1, α_2, β_1, β_2 usw. sind infolge der DUHEM-GIBBS-schen Gleichung nicht voneinander unabhängig. Differenziert man (46 a) und (46 b) nach x_2 bzw. x_1 und setzt die gewonnenen Ausdrücke in (1) ein, so wird

$$x_1 (\alpha_1 + \beta_1\, x_2 + \delta_1\, x_2^2 + \cdots) = x_2 (\alpha_2 + \beta_2\, x_1 + \delta_2\, x_1^2 + \cdots).$$

Mit $x_1 = 1 - x_2$ bzw. $x_2 = 1 - x_1$ erhält man unter Beschränkung auf drei Glieder die beiden Gleichungen

$$\alpha_1 + (\beta_1 - \alpha_1 - \alpha_2 - \beta_2 - \delta_2)\, x_2$$
$$+ (\delta_1 - \beta_1 + \beta_2 + 2\, \delta_2)\, x_2^2 - (\delta_1 + \delta_2)\, x_2^3 = 0 \qquad (47\text{a})$$

$$\alpha_2 + (\beta_2 - \alpha_2 - \alpha_1 - \beta_1 - \delta_1)\, x_1$$
$$+ (\delta_2 - \beta_2 + \beta_1 + 2\, \delta_1)\, x_1^2 - (\delta_2 + \delta_1)\, x_1^3 = 0. \qquad (47\text{b})$$

Damit diese Gleichungen für beliebige Werte von x_1 bzw. x_2 erfüllt sind, müssen offenbar die Koeffizienten der einzelnen Glieder sämtlich verschwinden, d. h. es muß gelten

$$\alpha_1 = \alpha_2 = 0$$
$$\beta_1 - \delta_2 = \beta_2 \;(\equiv \beta)$$
$$\delta_1 = -\,\delta_2 \;(\equiv \delta).$$

Setzt man das in (46) ein, so erhält man

$$\ln f_1 = \frac{\beta - \delta}{2}\, x_2^2 + \frac{\delta}{3}\, x_2^3 \qquad (48\text{a})$$

$$\ln f_2 = \frac{\beta}{2}\, x_1^2 - \frac{\delta}{3}\, x_1^3. \qquad (48\text{b})$$

In manchen Fällen (d. h. bei Systemen, die nicht sehr stark von einem idealen Gemisch abweichen) kann man $\delta = 0$ setzen und erhält so die *vereinfachten* (völlig symmetrischen) MARGULES*schen Gleichungen*

$$\ln f_1 = \frac{\beta}{2}\, x_2^2 \quad \text{bzw.} \quad \ln f_1 = \frac{\beta}{2}\, x^2 \qquad (49\text{a})$$

$$\ln f_2 = \frac{\beta}{2}\, x_1^2 \quad \text{bzw.} \quad \ln f_2 = \frac{\beta}{2}\, (1 - x)^2. \qquad (49\text{b})$$

Die zugehörigen Kurven sind somit gewöhnliche Parabeln mit dem jeweiligen Nullpunkt als Ursprung.

Die Gl. (49) sind mit den Gln. (III, 133) identisch, d. h. der vereinfachte MARGULESsche Ansatz gilt streng für „reguläre" Mischungen mit $\dfrac{\beta}{2} = \dfrac{4\,\Delta \bar{H}_{max}}{RT}$, wobei die integrale Mischungswärme $\Delta \bar{H}_{max}$ als temperaturunabhängig anzusehen ist. Daraus folgt, daß auch die übrigen, für reguläre Mischungen abgeleiteten Beziehungen gelten müssen, insbesondere, daß $\Delta \bar{S}^E = 0$ und daß $\Delta \bar{G}^E = \Delta \bar{H} = RT\, \dfrac{\beta}{2}\, x\,(1 - x)$

symmetrisch zur x-Achse verlaufen. Da, wie wir sahen, reguläre Mischungen streng genommen nicht vorkommen, kann die vereinfachte Margulessche Gleichung die Aktivitätskoeffizienten bzw. Partialdrucke [Gl. (III, 137)] auch stets nur mit einer gewissen Näherung und niemals über einen größeren Temperaturbereich wiedergeben (Anwendungen s. S. 159 ff.).

Betrachtet man andererseits $\Delta \bar{H}_{max}$ nicht als konstant, sondern als Temperaturfunktion, so daß auch $\beta/2$ nicht nur umgekehrt proportional zu T ist, sondern in komplizierterer Weise von T abhängt, so gelten für die thermodynamischen Zusatzeffekte die schon erwähnten, von Porter (*225*) angegebenen symmetrischen Ausdrücke (vgl. S. 126).

$$\begin{aligned}
\Delta \bar{G}^E &= A\, x\, (1 - x) \\
\Delta \bar{H} &= B\, x\, (1 - x) \\
\Delta \bar{S}^E &= C\, x\, (1 - x),
\end{aligned} \qquad (50)$$

wobei nach den bekannten thermodynamischen Beziehungen

$$d\,(A/T)/d\,T = -\,B/T^2; \quad C = -\,dA/dT; \quad A = B - C\,T$$

zu setzen ist. A ist eine Temperaturfunktion und auch B und C können ihrerseits noch Funktionen von T sein.

Dagegen hat sich der Margulessche Ansatz in der Form (48) zur Darstellung der $\ln f$, x-Kurven in zahlreichen Fällen gut bewährt, wie schon Zawidzki (*332*) gezeigt hat. Für die praktische Anwendung wird er gewöhnlich in einer handlicheren und symmetrischen Form benutzt (*35, 60*), die man erhält, wenn man $\dfrac{\beta - \delta}{2 \cdot 2,30} = 2\,B - A$, $\dfrac{\beta}{2 \cdot 2,30} = 2\,A - B$ und damit $\dfrac{\delta}{3 \cdot 2,30} = 2\,(A - B)$ setzt. Dann wird

$$\log f_1 = (2\,B - A)\, x_2^2 + 2\,(A - B)\, x_2^3 \qquad (51\,\text{a})$$

$$\log f_2 = (2\,A - B)\, x_1^2 + 2\,(B - A)\, x_1^3. \qquad (51\,\text{b})$$

Für den Spezialfall, daß $A = B$, gehen die Gln. (51) wieder in die vereinfachten Gln. (49) mit $A = \dfrac{\beta}{2 \cdot 2,30}$ über. Diese Form der Gleichungen hat den Vorteil, daß die Endwerte der $\log f$, x-Kurven (vgl. Abb. 29) unmittelbar die Konstanten A und B liefern, denn es ist

$$\lim_{x_2 \to 1} \log f_1 = A; \quad \lim_{x_1 \to 1} \log f_2 = B. \qquad (52)$$

Die Differenz $A - B = \dfrac{\delta}{6 \cdot 2,30}$ kann als Maß für die *Unsymmetrie* des Systems benutzt werden.

Bemerkenswert ist noch, daß für $x_1 = x_2 = 0,5$ unabhängig von den Werten von A und B stets

$$\log f_{1\,(x=0,5)} = \frac{B}{4} \quad \text{und} \quad \log f_{2\,(x=0,5)} = \frac{A}{4} \tag{53}$$

wird. Das bedeutet, daß die Kurve mit dem höheren Endwert bei $x = 0,5$ unterhalb der Kurve mit dem niedrigeren Endwert liegen muß, falls der MARGULESsche Ansatz die Messungen wiederzugeben vermag (vgl. Abb. 29).

2. Die Ansätze von van Laar und Scatchard.

Neben den MARGULESschen Gleichungen wird vor allem der Ansatz von VAN LAAR (*164*) zur Darstellung der Aktivitätskoeffizienten und der Partialdrucke in Abhängigkeit von x praktisch verwendet. Dieser Ansatz stellt allerdings keine einfache Reihenentwicklung nach Gl. (45) dar. VAN LAAR geht davon aus, daß das chemische Potential der Komponente i der binären Mischung gegeben ist durch

$$\mu_i = U_i - TS_i + pV_i .$$

Die partiellen molaren Größen werden aus den Gesamtfunktionen durch Ableitung nach n_i erhalten. Für U wird der Ansatz

$$U = U_0 + \int\limits_0^T \left(\frac{\partial U}{\partial T}\right)_{V=\infty} dT + \int\limits_\infty^V \left(\frac{\partial U}{\partial V}\right)_T dV ,$$

für S der Ansatz

$$S = \int\limits_0^T \frac{dQ}{T} dT = \int\limits_0^T \frac{dU}{T} dT + \int\limits_\infty^V \frac{R\,dV}{V}$$

benutzt. Zur Auswertung der Integrale wird die VAN DER WAALSsche Zustandsgleichung herangezogen, wobei für die mittleren Konstanten a und $\bar{b}$ der Mischung ähnliche Ausdrücke benutzt werden, wie in Gl. (III, 52). Damit ergibt sich schließlich unter Zusammenfassung aller Konstanten für die chemischen Potentiale der beiden Komponenten

$$\mu_1 = k_1 + \frac{\alpha\,x_2^2}{(1 + r\,x_2)^2} + R\,T \ln x_1 \tag{54a}$$

$$\mu_2 = k_2 + \frac{\alpha\,x_1^2}{(1 + r)\,(1 + r\,x_2)^2} + R\,T \ln x_2 . \tag{54b}$$

Dabei sind k_1 und k_2 Konstante, die praktisch ausschließlich von T abhängen; $\alpha \equiv \dfrac{D}{b_1^3}$; $r \equiv \dfrac{b_2 - b_1}{b_1}$; $D \equiv a_1\,b_2^2 - 2\,a_{12}\,b_1\,b_2 + a_2\,b_1^2$.

Aus $\mu_i = \mu_i + R\,T \ln x_i + R\,T \ln f_i$ folgt unmittelbar

$$R\,T \ln f_1 = \frac{\alpha\,x_2^2}{(1 + r\,x_2)^2} \tag{55a}$$

$$R\,T \ln f_2 = \frac{\alpha\,x_1^2}{(1 + r)\,(1 + r\,x_2)^2} \tag{55b}$$

Auch diese VAN LAARschen Gleichungen, die auf der VAN DER WAALSschen Zustandsgleichung für Mischphasen basieren, lassen sich in einer praktisch brauchbareren symmetrischen Form schreiben (*35*), wenn man folgende Substitutionen benutzt: $\dfrac{1}{R\,T\cdot 2{,}30}\cdot\dfrac{\alpha}{(1+r)^2}\equiv A$ und

$\dfrac{1}{R\,T\cdot 2{,}30}\cdot\dfrac{\alpha}{1+r}\equiv B$. Damit erhält man aus (55)

$$\log f_1 = \frac{A\,x_2^2}{\left(x_2+\dfrac{A}{B}\,x_1\right)^2} = \frac{A}{\left(1+\dfrac{A\,x_1}{B\,x_2}\right)^2} \tag{56a}$$

$$\log f_2 = \frac{B\,x_1^2}{\left(x_1+\dfrac{B}{A}\,x_2\right)^2} = \frac{B}{\left(1+\dfrac{B\,x_2}{A\,x_1}\right)^2} \tag{56b}$$

Auch in diesem Fall sind analog wie bei den Gl. (51) die Konstanten A und B durch die Endwerte von $\log f$ gegeben, d. h. es gelten auch hier die Beziehungen (52), wie man leicht übersieht. Ist $A = B$, so gehen auch die VAN LAARschen Gleichungen in die vereinfachten MARGULES-schen Gleichungen (49) über. Das bedeutet umgekehrt, daß die nach MARGULES bzw. nach VAN LAAR berechneten Aktivitätskoeffizienten sich um so stärker unterscheiden werden, je mehr das Verhältnis A/B von 1 abweicht. Schließlich gilt auch für die VAN LAARschen Gleichungen, daß die $\log f$-Kurve mit dem höheren Endwert bei $x = 0{,}5$ unterhalb der anderen verläuft, denn es ist $(\log f_1)/B = (\log f_2)/A = A\,B/(A + B)^2$.

Die VAN LAARsche Methode wurde von SCATCHARD und HAMER (*252*) auf Mischungen von Komponenten stark verschiedenen Molvolumens ausgedehnt (vgl. auch S. 89). Es ergeben sich folgende Ausdrücke

$$R\,T\ln f_1 = V_1\,(\alpha + 2\,\beta)\,\varphi_2^2 - 2\,V_1\,\beta\,\varphi_2^3 \tag{57a}$$

$$R\,T\ln f_2 = V_2\,(\alpha - \beta)\,\varphi_1^2 + 2\,V_2\,\beta\,\varphi_1^3, \tag{57b}$$

worin die V die Molvolumina der reinen Komponenten und die φ die durch Gl. (I, 6) definierten Volumenbrüche darstellen. Man erhält auch hier eine symmetrische Form dieser Gleichungen (*35*), wenn man setzt:

$$\frac{\alpha + 2\,\beta}{R\,T\cdot 2{,}30} \equiv \frac{2\,B}{V_2} - \frac{A}{V_1}, \quad \frac{\alpha - \beta}{R\,T\cdot 2{,}30} \equiv \frac{2\,A}{V_1} - \frac{B}{V_2}$$

und damit

$$\frac{\beta}{R\,T\cdot 2{,}30} \equiv \frac{B}{V_2} - \frac{A}{V_1}.$$

Dann wird

$$\log f_1 = A\left(\frac{2\,B\,V_1}{A\,V_2} - 1\right)\varphi_2^2 - 2\,A\left(\frac{B\,V_1}{A\,V_2} - 1\right)\varphi_2^3 \tag{58a}$$

$$\log f_2 = B\left(\frac{2\,A\,V_2}{B\,V_1} - 1\right)\varphi_1^2 - 2\,B\left(\frac{A\,V_2}{B\,V_1} - 1\right)\varphi_1^3. \tag{58b}$$

Wieder gilt analog zu (52) $\lim\limits_{\varphi_2\to 1}\log f_1 = A$ und $\lim\limits_{\varphi_1\to 1}\log f_2 = B$, die Konstanten sind durch die Endwerte der $\log f$, φ-Kurven gegeben. Ist

$V_1 = V_2$ und damit $\varphi_1 = x_1$, $\varphi_2 = x_2$, so wird (58) mit den MARGULESschen Gleichungen (51) identisch. Ist $V_1/V_2 = A/B$, so gehen die Gln. (58) in die VAN LAARschen Gleichungen (56) über. Liegt V_1/V_2 zwischen 1 und A/B, so verlaufen die log f-Kurven zwischen denen von MARGULES und VAN LAAR.

In Abb. 36 ist dies schematisch dargestellt (35). Die A- und B-Werte sind für alle drei Kurven die gleichen, so daß die Endwerte der log f-Kurven zusammenfallen. Willkürlich wurde gewählt $A = 3\,B$ bzw. $A\,V_2/B\,V_1 = 2$. Als besonderes Charakteristikum dieses Vergleichs ergibt sich, daß in den MARGULESschen Kurven unter den gewählten Bedingungen ein Maximum bzw. (bei gleichem x!) ein Minimum auftritt, wie es tatsächlich bei manchen Systemen gefunden wird, wie z. B. beim System Chloroform-Äthanol (35), während die VAN LAARschen Gleichungen grundsätzlich keine Extremwerte und keinen Vorzeichenwechsel

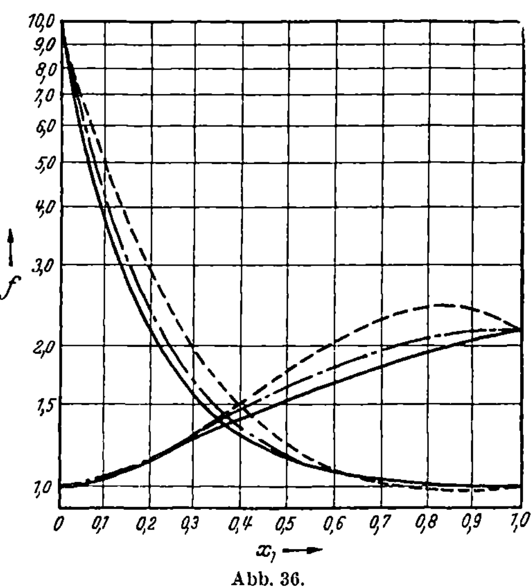

Abb. 36.
Vergleich der (log f), x-Kurven nach MARGULES — — —, VAN LAAR ——— und SCATCHARD-HAMER —·—·—; $A = 3\,B$; $A\,V_2/B\,V_1 = 2$.

in log f ergeben können. In solchen Fällen großer Asymmetrie ($B \gg A$) versagt demnach die VAN LAARsche Gleichung sogar qualitativ, während die MARGULESsche Gleichung im allgemeinen nur quantitative Abweichungen aufweist (vgl. S. 166). Überschreitet umgekehrt das Verhältnis A/B den Wert 2 nicht, so findet man, daß die VAN LAARsche Gleichung die empirischen log f-Kurven gewöhnlich besser wiederzugeben vermag als die MARGULESsche Gleichung. Für $A/B \lesseqgtr 1,5$ geben beide Gleichungen in der Regel befriedigende Resultate.

3. Verallgemeinerung und Erweiterung dieser Ansätze durch Wohl und Benedict.

In neuerer Zeit ist von mehreren Autoren versucht worden, die bisher besprochenen Ansätze für die log f-Werte als Funktion von x in verallgemeinerter und leicht zu erweiternder Form darzustellen, was den Vorteil hat, daß man die zwischen ihnen bestehenden Beziehungen besser übersieht und damit besser entscheiden kann, ob in einem gegebenen Fall die eine oder die andere dieser Gleichungen besser geeignet ist. Hier sind in erster Linie die symmetrischen Gleichungen von WOHL (*322*) zu erwähnen, die derart entwickelt werden, daß sie lediglich als Variationen des gleichen mathematischen Schemas erscheinen, so daß jeder Gleichungstyp sich zwangsläufig aus dem vorangehenden einfacheren ergibt.

WOHL geht von der einfachen Gl. (50) für die freie Zusatzenthalpie eines „symmetrischen" (regulären) Systems aus, wie sie in Abb. 15 und 20 dargestellt sind, und zwar in der Form

$$\frac{\Delta \bar{G}^E}{2{,}30\,R\,T} = 2\,a_{12}\,x_1\,x_2. \tag{59}$$

Aus ihr ergeben sich mittels (II, 34) sofort die zu (49) analogen Beziehungen

$$\log f_1 = 2\,a_{12}\,x_2^2 \tag{60a}$$

$$\log f_2 = 2\,a_{12}\,x_1^2. \tag{60b}$$

Die Indices in a_{12} sollen bedeuten, daß die Konstante in einem Term vorkommt, der das Produkt $x_1\,x_2$ enthält. Diese Art der Indizierung wird in allen folgenden Gleichungen für $\Delta\,\bar{G}^E$ konsequent fortgeführt. Entsprechend wird (59) als die „2-Index-Gleichung nach MARGULES" bezeichnet.

Aus (59) läßt sich der VAN LAARsche Ansatz (56) folgendermaßen gewinnen: Für eine beliebige Menge der Mischung gilt [durch Multiplikation der ganzen Gleichung mit $(n_1 + n_2)$]:

$$\frac{\Delta\,G^E}{2{,}30\,R\,T} = 2\,a_{12}\,(n_1 + n_2)\left(\frac{n_1}{n_1 + n_2}\right)\left(\frac{n_2}{n_1 + n_2}\right).$$

Man kann diesen Ausdruck allgemeiner machen, indem man auf der rechten Seite jedes n_1 mit einem willkürlichen Faktor q_1 und jedes n_2 mit q_2 multipliziert. Dann gilt

$$\frac{\Delta\,G^E}{2{,}30\,R\,T} = 2\,a_{12}\,(n_1\,q_1 + n_2\,q_2)\left(\frac{n_1\,q_1}{n_1\,q_1 + n_2\,q_2}\right)\left(\frac{n_2\,q_2}{n_1\,q_1 + n_2\,q_2}\right).$$

Indem man die ganze Gleichung wieder durch $(n_1 + n_2)$ dividiert, d. h. wieder auf ein Mol Mischung bezieht, erhält man

$$\frac{\Delta\,\bar{G}^E}{2{,}30\,R\,T} = 2\,a_{12}\,\frac{x_1\,q_1\,x_2\,q_2}{n_1\,q_1 + n_2\,q_2}. \tag{61}$$

Das ist bereits die VAN LAARsche Gleichung, wie sich leicht durch folgende Überlegung ergibt: Führt man sog. „q-Brüche" ein[1] mittels

$$z_1 \equiv \frac{x_1\,q_1}{x_1\,q_1 + x_2\,q_2} \quad \text{und} \quad z_2 \equiv \frac{x_2\,q_2}{x_1\,q_1 + x_2\,q_2}, \tag{62}$$

---

[1] Setzt man $q_1 \equiv V_1$ und $q_2 \equiv V_2$, so stellen z_1 und z_2 die durch Gleichung (I, 6) definierten „Volumenbrüche" dar; man bezeichnet die Ausdrücke (62) deshalb auch als „generalisierte Volumenbrüche".

so ergibt sich in etwas anderer Schreibweise:

$$\frac{\Delta \bar{G}^E}{2,30\,R\,T} = 2\,a_{12}\left(x_1 + \frac{q_2}{q_1}\,x_2\right) q_1\,z_1\,z_2.$$ (63)

Setzt man ferner zur Abkürzung

$$2\,a_{12}\,q_1 \equiv A\,;\quad 2\,a_{12}\,q_2 \equiv B,\quad \text{so daß}\quad \frac{q_1}{q_2} = \frac{A}{B},$$ (64)

so folgt

$$\frac{\Delta \bar{G}^E}{2,30\cdot R\,T} = \left(x_1 + \frac{B}{A}\,x_2\right) A\,z_1\,z_2.$$

Formt man noch die „q-Brüche" um in

$$z_1 = \frac{x_1}{x_1 + \dfrac{q_2}{q_1}\,x_2}\quad \text{und}\quad z_2 = \frac{x_2\dfrac{q_2}{q_1}}{x_1 + \dfrac{q_2}{q_1}\,x_2}$$ (62a)

und ersetzt wieder q_1/q_2 durch A/B, so wird schließlich

$$\frac{\Delta \bar{G}^E}{2,30\,R\,T} = \frac{B\,x_1\,x_2}{x_1 + \dfrac{B}{A}\,x_2}.$$ (65)

Aus (65) ergeben sich mittels (II, 34) unmittelbar die VAN LAARschen Gleichungen in der Form (56).

Wie die Ableitung zeigt, geht die VAN LAARsche Gleichung aus der 2-Index-Gleichung nach MARGULES dadurch hervor, daß man lediglich die q-Faktoren einführt. Ihr Geltungsbereich wird daher über den der vereinfachten MARGULESschen Gleichung hinausgehen, jedoch ist dies nur zu erwarten, wenn das Verhältnis q_1/q_2 keine allzu großen Werte annimmt. Die Bedeutung der q-Faktoren kann verschieden interpretiert werden; VAN LAAR verstand darunter die „Eigenvolumina" b_1 und b_2 der VAN DER WAALSschen Zustandsgleichung, man könnte sie aber auch mit den Molvolumina V_1 und V_2 der reinen Komponenten identifizieren.

Erweitert man Gl. (59), indem man dem quadratischen die kubischen Terme der Variablen hinzufügt, so erhält man die „3-Index-Gleichung nach MARGULES":

$$\frac{\Delta \bar{G}^E}{2,30\cdot R\,T} = 2\,a_{12}\,x_1\,x_2 + 3\,a_{112}\,x_1^2\,x_2 + 3\,a_{122}\,x_1\,x_2^2.$$ (66)

Mittels der Abkürzungen

$$A \equiv 2\,a_{12} + 3\,a_{122}\quad \text{und}\quad B \equiv 2\,a_{12} + 3\,a_{112}$$

ergibt sich nach einfacher Umrechnung

$$\frac{\Delta \bar{G}^E}{2,30\,R\,T} = (x_1\,B + x_2\,A)\,x_1\,x_2,$$ (67)

woraus sich mit (II, 34) sofort die MARGULESschen Gleichungen

$$\log f_1 = [A + 2\,(B - A)\,x_1]\,x_2^2$$ (68a)

$$\log f_2 = [B + 2\,(A - B)\,x_2]\,x_1^2$$ (68b)

ableiten lassen, die mit (51) identisch sind.

Wenn $a_{112} = a_{122}$ bzw. $A = B$, erhält man wieder die vereinfachten Margulesschen Gleichungen (49) bzw. (60).

Man kann Unterschiede zwischen A und B auf Grund von (67) etwa durch eine verschiedene Stabilität von Komplexen der Form X_2Y und Y_2X interpretieren. Ordnet man z. B. den Index 1 dem Molekül X und den Index 2 dem Molekül Y zu, so würde $B > A$ bedeuten, daß $a_{112} > a_{122}$ bzw. daß ein Komplex XY_2 stabiler ist als ein Komplex X_2Y, ohne daß es sich dabei um definierte stöchiometrische Verbindungen zu handeln braucht.

Um die schon S. 150 erwähnten Vorteile des Margulesschen Ansatzes beizubehalten und seine Nachteile gegenüber dem van Laarschen Ansatz zu reduzieren, muß man außer den Endwerten A und B der log f-Kurven weitere Konstanten in die Gleichung für die freie Zusatzenthalpie einführen.

Erweitert man die q-Gl. (61) nach van Laar durch einen kubischen Term, so erhält man die „3-Index-q-Gleichung":

$$\frac{\Delta \bar{G}^E}{2{,}30\,R\,T} = 2\,a_{12}\frac{x_1\,q_1\,x_2\,q_2}{x_1\,q_1 + x_2\,q_2} + \frac{3\,a_{122}\,(x_1\,q_1)^2\,x_2\,q_2 + 3\,a_{122}\,(x_2\,q_2)^2\,x_1\,q_1}{(x_1\,q_1 + x_2\,q_2)^2} \qquad (69)$$

Durch Einführung der „q-Brüche" (62a) und mit den Abkürzungen

$$A \equiv (2\,a_{12} + 3\,a_{122})\,q_1$$
$$B \equiv (2\,a_{12} + 3\,a_{112})\,q_2 \qquad (70)$$

ergibt sich

$$\frac{\Delta \bar{G}^E}{2{,}30\cdot R\,T} = \left[x_1 + \left(\frac{q_2}{q_1}\right)x_2\right]z_1 z_2\left[z_1\left(\frac{q_1}{q_2}\right)B + z_2 A\right]. \qquad (71)$$

Daraus erhält man mittels (II, 34)

$$\log f_1 = \left[A + 2\left(B\,\frac{q_1}{q_2} - A\right)z_1\right]z_2^2 \qquad (72a)$$

$$\log f_2 = \left[B + 2\left(A\,\frac{q_2}{q_1} - B\right)z_2\right]z_1^2. \qquad (72b)$$

Hier tritt also die neue Konstante q_1/q_2 auf. Ist $q_1/q_2 = 1$, so wird $z_1 = x_1$ und $z_2 = x_2$, und (72) wird mit den Margulesschen Gleichungen (68) identisch. Setzt man $q_1/q_2 = A/B$, so erhält man die van Laarschen Gleichungen (56) zurück. Setzt man $q_1/q_2 = V_1/V_2$, so ergeben sich die Gln. (58) von Scatchard-Hamer. Im übrigen gelten auch hier für $z_1 = 1$ bzw. $z_2 = 1$ die Gln. (52), d. h. die Konstanten A und B sind durch die Endwerte der log f-Kurven gegeben.

In analoger Weise können systematisch durch Einführung weiterer Terme eine „4-Index-q-Gleichung" und daraus — indem wieder $q_1/q_2 = 1$

gesetzt wird — eine „4-Index-Gleichung nach MARGULES" abgeleitet werden, die eine weitere Konstante D enthalten:

$$\frac{\Delta \overline{G}^E}{2{,}30\,R\,T} = \left[x_1 + \left(\frac{q_2}{q_1}\right) x_2\right] z_1 z_2 \left[z_1 \left(\frac{q_1}{q_2}\right) B + z_2 A - z_1 z_2 D\right] \tag{73}$$

$$\frac{\Delta \overline{G}^E}{2{,}30\,R\,T} = x_1 x_2 (x_1 B + x_2 A - x_1 x_2 D). \tag{74}$$

Aus ihnen erhält man wieder mit (II, 34) die zugehörigen Gleichungen für $\log f$. Für „symmetrische Systeme" $\left(A = B; \frac{q_1}{q_2} = 1\right)$ ergibt sich aus (74)

$$\frac{\Delta \overline{G}^E}{2{,}30\,R\,T} = x_1 x_2 (A - x_1 x_2 D), \tag{75}$$

was mit der zweiten Näherung der freien Zusatzenthalpie „streng regulärer Mischungen" [Gl. (III, 149)] übereinstimmt.

In formal etwas verschiedener, aber mathematisch äquivalenter Weise haben BENEDICT und Mitarbeiter (11) eine Reihe von Näherungsgleichungen zur Darstellung der $\log f$, x-Kurven entwickelt, die der GIBBS-DUHEMschen Fundamentalgleichung genügen, und die ebenfalls eine systematische Erweiterung des MARGULESschen Ansatzes darstellen. Auch hier handelt es sich um Ansätze für die freie Zusatzenthalpie $\Delta \overline{G}^E$ pro Mol Mischung, aus der sich die Ausdrücke $R\,T \ln f$ mittels (II, 34) sofort ableiten lassen. Wir geben die Gleichungen im folgenden an, ohne überall auf die Einzelheiten der Rechnung einzugehen. Für die Indices gilt das S. 151 gesagte, n ist die Anzahl der Komponenten des Systems.

„2-Index-Gleichung":

$$\Delta \overline{G}^E = \sum_{ij} x_i x_j A_{ij} \equiv \sum_{i=1}^{i=n} \left[x_i \sum_{j=1}^{j=n} x_j A_{ij}\right] \tag{76}$$

Daraus ergibt sich für den Logarithmus des Aktivitätskoeffizienten der Komponente r

$$R\,T \ln f_r = 2 \sum_i x_i A_{ir} - \sum_{ij} x_i x_j A_{ij}. \tag{77}$$

Für ein Zweistoffsystem $(n = 2)$ folgt aus (76)

$$\Delta \overline{G}^E = x_1^2 A_{11} + x_1 x_2 A_{12} + x_1 x_2 A_{21} + x_2^2 A_{22} = 2 x_1 x_2 A_{12}, \tag{78}$$

was für konstante Temperatur mit (59) identisch ist[1], aus (77) für $r = 1$ bzw. $r = 2$

$$R\,T \ln f_1 = 2 (x_1 A_{11} + x_2 A_{21}) - 2 x_1 x_2 A_{12} = 2 x_2^2 A_{12} \tag{79a}$$

$$R\,T \ln f_2 = 2 (x_1 A_{12} + x_2 A_{22}) - 2 x_1 x_2 A_{12} = 2 x_1^2 A_{12}, \tag{79b}$$

---

[1] Konstanten mit gleichen Indices (A_{11}, A_{22} usw.) sind Null, weil beim Mischen einer Komponente mit sich selbst keine Mischungseffekte auftreten. Ferner ist $A_{12} = A_{21}$, weil die Mischungseffekte beim Mischen von 1 mit 2 oder von 2 mit 1 natürlich identisch sind.

was mit den Gln. (60) übereinstimmt. Der Ansatz (76) liefert demnach die vereinfachten Margulesschen Gleichungen.

„*3-Index-Gleichung*":

$$\Delta \overline{G}^E = \sum_{ijk} x_i\, x_j\, x_k\, A_{ijk} \equiv \sum_{i=1}^{i=n} \left[x_i \sum_{j=1}^{j=n} \left(x_j \sum_{k=1}^{k=n} x_k\, A_{ijk} \right) \right] \tag{80}$$

$$R\,T \ln f_r = 3 \sum_{ij} x_i\, x_j\, A_{ijr} - 2 \sum_{ijk} x_i\, x_j\, x_k\, A_{ijk}. \tag{81}$$

Die Auflösung dieser Gleichungen liefert für $n = 2$ identisch mit (67) und (68)

$$\Delta \overline{G}^E = 3\, A_{112}\, x_1^2\, x_2 + 3\, A_{122}\, x_1\, x_2^2 \tag{82}$$

$$R\,T \ln f_1 = 3\, A_{122}\, x_2^2 + 6\, (A_{112} - A_{122})\, x_1\, x_2^2 \tag{83a}$$

$$R\,T \ln f_2 = 3\, A_{112}\, x_1^2 + 6\, (A_{122} - A_{112})\, x_1^2\, x_2. \tag{83b}$$

Der Ansatz (80) liefert somit die normalen Margulesschen Gleichungen.

„*4-Index-Gleichung*":

$$\Delta \overline{G}^E = \sum_{ijkl} x_i\, x_j\, x_k\, x_l\, A_{ijkl} \equiv \sum_{1}^{n} x_i \sum_{1}^{n} x_j \sum_{1}^{n} x_k \sum_{1}^{n} x_l\, A_{ijkl} \tag{84}$$

$$R\,T \ln f_r = 4 \sum_{ijk} x_i\, x_j\, x_k\, A_{ijkr} - 3 \sum_{ijkl} x_i\, x_j\, x_k\, x_l\, A_{ijkl}. \tag{85}$$

Für $n = 2$ wird

$$\Delta \overline{G}^E = 4\, A_{1112}\, x_1^3\, x_2 + 6\, A_{1122}\, x_1^2\, x_2^2 + 4\, A_{1222}\, x_1\, x_2^3 \tag{86}$$

$$R\,T \ln f_1 = 12\, A_{1112}\, x_1^2\, x_2^2 + A_{1122}\left(12\, x_1\, x_2^2 - 18\, x_1^2\, x_2^2\right) \\ + A_{1222}\left(4\, x_2^3 - 12\, x_1\, x_2^3\right) \tag{87a}$$

$$R\,T \ln f_2 = 12\, A_{1222}\, x_1^2\, x_2^2 + A_{1122}\left(12\, x_1^2\, x_2 - 18\, x_1^2\, x_2^2\right) \\ + A_{1112}\left(4\, x_1^3 - 12\, x_1^3\, x_2\right). \tag{87b}$$

4. Der Ansatz für log (f_2/f_1) von Redlich und Kister.

Anstatt der bisher besprochenen Ansätze für $\Delta \overline{G}^E/2,30\,R\,T$ bzw. $\log f_1$ und $\log f_2$ kann man mit Vorteil einen Ansatz für $\log (f_2/f_1)$ verwenden, worauf zuerst Redlich und Kister (*237*) hingewiesen haben. Aus der Beziehung (II, 41)

$$Q \equiv \frac{\Delta \overline{G}^E}{2,30\,R\,T} = (1 - x) \log f_1 + x \log f_2 \tag{88}$$

folgt

$$\frac{d\,Q}{d\,x} = \log \frac{f_2}{f_1}, \tag{89}$$

der Zusammenhang mit $\log f_1$ bzw. $\log f_2$ ergibt sich aus (II, 34) zu

$$\log f_1 = Q - x \frac{d\,Q}{d\,x}; \quad \log f_2 = Q + (1 - x) \frac{d\,Q}{d\,x}. \tag{90}$$

$\log (f_2/f_1)$ ist eine Funktion, deren Grad um eine Einheit niedriger ist als der von Q selbst bzw. von $\log f$, was bei Reihenentwicklungen natürlich von Vorteil ist. Weiter ist $\log (f_2/f_1)$ in einfacher Weise mit der (später eingehend zu untersuchenden und technisch wichtigen) *relativen Flüchtigkeit* α verknüpft durch die Beziehung

$$\log \alpha = \log \frac{f_2}{f_1} + \log \frac{p_{0\,2}}{p_{0\,1}} . \tag{91}$$

α ist nach (19) definiert durch das Verhältnis

$$\alpha \equiv \frac{x''/x'}{(1 - x'')/(1 - x')} , \tag{92}$$

wenn x'' der Molenbruch der Dampfphase und x' der Molenbruch der flüssigen Phase ist. Für ideale Dampfphase $(p_1 = p\,(1 - x''); p_2 = p\,x'')$ gilt nach (III, 86)

$$f_1 = \frac{p\,(1 - x'')}{p_{0\,1}\,(1 - x')} ; \quad f_2 = \frac{p\,x''}{p_{0\,2}\,x'} , \tag{93}$$

so daß $(f_2/f_1) = \alpha\,(p_{01}/p_{02})$, was mit (91) identisch ist.

Schließlich eignet sich die Funktion $\log (f_2/f_1)$ in besonderem Maße zu einer einfachen Nachprüfung oder Beurteilung experimenteller Ergebnisse. Da Q für $x = 0$ und $x = 1$ den Wert Null annimmt (vgl. Abb. 20), folgt aus (89)

$$\int_0^1 \left(\frac{\partial Q}{\partial x}\right) dx = \int_0^1 \log (f_2/f_1)\, dx = 0 . \tag{94}$$

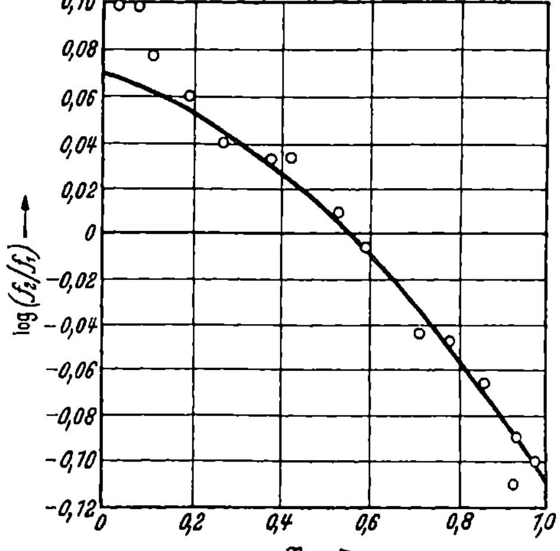

Abb. 37. log (f_2/f_1) als Funktion von x im System Toluol—2,2,4-Trimethylpentan bei 760 mm Druck.

Trägt man also $\log (f_2/f_1)$ gegen x auf, so muß die Fläche unter der Kurve gleich Null sein. In Abb. 37 ist dies am Beispiel des Systems Toluol-2,2,4-Trimethylpentan (*57*) nach Messungen bei 760 mm Druck gezeigt. Man sieht, daß die Meßpunkte bei kleinen x-Werten stark streuen. Die ausgezogene Kurve stellt die Gl. (96) dar.

Redlich und Kister stellen für Q folgende Reihe auf:

$$Q \equiv \frac{\Delta \bar{G}^E}{2{,}30\,RT} = x\,(1 - x)\,[B + C\,(2\,x - 1) + D\,(2\,x - 1)^2 + \cdots] . \tag{95}$$

Da $Q = 0$ für $x = 0$ und $x = 1$, muß jeder Term den Faktor $x\,(1 - x)$ enthalten. Die Entwicklung der Funktion $Q/x\,(1 - x)$ nach dem

Argument $(2\,x - 1) \equiv x - (1 - x)$, das bei Vertauschung der Komponenten lediglich sein Vorzeichen umkehrt, erweist sich für praktische Zwecke als besonders einfach.

Aus (95) und (89) folgt

$$\log \frac{f_2}{f_1} = B\,(1 - 2\,x) + C\,[6\,x\,(1 - x) - 1]$$
$$+ D\,(1 - 2\,x)\,[1 - 8\,x\,(1 - x)] + \cdots. \tag{96}$$

Je nach der Zahl der notwendigen Terme kann man folgende Mischungstypen unterscheiden:

1. Sind alle Konstanten $(B, C, D \ldots)$ gleich Null, so verschwindet Q, die log (f_2/f_1), x-Kurve fällt mit der Abszisse zusammen, es liegt eine ideale Mischung vor.

2. $B \neq 0$, $C = D = \cdots = 0$. Gl. (95) wird identisch mit (59). log (f_2/f_1) ist eine lineare Funktion von x, die Gerade geht entsprechend (94) bei $x = 0{,}5$ durch Null. Dieser Typ entspricht der „regulären" bzw. der „symmetrischen" Mischung (Abb. 20).

3. $B \neq 0$, $C \neq 0$, $D = \cdots = 0$. Aus Q und log (f_2/f_1) erhält man für diesen Typ mittels (90)

$$\log f_1 = x^2\,[(B + C) + 4\,C\,(1 - x)] \tag{97a}$$

$$\log f_2 = (1 - x)^2\,[(B + C) - 4\,C\,x]. \tag{97b}$$

Das ist, wie man leicht nachrechnet, mit (68) identisch, dieser Ansatz entspricht den normalen MARGULESschen Gleichungen.

4. $B \neq 0$; $D \neq 0$; $C = 0$. Auch dieser Mischungstyp kommt praktisch vor, z. B. kann eine Reihe von Systemen aus Methanol und Kohlenwasserstoffen mit guter Näherung durch eine entsprechende Funktion wiedergegeben werden. Dieser Typ tritt demnach dann auf, wenn nur die eine der beiden Komponenten teilweise assoziiert ist. Man erkennt ihn leicht daran, daß die log (f_2/f_1), x-Kurve S-förmig ist und bei $x = 0{,}5$ durch Null geht. Die absoluten Werte von log (f_2/f_1) bei $x = 0$ und $x = 1$ sind gleich groß. Man kann deshalb den D-Term als Assoziationsterm bezeichnen (235) (vgl. auch S. 121). Dieser bleibt auch erhalten, wenn *beide* Komponenten Eigenassoziationen zeigen, aber nicht miteinander assoziieren. Mischungen, deren Komponenten stark miteinander assoziieren, gehören dagegen häufig zum Typ 3.

5. Bei sehr großen Abweichungen vom idealen Verhalten wird keine der Konstanten gleich Null, dieser Ansatz entspricht also den früher behandelten erweiterten Gleichungen nach MARGULES bzw. VAN LAAR.

Zur Ermittlung der Konstanten B, C und D geht man folgendermaßen vor: Man trägt die experimentell gefundenen log (f_2/f_1)-Werte gegen x auf und zieht eine vorläufige Kurve. Aus der Kurvenform allein ergibt sich bereits ein Hinweis auf den vorliegenden Mischungstyp.

Die Konstanten ergeben sich aus den log (f_2/f_1)-Werten bei einer Anzahl charakteristischer x-Werte, die in der folgenden Tabelle angegeben sind.

Tabelle 8.

Nr.	1	2	3	4	5
x	0	0,1464	0,2113	0,2959	0,5
$\log (f_2/f_1)$	$B - C + D$	$0,7071\, B - \dfrac{C}{4}$	$0,5773 \left(B - \dfrac{D}{3}\right)$	$0,4082 \left(B - \dfrac{2D}{3}\right) + \dfrac{C}{4}$	$\dfrac{C}{2}$

Nr.	9	8	7	6	
x	1	0,8536	0,7887	0,7041	
$\log (f_2/f_1)$	$-B - C - D$	$-0,7071\, B - \dfrac{C}{4}$	$-0,5773 \left(B - \dfrac{D}{3}\right)$	$-0,4082 \left(B - \dfrac{2D}{3}\right) + \dfrac{C}{4}$	

Wenn drei Terme der Gl. (96) zur Darstellung der log (f_2/f_1), x-Kurve ausreichen, was wohl immer der Fall ist, sofern keine Entmischungserscheinungen auftreten, so haben die log (f_2/f_1) in den Punkten 3 und 7 denselben Absolutwert, so daß diese Gleichheit bereits eine Kontrolle der experimentellen Messungen bedeutet. C wird aus Punkt 5, B aus Punkt 2 oder 8, D aus 3 oder 7 ermittelt. Aus den so gewonnenen Konstanten werden die log (f_2/f_1)-Werte für alle charakteristischen Punkte der Tabelle neu berechnet, und eine Kurve durch diese Punkte gelegt. Ein Vergleich mit der experimentellen Kurve unter Berücksichtigung von (94) ermöglicht die Beurteilung der experimentellen Werte.

Einen der Gl. (96) ähnlichen Ansatz für die relative Flüchtigkeit haben GILMONT und Mitarbeiter (*85*) aufgestellt:

$$\log \alpha = \log \alpha_0 + g_1 \left(\frac{1}{2} - x\right) + g_2 \left(\frac{1}{2} - x\right)^2 + g_3 \left(\frac{1}{2} - x\right)^3 + \cdots. \qquad (96a)$$

Darin bedeutet α_0 die (konzentrationsunabhängige) relative Flüchtigkeit p_{02}/p_{01} des Systems, falls es dem RAOULTschen Gesetz gehorchen würde. Die Variable $\left(\dfrac{1}{2} - x\right)$ ist ebenso wie $(2x - 1)$ symmetrisch in bezug auf $x = 0,5$. Die Autoren geben ferner ein einfaches graphisches Verfahren an, um aus experimentellen Daten die Koeffizienten g und außerdem die zur Darstellung der experimentellen Werte notwendige Zahl der Terme zu ermitteln. Ebenso werden Gleichungen entwickelt, die die Koeffizienten g in (96a) in Koeffizienten entsprechender Reihenentwicklungen von f_2 und f_1 transformieren.

Außer den hier besprochenen Ansätzen gibt es eine Reihe von anderen empirischen Gleichungen [vgl. z. B. (*157, 37*)], mit deren Hilfe sich die Aktivitätskoeffizienten oder die relative Flüchtigkeit binärer Systeme ebenso gut oder in einzelnen Fällen sogar besser darstellen lassen, ohne daß die Zahl der Konstanten zwei oder drei überschreitet. Da sie nichts wesentlich Neues darstellen, soll auf ihre Besprechung im einzelnen verzichtet werden.

C. Anwendung und Prüfung dieser Ansätze (praktische Beispiele).

1. Berechnung der Partialdruckkurven aus dem Gesamtdruck mittels der vereinfachten Margulesschen Gleichung.

Setzt man die durch (10) gegebenen Aktivitätskoeffizienten in die vereinfachten MARGULESschen Gleichungen (49) ein, so erhält man

$$\ln f_1 = \ln \frac{p\,x_1''}{p_{01}\,x_1} = \frac{\beta}{2}\,x_2^2 \tag{98a}$$

$$\ln f_2 = \ln \frac{p\,x_2''}{p_{02}\,x_2} = \frac{\beta}{2}\,x_1^2 . \tag{98b}$$

Da $x_1'' = 1 - x_2''$, hat man demnach zwei Gleichungen mit den zwei Unbekannten β und x_1'', wenn der Gesamtdruck p, die Zusammensetzung x_1 der flüssigen Phase und die Dampfdrucke p_{01} und p_{02} der reinen Komponenten bekannt sind. Man sollte also aus Messungen von p in Abhängigkeit von x die Partialdrucke berechnen können, falls das System der vereinfachten MARGULESschen Gleichung gehorcht, was wie schon erwähnt bei geringen Abweichungen vom idealen Verhalten wenigstens in einem gewissen Temperaturbereich häufig der Fall ist. Weicht der Dampf vom idealen Gasgesetz ab, so ist z. B. nach Gl. (5) unter Einführung der Fugazitäten anstelle von (98) zu schreiben:

$$\ln \frac{p\,x_1''}{p_{01}\,x_1} + (V_1 - B_1)\,(p_{01} - p)\,/\,R\,T = \frac{\beta}{2}\,x_2^2 \tag{99a}$$

$$\ln \frac{p\,x_2''}{p_{02}\,x_2} + (V_2 - B_2)\,(p_{02} - p)\,/\,R\,T = \frac{\beta}{2}\,x_1^2 . \tag{99b}$$

Zur Berechnung der Konstanten $\beta/2$ aus der gemessenen Gesamtdruckkurve $(p = f\,(x))$ verfährt man folgendermaßen: Aus (98) folgt

$$p = p_1 + p_2 = p_{01}\,x_1 \cdot \exp\left(\frac{\beta}{2}\,x_2^2\right) + p_{02}\,x_2 \cdot \exp\left(\frac{\beta}{2}\,x_1^2\right). \tag{100}$$

Geht $x_1 \to 0$, so gilt für die Komponente 2 das RAOULTsche Gesetz (vgl. S. 75), d. h. es ist $\lim\limits_{x_1 \to 0} p_2 = p_{02}\,x_2$, so daß

$$\lim\limits_{x_1 \to 0} p = p_{01}\,x_1 \cdot \exp\left(\frac{\beta}{2}\right) + p_{02}\,x_2 \tag{101}$$

und

$$\lim_{x_1 \to 0} \left(\frac{\partial p}{\partial x_1}\right) = p_{01} \cdot \exp\left(\frac{\beta}{2}\right) - p_{02}. \tag{102}$$

Daraus ergibt sich für die Konstante

$$\frac{\beta}{2} = \ln\left[\left(\frac{\partial p}{\partial x_1}\right)_{x_1 \to 0} + p_{02}\right] - \ln p_{01}. \tag{103a}$$

Entsprechend ergibt sich natürlich für $x_2 \to 0$ die symmetrische Gleichung

$$\frac{\beta}{2} = \ln\left[\left(\frac{\partial p}{\partial x_2}\right)_{x_2 \to 0} + p_{01}\right] - \ln p_{02}. \tag{103b}$$

Die Konstante $\beta/2$ läßt sich demnach aus der *Neigung der Tangenten* an die $p\,x$-Kurve in den Endpunkten $x_1 = 0$ bzw. $x_2 = 0$ ermitteln.

Da die graphisch zu ermittelnden Neigungen relativ ungenau sind, haben REDLICH und KISTER (*238*) zur Bestimmung der Dampfdruckgleichgewichte mit Hilfe des Gesamtdrucks für eine Reihe von binären Systemen, die nur wenig vom idealen Verhalten abweichen, eine etwas andere Berechnungsmethode benutzt. Die Gesamtdrucke werden nach einer für diesen Zweck besonders entwickelten Methode auf wenige

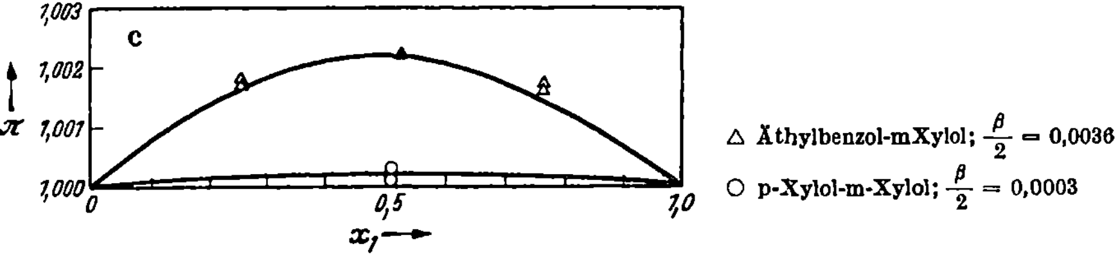

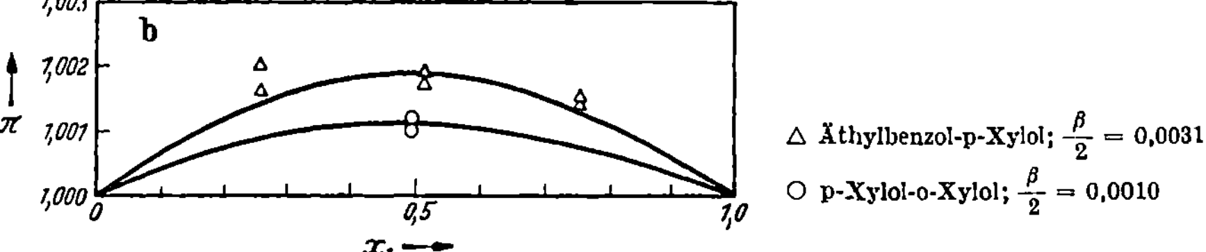

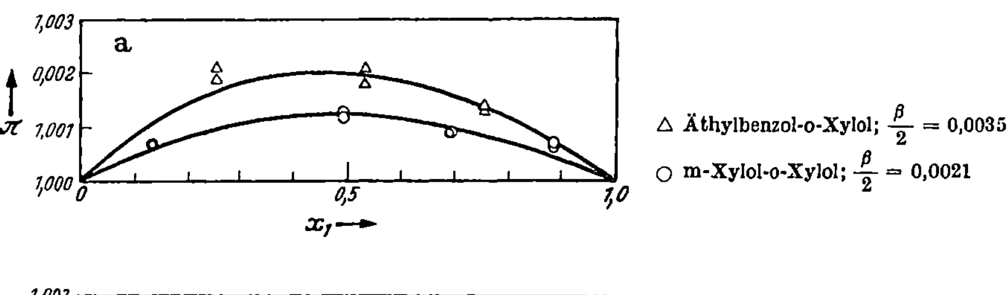

Abb. 38. Prüfung der vereinfachten MARGULESschen Gleichung.

Hundertstel Prozent genau gemessen. Zur Darstellung der Messungen wird die Funktion

$$\pi \equiv \frac{x_1 f_1 \overset{*}{p}_{01} + x_2 f_2 \overset{*}{p}_{02}}{x_1 \overset{*}{p}_{01} + x_2 \overset{*}{p}_{02}} = \frac{p}{x_1 \overset{*}{p}_{01} + x_2 \overset{*}{p}_{02}} \tag{104}$$

in Abhängigkeit von x_1 aufgetragen. Die Fugazitäten werden nach (99) bzw. nach der zu (III, 73) analogen, schon in (12) verwendeten Gleichung

$$\overset{*}{p}_{0i} = p_{0i} \cdot \exp\left[(V_i - B_i)(p - p_{0i})/RT\right] \tag{105}$$

berechnet, für die Aktivitätskoeffizienten die vereinfachte MARGULES-sche Gleichung (49) benutzt, wobei für $\beta/2$ einige annähernd passend gewählte Werte eingesetzt werden. Durch Vergleich der so berechneten Kurven mit den experimentellen Werten ergibt sich der beste Wert für $\beta/2$ durch Interpolation. Liegen die experimentellen Punkte in der einen Hälfte des Diagramms systematisch oberhalb und in der anderen Hälfte systematisch unterhalb der am besten passenden berechneten Kurve, so ist die vereinfachte MARGULESsche Gleichung nicht ausreichend und muß durch die zweikonstantige Gleichung ersetzt werden. Wie aus Abbildung 38 hervorgeht, genügt für die oben genannten Systeme die vereinfachte MARGULESsche Gleichung zur Darstellung der πx-Kurven innerhalb der erreichten Genauigkeit der Gesamtdruckmessung. Bemerkenswert ist, daß selbst bei Atmosphärendruck die Korrekturen für die Nichtidealität der Dämpfe berücksichtigt werden müssen.

Für kleine Werte von $\beta/2$ kann man eine noch einfachere Berechnungsmethode verwenden (*174, 238*). In diesem Fall kann man nämlich näherungsweise setzen

$$\ln f_1 \cong f_1 - 1 = \frac{\beta}{2} x_2^2 \quad \text{und} \quad \ln f_2 \cong f_2 - 1 = \frac{\beta}{2} x_1^2. \tag{106}$$

Mit (III, 86) wird

$$p_1 = \frac{\beta}{2} x_2^2 p_{01} x_1 + p_{01} x_1; \quad p_2 = \frac{\beta}{2} x_1^2 p_{02} x_2 + p_{02} x_2 \tag{107}$$

$$p_1 + p_2 \equiv p = p_{01} x_1 + p_{02} x_2 + \frac{\beta}{2}(x_2^2 p_{01} x_1 + x_1^2 p_{02} x_2).$$

Mit $p_{01} x_1 + p_{02} x_2 = p_{id}$ (Gesamtdruck, falls die Mischung sich ideal verhielte) und $p - p_{id} \equiv \varDelta p$ erhält man

$$\frac{\beta}{2} = \frac{\varDelta p}{x_2^2 p_{01} x_1 + x_1^2 p_{02} x_2}. \tag{108}$$

Setzt man dies in (107) ein, so wird schließlich

$$p_1 = p_{01} x_1 + \frac{\varDelta p \cdot p_{01} x_1}{p_{01} x_1 + \dfrac{x_1^2}{x_2^2} p_{02} x_2} = p_{01} x_1 + \frac{\varDelta p \cdot p_{01} x_2}{p_{01} x_2 + p_{02} x_1} \tag{109a}$$

$$p_2 = p_{02} x_2 + \frac{\varDelta p \cdot p_{02} x_2}{\dfrac{x_2^2}{x_1^2} p_{01} x_1 + p_{02} x_2} = p_{02} x_2 + \frac{\varDelta p \cdot p_{02} x_1}{p_{01} x_2 + p_{02} x_1}. \tag{109b}$$

Durch diese Gleichungen sind somit die Partialdrucke unmittelbar als Funktion von p und x gegeben.

Ist außer dem Gesamtdruck in Abhängigkeit von x für einen Punkt des Systems auch die Zusammensetzung x'' des Dampfes bekannt, so ist damit nach (98) die Konstante $\beta/2$ gegeben, und die Partialdrucke können für den ganzen Mischungsbereich berechnet werden. Besitzt das System einen azeotropen Punkt, so kann man demnach aus der Zusammensetzung x_{az} und dem Gesamtdruck p_{az} die Konstante $\beta/2$ ermitteln. Für diesen Fall wird wegen $x_i' = x_i''$ aus (98)

$$\ln \frac{p_{az}}{p_{01}} = \frac{\beta}{2}\, x_{2\,az}^2 \quad \text{und} \quad \ln \frac{p_{az}}{p_{02}} = \frac{\beta}{2}\, x_{1\,az}^2 \, . \tag{110}$$

Als Beispiel für die Brauchbarkeit dieser Berechnungsmethode seien die isothermen Dampfdruckmessungen von SCATCHARD und Mitarbeitern (256) am System Benzol (1)-Cyclohexan (2) angeführt. Bei 40° C wurde gefunden: $p_{01} = 182,6$ mm; $p_{02} = 184,5$ mm; für $x_1 = 0,1282$ war $p = 194,9$ mm und $x_1'' = 0,1657$ Daraus ergibt sich nach (98)

$$\frac{\beta}{2,30 \cdot 2} = \frac{1}{x_2^2} \log \frac{p\, x_1''}{p_{01}\, x_1} = \frac{1}{0,8718^2} \log \frac{194,9 \times 0,1657}{182,6 \times 0,1282} = 0,184$$

Die mit dieser Konstanten berechneten x_1''-Werte sind in der folgenden Tabelle den gemessenen Werten gegenübergestellt.

Tabelle 9. *Gemessene und nach der vereinfachten* MARGULES*schen Gleichung berechnete Dampfzusammensetzung des Systems Benzol (1)-Cyclohexan (2) bei 40° C.*

Gesamtdruck p	Molenbruch des Benzols		
	in der Flüssigkeit x_1	im Dampf experimentell x_1''	im Dampf berechnet x_1''
194,9	0,1282	0,1657	—
200,6	0,2354	0,277	0,275
204,7	0,3685	0,391	0,389
206,1	0,4932	0,495	0,487
205,2	0,6143	0,591	0,582
201,7	0,7428	0,698	0,694
195,0	0,8656	0,821	0,812

Die Abweichungen zwischen gemessenen und berechneten Werten betragen stets weniger als 2%.

Aus dem azeotropen Punkt ($x_{1\,az} = 0,49$; $p_{az} = 206$ mm) erhält man unmittelbar mittels (110)

$$\frac{\beta}{2,30 \cdot 2} = \frac{1}{0,51^2} \cdot \log \frac{206}{183} = 0,198$$

$$\frac{\beta}{2,30 \cdot 2} = \frac{1}{0,49^2} \cdot \log \frac{206}{184,5} = 0,199 \, .$$

2. Berechnung der Partialdruckkurven aus dem Gesamtdruck mittels der Margulesschen oder der van Laarschen Gleichung.

Das S. 159 beschriebene Verfahren zur Berechnung der Partialdrucke binärer Systeme aus der Gesamtdruckkurve läßt sich ohne weiteres auf die zweikonstantige MARGULESsche Gleichung (51) bzw. (67) ausdehnen.

Es gilt analog zu (100) und (102)

$$p = p_{01}\, x_1 \cdot \exp\left[x_2^2\,(A + 2\,(B - A)\,x_1)\right]$$
$$+\; p_{02}\, x_2 \cdot \exp\left[x_1^2\,(B + 2\,(A - B)\,x_2)\right] \tag{111}$$

$$\lim_{x_1 \to 0}\left(\frac{\partial p}{\partial x_1}\right) = p_{01}\,e^A - p_{02}; \quad \lim_{x_2 \to 0}\left(\frac{\partial p}{\partial x_2}\right) = -\,p_{01} + p_{02}\,e^B. \tag{112}$$

Daraus folgt für die beiden Konstanten

$$A = \ln\left[\left(\frac{\partial p}{\partial x_1}\right)_{x_1 \to 0} + p_{02}\right] - \ln p_{01}$$
$$B = \ln\left[\left(\frac{\partial p}{\partial x_2}\right)_{x_2 \to 0} + p_{01}\right] - \ln p_{02}, \tag{113}$$

d. h. die Konstanten lassen sich mittels der graphisch zu bestimmenden Neigungen der Gesamtdruckkurve bei $x_1 = 0$ und $x_2 = 0$ (die in diesem Fall natürlich nicht mehr identisch sind) berechnen.

Um die relativ ungenaue Bestimmung der Neigungen $(\partial p/\partial x_1)_{x_1 = 0}$ und $(\partial p/\partial x_2)_{x_2 = 0}$ zu umgehen, gibt LEVY (*174*) folgendes Verfahren an: Für $x_1 \to 0$ gilt nach dem HENRYschen Gesetz (III, 92)

$$p_1 = k_1\, x_1,$$

nach dem RAOULTschen Gesetz

$$p_2 = p_{02}\, x_2.$$

Daraus folgt:

$$\lim_{x_1 \to 0} p = k_1\, x_1 + p_{02}\, x_2; \quad k_1 = \frac{p_1}{x_1} = \frac{p - p_{02}\, x_2}{x_1}.$$

$$\lim_{x_1 \to 0}\left(\frac{\partial p}{\partial x_1}\right) = k_1 - p_{02} = \frac{p - p_{02}}{x_1}. \tag{114a}$$

Analog erhält man für $x_2 \to 0$:

$$\lim_{x_2 \to 0}\left(\frac{\partial p}{\partial x_2}\right) = k_2 - p_{01} = \frac{p - p_{01}}{x_2}. \tag{114b}$$

Setzt man die Ausdrücke (114) in (113) ein, so erhält man

$$A = \ln\left(\frac{p - x_2\, p_{02}}{x_1\, p_{01}}\right)_{x_1 \to 0}; \quad B = \ln\left(\frac{p - x_1\, p_{01}}{x_2\, p_{02}}\right)_{x_2 \to 0}. \tag{115}$$

Die Konstanten A und B können so aus Gesamtdruckmessungen bei sehr kleinen Molenbrüchen x_1 und x_2 ermittelt werden, was natürlich sehr genaue Gesamtdruckmessungen voraussetzt.

Ein auf der „Methode der kleinsten Quadrate" beruhendes rechnerisches Verfahren, um aus den gemessenen Gesamtdrucken möglichst gute Näherungswerte für die Konstanten A und B zu ermitteln, ist von MUSIL (*203*) angegeben worden.

Nach einem einfachen, von CARLSON und COLBURN (35) angegebenen graphischen Verfahren kann man sowohl die MARGULESsche wie die VAN LAARsche Gleichung benutzen, um die Partialdrucke aus der Gesamtdruckkurve zu ermitteln. Für ideales Gasverhalten gilt nach (III, 86) definitionsgemäß

$$f_1 = \frac{p - f_2\, p_{02}\, x_2}{p_{01}\, x_1}\,, \tag{116a}$$

$$f_2 = \frac{p - f_1\, p_{01}\, x_1}{p_{02}\, x_2}\,. \tag{116b}$$

Da nach (III, 97) auf Grund des RAOULTschen Gesetzes $\lim\limits_{x_2\to 1} f_2 = 1$, kann man für kleine x_1-Werte rohe f_1-Werte berechnen, indem man in (116a) $f_2 = 1$ setzt. Entsprechend erhält man für kleine x_2 rohe f_2-Werte, wenn man in (116b) $f_1 = 1$ setzt. Trägt man diese angenäherten f-Werte gegen x auf und extrapoliert die verbindende Kurve auf $x_1 = 0$ bzw. auf $x_1 = 1$, so erhält man die Endwerte von $\log f_{1\,(x_2\to 1)}$ und von $\log f_{2\,(x_1\to 1)}$, die nach (52) mit den Konstanten A und B sowohl der MARGULESschen wie der VAN LAARschen Gleichung identisch sind. Stehen keine isothermen Gesamtdruckmessungen zur Verfügung, so kann man auch isobare Siedepunktsmessungen benutzen, wobei die übliche Annahme gemacht werden muß, daß die Aktivitätskoeffizienten in dem betreffenden Temperaturbereich praktisch T-unabhängig sind. In diesem Fall setzt man p gleich dem konstanten Gesamtdruck und entnimmt die Werte für p_{01} und p_{02} den Dampfdruckkurven der reinen Stoffe bei den jeweiligen beobachteten Siedepunkten der Gemische bei kleinen x_1- bzw. x_2-Werten.

Zur Illustration dieses Verfahrens sind in der folgenden Tabelle die isothermen Gesamtdrucke des Systems Benzol (1)-Cyclohexan (2) bei 70° C nach Messungen von SCATCHARD und Mitarbeitern (256) zusammen mit den nach (116) berechneten Näherungswerten von f_1 und f_2 angegeben.

Tabelle 10.

Berechnung der MARGULES*schen bzw.* VAN LAAR*schen Konstanten aus Gesamtdruckmessungen am System Benzol (1)-Cyclohexan (2) bei* 70° C. $p_{01} = 550{,}6$ mm, $p_{02} = 543{,}6$ mm.

x_1	p mm	$\dfrac{p - p_{02}\, x_2}{p_{01}\, x_1}$	$\dfrac{p - p_{01}\, x_1}{p_{02}\, x_2}$
0,119	568	1,36	—
0,241	585	1,30	—
0,375	596	1,23	—
0,618	599	—	1,25
0,725	593,5	—	1,30
0,865	578	—	1,39

Die Extrapolation dieser Näherungswerte auf $x_1 = 0$ bzw. $x_1 = 1$ liefert

$$\lim_{x_1 \to 0} (\log f_1) = \log 1{,}43 = 0{,}155 = A$$

$$\lim_{x_2 \to 0} (\log f_2) = \log 1{,}50 = 0{,}176 = B$$

A und B ergeben sich also hier merklich verschieden, obwohl sich die $\log f$, x-Kurven auch mit der vereinfachten MARGULESschen Gleichung befriedigend wiedergeben lassen, bei der $A = B$ ist (vgl. S. 162). Setzt man die Konstanten z. B. in die VAN LAARsche Gleichung (56) ein, so lassen sich die Partialdrucke in guter Übereinstimmung mit den experimentell ermittelten Werten berechnen. Die $\log f$, x-Kurven sind gegen Änderungen der Konstanten A und B bei solchen Systemen, die keine starken Abweichungen vom idealen Verhalten zeigen, nicht sehr empfindlich.

Ist die Übereinstimmung nicht befriedigend, so kann man die angenäherten f_2- bzw. f_1-Werte in die Gln. (116a) bzw. (116 b) einsetzen und so zweite Näherungswerte errechnen, deren Extrapolation im allgemeinen bessere Konstanten A und B liefert.

3. Nachprüfung und Korrektur experimenteller Aktivitätskoeffizienten mit der Margulesschen bzw. van Laarschen Gleichung.

Stehen außer Gesamtdruckmessungen auch Partialdruckmessungen zur Verfügung, so lassen sich die Konstanten A und B der MARGULESschen bzw. der VAN LAARschen Gleichungen natürlich mit größerer Sicherheit aus den Meßwerten selbst ermitteln. Der Versuch, die Meßwerte durch eine dieser Gleichungen darzustellen, lohnt sich stets, denn wenn die Messungen einer dieser Gleichungen genügen, sind sie thermodynamisch konsistent, was sich sonst nur qualitativ mit Hilfe der GIBBS-DUHEMschen Differentialgleichung (vgl. S. 131) oder quantitativ durch die recht mühsame numerische Integration der letzteren nachweisen läßt. Tatsächlich hat sich gezeigt, daß die Mehrzahl der experimentellen $\log f$-Werte durch die eine oder die andere, häufig auch durch beide Gleichungen innerhalb der (häufig allerdings recht großen) experimentellen Fehlergrenzen mit guter Näherung wiedergeben läßt, weswegen diese Gleichungen auch viel verwendet werden [vgl. z. B. (35, 332)].

Qualitativ kann man den experimentellen $\log f$, x-Kurven unmittelbar ansehen, ob sie den Gln. (56) oder (67) genügen können, da nach Gl. (53) die Kurve mit dem höheren Endwert bei $x = 0{,}5$ niedriger sein muß als die andere. Nach welchen Gesichtspunkten man die MARGULESsche oder die VAN LAARsche Gleichung zur Darstellung der Messungen wählt, wurde bereits auf S. 150 diskutiert. Zeigen die experimentellen $\log f$, x-Kurven einen Extremwert, so ist der VAN LAARsche Ansatz grundsätzlich unbrauchbar, ist dies nicht der Fall, so erhält man mit den VAN LAARschen Gleichungen in der Regel die besseren Resultate[1].

Die Konstanten A und B ergeben sich nach (52) als die Endwerte der $\log f$, x-Kurven, die man durch graphische Extrapolation der Meßwerte erhält. Da jedoch die Meßwerte bei kleinen Konzentrationen der einen Komponente gewöhnlich stark streuen, wählt man zur Berechnung der Konstanten besser Meßpunkte bei mittleren x-Werten. Löst man die MARGULESschen Gleichungen (67) nach A und B auf, so erhält man

$$A = \frac{(x_2 - x_1)\log f_1}{x_2^2} + \frac{2\log f_2}{x_1}$$
$$B = \frac{(x_1 - x_2)\log f_2}{x_1^2} + \frac{2\log f_1}{x_2} . \tag{119}$$

Entsprechend ergibt sich aus den VAN LAARschen Gleichungen (56)

$$A = \left(1 + \frac{x_2\log f_2}{x_1\log f_1}\right)^2 \log f_1 \; ; \quad B = \left(1 + \frac{x_1\log f_1}{x_2\log f_2}\right)^2 \log f_2 . \tag{120}$$

Das schon mehrfach erwähnte System Benzol (1)-Cyclohexan (2) (*256*) hat einen azeotropen Punkt, der bei 70° C bei $x_1 = 0,52$ liegt. Der zugehörige Maximumdruck beträgt $p = 601$ mm, ferner ist $p_{01} = 550,6$ mm,

---

[1] Die mathematische Bedingung für das Auftreten eines Extremwertes in den $\log f$, x-Kurven ergibt sich nach Gleichung (51) auf folgende Weise (*60, 322*): Aus $\partial \log f_1/\partial x_2 = (4 B - 2 A) x_2 + (6 A - 6 B) x_2^2 = 0$ folgt

$$x_2 = - \frac{4 B - 2 A}{6 A - 6 B} \tag{117}$$

bei einem *Extrempunkt*.

Die beiden Konstanten $(2 B - A)$ und $(A - B)$ in Gleichung (51a) müssen also verschiedenes Vorzeichen besitzen, d. h. $A > 2 B$; da x_2 zwischen 0 und 1 liegen muß, ergibt sich als weitere Bedingung für einen Extremwert $(A - B) >$
$> \left|\frac{2 B - A}{3}\right|$. So ist z. B. im System Chloroform-Äthanol ein Maximum bzw. Minimum in den $\log f$, x-Kurven beobachtet worden (*35*). Diese lassen sich nach der MARGULESschen Gleichung darstellen mit $A = 0,747$ und $B = 0,187$, so daß $A/B = 4$.

In entsprechender Weise ergibt sich aus

$$\frac{\partial^2 \log f_1}{\partial x_2^2} = (4 B - 2 A) + (12 A - 12 B) x_2 = 0$$

die Bedingung für das Auftreten eines *Wendepunktes* zu

$$1 > - \frac{4 B - 2 A}{12 A - 12 B} > 0 . \tag{118}$$

Sie verlangt wieder verschiedenes Vorzeichen für die Konstanten von (51a), d. h. $A > 2 B$, und außerdem: $A - B > \left|\frac{2 B - A}{6}\right|$. Da nach S. 147 $A - B$ ein Maß für die *Unsymmetrie* des Systems darstellt, kann ein Wendepunkt bzw. ein Extremwert in den $\log f$-Kurven nur auftreten, wenn die Unsymmetrie einen gewissen Mindestwert überschreitet. Für die $\log f_2$, x_1-Kurve gelten entsprechende Bedingungen unter Vertauschung von A und B.

$p_{02} = 543{,}6$ mm bei gleicher Temperatur. Daraus ergibt sich für die zugehörigen Aktivitätskoeffizienten nach (110) $f_1 = \dfrac{601}{560{,}6} = 1{,}09$;

$f_2 = \dfrac{601}{543{,}6} = 1{,}105$. Setzt man diese Werte z. B. in (120) ein, so wird

$$A = \left(1 + \frac{0{,}48 \cdot \log 1{,}105}{0{,}52 \cdot \log 1{,}09}\right)^2 \log 1{,}09 = 0{,}160;$$

$$B = \left(1 + \frac{0{,}52 \log 1{,}09}{0{,}48 \log 1{,}105}\right)^2 \log 1{,}105 = 0{,}162 .$$

A und B sind also praktisch gleich in Übereinstimmung mit der Tatsache, daß sich das System auch mit der vereinfachten MARGULESschen Gleichung wiedergeben läßt (vgl. Tab. 9, S. 162).

Dieses Verfahren, die Konstanten A und B aus der Zusammensetzung des azeotropen Punktes und dem zugehörigen Extremdruck zu berechnen,

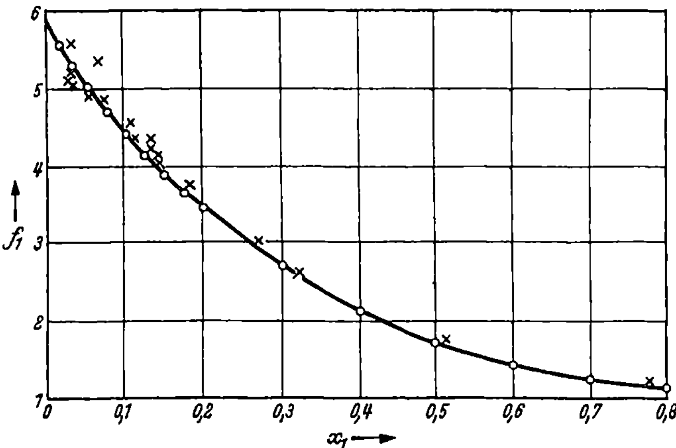

Abb. 39. Prüfung der 2-konstantigen MARGULESschen Gleichung am System 1-Buten (1)—Furfurol (2) bei 65,5° C.

ist immer dann gut brauchbar, wenn das Azeotrop in der Nähe von $x = 0{,}5$ liegt. Ist $0{,}75 < x_2 < 1{,}0$, so wird nur die Konstante A genügend genau, ist $0 < x_2 < 0{,}25$, so wird nur die Konstante B brauchbar. In solchen Fällen berechnet man deshalb die Konstanten besser aus anderen experimentell ermittelten und in der Nähe von $x = 0{,}5$ liegenden f-Werten.

Um an einem Beispiel die Leistungsfähigkeit etwa der MARGULESschen Gleichung zu zeigen, sind in Abb. 39 die aus den gemessenen Partialdrucken nach Gl. (5) ermittelten und die mittels Gl. (51) berechneten Aktivitätskoeffizienten des 1-Butens im System 1-Buten (1)-Furfurol (2) bei 65,5° C als Funktion von x_1 wiedergegeben (194). Die Extrapolation der Meßwerte (Kreuze) auf $x_1 = 0$ ergibt $\lim\limits_{x_1 \to 1} f_1 = 5{,}80$, so daß nach (52) $A = \log 5{,}80 = 0{,}763$. Aus A und einem Meßpunkt ergibt sich mit Hilfe von (51) die Konstante B zu $0{,}951$. Die mit diesen Konstanten berechnete Kurve ist in Abb. 39 ausgezogen (Kreise).

Wie COLBURN und Mitarbeiter (320) gezeigt haben, läßt sich die MARGULESsche Gleichung (51) bzw. (67) auch für ternäre Systeme verwenden, wenn man das Mengenverhältnis zweier Komponenten konstant hält und diese Mischung als eine einzige „Pseudokomponente" behandelt. Auf diese Weise lassen sicht etwa die Aktivitätskoeffizienten von n-Butan oder cis-2-Buten in Mischungen mit feuchtem Furfurol (2 bzw. 4 Gew.-% Wassergehalt) durch die zweigliederige MARGULESsche Gleichung darstellen.

Stehen nur isobare Siedepunktsmessungen zur Verfügung, so lassen sich die $\log f$-Werte ebenfalls durch die MARGULESsche oder VAN LAARsche Gleichung darstellen, wenn der Bereich der Siedetemperaturen nicht allzu groß ist. So besitzt z. B. das System Wasser (1)-Dioxan (2) nach neueren Messungen (156) bei Atmosphärendruck ein Siedepunktsminimum bei $87{,}2^\circ$ C, während Dioxan bei $101{,}5^\circ$ C siedet. In diesem T-Bereich kann man die Aktivitätskoeffizienten noch als praktisch T-unabhängig ansehen. Die aus den Messungen entnommenen Aktivitätskoeffizienten lassen sich in diesem Fall sowohl durch die MARGULESsche wie durch die VAN LAARsche Gleichung in sehr befriedigender Weise darstellen, wie aus der folgenden Tabelle hervorgeht. Die Konstanten A und B sind nach (119) bzw. (120) aus den Daten des azeotropen Punktes ermittelt.

Tabelle 11. *Nach* MARGULES *bzw.* VAN LAAR *berechnete Aktivitätskoeffizienten des Systems Wasser-Dioxan nach Siedepunktsmessungen bei 760 mm Druck.*

x_D	$\lg f_D$ MARGULES	$\lg f_D$ VAN LAAR	$\lg f_{H_2O}$ MARGULES	$\lg f_{H_2O}$ VAN LAAR
0,0	0,891	0,891	0,0	0,0
0,1	0,698	0,694	0,0101	0,0103
0,2	0,533	0,527	0,0392	0,0394
0,3	0,393	0,388	0,0855	0,0857
0,4	0,278	0,275	0,147	0,147
0,5	0,186	0,184	0,223	0,221
0,6	0,1140	0,1161	0,310	0,308
0,7	0,0616	0,0617	0,408	0,403
0,8	0,0262	0,0263	0,513	0,508
0,9	0,0065	0,0064	0,627	0,621
1,0	0,0	0,0	0,743	0,743

Bei größeren Siedepunktsdifferenzen wird man wegen der T-Abhängigkeit der f-Werte im allgemeinen nicht erwarten können, daß sich die nach (10) berechneten Aktivitätskoeffizienten noch mit genügender Genauigkeit durch die Gln. (56) bzw. (67) darstellen lassen. In solchen

Fällen muß man die f-Werte wenigstens bei zwei verschiedenen Temperaturen, d. h. Gesamtdrucken ermitteln und kann dann z. B. mittels des von OTHMER angegebenen Verfahrens nach Gl. (III, 171) die f-Werte auf eine gemeinsame mittlere Temperatur umrechnen (vgl. S. 97).

Sind die Abweichungen vom idealen Verhalten nicht allzu groß, so kann man auch das S. 96 beschriebene halbempirische Verfahren benutzen, um die f-Werte auf eine gemeinsame mittlere Temperatur zu reduzieren. Für $x_1 \to 0$ wird die reduzierte Temperatur T_R der Mischung in Gl. (III, 164) gleich der reduzierten Temperatur T_{R2} der reinen Komponente 2, und $\log f_1$ wird gleich der Konstanten A der VAN LAARschen Gleichung. Analog wird für $x_2 \to 0$ auch $T_R = T_{R1}$ und $\log f_2 = B$. Gl. (III, 164) läßt sich also schreiben

$$\lim_{x_1 \to 0} (\log f_1) = A = k_1 \frac{(1 - T_{R2})^{0,43}}{T_{R2}} ;$$
$$\lim_{x_2 \to 0} (\log f_2) = B = k_2 \frac{(1 - T_{R1})^{0,43}}{T_{R1}} \cdots .$$

$$(121)$$

Sind A und B für eine Temperatur bekannt, so kann man aus (121) die Faktoren k_1 und k_2 berechnen und hat auf diese Weise A und B für beliebige Temperaturen. Allerdings wird dieses Verfahren wegen der zahlreichen darin steckenden Annahmen und empirischen Funktionen nicht allgemein anwendbar sein.

Empirisch hat sich gezeigt, daß in manchen Fällen die T-Abhängigkeit der Aktivitätskoeffizienten sich auch durch die einfache Beziehung

$$T \log f = \text{Const} \qquad (122)$$

darstellen läßt. Setzt man für $\log f$ die Endwerte nach der MARGULESschen Gleichung ein, so gilt entsprechend

$$T (\log f_1)_{x_1 \to 0} = T A = \text{Const} , \qquad (123)$$

und eine analoge Gleichung für die Konstante B. Diese einfache Beziehung wurde an den Systemen n-Butan-Furfurol, Isobutan-Furfurol und 1-Buten-Furfurol geprüft (*194*), für die Messungen bei 38° C ($T = 311°$) und 93° C ($T = 366°$) vorliegen. Da nach (123) das Verhältnis der A-Werte dem Verhältnis der absoluten Temperaturen umgekehrt proportional sein muß, sollte man die A-Werte bei 93° C aus denen bei 38° C durch Multiplikation mit 311/366 erhalten. Das Ergebnis ist folgendes:

	n-Butan	Isobutan	1-Buten
A bei 38° C experimentell	1,096	1,142	0,842
A bei 93° C experimentell	0,908	0,955	0,700
A bei 93° C berechnet	0,93	0,97	0,72

Die experimentell gefundene T-Abhängigkeit der Konstanten A ist nur wenig größer, als es Gl. (123) verlangt. Dieses Ergebnis ist nach

Gl. (III, 158) gleichbedeutend damit, daß die differentielle (erste) Mischungswärme T-unabhängig ist. Ob die einfache Beziehung (122) allgemeiner anwendbar ist, läßt sich mangels genügender Messungen nicht sicher entscheiden, doch scheint dies für nichtwässerige Mischungen häufig der Fall zu sein (40).

Es muß selbstverständlich darauf hingewiesen werden, daß die MARGULESschen bzw. VAN LAARschen Gleichungen keineswegs in allen praktisch vorkommenden Fällen die Messungen mit genügender Näherung wiedergeben können. Dies hängt einerseits von der Güte der experimentellen Werte, andererseits von den gestellten Ansprüchen ab. Man muß deshalb stets im Auge behalten, daß es sich um *Näherungs*lösungen der GIBBS-DUHEMschen Gleichung handelt, die insbesondere bei größeren Abweichungen vom idealen Verhalten versagen müssen. So läßt sich z. B. das Dampfdruckdiagramm des Systems n-Heptan-Äthanol nicht mit der MARGULESschen Gleichung darstellen (vgl. Abb. 33, gestrichelte Kurven). In solchen Fällen müssen die oben entwickelten erweiterten Gleichungen mit weiteren Konstanten [z. B. (86) oder (95)] zur Darstellung der Messungen herangezogen werden.

Nach neueren Arbeiten von EBERT und Mitarbeitern (60) scheint der MARGULESsche Ansatz (48) bzw. (51) grundsätzlich nicht auszureichen, um die aus den Aktivitätskoeffizienten bzw. der freien Zusatzenthalpie der Mischung abzuleitenden thermodynamischen Mischungseffekte wie z. B. die Mischungswärmen im Einklang mit experimentellen Ergebnissen darzustellen, selbst dann nicht, wenn die Abweichungen vom idealen Verhalten nicht sehr groß sind. Die Mischungswärme ergibt sich mittels $\partial\,(\varDelta\overline{G}^{E}/T)\,\partial T = -\,\varDelta\overline{H}/T^{2}$ aus dem zweigliederigen MARGULESschen Ansatz (66) zu

$$\varDelta\overline{H} = -\,2{,}30\,RT^{2}\,x_{1}\,x_{2}\left(x_{1}\,\frac{\partial B}{\partial T} + x_{2}\,\frac{\partial A}{\partial T}\right).\qquad(124)$$

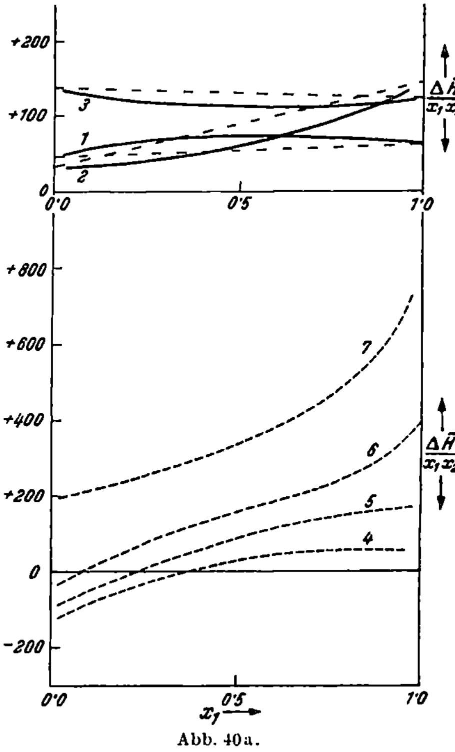

Um die Konzentrationsabhängigkeit der Mischungswärme geeignet darzustellen, trägt man am besten den Quotienten $\Delta \bar{H}/x_1\,x_2$ als Funktion von x oder $(1-x)$ auf. Nach (124) gilt

$$\frac{\Delta \bar{H}}{x_1\,x_2} = -\,2{,}30\,RT^2 \quad (125)$$
$$\left[\frac{\partial A}{\partial T} + \left(\frac{\partial B}{\partial T} - \frac{\partial A}{\partial T}\right) x_1\right].$$

Falls demnach die MARGULESsche Gleichung (51) gültig ist, sollte $\Delta \bar{H}/x_1\,x_2$ gegen x_1 aufgetragen eine Gerade ergeben, deren Neigung durch die Differenz $(\partial B/\partial T) - (\partial A/\partial T)$ bestimmt ist. Liegen Dampfdruckmessungen bei verschiedenen Temperaturen oder besser[1] unmittelbare kalorimetrische Messungen der Mischungswärmen als Funktion von x vor, so läßt sich diese Forderung leicht nachprüfen.

In Abb. 40 ist für eine Auswahl von Systemen mit teils endothermen (1—7), teils exothermen (8—13) Mischungswärmen $\Delta \bar{H}/x_1\,x_2$ als $f\,(x_1)$ aufgetragen. Dabei handelt es sich z. T. um Systeme, die nur sehr wenig vom idealen Verhalten abweichen. Trotzdem ergibt sich in keinem einzigen Fall eine Gerade, was bedeutet, daß sich mittels des MARGULESschen Ansatzes (51) die experimen-

---

[1] Kalorimetrisch gemessene Mischungswärmen sind im allgemeinen wesentlich genauer als die aus dem T-Koeffizienten von Partialdrucken nach (II, 43) und (III, 153) berechneten. Vgl. z. B. W. SCHULZE (273).

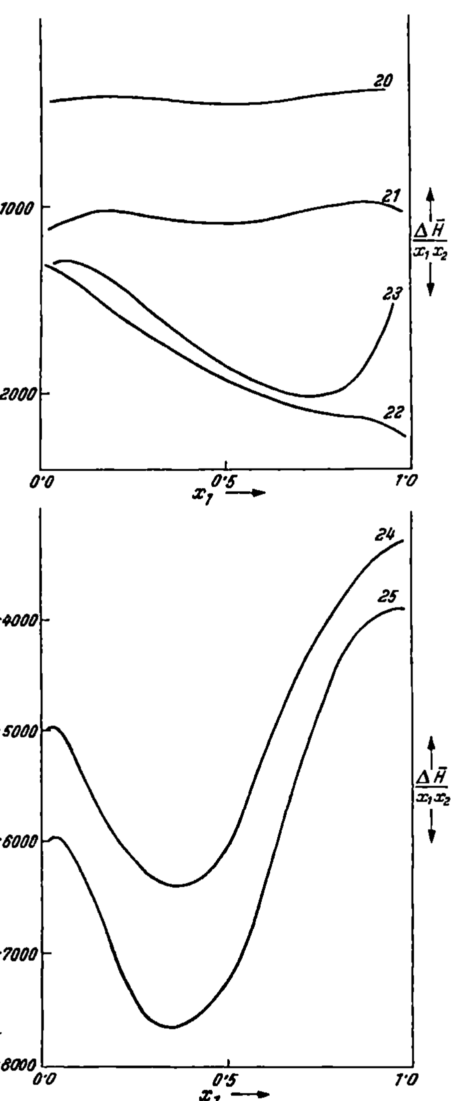

Abb. 40 b. $\Delta \bar{H}/x_1 x_2$ als Funktion von x_1. 1. Benzol(1) — Toluol bei 20°; 2. 1,2-Dichloräthan(1) — Benzol bei 20°; 3. CCl$_4$(1) — Benzol bei 40° C; 4. β,β'-Dichlordiäthyläther (Chlorex)(1) — Essigsäure-äthylester bei 25°; 5. Chlorex(1) — Essigsäure-n-propylester bei 25°; 6. Chlorex(1) — Essigsäure-n-butylester bei 25°; 7. Chlorex(1) — Essigsäure-n-hexylester bei 25°; 20. Chlorex(1) — Bromoform bei 25°; 21. Chlorex(1) — 1,1,2,2-Tetrachloräthan bei 25°; 22. Chloroform(1) — Äthylacetat bei 25°; 23. Chloroform(1)—Aceton bei 25°; 24. Pyridin(1)—m-Kresol bei 25°; 25. Pyridin(1) — o-Kresol bei 0°.

tellen $\Delta\bar{H}$-Werte nicht darstellen lassen. Diese Feststellung erwies sich in allen bisher geprüften Fällen als gültig. Die Messung von Mischungswärmen bietet danach die Möglichkeit, die analytischen Ansätze für die Aktivitätskoeffizienten auf sehr viel schärfere Art zu prüfen, als es mit Hilfe von Partialdruckmessungen der üblichen Genauigkeit möglich ist.

Eine analoge Rechnung ergibt für die Mischungswärme unter Benutzung von *drei* Gliedern der Potenzreihe in Gl. (48) bzw. des dreigliederigen MARGULESschen Ansatzes (74) für die freie Zusatz-Mischungsenthalpie:

$$\Delta\bar{H} = -\,2{,}30\,RT^2\,x_1\,x_2\left(x_1\frac{\partial B}{\partial T} + x_2\frac{\partial A}{\partial T} - x_1\,x_2\frac{\partial D}{\partial T}\right). \qquad (126)$$

Daraus folgt analog zu (125)

$$\frac{\Delta\bar{H}}{x_1\,x_2} = -\,2{,}30\,RT^2\left[\frac{\partial A}{\partial T} + \left(\frac{\partial B}{\partial T} - \frac{\partial A}{\partial T} - \frac{\partial D}{\partial T}\right)x_1 + \frac{\partial D}{\partial T}\,x_1^2\right] \quad (127)$$

$\Delta\bar{H}/x_1\,x_2$ wird eine Funktion 2. Grades von x_1, ist also eine gegen x_1 einfach gekrümmte Kurve (Parabel), die auch einen Extremwert haben kann, wie es bei einer Reihe der Kurven in Abb. 40 tatsächlich der Fall ist. Das bedeutet, daß zur Wiedergabe der Mischungswärmen wenigstens ein dreigliederiger Ansatz nach MARGULES erforderlich ist. Aus der Tatsache, daß jedoch zahlreiche $\Delta\bar{H}/x_1\,x_2$-Kurven solche höherer Ordnung mit Maximum und Minimum und in einzelnen Fällen sogar mit zwei Maxima darstellen, muß man schließen, daß in solchen Fällen der MARGULESsche Ansatz bis zu fünf Gliedern enthalten müßte, um die experimentellen Mischungswärmen wiedergeben zu können.

Neuerdings konnten EBERT und Mitarbeiter *(60)* auch mit Hilfe von isothermen Dampfdruckmessungen an den Systemen Anilin-Cyclohexan (40 C°) und Chlorex-Methylcyclohexan (0° C) nachweisen, daß der durch exakte Messungen festgelegte Verlauf der log f, x-Kurven Abweichungen grundsätzlicher Art von den nach der MARGULESschen Gleichung (51) unter Benutzung der gleichen experimentellen Daten berechneten Kurven aufweist. Für die Konstanten ergaben sich durch Interpolation folgende Werte:

Anilin (1)-Cyclohexan:	$A = 1{,}31$; $\quad B = 1{,}43$
Chlorex (1)-Methylcyclohexan:	$A = 1{,}262$; $\quad B = 1{,}396$.

Die gemessenen und berechneten ln f_2-Werte des letztgenannten Systems sind in Abb. 41 wiedergegeben. Die experimentelle Kurve zeigt einen Wendepunkt, der völlig sichergestellt werden konnte. Nach der Bedingung (118) kann ein Wendepunkt in der nach (51 b) berechneten MARGULESschen Kurve für log f_2 nur auftreten, wenn $B > 2\,A$ und $B - A > \left|\dfrac{2\,A - B}{6}\right|$. Beide Bedingungen sind nicht erfüllt, was bedeutet, daß der Margulessche Ansatz versagt. Das Gleiche gilt für das System Anilin-Cyclohexan.

Charakteristisch ist ferner der ebenfalls für eine Reihe von Systemen gefundene und in Abb. 41 deutlich erkennbare Abfall der Steilheit der $\ln f_2$-Kurve im Grenzgebiet $x_2 \to 0$ bzw. $x_1 \to 1$, während der Margulessche Ansatz (51) konvex gegen die x-Achse gekrümmte Kurven

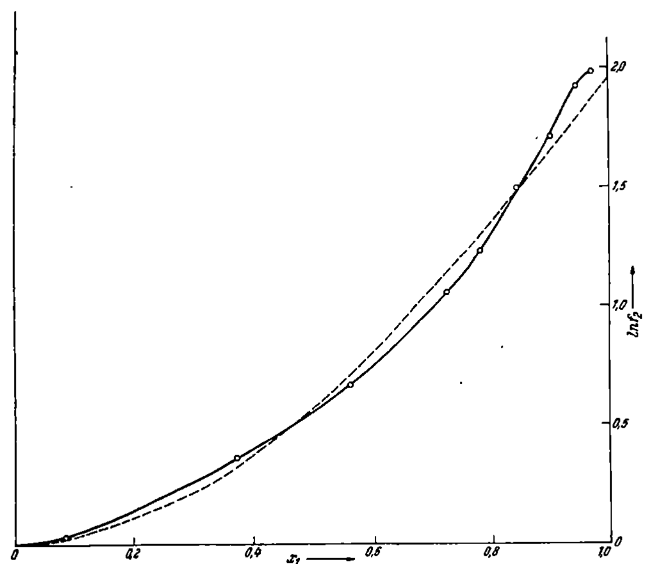

Abb. 41. (ln f_2)-Werte des Systems β,β'-Dichlordiäthyläther(1) — Methylcyclohexan bei 0° C; ———— Experimentelle Werte; - - - - - - - nach Margules [Gleichung (51)] berechnete Werte.

liefert. Nach einer von Ebert *(60)* gegebenen Zusammenstellung scheint sogar für eine ganze Anzahl von Systemen die Grenzbedingung

$$\lim_{x_i \to 0} \frac{\partial \ln f_i}{\partial x_i} = 0 \tag{128}$$

im Gebiet des Henryschen Gesetzes erfüllt zu sein, was bedeuten würde, daß die $\ln f_i$-Kurven mit horizontaler Grenztangente gegen den Wert $x_i = 0$ gehen. Nach Gl. (51) würde dies heißen, daß

$$\lim_{x_1 \to 0} \frac{\partial \log f_1}{\partial x_1} = 2\,B - 4\,A = 0 \quad \text{oder} \quad B = 2\,A$$

$$\lim_{x_2 \to 0} \frac{\partial \ln f_2}{\partial x_2} = 2\,A - 4\,B = 0 \quad \text{oder} \quad A = 2\,B\,, \tag{129}$$

was wiederum bedeuten würde, daß der Margulessche Ansatz vollkommen versagt.

4. Anwendung des Redlichschen Ansatzes auf das System Wasser-Äthanol.

Die aus dem Siedediagramm des Systems Wasser(1)-Äthanol(2) bei Atmosphärendruck ermittelten Aktivitätskoeffizienten (*131*) sind in der folgenden Tabelle angegeben.

Tabelle 12. *Aktivitätskoeffizienten des Systems Wasser* (1)-*Äthanol* (2) *aus Siedepunktsmessungen bei 760 mm Druck.*

t° C	x_2	x_2''	$\log f_2$	$\log f_1$	$\log (f_2/f_1)$
95,5	0,018	0,179	0,7177	0	0,7177
85,4	0,124	0,470	0,4579	0,0179	0,4400
83,7	0,176	0,514	0,3746	0,0350	0,3396
82,75	0,230	0,542	0,2943	0,0699	0,2244
82,0	0,288	0,570	0,2310	0,0770	0,1540
81,0	0,385	0,612	0,1495	0,1133	0,0362
80,5	0,440	0,633	0,1156	0,1393	— 0,0237
79,8	0,514	0,657	0,0828	0,1847	— 0,1019
78,9	0,673	0,735	0,0220	0,2601	— 0,2381
78,3	0,840	0,850	0,0073	0,3345	— 0,3272

Trägt man $\log (f_2/f_1)$ gegen x_2 auf (Kreuze), so erhält man die ausgezogene Kurve in Abb. 42. Danach muß es sich um den Mischungstyp 3 oder 5 handeln (vgl. S. 157). Wir versuchen zunächst, die Messungen

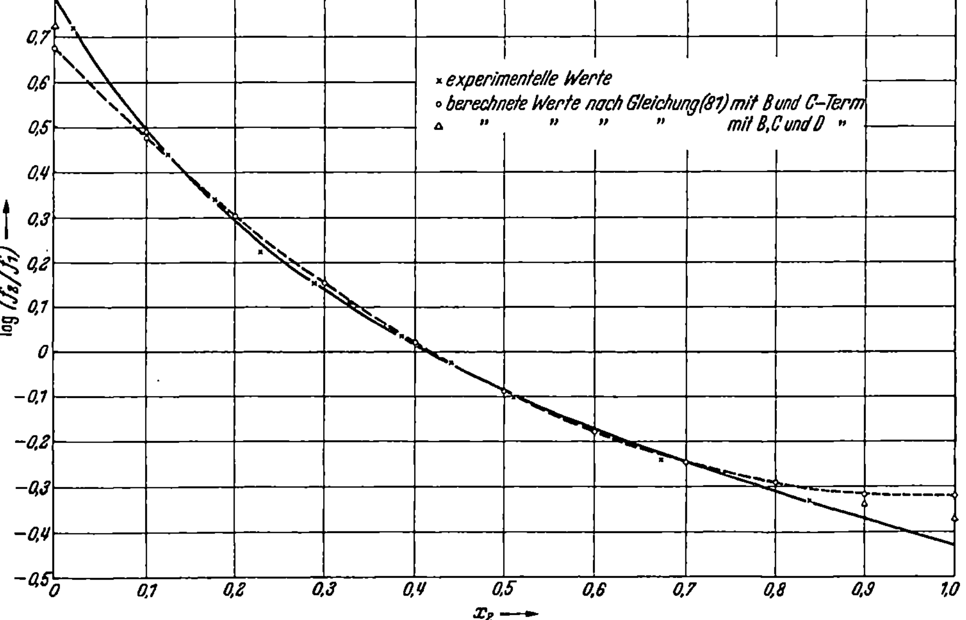

Abb. 42. Prüfung des Redlichschen Ansatzes am System Wasser(1)—Äthanol(2) bei 760 mm Druck.

durch Gl. (96) darzustellen, indem wir $D = 0$ setzen (Typ 3). Die Absolutwerte von $\log (f_2/f_1)$ bei $x_2 = 0{,}2113$ und $x_2 = 0{,}7887$ betragen nach der Kurve 0,267 bzw. 0,306, sind also nicht völlig identisch, wie es die Tab. 8, S. 158 fordert. Ferner ist nach der gleichen Tabelle

$$\log (f_2/f_1)_{x=0{,}5} = \frac{C}{2} = -0{,}088, \text{ also } C = -0{,}176.$$

Auch die Konstanten B ergeben sich etwas verschieden, je nachdem man sie aus den Punkten 3 und 7 oder den Punkten 2 und 8 der Tab. 8 berechnet. Wählen wir die Punkte 3 und 7 und nehmen für die zugehörigen $\log (f_2/f_1)$-Werte das Mittel mit 0,287, so wird $B = 0{,}287/0{,}5773 = 0{,}497$. Damit lautet die Gl. (96) für diesen Fall

$$\log \frac{f_2}{f_1} = 0{,}497 (1 - 2 x_2) - 0{,}176 (6 x_2 - 6 x_2^2 - 1)$$
$$= 0{,}673 - 2{,}05 x_2 + 1{,}056 x_2^2 . \tag{130}$$

Die mit dieser Gleichung berechneten $\log (f_2/f_1)$-Werte sind in Abb. 42 durch Kreise angegeben, die zugehörige (gestrichelte) Kurve weicht merklich von der experimentellen Kurve ab. Da Gl. (96) mit $B \neq 0$, $C \neq 0$, $D = 0$ mit der Margulesschen Gleichung identisch ist, bedeutet dies, daß sich die Messungen durch letztere nicht befriedigend darstellen lassen.

Wendet man nun die Gl. (96) mit drei Termen an ($B \neq 0$, $C \neq 0$, $D \neq 0$, Mischungstyp 5), so ergibt sich aus den Punkten 2 und 8 der Tabelle ($x_2 = 0{,}1464$ mit $\log (f_2/f_1) = 0{,}388$ und $x_2 = 0{,}8536$ mit $\log (f_2/f_1) = -0{,}332$) wiederum unter Mittelbildung $0{,}720 = 1{,}4142\,B$ oder $B = 0{,}509$. Damit erhält man aus den Punkten 3 und 7
$0{,}287 = 0{,}5773\,(B - D/3)$ oder $D = +0{,}036$, und es wird nach (96)

$$\log \frac{f_2}{f_1} = 0{,}509 (1 - 2 x_2) - 0{,}176 (6 x_2 - 6 x_2^2 - 1)$$
$$+ 0{,}036 (1 - 2 x_2) (1 - 8 x_2 + 8 x_2^2) \tag{131}$$
$$= 0{,}721 - 2{,}434 x_2 + 1{,}920 x_2^2 - 0{,}576 x_2^3 .$$

Die hiernach berechneten Werte (Dreiecke) geben die experimentelle Kurve mit guter Näherung wieder.

Die angeführten Beispiele mögen genügen, um die Brauchbarkeit der behandelten Reihenentwicklungen zur Darstellung der Aktivitätskoeffizienten binärer Systeme darzutun. Eine neuere Zusammenstellung von Othmer (221) zeigt, daß von 110 Gemischen innerhalb der angegebenen Meßgenauigkeiten 2 Systeme sich ideal verhalten, während 28 sich mit einer einkonstantigen, 34 mit einer zweikonstantigen, 37 mit einer dreikonstantigen und 7 mit einer vierkonstantigen Gleichung darstellen lassen, wobei allerdings nochmals darauf hinzuweisen ist, daß diese Reihenentwicklungen einer strengeren Prüfung, wie sie die Wiedergabe der Mischungswärmen als Funktion von x darstellt, nicht gewachsen sind (vgl. S. 170).

D. Reihenentwicklungen und Interpolationsverfahren für die Aktivitätskoeffizienten ternärer Systeme.

1. Ansätze von Wohl, Benedict, Redlich und Kister.

Näherungsgleichungen in Reihenform für ternäre Systeme lassen sich auf die gleiche systematische Weise entwickeln, wie es WOHL (322) und BENEDICT (11) für binäre Systeme angegeben haben (vgl. S. 151 ff.).

WOHL geht wieder von der freien Zusatzenthalpie ΔG^E des Systems aus, die sich für „symmetrische" Systeme in der Form

$$\frac{\Delta \bar{G}^E}{2{,}30\,R\,T} = A_{12}\,x_1\,x_2 + A_{13}\,x_1\,x_3 + A_{23}\,x_2\,x_3 \qquad (132)$$

ansetzen läßt, analog zu Gl. (59)[1]. Daraus ergibt sich mittels (II, 39) für die Aktivitätskoeffizienten (unter Beachtung der S. 18 angegebenen Differentiationsvorschrift)

$$\log f_1 = A_{12}\,x_2^2 + A_{13}\,x_3^2 + (A_{12} + A_{13} - A_{23})\,x_2\,x_3 \qquad (133\,\mathrm{a})$$

$$\log f_2 = A_{12}\,x_1^2 + A_{23}\,x_3^2 + (A_{12} + A_{23} - A_{13})\,x_1\,x_3 \qquad (133\,\mathrm{b})$$

$$\log f_3 = A_{13}\,x_1^2 + A_{23}\,x_2^2 + (A_{13} + A_{23} - A_{12})\,x_1\,x_2 . \qquad (133\,\mathrm{c})$$

Die Grenzwerte für die drei zugehörigen *binären* symmetrischen Systeme sind gegeben durch:

$$
\begin{aligned}
&\text{1,2-System } (x_3 = 0): && \lim_{x_2\to 1} \log f_1 = \lim_{x_1\to 1} \log f_2 = A_{12} \\
&\text{1,3-System } (x_2 = 0): && \lim_{x_3\to 1} \log f_1 = \lim_{x_1\to 1} \log f_3 = A_{13} \\
&\text{2,3-System } (x_1 = 0): && \lim_{x_3\to 1} \log f_2 = \lim_{x_2\to 1} \log f_3 = A_{23} .
\end{aligned}
\qquad (134)
$$

Der erste Index der jeweiligen Konstante (z. B. in A_{12}) gibt an, daß es sich um den Endwert von $\log f_1$ für $x_1 \to 0$ handelt, während der zweite Index besagt, daß die Komponente 1 sich in einer Mischung mit der Komponente 2 befindet. Da in den Gln. (133) keine zusätzlichen „ternären" Konstanten auftreten, kann man die Aktivitätskoeffizienten im ternären System aus Messungen an den zugehörigen binären Systemen berechnen.

---

[1] Das bedeutet offenbar wieder, daß es sich um „reguläre" Mischungen handelt (vgl. S. 146), für die $\Delta \bar{S}^E = 0$ und $\Delta \bar{G}^E = \Delta \bar{H}$, vorausgesetzt, daß die A_{ik} temperaturunabhängig sind. Ist letzteres nicht der Fall, so entspricht dieser Ansatz dem PORTERschen Ansatz (III, 242) für binäre Systeme.

Wären in (133) die Terme $- A_{23}$, $- A_{13}$ bzw. $- A_{12}$ nicht vorhanden, so wäre z. B. $\log f_1$ im ternären System durch einfache arithmetische Interpolation zwischen den $\log f_1$-Werten der beiden binären Gemische 1,2 und 1,3 berechenbar. Hat man z. B. im ternären Gemisch $x_2 = x_3 = \dfrac{1 - x_1}{2}$, so liefert die Interpolation aus

$$\log f_1 = A_{12}\, x_2^2 = A_{12}\, (1 - x_1)^2 \quad \text{im binären 1,2-System und}$$
$$\log f_1 = A_{13}\, x_3^2 = A_{13}\, (1 - x_1)^2 \quad \text{im binären 1,3-System}$$

für das ternäre System $\log f_1 = \dfrac{A_{12} + A_{13}}{2}\,(1 - x_1)^2$, was man auch aus (133) erhält, wenn man den Term $- A_{23}\, x_2\, x_3$ wegläßt. Eine solche einfache Interpolation ist also wegen der negativen Terme in (133) nicht möglich. Da die Konstanten A in der Regel positiv sind (entsprechend positiven Abweichungen vom Raoultschen Gesetz), wird der nach (133) berechnete $\log f$-Wert im ternären System niedriger sein als das arithmetische Mittel aus den binären Systemen. Nur wenn z. B. die Mischung 2—3 sich ideal verhält ($A_{23} = 0$), ist die lineare Interpolation für $\log f_1$ möglich.

Den Gln. (133) äquivalente Ausdrücke lassen sich auch unmittelbar aus der „2-Index-Gleichung" (76) bzw. (77) von Benedict und Mitarbeitern (*11*) ableiten (vgl. S. 154). So folgt z. B. für $n = 3$ und $r = 1$:

$$R\,T \ln f_1 = 2\,A_{12}\,(x_2 - x_1\,x_2) + 2\,A_{13}\,(x_3 - x_1\,x_3) - 2\,A_{23}\,x_2\,x_3, \qquad (135)$$

was mit (133a) identisch ist. Die entsprechenden Gleichungen für f_2 und f_3 ergeben sich durch cyclische Vertauschung der Indices (vgl. S. 178).

Die praktische Bedeutung der Gln. (133) bzw. (135) zur Berechnung der Aktivitätskoeffizienten ternärer Systeme aus Meßdaten an den zugehörigen binären Systemen ist allerdings relativ gering, da es nur selten vorkommen wird, daß sich die $\log f$-Werte in allen drei Zweistoffgemischen durch (49) befriedigend darstellen lassen.

Die Erweiterung der binären van Laarschen Gleichung[1] in der Form (61) auf ein ternäres System ergibt (*322*)

$$\frac{\Delta \bar{G}^E}{2{,}30\,R\,T} = \frac{2\,a_{12}\,x_1\,x_2\,q_1\,q_2 + 2\,a_{13}\,x_1\,x_3\,q_1\,q_3 + 2\,a_{23}\,x_2\,x_3\,q_2\,q_3}{x_1\,q_1 + x_2\,q_2 + x_3\,q_3} \qquad (136)$$

---

[1] Schon van Laar (*164*) selbst hat seinen Ansatz für die chemischen Potentiale eines Zweistoffsystems (vgl. S. 148) auf Dreistoffsysteme erweitert und erhält z. B. für die Komponente 1 analog zu (54a)

$$\mu_1 = k_1 + \frac{\alpha_{12}\,x_2^2 + \alpha_{13}\,x_3^2 + \beta_{23}\,x_2\,x_3}{(x_1 + x_2 + r_1\,x_2 + r_2\,x_3)^2} + R\,T \ln x_1 \qquad (137)$$

wobei

$$\alpha_{12} = \frac{D_{12}}{b_1^3}; \quad \alpha_{13} = \frac{D_{13}}{b_1^3}; \quad \beta_{23} = \frac{b_3^2\,D_{12} + b_2^2\,D_{13} + b_1^2\,D_{23}}{b_1^3\,b_2\,b_3}; \quad r_1 = \frac{b_2 - b_1}{b_1}; \quad r_2 = \frac{b_3}{b_1}.$$

Zu den binären Konstanten α und r kommen also weitere Konstanten β und r_2 hinzu.

Führt man wieder die „q-Brüche" ein mit

$$z_1 = \frac{x_1}{x_1 + \frac{q_2}{q_1} x_2 + \frac{q_3}{q_1} x_3} \; ; \quad z_2 = \frac{x_2 \frac{q_2}{q_1}}{x_1 + \frac{q_2}{q_1} x_2 + \frac{q_3}{q_1} x_3} \; ;$$

$$z_3 = \frac{x_3 \frac{q_3}{q_1}}{x_1 + \frac{q_2}{q_1} x_2 + \frac{q_3}{q_1} x_3} \, , \tag{138}$$

wobei $z_1 + z_2 + z_3 = 1$, so kann man für (136) schreiben

$$\frac{\Delta \bar{G}^E}{2{,}30\,RT} = \left(x_1 + \frac{q_2}{q_1} x_2 + \frac{q_3}{q_1} x_3 \right) q_1 \left[2\,a_{12} z_1 z_2 + 2\,a_{13} z_1 z_3 + 2\,a_{23} z_2 z_3 \right]. \tag{139}$$

Mit den Abkürzungen, analog zu (64)

$$\begin{aligned}
2\,a_{12}\,q_1 &\equiv A_{12}; \quad 2\,a_{12}\,q_2 \equiv A_{21} \\
2\,a_{13}\,q_1 &\equiv A_{13}; \quad 2\,a_{13}\,q_3 \equiv A_{31} \\
2\,a_{23}\,q_2 &\equiv A_{23}; \quad 2\,a_{23}\,q_3 \equiv A_{32}
\end{aligned} \tag{140}$$

ergibt sich

$$\frac{q_1}{q_2} = \frac{A_{12}}{A_{21}}; \quad \frac{q_1}{q_3} = \frac{A_{13}}{A_{31}}; \quad \frac{q_2}{q_3} = \frac{A_{23}}{A_{32}}, \tag{141}$$

was zu der Beziehung

$$\frac{A_{32}}{A_{23}} = \frac{A_{31}}{A_{13}} \cdot \frac{A_{12}}{A_{21}} \tag{142}$$

führt, die bedeutet, daß die Asymmetrie des 2,3-Systems durch die Asymmetrie der beiden anderen binären Paare festgelegt ist[1]. Führt man die Abkürzungen (140) in (139) ein, so erhält man

$$\frac{\Delta \bar{G}^E}{2{,}30\,RT} = \left(x_1 + x_2 \frac{A_{21}}{A_{12}} + x_3 \frac{A_{31}}{A_{13}} \right) \left(A_{12} z_1 z_2 + A_{13} z_1 z_3 + A_{32} \cdot \frac{A_{13}}{A_{31}} z_2 z_3 \right)$$

$$= \frac{A_{21} x_1 x_2 + A_{31} x_1 x_3 + A_{23} \cdot \frac{A_{31}}{A_{13}} x_2 x_3}{x_1 + \frac{A_{21}}{A_{12}} x_2 + \frac{A_{31}}{A_{13}} x_3} \, . \tag{143}$$

Aus der freien Zusatzenthalpie ergibt sich mittels (II, 39)

$$\log f_1 = \frac{x_2^2 A_{12} \left(\frac{A_{21}}{A_{12}} \right)^2 + x_3^2 A_{13} \left(\frac{A_{31}}{A_{13}} \right)^2 + x_2 x_3 \frac{A_{21}}{A_{12}} \cdot \frac{A_{21}}{A_{13}} \left(A_{12} + A_{13} - A_{32} \cdot \frac{A_{13}}{A_{31}} \right)}{\left(x_1 + x_2 \frac{A_{21}}{A_{12}} + x_3 \frac{A_{31}}{A_{13}} \right)^2} \, . \tag{144}$$

Die entsprechenden Ausdrücke für $\log f_2$ und $\log f_3$ erhält man wieder durch cyclische Vertauschung der Indices $3 \leftarrow 2$, indem man in der

---

[1] Ist $A_{32} = A_{23}$, so verlaufen die $\log f$, x-Kurven des binären Systems symmetrisch zueinander, die Asymmetrie ist also durch das Verhältnis der beiden Konstanten gegeben.

Formel für $\log f_2$ die 1 durch 2, die 2 durch 3 und die 3 durch 1 ersetzt, und die Formel für $\log f_3$ aus der für $\log f_2$ auf die gleiche Weise ableitet. Für die Grenzwerte von $\log f$ in den drei binären Systemen erhält man analog zu (134)

$$1{,}2\text{-System } (x_3 = 0)\colon \quad \lim_{x_2 \to 1} \log f_1 = A_{12}; \quad \lim_{x_1 \to 1} \log f_2 = A_{21}$$

$$1{,}3\text{-System } (x_2 = 0)\colon \quad \lim_{x_3 \to 1} \log f_1 = A_{13}; \quad \lim_{x_1 \to 1} \log f_3 = A_{31} \qquad (145)$$

$$2{,}3\text{-System } (x_1 = 0)\colon \quad \lim_{x_3 \to 1} \log f_2 = A_{23}; \quad \lim_{x_2 \to 1} \log f_3 = A_{32}.$$

Ist $A_{12} = A_{21}$, $A_{13} = A_{31}$ und $A_{23} = A_{32}$, so vereinfachen sich die Gln. (144) zu (133) für symmetrische Systeme. Ist $x_3 = 0$, so erhält man aus (144) die van Laarsche Gleichung (56a) für ein binäres System. Ersetzt man in (136) die Konstanten q durch die entsprechenden Molvolumina V der Komponenten, so hat man die schon von Scatchard (*250*) angegebene Gleichung.

Der große Vorteil der van Laarschen Gleichungen (144) besteht darin, daß zu den 6 Konstanten der drei binären Systeme keine zusätzlichen ternären Konstanten hinzukommen, so daß man die $\log f$-Werte des ternären Systems aus Meßdaten der binären Systeme berechnen kann. Allerdings stehen wegen der einschränkenden Bedingung (142) statt 6 eigentlich nur 5 unabhängige Konstanten für die Beschreibung des ternären Systems zur Verfügung, was den Anwendungsbereich der Gln. (144) stark einschränken muß.

Man kann die einschränkende Bedingung (142) umgehen, wenn man die Margulessche „3-Index-Gleichung" (66) auf ternäre Systeme erweitert (*253, 322*). Man erhält dann anstelle von (66)

$$\frac{\varDelta \bar{G}^E}{2{,}30\, R\, T} = 2\,a_{12}\,x_1\,x_2 + 2\,a_{13}\,x_1\,x_3 + 2\,a_{23}\,x_2\,x_3 + 3\,a_{112}\,x_1^2\,x_2 + 3\,a_{122}\,x_1\,x_2^2$$

$$+\, 3\,a_{113}\,x_1^2\,x_3 + 3\,a_{133}\,x_1\,x_3^2 + 3\,a_{223}\,x_2^2\,x_3 \qquad (146)$$

$$+\, 3\,a_{233}\,x_2\,x_3^2 + 6\,a_{123}\,x_1\,x_2\,x_3.$$

Mit den Abkürzungen

$$2\,a_{12} + 3\,a_{122} \equiv A_{12}; \quad 2\,a_{12} + 3\,a_{112} \equiv A_{21}$$

$$2\,a_{13} + 3\,a_{133} \equiv A_{13}; \quad 2\,a_{13} + 3\,a_{113} \equiv A_{31} \qquad (147)$$

$$2\,a_{23} + 3\,a_{233} \equiv A_{23}; \quad 2\,a_{23} + 3\,a_{223} \equiv A_{32}$$

und

$$3\,a_{112} + 3\,a_{133} + 3\,a_{223} - 6\,a_{123} \equiv C \qquad (148)$$

geht (146) über in

$$\frac{\varDelta \bar{G}^E}{2{,}30\, R\, T} = x_1\,x_2\,(x_1\,A_{21} + x_2\,A_{12}) + x_1\,x_3\,(x_1\,A_{31} + x_3\,A_{13})$$

$$+\, x_2\,x_3\,(x_2\,A_{32} + x_3\,A_{23}) + x_1\,x_2\,x_3\,(A_{21} + A_{13} + A_{32} - C). \qquad (149)$$

Anwendung von (II, 39) liefert

$$\log f_1 = x_2^2 \left[A_{12} + 2\,x_1\,(A_{21} - A_{12})\right] + x_3^2 \left[A_{13} + 2\,x_1\,(A_{31} - A_{13})\right]$$
$$+ x_2\,x_3\,[A_{21} + A_{13} - A_{32} + 2\,x_1\,(A_{31} - A_{13}) \tag{150}$$
$$+ 2\,x_3\,(A_{32} - A_{23}) - C\,(1 - 2x_1)]\,.$$

Auch hier erhält man die Gleichungen für $\log f_2$ und $\log f_3$ nach dem Prinzip der cyclischen Vertauschung (vgl. S. 178). A_{12}, A_{21} usw. stellen wieder die Endwerte der $\log f$, x-Kurven in den binären Systemen dar. Für $x_3 = 0$ ergibt sich die MARGULESsche Gleichung (68a).

Die Beschreibung des ternären Systems mittels (150) erfordert die Kenntnis der 6 binären Konstanten und einer ternären Konstanten C, die *eine* experimentelle Partialdruckmessung im Dreistoffsystem notwendig macht. Dafür fällt die Bedingung (142), die die binären Konstanten bei der VAN LAARschen Gleichung miteinander verknüpft, und so ihren Geltungsbereich einschränkt, hier fort. C hat den größten Einfluß auf $\log f_1$, wenn $x_2\,x_3\,(1 - 2\,x_1)$ einen Maximalwert besitzt. Dies ist der Fall für sehr kleine Werte von x_1 und gleiche Werte von x_2 und x_3, so daß derartige Gemische zur experimentellen Ermittlung von C besonders geeignet sind. Für $x_1 = 0{,}5$ verschwindet der C-Term und kehrt für höhere Werte von x_1 sein Vorzeichen um. Entsprechende Regeln gelten für $\log f_2$ und $\log f_3$. Stehen keine Messungen am Dreistoffsystem zur Verfügung, so läßt sich C näherungsweise berechnen (*38*) aus

$$C = \frac{1}{2}\,[(A_{21} - A_{12}) + (A_{13} - A_{31}) + (A_{32} - A_{23})]\,. \tag{151}$$

In besonders einfachen Fällen kann auch $C = 0$ werden.

Sind die drei binären Systeme symmetrisch, so ist $a_{112} = a_{122}$, $a_{133} = a_{113}$ und $a_{233} = a_{223}$, so daß nach (147)

$$A_{21} = A_{12}; \quad A_{31} = A_{13}; \quad A_{32} = A_{23}. \tag{152}$$

Dann erhält man statt (150)

$$\log f_1 = x_2^2\,A_{12} + x_3^2\,A_{13} + x_2\,x_3\,[A_{12} + A_{13} - A_{23} - C\,(1 - 2\,x_1)] \tag{153}$$

und entsprechende Gleichungen für $\log f_2$ und $\log f_3$ unter cyclischer Vertauschung der Indices. Mit $C = 0$ wird (153) mit (133a) identisch.

Während bei binären Systemen nicht allzu großer Asymmetrie die VAN LAARsche Gleichung der MARGULESschen meistens etwas überlegen ist (vgl. S. 150), ist es bei ternären Systemen gerade umgekehrt, weil bei der MARGULESschen Gleichung die Bedingung (142) wegfällt. Dafür ist hier wenigstens *eine* Messung im ternären System zur Bestimmung der Konstanten C notwendig.

Benutzt man die Gln. (150) zur Berechnung von $\log (f_1/f_2)$, das nach (91) mit der relativen Flüchtigkeit zweier Komponenten bei Anwesen-

heit eines dritten Stoffes zusammenhängt und für die sog. extraktive
Destillation wichtig ist (vgl. S. 330 ff.), so erhält man (*82*)

$$\log \frac{f_1}{f_2} = A_{21}\,(x_2 - x_1) + x_2\,(x_2 - 2\,x_1)\,(A_{12} - A_{21}) \tag{154}$$
$$+ x_3\,[A_{13} - A_{32} + 2\,x_1\,(A_{31} - A_{13}) - x_3\,(A_{23} - A_{32}) - C\,(x_2 - x_1)]\,.$$

Die Gln. (150) lassen sich wieder unmittelbar auch aus dem BENE-
DICTschen Ansatz (81), der „3-Index-Gleichung" gewinnen, deren Auflösung für ein Dreistoffsystem liefert (mit $n = 3$ und $r = 1$):

$$R\,T \ln f_1 = (6\,x_1\,x_2 - 6\,x_1^2\,x_2)\,A_{112} + (3\,x_2^2 - 6\,x_1\,x_2^2)\,A_{122}$$
$$+ (6\,x_1\,x_3 - 6\,x_1^2\,x_3)\,A_{113} + (3\,x_3^2 - 6\,x_1\,x_3^2)\,A_{133} \tag{155}$$
$$- 6\,x_2^2\,x_3\,A_{223} - 6\,x_2\,x_3^2\,A_{233} + (6\,x_2\,x_3 - 12\,x_1\,x_2\,x_3)\,\underline{A_{123}}\,,$$

was mit (150) identisch ist. Außer den 6 Konstanten der binären Systeme
tritt auch hier eine neue ternäre Konstante A_{123} auf. Erweist sich auch
diese Gleichung als unzureichend für die Darstellung des Dreistoff-
systems, so muß man die „4-Index-Gleichung" (85) heranziehen, deren
Auflösung ergibt

$$R\,T \ln f_1 = (12\,x_1^2\,x_2 - 12\,x_1^3\,x_2)\,A_{1112} + (12\,x_1\,x_2^2 - 18\,x_1^2\,x_2^2)\,A_{1122}$$
$$+ (4\,x_2^3 - 12\,x_1\,x_2^3)\,A_{1222} + (12\,x_1^2\,x_3 - 12\,x_1^3\,x_3)\,A_{1113}$$
$$+ (12\,x_1\,x_3^2 - 18\,x_1^2\,x_3^2)\,A_{1133} + (4\,x_3^3 - 12\,x_1\,x_3^3)\,A_{1333}$$
$$- 12\,x_2^3\,x_3\,A_{2223} - 18\,x_2^2\,x_3^2\,A_{2233} - 12\,x_2\,x_3^3\,A_{2333} \tag{156}$$
$$+ (24\,x_1\,x_2\,x_3 - 36\,x_1^2\,x_2\,x_3)\,\underline{A_{1123}} + (12\,x_2^2\,x_3 - 36\,x_1\,x_2^2\,x_3)\,\underline{A_{1223}}$$
$$+ (12\,x_2\,x_3^2 - 36\,x_1\,x_2\,x_3^2)\,\underline{A_{1233}}\,.$$

Auch hier erhält man $\log f_2$ und $\log f_3$ nach dem Prinzip der cyclischen
Vertauschung. Zu den 9 Konstanten der zugehörigen binären Systeme
aus Gl. (87) kommen drei neue (unterstrichene) Konstanten im ternären
System hinzu, die sich nur auf Grund experimenteller Partialdruckmessungen des ternären Systems ermitteln lassen.

Zur Berechnung der *relativen Flüchtigkeit* z. B. der Komponenten r
und s ergibt die Kombination der Gl. (85), (91) und (105) unter Berücksichtigung der Fugazitätskorrekturen (*11*)

$$R\,T \ln \alpha_{rs} \equiv R\,T \ln \frac{f_r}{f_s} + R\,T \ln \frac{\overset{*}{p}_{0r}}{\overset{*}{p}_{0s}}$$
$$= R\,T \ln \frac{p_{0r}}{p_{0s}} + (p - p_{0r})\,(V_r - B_r) - (p - p_{0s})\,(V_s - B_s) \tag{157}$$
$$+ 4 \sum_{ijk} x_i\,x_j\,x_k\,(A_{ijkr} - A_{ijks})\,.$$

In ähnlicher Weise sind von WOHL (*322*) durch systematische Erweiterung seiner „4-Index-Gleichungen" auf Dreistoffsysteme äquivalente Gleichungen für $\log f$ unter Einführung einer oder mehrerer

ternärer Konstanten entwickelt werden, auf die nicht näher eingegangen werden soll.

Auch der Ansatz für $\log (f_2/f_1)$ von REDLICH und KISTER (237) für binäre Systeme. läßt sich leicht auf Mehrkomponentensysteme ausdehnen. Die Definitionsgleichung (88) für die freie Zusatzenthalpie bzw. die Größe Q lautet dann

$$Q = \sum_{1}^{n} x_n \log f_n \,.\tag{158}$$

Da ferner in Analogie zu (II, 30)

$$\frac{\partial Q}{\partial x_r} = \log f_r - \log f_1 \quad \text{und} \quad \frac{\partial Q}{\partial x_s} = \log f_s - \log f_1 \,,$$

folgt

$$\log (f_r/f_s) = \frac{\partial Q}{\partial x_r} - \frac{\partial Q}{\partial x_s} \,.\tag{159}$$

Schreibt man die Reihenentwicklung (96) für das Q eines Zweistoffsystems in der symmetrischen Form

$$Q_{12} = x_1 x_2 [B_{12} + C_{12} (x_1 - x_2) + D_{12} (x_1 - x_2)^2 + \cdots],\tag{160}$$

so kann man die Funktion Q für ein ternäres System entsprechend darstellen durch

$$\begin{aligned}Q_{123} = Q_{12} &+ Q_{13} + Q_{23} \\ &+ x_1 x_2 x_3 [C + D_1 (x_2 - x_3) + D_2 (x_3 - x_1) + \cdots]\,.\end{aligned}\tag{161}$$

C, D_1, D_2 usw. sind zusätzliche, in der Darstellung der binären Systeme nicht vorkommende Konstante, die Terme sind nach abnehmender Bedeutung geordnet.

Aus den Gln. (159) bis (161) erhält man für ein Dreistoffsystem

$$\begin{aligned}\log \frac{f_2}{f_1} = {}& B_{12} (x_1 - x_2) + \frac{C_{12}}{2} [3 (x_1 - x_2)^2 - (x_1 + x_2)^2] \\ &+ D_{12} (x_1 - x_2) [(x_1 - x_2)^2 - 4 x_1 x_2] + \cdots \\ &+ x_3 [B_{23} - B_{31} + C_{23} (2 x_2 - x_3) + C_{31} (2 x_1 - x_3) \\ &+ D_{23} (3 x_2^2 - 4 x_2 x_3 + x_3^2) - D_{31} (3 x_1^2 - 4 x_1 x_3 + x_3^2) \\ &+ C (x_1 - x_2) + D_1 (- x_3 x_1 + 2 x_1 x_2 + x_2 x_3 - x_2^2) \\ &+ D_2 (x_3 x_1 + 2 x_1 x_2 - x_2 x_3 - x_1^2) + \cdots]\,.\end{aligned}\tag{162}$$

Da die höheren Terme stets sehr klein und häufig zu vernachlässigen sind, wird die Gleichung im praktischen Gebrauch häufig wesentlich einfacher. So kann man z. B. im System n-Heptan-Methanol-Toluol die ternären Terme mit C, D_1 und D_2 gleich Null setzen, d. h. die Funktion Q_{123} durch die Summe $Q_{12} + Q_{13} + Q_{23}$ allein darstellen.

2. Interpolationsverfahren.

Wie schon S. 177 erwähnt, ist eine lineare Interpolation der $\log f$-Werte in ternären Systemen aus den $\log f$-Werten der binären Systeme nur dann möglich, wenn sich eines der binären Systeme ideal verhält. Man führt solche Interpolationen nach COLBURN und SCHOENBORN (40) am besten so durch, daß man in je einem Diagramm $\log f_1$ gegen x_1 für die binären Systeme 1,2 und 1,3, $\log f_2$ gegen x_2 für die binären Systeme 2,1 und 2,3, und $\log f_3$ gegen x_3 für die binären Systeme 3,1 und 3,2 aufträgt. In Abb. 43a bis 43c ist dies für das System Methanol(1)-Äthanol(2)-Wasser(3) geschehen, und zwar entsprechen die Kurven mit dem Parameter 1 bzw. 0 jeweils

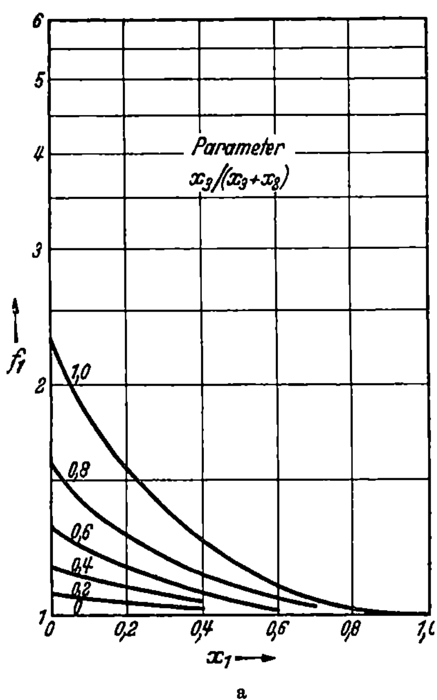

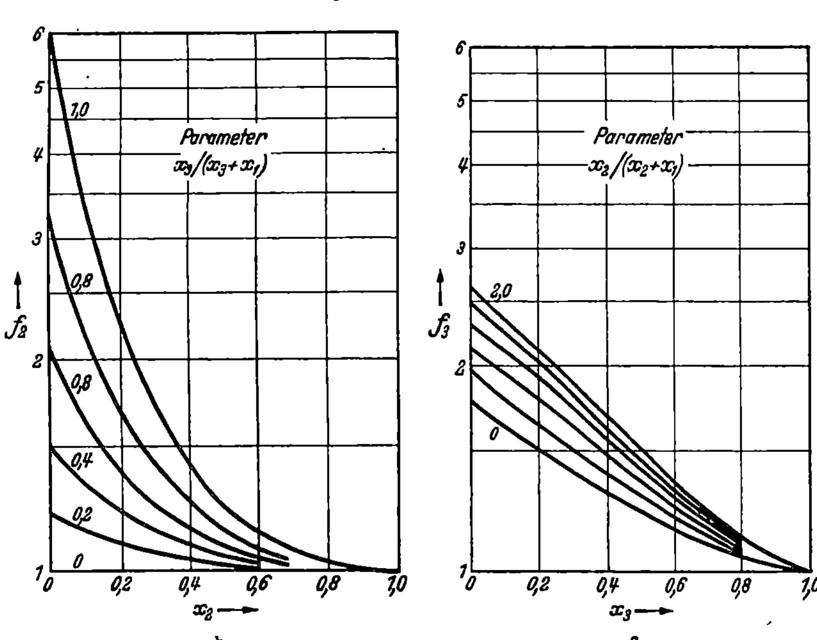

Abb. 43a, b u. c. Aktivitätskoeffizienten des ternären Systems Methanol(1) —Äthanol(2) —Wasser(3) bei 760 mm Druck, ermittelt durch lineare Interpolation aus den Aktivitätskoeffizienten der binären Systeme.

den $\log f$-Werten der binären Systeme. Die dazwischen liegenden Kurven mit den Parametern zwischen 1 und 0 sind die jeweiligen interpolierten $\log f$-Werte im ternären System.

So ist z. B. in Abb. 43a der Parameter gegeben durch $x_3/(x_3 + x_2)$; ist dieser gleich 1, so ist $x_2 = 0$, d. h. die zugehörige Kurve gibt die $\log f$-Werte des Systems 1,3 wieder; ist der Parameter gleich 0, so ist $x_3 = 0$, die zugehörige Kurve stellt die $\log f$-Werte im System 1,2 dar. In diesem Fall ist dies einfach die Abszisse, da das System Methanol-Äthanol sich praktisch ideal verhält. Für die dazwischen liegenden Kurven ist das Verhältnis x_3/x_2 jeweils konstant.

Die lineare Interpolation zwischen den Kurven der binären Systeme auf Grund des Molenbruchs lieferte allerdings trotz des idealen 1,2-Systems für das ternäre System keine mit den Messungen am ternären System übereinstimmenden Ergebnisse. Erst wenn man anstelle des Molenbruchs den durch Gl. (I, 6) definierten Volumenbruch zur Interpolation benutzt, erhält man befriedigende Ergebnisse ohne Gang[1]. Man muß allerdings auch berücksichtigen, daß es sich bei den Messungen nicht um isotherme, sondern um isobare Daten handelt, für die die S. 130 diskutierten Einschränkungen gelten.

Die Anwendung dieses Interpolationsverfahrens auf eine Reihe anderer ternärer Systeme (40) wie z. B. Äthanol(1)-Benzol-Wasser oder Äthanol(1)-Wasser-Dioxan ergab um so stärker von den experimentellen Ergebnissen abweichende $\log f_1$-Werte, je weiter das 2,3-System vom idealen Zustand entfernt ist, wie dies ja auf Grund der früheren Überlegungen (S. 177) zu erwarten ist. So liegen z. B. im System Äthanol-Benzol-Wasser die experimentellen Werte von $\log f_1$ sogar außerhalb des von den beiden binären Kurven Äthanol-Wasser und Äthanol-Benzol begrenzten Gebietes.

Ein *nichtlineares* Interpolationsverfahren zur Ermittlung der Aktivitätskoeffizienten in einem ternären System aus den Aktivitätskoeffizienten der binären Systeme haben SCHEIBEL und FRIEDLAND (263) angegeben, das den Vorteil besitzt, sehr rasch und ohne große Rechenarbeit zum Ziel zu führen. Zur Anwendung dieses Verfahrens werden die ternären Systeme in drei Klassen eingeteilt, je nach den qualitativen Abweichungen der zugehörigen drei binären Systeme vom RAOULTschen Gesetz:

a) Ternäre Systeme, bei denen die binären Systeme sämtlich positive oder sämtlich negative Abweichungen zeigen.

b) Ternäre Systeme, bei denen zwei binäre Systeme qualitativ gleiche Abweichungen zeigen, während das dritte sich angenähert ideal verhält.

---

[1] In Abb. 43 sind die angegebenen Parameter Molenbruchverhältnisse, die Lage der Kurven ist jedoch nach Volumenbrüchen interpoliert.

c) Ternäre Systeme, bei denen das eine Komponentenpaar entgegengesetzte Abweichungen vom RAOULTschen Gesetz zeigt als die beiden anderen.

Je nach der vorliegenden Klasse ist das angegebene graphische Verfahren etwas verschieden. Da die letztgenannte Klasse sehr selten vorkommt und deshalb geringe praktische Bedeutung hat, und da Systeme der Klasse b) sich auch für die bereits angegebene lineare Interpolation eignen, sei das Verfahren hier nur an dem häufigsten Typ der Klasse a) (alle drei Stoffpaare zeigen positive Abweichungen von RAOULT) kurz skizziert (vgl. Abb. 44).

Man trägt im GIBBSschen Dreiecksdiagramm auf der Seite AB die f_A-Werte im binären System AB, auf der Seite AC die f_A-Werte im binären System AC auf. Die Punkte D und E in Abb. 44 seien solche

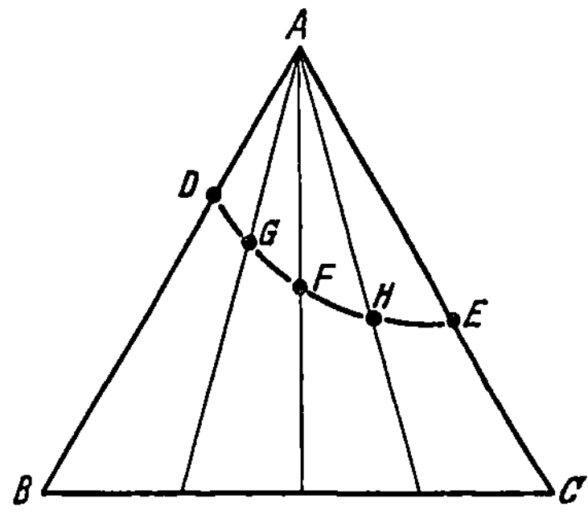

Abb. 44. Nichtlineare Interpolation zur Bestimmung von Aktivitätskoeffizienten ternärer Systeme aus den Werten der binären Systeme mit qualitativ gleichen Abweichungen vom RAOULTschen Gesetz DGFHE geometrischer Ort für konstante f_1-Werte.

f_A-Werte *gleichen Zahlenwertes*. Dann soll nach SCHEIBEL und FRIEDLAND die Kurve konstanter f_A-Werte in den ternären Gemischen dadurch gegeben sein, daß die Länge des von A ausgehenden Radiusvektors zwischen den Grenzwerten AD und AE dem Winkel A proportional ist. Ist dieser Winkel z. B. 30° (Mittellinie des Dreiecks), so liegt der zugehörige f_A-Wert bei F, wobei $AF = (AD + AE)/2$. Entsprechend gilt $AG = (AD + AF)/2$ für den Winkel 15°, $AH = (AF + + AE)/2$ für 45°, so daß durch die verbindende Kurve $DGFHE$ der geometrische Ort für konstante f_A-Werte festgelegt wird. Dieses einfache Verfahren wird für eine Reihe von f_A-Werten und ebenso für die beiden anderen Komponenten f_B und f_C wiederholt, womit das ganze ternäre System bestimmt ist. Nach den Autoren lieferte dieses Verfahren für 6 verschiedene ternäre Systeme gute Übereinstimmung zwischen beobachteten und berechneten Aktivitätskoeffizienten, was jedoch keineswegs immer der Fall zu sein scheint (*30*).

3. Berechnung der Aktivitätskoeffizienten aus dem Gesamtdruck.

Das S. 164 beschriebene einfache graphische Verfahren von CARLSON und COLBURN (*35*) zur Ermittlung der Endwerte der Aktivitätskoeffizienten aus den Gesamtdruckkurven läßt sich auch auf Dreistoffsysteme ausdehnen (*30*). Man mißt den Gesamtdruck im ternären System auf Linien mit konstantem Verhältnis von zwei Komponenten, also z. B. auf der Mittellinie in Abb. 45, auf der x_2/x_3 stets gleich 1 ist. Betrachtet man nun die Mischung $(2 + 3)$ als die eine und den Stoff 1 als die andere Komponente eines Zweistoffsystems, so kann man nach dem COLBURNschen Verfahren für kleine Werte von x_1 den Aktivitätskoeffizienten $f_{(2+3)}$ näherungsweise gleich 1 setzen und erhält so nach Gl. (116a)

$$f_1 \cong \frac{p - p_{0(2+3)}\, x_{(2+3)}}{p_{01}\, x_1} . \tag{163}$$

Dabei bedeutet $x_{(2+3)}$ den Molenbruch von $(2 + 3)$, also $(x_2 + x_3)$ und $p_{0(2+3)}$ den Dampfdruck von $(2 + 3)$ in dem gewählten konstanten Verhältnis ohne Zusatz von 1 bei gleicher Temperatur. Man trägt diese

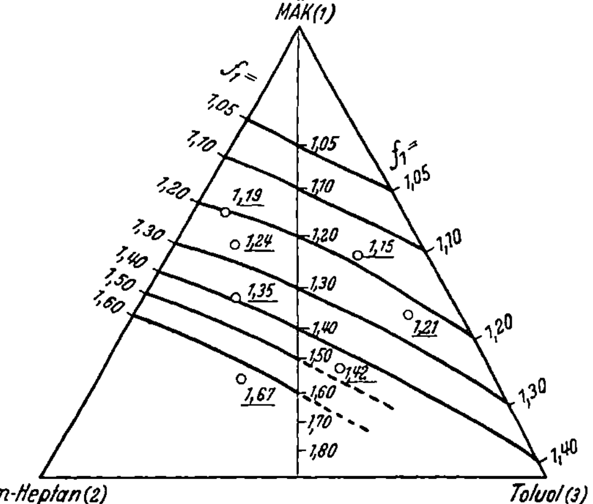

Abb. 45. Aus Gesamtdruckmessungen berechnete Kurven konstanter f_1-Werte im ternären System Methyläthylketon — n-Heptan — Toluol im Vergleich zu experimentellen, aus Partialdruckmessungen ermittelten Werten.

angenäherten f_1-Werte gegen x_1 auf, extrapoliert die verbindende Kurve auf $x_1 = 0$ und erhält so den Endwert für $\log f_{1\,(x_1 \to 1)}$ in einer Mischung mit $x_2 = x_3 = 0{,}5$. Analog verfährt man, um die Endwerte $\log f_{2\left(\substack{x_1 \to 0 \\ x_1 = x_3 = 0,5}\right)}$ und $\log f_{3\left(\substack{x_1 \to 0 \\ x_1 = x_2 = 0,5}\right)}$ aus Gesamtdruckmessungen nach Gl. (116) zu ermitteln. Setzt man diese drei Endwerte in Gl. (156) ein, so hat man drei Gleichungen mit den drei Unbekannten A_{1123}, A_{1223} und A_{1233}, die sich so berechnen lassen. Die übrigen in (156) vorkommenden *binären* Konstanten erhält man, indem man für jedes Zweistoffsystem drei (aus Messungen bekannte oder ebenfalls nach COLBURN aus dem Gesamtdruck berechnete) Aktivitätskoeffizienten in die Gln. (87) einsetzt und aus den drei Gleichungen die drei unbekannten Konstanten ausrechnet. Sind auf diese Weise sämtliche Konstanten der Gl. (156) bekannt, so kann man die Aktivitätskoeffizienten im gesamten ternären System berechnen.

Dieses halbempirische Verfahren hat den Vorteil, daß die mühsamen Partialdruckmessungen im ternären System vollständig vermieden werden, und daß sich die $\log f$-Werte des ternären Systems aus Gesamtdruckmessungen bzw. aus Meßdaten der zugehörigen binären Systeme ebenso einfach ermitteln lassen wie nach den VAN LAARschen Gleichungen (144), ohne daß die einschränkende Bedingung (142) erfüllt sein muß. Das Verfahren hat sich am System Methyläthylketon-n-Heptan-Toluol, für das sorgfältige experimentelle Daten vorliegen (292), gut bewährt (30). In Abb. 45 sind als Beispiel die aus den gemessenen Gesamtdrucken bei 81,5° C berechneten f_1-Werte für die binären Systeme Methyläthylketon(1)-n-Heptan(2) und Methyläthylketon(1)-Toluol(3) sowie für das ternäre System auf der Mittellinie mit $\dfrac{x_2}{x_3} = 1$ im GIBBSschen Dreieck aufgetragen. Die verbindenden Kurven sind Kurven konstanter f-Werte. Die eingetragenen Meßpunkte stammen aus Partialdruckmessungen im ternären System (292), sie fügen sich gut in die berechneten Kurven ein.

E. Prüfung der verschiedenen Berechnungsmethoden an Hand experimenteller Meßdaten in ternären Systemen.

Für die Prüfung der entwickelten Näherungsgleichungen und Interpolationsverfahren stehen bisher nur wenige experimentelle Partialdruckmessungen an ternären Systemen zur Verfügung, die Anspruch auf genügende Genauigkeit besitzen, um als Kriterium für die Brauchbarkeit der verschiedenen Berechnungsmethoden dienen zu können. Eine solche Prüfung ist für das schon mehrfach erwähnte System Methyläthylketon-n-Heptan-Toluol durchgeführt worden (30), über das zuverlässige Partialdruckmessungen vorliegen (292).

In Tab. 13 sind zunächst die aus den gemessenen Gesamtdrucken bei 81,5° C nach dem COLBURNschen Verfahren (S. 164) berechneten f-Werte der drei binären Systeme für runde Molenbrüche den aus Partialdruckmessungen ermittelten Werten gegenübergestellt. Die Abweichungen betragen maximal 2%. Die $\log f$-Werte lassen sich durch die VAN LAARschen Gleichungen (56) bzw. durch die vereinfachte MARGULESsche Gleichung (49) gut darstellen.

In Tab. 14 sind die nach den verschiedenen angegebenen Verfahren gewonnenen Aktivitätskoeffizienten des Methyläthylketons und des n-Heptans im ternären System aufgeführt. Die des Toluols wurden nicht mit angegeben, weil die experimentellen Werte nur im Bereich zwischen 1,00 und 1,16 schwanken.

Die unter I bzw. II angegebenen Werte wurden nach dem S. 186 beschriebenen Verfahren aus den gemessenen Gesamtdrucken bei 81,5° C

Tabelle 13. *Vergleich der aus dem Gesamtdruck berechneten Aktivitätskoeffizienten und der von* STEINHAUSER *experimentell gefundenen Werte in den drei binären Systemen Methyläthylketon-n-Heptan, Methyläthylketon-Toluol und n-Heptan-Toluol.*

Methyläthylketon(1)-n-Heptan(2)

x_1	x_2	p_{exp}	f_1 aus p	f_1 exp.	f_2 aus p	f_2 exp.	p_{ber}
0,1	0,9	610	2,47	2,62	1,01	1,01	609
0,2	0,8	704	2,05	2,10	1,04	1,05	715
0,3	0,7	766	1,74	1,74	1,10	1,11	778
0,4	0,6	815	1,51	1,50	1,19	1,21	820
0,5	0,5	852	1,33	1,34	1,32	1,33	848
0,6	0,4	876	1,20	1,22	1,49	1,51	866
0,7	0,3	887	1,11	1,13	1,73	1,74	876
0,8	0,2	887	1,05	1,07	2,06	2,07	879
0,9	0,1	871	1,01	1,02	2,52	2,5	865

Die berechneten f-Werte wurden nach

$$\log f_1 = \frac{A_{12}\, x_2^2}{\left(\dfrac{A_{12}}{A_{21}}\, x_1 + x_2\right)^2} \quad \text{bzw.} \quad \log f_2 = \frac{A_{21}\, x_1^2}{\left(\dfrac{A_{21}}{A_{12}}\, x_2 + x_1\right)^2}$$

mit $A_{12} = 0{,}48$, $A_{21} = 0{,}50$ erhalten.

Methyläthylketon(1)-Toluol(3).

x_1	x_3	p_{exp}	f_1 aus p	f_1 exp.	f_2 aus p	f_2 exp.	p_{ber}
0,1	0,9	383	1,35	1,43	1,00	1,00	388
0,2	0,8	452	1,27	1,27	1,01	1,03	458
0,3	0,7	514	1,20	1,19	1,03	1,06	519
0,4	0,6	572	1,14	1,13	1,06	1,09	573
0,5	0,5	621	1,10	1,08	1,10	1,12	623
0,6	0,4	664	1,06	1,05	1,14	1,16	665
0,7	0,3	706	1,03	1,03	1,20	1,21	709
0,8	0,2	747	1,01	1,01	1,27	1,26	748
0,9	0,1	786	1,00	1,00	1,35	1,35	784

Die berechneten f-Werte wurden nach $\log f_1 = A\, x_3^2$ und $\log f_3 = A\, x_1^2$ mit $A = 0{,}1614$ erhalten.

n-Heptan(2)-Toluol(3)

x_2	x_3	p_{exp}	f_2 aus p	f_2 exp.	f_3 aus p	f_3 exp.	p_{ber}
0,1	0,9	336	1,28	1,26	1,00	1,01	335
0,2	0,8	358	1,22	1,20	1,01	1,02	360
0,3	0,7	378	1,16	1,15	1,03	1,04	379
0,4	0,6	396	1,12	1,10	1,05	1,06	395
0,5	0,5	410	1,08	1,07	1,08	1,10	411
0,6	0,4	421	1,05	1,04	1,12	1,13	421
0,7	0,3	429	1,03	1,03	1,16	1,17	431
0,8	0,2	437	1,01	1,01	1,22	1,22	439
0,9	0,1	444	1,00	1,00	1,28	1,25	444

Die berechneten f-Werte wurden nach $\log f_2 = A\, x_3^2$ und $\log f_3 = A\, x_2^2$ mit $A = 0{,}134$ erhalten.

Tabelle 14. *Vergleich der nach den besprochenen Verfahren berechneten und der von* STEINHAUSER *experimentell gefundenen f_1- und f_2-Werte im ternären System Methyläthylketon* (1)*-n-Heptan*(2)*-Toluol*(3).

1	2	3	4	5	6	7	8	9	10	11	12	13	14	15	16	17
x_1	x_2	x_3	f_1 I	f_1 II	f_1 nach (156)	f_1 nach (144)	f_1 nach (150)	f_1 nach (162)	f_1 exp.	f_2 I	f_2 II	f_2 nach (156)	f_2 nach (144)	f_2 nach (150)	f_2 nach (162)	f_2 exp.
0,743	0,225	0,032	1,07	1,10	1,09	1,07	1,08	1,08	1,07	1,92	1,93	1,92			1,98	1,91
0,588	0,346	0,066	1,19	1,21	1,20	1,18	1,18	1,19	1,18	1,53	1,53	1,53	1,58	1,53	1,58	1,54
0,658	0,196	0,146	1,10	1,12	1,09	1,09	1,11	1,08	1,08	1,89	1,88	1,85			1,88	1,79
0,514	0,379	0,107	1,26	1,28	1,26	1,25	1,25	1,25	1,25	1,41	1,42	1,44	1,46	1,40	1,45	1,45
0,499	0,154	0,347	1,17	1,17	1,15	1,14	1,15	1,13	1,13	1,70	1,69	1,69	1,79	1,57	1,72	1,71
0,482	0,149	0,369	1,17	1,17	1,15	1,15	1,15	1,14	1,14	1,70	1,69	1,69	1,79	1,56	1,71	1,68
0,282	0,477	0,241	1,55	1,55	1,51	1,57	1,50	1,52	1,52	1,15	1,19	1,22	1,20	1,15	1,20	1,21
0,350	0,113	0,537	1,25	1,25	1,22	1,20	1,20	1,22	1,20	1,56	1,58	1,59	1,66	1,48	1,60	1,62
0,241	0,289	0,470	1,45	1,48	1,42	1,46	1,40	1,42	1,42	1,25	1,28	1,32	1,31	1,23	1,30	1,31
0,208	0,506	0,286	1,67	1,67	1,65	1,71	1,62	1,62	1,65	1,10	1,14	1,16	1,14	1,10	1,13	1,16
0,394	0,431	0,175	1,40	1,40	1,38	1,39	1,36	1,38	1,38	1,25	1,28	1,31	1,31	1,25	1,30	1,31
0,183	0,301	0,516	1,51	1,55	1,52	1,54	1,48	1,50	1,50	1,21	1,24	1,27	1,26	1,20	1,26	1,26

berechnet, wobei die in (156) vorkommenden binären Konstanten einmal nach COLBURN aus dem Gesamtdruck (I), einmal aus experimentellen Aktivitätskoeffizienten nach Partialdruckmessungen gewonnen wurden (II). Die Unterschiede sind außerordentlich gering.

In der 6. und 13. Spalte folgen die nach Gl. (156) berechneten Aktivitätskoeffizienten, die aus einem experimentellen Punkt des ternären Systems und den experimentellen f-Werten der drei binären Systeme ermittelt sind.

Die in der 7. und 14. Spalte angeführten Aktivitätskoeffizienten wurden nach den VAN LAARschen Gleichungen (144) berechnet, wobei die binären Konstanten aus den VAN LAARschen Gleichungen (56) entnommen wurden. Damit (144) anwendbar ist, muß die Bedingung (142) erfüllt sein, was hier mit genügender Näherung der Fall war. Es ergab sich

$$\frac{0,1074}{0,176} \cong \frac{0,139}{0,2044} \cdot \frac{0,508}{0,508} \quad \text{oder} \quad 0,61 \cong 0,68 \,.$$

Die f-Werte der 8. und 15. Spalte sind die aus den Gln. (150) nach MARGULES berechneten Werte, wobei die dafür notwendige ternäre Konstante C aus einem experimentellen Punkt des ternären Systems nach Partialdruckmessungen von STEINHAUSER zu $C = 0,13$ ermittelt wurde.

In der 9. und 16. Spalte folgen die nach dem REDLICHschen Ansatz (162) berechneten Aktivitätskoeffizienten, wobei die binären Konstanten B_{12}, C_{12}, D_{12} usw. aus Gl. (96) durch Einsetzen experimenteller Werte gefunden wurden. Setzt man experimentelle f-Werte des ternären Systems in (162) ein, so findet man, daß die ternären Konstanten C, D_1

und D_2 praktisch gleich Null sind, so daß auch hier die ternären f-Werte mit Hilfe der binären Konstanten allein berechenbar sind.

In der 10. und 17. Spalte sind schließlich zum Vergleich die aus Partialdruckmessungen experimentell gewonnenen ternären Aktivitätskoeffizienten aufgeführt. Es zeigt sich, daß wie zu erwarten die nach (156) unter Benutzung eines experimentellen Punktes berechneten Werte am besten mit den gemessenen Werten übereinstimmen, daß in diesem

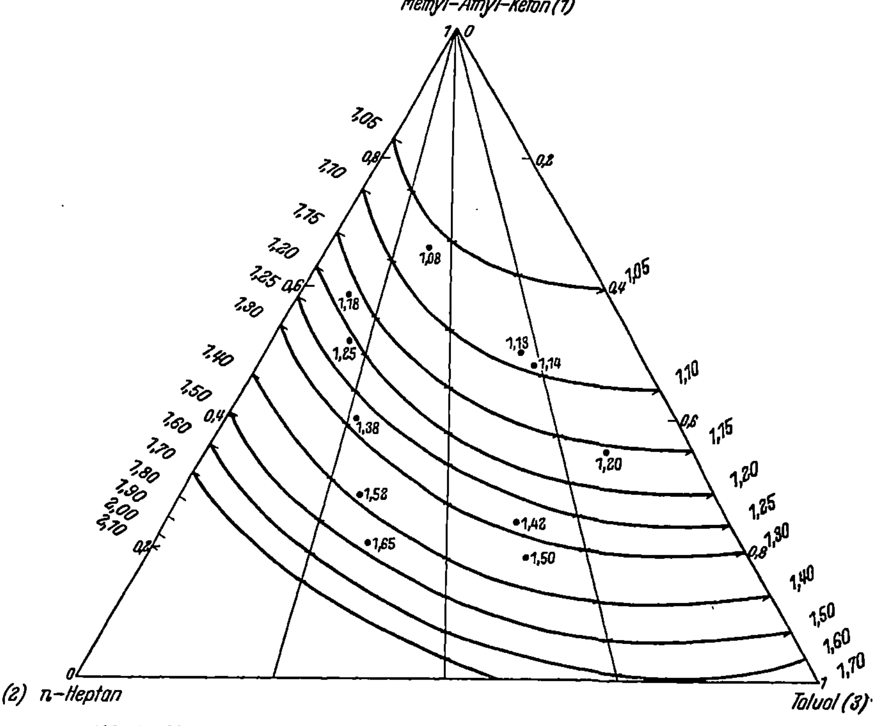

Abb. 46. Kurven konstanter f-Werte nach Scheibel-Friedland im ternären System Methyläthylketon — n-Heptan — Toluol.

Fall aber auch die übrigen Berechnungsmethoden befriedigende Werte liefern, und daß insbesondere auch die nach der einfachen Methode unter Benutzung der Gesamtdrucke berechneten Werte f_I und f_{II} den nach (156) gewonnenen Werten kaum nachstehen.

Als weiterer Vergleich sind in Abb. 46 für das gleiche ternäre System die Kurven konstanter f-Werte nach der Methode von Scheibel-Friedland (S. 184) konstruiert worden. Die Aktivitätskoeffizienten der beiden binären Systeme Methyl-Äthylketon-n-Heptan und Methyläthylketon-Toluol wurden hier aus den experimentellen Werten nach der „4-Index-Gleichung" (87) von BENEDICT berechnet, die die experimentellen Werte vorzüglich wiederzugeben vermag. Außerdem sind in der Abbildung einige experimentell bestimmte ternäre f_1-Werte eingetragen. Man sieht, daß sämtliche nach SCHEIBEL ermittelten Werte zu klein sind und umso stärker von den experimentellen Werten abweichen, je größer der Molenbruch des Methyläthylketons wird.

Nach COLBURN und Mitarbeitern (320) kann man mit Hilfe der beschriebenen Reihenentwicklungen auch die Aktivitätskoeffizienten *quaternärer Systeme* darstellen, sofern man das Mengenverhältnis von zwei Komponenten konstant hält und die betreffende Mischung als „Pseudokomponente" einführt. Dieses vereinfachte Verfahren bietet große Vorteile, da die Ausdrücke für die Aktivitätskoeffizienten quaternärer Systeme bereits sehr kompliziert sind und die Berechnung sehr vieler Konstanten sowie die experimentelle Bestimmung von Partialdrucken in 6 binären und 3 ternären Systemen erfordern würde, vorausgesetzt, daß keine quaternären Konstanten notwendig sind. Nach diesem Verfahren konnten beispielsweise die relativen Flüchtigkeiten in Mischungen von n-Butan-cis-2-Buten und wasserhaltigem Furfurol unter Benutzung der Gl. (154) dargestellt werden; mit ihrer Hilfe lassen sich dann auch relative Flüchtigkeiten in ähnlichen quaternären Systemen mit guter Näherung vorausberechnen.

V. Systeme beschränkter Mischbarkeit.

A. Zweistoffsysteme.

1. Entmischungsbedingungen.

Während Gase stets als vollständig, d. h. in molekular-molekularer Durchdringung, mischbar anzusehen sind, ist dies für Flüssigkeiten keineswegs der Fall, sondern man hat hier sämtliche Übergänge zwischen vollständiger und praktisch völlig fehlender Mischbarkeit vor sich, wobei auch eine makroskopisch lückenlose Mischungsreihe zweier Flüssigkeiten noch nicht bedeutet, daß eine statistisch-molekulare Unordnung vorliegt, wie schon aus den Versuchen, die Aktivitätskoeffizienten irregulärer Mischungen physikalisch zu deuten, hervorging (vgl. S. 105 ff.).

Thermodynamisch läßt sich dieses verschiedene Verhalten von Gasen und Flüssigkeiten auf Grund der GIBBS-HELMHOLTZschen Gleichung $\Delta \overline{G} = \Delta \overline{H} - T \Delta \overline{S}$ sofort verstehen. Ein spontan ablaufender Mischungsvorgang ist an die Bedingung geknüpft, daß die mittlere molare freie Enthalpie des Systems abnimmt, daß also ΔG negativ ist. Bei Gasen ist nun die Mischungswärme praktisch stets gleich Null oder nur wenig von Null verschieden, so daß hier gilt

$$\Delta \overline{G}_{id} = - T \Delta \overline{S}_{id}. \tag{1}$$

Da $\varDelta \bar{S}_{id}$ stets positiv ist, wird $\varDelta \bar{G}_{id}$ stets negativ, d. h. Gase mischen sich stets vollständig. Bei Flüssigkeiten kommen aber außerdem die thermodynamischen Zusatzeffekte (II, 41 u. 42) hinzu, für die entsprechend gilt

$$\varDelta \bar{G}^E = \varDelta \bar{H} - T \varDelta \bar{S}^E. \tag{2}$$

Wird für einen gegebenen Molenbruch x die Summe $\varDelta \bar{G}_{id} + \varDelta \bar{G}^E$ positiv, so tritt Entmischung ein. Große positive Werte von $\varDelta \bar{G}^E$ werden einerseits durch positive (endotherme) Mischungswärme $\varDelta \bar{H}$, andererseits durch negative Zusatzentropie $\varDelta \bar{S}^E$ begünstigt. In der Regel wird erstere überwiegen, so daß Entmischungserscheinungen fast immer mit endothermen Mischungswärmen verknüpft sind, prinzipiell wäre jedoch auch bei exothermer Mischungswärme noch eine Entmischung denkbar, wenn die Zusatzentropie $\varDelta \bar{S}^E$ nur genügend stark negativ ist. Aus diesen Überlegungen folgt aber gleichzeitig, daß es eine absolute Nichtmischbarkeit von Flüssigkeiten nicht geben kann, sondern daß sich in der einen Phase stets ein, wenn auch u. U. sehr geringer Teil der andern Phase lösen muß.

Man hat zuweilen das Löslichkeitsgleichgewicht zweier beschränkt mischbarer Flüssigkeiten mit dem Dampfdruckgleichgewicht einer reinen Flüssigkeit verglichen. In beiden Fällen wirken die Anziehungskräfte zwischen den Molekeln der reinen Stoffe der gleichmäßigen statistischen Verteilung über das ganze zur Verfügung stehende Volumen, die dem Maximum der Entropie entsprechen würde, entgegen, so daß sich zwei getrennte Phasen ausbilden. Der Mischungslücke der beiden Flüssigkeiten entspricht die beschränkte „Mischbarkeit" des reinen Stoffes mit dem materiefreien Raum, die sich makroskopisch in dem Dichteunterschied zwischen Dampf und Kondensat bemerkbar macht. Mit steigender Temperatur, d. h. zunehmender Wärmebewegung werden die Attraktionskräfte geschwächt, gleichzeitig wächst das Entropieglied $T \varDelta \bar{S}$, so daß schließlich bei der „kritischen Temperatur" in beiden Fällen die Mischungslücke verschwindet und vollständige Mischbarkeit eintritt.

Einer Entmischung, d. h. dem Zerfall eines binären Systems in zwei koexistente flüssige Phasen entspricht nach S. 27 im $\bar{G}x$-Diagramm (Abb. 4) der gegen die x-Achse konkav gekrümmte Teil der Kurve, für den nach (II, 72)

$$\left(\frac{\partial^2 \bar{G}}{\partial x^2}\right)_{p,\,T} < 0. \tag{3}$$

Daraus läßt sich leicht die notwendige Bedingung für eine Entmischung ableiten. Aus (II, 30) folgt für gegebenes p und T:

$$\frac{\partial^2 \bar{G}}{\partial x^2} = \frac{\partial \mu_2}{\partial x} - \frac{\partial \mu_1}{\partial x}. \tag{4}$$

Mit der Zerlegung der chemischen Potentiale nach (II, 16 u. 20)

$$\mu = \mu_i + RT \ln x_i + R\,T \ln f_i \qquad (5)$$

folgt weiter

$$\frac{\partial^2 \overline{G}}{\partial x^2} = RT \left[\frac{1}{x\,(1-x)} + \frac{\partial \ln (f_2/f_1)}{\partial x} \right]. \qquad (6)$$

Hier tritt das Verhältnis der beiden Aktivitätskoeffizienten auf, das sich nach (IV, 91) durch die *relative Flüchtigkeit* α der beiden Komponenten der Mischung ausdrücken läßt:

$$\frac{f_2}{f_1} = \alpha \cdot \frac{p_{01}}{p_{02}}. \qquad (7)$$

Da p_{01} und p_{02} von x unabhängig sind, liefert die Zusammenfassung von (3), (6) und (7) die Bedingung für eine Entmischung:

$$\frac{\partial^2 \overline{G}}{\partial x^2} = R\,T \left[\frac{1}{x\,(1-x)} + \frac{\partial \ln \alpha}{\partial x} \right] < 0. \qquad (8)$$

(8) ist nur erfüllt, wenn

$$1 + x\,(1-x)\,\frac{\partial \ln \alpha}{\partial x} < 0, \qquad (9)$$

d. h. es muß notwendig

$$\frac{\partial \ln (f_2/f_1)}{\partial x} = \frac{\partial \ln \alpha}{\partial x} < 0 \qquad (10)$$

sein, damit ein Zerfall in zwei flüssige Phasen eintreten kann.

Wie die Ableitung zeigt, sind auch für die Entmischungserscheinungen die Aktivitätskoeffizienten der beiden Komponenten der Mischphase ausschlaggebend, d. h. die Entmischung bei gegebener Temperatur und gegebenem Druck hängt von den Neigungen der $\log f$, x-Kurven ab. Lassen sich letztere durch die vereinfachte MARGULESsche Gleichung (IV, 49) darstellen, d. h. handelt es sich um *angenähert reguläre* Mischungen, so läßt sich die Bedingung für den Zerfall in zwei Phasen auch durch die zugehörige Konstante $\beta/2$ ausdrücken. Aus (10) und (IV, 49) folgt

$$\frac{\partial \ln (f_2/f_1)}{\partial x} = -\beta < 0 \quad \text{oder} \quad \beta > 0. \qquad (11)$$

Entmischung ist daher nur möglich, wenn β positiv ist. Da nach (III, 133) für reguläre Mischungen $\beta = 8\,\Delta \overline{H}_{max}/R\,T$, bedeutet dies, daß die integrale Mischungswärme endotherm sein muß[1], was auch unmittelbar aus (2) folgt, da für reguläre Mischungen definitionsgemäß $\Delta\,\overline{S}^{E} = 0$.

Für reguläre Mischungen läßt sich weiterhin eine — über die allgemeine Bedingung $\beta > 0$ hinausgehende — Aussage über den Zahlenwert von β machen, oberhalb dessen der Zerfall in zwei flüssige Phasen eintritt (*63, 94*). Schreibt man für die Aktivität der Komponente i unter

---

[1] Das gleiche gilt auch für die S. 91 erwähnte „streng reguläre Mischung" (*199*).

Benutzung von (IV, 49) $\log a_i = \log x_i + \log f_i = \log x_i + \dfrac{\beta}{2,30 \cdot 2}(1 - x_i)^2$,

oder mit

$$\frac{\beta}{2,30 \cdot 2} = \frac{4\,\Delta \bar H_{max}}{2,30\,R\,T} \equiv A \qquad (12)$$

$$a_i = x_i\,10^{A\,(1 - x_i)^2} \qquad (13)$$

und trägt a_i als Funktion von x_i für verschiedene positive Werte von A als Parameter auf, so erhält man Kurven, wie sie in Abb. 47 dargestellt sind. Man sieht, daß für $A < 0,87$ die Aktivität monoton mit dem Molenbruch ansteigt, wie es die Stabilitätsbedingung (II, 95) für homogene binäre Mischphasen verlangt. Oberhalb dieses Wertes dagegen erhält man S-förmige Kurven, was bedeutet, daß die betreffende Komponente bei drei verschiedenen Molenbrüchen die gleiche Aktivität und damit das gleiche chemische Potential besitzt, daß also drei Phasen miteinander im Gleichgewicht sein sollten. Für die mittlere Phase ist jedoch $\partial\,\mu_i/\partial\,x_i < 0$, diese Phase ist also instabil, d. h. wir haben hier die gleichen Verhältnisse wie bei der VAN DER WAALSschen Zustandsgleichung des realen Gases im Zweiphasengebiet (vgl. S. 219). Das Ergebnis besteht also darin, daß für $A > 0,87$ ein Zerfall der Flüssigkeit in zwei Phasen eintritt, während für $A < 0,87$ die Mischung

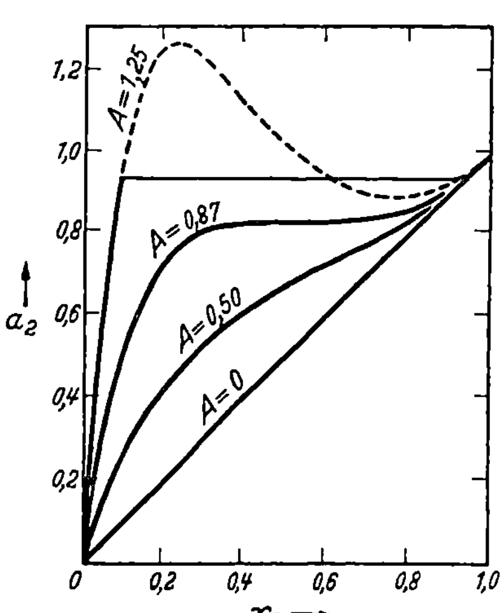

Abb. 47. Aktivität als Funktion des Molenbruchs in regulären Mischungen mit verschiedenen Konstanten A als Parameter.

homogen bleibt. Dem Wert $A = 0,87$ entspricht demnach der *kritische Entmischungspunkt* der Flüssigkeit, in ihm besitzt die ax-Kurve einen Wendepunkt analog wie die kritische $p\,V$-Isotherme des VAN DER WAALSschen Gases.

Die Bedingungen dieses kritischen Punktes folgen unmittelbar aus den Gln. (II, 92 u. 93). Es gilt z. B. für die Komponente 1

$$\frac{\partial \ln f_1}{\partial x} = \frac{1}{1 - x} \qquad (14)$$

$$\frac{\partial^2 \ln f_1}{\partial x^2} = \frac{1}{(1 - x)^2}\,. \qquad (15)$$

Setzt man nach (IV, 49) $\ln f_1 = \dfrac{\beta}{2}\,x^2 = \dfrac{4\,\Delta \bar H_{max}}{R\,T}\,x^2$, so wird

$$\frac{8\,\Delta \bar H_{max}}{R\,T}\,x = \frac{1}{1 - x} \qquad (16)$$

$$\frac{8\,\Delta \bar H_{max}}{R\,T} = \frac{1}{(1 - x)^2}\,. \qquad (17)$$

Division beider Gleichungen liefert

$$x_k = \frac{1}{2}; \quad T_k = \frac{2\,\Delta \bar{H}_{max}}{R}. \tag{18}$$

Der Zerfall in zwei flüssige Phasen tritt beim Molenbruch 0,5 ein, wenn von oben herkommend die kritische Mischungstemperatur T_k erreicht wird, die sich aus der zugehörigen integralen Mischungswärme berechnen läßt.

Wie die Erfahrung zeigt, sind die Bedingungen (18) des kritischen Entmischungspunktes niemals erfüllt, was wiederum darauf hinweist, daß es „reguläre Mischungen" in Wirklichkeit nicht gibt. Betrachtet man jedoch den Ausdruck $\beta\,T$ bzw. $\Delta \bar{H}_{max}$ in (12) nicht als Konstante, sondern als Temperaturfunktion, wie es ja die Mischungswärmen in der Regel sind (vgl. S. 147), so bleiben die Gl. (18) in vielen Fällen gültig, d. h. die Entmischung setzt tatsächlich angenähert beim Molenbruch 0,5 und bei einer um so höheren Temperatur ein, je größer der Betrag der (positiven) Mischungswärme ist.

Bezeichnet man die Zusammensetzung der beiden koexistenten Phasen bei einer Temperatur T unterhalb der kritischen Entmischungstemperatur mit x' bzw. x'', so gilt für die zugehörigen Partialdrucke wegen der Gleichheit der chemischen Potentiale bzw. Aktivitäten

$$\frac{p_1'}{p_{01}} = \frac{p_1''}{p_{01}} \quad \text{und} \quad \frac{p_2'}{p_{02}} = \frac{p_2''}{p_{02}}. \tag{19}$$

Da bei regulären Mischungen p_1/p_{01} als Funktion von x und p_2/p_{02} als Funktion von $(1-x)$ nach Gl. (III, 137) vollkommen symmetrisch verlaufen, muß aus Symmetriegründen

$$x' + x'' = 1 \tag{20}$$

sein, woraus folgt, daß auch

$$a_1' = a_2' = a_1'' = a_2''. \tag{21}$$

Die a_1, x- und die $a_2, (1-x)$-Kurve schneiden sich demnach in zwei Punkten P und Q (Abb. 48), die symmetrisch zu den Ordinatenachsen liegen und die Sättigungsmolenbrüche x' und x'' bestimmen. Die ausgezogenen Kurventeile entsprechen wieder den stabilen, die gestrichelten den metastabilen und instabilen Zuständen des Systems.

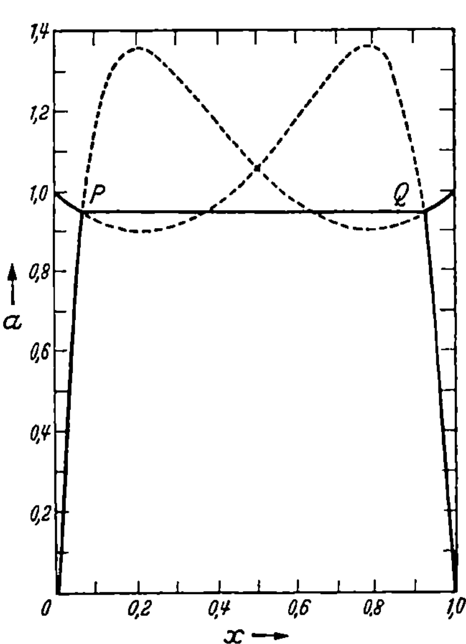

Abb. 48. Symmetrische $a\,x$-Kurven binärer regulärer Mischungen im 2-Phasengebiet unterhalb der kritischen Mischungstemperatur.

2. Löslichkeitskurven.

Die gegenseitige Löslichkeit beschränkt mischbarer Flüssigkeiten, d. h. die Sättigungsmolenbrüche sind, wie schon S. 44 dargelegt, Funktionen von Druck und Temperatur. Da die Druckabhängigkeit wie stets bei kondensierten Phasen gering ist, soll uns hier nur die Temperaturabhängigkeit beschäftigen. Trägt man x' bzw. x'' als Funktion von T auf, so erhält man zwei Kurvenäste, die sich im kritischen Entmischungspunkt T_k zusammenschließen. Die Differentialgleichungen für die beiden Äste dieser „Löslichkeitskurve" sind durch (II, 153) gegeben[1].

Für reguläre Mischungen lassen sich diese allgemeinen Gleichungen wieder leicht in eine praktisch auswertbare Form bringen. Da die integrale Mischungswärme für reguläre Mischungen nach (III, 131) symmetrisch zur x-Achse verläuft, und da nach (20) die Sättigungsmolenbrüche ebenfalls symmetrisch liegen, ist $\Delta \bar{H}' = \Delta \bar{H}''$, so daß der zweite Term der Koexistenzgleichungen (II, 153) verschwindet. Diese lauten demnach für reguläre Mischungen

$$\left(\frac{\partial x'}{\partial T}\right)_{koex,\,p} = \frac{\left(\dfrac{\partial \Delta H}{\partial x}\right)'}{T \left(\dfrac{\partial^2 \bar{G}}{\partial x^2}\right)'} \tag{22}$$

$$\left(\frac{\partial x'}{\partial T}\right)_{koex,\,p} = \frac{\left(\dfrac{\partial \Delta \bar{H}}{\partial x}\right)''}{T \left(\dfrac{\partial^2 \bar{G}}{\partial x^2}\right)''} . \tag{23}$$

Nach (III, 131) ist

$$\frac{\partial \Delta \bar{H}}{\partial x} = 4 \, \Delta \bar{H}_{max} \, (1 - 2\,x) . \tag{24}$$

Nach (4) und (III, 135) ist

$$\frac{\partial^2 \bar{G}}{\partial x^2} = \frac{\partial \mu_2}{\partial x} - \frac{\partial \mu_1}{\partial x} = \frac{R\,T}{x\,(1-x)} - 8 \, \Delta \bar{H}_{max} . \tag{25}$$

Setzt man diese Ausdrücke in (22) bzw. (23) ein, so gilt für beide Kurvenäste

$$\left(\frac{\partial x}{\partial T}\right)_{koex,\,p} = \frac{4 \, \Delta \bar{H}_{max} \, (1 - 2\,x) \, x \, (1-x)}{T \, [R\,T - 8 \, \Delta \bar{H}_{max} \, x \, (1-x)]} \tag{26}$$

oder unter Berücksichtigung von (18)

$$\left(\frac{\partial T}{\partial x}\right)_{koex,\,p} = \frac{T \, [T - 4 \, T_k \, x \, (1-x)]}{2 \, T_k \, (1 - 2\,x) \, x \, (1-x)} . \tag{27}$$

Man sieht, daß die Neigung der Löslichkeitskurve für $x < 0{,}5$ positiv, für $x > 0{,}5$ negativ, für $x = 0{,}5$ gleich Null wird. Die Integration von

---

[1] Diese Tx-Diagramme sind als Projektion der Konnodalkurven einer isobaren $\bar{G}$-Fläche auf die Tx-Ebene aufzufassen.

(27) ergibt, wie man sich leicht durch Differentiation von (28) nach x überzeugt

$$T = 2\,T_k \frac{1-2\,x}{\ln\dfrac{1-x}{x}} \cdot \tag{28}$$

T ist ebenfalls eine zur x-Achse symmetrische Funktion, d. h. die Löslichkeitskurve beschränkt mischbarer regulärer Mischungen verläuft symmetrisch zur x-Achse (vgl. Abb. 49). Für $x = 0{,}5$ wird $T = T_k$.

Auch diese Gleichung trifft in Praxis niemals exakt zu, weil reguläre Mischungen nicht vorkommen, jedoch bleibt das allgemeine Ergebnis bestehen, daß ein Zerfall in zwei Phasen bei um so höherer Temperatur eintritt, je größer die endotherme Mischungswärme ist.

In Abb. 50 ist das Löslichkeitsdiagramm des Systems Wasser-Isobutylalkohol (*127*) in der xT-Ebene dargestellt. Anstelle des Molenbruchs sind die Gewichtsprozente aufgetragen, wodurch die Diagramme häufig übersichtlicher werden. L_1 und L_2 sind die beiden Äste der Löslichkeitskurve. Man ermittelt sie, indem man gewogene Mengen der beiden Komponenten

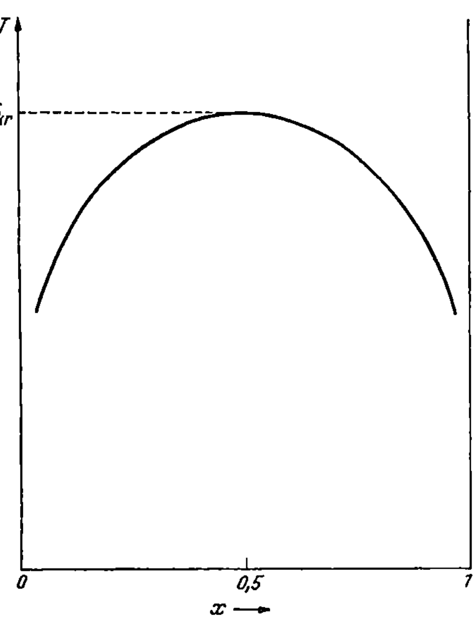

Abb. 49. Löslichkeits(Tx)-Kurve beschränkt mischbarer regulärer Lösungen.

in zugeschmolzenen Röhrchen erwärmt bzw. abkühlt und die Temperatur bestimmt, bei der das Gemisch sich zu trüben bzw. klar zu werden beginnt. Man kann sie auch durch „Titration" bestimmen, indem man bei konstanter Temperatur die eine Komponente so lange zu der anderen hinzugibt, bis sich die Mischung eben zu trüben beginnt [sog. synthetische Methode (*51, 298*)].

Die Kurve G stellt die Zusammensetzung des Dampfes dar, der sich mit den koexistenten flüssigen Phasen im Gleichgewicht befindet[1]. Sie liegt unterhalb von 120° C zwischen den beiden Löslichkeitsästen und schneidet bei dieser Temperatur die Löslichkeitskurve. Die Zusammen-

---

[1] Streng genommen ist deshalb die Löslichkeitskurve keine Konnodalkurve im Sinne der Anm. S. 196, da letztere konstantem Druck entspricht. Praktisch sind die Abweichungen wegen des geringen Druckeinflusses auf Gleichgewichte kondensierter Phasen kaum meßbar.

setzung des Dampfes kann demnach sowohl zwischen den Zusammensetzungen der beiden flüssigen Phasen wie außerhalb derselben liegen. Auf diese Frage werden wir bei der Besprechung der Dampfdruckdiagramme teilweise mischbarer Flüssigkeiten noch zurückkommen (vgl. S. 259). Weiter sind in Abb. 50 noch die Dampfdruckkurve der koexistenten Phasen bis zum kritischen Punkt sowie die Dampfdruckkurven der reinen Komponenten wiedergegeben.

Als weiteres Beispiel aus neueren Messungen (277) sind in Abb. 51 die Löslichkeitskurven einiger Kohlenwasserstoffe in Methanol bzw. Benzylalkohol dargestellt. Auffallend ist die stärkere Unsymmetrie bei Methanol als Mischungskomponente, ferner der verschiedene Einfluß von Kettenlänge und sterischem Bau der Kohlenwasserstoffe auf die kritischen Mischungstemperaturen, die in der folgenden Tabelle angegeben sind.

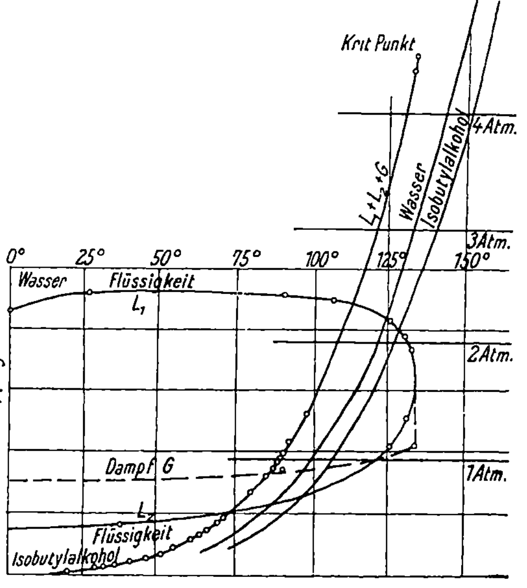

Abb. 50. Löslichkeitsdiagramm und Dampfdruckkurve des Systems Wasser — Isobutylalkohol.

Tabelle 15.

Kritische Mischungstemperaturen verschiedener Kohlenwasserstoffe mit Methanol bzw. Benzylalkohol.

	Methanol	Benzylalkohol
Cyclohexan	+ 45,85° C	+ 2 ° C
Methylcyclohexan . . .	+ 44,5 ° C	+ 5,5° C
n-Hexan	+ 34,8 ° C	+ 51,5° C
n-Heptan	+ 51,0 ° C	+ 52,4° C
2,2,3-Trimethylbutan . .	+ 28,2 ° C	+ 55,5° C
n-Octan	+ 66,7 ° C	+ 55,0° C
2,2,4-Trimethylpentan .	+ 42,5 ° C	+ 69,5° C

Bei irregulären Mischungen ist die integrale Mischungswärme keine zu x symmetrische Funktion mehr, sondern es können sehr starke Unsymmetrien und zuweilen sogar Vorzeichenwechsel in den $\Delta \bar{H}$, x-Kurven auftreten (vgl. Abb. 27 u. 28). Das bedeutet, daß in den Koexistenzgleichungen (II, 153) der zweite Term maßgeblichen Einfluß gewinnen kann. Da außerdem die mittlere freie Enthalpie $\bar{G}$ noch von der Zusatz-

entropie abhängig wird, die u. U. auch negative Werte annehmen kann, tritt gelegentlich der Fall ein, daß die Neigungen der Löslichkeitskurve $\partial x'/\partial T$ bzw. $\partial x''/\partial T$ entgegengesetztes Vorzeichen besitzen wie in Abb. 49. Das bedeutet, daß die gegenseitige Löslichkeit der beiden Flüssigkeiten mit steigender Temperatur nicht zu- sondern abnimmt, und daß ein *unterer* kritischer Entmischungspunkt bei einem Temperaturminimum auftreten kann[1]. (Beispiel: Triäthylamin-Wasser.)

Gelegentlich beobachtet man die merkwürdige Erscheinung, daß beim gleichen Stoffpaar ein oberer *und* ein unterer kritischer Entmischungspunkt auftritt, d. h. das Zweiphasengebiet im Tx-Diagramm wird von einer in sich geschlossenen Löslichkeitskurve begrenzt. [Beispiel: Nicotin-Wasser (Abb. 52).] In solchen Fällen muß man annehmen, daß die integralen Mi-

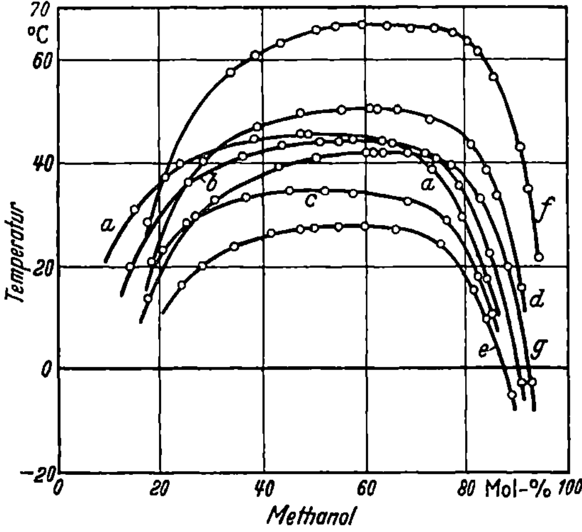

Abb. 51a.
Löslichkeitskurven von Kohlenwasserstoffen in Methanol.

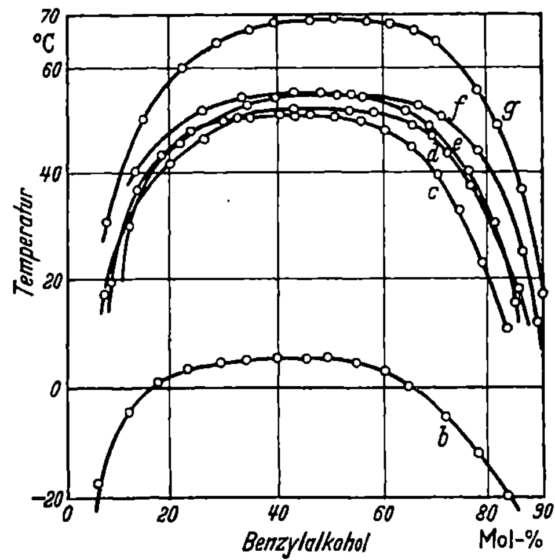

Abb. 51b. Löslichkeitskurven von Kohlenwasserstoffen in Benzylalkohol: a) Cyclohexan,   b) Methyl-cyclohexan,   c) n-Hexan,   d) n-Heptan.   e) 2,2,3-Trimethylbutan,   f) n-Octan,   g) 2,2,4-Trimethylpentan.

schungswärmen $\varDelta \bar{H}$ stark temperaturabhängig sind in dem Sinn, daß sie bei tiefen Temperaturen sehr viel kleiner sind. Da die integrale

---

[1] Auch in Abb. 50 beobachtet man in der Löslichkeitskurve L_1 bei tiefer Temperatur bereits ein Umbiegen.

Mischungswärme nach (II, 27) $\Delta \bar{H} = \Sigma\, x_i\, H_i$, ergibt sich für die T-Abhängigkeit nach (II, 10).

$$\frac{\partial \Delta \bar{H}}{\partial T} = x_1\,(C_{p_1} - C_{p_1}) + x_2\,(C_{p_2} - C_{p_2}) = \bar{C}_p - \Sigma\, x_i\, C_{p_i} \equiv \Delta\, \bar{C}_p \,. \quad (29)$$

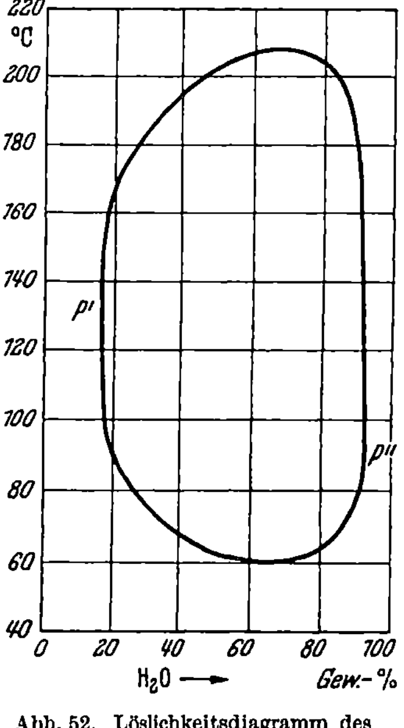

Abb. 52. Löslichkeitsdiagramm des Systems Wasser — Nicotin.

Diese Differenz sollte deshalb in dem fraglichen Temperaturgebiet starke negative Werte annehmen. Messungen hierüber liegen bisher kaum vor.

An den Punkten P' und P'' der geschlossenen Löslichkeitskurve (Abb. 52) wird $\partial T/\partial x'$ und $\partial T/\partial x''$ unendlich, was nach (II, 153) bedeutet, daß die Ausdrücke in den eckigen Klammern gleich Null werden müssen. Nach Abb. 6 muß demnach die Kurventangente im $\Delta \bar{H}$, x-Diagramm in einem dieser Punkte in ihrer Richtung mit der Sehne $P'P''$ zusammenfallen, was voraussetzt, daß die $\Delta \bar{H}$, x-Kurve in dem instabilen Gebiet zwischen P' und P'' einen Wendepunkt besitzt, wie wir sie später in den Dampfdruckkurven heterogener Flüssigkeiten ebenfalls wiederfinden werden (vgl. S. 261 ff.).

3. Vorausberechnung von Aktivitätskoeffizienten aus Löslichkeitsdaten.

Lassen sich die Aktivitätskoeffizienten einer binären Mischung durch Reihenentwicklungen mit zwei Konstanten darstellen (MARGULESsche, VAN LAARsche oder SCATCHARDsche Gleichungen), so kann man diese Konstanten bei beschränkt mischbaren Systemen aus den gegenseitigen Löslichkeiten der beiden flüssigen Phasen ermitteln und so die Aktivitätskoeffizienten vorausberechnen (*35, 40, 60, 252*). Diese Möglichkeit ergibt sich nach (II, 51) aus der Gleichheit der Aktivitäten jeder Komponente in den beiden flüssigen Phasen, $a_{si} = a'_{si}$, oder in anderer Schreibweise

$$x_{si}\, f_{si} = x'_{si}\, f'_{si} \quad \text{bzw.} \quad \frac{f_{si}}{f'_{si}} = \frac{x'_{si}}{x_{si}} \,. \quad (30)$$

Die Gleichgewichtsbedingungen (30) liefern zusammen mit z. B. den VAN LAARschen Gleichungen (IV, 56) zwei Gleichungen für A und B:

$$\log \frac{f_{s1}}{f'_{s1}} = \log \frac{x'_{s1}}{x_{s1}} = \frac{A\,x^2_{s2}}{\left(x_{s2} + \dfrac{A}{B}\,x_{s1}\right)^2} - \frac{A\,x'^2_{s2}}{\left(x'_{s2} + \dfrac{A}{B}\,x'_{s1}\right)^2} \qquad (31\mathrm{a})$$

$$\log \frac{f_{s2}}{f'_{s2}} = \log \frac{x'_{s2}}{x_{s2}} = \frac{B\,x^2_{s1}}{\left(x_{s1} + \dfrac{B}{A}\,x_{s2}\right)^2} - \frac{B\,x'^2_{s1}}{\left(x'_{s1} + \dfrac{B}{A}\,x'_{s2}\right)^2} . \qquad (31\mathrm{b})$$

Ist die gegenseitige Löslichkeit x_{s1}/x'_{s1} bzw. x_{s2}/x'_{s2} experimentell gegeben, so kann man A und B berechnen. Man löst zunächst nach A/B auf:

$$\frac{A}{B} = \frac{\left(\dfrac{x_{s1}}{x_{s2}} + \dfrac{x'_{s1}}{x'_{s2}}\right)\left(\dfrac{\log\,(x'_{s1}/x_{s1})}{\log\,(x_{s2}/x'_{s2})}\right) - 2}{\dfrac{x_{s1}}{x_{s2}} + \dfrac{x'_{s1}}{x'_{s2}} - \dfrac{2\,x_{s1}\,x_{s2}\cdot\log\,(x'_{s1}/x_{s1})}{x_{s2}\,x'_{s2}\cdot\log\,(x_{s2}/x'_{s2})}} . \qquad (32)$$

Setzt man das so berechnete A/B in (31a) oder (31b) ein, so erhält man die Einzelwerte für A und B:

$$A = \frac{\log\,(x'_{s1}/x_{s1})}{1\Big/\left(1 + \dfrac{A}{B}\,\dfrac{x_{s1}}{x_{s2}}\right)^2 - 1\Big/\left(1 + \dfrac{A}{B}\,\dfrac{x'_{s1}}{x'_{s2}}\right)^2} . \qquad (33)$$

Dieses Verfahren setzt also voraus, daß die VAN LAARsche Gleichung trotz der großen, die teilweise Entmischung hervorrufenden Abweichungen vom idealen Verhalten noch brauchbar ist. Da dies in der Regel nicht mehr der Fall sein wird, erhält man natürlich nur rohe Werte für die Aktivitätskoeffizienten in den beiden homogenen Phasen. Anstelle der VAN LAARschen Gleichungen kann man natürlich auch die MARGULESschen (IV, 51) oder die SCATCHARD-HAMERschen Gleichungen (IV, 58) benutzen und erhält damit entsprechende Ausdrücke für A und B (35). SCATCHARD und HAMER (252) haben z. B. die Gln. (IV, 58) benutzt, um aus der gegenseitigen Löslichkeit der Systeme Anilin-Wasser, Phenol-Wasser, Anilin-Hexan und Platin-Gold die Aktivitäts-koeffizienten im Gebiet der homogenen flüssigen Phasen zu ermitteln; COLBURN und SCHOENBORN (40) haben ein graphisches Verfahren zur Ermittlung der Konstanten A und B vorgeschlagen, um die mühsame Rechenarbeit zur Auswertung der Gln. (32) und (33) zu umgehen.

Obwohl dieses Verfahren zur Vorausberechnung von Aktivitäts-koeffizienten aus den genannten Gründen nur rohe Werte zu liefern vermag, ist es doch von Interesse, zu untersuchen, was für f-Werte man in teilweise mischbaren Systemen bei verschiedener gegenseitiger Löslichkeit größenordnungsmäßig erwarten kann, da diese Frage für die später zu besprechende „extraktive Destillation" von Bedeutung ist. In Tab. 16 sind die nach (32) und (33) aus verschiedenen willkürlich gewählten Löslichkeitsgrenzen berechneten VAN LAARschen Konstanten A und B sowie die Aktivitätskoeffizienten für die gesättigten und die unendlich verdünnten Lösungen angegeben (40), wobei das Löslichkeitsverhältnis $x_{s1}/x'_{s2} = 1/5$ gesetzt wurde (d. h. die Komponente 2 ist in 1 um das fünffache löslicher als 1 in 2).

Tabelle 16. *Aktivitätskoeffizienten aus Löslichkeitsgrenzen mittels der* VAN LAAR*schen Gleichung gewonnen;* $x_{s1}/x'_{s2} = 1/5$.

Löslichkeitsgrenzen		VAN LAAR-Konstanten		$\lim\limits_{x_1 \to 0} f_1 \quad f_{s1}$		$\lim\limits_{x_2' \to 0} f'_2 \quad f'_{s2}$	
x_{s1}	x'_{s2}	A	B				
0,167*	0,833*	1,25	0,39	17,8	2,9	2,4	1,15
0,1	0,5	1,27	0,60	18,6	7,3	4,0	1,89
0,05	0,25	1,44	0,84	27,5	16,1	6,9	4,36
0,02	0,1	1,77	1,15	59	45	14,1	10,3
0,01	0,05	2,03	1,39	106	93	24,6	20

* Diese Werte entsprechen dem kritischen Mischungspunkt (Vergl. S. 194).

Eine neuere Untersuchung von EBERT und Mitarbeitern (60) an fünf verschiedenen binären Systemen mit Mischungslücken hat gezeigt, daß, wie zu erwarten, die aus Gl. (30) mittels des zweigliedrigen MARGULESschen Ansatzes (IV, 51) berechneten Aktivitätskoeffizienten bzw. Partialdruckkurven in den Randgebieten außerhalb der Mischungslücke die experimentellen Werte nicht wiederzugeben vermögen. Ebensowenig stimmen die aus der T-Abhängigkeit der Löslichkeiten ermittelten Mischungswärmen $\Delta \bar{H}_{exp}$ mit den nach (IV, 124) unter Benutzung des MARGULESschen Ansatzes (IV, 51) berechneten Mi-

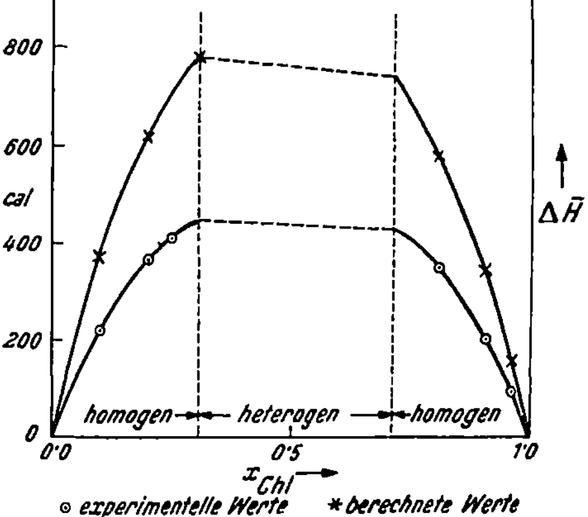

Abb. 53. Experimentelle und mittels der MARGULESschen Gleichung aus Löslichkeitsdaten berechnete Mischungswärmen $\Delta \bar{H}$ des Systems β,β'-Dichlordiäthyläther — 2,2,4-Trimethylpentan.

schungswärmen $\Delta \bar{H}_{ber}$ überein, letztere sind vielmehr im allgemeinen ein Mehrfaches der ersteren, Als Beispiel sind die experimentellen und berechneten Mischungswärmen des Systems β, β'-Dichlordiäthyläther-2,2,4-Trimethylpentan in Abb. 53 dargestellt. Die Temperaturkoeffizienten von $\Delta \bar{H}_{ber}$ nach (29) stimmen mit den gemessenen $\Delta \bar{C}_p$-Werten nicht einmal im Vorzeichen überein, und die Funktion $\Delta \bar{H}/x_1 x_2$, die nach (IV, 125) linear von x_1 abhängen sollte, zeigt beiderseits der Mischungslücken starke Krümmungen bzw.Maxima. Im Hinblick auf die S. 170 besprochenen Untersuchungen, nach denen der zweigliederige

MARGULESsche Ansatz sich selbst für Systeme, die nur geringfügig vom idealen Verhalten abweichen, als unzureichend erweist, sind diese Unstimmigkeiten verständlich.

B. Dreistoffsysteme.

1. Verschiedene Typen von Löslichkeitsdiagrammen.

Tritt in einem ternären Flüssigkeitsgemisch bei gegebener Temperatur und gegebenem Druck[1] Zerfall in zwei flüssige Phasen ein, so hat man nach dem Phasengesetz noch eine Freiheit, was bedeutet, daß es nicht nur ein Paar koexistenter Phasen gibt, sondern eine kontinuierliche Reihe solcher Paare, deren Zusammensetzung eindeutig festgelegt ist. Bei der graphischen Darstellung im GIBBSschen Dreieck erhält man demnach wieder zwei Löslichkeitskurven (ähnlich wie in Abb. 51, jedoch bei konstanter Temperatur), die man als die Projektion der *Konnodalkurven* der zugehörigen $\overline{G}$-Fläche auf die Dreiecksebene aufzufassen hat (vgl. S. 33). Je zwei (durch eine *Konnode* verbundene) Punkte der beiden Löslichkeitskurven stellen koexistente, im Gleichgewicht befindliche Phasen dar. Je nachdem, ob sich die beiden Äste der Löslichkeitskurve in einem kritischen Mischungspunkt zusammenschließen oder nicht, und je nachdem, ob unter den gegebenen Bedingungen von Druck und Temperatur eines oder mehrere der zugehörigen drei binären Systeme eine Mischungslücke besitzen, kann man vier verschiedene Typen von Löslichkeitsdiagrammen unterscheiden. Hinzu kommt noch der Fall, daß das System in drei koexistente flüssige Phasen zerfällt; nach dem Phasengesetz gibt es natürlich bei gegebenem p und T nur ·eine einzige solche Kombination.

1. Nur in einem der drei binären, durch die Seiten des Dreiecks dargestellten Systeme tritt Entmischung auf.

2. Zwei der binären Systeme besitzen Mischungslücken.

3. Alle drei binären Systeme besitzen Mischungslücken.

4. Alle binären Systeme sind unbeschränkt mischbar, jedoch im ternären Gemisch tritt eine Mischungslücke auf.

5. Es gibt ein Gebiet, in dem das System in drei flüssige Phasen zerfällt.

Wir besprechen diese verschiedenen Möglichkeiten kurz an Hand ·schematischer Abbildungen[2].

---

[1] Man wählt den Druck genügend hoch, so daß die Dampfphase verschwindet; praktisch spielt es meistens keine Rolle, wenn man statt dessen den (variablen) Gleichgewichtsdruck sich einstellen läßt, da der Einfluß des Druckes auf Gleichgewichte kondensierter Phasen gering ist.

[2] Ausführliche Darstellung bei ROOZEBOOM (*245*), Bd. III, 2.

1. Die Mischungslücke in dem binären System AC ist durch die Punkte P_1 und P_2 charakterisiert, die die Zusammensetzung der beiden koexistenten Phasen angeben (Abb. 54). Fügt man die Komponente B hinzu, so verteilt sie sich auf die beiden Phasen und die Mischungslücke wird enger, doch kommen auch Fälle vor, wo die gegenseitige Löslichkeit von A und C durch Zusatz von B abnimmt. Ein ternäres Gemisch z. B. der Gesamtzusammensetzung P zerfällt in die beiden koexistenten ternären Phasen der Zusammensetzung R_1 und R_2, deren Molzahlverhältnis wiederum nach dem Hebelgesetz (II, 71) durch das Verhältnis der Strecken PR_1/PR_2 gegeben ist.

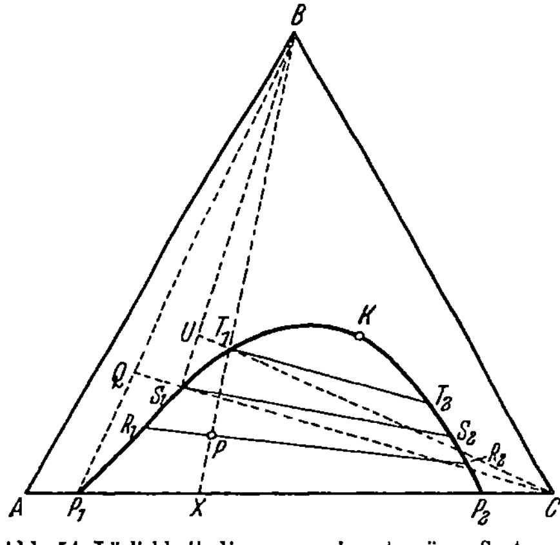

Abb. 54. Löslichkeitsdiagramm eines ternären Systems mit einer binären Mischungslücke.

Von der Gesamtzusammensetzung X ausgehend durchläuft die Zusammensetzung der beiden koexistenten Phasen mit steigendem Zusatz von B die beiden Kurven $P_1 R_1 S_1 T_1$ bzw. $P_2 R_2 S_2 T_2$, die schließlich in K, einem kritischen Mischungspunkt „erster Ordnung", zusammenfallen. Diese Grenzkurve zwischen dem homogenen und dem Zweiphasengebiet ist die Löslichkeitskurve, die sich analog wie bei Zweistoffsystemen durch „Titration" ermitteln läßt (217). Man titriert z. B. den Stoff A mit C, bis beginnende Trübung die Erreichung des Punktes P_1 anzeigt. Dann fügt man eine bekannte Menge B zu und gelangt dadurch zu einem Punkt Q im homogenen Gebiet, von dem aus man durch Titration mit C bis zur erneuten Trübung zum Punkt S_1 gelangt. S_1 muß auf der Geraden QC liegen. Von S_1 ausgehend gibt man wieder B zu und erhält so schrittweise den linken Ast der Löslichkeitskurve. Den anderen Ast gewinnt man analog, wenn man von C ausgeht und mit A titriert. Bestimmt man gleichzeitig eine leicht meßbare Eigenschaft der gesättigten Mischungen (R, S, T usw.) wie Brechungsindex, Dichte, Oberflächenspannung, Viskosistät, so hat man ein bequemes Analysenverfahren für Punkte auf der Löslichkeitskurve.

Die Verbindungslinien zwischen koexistenten Phasen (z. B. $R_1 R_2$) sind die *Konnoden.* Man bestimmt ihre Lage, die, wie später gezeigt wird, für technische Extraktionsverfahren von großer Bedeutung ist, indem man von einer bekannten, durch Einwaage hergestellten Mischung (z. B. P) ausgeht, durch Schütteln Gleichgewicht herstellt und eine der oben genannten physikalischen Eigenschaften der beiden koexistenten Phasen ermittelt, wodurch man unmittelbar die gesuchten Punkte (R_1 und R_2) erhält. Läßt sich eine der Komponenten analytisch leicht bestimmen (z. B. Essigsäure im System Isopropyläther-Essigsäure-Wasser durch Titration), so kann man durch Analyse der beiden Phasen ihre Zusammensetzung in Gewichtsprozenten graphisch ebenfalls ermitteln (*217*). Schließlich gelingt es bei genauer Kenntnis der Löslichkeitskurve, die Konnoden auch ohne spezielle Analyse zu ermitteln (*65, 195, 214, 217*), indem man z. B. einfach das Gewichtsverhältnis der beiden Phasen feststellt. Nach dem erwähnten Hebelgesetz sind dadurch die Abschnitte PR_1 und PR_2 der Konnode und damit auch die Punkte R_1 und R_2 festgelegt.

Die Konnoden verlaufen im allgemeinen keineswegs parallel zur Dreiecksseite, weil B in den beiden koexistenten Phasen verschieden

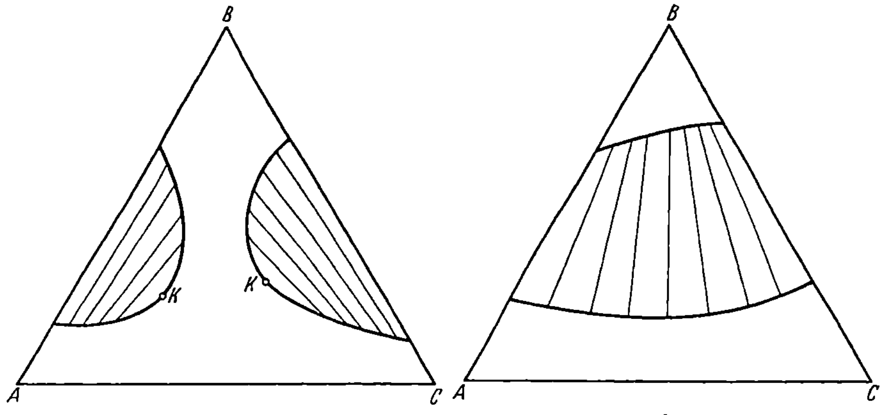

Abb. 55a u. b. Ternäres flüssiges System mit 2 binären Mischungslücken.

löslich ist. Die Neigung der Konnoden nimmt mit wachsendem B-Gehalt zu, bis sie zum kritischen Mischungspunkt K entarten, der deshalb in der Regel nicht im Maximum der Löslichkeitskurve liegt. Er läßt sich häufig durch graphische Interpolation ermitteln, etwa in Analogie zu der bekannten „Regel des geraden Durchmessers" von CAILLETET und MATHIAS. Wegen der verschiedenen Neigung der Konnoden kann man schlecht zwischen ihnen interpolieren, es ist deshalb eine Reihe teils rechnerischer, teils graphischer Methoden angegeben worden (*4, 24, 34, 106, 169, 282, 306*), mit deren Hilfe man die Interpolation ausführen kann, wenn nur wenige der Konnoden experimentell bestimmt sind (vgl. S. 343 ff.).

2. Besitzen zwei der binären Systeme AB und BC Mischungslücken, während A und C in allen Verhältnissen mischbar bleiben, so sind prinzipiell die in Abb. 55 dargestellten Diagramme möglich. Im ersten Fall hat man zwei getrennte Entmischungsgebiete wie in Abb. 54,

mit je einer Konnodalkurve und einem kritischen Mischungspunkt; im
zweiten Fall verschmelzen die beiden Gebiete zu einem einzigen, die
jeweilige Mischungslücke wird durch den Zusatz des dritten Stoffes
breiter, und die Konnodalkurve besteht aus zwei getrennten Zweigen
ohne kritischen Mischungspunkt. Welcher der beiden möglichen Fälle
bei einem gegebenen System eintritt, hängt außer von der Natur der
Komponenten noch von Temperatur und Druck ab, da eine Änderung
von p und T einen Übergang des Systems von dem einen in den anderen
Typ hervorrufen kann. Häufiger findet man den Typ 55b verwirklicht,
z. B. in dem System Phenol (A)-Wasser (B)-Anilin (C) (267).

3. Tritt in allen drei binären Systemen Entmischung ein, so kann das
ternäre Diagramm die Form der Abb. 56a oder 56b besitzen, die ledig-

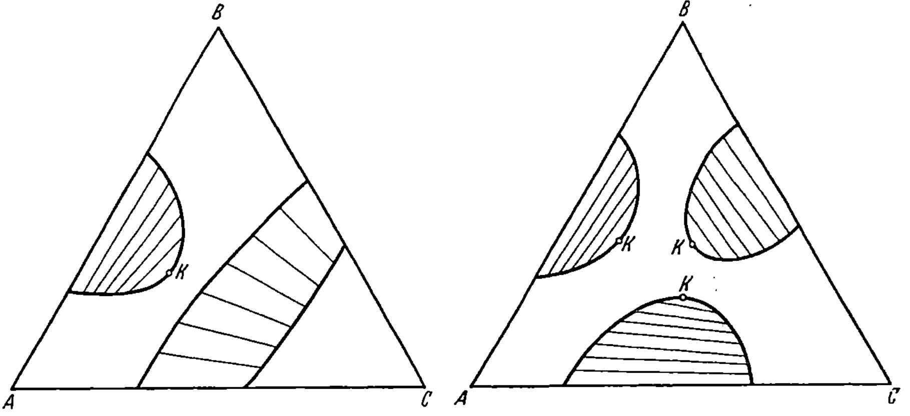

Abb. 56a u. b. Ternäres flüssiges System mit 3 binären Mischungslücken.

lich Kombinationen der bisher besprochenen Diagramme darstellen.
Ein Beispiel stellt das System C_2H_6-C_2H_4-C_2H_2 dar (187).

4. Auch wenn alle drei binären Systeme lückenlos mischbar sind,
kann doch der Fall eintreten, daß das ternäre Gemisch in zwei Phasen
zerfällt, wie es Abb. 57 zeigt. Ein Beispiel ist das System Wasser-Phenol-
Aceton oberhalb 68° C, wo die kritische Mischungstemperatur von
Wasser-Phenol liegt (268). Die Konnodalkurve ist hier vollständig geschlossen und besitzt analog wie in Abb. 52 zwei kritische Punkte.

5. Es gibt schließlich eine ganze Reihe von ternären Systemen, bei
denen in bestimmten Gebieten der Dreiecksfläche ein Zerfall in drei
koexistente flüssige Phasen eintritt. In der Regel besitzen dann auch
alle drei binären Systeme Mischungslücken, und man kann sich das zugehörige Diagramm (Abb. 58) dadurch entstanden denken, daß die
Mischungslücken der Abb. 56b z. T. miteinander verschmelzen, wobei
ein dreiphasiges Entmischungsgebiet PQR übrig bleibt. Jede Mischung,

deren Bruttozusammensetzung einem Punkt innerhalb dieses Dreiecks
entspricht, zerfällt in drei flüssige Phasen mit der Zusammensetzung P,
Q und R.

Fügt man etwa einer binären Mischung der Bruttozusammensetzung X, die
bereits in zwei Phasen zerfällt, steigende Mengen B zu, so daß die Bruttozusammensetzung die Gerade $X\,B$ durchläuft, so erhält man folgende Zustandsänderungen:
Im Bereich zwischen X und Y bilden sich zwei ternäre Phasen, deren Zusammensetzung durch die jeweilige Konnode festgelegt ist. Zwischen Y und Z tritt Zerfall
in drei ternäre Phasen der Zusammensetzung P, Q und R ein, wobei sich lediglich
das Mengenverhältnis dieser Phasen ändert. Bei Z verschwindet die eine Phase,
und zwischen Z und U hat man wieder zwei ternäre Phasen, deren Zusammensetzung sich längs den beiden Ästen der zugehörigen Konnodalkurve ändert. Oberhalb von U bildet sich ein homogenes Gemisch aus.

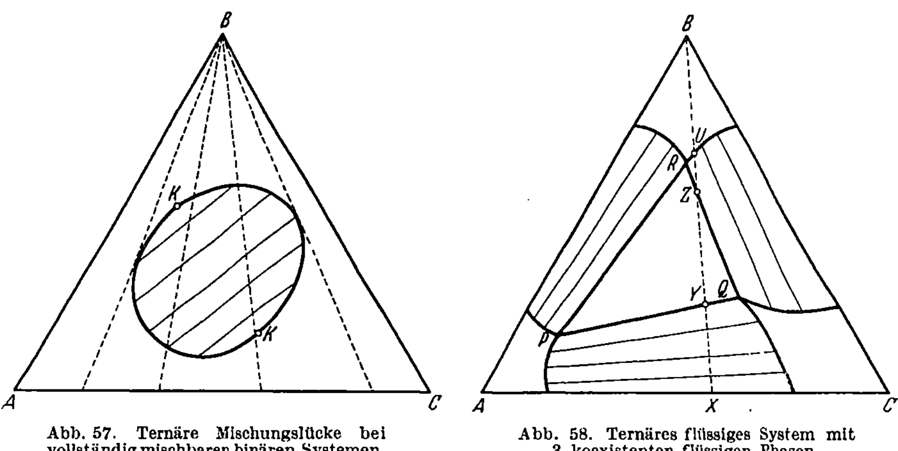

Abb. 57. Ternäre Mischungslücke bei
vollständig mischbaren binären Systemen.

Abb. 58. Ternäres flüssiges System mit
3 koexistenten flüssigen Phasen.

Systeme dieser Art sind in beträchtlicher Zahl aufgefunden worden
(*301*), ohne daß sie im einzelnen untersucht sind. Beispiele sind: Wasser-
Anilin-Hexan oder Wasser-Nitromethan-Schwefelkohlenstoff.

Diese Löslichkeitsdiagramme ternärer Flüssigkeitsgemische gelten
für konstanten Druck und konstante Temperatur. Ändert man diese
Variablen, insbesondere T, so ändern sich auch die Diagramme. Die
Temperaturabhängigkeit der gegenseitigen Löslichkeit bei konstantem p
läßt sich in einem räumlichen Diagramm darstellen, indem man die
T-Achse senkrecht auf der Ebene des Dreiecks errichtet. In der Regel
nimmt die Mischbarkeit mit steigender Temperatur zu, wie es für Zweistoffsysteme in Abb. 51 dargestellt ist. Als einziges der zahlreichen
möglichen Beispiele sei in der schematischen Abb. 59a das System
Wasser-Phenol-Aceton nach Messungen von SCHREINEMAKERS (*268*)
wiedergegeben, das bei Zimmertemperatur eine binäre Mischungslücke
aufweist, also der Abb. 54 entspricht.

Die in der Wasser-Phenol-T-Ebene liegende Kurve $A\,\alpha\,B$ ist die Sättigungskurve des binären zweiphasigen Systems Wasser-Phenol analog zu Abb. 50. Die kritische Mischungstemperatur α liegt bei 68° C. Die Konnodalkurve des ternären Systems $A\,\beta\,B$ in der Dreiecksebene zeigt, daß die gegenseitige Löslichkeit von Wasser-Phenol mit steigendem Zusatz von Aceton zunächst abnimmt, schließlich aber wieder größer wird. Im kritischen Punkt β wird das System homogen.

Erhöht man die Temperatur, so zieht sich die Konnodalkurve zusammen, und das Entmischungsgebiet wird kleiner. Bei 68° C, der kritischen Temperatur des binären Systems Wasser-Phenol, fallen die

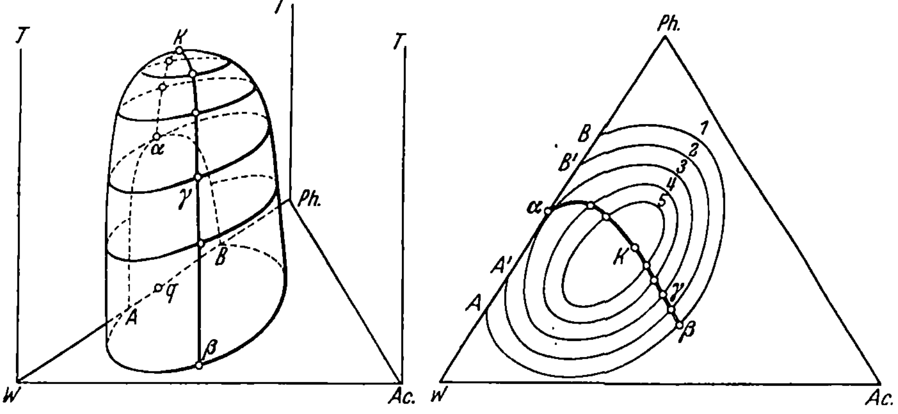

Abb. 59a u. b. Löslichkeitsdiagramm des Systems Wasser — Phenol — Aceton in Abhängigkeit von der Temperatur.

Punkte A und B in α zusammen, und die Konnodalkurve mit ihrem kritischen Punkt γ berührt die Wasser-Phenol-T-Ebene in α. Bei noch höheren Temperaturen löst sich die Konnodalkurve von der Wasser-Phenol-T-Ebene ab, d. h. das System des Typs Abb. 54 geht in ein solches der Abb. 57 über: Trotz vollständiger Mischbarkeit aller drei binären Systeme gibt es im ternären System ein Entmischungsgebiet mit vollständig geschlossener Konnodalkurve und zwei kritischen Punkten in der Dreiecksfläche. Bei 92° C schrumpft die Konnodalkurve in den Punkt K, einen kritischen Punkt „zweiter Ordnung" zusammen, der die kritische Mischungstemperatur des ternären Systems angibt; oberhalb derselben ist das System völlig homogen. Die die kritischen Punkte $\alpha\,K\,\gamma\,\beta$ der Konnodalkurven verbindende Kurve bezeichnet man als „kritische Kurve", ihre Punkte repräsentieren kritische Lösungen; die durch die Konnodalkurven gebildete gewölbte Fläche ist die „Konnodalfläche" des Systems bei konstantem Druck, unterhalb welcher Zerfall in zwei koexistente Phasen eintritt.

Projiziert man die bei verschiedener Temperatur aufgenommenen Konnodalkurven auf die Grundfläche des Dreiecks, so erhält man die einzelnen Isothermen der Abb. 59b, aus denen sich die Konnodalfläche wie aus den Höhenlinien einer Karte rekonstruieren läßt, so daß man auch hier mit einer ebenen Darstellung auskommt (vgl. auch S. 341 ff., Kap. VII).

Auf die zahlreichen weiteren Möglichkeiten, wie sich Systeme des Typs Abb. 55 bis Abb. 58 mit der Temperatur ändern und teilweise ineinander übergehen können, und ebenso auf die Druckabhängigkeit solcher Löslichkeitsdiagramme kann hier im einzelnen nicht eingegangen werden, sondern es muß auf die ausführliche Darstellung bei ROOZE-BOOM (*245*) verwiesen werden. Weitere Beispiele findet man bei HILL (*116*) und TIMMERMANS (*301*).

2. Bedingungsgleichungen für den kritischen Punkt.

Da die Grenze zwischen dem metastabilen und dem labilen Gebiet einer Phase durch die Spinodalkurve gegeben ist (vgl. S. 33), läßt sich auch mittels der Gleichung der Spinodalkurve (II, 100) darüber entscheiden, ob bei gegebenen Werten von p und T Entmischung eintritt oder nicht. Da ferner in einem kritischen Entmischungspunkt Spinodalkurve und Konnodalkurve zusammenfallen (vgl. Abb. 5), ist die Gleichung der Spinodalkurve gleichzeitig die eine Bedingungsgleichung für einen solchen Punkt.

Da die Standardwerte der freien Enthalpie konzentrations-unabhängig sind, kann man in (II, 100) und (II, 101) $\bar{G}$ durch die freie Mischungsenthalpie $\Delta \bar{G}$ ersetzen und erhält als Bedingungsgleichungen eines kritischen Entmischungspunktes

$$D \equiv \frac{\partial^2 \Delta \bar{G}}{\partial x_1^2} \cdot \frac{\partial^2 \Delta \bar{G}}{\partial x_2^2} - \left(\frac{\partial^2 \Delta \bar{G}}{\partial x_1 \partial x_2} \right)^2 = 0 . \tag{34}$$

$$\frac{\partial^2 \Delta \bar{G}}{\partial x_1^2} \cdot \frac{\partial D}{\partial x_2} - \frac{\partial^2 \Delta \bar{G}}{\partial x_1 \partial x_2} \cdot \frac{\partial D}{\partial x_1} = 0 . \tag{35}$$

Wir zerlegen ferner nach (II, 41)

$$\Delta \bar{G} = \Delta \bar{G}_{id} + \Delta \bar{G}^E = R T \left[x_1 \ln x_1 + x_2 \ln x_2 + x_3 \ln x_3 \right]$$
$$+ R T \left[x_1 \ln f_1 + x_2 \ln f_2 + x_3 \ln f_3 \right] . \tag{36}$$

Damit erhalten wir (unter Beachtung der S. 18 angegebenen Differentiationsvorschrift)

$$\frac{\partial^2 \Delta \bar{G}}{\partial x_1^2} = R T \left(\frac{1}{x_1} + \frac{1}{x_3} \right) + \frac{\partial^2 \Delta \bar{G}^E}{\partial x_1^2} \tag{37a}$$

$$\frac{\partial^2 \Delta \bar{G}}{\partial x_2^2} = R T \left(\frac{1}{x_2} + \frac{1}{x_3} \right) + \frac{\partial^2 \Delta \bar{G}^E}{\partial x_2^2} \tag{37b}$$

$$\frac{\partial^2 \Delta \bar{G}}{\partial x_1 \partial x_2} = \frac{R T}{x_3} + \frac{\partial^2 \Delta \bar{G}^E}{\partial x_1 \partial x_2} . \tag{37c}$$

Setzt man die Ausdrücke (37) in Gl. (34) ein, so erhält man die Gleichung der Spinodalkurve. Da in $\Delta \bar{G}^E$ die Aktivitätskoeffizienten eingehen, hängt die Entmischung auch hier von den Neigungen und Krümmungen der $\ln f$, x-Kurven ab[1].

Besonders übersichtlich und, wie später gezeigt wird, für praktische Berechnungen brauchbar wird die Gleichung der Spinodalkurve für den einfachen Fall, daß man für $\Delta \bar{G}^E$ den symmetrischen Ansatz (IV, 132) machen kann

$$\Delta \bar{G}^E = a_{12}\, x_1\, x_2 + a_{13}\, x_1\, x_3 + a_{23}\, x_2\, x_3. \tag{38}$$

Sind die a_{ik} temperaturunabhängig[2], so handelt es sich um „reguläre" Mischungen, hängen sie noch von T ab, so entspricht dieser Ansatz der Gl. (III, 242) von Porter. Damit wird

$$\frac{\partial^2 \Delta \bar{G}^E}{\partial x_1^2} = -2\, a_{13}; \quad \frac{\partial^2 \Delta \bar{G}^E}{\partial x_2^2} = -2 a_{23}; \quad \frac{\partial^2 \Delta \bar{G}^E}{\partial x_1 \partial x_2} = a_{12} - a_{13} - a_{23}. \tag{39}$$

Mit (37) und (39) lautet die Gl. (34) der Spinodalkurve

$$(R\,T)^2 - 2\, R\,T\, (a_{12}\, x_1\, x_2 + a_{13}\, x_1\, x_3 + a_{23}\, x_2\, x_3) - L\, x_1\, x_2\, x_3 = 0, \tag{40}$$

worin

$$L \equiv a_{12}^2 + a_{13}^2 + a_{23}^2 - 2\, a_{12}\, a_{13} - 2\, a_{12}\, a_{23} - 2\, a_{13}\, a_{23}. \tag{41}$$

Indem man durch $(R\,T)^2$ dividiert und mit

$$\frac{a_{12}}{R\,T} \equiv B_{12}, \quad \frac{a_{13}}{R\,T} \equiv B_{13}, \quad \frac{a_{23}}{R\,T} \equiv B_{23}, \tag{42}$$

kann man (40) auch in der Form schreiben

$$1 - 2\, (B_{12}\, x_1\, x_2 + B_{13}\, x_1\, x_3 + B_{23}\, x_2\, x_3)$$
$$- (B_{12}^2 + B_{13}^2 + B_{23}^2 - 2\, B_{12}\, B_{13} - 2\, B_{12}\, B_{23} - 2\, B_{13}\, B_{23})\, x_1\, x_2\, x_3 = 0 . \tag{43}$$

Für die zweite Gleichung des kritischen Entmischungspunktes erhält man, wieder unter Benutzung des einfachen Ansatzes (38) für die freie Zusatz-Mischungsenthalpie, aus (35), (37) und (39) den schon recht komplizierten Ausdruck

$$x_3^2 \big[(1 - 2\, B_{13}\, x_1)\, (1 - x_1\, [B_{13} + B_{12} - B_{23}])$$
$$+ (1 - 2\, B_{23}\, x_2)\, (1 - x_2\, [B_{23} + B_{12} - B_{13}])\big] - (1 - 2\, B_{12}\, x_1\, x_2)^2$$
$$+ x_3\, [B_{12}\, (x_1^2 + 4\, x_1\, x_2 + x_2^2) + B_{13}\, (x_1^2 - x_2^2)$$
$$+ B_{23}\, (x_2^2 - x_1^2) - 2\, (x_1 + x_2) - 1] = 0 \tag{44}$$

---

[1] Z. B. folgt aus (36)

$$\frac{\partial^2 \Delta \bar{G}^E}{\partial x_1^2} = R\,T \left[\frac{\partial \ln f_1}{\partial x_1} - \frac{\partial \ln f_2}{\partial x_1} + (1 - x_1 - x_2)\, \frac{\partial^2 \ln f_3}{\partial x_1^2}\right] \text{usw.}$$

[2] Abgesehen von dem darin steckenden Faktor $R\,T$.

Gl. (43) und (44) wurden von Scott (*274*), Prigogine (*228*) und Tompa (*305*) auf ternäre Mischungen mit einer bzw. zwei hochpolymeren Komponenten[1] zur Ermittlung der kritischen Entmischung angewendet, wobei noch weitere Vereinfachungen eingeführt wurden, indem z. B. das Molgewicht der hochpolymeren Komponente so groß gewählt wurde, daß die eine der koexistenten Phasen nur noch binär ist, oder indem eine der Konstanten B_{ik} gleich Null und die anderen beiden als gleich groß angenommen wurden. Unter solchen und ähnlichen Vereinfachungen lassen sich auch Konnodalkurve und Konnoden näherungsweise für bestimmte Werte der B_{ik} berechnen.

Wie in neuerer Zeit Meijering (*189*) gezeigt hat, kann man allein mit Hilfe von Gl. (40) bereits entscheiden, unter welchen Bedingungen geschlossenen Mischungslücken (Abb. 57) auftreten, wenn man voraussetzt, daß es sich um reguläre Mischungen handelt. In diesem Fall sind die B_{ik} in (42) temperaturunabhängig, und es ist $\Delta \overline{G}^{E}$ gleich der Mischungsenthalpie $\Delta \overline{H}$ (vgl. S. 88). Man kann dann die regulären Systeme in vier Klassen einteilen, je nach dem Vorzeichen der Konstanten a_{ik}.

I. Alle a_{ik} sind negativ. Dann sind die Mischungswärmen der drei binären Systeme ebenfalls exotherm, und letztere besitzen keine Mischungslücken.

II. Zwei der Konstanten sind negativ, die dritte ist positiv.

III. Eine Konstante ist negativ, die beiden andern sind positiv.

IV. Alle drei Konstanten sind positiv.

Da Gl. (40) eine Gleichung zweiten Grades in bezug auf RT ist, kann man sie unter Berücksichtigung von (38) in der einfachen Form schreiben

$$R T = \Delta \overline{H} \pm \sqrt{(\Delta \overline{H})^2 + L\, x_1\, x_2\, x_3}. \tag{45}$$

Nur positive Lösungen dieser Gleichung sind physikalisch sinnvoll, für die entsprechende Temperatur tritt bei gegebenen Molenbrüchen Entmischung auf. Es lassen sich demnach allein aus Betrachtungen über Größe und Vorzeichen der Konstanten a_{ik} Angaben darüber machen, ob in einem bestimmten Fall Entmischung möglich ist oder nicht.

Schreibt man die durch (41) definierte Größe L in der Form $L = (a_{12} + a_{13} - a_{23})^2 - 4\, a_{12}\, a_{13}$, so überzeugt man sich leicht, daß L stets positiv wird, wenn die a_{ik} nicht in allen Vorzeichen übereinstimmen (Fall II und III), daß es positiv oder negativ werden kann im Fall I und IV. Im Fall I ist $\Delta \overline{H}$ negativ, wenn demnach auch L negativ ist, existiert nach (45) keine positive Lösung für T; das bedeutet, daß geschlossene

---

[1] In solchen Fällen sind die Molenbrüche durch die Volumenbrüche zu ersetzen (vgl. S. 81).

Mischungslücken im ternären System nur auftreten können, wenn L positiv ist.

Den Klassen II, III und IV entsprechen Mischungslücken in einem, zwei bzw. drei der binären Systeme (vgl. Abb. 54—56). Für jedes dieser binären regulären Systeme gelten die Entmischungsbedingungen der Gl. (18), wobei die zweite derselben hier die Form $T_k = \dfrac{a}{2R}$ annimmt. Um den Verlauf der Spinodalkurve in der unmittelbaren Nachbarschaft der binären kritischen Punkte zu untersuchen, schreibt man Gl. (43) in der Form

$$\lambda\, x_1\, x_2\, x_3 + 2\, B_{12}\, x_1\, x_2 + 2\, B_{13}\, x_1\, x_3 + 2\, B_{23}\, x_2\, x_3 = 1 \,, \qquad (46)$$

wobei $\lambda \equiv \dfrac{L}{(RT)^2}$ gesetzt ist.

In der Nähe eines binären kritischen Punktes, z. B. im 1,2-System, wird nach (18) $B_{12} = \dfrac{a}{RT_k} = 2$ und $x_3 \ll 1$. Für sehr kleine x_3 gilt ferner näherungsweise

$$\begin{aligned}[(x_1 + x_2) + x_3]^2 &= x_1^2 + 2\, x_1\, x_2 + x_2^2 + 2\,(x_1 + x_2)\, x_3 + x_3^2 \\ &\cong x_1^2 + 2\, x_1\, x_2 + x_2^2 + 2\, x_3 = 1 \,.\end{aligned} \qquad (47)$$

Setzt man dies in (46) ein, so erhält man als Gleichung der Spinodalkurve in der Nähe eines binären kritischen Punktes

$$u^2 \equiv (x_2 - x_1)^2 = \left(B_{13} + B_{23} + \frac{\lambda}{4} - 2\right) x_3 \equiv k\, x_3 \,. \qquad (48)$$

Setzt man den Ausdruck für λ ein und berücksichtigt, daß $B_{12} = 2$, so läßt sich die Klammer leicht umformen in

$$B_{13} + B_{23} + \frac{\lambda}{4} - 2 = \frac{1}{4}\,(B_{13} - B_{23})^2 - 1 \,. \qquad (49)$$

Im kritischen Punkt ist nach (18) $x_1 = x_2 = 0{,}5$ und $u = 0$, $x_3 = 0$; die Spinodalkurve berührt die Dreiecksseite in diesem Punkt, denn es ist $\lim\limits_{u \to 0} \dfrac{\partial x_3}{\partial u} = \dfrac{2u}{k} = 0$. Für die Krümmung der Spinodalkurve an diesem Punkt ergibt sich $\dfrac{\partial^2 x_3}{\partial u^2} = \dfrac{2}{k} = \dfrac{8}{(B_{13} - B_{23})^2 - 4}$. Die Krümmung hängt also davon ab, ob $|B_{13} - B_{23}| > 2$ oder < 2 bzw. ob $|a_{13} - a_{23}| > a_{12}$ oder $< a_{12}$. Im ersten Fall ist die Krümmung positiv, die benachbarten Teile der Spinodalkurve verlaufen innerhalb des Dreiecks, im zweiten Fall ist sie negativ, die benachbarten Teile verlaufen außerhalb des Dreiecks (negative x_3) und haben deshalb keinen physikalischen Sinn. Das bedeutet folgendes: Kühlt man das ternäre System von oben her kommend auf T_k ab, so erreicht im ersten Fall ($|a_{13} - a_{23}| > a_{12}$) ein instabiles Gebiet (Abb. 57) die Dreiecksseite bei $x_1 = x_2 = 0{,}5$, im zweiten

Fall $(|a_{13} - a_{23}| < a_{12})$ beginnt sich ein instabiles Gebiet vom binären kritischen Punkt aus zu bilden.

Diese Voraussage gilt schließlich auch für die Mischungslücken selbst, die das metastabile Gebiet nicht mit einschließen, da Konnodal- und Spinodalkurve beim kritischen Punkt die gleiche Krümmung besitzen. Man hat so für reguläre Mischungen das einfache Kriterium, daß für $|a_{13} - a_{23}| > a_{12}$ oberhalb von $T = \dfrac{a_{12}}{2R}$ geschlossene ternäre Mischungslücken auftreten werden. Dieses Ergebnis ist in Übereinstimmung mit einer alten Regel (*301*), die allgemein für ternäre Systeme gilt, und nach welcher meistens der kritische Punkt eines binären Systems durch Zusatz einer dritten Komponente erhöht wird, wenn diese sich mit einer der beiden sehr viel leichter mischt als mit der andern, dagegen erniedrigt wird, wenn der zugefügte Stoff etwa die gleiche Mischbarkeit mit den beiden Komponenten besitzt.

Mit Hilfe des gefundenen Kriteriums kann man nun die vier erwähnten Klassen regulärer Mischungen einzeln untersuchen, wobei diese noch entsprechend den beiden Möglichkeiten $|a_{13} - a_{23}| > a_{12}$ bzw. $< a_{12}$ in je zwei Untergruppen zerfallen. Für jede dieser acht Gruppen kann man qualitativ voraussagen, wie sich die Spinodalkurve bei steigender Temperatur verändern wird, d. h. welche Entmischungsformen der Abb. 54 bis 57 nacheinander auftreten. In Abb. 60 ist dies schematisch an einem Beispiel gezeigt, bezüglich der Einzelheiten muß auf die Originalarbeit verwiesen werden (*189*).

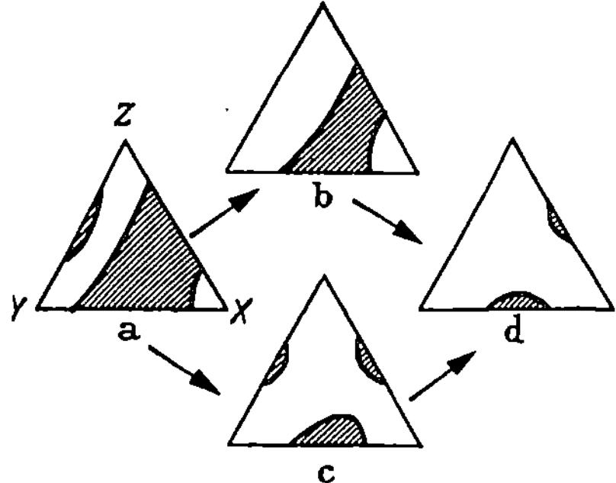

Abb. 60. Verschiedene Möglichkeiten für das Verschwinden instabiler Gebiete (schraffiert) in einem ternären System bei steigender Temperatur.

Zur Bestimmung eines *kritischen Punktes erster Ordnung* (vgl. S. 204) muß man außer der Gleichung der Spinodalkurve noch die zweite Bedingungsgleichung (II, 101 bzw. II, 103) heranziehen. Letztere lautet, indem man wieder $\overline{G}$ durch $\varDelta\,\overline{G}$ ersetzt:

$$\frac{\partial^3 \varDelta\,\overline{G}}{\partial v^3} = 0, \tag{50}$$

wobei v die ausgezeichnete Richtung zwischen x_1 und x_2 darstellt, in der die Krümmung der $\varDelta\,\overline{G}$-Fläche für jeden Punkt der Spinodalkurve verschwindet, also $\partial^2\,(\varDelta\,\overline{G})/\partial v^2 = 0$ ist. Ist gleichzeitig (50) erfüllt, so liegt ein kritischer Punkt erster Ordnung vor, eine Tangentialebene an die $\varDelta\,\overline{G}$-Fläche an diesem Punkt schneidet die Fläche in der Umgebung dieses Punktes nirgends, was bedeutet, daß hier Konnodalkurve und

Spinodalkurve sich berühren. Die Richtung v ist definiert durch ein bestimmtes Verhältnis

$$\frac{dx_2}{dx_1} \equiv n\,, \tag{51}$$

und es gilt nach $dx_1\diagdown\!{}^{dv}_{dx_1}$

$$(dv)^2 = (dx_1)^2 + (dx_2)^2\,; \quad (dv)^3 = [(dx_1)^2 + (dx_2)^2]^{3/2}\,. \tag{52}$$

Aus $d\Delta\overline{G} = \dfrac{\partial\Delta\overline{G}}{\partial x_1}\,dx_1 + \dfrac{\partial\Delta\overline{G}}{\partial x_2}\,dx_2$ folgt

$$d^2\Delta\overline{G} = \frac{\partial^2\Delta\overline{G}}{\partial x_1^2}\,(dx_1)^2 + 2\,\frac{\partial_2\Delta\overline{G}}{\partial x_1\,\partial x_2}\,dx_1\,dx_2 + \frac{\partial^2\Delta\overline{G}}{\partial x_2^2}\,(dx_2)^2 \tag{53}$$

$$\frac{d^2\Delta G}{dv^2} = \frac{1}{1+n^2}\,\frac{\partial^2\Delta\overline{G}}{\partial x_1^2} + 2\,\frac{n}{1+n^2}\,\frac{\partial^2\Delta G}{\partial x_1\,\partial x_2} + \frac{n^2}{1+n^2}\,\frac{\partial^2\Delta\overline{G}}{\partial x_2^2} \tag{54}$$

$$d^3\Delta\overline{G} = \frac{\partial^3\Delta\overline{G}}{\partial x_1^3}\,(dx_1)^3 + 3\,\frac{\partial^3\Delta\overline{G}}{\partial x_1^2\,\partial x_2}\,(dx_1)^2\,dx_2$$
$$+ 3\,\frac{\partial^3\Delta\overline{G}}{\partial x_1\,\partial x_2^2}\,dx_1\,(dx_2)^2 + \frac{\partial^3\Delta\overline{G}}{\partial x_2^3}\,(dx_2)^3\,. \tag{55}$$

$$\frac{d^3\Delta\overline{G}}{dv^3} = \frac{1}{(1+n^2)^{3/2}}\,\frac{\partial^3\Delta\overline{G}}{\partial x_1^3} + 3\,\frac{n}{(1+n^2)^{3/2}}\,\frac{\partial^3\Delta\overline{G}}{\partial x_1^2\,\partial x_2}$$
$$+ 3\,\frac{n^2}{(1+n^2)^{3/2}}\,\frac{\partial^3\Delta\overline{G}}{\partial x_1\,\partial x_2^2} + \frac{n^3}{(1+n^2)^{3/2}}\,\frac{\partial^3\Delta\overline{G}}{\partial x_2^3}\,. \tag{56}$$

Nach der letzten Gleichung ist die Bedingung (50) offenbar erfüllt, wenn

$$\frac{\partial^3\Delta\overline{G}}{\partial x_1^3} + 3\,n\,\frac{\partial^3\Delta\overline{G}}{\partial x_1^2\,\partial x_2} + 3\,n^2\,\frac{\partial^3\Delta\overline{G}}{\partial x_1\,\partial x_2^2} + n^3\,\frac{\partial^3\Delta\overline{G}}{\partial x_2^3} = 0\,. \tag{57}$$

Die dritten Ableitungen ergeben sich aus (37) und (39) zu

$$\frac{\partial^3\Delta\overline{G}}{\partial x_1^3} = RT\left(\frac{1}{x_3^2} - \frac{1}{x_1^2}\right) \tag{58}$$

$$\frac{\partial^3\Delta\overline{G}}{\partial x_2^3} = RT\left(\frac{1}{x_3^2} - \frac{1}{x_2^2}\right) \tag{59}$$

$$\frac{\partial^3\Delta\overline{G}}{\partial x_1^2\,\partial x_2} = \frac{\partial^3\Delta\overline{G}}{\partial x_1\,\partial x_2^2} = \frac{RT}{x_3^2}\,, \tag{60}$$

sie enthalten demnach die Konstanten a_{ik} der energetischen Wechselwirkung nicht mehr.

Führt man diese Ausdrücke in (57) ein, so erhält man als zweite Bedingungsgleichung für einen kritischen Entmischungspunkt erster Ordnung in *regulären* ternären Gemischen

$$\frac{1}{x_1^2} + \frac{n^3}{x_2^2} = \frac{(n+1)^3}{x_3^2}\,. \tag{61}$$

Da n auch die Neigung dx_2/dx_1 der Konnodal- und Spinodalkurve an diesem Punkt darstellt, gibt die Gleichung eine Beziehung zwischen dieser Neigung und den Koordinaten x_1 und x_2 des kritischen Punktes.

Wie aus Abb. 59 hervorgeht, gibt es außerdem *kritische Entmischungspunkte zweiter Ordnung*, die dem Auftreten einer geschlossenen Mischungslücke entsprechen. Eine weitere Art kritischer Punkte zweiter Ordnung liegt dann vor, wenn zwei kritische Punkte erster Ordnung zusammenfließen, wie dies etwa in Abb. 60 unter Temperaturerniedrigung beim Übergang von d nach b oder von c nach a eintreten muß. Im ersten Fall besitzt die „kritische Kurve" (vgl. Abb. 59) ein Maximum, im zweiten Fall einen Sattelpunkt.

In einem kritischen Punkt zweiter Ordnung ist nicht nur $\partial^2 \Delta \overline{G}/\partial v^2$ und $\partial^3 \Delta \overline{G}/\partial v^3$ gleich Null, sondern es muß außerdem gelten

$$\frac{\partial^3 \Delta \overline{G}}{\partial v^2 \partial x_1} = 0 \quad \text{und} \quad \frac{\partial^3 \Delta \overline{G}}{\partial v^2 \partial x_2} = 0 \,. \tag{62}$$

Mit Hilfe von (54) ergibt sich für diese beiden Bedingungen

$$\frac{\partial^3 \Delta G}{\partial x_1^3} + 2\,n\,\frac{\partial^3 \Delta \overline{G}}{\partial x_1^2 \partial x_2} + n^2\,\frac{\partial^3 \Delta \overline{G}}{\partial x_1 \partial x_2^2} = 0$$

$$\frac{\partial^3 \Delta \overline{G}}{\partial x_1^2 \partial x_2} + 2\,n\,\frac{\partial^3 \Delta \overline{G}}{\partial x_1 \partial x_2^2} + n^2\,\frac{\partial^3 \Delta \overline{G}}{\partial x_2^3} = 0 \,. \tag{63}$$

Substituiert man die Gl. (58) bis (60), so wird

$$(n + 1)\,x_1 = \pm\,x_3 \tag{64}$$

$$(n + 1)\,x_2 = \pm\,n\,x_3. \tag{65}$$

Von den vier möglichen Kombinationen dieser Gleichungen liefert diejenige mit den beiden Minuszeichen bei der Addition $(n + 1)\,(x_1 + x_2 + x_3) = 0$ oder $n = -\,1$ bzw. $x_3 = 0$, was keine Bedeutung hat. Die Kombination mit zwei Pluszeichen liefert $(x_1 + x_2) = x_3$. Da $x_1 + x_2 + x_3 = 1$, ergibt sich

$$x_3 = \frac{1}{2}; \quad x_1 = \frac{1}{2\,(n + 1)}; \quad x_2 = \frac{n}{2\,(n + 1)} \,. \tag{66}$$

Die letzten beiden Kombinationen liefern $x_1 = 1/2$ bzw. $x_2 = 1/2$, was mit der ersten Lösung identisch ist, wenn man x_1, x_2 und x_3 cyclisch vertauscht, wobei die Bedeutung von n sich zu $d\,x_3/d\,x_2$ bzw. zu $d\,x_1/d\,x_3$ ändert. Die zu einem kritischen Punkt zweiter Ordnung gehörenden Konzentrationen liegen danach stets auf den Seiten eines Dreiecks, das durch die Verbindungslinien der Seitenmitten des GIBBSschen Dreiecks gebildet wird.

Setzt man die so ermittelten Werte für x_1, x_2 und x_3 von (66) in die Gl. (37) ein und berücksichtigt, daß man n ausdrücken kann durch

$$n = -\,\frac{\partial^2 \Delta \overline{G}/\partial x_1^2}{\partial^2 \Delta \overline{G}/\partial x_1 \partial x_2} = -\,\frac{\partial^2 \Delta \overline{G}/\partial x_1 \partial x_2}{\partial^2 \Delta \overline{G}/\partial x_2^2} \,, \tag{67}$$

so erhält man unter Benutzung von (42)

$$n = \frac{B_{13} + B_{23} - B_{12} - 4}{4 - 2\,B_{23}} = \frac{4 - B_{13}}{B_{13} + B_{23} - B_{12} - 4} \tag{68}$$

und $\lambda = -8\,B_{12} = L/(R\,T)^2$. Damit ergibt sich für die kritische Temperatur des Entmischungspunktes zweiter Ordnung

$$R\,T = -\frac{L}{8\,a_{12}}\,. \tag{69}$$

(68) und (69) liefern

$$n = \frac{a_{12} + a_{13} - a_{23}}{a_{12} - a_{13} + a_{23}}\,. \tag{70}$$

Setzt man dies in (66) ein, so erhält man die zu $x_3 = 1/2$ gehörenden Molenbrüche des kritischen Punktes zweiter Ordnung:

$$x_1 = \frac{a_{12} + a_{23} - a_{13}}{4\,a_{12}}; \quad x_2 = \frac{a_{12} + a_{13} - a_{23}}{4\,a_{12}}\,. \tag{71}$$

Sind die Konstanten a_{ik} des Ansatzes (38) bekannt, so kann man mittels (69) und (71) die Koordinaten von kritischen Entmischungspunkten zweiter Ordnung in regulären ternären Gemischen berechnen, die natürlich nur dann physikalische Bedeutung besitzen, wenn T, x_1 und x_2 positive Werte annehmen. Damit läßt sich wiederum leicht übersehen, bei welchen Kombinationen der a_{ik}, d. h. in welchen der oben genannten acht Klassen sekundäre kritische Punkte zweiter Ordnung zu erwarten sind.

In ähnlicher Weise lassen sich auch Voraussagen über einen möglichen Zerfall eines ternären Systems in drei koexistente flüssige Phasen machen; ein solcher kann nur bei der Klasse IV der S. 211 genannten Einteilung eintreten. Bezüglich Einzelheiten muß auf die Originalarbeit (189) verwiesen werden.

VI. Dampf-Flüssigkeitsgleichgewichte.

Wir besprechen in diesem Kapitel im einzelnen die Gleichgewichte zwischen Dampf und Flüssigkeit und ihre verschiedenen Darstellungsformen, wobei stets die in Kapitel II gewonnenen Stabilitäts- und Koexistenzbedingungen angewendet werden sollen. Indem wir systematisch von den einfachen zu den komplizierteren Systemen übergehen, ergeben sich zwanglos die teils graphischen, teils rechnerischen Methoden, mit denen sich diese Gleichgewichte am besten übersehen lassen.

A. Einstoffsysteme.

Wie schon im ersten Kapitel erwähnt wurde, vermeidet man die unhandliche räumliche Darstellung im $p\,V\,T$-Diagramm dadurch, daß man den thermischen Zustand des Einstoffsystems durch eine Schar von Isochoren in der $p\,T$-Ebene oder von Isobaren in der $V\,T$-Ebene oder von Isothermen in der $p\,V$-Ebene wiedergibt. Zur Darstellung des Zweiphasengleichgewichts eignen sich am besten die $p\,T$- bzw. $p\,V$-Diagramme, auf die wir kurz eingehen wollen.

1. pT-Diagramm.

Der Sättigungsdruck eines Stoffes als Funktion von T dargestellt ist die *Dampfdruckkurve*, deren Differentialgleichung die schon S. 37 aus der allgemeinen Koexistenzgleichung abgeleitete CLAUSIUS-CLAPEYRONsche Gleichung (II, 118) ist. Zur Aufstellung der zugehörigen integralen Dampfdruckformel müssen sowohl die molare Verdampfungswärme L_p wie die Molvolumina V'' und V' von Dampf und Flüssigkeit als Funktion von T bekannt sein.

Im Gebiet kleiner Sättigungsdrucke, wo $V'' \gg V'$ und nach dem idealen Gasgesetz $V'' = RT/p_s$, kann man die CLAUSIUS-CLAPEYRONsche Gleichung in der schon S. 97 verwendeten Form

$$\frac{d\ln p_s}{dT} = \frac{L_p}{RT^2} \quad \text{oder} \quad \frac{d\ln p_s}{d(1/T)} = -\frac{L_p}{R} \tag{1}$$

schreiben, aus der unmittelbar folgt, daß $\log p_s$ gegen $1/T$ aufgetragen eine Gerade mit der Neigung $-L_p/4{,}574$ ergibt, falls die molare Verdampfungswärme in dem betreffenden Temperaturgebiet als angenähert konstant betrachtet werden kann. Da letzteres nur für kleine T-Intervalle zulässig ist, eignet sich diese vereinfachte Form der CLAUSIUS-CLAPEYRONschen Gleichung nicht für die häufig erwünschte Extrapolation empirischer Dampfdruckmessungen, wie sie für zahlreiche Flüssigkeiten mit recht hoher Genauigkeit vorliegen (*294, 302*).

Bessere Ergebnisse erhält man, wenn man in (1) den reduzierten Druck $p_r \equiv p_s/p_k$ und die reduzierte Temperatur $T_r \equiv T/T_k$ einführt, so daß die integrierte Form lautet

$$\ln \frac{p_s}{p_k} = A - B\frac{T_k}{T} \quad \text{bzw.} \quad \ln p_r = A - \frac{B}{T_r}, \tag{2}$$

wobei $B \equiv L_p/RT_k$ gesetzt ist. Für sog. Normalstoffe, die dem Theorem der übereinstimmenden Zustände gehorchen, sollte der Ordinatenabschnitt A und die Neigung B der $(\ln p_r)$, $\frac{1}{T_r}$-Geraden identisch sein· Dies ist tatsächlich mit guter Näherung der Fall (*94*), wobei $A \cong B$, was bedeutet, daß die Gl. (2) sogar bis in die Nähe der kritischen Temperatur verwendet werden kann, für die $A = B$ sein müßte. Dies hängt offenbar damit zusammen, daß die Abweichungen des Dampfes vom idealen Gasgesetz und die Abnahme von L_p mit zunehmender Temperatur sich weitgehend gegenseitig kompensieren.

Letzteres scheint auch der Fall zu sein, wenn man anstelle der vereinfachten CLAUSIUS-CLAPEYRONschen Gleichung eine halbempirische Gleichung

$$\log p_s = A - \frac{B}{t + C} \tag{3}$$

benutzt, in der A, B und C empirische Konstanten sind, die aus Messungen bei zwei Temperaturen entnommen werden. Wie Cox (41) gefunden hat, erhält man eine unerwartet gute Übereinstimmung mit den gemessenen Werten, wenn man für sämtliche Stoffe $C = 230$ setzt. Ein Vergleich zahlreicher empirischer Gleichungen zur Darstellung der T-Abhängigkeit des Dampfdrucks hat ergeben (300), daß Gl. (3) mit $C = 230$ allen übrigen überlegen ist.

Neuerdings (177) sind auch Dampfdruck-Temperatur-Nomogramme aufgestellt worden für Temperaturen von — 50 bis 550° C, wobei die

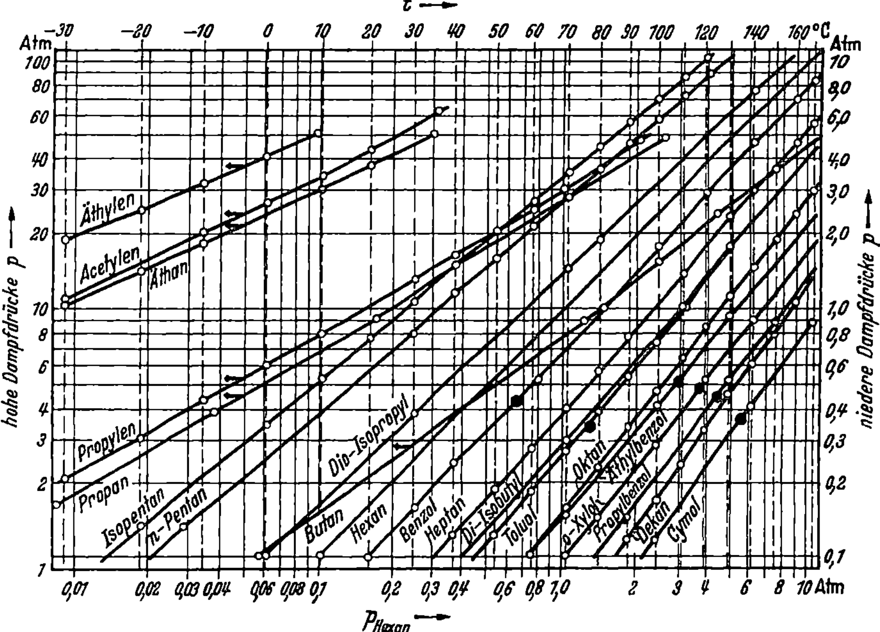

Abb. 61. Relative logarithmische Dampfdruckgeraden von Kohlenwasserstoffen mit Hexan als Bezugssubstanz.

Stoffe in acht Gruppen eingeteilt werden, je nach ihren physikalischen und strukturellen Eigenschaften. Aus ihnen läßt sich der Dampfdruck für beliebige Temperaturen entnehmen, wenn der Siedepunkt bei 760 mm Druck bekannt ist.

Ein anderes graphisches Verfahren zur Extrapolation von Dampfdruckmessungen nach Othmer (218) wurde ebenfalls schon erwähnt (S. 97). Es beruht darauf, daß nach der Clausius-Clapeyronschen Gleichung der Logarithmus des Dampfdrucks einer Flüssigkeit eine lineare Funktion des Logarithmus des Dampfdrucks einer zweiten Flüssigkeit bei jeweils gleicher Temperatur sein sollte, wobei die

Neigung dieser Geraden durch das *Verhältnis* der beiden molaren Verdampfungswärmen gegeben ist, das in einem wesentlich größeren Temperaturintervall als konstant betrachtet werden kann als die einzelnen L_p-Werte:

$$\log p_{2s} = \frac{L_2}{L_1} \log p_{1s} + \text{Const.} \tag{4}$$

Wie gut diese Gleichung insbesondere bei verwandten Stoffen, bei denen die Temperaturkoeffizienten der Verdampfungswärmen ähnlich sind, bis zu relativ hohen Temperaturen und Drucken erfüllt sind, zeigt Abb. 61, in der die Dampfdrucke verschiedener Kohlenwasserstoffe gegen den Dampfdruck von Hexan in doppelt logarithmischen Koordinaten aufgetragen sind, wobei für die flüchtigen Stoffe (bis C_4) ein Ordinatenmaßstab 10:1 verwendet ist.

Der praktische Wert dieser Methode liegt darin, daß zur Aufstellung dieses Diagramms außer den Meßdaten für die Bezugssubstanz für jeden Stoff lediglich entweder die Dampfdrucke bei zwei Temperaturen oder die Siedetemperatur unter Normaldruck und die Verdampfungswärme bei irgendeiner Temperatur bekannt sein müssen, um die zugehörige Gerade zu konstruieren. An dieser Geraden lassen sich dann die Dampfdrucke über den in Frage kommenden Temperaturbereich mit recht guter Näherung ablesen. Da in der Regel die Dampfdrucke der verschiedenen Stoffe für gleichmäßige Temperaturabstände (z. B. von 5 zu 5°) tabelliert sind, kann man sie unmittelbar für jeweils gleiche T-Werte auf doppelt logarithmischem Papier auftragen, wobei für die verschiedenen Stoffe auch verschiedene Druckeinheiten benutzt werden können, ohne daß die Neigungen der Geraden sich ändern, obwohl diese natürlich in vertikaler oder horizontaler Richtung verschoben werden.

2. *pV*-Diagramm.

Die pV-Kurve eines Einstoffsystems bei vorgegebener Temperatur hat die bekannte Gestalt der Abb. 62a, die etwa durch die auf 1 Mol bezogene VAN DER WAALSsche Gleichung

$$\left(p + \frac{a}{V^2}\right)(V - b) = RT \tag{5}$$

beschrieben werden kann. In dem gestrichelten Teil CD der Kurve ist $(\partial p/\partial V)_T > 0$, in diesem Gebiet ist daher nach der Stabilitätsbedingung (II, 62) keine homogene Phase möglich, sondern das System ist labil und zerfällt in die beiden koexistierenden Phasen der Flüssigkeit und ihres gesättigten Dampfes. Die Isotherme der kritischen Temperatur besitzt bei E nur noch einen Wendepunkt mit horizontaler Tangente, für den $\left(\frac{\partial^2 F}{\partial V^2}\right)_T = -\left(\frac{\partial p}{\partial V}\right)_T = 0$. Um zu entscheiden, ob dieser Punkt stabil ist, schreibt man die freie Energie des Systems als Funktion von V für einen unmittelbar benachbarten Punkt in Form einer TAYLORschen Reihe

$$\Delta^2 F \equiv F(V + \Delta V) - F(V) - \frac{\partial F}{\partial V}\, \Delta V$$

$$= \frac{1}{2!}\frac{\partial^2 F}{\partial V^2}(\Delta V)^2 + \frac{1}{3!}\frac{\partial^3 F}{\partial V^3}(\Delta V)^3 + \frac{1}{4!}\frac{\partial^4 F}{\partial V^4}(\Delta V)^4 + \cdots \tag{6}$$

Nun gilt für einen horizontalen Wendepunkt weiter, daß

$$- \frac{\partial^2 p}{\partial V^2} = \frac{\partial^3 F}{\partial V^3} = 0 \quad \text{und} \quad - \frac{\partial^3 p}{\partial V^3} = \frac{\partial^4 F}{\partial V^4} > 0,$$

d. h. die beiden ersten Glieder fallen weg, und das dritte Glied wird positiv, so daß auch $\Delta^2 F$ positiv und damit das System stabil ist. Die kritische Temperatur bildet demnach die Grenze zwischen dem stabilen und dem labilen Zustand des homogenen Systems. Oberhalb T_k ist das System bei allen Drucken homogen und stabil, unterhalb von T_k zerfällt es in einem bestimmten Druckbereich in zwei koexistente Phasen.

Um den stabilen Zustand des Systems zu finden, wenn man Volumen und Temperatur in dem gestrichelten Bereich CD der pV-Isotherme festlegt, geht man von der Gleichgewichtsbedingung (II, 51) aus, nach der die chemischen Potentiale μ' und μ'' in den beiden koexistenten Phasen gleich sein müssen. Außerdem muß die Summe der Volumina beider Phasen gleich dem gewählten Gesamtvolumen sein: $V' + V'' = V$. Stellt man das chemische Potential des reinen Stoffes durch

Abb. 62a u. b. pV-Isothermen eines Einstoff- und eines Zweistoffsystems.

$$\mu \equiv \frac{G}{n} = \frac{F + pV}{n} \tag{7}$$

dar, wobei n die Molzahl angibt, und differenziert nach V, so wird

$$\frac{\partial \mu}{\partial V} = \frac{1}{n} \cdot \frac{\partial F}{\partial V} + \frac{1}{n} \cdot p + \frac{V}{n} \cdot \frac{\partial p}{\partial V} \cdot$$

Da $(\partial F/\partial V) = -p$, folgt

$$\mu' = \frac{1}{n} \int\limits_0^{V'} V \cdot \frac{\partial p}{\partial V}\, dV \quad \text{und} \quad \mu'' = \frac{1}{n} \int\limits_0^{V''} V \frac{\partial p}{\partial V}\, dV,$$

so daß die Gleichgewichtsbedingung verlangt

$$\mu'' - \mu' = \frac{1}{n} \int\limits_{V'}^{V''} V \frac{\partial p}{\partial V}\, dV = \frac{1}{n} \int\limits_{V''}^{V'} \frac{1}{\chi}\, dV = 0, \tag{8}$$

wenn man mit $\chi \equiv -\dfrac{1}{V} \cdot \dfrac{\partial V}{\partial p}$ die Kompressibilität des Systems bezeichnet. Integriert man partiell, so kann man (8) auch schreiben

$$\mu'' - \mu' = \frac{1}{n} \left[p_s\,(V'' - V') - \int\limits_{V'}^{V''} p\, dV \right] = 0, \tag{9}$$

wobei p_s den konstanten Sättigungsdruck der koexistenten Phasen bedeutet. Die Volumina $V' = n\,V'$ und $V'' = n\,V''$ werden danach durch die Schnittpunkte A und B einer zur V-Achse parallelen Geraden mit der VAN DER WAALSschen Kurve dargestellt, die so zu legen ist, daß Gl. (9) erfüllt bleibt, daß also die schraffierten Flächenstücke gleich sind. Dabei bedeuten V' und V'' die Molvolumina, so daß

$$n'\,V' + n''\,V'' = V \quad \text{und} \quad n' + n'' = n.$$

Die Verteilung des Stoffes auf die beiden Phasen ergibt sich zu

$$n' = \frac{n\,V'' - V}{V'' - V'}\,; \qquad n'' = \frac{V - n\,V'}{V'' - V'}\,. \tag{10}$$

Trägt man anstelle des Druckes die freie Energie selbst bzw. die Änderung der freien Energie, bezogen auf einen Normalwert V_0 des Volumens, als Funktion des Volumens auf, so erhält man die schematischen Kurven der Abb. 63, von denen 1 einer Temperatur oberhalb $T_{krit.}$, 2 einer Temperatur unterhalb $T_{krit.}$ entspricht.

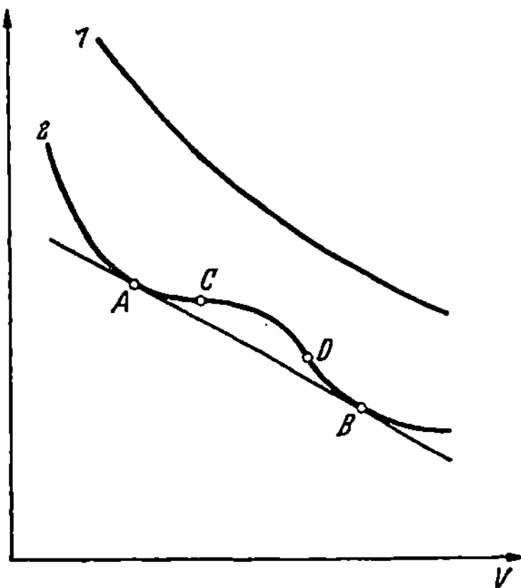

Abb. 63 FV-Diagramm eines Einstoffsystems oberhalb und unterhalb der kritischen Temperatur.

Aus $(\partial F/\partial V_T) = -p$ folgt

$$F = -\int_{V_0}^{V} p\,dV = RT\ln\frac{V-b}{V_0-b} + a\left(\frac{1}{V}-\frac{1}{V_0}\right),$$

wenn man die VAN DER WAALSsche Zustandsgleichung benutzt. Kurve 1 ist überall konvex gegen die V-Achse, d. h. der homogene Zustand ist überall stabil, in Kurve 2 ist im konkaven Teil $(\partial^2 F/\partial V^2) < 0$, so daß hier das System in zwei koexistente Phasen zerfällt, deren Volumina durch die Berührungspunkte A und B der Doppeltangente gegeben sind, analog zu Abb. 5. Aus (7) folgt

$$\mu' - \mu'' = \frac{1}{n}\,(F' + p_s\,V') - \frac{1}{n}\,(F'' + p_s\,V'')\,;$$

da ferner nach der Abbildung

$$\frac{F'-F''}{V'-V''} = \frac{\partial F}{\partial V} = -p_s \quad \text{oder} \quad F' = -p_s\,V' \quad \text{und} \quad F'' = -p_s\,V''\,,$$

folgt unmittelbar $\mu' = \mu''$. Die freie Energie des zweiphasigen Systems in Abhängigkeit von V wird durch die Gerade AB dargestellt, die der Geraden konstanten Drucks in Abb. 62a entspricht. Für die Mengen der beiden Phasen in jedem Punkt der Geraden gilt auch hier das S. 26 abgeleitete Hebelgesetz. In dem Bereich zwischen A und C bzw. B und D ist die homogene Phase wie in Abb. 62a *metastabil.*

Trägt man die freie Energie F als Funktion von V und T in einem räumlichen Diagramm auf, so erhält man eine FVT-Fläche, die im Fall eines Gleichgewichtes zweier Phasen eine Falte besitzt, die das Gebiet unstabiler und labiler Zustände darstellt. Die Isothermen 1 und 2 in Abb. 63 sind die Schnittkurven dieser Fläche mit Ebenen senkrecht zur T-Achse (vgl. S. 24). Mit steigender Temperatur rücken die Berührungspunkte A und B der Doppeltangente immer näher aneinander und fallen bei der kritischen Temperatur zusammen. Projiziert man alle zusammengehörigen Punkte A und B auf die VT-Ebene, so erhält man das VT-Diagramm der koexistenten Phasen, wie es in Abb. 64 schematisch dargestellt ist. Die durch die (stets senkrecht verlaufenden[1]) Konnoden verbundenen Kurvenpunkte geben die Volumina des Stoffes an. Bezieht man auf 1 Mol, so sind die Neigungen der VT-Kurve durch die Gln. (II, 120) und (II, 122) gegeben.

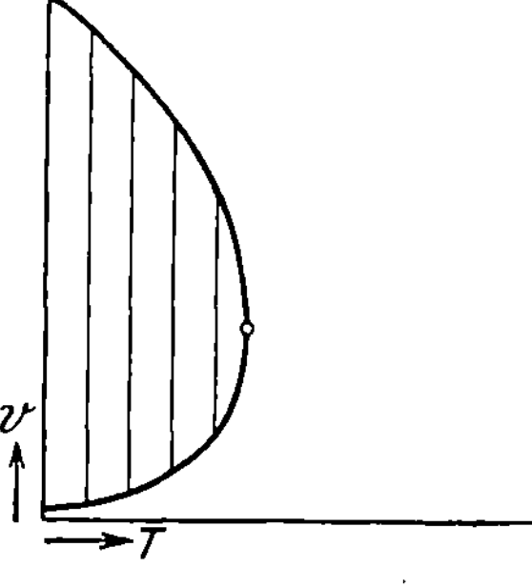

Abb. 64. VT-Diagramm eines Einstoffsystems in der Umgebung des kritischen Punktes.

---

[1] Entsprechend der Bedingung, daß im Gleichgewicht überall die gleiche Temperatur herrschen muß [Gl. (II, 46)].

Benutzt man p und T anstelle von V und T als willkürliche Variable, so ist die zugehörige charakteristische thermodynamische Zustandsfunktion die freie Enthalpie G, für die die Stabilitätsbedingungen durch (II, 66) gegeben sind. Auch nach diesen sind Zustände, für die die $(\partial^2 G/\partial p^2) = (\partial V/\partial p) > 0$, labil und deshalb nicht existenzfähig. Da bei konstanter Temperatur $G = \int (\partial G/\partial p)\,dp = \int V\,dp$, kann man G durch Integration der pV-Isotherme in Abb. 62a ermitteln. Das so berechnete G ist als Funktion von p für ein VAN DER WAALSsches Gas unterhalb der kritischen Temperatur in Abb. 65 dargestellt (266). Wegen der S-förmigen Gestalt der pV-Isotherme nimmt das Integral $\int V\,dp$ mit steigendem Druck zunächst zu, dann wieder ab und schließlich wieder zu. Da an den Punkten C und D der Kurve $(\partial V/\partial p) = \infty$ ist, besitzt die G-Kurve zwei Spitzen C und D, zwischen denen (punktierter Teil der Kurve) das System labil ist, entsprechend der Tatsache, daß hier $(\partial^2 G/\partial p^2) > 0$ (konvexe Krümmung gegen die p-Achse). Die gestrichelten Teile der Kurve entsprechen den metastabilen Zuständen AC und BD in Abb. 62a, der

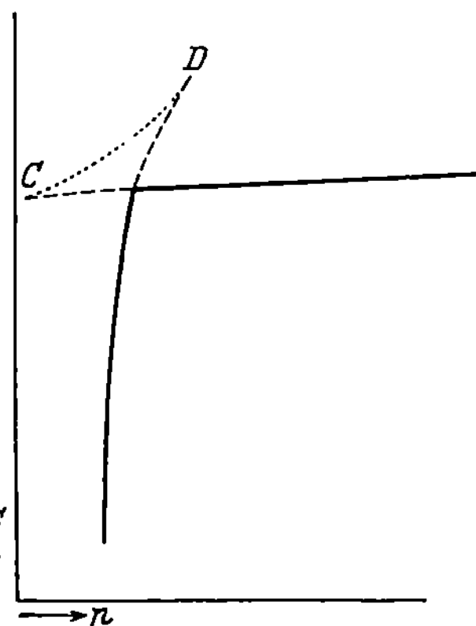

Abb. 65. Gp-Diagramm eines Einstoffsystems unterhalb der kritischen Temperatur.

Übergang zwischen dem labilen und dem metastabilen Gebiet kommt daher in dieser Darstellung viel augenfälliger zum Ausdruck. Von den ausgezogenen stabilen Kurvenstücken entspricht das linke der flüssigen, das rechte der dampfförmigen Phase. Am Knickpunkt ist $(\partial G/\partial p) = V$ unbestimmt, entsprechend der Tatsache, daß im Zweiphasengebiet zu einer Vielheit von Volumina stets derselbe Sättigungsdruck gehört.

Nimmt man die Temperatur als weitere Variable hinzu, d. h. trägt man G in einem räumlichen Koordinatensystem als Funktion von p und T auf, so erhält man die G-Fläche, aus deren Neigungen gegen die Koordinatenebenen man nach $(\partial G/\partial p)_T = V$ und $(\partial G/\partial T)_p = -S$ die jeweiligen Werte von Volumen und Entropie ablesen kann. Entsprechend dem scharfen Knick im Gp-Diagramm (Abb. 65) schneiden sich die G-Fläche der flüssigen und die G-Fläche der dampfförmigen Phase in einer Kurve, die auf die pT-Ebene projiziert die Koexistenzkurve der beiden Phasen, d. h. wieder die Dampfdruckkurve darstellt.

B. Zweistoffsysteme ohne Mischungslücke.

Nach den S. 4 angestellten Überlegungen gibt es infolge der vier Zustandsvariablen, p, V, T und x bei binären Systemen sechs Möglichkeiten, die Abhängigkeit von je zwei dieser Variablen im ebenen

Diagramm graphisch darzustellen. Im Zweiphasengebiet hat man ferner je *zwei* px-, $\overline{V}x$- und Tx-Kurven, je nachdem man die Zusammensetzung der Flüssigkeit oder die des Dampfes als Variable wählt, und schließlich kann man noch die Molenbrüche der beiden Phasen gegeneinander auftragen, so daß sich das Dampf-Flüssigkeits-Gleichgewicht insgesamt durch zehn verschiedene Kurven wiedergeben läßt, die sämtlich praktisch verwendet werden, wenn sie auch nicht von gleicher Wichtigkeit sind.

1. pV-Isothermen.

Wie ebenfalls schon in Kapitel I erwähnt wurde, handelt es sich bei diesen ebenen Diagrammen stets um Projektionen von Raumkurven, was bedeutet, daß von den beiden übrigen Variablen nur eine konstant ist, während die andere sich nach dem Phasengesetz ebenfalls ändert, ohne daß dies in der graphischen Darstellung zum Ausdruck kommt.

Für ein binäres Gemisch unterhalb der kritischen Temperatur hat die theoretische VAN DER WAALSsche pV-Isotherme die gleiche Form wie für einen einheitlichen Stoff. Handelt es sich um ein azeotropes Gemisch, bei dem Dampf und koexistente Flüssigkeit die gleiche Zusammensetzung haben, so ist auch die praktische Isotherme im Zweiphasengebiet eine zur V-Achse parallele Gerade konstanten Drucks, d. h. das pV-Diagramm ist wieder durch Abb. 62a gegeben, und es gelten die gleichen Überlegungen wie für den reinen Stoff. Im allgemeinen Fall nichtazeotroper Gemische ist jedoch die praktische Isotherme keine zur V-Achse parallele Gerade mehr, sondern eine mit abnehmendem Volumen ansteigende Kurve, weil sich mit fortschreitender Verflüssigung die Zusammensetzung von Dampf und Flüssigkeit ändert, wobei der Sättigungsdruck ständig wächst (vgl. S. 230). Für binäre Gemische ergibt sich so ein pV-Diagramm, wie es in Abb. 62b schematisch dargestellt ist.

Auch in diesem Fall müssen die schraffierten Flächen gleich sein, wie wiederum daraus hervorgeht, daß bei der isothermen reversiblen Kompression von B nach A, einmal längs der theoretischen, einmal längs der praktischen Isotherme die gleiche Arbeit geleistet werden muß. Die Form der Isothermen AB hängt vom Molenbruch des Gemisches ab, sie kann sowohl konkav wie konvex gegen die V-Achse verlaufen, je nachdem x groß oder klein ist, bei Gemischen mittlerer Zusammensetzung geht der eine Typ in den anderen über, d. h. die Isotherme ist im unteren Teil (bei B) konvex, im oberen Teil (bei A) konkav gegen die V-Achse, was sich auch analytisch beweisen läßt (*161*).

2. $\overline{V}x$-Isothermen.

Analog wie das VT-Diagramm eines Einstoffsystems (Abb. 64) als die Projektion der Konnodalkurven einer FVT-Fläche mit einer Falte

auf die VT-Ebene aufzufassen ist, stellt die $\overline{V}x$-Isotherme eines Zweistoffsystems die Projektion der Konnodalkurven einer $F\,\overline{V}\,x$-Fläche auf
die $\overline{V}x$-Ebene dar (vgl. Abb. 5). Die Konnodalkurven sind nach S. 29
der geometrische Ort aller zusammengehörigen Berührungspunkte einer
Tangentialebene, die man auf der $\overline{F}$-Fläche abrollt. Die Berührungspunkte geben Zusammensetzung und mittleres Molvolumen der koexistenten Phasen von Dampf und Flüssigkeit an, für die die Gln.
(II, 80) und (II, 81) gelten. In Analogie zu (II, 30) ist

$$\left(\frac{\partial \overline{F}}{\partial x}\right)'_{V,\,T} = \mu'_2 - \mu'_1 = \left(\frac{\partial \overline{F}}{\partial x}\right)''_{V,\,T} = \mu''_2 - \mu'_2, \qquad (11)$$

die gemeinsame Tangente bedeutet demnach, daß die Differenz der
chemischen Potentiale beider Komponenten in beiden Phasen gleich
groß ist. Aus (II, 79), (II, 81) und (11) folgt weiter

$$[\overline{F} + p_s \overline{V} - x\,(\mu_2 - \mu_1)]' = [\overline{F} + p_s \overline{V} - x\,(\mu_2 - \mu_1)]'', \qquad (12)$$

wenn p_s den Sättigungsdampfdruck bedeutet. Ersetzt man schließlich
noch $\overline{F}$ durch $\overline{G} - p_s\,\overline{V} = (1 - x)\,\mu_1 + x\,\mu_2 - p_s\,\overline{V}$, so wird aus (12) und
(11)

$$\mu'_1 = \mu''_1 \quad \text{und} \quad \mu'_2 = \mu''_2,$$

d. h. die chemische Potentiale in beiden Phasen sind gleich groß, wie es
die Gleichgewichtsbedingung verlangt. Die mittlere molare freie Energie
des Systems wird wieder durch die
Konnode, d. h. die Verbindungsgerade
der beiden Berührungspunkte dargestellt; das Molzahlverhältnis der beiden Phasen ist nach dem Hebelgesetz
(II, 71) durch das Verhältnis der
Abstände des betreffenden $\overline{F}$-Punktes
von den beiden Berührungspunkten
gegeben.

In Abb. 66 sind die auf die $\overline{V}x$-
Ebene projizierten Konnodalkurven
samt den Konnoden eines binären
Dampf-Flüssigkeitsgleichgewichtes
schematisch dargestellt. Außer den
beiden Konnodalkurven sind auch
die (gestrichelten) *Spinodalkurven*
eingetragen, die die Grenzen zwischen
den labilen und den metastabilen
Zuständen des binären Gemisches

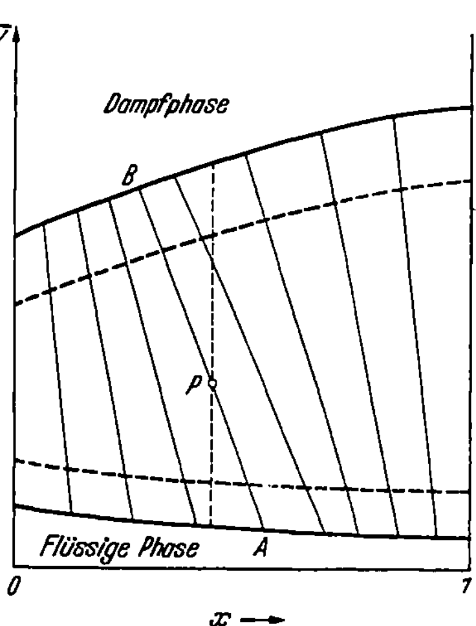

Abb. 66. $\overline{V}x$-Diagramm eines zweiphasigen
binären Systems unterhalb der kritischen
Temperatur.

bilden (vgl. S. 30). Aus dem Diagramm lassen sich Zusammensetzung
und Molzahlverhältnis der beiden Phasen bei der gegebenen Temperatur

unmittelbar ablesen[1]. So ist z. B. das mittlere Molvolumen des Punktes P im heterogenen Gebiet gegeben durch

$$\overline{V} = \frac{n_{fl}}{n_{fl} + n_D}\,\overline{V}_{fl} + \frac{n_D}{n_{fl} + n_D}\,\overline{V}_D\,,$$

woraus für das Molzahlverhältnis der beiden Phasen folgt

$$\frac{n_{fl}}{n_D} = \frac{\overline{V}_D - \overline{V}}{\overline{V} - \overline{V}_{fl}} = \frac{PB}{PA}\,, \tag{13}$$

worin $\overline{V}_{fl}$ und $\overline{V}_D$ durch die Schnittpunkte A und B der durch P gehenden Konnode gegeben sind, die auch gleichzeitig die Zusammensetzung x_{fl} bzw. x_D der beiden Phasen festlegen. Es gilt also wieder das Hebelgesetz der Phasenmengen.

Die fächerförmige Ausbreitung der Konnoden in der Nähe von $x = 0$ bzw. $x = 1$ läßt sich aus den Koexistenzgleichungen ableiten (*161*). Aus (II, 156) folgt

$$\frac{V_0''}{V_0'} = \frac{(\partial^2 \overline{G}/\partial x^2)''}{(\partial^2 \overline{G}/\partial x^2)'}\,\frac{d x''}{d x'}\,. \tag{14}$$

Nimmt man für den Dampf das ideale Gasgesetz, für die Flüssigkeit die Gesetze der idealen verdünnten Lösungen als gültig an, so ist nach (III, 7)

$$\left(\frac{\partial^2 \overline{G}}{\partial x^2}\right)_T = \frac{R\,T}{x\,(1 - x)}\,. \tag{15}$$

Vernachlässigt man schließlich die Molvolumina der Flüssigkeit gegenüber denen des Dampfes, so wird nach (II, 130) $V_0' = V_0''$ so daß (14) sich vereinfacht zu

$$\text{bzw.}\qquad \begin{aligned} \lim_{x\to 0}\frac{d x''}{d x'} &= \lim_{x\to 0}\frac{x''\,(1 - x'')}{x'\,(1 - x')} = \frac{x''}{x'} \\[2mm] \lim_{x\to 1}\frac{d x''}{d x'} &= \lim_{x\to 1}\frac{x''\,(1 - x'')}{x'\,(1 - x')} = \frac{1 - x''}{1 - x'}\,. \end{aligned} \tag{16}$$

Ist wie in Abb. 66 für koexistente Phasen $x' > x''$, so ist für $x\to 0$ auch $d x' > d x''$, d. h. der Abstand der Konnoden ist auf dem Flüssigkeitsast der Konnodalkurve größer als auf dem Dampfast und vice versa für $x\to 1$. Da im gesamten Mischungsbereich der Dampf stets an der Komponente 1, die Flüssigkeit stets an der Komponente 2 angereichert ist, müssen sämtliche Konnoden in Abb. 66 die positive x-Achse unter stumpfem Winkel schneiden. Die Differentialgleichung der $\overline{V}\,x$-Kurven selbst ergibt sich unmittelbar aus den Gl. (II, 139 a) und (II, 139 b) mit $d\,T = 0$.

Mit zunehmender *Temperatur* wird der Abstand der beiden $\overline{V}\,x$-Grenzkurven geringer, und ihre Krümmung wächst, so daß sich schließlich bei einer bestimmten Temperatur die beiden Äste z. B. bei $x = 0$ zusammenschließen, was bedeutet, daß hier die beiden Berührungspunkte der Tangentialebene mit der $\overline{F}$-Fläche in einem Punkt zusammenfallen. Dieser Punkt entspricht der *kritischen* Temperatur T_{k_1} des reinen Stoffes 1. Mit weiterer Temperaturzunahme löst sich die jetzt geschlossene $\overline{V}\,x$-Grenzkurve von der Ordinate mit $x = 0$ ab und schrumpft

---

[1] Im Interesse der Übersichtlichkeit werden die Dampfvolumina gewöhnlich in stark verkleinertem Maßstab dargestellt.

immer mehr zusammen, bis sie bei der kritischen Temperatur T_{k_2} des reinen Stoffes 2 vollkommen verschwindet entsprechend der Tatsache, daß im hyperkritischen Gebiet die $\overline{F}$-Fläche überall konvex gegen die $\overline{V}x$-Ebene wird.

Je nach dem Verhältnis der kritischen Drucke der beiden reinen Stoffe ist der Verlauf der Konnoden ein anderer; ist $(p_{k_2}/p_{k_1}) < 1$, so erhält man die Abb. 67a, ist $(p_{k_2}/p_{k_1}) > 1$, die Abb. 67b. Wie aus der Neigung der Konnoden hervorgeht, nimmt im ersteren Fall nach Gl. (13) bei konstantem $\overline{V}$ und abnehmendem x das Verhältnis n_{fl}/n_D ständig ab,

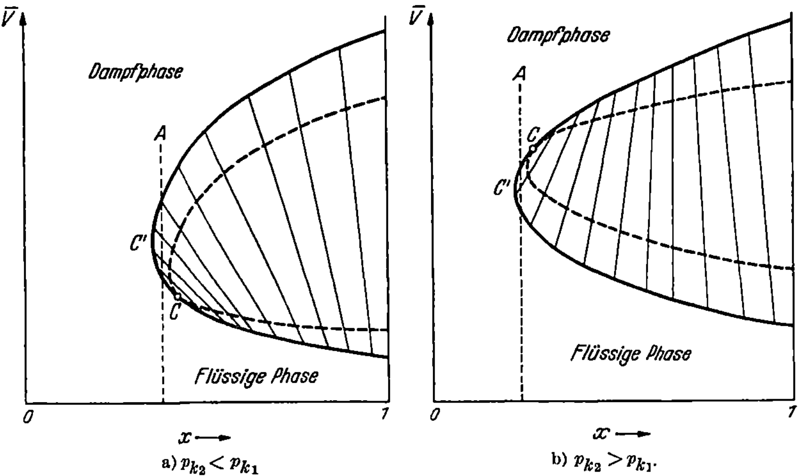

Abb. 67a u. b. $\overline{V}x$-Diagramm binärer Systeme in der Nähe der kritischen Temperatur.

was bedeutet, daß der Punkt mit abnehmendem x ebenfalls ansteigt. Wegen des schrägen Verlaufs der Konnoden wird der maximale Druck beim kritischen Punkt C und nicht bei dem Extremwert C' der Kurve erreicht. Umgekehrt wächst im zweiten Fall das Verhältnis n_{fl}/n_D bei konstantem $\overline{V}$ und abnehmendem x ständig an, der Druck sinkt also und erreicht beim kritischen Punkt C seinen Minimalwert. Die Spinodalkurven bilden in diesen Fällen ebenfalls geschlossene Kurven, die in den kritischen Punkten C (den Faltenpunkten) die Konnodalkurven berühren.

Der schräge Verlauf der Konnoden hat weiter zur Folge, daß die isotherme Kondensation bzw. die isotherme Verdampfung eines Gemisches in der Nähe des kritischen Punktes völlig verschieden ist von dem normalen Verlauf dieser Vorgänge. Verfolgt man das Verhalten eines Gemisches der Zusammensetzung A in Abb. 67a längs der gestrichelten Geraden, so sieht man, daß die zunächst gasförmige Mischung mit ständig abnehmendem Volumen (steigendem Druck) sich zunächst teilweise kondensiert, schließlich aber wieder vollständig verdampft. Diese „*retrograde Kondensation*"[1] tritt offenbar bei allen Mischungen auf, deren Zusammensetzung zwischen den Punkten C und C' liegt. Im Fall der Abb. 67 b geht die zuerst flüssige Phase mit ständig steigendem Druck teilweise in Dampf über, um schließlich wieder vollständig flüssig zu werden: „*retrograde Verdampfung*". Beide Erscheinungen sind zuerst von Kuenen (*159*) und Caubet (*36*) an einer Reihe von binären Flüssigkeitsgemischen beobachtet worden. [Über neuere Messungen vgl. z. B. (*140, 247*).] So wurden z. B. bei einer CO_2-SO_2-Mischung mit x_{SO_2} = 0,331 bei 70° C während der stufenweisen Kompression folgende Volumina der flüssigen Phase gemessen (bezogen auf 1 Mol Mischung):

p (Atm)	60	69,4	73,2	77,0	83,4	87,8	89,6	90,0
$\overline{V}_{fl}$ cm³	0	3,3	5,2	8,3	12,7	21,7	13,3	0

Außer den in Abb. 66 und 67 skizzierten Fällen, bei denen sich der Druck bei konstantem $\overline{V}$ mit zunehmendem x immer in der gleichen

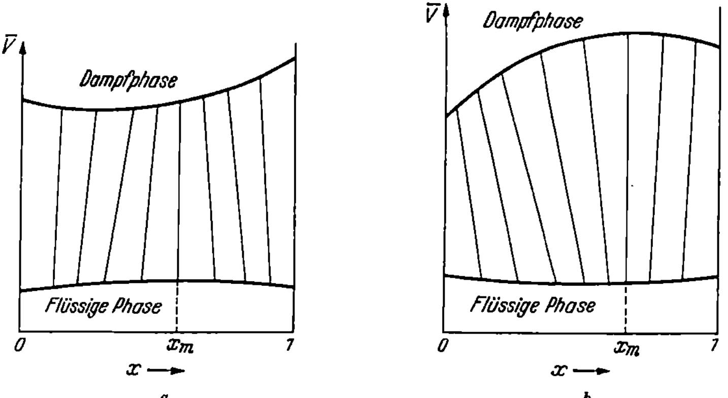

Abb. 68 a u. b. $\overline{V}x$-Diagramme binärer Systeme mit Maximum-(a) und Minimum-(b)-Dampfdruck.

Richtung ändert, kommen auch Fälle vor, wo der Druck auf der $\overline{V}x$-Grenzkurve ein Maximum oder ein Minimum durchläuft; sie sind in Abb. 68 schematisch dargestellt. Bei der Zusammensetzung x_m des extremen Dampfdrucks verläuft die Konnode parallel zur $\overline{V}$-Achse, d. h. *hier haben Flüssigkeit und Dampf die gleiche Zusammensetzung.* Diese sog. azeotropen Gemische werden uns später ausführlich beschäftigen.

---

[1] Dieser Ausdruck erklärt sich folgendermaßen: Denkt man sich den Dampf im Gebiet zwischen C und C' von der koexistierenden Flüssigkeit abgetrennt und läßt ihn dann isotherm expandieren, so tritt im Gegensatz zum normalen Fall Kondensation ein. Umgekehrt wird eine Flüssigkeit zwischen C und C' in Abb. 67 b. die man vom Dampf abgetrennt hat, bei der nachträglichen Kompression wieder teilweise verdampfen.

Daß die zur $\overline{V}$-Achse parallele Konnode und die dadurch bedingte Gleichheit von x' und x'' tatsächlich durch den Extremwert des Dampfdrucks hervorgerufen wird, ergibt sich aus der Betrachtung der $\overline{F}\,\overline{V}\,x$-Fläche (Abb. 5) im Bereich der räumlichen Falte. Für zwei zusammengehörige, durch eine Konnode verbundene Berührungspunkte einer gemeinsamen Tangentialebene gilt nach (II, 80) und (II, 81)

$$\left(\frac{\partial \overline{F}}{\partial x}\right)'_{\overline{V},\,T} = \left(\frac{\partial \overline{F}}{\partial x}\right)''_{\overline{V},\,T} \quad \text{und} \quad \left(\frac{\partial \overline{F}}{\partial \overline{V}}\right)'_{x,\,T} = \left(\frac{\partial \overline{F}}{\partial \overline{V}}\right)''_{x,\,T}.$$

Für verschiedene solche Punktpaare sind natürlich $(\partial \overline{F}/\partial x)_{\overline{V},\,T}$ und $(\partial \overline{F}/\partial \overline{V})_{x,\,T}$ ebenfalls verschieden, d. h. sie ändern sich mit $\overline{V}$ bzw. x. Besitzt der Dampfdruck einen Extremwert, ist also $(\partial p/\partial x) = 0$, so kann sich in diesem Punkt offenbar $(\partial \overline{F}/\partial \overline{V})_{x,\,T}$ nicht mit x ändern, denn weil $(\partial \overline{F}/\partial \overline{V}) = -p_s$, folgt

$$\frac{\partial \left(\dfrac{\partial \overline{F}}{\partial \overline{V}}\right)_{x,\,T}}{\partial x} = -\frac{\partial(-p_s)}{\partial x} = 0.$$

Das bedeutet gleichzeitig nach dem Satz von der Vertauschbarkeit der Differentiationsfolge, daß in diesem Punkt auch

$$\frac{\partial \left(\dfrac{\partial \overline{F}}{\partial x}\right)_{\overline{V},\,T}}{\partial \overline{V}} = 0,$$

d. h. auch $(\partial \overline{F}/\partial x)_{\overline{V},\,T}$ kann sich in der Richtung V nicht ändern, was nur möglich ist, wenn die zugehörige Konnode in einer zur x-Richtung senkrechten Ebene liegt, ihre Projektion auf die $\overline{V}x$-Ebene also parallel zur $\overline{V}$-Achse verläuft, wie es in Abb. 68 dargestellt ist.

Sind die kritischen Temperaturen und die kritischen Drucke der beiden Mischungskomponenten genügend voneinander verschieden, so gelangt man bei höheren Temperaturen wieder zu ähnlichen $\overline{V}x$-Grenzkurven wie in Abb. 67. Ist dagegen $T_{k_1} \cong T_{k_2}$ und $p_{k_1} \cong p_{k_2}$, so beginnen die kritischen Erscheinungen im Fall eines Dampfdruckmaximums (Abb. 68a) in der Mitte, indem sich die $\overline{V}x$-Kurve in *zwei* Teilkurven des Typs Abb. 67 abschnürt (Beispiel N_2O-C_2H_6 bei 26° C), im Fall eines Dampfdruckminimums dagegen etwa gleichzeitig an den Rändern der Abbildung, so daß eine in sich geschlossene Kurve entsteht.

Wie aus diesen Beispielen hervorgeht, sind $\overline{V}x$-Diagramme gut geeignet, um Dampf-Flüssigkeitsgleichgewichte zu übersehen, insbesondere auch, um kritische Erscheinungen zu untersuchen. Trotzdem sind sie in der Praxis wenig verwendet worden, weil bei Gegenwart kondensierter Phasen in der Regel nicht das Volumen, sondern der Druck vorgegeben ist bzw. variiert wird, so daß es auch für theoretische Überlegungen zweckmäßiger ist, die Phasengleichgewichte in Abhängigkeit von Druck, Temperatur und Zusammensetzung zu untersuchen. Auch in diesem Fall kann man die gebräuchlichen Diagramme, die die Abhängigkeit je zweier Variabler voneinander wiedergeben, häufig als die Projektionen von Konnodalkurven einer $\overline{G}$-Fläche auf eine Koordinatenebene auffassen. Allerdings wird in binären Systemen schon die Darstellung von $\overline{G}$ als Funktion von x allein für den flüssig-gasförmigen

Zustand recht kompliziert, wie schon aus dem Gp-Diagramm (Abb. 65) eines Einstoffsystems hervorgeht[1], weswegen wir uns hier auf die gebräuchlichen Zustandsdiagramme beschränken werden.

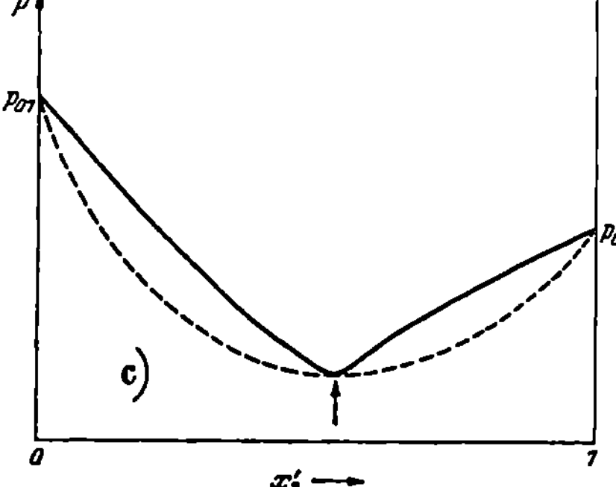

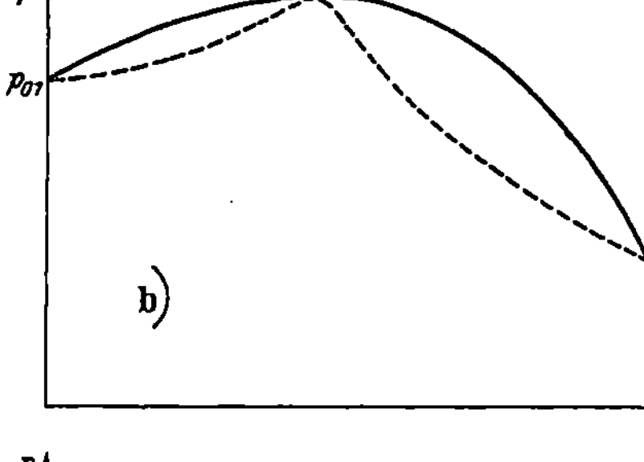

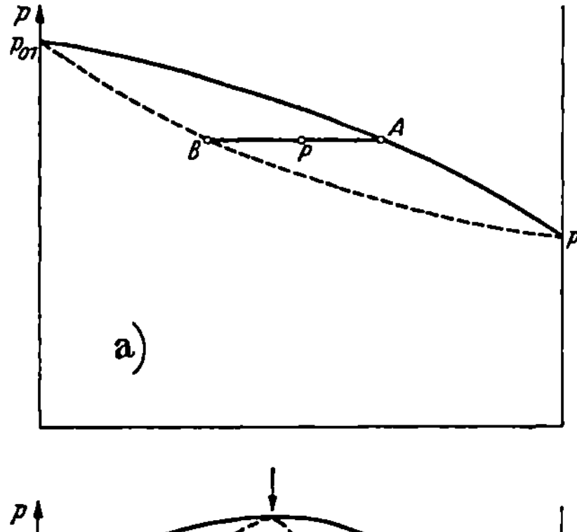

Abb. 69a—c. Verschiedene Typen von Dampf-druckdiagrammen nichtidealer binärer Systeme.

3. px-Isothermen.

Die gewöhnlich als „Dampfdruckdiagramm" bezeichneten px-Isothermen eines idealen binären Gemisches sind bereits in Abb. 8 (S. 58) dargestellt worden. Bei nichtidealen Gemischen weicht die als *Verdampfungskurve* bezeichnete px'-Kurve nach oben oder unten von der linearen RAOULTschen Geraden

$$p = p_{01} + (p_{02} - p_{01})\, x'$$

ab, je nachdem das betreffende System positive ($f_i > 1$) oder negative ($f_i < 1$) Abweichungen vom RAOULTschen Gesetz zeigt (vgl. Abb. 69). Die als *Kondensationskurve* bezeichnete px''-Kurve ist nach (III, 15) auch bei idealen Gemischen keine Gerade mehr. Die Form der Dampfdruckkurven hängt außer von Vorzeichen und Größe derAbweichungen vom RAOULTschen Gesetz noch vom Unterschied der Dampfdrucke p_{01} und p_{02} der reinen Komponenten ab. Es liegt auf der Hand, daß für $p_{01} \cong p_{02}$ schon geringe positive oder negative Abweichungen vom RAOULTschen Gesetz ein Dampfdruckmaximum bzw. -minimum hervorrufen werden, während für $p_{01} \gg p_{02}$ oder umgekehrt sich Diagramme ergeben, die nur insofern

[1] Die schematische Darstellung in Abb. 4 bezieht sich auf homogene Phasen (Kurve I) oder auf Zweiphasengleichgewichte in der Nähe des kritischen Punktes (Kurve II). In größerer Entfernung vom kritischen Punkt ist der Kurvenverlauf wesentlich komplizierter, der Form nach ähnlich wie in Abb. 65, d. h. es treten eine oder mehrere Kehrpunktskurven auf. Näheres bei KUENEN (*161*) und ROOZE-BOOM (*245*).

von denen der idealer Gemische verschieden sind, als die Siedekurve keine Gerade mehr darstellt.

Wie schon aus Abb. 8 hervorgeht, ist bei gegebenem Druck der Dampf stets an dem flüchtigeren Bestandteil angereichert, der entweder in einer der reinen Komponenten oder auch in einem azeotropen Maximum-Gemisch bestehen kann. Im Fall einer idealen Mischung ist die Größe $(x'' - x')$, die für die Trennung solcher Gemische durch fraktionierte Destillation wichtig ist, offenbar von dem Verhältnis der Dampfdrucke

$$\frac{p_{02}}{p_{01}} \equiv \alpha_0 \tag{17}$$

abhängig, denn für $\alpha_0 = 1$ verläuft die Verdampfungskurve parallel zur Abszisse und fällt mit der Kondensationskurve zusammen, d. h. es wird $p = p_{02} = p_{01}$. α_0 ist die durch Gl. (IV, 92) definierte *relative Flüchtigkeit* einer idealen Mischung. Setzt man nach Gl. (III, 12)

$$\frac{p_2}{p_1} = \frac{x''}{1 - x''} = \frac{x'\, p_{02}}{(1 - x')\, p_{01}}$$

und führt die relative Flüchtigkeit ein, so wird

$$x'' = \frac{\alpha_0\, x'}{1 + (\alpha_0 - 1)\, x'}, \tag{18}$$

und, indem man auf beiden Seiten x' subtrahiert

$$x'' - x' = \frac{x'\, (1 - x')\, (\alpha_0 - 1)}{1 + (\alpha_0 - 1)\, x'}. \tag{19}$$

Der Unterschied zwischen der Zusammensetzung des Dampfes und der Flüssigkeit hängt bei gegebenem Molenbruch der Flüssigkeit ausschließlich von der relativen Flüchtigkeit ab, er ist also von den Absolutwerten p_{02} und p_{01} unabhängig. Für $\alpha_0 = 1$ wird natürlich $x'' = x'$. Den Maximalwert von $x'' - x'$ erhält man durch Ableitung von (19) nach x' zu

$$(x'' - x')_{max} = \frac{\sqrt{\alpha_0} - 1}{\sqrt{\alpha_0} + 1}, \tag{20}$$

wobei $x'_{max} = \dfrac{1}{\sqrt{\alpha_0} + 1}$ und $x''_{max} = \dfrac{\sqrt{\alpha_0}}{\sqrt{\alpha_0} + 1}$, so daß $(x'' + x')_{max} = 1$.

Die Differenz $(x'' - x')_{max}$ wird demnach umso größer, je größer α_0 ist. Dieses Ergebnis bleibt auch für nichtideale Gemische gültig, wenn man α_0 durch $\alpha = \dfrac{p_{02}\, f_2}{p_{01}\, f_1}$ ersetzt.

Trägt man die Verdampfungsgeraden verschiedener idealer Mischungen mit verschiedenen p_{01}- und p_{02}-Werten, aber konstantem α_0 nach Gl. (III, 13) auf, so laufen ihre Verlängerungen alle durch den gleichen Punkt P (Abb. 70). Schreibt man Gl. (III, 13) in der Form

$$p = [1 + (\alpha_0 - 1)\, x']\, p_{01}, \tag{21}$$

so sieht man, daß P die Abszisse $-\dfrac{1}{\alpha_0 - 1}$ besitzt. Die zugehörigen Kondensationskurven sind, wie MATZ (*185*) gezeigt hat, gleichseitige Hyperbeln, bezogen auf ein Koordinatensystem mit dem Ursprung O, der um $1/(\alpha_0 - 1)$ nach rechts verschoben ist. Die Gleichung dieser Hyperbeln müßte nämlich lauten

$$p\left(1 - x'' + \frac{1}{\alpha_0 - 1}\right) = \text{konst}.$$

Das ist aber identisch mit Gl. (III, 15), denn führt man in diese das Verhältnis $(p_{02}/p_{01}) \equiv \alpha_0$ ein, so wird

$$p\left(1 - x'' + \frac{1}{\alpha_0 - 1}\right) = \frac{p_{02}}{\alpha_0 - 1} = \text{konst}. \tag{22}$$

Die Differentialgleichungen der beiden Dampfdruckkurven sind durch (II, 156) gegeben; wie schon S. 48 ausgeführt wurde, ist das

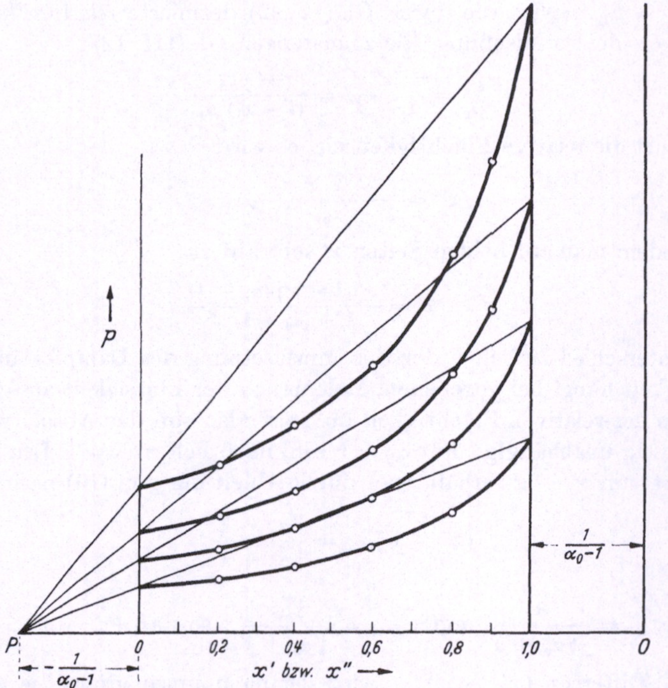

Abb. 70. Verdampfungsgeraden und Kondensationskurven idealer Gemische bei konstantem T und p_{02}/p_{01}.

Vorzeichen von $(\partial p/\partial x')$ bzw. $(\partial p/\partial x'')$ in genügender Entfernung vom kritischen Gebiet allein durch die Differenz $(x'' - x')$ bestimmt, da alle übrigen Größen dieser Gleichungen positiv sind. $(\partial p/\partial x')$ wird positiv, wenn $x'' > x'$, d. h. wenn der Dampf reicher ist an der Komponente 2 als die koexistente flüssige Phase, und vice versa. Das ist der Inhalt des zweiten KONOWALOWschen Gesetzes (vgl. S. 48). Der Dampf enthält demnach stets mehr an der flüchtigeren Komponente, was man aus den Diagrammen unmittelbar entnimmt.

Letzteres folgt auch schon aus der DUHEM-MARGULESschen Gleichung (II, 25). Schreibt man diese in der Form

$$\frac{x'}{p_2}\,\frac{\partial p_2}{\partial x'} + \frac{1-x'}{p_1}\,\frac{\partial p_1}{\partial x'} = 0$$

und berücksichtigt, daß wegen $p_1 + p_2 = p$ auch

$$\frac{\partial p}{\partial x'} = \frac{\partial p_1}{\partial x'} + \frac{\partial p_2}{\partial x'},$$

so folgt

$$\frac{\partial p}{\partial x'} = \frac{\partial p_2}{\partial x'}\left(1 - \frac{x'\,p_1}{(1-x')\,p_2}\right). \tag{23}$$

Damit z. B. $(\partial p/\partial x')$ positiv wird, muß auch die rechte Seite von (23) positiv sein. Da nach der allgemeinen Stabilitätsbedingung (II, 95) stets $(\partial p_2/\partial x') > 0$, ist diese Forderung erfüllt, wenn $\dfrac{x'\,p_1}{(1-x')\,p_2} < 1$. Da ferner für ideales Gasverhalten $\dfrac{p_1}{p_2} = \dfrac{1-x''}{x''}$, folgt unmittelbar $\dfrac{x'}{1-x'} < \dfrac{x''}{1-x''}$ oder $x'' > x'$.

Verlauf und Eigenschaften der Dampfdruckkurve lassen sich besser übersehen, wenn man in Gl. (II, 156a) wieder die *Aktivitätskoeffizienten* bzw. die *relative Flüchtigkeit* α einführt (*100*). Nach (V, 8) ist

$$\left(\frac{\partial^2 \bar{G}}{\partial x^2}\right)' = RT\left[\frac{1}{x'\,(1-x')} + \frac{\partial \ln \alpha}{\partial x'}\right] > 0, \tag{24}$$

wobei α nach (IV, 91 u. 92) definiert ist durch

$$\alpha \equiv \frac{x''\,(1-x')}{x'\,(1-x'')} = \frac{f_2\,p_{02}}{f_1\,p_{01}} = \frac{p_2\,(1-x')}{p_1\,x'}. \tag{25}$$

Daraus ergibt sich analog zu (19)

$$x'' - x' = \frac{x'\,(1-x')\,(\alpha-1)}{1+(\alpha-1)\,x'}. \tag{26}$$

Setzt man (24) und (26) in die Koexistenzgleichung (II, 156a) ein, so erhält man

$$\frac{V_0'}{RT}\left(\frac{\partial p}{\partial x'}\right)_T = \frac{(\alpha-1)\left[1 + x'\,(1-x')\,\dfrac{\partial \ln \alpha}{\partial x'}\right]}{1+(\alpha-1)\,x'}. \tag{27}$$

Nimmt man für den Dampf das ideale Gasgesetz als gültig an und vernachlässigt das partielle Molvolumen der flüssigen Phase gegenüber dem der Gasphase, so wird nach (II, 130)

$$V_0'' = V_0' \cong V_2'' = V_1'' = \frac{RT}{p}. \tag{28}$$

Damit erhält man anstelle von (27)

$$\frac{1}{p}\cdot\left(\frac{\partial p}{\partial x'}\right)_T = \frac{(\alpha-1)\left[1 + x'\,(1-x')\,\dfrac{\partial \ln \alpha}{\partial x'}\right]}{1+(\alpha-1)\,x'}. \tag{29a}$$

Für eine ideale Dampfphase gilt ferner anstelle von (24) nach (15)

$$\left(\frac{\partial^2 \bar{G}}{\partial x^2}\right)'' = \frac{R\,T}{x''\,(1-x'')} \cdot \tag{30}$$

Aus (25) erhält man

$$x'' - x' = \frac{x''\,(1-x'')\,(\alpha-1)}{x'' + \alpha\,(1-x'')} \cdot \tag{31}$$

Setzt man beides in die Gl. (II, 156 b) ein, so wird mit (28)

$$\frac{1}{p}\left(\frac{\partial p}{\partial x''}\right)_T = \frac{\alpha-1}{x'' + \alpha\,(1-x'')} \cdot \tag{29b}$$

Mit Hilfe der vereinfachten Koexistenzgleichung (29 a) läßt sich die Neigung der Dampfdruckkurve an einzelnen Punkten leicht berechnen. Für die Grenzneigungen ergibt sich

$$\lim_{x'\to 0}\frac{1}{p}\frac{\partial p}{\partial x'} = \alpha^{(0)} - 1\;;\quad \lim_{x'\to 1}\frac{1}{p}\frac{\partial p}{\partial x'} = \frac{\alpha^{(1)} - 1}{\alpha^{(1)}} \cdot \tag{32}$$

Für $x' \to 0$ gilt im Gebiet der idealen verdünnten Lösung nach (III, 95 u. 97) $f_1 = 1$ und $f_2 = k_2/p_{02}$, worin k_2 die HENRYsche Konstante bedeutet. Damit wird nach (25)

$$\lim_{x'\to 0}\alpha = \frac{k_2}{p_{01}} = \frac{p_{02}}{p_{01}}\,f_{2(x'\to 0)} \equiv \alpha^{(0)} \cdot \tag{33}$$

Entsprechend wird für $x' \to 1$ mit $f_2 = 1$ und $f_1 = \dfrac{k_1}{p_{01}}$

$$\lim_{x'\to 1}\alpha = \frac{p_{02}}{k_1} = \frac{p_{02}}{p_{01}} \cdot \frac{1}{f_1\,(x'\to 1)} \equiv \alpha^{(1)} \cdot \tag{34}$$

Da ferner für $x' \to 0$ der Gesamtdruck $p = p_{01}$ und für $x' \to 1$ analog $p = p_{02}$, wird aus (32)

$$\lim_{x'\to 0}\left(\frac{\partial p}{\partial x'}\right) = p_{01}\,(\alpha^{(0)} - 1) = k_2 - p_{01} = p_{02}\,f_{2\,(x'\to 0)} - p_{01}\;;$$
$$\lim_{x'\to 1}\left(\frac{\partial p}{\partial x'}\right) = p_{02}\left(1 - \frac{1}{\alpha^{(1)}}\right) = p_{02} - k_1 = p_{02} - p_{01}\,f_{1(x'\to 1)} \cdot \tag{35}$$

Die Grenzneigungen der Gesamtdruckkurve ergeben sich somit aus den Grenzneigungen der Partialdruckkurven, wie man auch unmittelbar aus Abb. 12 abliest. Ihr Vorzeichen hängt davon ab, ob $\alpha > 1$ oder $\alpha < 1$.

Die Grenzneigungen der zugehörigen Kondensationskurve ergeben sich in analoger Weise aus (29 b) und (33) bzw. (34) zu

$$\lim_{x''\to 0}\left(\frac{\partial p}{\partial x''}\right) = p_{01}\,\frac{\alpha^{(0)} - 1}{\alpha^{(0)}} = p_{01}\left(1 - \frac{p_{01}}{k_2}\right) = p_{01}\left(1 - \frac{p_{01}}{p_{02}\,f_2\,(x''\to 0)}\right) \tag{36}$$
$$\lim_{x''\to 1}\left(\frac{\partial p}{\partial x''}\right) = p_{02}\,(\alpha^{(1)} - 1) = p_{02}\left(\frac{p_{02}}{k_1} - 1\right) = p_{02}\left(\frac{p_{02}}{p_{01}\,f_1\,(x'\to 1)} - 1\right),$$

sie lassen sich demnach ebenfalls aus den Grenzneigungen der Partialdruckkurven berechnen. Wie der Vergleich von (35) und (36) zeigt, haben die Grenzneigungen beider Kurven stets das gleiche Vorzeichen, ihre absoluten Beträge unterscheiden sich um den Faktor

$$\lim_{x \to 0} \frac{\partial\, x''}{\partial\, x'} = \alpha^{(0)} \quad \text{bzw.} \quad \lim_{x \to 1} \frac{\partial\, x''}{\partial\, x'} = \frac{1}{\alpha^{(1)}} \, . \tag{37}$$

Für einen *azeotropen* Punkt ist $x'' = x'$ bzw. $\alpha = 1$, so daß aus (II, 156) bzw. (29a) folgt

$$\left(\frac{\partial\, p}{\partial\, x'}\right)_{T,\,az.} = 0, \tag{38}$$

worauf schon S. 48 hingewiesen wurde. Die Bedingung für das Auftreten eines azeotropen Punktes lautet demnach

$$\left(\frac{\partial\, p}{\partial\, x'}\right)_{x' = 0} > 0; \quad \left(\frac{\partial\, p}{\partial\, x'}\right)_{x' = 1} < 0 \quad \text{(Dampfdruckmaximum)} \tag{39}$$

$$\left(\frac{\partial\, p}{\partial\, x'}\right)_{x' = 0} < 0; \quad \left(\frac{\partial\, p}{\partial\, x'}\right)_{x' = 1} > 0 \quad \text{(Dampfdruckminimum).} \tag{40}$$

Unter Benutzung von (35) lassen sich diese Ungleichungen in der Form schreiben

$$f_{2\,(x' \to 0)} > \frac{p_{01}}{p_{02}}; \quad f_{1\,(x' \to 1)} > \frac{p_{02}}{p_{01}} \quad \text{(Maximum)} \tag{41}$$

$$f_{2\,(x' \to 0)} < \frac{p_{01}}{p_{02}}; \quad f_{1\,(x' \to 1)} < \frac{p_{02}}{p_{01}} \quad \text{(Minimum).} \tag{42}$$

Ob ein azeotroper Punkt auftritt oder nicht, hängt demnach außer von dem Verhältnis der Dampfdrucke der reinen Komponenten noch von der Größe der Endwerte der Aktivitätskoeffizienten, d. h. von der Größe der Abweichungen vom RAOULTschen Gesetz ab, worauf oben schon hingewiesen wurde. Kann man etwa die $(\log f)$-Werte durch die vereinfachte MARGULESsche Gleichung (IV, 49)

$$\log f_2 = \frac{\beta}{2 \cdot 2{,}30}\,(1 - x')^2 \equiv A\,(1 - x')^2 \quad \text{und} \quad \log f_1 = \frac{\beta}{2 \cdot 2{,}30}\,x'^2 \equiv A\,x'^2 \tag{43}$$

darstellen, so ist $\lim\limits_{x' \to 0} \log f_2 = \lim\limits_{x' \to 1} \log f_1 = A$.

Damit wird aus (41) und (42)

$$\log (p_{01}/p_{02}) < A; \quad -\log (p_{01}/p_{02}) < A \quad \text{(Maximum)} \tag{44}$$

$$\log (p_{01}/p_{02}) > A; \quad -\log (p_{01}/p_{02}) > A \quad \text{(Minimum).} \tag{45}$$

Diese Ungleichungen verlangen, daß im Fall eines Dampfdruckmaximums A positiv, im Fall eines Dampfdruckminimums A negativ ist, entsprechend den positiven bzw. negativen Abweichungen vom RAOULTschen Gesetz. Ein Extremwert des Dampfdruckes ist in dieser Näherung nur möglich, wenn

$$\left| \frac{1}{A} \log \frac{p_{01}}{p_{02}} \right| < 1. \tag{46}$$

Für „reguläre" Mischungen ist nach (III, 133) $A = \dfrac{4\,\Delta\,\bar{H}_{max}}{2,30\,RT}$, so daß die Bedingung (46) lauten würde

$$\left| \frac{2,30\,RT}{4\,\Delta\,\bar{H}_{max}} \log \frac{p_{01}}{p_{02}} \right| < 1. \tag{47}$$

Unter Benutzung der von KUHN und MASSINI (*163*) abgeleiteten Näherung (vgl. S. 124) ist $A = 4\,\vartheta\,\bar{Q}_{max}/2,30\,RT$, so daß die Bedingung für das Auftreten eines Dampfdruckextrems bei *ähnlichen unpolaren Komponenten* lautet

$$\frac{4\,\vartheta\,\bar{Q}_{max}}{2,30\,RT} > \left| \log \frac{p_{01}}{p_{02}} \right|. \tag{48}$$

Da für solche Stoffe die TROUTONsche Regel im allgemeinen mit guter Näherung gilt, kann man setzen

$$\ln \frac{p_{01}}{p_{02}} \cong 10,7 \frac{T_2 - T_1}{T},$$

wenn man mit $T_2 - T_1 = \Delta T$ die Siedepunktsdifferenz unter Normaldruck bezeichnet. Damit geht die Bedingung (48) über in

$$\frac{4\,\vartheta\,Q_{max}}{10,7\,R} > |\Delta T| \quad \text{oder} \quad \vartheta\,\bar{Q}_{max} > 5,4\,|\Delta T|. \tag{49}$$

In der gleichen Weise wie die Neigung kann man auch die *Krümmung* der Dampfdruckkurve an ausgezeichneten Punkten wie $x' = 0$, $x' = 1$ oder an Extrempunkten diskutieren, indem man Gl. (29a) nochmals nach x' differenziert (*100, 166*). Man erhält:

$$\frac{\partial^2 p}{\partial x'^2} \bigg/ \frac{\partial p}{\partial x'} = \left[\frac{1 - 2x'}{1 + x'(1 - x')\dfrac{\partial \ln \alpha}{\partial x'}} + \frac{\alpha}{\alpha - 1} - x' \right] \frac{\partial \ln \alpha}{\partial x'}$$
$$+ \frac{x'(1 - x')}{1 + x'(1 - x')\dfrac{\partial \ln \alpha}{\partial x'}} \cdot \frac{\partial^2 \ln \alpha}{\partial x'^2}. \tag{50}$$

Mittels (33) bis (35) folgt

$$\lim_{x' \to 0} \left(\frac{\partial^2 p}{\partial x'^2} \right) = p_{01}\,(2\,\alpha^{(0)} - 1) \cdot \frac{\partial \ln \alpha^{(0)}}{\partial x'}$$
$$= (2 f_{2(x' \to 0)}\,p_{02} - p_{01}) \left(\frac{\partial \ln f_2}{\partial x'} \right)_{x' \to 0}. \tag{51}$$

$$\lim_{x' \to 1} \left(\frac{\partial^2 p}{\partial x'^2} \right) = p_{02} \left(\frac{2}{\alpha^{(1)}} - 1 \right) \cdot \frac{\partial \ln \alpha^{(1)}}{\partial x'}$$
$$= (p_{02} - 2 f_{1(x' \to 1)}\,p_{01}) \left(\frac{\partial \ln f_1}{\partial x'} \right)_{x' \to 1}. \tag{52}$$

Für einen azeotropen Punkt M mit $\alpha = 1$ wird aus (50) und (29a)

$$\left(\frac{\partial^2 p}{\partial x'^2} \right) = p_M \left[1 + x'_M\,(1 - x'_M) \left(\frac{\partial \ln \alpha}{\partial x'} \right)_M \right] \left(\frac{\partial \ln \alpha}{\partial x'} \right)_M. \tag{53}$$

Nach (24) ist die eckige Klammer stets positiv, das Vorzeichen der Krümmung ist also durch $(\partial \ln \alpha / \partial x')_M$ gegeben. Es bedeuten demnach

$$\left(\frac{\partial \ln (f_2/f_1)}{\partial x'}\right)_M = \left(\frac{\partial \ln \alpha}{\partial x'}\right)_M < 0 \quad \text{ein Dampfdruckmaximum}$$

$$\left(\frac{\partial \ln (f_2/f_1)}{\partial x'}\right)_M = \left(\frac{\partial \ln \alpha}{\partial x'}\right)_M > 0 \quad \text{ein Dampfdruckminimum.} \tag{54}$$

Kann man für $(\log f)$ wieder den vereinfachten MARGULESschen Ansatz (IV, 49) machen, so erhält man für die Krümmungen der Dampfdruckkurven aus (51) und (52)

$$\lim_{x' \to 0} \left(\frac{\partial^2 p}{\partial x'^2}\right) = 2 \cdot 2{,}30\, A\, (p_{01} - 2\, p_{02}\, 10^A) \tag{55}$$

$$\lim_{x' \to 1} \left(\frac{\partial^2 p}{\partial x'^2}\right) = 2 \cdot 2{,}30\, A\, (p_{02} - 2\, p_{01}\, 10^A) \tag{56}$$

und für die Bedingungen (54)

$$A > 0 \qquad \text{(Maximum)} \tag{57}$$

$$A < 0 \qquad \text{(Minimum),} \tag{58}$$

was mit den Folgerungen aus (44) und (45) übereinstimmt.

Ob tatsächlich ein azeotroper Punkt existiert, vorausgesetzt, daß die Bedingungen (57) oder (58) erfüllt sind, läßt sich ebenfalls mit Hilfe der relativen Flüchtigkeit voraussagen (*101*). Für letztere folgt aus (25) und (43)

$$\alpha = \frac{p_{02}\, f_2}{p_{01}\, f_1} = \frac{p_{02}}{p_{01}}\, 10^{A\,(1 - 2x'_M)} = 1, \tag{59}$$

und daraus für den Molenbruch x'_M beim azeotropen Punkt

$$x'_M = \frac{1}{2} + \frac{1}{2\,A}\, \log \frac{p_{02}}{p_{01}}. \tag{60}$$

Ergibt sich für x'_M ein Wert zwischen 0 und 1, so existiert ein azeotroper Punkt, vorausgesetzt, daß der Ansatz (43) richtig ist. Für $p_{02} = p_{01}$ wird $x'_M = 0{,}5$. Bei einem Dampfdruckmaximum ($A > 0$) liegt x'_M näher bei der Komponente, die den größeren Dampfdruck hat, bei einem Dampfdruckminimum ($A < 0$) näher bei der Komponente mit dem kleineren Dampfdruck. Allerdings ist diese Regel, falls x'_M in der Nähe von 1/2 liegt, sehr empfindlich gegen geringe Abweichungen vom Ansatz (43), so daß die Rechnung gegebenenfalls unter Benutzung eines erweiterten Ansatzes wiederholt werden muß.

Die S. 225 ff. besprochenen $\overline{V}x$-Kurven lassen sich unmittelbar aus den entsprechenden px-Kurven ableiten, d. h. die Abb. 66 und 69a, 68a und 69b bzw. 68b und 69 sind nur verschiedene Darstellungsweisen derselben isothermen Gleichgewichte. So besitzt z. B. in Abb. 69a die Komponente 2 den kleineren, die Komponente 1 den größeren Dampfdruck. Setzt man die Gültigkeit des idealen Gasgesetzes voraus, so gilt für die zugehörigen Molvolumina $V_1'' < V_2''$, und da die Flüssigkeitsvolumina nur eine Korrektur darstellen, sofern T genügend tief unterhalb der kritischen Temperatur liegt, auch $(V_1'' - V_1') < (V_2'' - V_2')$ wie es in Abb. 66 angedeutet ist. Ein Gemisch der Bruttozusammensetzung P in Abb. 69a zerfällt in die Dampfphase der Zusammensetzung B und die flüssige Phase der Zusammensetzung A, wie es auch in Abb. 66 zum Ausdruck kommt. Die flüssige Phase ist stets an der Komponente 2 angereichert. Die einzelnen Konnoden in Abb. 66 entsprechen den parallel zur Abszisse gezogenen Isobaren der Abb. 69a.

Völlig analoge Beziehungen zwischen den Neigungen der Konnoden in den $\overline{V}x$- und den Schnittpunkten der Isobaren in den px-Diagrammen lassen sich für die zusammengehörigen Abb. 68a und 69b sowie 68b und 69c herstellen, insbesondere ergibt sich sofort, daß die Konnoden bei einem Extremwert des Dampfdruckes parallel zur $\overline{V}$-Achse verlaufen und auf beiden Seiten des Extremwertes entgegengesetzte Neigungen besitzen müssen, wie es in Abb. 68 dargestellt ist.

Einer besonderen Besprechung bedürfen auch hier die Verhältnisse im *kritischen Gebiet*. Während die px-Isothermen sich unterhalb der kritischen Temperatur der beiden Komponenten über den ganzen Mischungsbereich erstrecken, lösen sie sich beim Erreichen der (niedrigeren) kritischen Temperatur der einen Komponente von der p-Achse ab und bilden eine geschlossene Schlinge, die sich bei weiterer Temperaturerhöhung immer mehr zusammenzieht und bei der (höheren) kritischen Temperatur der zweiten Komponente vollständig verschwindet (vgl. Abb. 71). Wir haben auch hier eine vollkommene Analogie mit dem Verhalten der $\overline{V}x$-Isothermen in Abb. 67 vor uns. Den Konnoden der letzteren entsprechen wieder zur Abszisse parallele Isobaren.

In Abb. 71a wird der Höchstdruck beim Punkt C erreicht, in diesem kritischen Punkt haben Dampf und Flüssigkeit die gleiche Zusammensetzung, bei noch höheren Drucken verschwindet die Dampfphase vollständig. Der Extremwert von x, bei dem beide Phasen koexistieren können, liegt bei C' und fällt nicht mit dem kritischen Punkt zusammen. C' wird häufig als kritischer Punkt zweiter Ordnung bezeichnet. Die Kondensationskurve besitzt also einen Umkehrpunkt (C'), so daß auch im px-Diagramm die Erscheinung der ,,retrograden Kondensation`` wie in Abb. 67a zum Ausdruck kommt. Verfolgt man nämlich den Kondensationsvorgang längs einer Parallelen A zur Ordinate zwischen C und C', so übersieht man leicht, daß zwischen P und Q die Flüssigkeitsmenge zunächst zunimmt, dann jedoch von Q bis R wieder abnimmt, und daß schließlich oberhalb von R wieder alles dampfförmig ist.

In dem Gebiet zwischen C und C', in dem man retrograde Kondensation beobachtet, verliert demnach die dritte KONOWALOWsche Regel (S. 48), nach der sich die Zusammensetzung der koexistenten Phasen mit steigendem Druck in der gleichen Richtung verschiebt, ihre Gültigkeit, wie unmittelbar aus Abb. 71a hervorgeht. Das kommt daher, daß in diesem Gebiet das Vorzeichen von $(\partial p/\partial x)_T$ in den Gl. (II, 156) nicht mehr ausschließlich durch die Differenz $(x'' - x')$ bestimmt ist, sondern daß im kritischen Gebiet $(V'' - V')$ auch negativ werden kann, da die partiellen Molvolumina von Gas und Flüssigkeit sehr ähnlich werden.

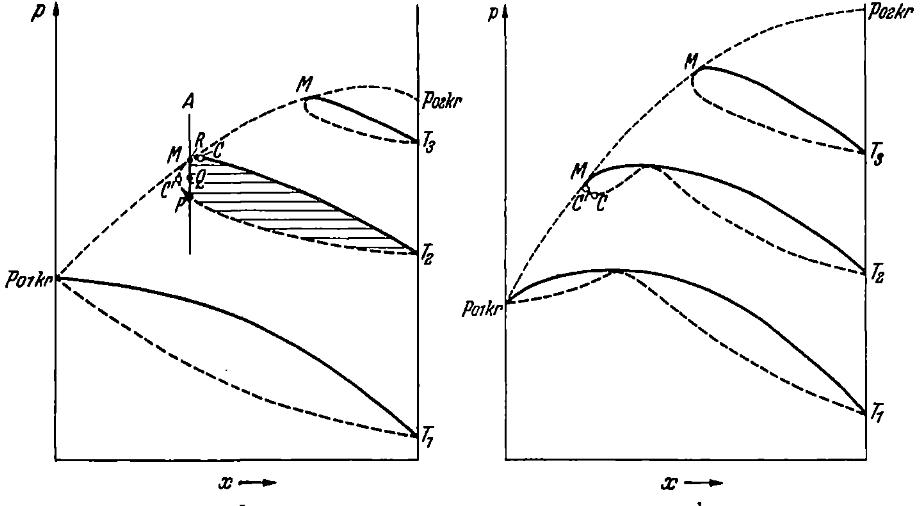

Abb. 71a u. b. Dampfdruckisothermen binärer Gemische im kritischen Gebiet.

Die die Grenzkurven umhüllende (punktierte) Kurve berührt die einzelnen Isothermen in den Punkten M, die Punkte maximal möglichen Druckes für die zugehörigen x'-Werte darstellen. Sie beginnt mit dem kritischen Druck p_{02k} der reinen Komponente 2 und endigt beim kritischen Druck p_{01k} der reinen Komponente 1. M liegt in diesem Fall stets zwischen C und C'.

Bei azeotropen Gemischen mit Dampfdruckmaximum können die Verhältnisse ganz analog liegen: Bei der kritischen Temperatur der einen Komponente löst sich die Isotherme von der p-Achse ab. Der kritische Punkt C ist in diesem Fall offenbar ein Punkt minimalen Drucks (Abb. 71b), d. h. dieser Fall entspricht der $\overline{V}x$-Kurve von Abbildung 67b, und man beobachtet „retrograde Verdampfung" für alle Gemische zwischen C und C'. Die Berührungspunkte M der umhüllenden Kurve liegen hier außerhalb des Kurvenstücks CC'. Oberhalb der Temperatur, bei der das Dampfdruckmaximum mit dem kritischen Punkt zusammenfällt, liegt wieder der Fall der Abb. 71a mit retrograder Kondensation vor.

Sind die kritischen Temperaturen und Drucke der beiden reinen Komponenten von ähnlicher Größe, so tritt der schon S. 229 erwähnte Fall ein, daß die kritischen Erscheinungen irgendwo in der Mitte des Diagramms beginnen, indem sich die Grenzkurve bei einer *minimalen* kritischen Temperatur in zwei getrennte Teilkurven aufspaltet, von denen die eine den Bedingungen der retrograden Kondensation, die andere den Bedingungen der retrograden Verdampfung entspricht [Näheres siehe bei KUENEN (*161*)].

Als Beispiel für ein experimentell ermitteltes px-Diagramm im kritischen Gebiet sind in Abb. 72 Dampfdruckisothermen des Systems Methan — n-Pentan nach neueren Messungen (*247*) wiedergegeben. Die umhüllende Kurve maximalen Drucks für Mischungen konstanter Zusammensetzung sowie die beiden Kurven, die die kritischen Punkte erster und zweiter Ordnung verbinden, sind ebenfalls eingezeichnet. Man sieht, daß in diesem Fall das Konzentrationsgebiet, in dem retrograde Kondensation eintritt, außerordentlich groß ist. Es erstreckt sich beispielsweise für die Isotherme bei 71° C von etwa 43 bis 65 Gew.-% Methan.

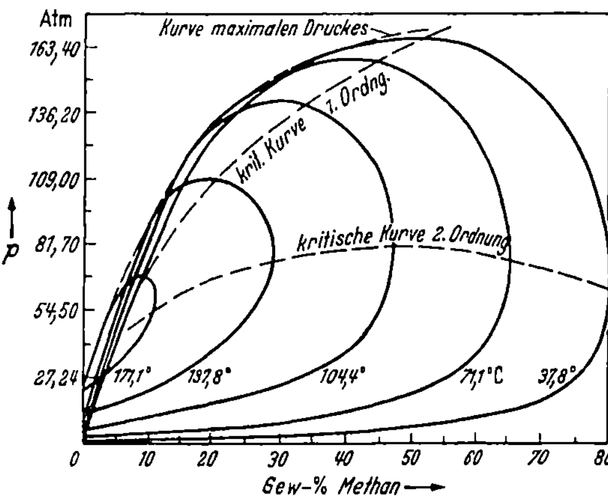

Abh. 72. Dampfdruckisothermen des Systems Methan — n-Pentan im kritischen Gebiet.

Das von OTHMER angegebene graphisch-logarithmische Verfahren zur Verknüpfung von Gleichgewichtsdaten binärer Systeme mit den Dampfdrucken einer Bezugssubstanz (vgl. S. 218) läßt sich auch im kritischen Gebiet verwenden, wenn man wie in Gl. (2) *reduzierte* Drucke benutzt (*212*). Man erhält auf diese Weise anstelle der komplizierten Kurven, wie in Abb. 72 oder 75 auch hier angenähert gerade Linien, so daß sich die Meßdaten gut interpolieren lassen. Ein Beispiel für diese Darstellungsart gibt die spätere Abb. 78.

4. *Tx*-Isobaren.

Die als Funktion von x' bzw. x'' aufgetragenen Siedetemperaturen eines binären Gemisches bei konstantem Druck bezeichnet man als das *Siedediagramm*, wobei wieder die Tx'-Kurve die Siedekurve, die Tx''-Kurve die Kondensationskurve ist. Das Siedediagramm einer *idealen*

Mischung läßt sich vorausberechnen, wenn die Dampfdrucke der reinen Komponenten in einem gewissen Temperaturbereich gemessen sind. Da nach dem Raoultschen Gesetz

$$p = (1 - x')\,p_{01} + x'\,p_{02},$$

ergibt sich für den Molenbruch der flüssigen Phase beim Siedepunkt

$$x' = \frac{p - p_{01}}{p_{02} - p_{01}}. \qquad (61)$$

Aus den bekannten Werten von p_{01} und p_{02} bei den verschiedenen Temperaturen kann man so die $T\,x'$-Kurve berechnen. Die zugehörige $T\,x''$-Kurve ergibt sich aus $p_2 = p x'' = p_{02}\,x'$ mittels

$$x'' = x'\,\frac{p_{02}}{p}. \qquad (62)$$

Als Beispiel ist in Abb. 73 das Siedediagramm des angenähert idealen Systems CCl_4-$SnCl_4$ bei $p = 760$ mm wiedergegeben. Für

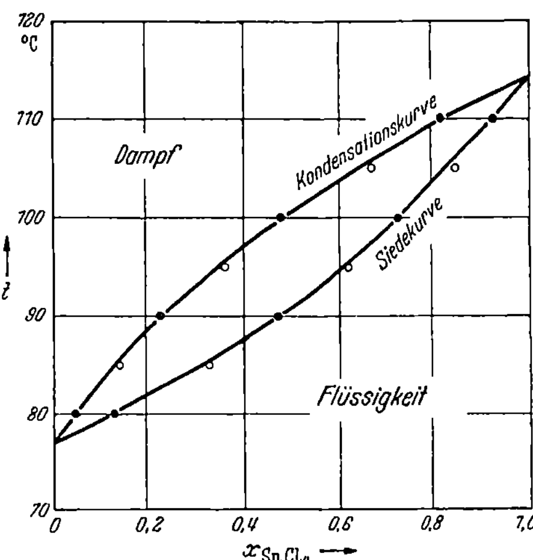

Abb. 73. Aus Dampfdrucken der reinen Komponenten berechnetes Siedediagramm des Systems CCl_4—$SnCl_4$.

die Dampfdrucke der reinen Komponenten und die nach (61) und (62) berechneten Molenbrüche werden folgende Zahlenwerte angegeben (*115*):

Tabelle 17.

$t\,^\circ C$	77	80	90	100	110	114
p_{01} (CCl_4) . . .	760	836	1112	1450	1880	
p_{02} ($SnCl_4$). . .		258	362	490	673	760
x'	0	0,132	0,469	0,726	0,928	1
x''	0	0,045	0,223	0,477	0,822	1

Das Siedediagramm einer idealen Mischung läßt sich auch mittels Gl. (II, 161) berechnen, da man die Aktivitäten durch die Molenbrüche ersetzen kann. Die Integration ergibt

$$\int_{1}^{x} d\ln\frac{x''}{x'} = \frac{L_p}{R}\int_{T_{02}}^{T}\frac{dT}{T^2} \quad \text{oder} \quad \ln\frac{x''}{x'} = \frac{L_p}{R}\left(\frac{T - T_{02}}{T\,T_{02}}\right), \qquad (63)$$

wenn man die Verdampfungswärme L_p als genügend temperaturunabhängig ansehen kann. Die Siedetemperaturen T_{02} und T_{01} der reinen Komponenten beim Druck p müssen bekannt sein. Die Verdampfungswärmen ermittelt man nach der Clausius-Clapeyronschen Formel (1) aus den Neigungen der gegen $1/T$ aufgetragenen $\log p_0$-Werte. Für das obige Beispiel erhält man so $L_{SnCl_4} = 8{,}59$ kcal und $L_{CCl_4} = 7{,}34$ kcal.

Mit $T_{01} = 350°$ K und $T_{02} = 387°$ K erhält man mittels (63) die in Abb. 73 durch Kreise eingetragenen Werte.

Mit Hilfe der CLAUSIUS-CLAPEYRONschen Gleichung lassen sich auch wieder leicht die Bedingungen angeben, unter denen die *fraktionierte* Destillation idealer Gemische die beste Trennung der beiden Komponenten ergibt. Nach Gl. (1) gilt

$$\frac{d \ln (p_{02}/p_{01})}{d T} = \frac{L_{p_2} - L_{p_1}}{R T^2}.$$ Da die höher siedende Komponente nach der TROUTON-schen Regel auch die höhere Verdampfungswärme besitzt, muß im obigen Beispiel ($L_{p_2} > L_{p_1}$; $p_{02} < p_{01}$) der Quotient p_{02}/p_{01} mit steigender Temperatur wachsen, wie auch aus Tab. 17 hervorgeht. Die fraktionierte Destillation eines Gemisches gegebener Zusammensetzung wird deshalb nach den Überlegungen von S. 231 um so wirksamer sein, bei je niedrigerem Druck man sie ausführt, da in diesem Fall die Differenz zwischen p_{02} und p_{01} immer größer wird.

Bei idealen Systemen kann man umgekehrt aus den gemessenen Siedepunkten der einzelnen Mischungen nach der S. 218 geschilderten Methode von OTHMER (*218*) auch die Partialdrucke der Komponenten und damit das gesamte isotherme Dampfdruckdiagramm des Systems ermitteln. Die Anwendung dieser Methode auf binäre Gemische sei am Beispiel des Systems Benzol (1)-Toluol (2) gezeigt, das sich annähernd ideal verhält. In Abb. 74 sind die relativen Dampfdruckgeraden von Benzol-Toluol-Gemischen mit Benzol als Bezugssubstanz nach Gl. (3) aufgetragen. Man erhält ein Bündel von Geraden, deren Neigungen sich systematisch von der Neigung der Benzol-Geraden (45°) bis zur Neigung

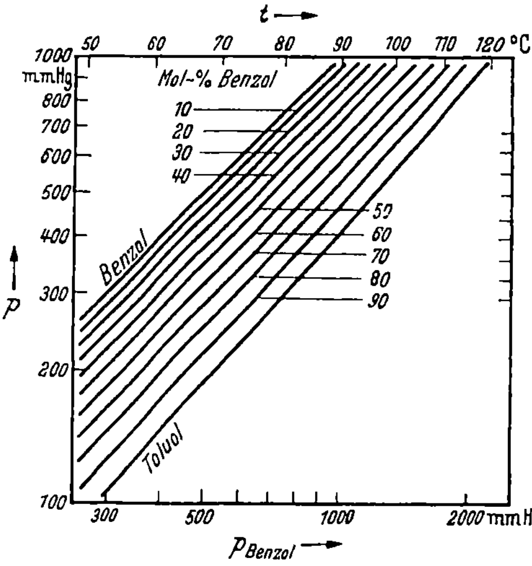

Abb. 74. Relative logarithmische Dampfdruckgeraden von Benzol-Toluol-Gemischen mit Benzol als Bezugssubstanz.

der Toluol-Geraden ändern. Ihre Verlängerungen schneiden sich sämtlich im gleichen Punkt, so daß die Bestimmung eines einzigen Dampdrucks für jedes Gemisch oder auch des Siedepunktes unter Normaldruck von 760 mm genügt, um die Geraden festzulegen. Die Schnittpunkte jeder (zur Ordinate parallelen) Isotherme ergeben dann unmittelbar die Gesamtdrucke der verschiedenen Mischungen bei der betreffenden Temperatur.

Die Ermittlung der Partialdrucke beruht nun darauf, daß bei idealen Mischungen die mittlere molare Verdampfungswärme $\bar{L}$ sich additiv aus den molaren Verdampfungswärmen der reinen Stoffe zusammensetzt, weil die Mischungswärmen gleich Null sind. Danach gilt

$$\bar{L} = x'' L_2 + (1 - x'') L_1 = x'' (L_2 - L_1) + L_1. \tag{64}$$

Bezeichnet man weiter die der Abb. 74 zu entnehmenden Neigungen der Geraden mit

$$\frac{L_2}{L_1} \equiv a_{(\text{Toluol})}; \quad \frac{\bar{L}}{L_1} \equiv b, \tag{65}$$

so wird aus (63)

$$b = x'' (a - 1) + 1 \quad \text{oder} \quad x'' = \frac{b - 1}{a - 1}. \tag{66}$$

Der Molenbruch der Dampfphase ergibt sich somit unmittelbar aus den Neigungen der betreffenden Mischungsgeraden und der Toluolgeraden. In ganz analoger Weise kann man das isobare Siedediagramm konstruieren, indem man die Temperaturwerte an den Schnittpunkten der Geraden mit einer zur Abszisse parallelen beliebigen Isobaren abliest und die zugehörigen Molenbrüche der Dampfphasen wieder aus (66) entnimmt.

Bei *nichtidealen Mischungen* lassen sich die Molenbrüche der Dampfphasen nicht auf diese Weise ermitteln, weil sich die mittlere molare Verdampfungswärme nicht mehr additiv aus den Verdampfungswärmen der reinen Stoffe zusammensetzt. Anstelle von (64) ist deshalb zu schreiben

$$\bar{L} = x'' L_2 + (1 - x'') L_1 = x'' (L_2 - L_1) + L_1, \tag{67}$$

worin L_1 und L_2 die differentiellen molaren Verdampfungswärmen der beiden Komponenten bedeuten. Diese setzen sich zusammen aus den Verdampfungswärmen der reinen Stoffe und den differentiellen Mischungswärmen:

$$L_1 = L_1 - \Delta H_1; \quad L_2 = L_2 - \Delta H_2. \tag{68}$$

Da letztere in der Regel nicht bekannt sind, kann man x'' nicht ohne weiteres aus den Neigungen a und b der relativen Dampfdruckgeraden ermitteln. Sind umgekehrt außer den Gesamtdrucken die Molenbrüche x' und x'' für alle Mischungen gegeben, so kann man aus ähnlichen doppelt logarithmischen Diagrammen die differentiellen Mischungswärmen der beiden Komponenten ableiten. So ergibt sich z. B. aus

$$\left(\frac{\partial \ln p_2}{\partial T} \right)_{x'} = \frac{L_2}{R T_2} \quad \text{und} \quad \frac{d \ln p_{02}}{d T} = \frac{L_2}{R T^2}$$

analog zu (3) *für jeweils gleiche Temperatur*:

$$\frac{d \ln p_2}{d \ln p_{02}} = \frac{L_2}{L_2} = 1 - \frac{\Delta H_2}{L_2} \quad \text{oder} \quad \log p_2 = \left(1 - \frac{\Delta H_2}{L_2} \right) \log p_{02} + C. \tag{69}$$

Eine analoge Gleichung gilt für die Komponente 1. Auch hier findet man, daß $\log p_2$ gegen $\log p_{02}$ aufgetragen eine Gerade ergibt, aus deren

Neigung sich die differentielle Mischungswärme ΔH_2 ermitteln läßt, wenn die Verdampfungswärme L_2 der reinen Komponente bekannt ist. Ein analoges Verfahren unter Benutzung der Aktivitätskoeffizienten wurde schon S. 97 beschrieben.

Auf zahlreiche andere Möglichkeiten der Verknüpfung von Dampf-druckdaten auf Grund der CLAUSIUS-CLAPEYRONschen Gleichung (218) soll nicht näher eingegangen werden; ihr Wert beruht, wie schon er-wähnt, vor allem darauf, daß wegen der Linearität der abgeleiteten Be-ziehungen eine einfache und für viele praktische Zwecke genügend ge-naue Extrapolation der Meßdaten auf andere Temperaturen und Drucke ermöglicht wird. Eine allgemein anwendbare, exakte thermodynamische Methode zur Berechnung von isobaren Siedediagrammen aus isothermen Dampfdruckmessungen hat SCATCHARD (251) angegeben; sie wurde neuerdings von WOOD (329) am Beispiel des Systems Benzol-Methanol im einzelnen durchgeführt.

Wie die $p\,x$-Isothermen durch die Koexistenzgleichungen (II, 156), so werden die $T\,x$-Isobaren durch die Gln. (II, 160) vollständig beherrscht. Infolge der entgegengesetzten Vorzeichen dieser Gleichungspaare ent-sprechen einer steigenden $p\,x$-Kurve eine fallende $T\,x$-Kurve und um-gekehrt, einem Dampfdruckmaximum ein Siedepunktsminimum und vice versa. Die verschiedenen möglichen Typen von Siedediagrammen ergeben sich also ohne weiteres durch Umkehrung der in Abb. 69 dar-gestellten Dampfdruckdiagramme, und alle daran geknüpften Über-legungen lassen sich sinngemäß übertragen.

Führt man z. B. in die Gl. (II, 160a) mittels (24) und (26) die Aktivi-tätskoeffizienten bzw. die relative Flüchtigkeit α ein (100), so wird analog zu (27)

$$- \frac{S_0'}{RT}\left(\frac{\partial T}{\partial x'}\right)_p = \frac{(\alpha - 1)\left[1 + x'(1 - x')\dfrac{\partial \ln \alpha}{\partial x'}\right]}{1 + (\alpha - 1)\,x'}. \tag{70}$$

Nach (II, 131a) und (67) ist

$$S_0'\,T = x''L_2 + (1 - x'')\,L_1 \equiv \bar{L} \tag{71}$$

die mittlere molare Verdampfungswärme, die sich aus den differentiellen molaren Verdampfungswärmen der Komponenten zusammensetzt. Führt man dies in (70) ein, so wird

$$- \frac{\bar{L}}{RT^2}\left(\frac{\partial T}{\partial x'}\right)_p = \frac{(\alpha - 1)\left[1 + x'(1 - x')\dfrac{\partial \ln \alpha}{\partial x'}\right]}{1 + (\alpha - 1)\,x'}. \tag{72}$$

Daraus ergibt sich für die Grenzneigungen der Siedekurve analog zu (32)

$$\lim_{x' \to 0}\left(\frac{\partial T}{\partial x'}\right) = \frac{RT_{01}^2}{L_1}\,(1 - \alpha^{(0)}); \quad \lim_{x' \to 1}\left(\frac{\partial T}{\partial x'}\right) = \frac{RT_{02}^2}{L_2}\left(\frac{1}{\alpha^{(1)}} - 1\right). \tag{73}$$

Das Vorzeichen der Steigung hängt also wieder davon ab, ob die relative Flüchtigkeit bei $x' = 0$ bzw. $x' = 1$ größer oder kleiner ist als 1. Die Koexistenzgleichung der zugehörigen Kondensationskurve ergibt sich in analoger Weise wie Gl. (29 b) aus (II, 156 b), (30), (31) und (71):

$$- \frac{L}{RT^2} \left(\frac{\partial T}{\partial x''} \right)_p = \frac{\alpha - 1}{x'' + \alpha (1 - x'')} \cdot \tag{74}$$

Für einen azeotropen Punkt mit $\alpha = 1$ wird analog zu (38)

$$\left(\frac{\partial T}{\partial x'} \right)_{p,\,az} = 0 \, .$$

5. pT-Diagramme.

Stellt man den Dampfdruck einer binären Mischung gegebener Zusammensetzung x als Funktion der Temperatur dar, so erhält man zwei Kurvenzüge, die im kritischen Gebiet mit einer Schleife ineinander

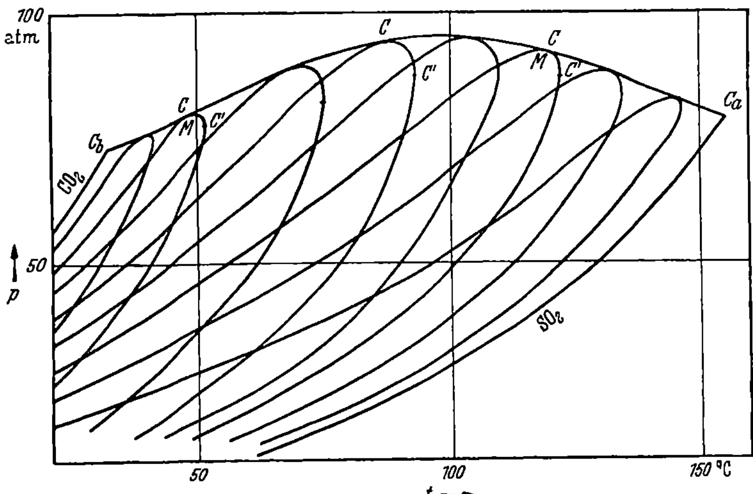

Abb. 75. Druck-Temperatur-Diagramm für CO₂-SO₂-Gemische verschiedener Zusammensetzung im kritischen Gebiet.

übergehen. Wie aus Abb. 69 hervorgeht, haben ja Gemische außer in azeotropen Punkten bei jeder Temperatur *zwei extreme Dampfdrucke,* nämlich den Druck, bei dem sich der Dampf mit einer Spur von Flüssigkeit im Gleichgewicht befindet (Kondensationsdruck) und den Druck, bei dem das gleiche Gemisch in flüssigem Zustand mit einer Spur Dampf koexistiert (Siededruck). In Abb. 75 ist eine Reihe solcher pT-Kurven für verschiedene Gemische von CO_2 und SO_2 mit x als Parameter nach Messungen von CAUBET (*36*) wiedergegeben.

Die einzelnen pT-Kurven für verschiedene x werden von einer „kritischen Kurve" umhüllt, die in C_b mit den kritischen Daten des reinen CO_2 ($p_k = 75$ Atm., $T_k = 31°$ C) beginnt und in C_a mit den kritischen Daten des reinen SO_2 ($p_k = 78$ Atm., $T_k = 157°$ C) endet. Sie ist demnach durch die kritischen Punkte C der verschiedenen Mischungen

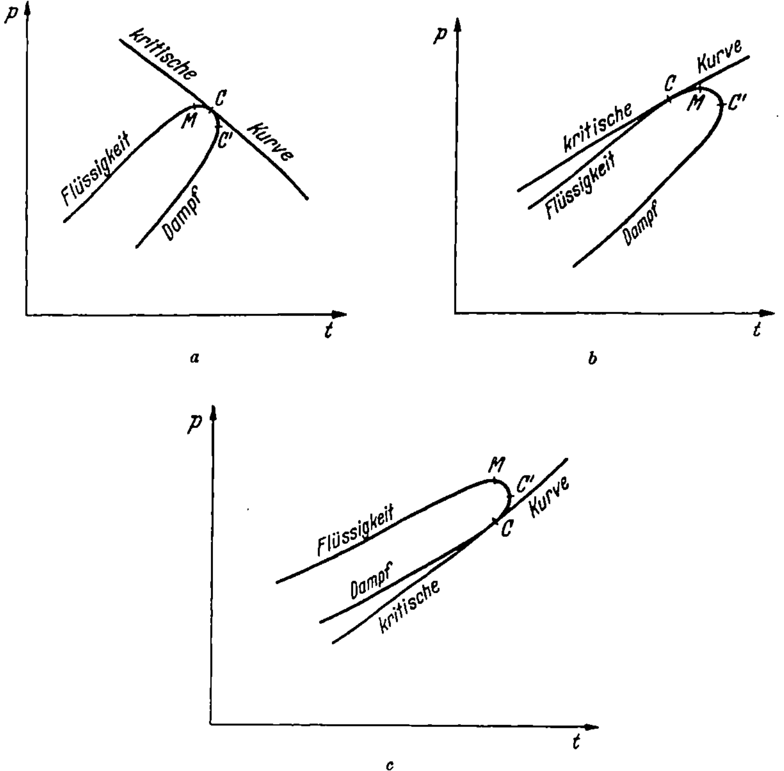

Abb. 76a, b u. c. Relative Lage der Punkte C, C' und M im Verlauf der kritischen Kurve.

festgelegt. Die kritischen Punkte zweiter Ordnung C' sind im pT-Diagramm Punkte maximaler Temperatur für jedes Gemisch gegebener Zusammensetzung, sie entsprechen demnach den Punkten C' in Abb. 71a, bei denen die beiden Phasen eben noch koexistieren können. Die Punkte M sind wieder wie in Abb. 71a und 72 die Punkte maximal möglichen Druckes für gegebene Werte von x. Die relative Lage der drei Punkte C, C' und M ist zu beiden Seiten des Maximums der kritischen Kurve verschieden, wie aus den in vergrößertem Maßstab gezeichneten Abb. 76a und 76b hervorgeht; im Maximum selbst fallen M und C zusammen. Dagegen ist der Druck in C stets höher als in C', d. h. längs der gesamten kritischen Kurve kann retrograde Kondensation auftreten entsprechend Abb. 71a, 72.

Hat die Komponente mit der höheren kritischen Temperatur zugleich den höheren Dampfdruck, so tritt in der kritischen Kurve ein Minimum auf, und gleichzeitig beobachtet man ein Dampfdruckmaximum (*160*). Das ist der Fall der Abb. 71b, d. h. in einem bestimmten

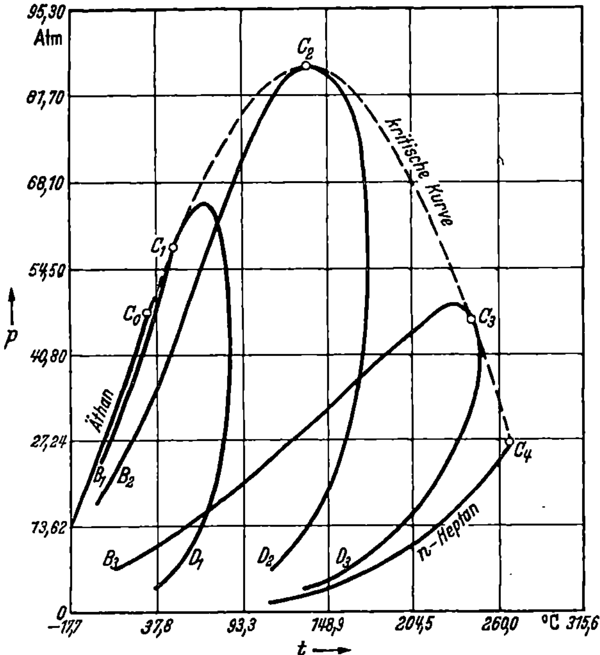

Abb. 77. Isosteren des Systems Äthan — n-Heptan im kritischen Gebiet.

Bereich der kritischen Kurve liegt der Druck beim Punkt C' höher als beim Punkt C (Abb. 76c), und es tritt retrograde Verdampfung auf. Diese Erscheinungen lassen sich also aus den $\overline{V}x$-, den px- und den pT-Kurven in analoger Weise ablesen.

Als Beispiel neuerer Messungen (*141*) sind die pT-Kurven des Systems Äthan-n-Heptan für die reinen Komponenten und drei Mischungen konstanter Zusammensetzung in Abb. 77 zusammen mit der kritischen Kurve wiedergegeben. Bei den Mischungen ist jeweils BC die Siedekurve, d. h. beim Überschreiten dieser Kurve tritt die Dampfphase auf, DC die Kondensationskurve, beim Überschreiten tritt die flüssige Phase auf. Überall dort, wo die Siedekurve oder die Kondensationskurve durch eine Isobare oder Isotherme zweimal geschnitten wird, treten retrograde Erscheinungen auf. Bei der Isosteren mit etwa 90 Gew.-%

Äthan liegt dieses Gebiet zwischen 56,2 und 59,6 Atm. bzw. zwischen 49° und 82° C.

Als weiteres Beispiel neuer Messungen (247) sind in Abb. 78 die Isosteren des Systems Methan-n-Pentan nach der OTHMERschen Methode (212) dargestellt. Es sind die Logarithmen des reduzierten Drucks der einzelnen Mischungen konstanter Zusammensetzung gegen den Logarithmus des reduzierten Dampfdrucks von Wasser aufgetragen. Man erhält annähernd gerade Linien, die nur in unmittelbarer Nähe des kritischen Gebiets eine leichte Krümmung zeigen. Noch bessere Geraden erhält man, wenn man die relative Flüchtigkeit der einen Komponente gegen das Volumenverhältnis von Dampf und Flüssigkeit einer der beiden Komponenten oder auch einer beliebigen Bezugssubstanz auf doppelt logarithmischem Papier aufträgt. Diese Art der Darstellung ist also speziell für eine Interpolation der Meßdaten geeignet.

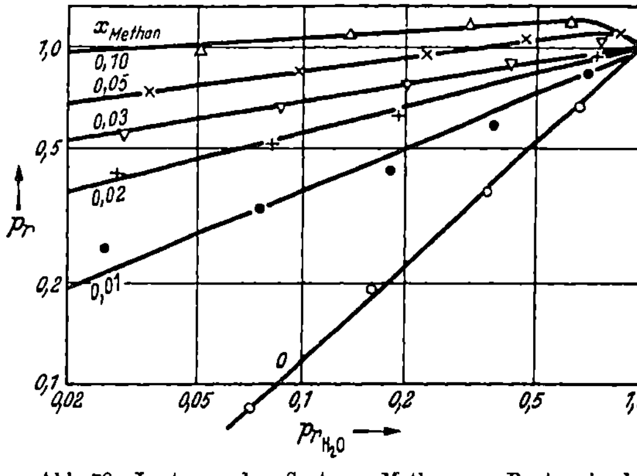

Abb. 78. Isosteren des Systems Methan — n-Pentan in der Darstellung nach OTHMER.

Die Differentialgleichungen der $p\,T$-Kurven ergeben sich wieder unmittelbar aus den Bedingungen (II, 127a) und (II, 127b) des währenden Gleichgewichts. Setzt man $dx' = 0$, d. h. hält man die Zusammensetzung der flüssigen Phase konstant, so ergibt sich für den *Siededruck* als Funktion der Temperatur aus (II, 128a) und (71)

$$\left(\frac{\partial p}{\partial T}\right)_{x'} = \frac{S'_0}{V'_0} = \frac{x'' L_2 + (1 - x'') L_1}{T\,[x''\,(V''_2 - V'_2) + (1 - x'')\,(V''_1 - V'_1)]}\,. \tag{75}$$

Entsprechend erhält man mit $dx'' = 0$ aus (II, 128b) und (71) die Differentialgleichung des *Kondensationsdruckes*:

$$\left(\frac{\partial p}{\partial T}\right)_{x''} = \frac{S''_0}{V''_0} = \frac{x' L_2 + (1 - x') L_1}{T\,[x'\,(V''_2 - V'_2) + (1 - x')\,(V''_1 - V'_1)]}\,. \tag{76}$$

L_1 und L_2 sind wieder die differentiellen molaren Verdampfungswärmen der beiden Komponenten aus der Mischung gegebener Zusammensetzung.

Gl. (75) entspricht vollkommen der CLAUSIUS-CLAPEYRONschen Gleichung (II, 118) für Einstoffsysteme, sie gibt die T-Abhängigkeit des Dampfdrucks einer binären flüssigen Phase an, deren Zusammensetzung konstant bleibt, während die Zusammensetzung des Dampfes im Ausgangspunkt des Gleichgewichts durch x'' gegeben ist. Da L_1 und L_2

stets positiv sind, nimmt Siededruck und Kondensationsdruck mit steigender Temperatur zu, solange die Differenzen $V'' - V'$ der partiellen Molvolumina von Dampf und Flüssigkeit positiv sind. Nur im kritischen Gebiet, d. h. im Gebiet der retrograden Kondensation kann $(\partial p/\partial T)_{x'}$ auch negativ werden (vgl. Abb. 75).

In genügender Entfernung vom kritischen Gebiet kann man V' gegen V'' vernachlässigen und die partiellen Molvolumina in der Gasphase mit den Molvolumina der reinen Stoffe gleichsetzen ($V'' = V'' = RT/p$). Damit vereinfacht sich Gl. (75) zu

$$\left(\frac{\partial \ln p}{\partial T}\right)_{x'} = \frac{x'' L_2 + (1 - x'') L_1}{RT^2}, \tag{77}$$

was der vereinfachten CLAUSIUS-CLAPEYRONschen Gleichung (1) entspricht.

Man kann schließlich mit Hilfe der Koexistenzgleichungen in der Form (II, 133) noch die Veränderungen in der Zusammensetzung der Dampfphase untersuchen, wenn man die Zusammensetzung der flüssigen Phase konstant hält und gleichzeitig Druck und Temperatur in der durch (75) geforderten Weise ändert *(266)*. Zieht man die erste der Gln. (II, 133) von der zweiten ab und setzt $dx' = 0$, so erhält man

$$[(S_1'' - S_1') - (S_2'' - S_2')]\, dT$$
$$+ [(V_2'' - V_2') - (V_1'' - V_1')]\, dp + \left(\frac{\partial^2 \overline{G}}{\partial x^2}\right)'' dx'' = 0. \tag{78}$$

Dividiert man durch dT und setzt für $(\partial p/\partial T)_{x'}$ Gl. (75) ein, so wird

$$\left(\frac{\partial x''}{\partial T}\right)_{koex,x'} = \frac{1}{(\partial^2 \overline{G}/\partial x^2)''} \cdot \frac{(V_1'' - V_1')(S_2'' - S_2') - (V_2'' - V_2')(S_1'' - S_1')}{x''(V_2'' - V_2') + (1 - x'')(V_1'' - V_1')}. \tag{79}$$

Vernachlässigt man wieder bei genügendem Abstand vom kritischen Gebiet V' gegenüber V'' und setzt $V'' = V''$, so vereinfacht sich (79) zu

$$\left(\frac{\partial x''}{\partial T}\right)_{x'} = \frac{1}{(\partial^2 \overline{G}/\partial x^2)''} \cdot [(S_2'' - S_2') - (S_1'' - S_1')] = \frac{L_2 - L_1}{T\,(\partial^2 \overline{G}/\partial x^2)''}. \tag{80}$$

$(\partial x''/\partial T)_{x'}$ wird positiv, d. h. mit zunehmender Temperatur reichert sich der Stoff 2 in der Dampfphase an, wenn $L_2 > L_1$. Über einer flüssigen Phase konstanter Zusammensetzung geht bei Temperaturerhöhung die Komponente mit der größeren Verdampfungswärme bevorzugt in den Dampf über.

6. Gleichgewichtsdiagramme.

Man stellt binäre Dampf-Flüssigkeitsgleichgewichte häufig in einfacher Weise graphisch dar, indem man den Molenbruch einer Komponente im Dampf gegen den Molenbruch der gleichen Komponente in der Flüssigkeit aufträgt (x'' x'-Diagramme). Diese sog. *Gleichgewichtskurven* lassen sich natürlich sowohl aus den Dampfdruck- wie aus den

Siedediagrammen konstruieren, man unterscheidet deshalb Gleichgewichtskurven für konstante Temperatur bzw. für konstanten Druck.

Die aus dem Dampfdruckdiagramm (Abb. 8) einer idealen Mischung
entnommene Gleichgewichtskurve für konstante Temperatur ist in
Abb. 79 als Kurve I wiedergegeben. Sie ist ebenso wie die Kondensationskurven in Abb. 70 eine gleichseitige Hyperbel (*185, 186*), bezogen auf

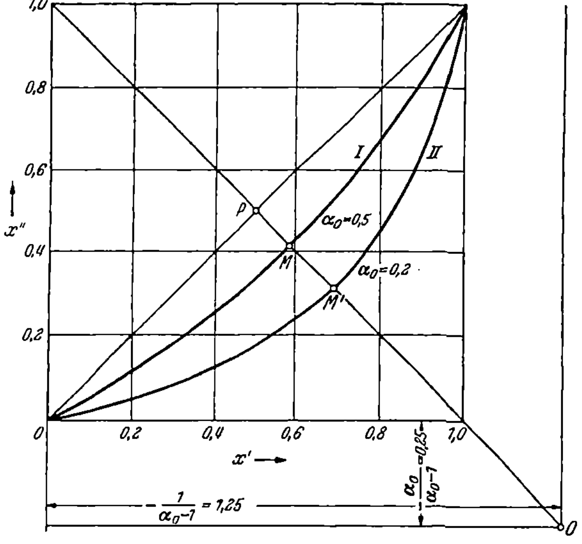

Abb. 79. Gleichgewichtskurven idealer Gemische bei konstanter Temperatur.

einen Koordinatenursprung, der gegenüber dem Punkt $x'' = x' = 0$ um
$\alpha_0/(\alpha_0 - 1)$ nach unten und um $- 1/(\alpha_0 - 1)$ nach rechts verschoben ist,
wobei $\alpha_0 \equiv p_{02}/p_{01}$ wieder die relative Flüchtigkeit bedeutet. Die Gleichung der Hyperbel lautet demnach

$$\left(\frac{\alpha_0}{\alpha_0 - 1} - x''\right)\left(\frac{1}{\alpha_0 - 1} + x'\right) = \text{konst}.$$

Setzt man die Konstante gleich $\alpha_0/(\alpha_0 - 1)^2$, so wird dies mit Gl. (18)
identisch, letztere stellt demnach den analytischen Ausdruck für die
Gleichgewichtskurve einer idealen Mischung dar:

$$x'' = \frac{\alpha_0\, x'}{1 + (\alpha_0 - 1)\, x'} \, . \tag{81}$$

Die zugehörige Differentialgleichung ergibt sich mit (25) zu

$$\frac{d\,x''}{d\,x'} = \frac{x''(1 - x'')}{x'(1 - x')} \, . \tag{82}$$

identisch mit Gl. (16)

Die Differenz $x'' - x'$ und damit die Krümmung der Hyperbel hängt nach (19) bzw. (20) allein von der relativen Flüchtigkeit ab. Die Kurven I und II in Abb. 79 sind die Hyperbeln für $\alpha_0 = 0{,}5$ bzw. $\alpha_0 = 0{,}2$. Die Scheitelpunkte M bzw. M' entsprechen der maximalen Differenz mit $(x'' + x')_{max} = 1$. Sie liegen auf der Diagonalen des Quadrates.

Die in der Praxis gebräuchlichen Gleichgewichtskurven für *konstanten Druck* sind denen der Abb. 79 ähnlich, lassen sich jedoch nicht exakt durch eine Hyperbelgleichung wiedergeben, weil bei konstantem p die Siedetemperaturen der einzelnen Gemische verschieden sind, und die $p\,x$-Kurven für verschiedene Temperatur ihre Form ändern. Man kann jedoch diese Gleichgewichtskurven mit guter Näherung durch eine gleichseitige Hyperbel für eine mittlere Temperatur darstellen, wenn die Siedepunkte der reinen Komponenten nicht allzu verschieden sind (*185*).

Die isothermen Gleichgewichtskurven nichtidealer Mischungen können naturgemäß nicht durch die Gleichung einer gleichseitigen Hyperbel dargestellt werden, da in der zu (81) analogen, aus Gl. (IV, 10) und (25) ableitbaren Beziehung[1]

$$x'' = \frac{\alpha\,x'}{1 + (\alpha - 1)\,x'} = \frac{\alpha_0\,x'\,(f_2/f_1)}{1 + [\alpha_0\,(f_2/f_1) - 1]\,x'} \qquad (83)$$

die relative Flüchtigkeit α nicht mehr über den ganzen Mischungsbereich konstant ist, sondern noch von den Aktivitätskoeffizienten abhängt, die ihrerseits konzentrationsabhängig sind. Bei geringen Abweichungen vom RAOULTschen Gesetz bleibt zwar die Form der Hyperbel noch ungefähr erhalten, jedoch liegt der Scheitel M im allgemeinen nicht mehr auf der Diagonale des Diagramms. Bei Extremwerten des Dampfdrucks, bei denen Flüssigkeit und Dampf die gleiche Zusammensetzung haben, muß die Gleichgewichtskurve die Diagonale schneiden. In Abb. 80 sind die der Abb. 69 entsprechenden Gleichgewichtskurven schematisch dargestellt.

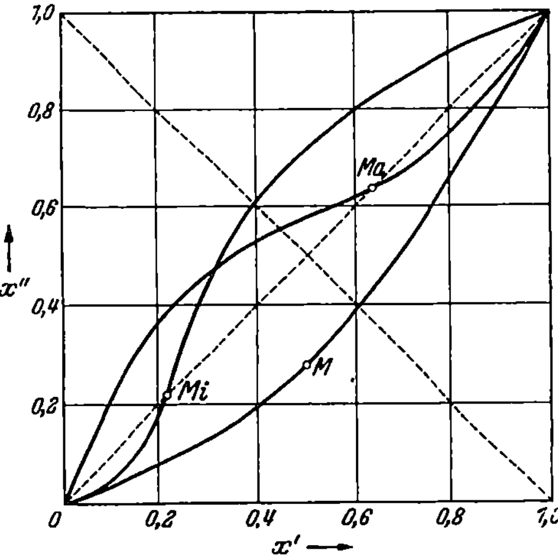

Abb. 80. Isotherme Gleichgewichtskurven nichtidealer Gemische.

Manchmal empfiehlt es sich, statt der üblichen Gleichgewichtskurven die relative Flüchtigkeit α als Funktion des Molenbruchs

---

[1] Mit Hilfe eines speziellen Rechenschiebers (*134*) lassen sich die zu x' gehörigen Gleichgewichtswerte x'' für beliebige Werte von α unmittelbar ablesen.

aufzutragen. In Abb. 81 ist dies für das System Wasser-Dioxan nach neueren isothermen Messungen (156) geschehen. Beim azeotropen Punkt geht α durch den Wert 1. Wäre das System ideal, so wäre bei der gewählten Temperatur $\alpha_0 = p_{0D} / p_{0H_2O} = 1{,}4$.

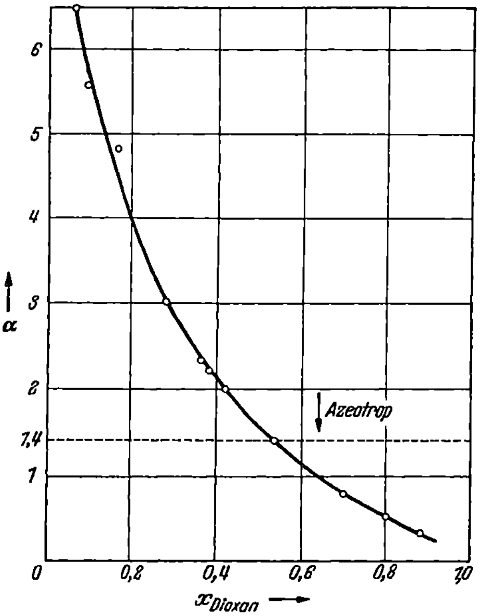

Um einen analytischen Ausdruck zur Darstellung einer Gleichgewichtskurve zu gewinnen, muß man die Aktivitätskoeffizienten als Funktion von x' ausdrücken. Wegen $\alpha = \alpha_0 \dfrac{f_2}{f_1}$ wäre hierfür der Ansatz (IV, 96) von RED-LICH und KISTER (vgl. S. 157) besonders geeignet. Je nach der Größe der Abweichungen vom idealen Verhalten müssen mehr oder weniger Terme der Gleichung benutzt werden, deren Konstanten in der auf S. 157 beschriebenen Weise aus den Meßdaten zu berechnen sind.

MATZ (186) hat den MAR-GULESschen Ansatz (IV, 46) bzw. (IV, 48) zur Darstellung der Gleichgewichtskurven benutzt, wobei er im allgemeinen drei Terme mit drei Konstanten benötigte. Genügt bereits die vereinfachte MARGULESsche Gleichung (IV, 49) (z. B. für reguläre Mischungen), so wird

$$\alpha = \alpha_0 \frac{f_2}{f_1} = \alpha_0 \cdot \exp\left(\frac{\beta}{2} - \beta\, x'\right). \tag{84}$$

Abb. 81. Relative Flüchtigkeit

$$\alpha \equiv \frac{x''_D \left(1 - x'_D\right)}{x'_D \left(1 - x''_D\right)}$$

des Systems Wasser — Dioxan nach statischen Dampf-druckmessungen bei 35° C.

In diesem Fall schneidet die Gleichgewichtskurve die Hyperbel für ideale Gemische bei $x' = 0{,}5$, denn für diesen Wert wird $\alpha = \alpha_0$.

Für *praktische Zwecke* ist eine Reihe empirischer Gleichungen zur analytischen Darstellung der x'' x'-Abhängigkeit entwickelt worden (37, 226), die zum Ausgleich und zur Inter- und Extrapolation experimenteller Werte häufig gut geeignet sind.

Die allgemeine Form der Differentialgleichung für isotherme Gleichgewichtskurven ergibt sich aus den Koexistenzgleichungen (II, 128 a) und (II, 128 b) zu

$$\left(\frac{\partial x''}{\partial x'}\right)_T = \frac{V_0''\left(\dfrac{\partial^2 \overline{G}}{\partial x^2}\right)'}{V_0'\left(\dfrac{\partial^2 \overline{G}}{\partial x^2}\right)''} \cdot \tag{85}$$

Für ideale Mischungen und ideales Gasverhalten geht dies mittels (30) und (28) in Gl. (82) über. Wie (85) zeigt, muß die Neigung $\partial x''/\partial x'$ stets positiv sein. Dies gilt wiederum nur in genügendem Abstand vom kritischen Gebiet, da in letzterem V_0'' und V_0' nicht notwendig positiv sind.

In Abb. 82 sind Gleichgewichtsisothermen des Systems CO_2-SO_2 für verschiedene Temperaturen als Paramter im kritischen Gebiet wiedergegeben (44). Auch hier lösen sich die Kurven analog wie die $p\,x'$-Isothermen in Abb. 71 auf der einen Seite von der Ordinate ab und enden im kritischen Punkt, wo $x' = x''$, auf der Diagonalen. Im Gebiet der retrograden Verdampfung treten negative Werte für $(\partial x''/\partial x')_T$ auf, wie man der Abbildung entnimmt.

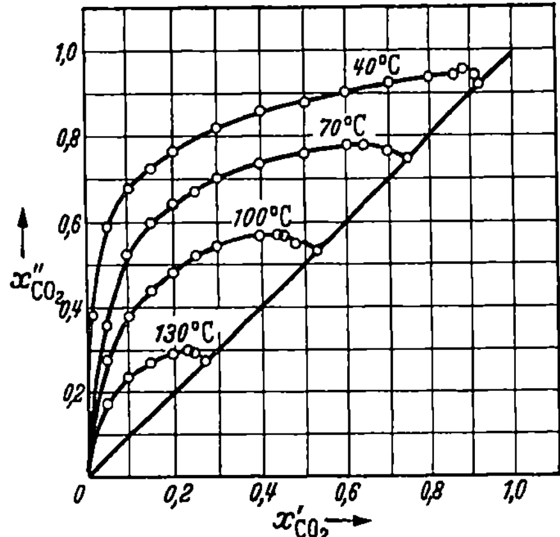

Abb. 82. Gleichgewichtsisothermen des Systems CO_2—SO_2 bei 40, 70, 100, 130° C im kritischen Gebiet.

Isobare Gleichgewichtswerte für 158 verschiedene Zweistoffgemische sind, z. T. bei verschiedenen Drucken als Parameter und mit Angabe der Siedetemperaturen, von STAGE zusammengestellt und graphisch dargestellt worden (288, 147).

Zur Darstellung von Dampf- und Flüssigkeitsgleichgewichten idealer oder angenähert idealer Gemische, insbesondere von Kohlenwasserstoffen in Petroleum, benutzt man nach einem neueren Vorschlag (286) auch die sog. *Gleichgewichtskonstanten* der einzelnen Komponenten. Sie sind definiert als das Verhältnis des Molenbruchs in der Gasphase zum Molenbruch in der koexistenten flüssigen Phase bei gegebener Temperatur und gegebenem Druck:

$$K_i \equiv \frac{x_i''}{x_i'} \cdot \tag{86}$$

In einem binären zweiphasigen System sind nach dem Phasengesetz durch Wahl von Temperatur und Druck alle Variablen festgelegt. Infolgedessen ist auch die Gleichgewichtskonstante bei gegebenem p und T eindeutig gegeben, unabhängig davon, in welchem Verhältnis die beiden Komponenten in der Gesamtmischung vorhanden sind. Ein Mehrstoffsystem kann man in ähnlicher Weise als bestehend aus einer einfachen und einer komplexen Komponente auffassen, so daß durch Wahl von Druck und Temperatur die K_i-Werte in jedem Fall eindeutig festgelegt sind.

Verhält sich Dampf und Flüssigkeit ideal, so ist nach dem DALTONschen bzw. RAOULTschen Gesetz $x_i'' = p_i/p$ und $x_i' = p_i/p_{0\,i}$, so daß

$$K_i = \frac{p_{0i}}{p}. \tag{87}$$

Gilt das ideale Gasgesetz für den Dampf nicht mehr, so kann man auch die Dampfphase als ideale Lösung im Sinne einer flüssigen idealen Mischung auffassen und für beide Phasen die LEWISsche Fugazitätsregel (III, 66) anwenden, nach der die Fugazität einer Komponente ihrem Molenbruch in der betreffenden Phase proportional ist. Da außerdem beide Phasen im Gleichgewicht sind, muß also gelten

$$x_i' \overset{*}{p}_{0F\,l} = x_i'' \overset{*}{p}_{0\,D} \quad \text{oder} \quad \frac{\overset{*}{p}_{0Fl}}{\overset{*}{p}_{0\,D}} = \frac{x_i''}{x_i'} = K_i. \tag{88}$$

$\overset{*}{p}_{0Fl}$ ist die Fugazität der *reinen* flüssigen Komponente i bei der Temperatur und dem *Gesamtdruck* der Mischung[1], $\overset{*}{p}_{0\,D}$ die Fugazität derselben *reinen* Komponente im Dampfzustand bei der Temperatur und dem Gesamtdruck der Mischung. Die Fugazitäten reiner Stoffe lassen sich nach Gl. (III, 49) mit Hilfe der zweiten Virialkoeffizienten, d. h. unter Verwendung geeigneter Zustandsgleichungen aus dem kritischen Druck und der kritischen Temperatur ermitteln, so daß die Gleichgewichtskonstanten der einzelnen Komponenten einer Mischung nach (88) vorausberechnet werden können. Es wird mittels (III, 49) und (89)

$$\ln \overset{*}{p}_{0Fl} = \ln p_{0i} + \frac{B_i\,p_{0i}}{RT} + \frac{V_i'}{RT}\,(p - p_{0i})$$

$$\ln \overset{*}{p}_{0\,D} = \ln p + \frac{B_i\,p}{RT}$$

und durch Subtraktion

$$K_i = \frac{\overset{*}{p}_{0Fl}}{\overset{*}{p}_{0\,D}} = \frac{p_{0i}}{p} \cdot \exp\left[\frac{(B_i - V_i')\,(p_{0i} - p)}{RT}\right], \tag{88a}$$

was der Gl. (III, 73) entspricht.

[1] Die Fugazität einer reinen Flüssigkeit ist definitionsgemäß (vgl. S. 71) gleich der Fugazität des koexistierenden Dampfes, also gleich $\overset{*}{p}_{0i}$. Die Fugazität der reinen Flüssigkeit unter dem Gesamtdruck p ist nicht dieselbe wie die des gesättigten Dampfes, sondern gegeben durch

$$\ln \overset{*}{p}_{0Fl} = \ln \overset{*}{p}_{0i} + \frac{1}{RT} \int\limits_{p_{0i}}^{p} V_i'\,dp = \ln \overset{*}{p}_{0i} + \frac{V_i'}{RT}\,(p - p_{0i}), \tag{89}$$

wenn man das Molvolumen V_i' der Flüssigkeit als inkompressibel ansieht. Gl. (89) entspricht der bekannten Tatsache, daß der Dampfdruck einer Flüssigkeit vom äußeren Druck abhängt.

Da für die Ableitung dieser Gleichung die LEWISsche Fugazitätsregel benutzt wurde, die nur in einem beschränkten Druckbereich gilt, kann (88a) nur als Näherungsgleichung betrachtet werden, die bei hohen Drucken, d. h. in der Nähe des kritischen Gebietes versagen muß. Da sich die K_i-Werte als außerordentlich nützlich erweisen, um mit Hilfe

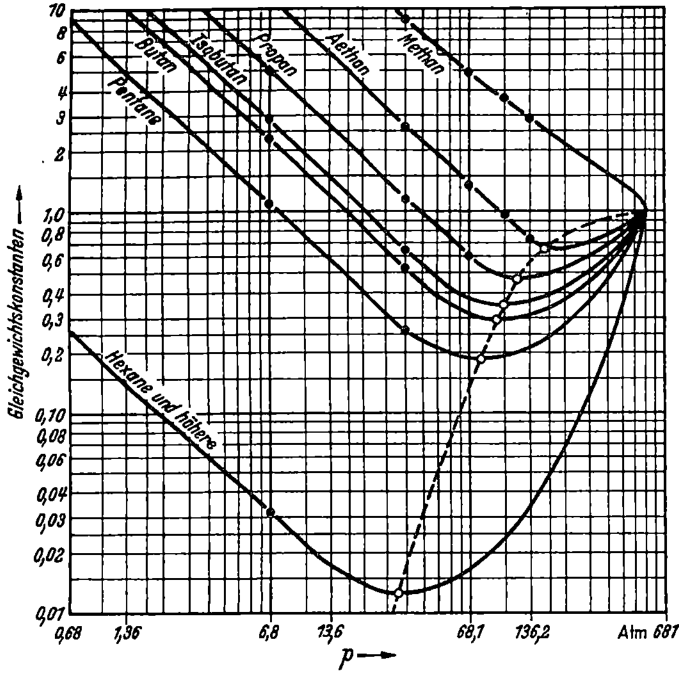

Abb. 83. „Gleichgewichtskonstanten" verschiedener Kohlenwasserstoffe in Rohölgemischen bei 104,4° C als Funktion des Drucks.

von Näherungsrechnungen Dampfdrucke, Siede- und Kondensationspunkte, Mengenverhältnisse und Zusammensetzung von Flüssigkeits- und Dampfmischungen zu berechnen (*105, 138*), sind die K_i-Werte einer Reihe von Kohlenwasserstoffen in Petroleum auch experimentell nach (86) (durch Analyse der koexistierenden Phasen) als Funktion von Druck und Temperatur ermittelt worden [vgl. z. B. (*2, 139*)]. Man stellt sie in der Regel in der Weise dar, daß man K_i als Funktion des Gesamtdrucks auf doppeltlogarithmischem Papier für verschiedene Temperaturen als Parameter aufträgt[1].

In Abb. 83 sind als Beispiel die K_i-Werte von Methan, Äthan, Propan, Isobutan, Butan, der Pentane und höherer Paraffine bei 104,4° C auf

---

[1] Über die Darstellung in Form von Nomogrammen vgl. HADDEN (*105*). Dort auch zahlreiche Literaturangaben über Gleichgewichtskonstanten.

diese Weise wiedergegeben (*139*). Man entnimmt der Abbildung, daß es zwei Gruppen von Komponenten in solchen Mischungen gibt, nämlich a) die weniger flüchtigen Komponenten, bei denen die K_i-Werte durch ein Minimum gehen und dann gegen 1 konvergieren, wenn der Druck anwächst, und b) die flüchtigeren Komponenten wie Methan, bei denen die K_i-Werte stets größer sind als 1. Der Wiederanstieg der K_i-Werte oberhalb eines bestimmten Druckes bedeutet retrograde Kondensation, deren Druckbereich hier also besonders deutlich zum Ausdruck kommt.

Bei binären Systemen ist der sog. ,,*Konvergenzdruck*'', bei dem $K_i = 1$, also die Zusammensetzung von Dampf und Flüssigkeit identisch wird, für eine bestimmte Isotherme mit dem kritischen Druck identisch, wenn die betreffende Temperatur die kritische Temperatur ist. Beispielsweise beträgt in Abb. 77 für die Isotherme von 104° C der durch die kritische Kurve gegebene kritische Druck 82,4 atm., daher konvergiert die $\log K_i$, $\log p$-Kurve des Systems Äthan-n-Heptan bei der Temperatur 104° C gegen 1 bei einem Druck von 82,4 atm. Das bedeutet, daß der Konvergenzdruck eines binären Systems bei einer gegebenen Temperatur gleich dem kritischen Druck einer Mischung dieser Komponenten ist, für die diese Temperatur gerade die kritische ist. Diese Konvergenzdruck-Regel (*105*) läßt sich auch auf Mehrstoffgemische ausdehnen, wie experimentell gezeigt wurde (*107*). Zur Berechnung des Konvergenzdruckes ist also die Kenntnis der ,,kritischen Kurve'' im pT-Diagramm notwendig. Da im allgemeinen Messungen nur für einige isostere Mischungen vorliegen, hat man empirische Verfahren entwickelt, aus den kritischen Daten, Dichten und Siedepunkten der reinen Komponenten die kritische Kurve angenähert zu berechnen, was allerdings nur für binäre Gemische mit einiger Sicherheit möglich ist (*105, 284*).

Neuere Untersuchungen (*142, 233*) haben allerdings gezeigt, daß die Gleichgewichtskonstante einer Komponente in einer aliphatischen Kohlenwasserstoffmischung durch die Natur und das Mengenverhältnis der übrigen Komponenten merklich beeinflußt wird, was darauf hinweist, daß es sich bei diesen Gemischen nicht um ideale Mischungen handeln kann.

7. Molliersche Diagramme.

Außer mit Hilfe der px-, Tx-, pT- und $x'\,x''$-Diagramme, wie sie in den vorangehenden Abschnitten besprochen wurden, läßt sich das Verhalten binärer Flüssigkeitsgemische noch durch ein Diagramm veranschaulichen, das gleichzeitig die Wärmeinhalte der koexistierenden Phasen angibt. Derartige Diagramme, in denen die Enthalpie als Koordinate benutzt wird, bezeichnet man als MOLLIER-Diagramme, sie wurden für

binäre Gemische von MERKEL (*192*) eingeführt und von BOSNJAKO-
VIĆ (*23*) weiter ausgearbeitet. Man trägt die, gewöhnlich auf den Zustand der Flüssigkeit bei 0° C und 1 Atm. Druck als Fixpunkt bezogene,

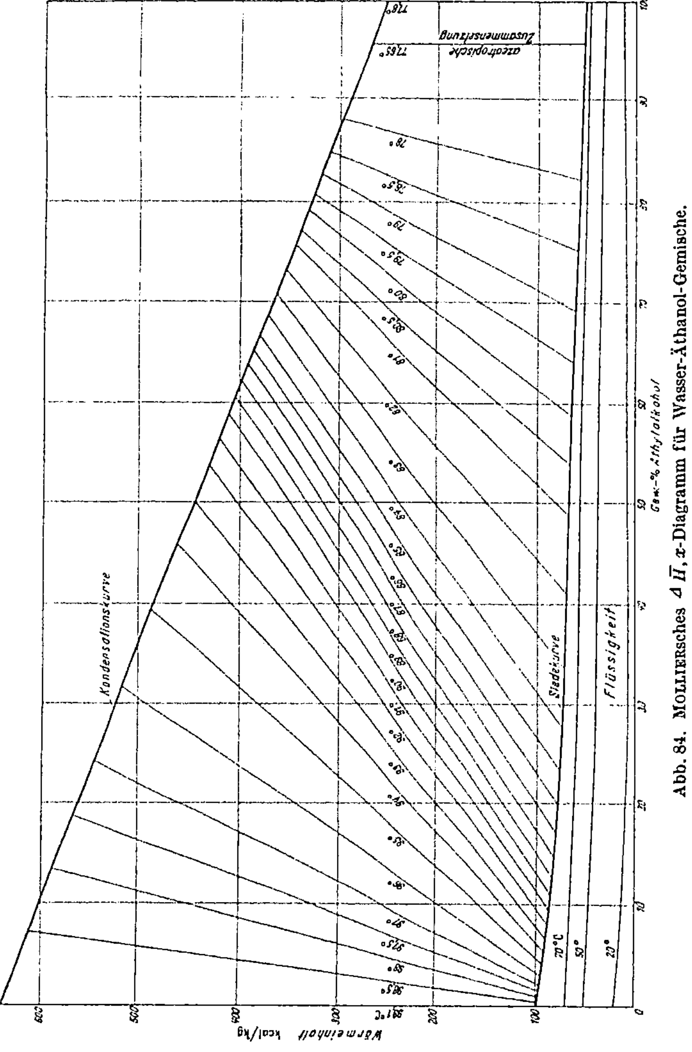

Abb. 84. MOLLIERsches $\Delta\bar{H}, x$-Diagramm für Wasser-Äthanol-Gemische.

Enthalpiedifferenz $\Delta\bar{H}$ pro Mol Mischung gegen den Molenbruch der
flüssigen Phase auf und erhält so wieder zwei Kurven, die den Wärme-
inhalt der siedenden Flüssigkeit (Siedekurve) und des koexistierenden
Dampfes (Kondensationskurve) bei konstantem Druck angeben, wobei
auch hier die koexistierenden Phasen durch Konnoden konstanter Tem-

peratur verbunden werden. Ein solches Diagramm ist in Abb. 84 für das System Wasser-Äthanol schematisch dargestellt.

Die $\Delta \bar{H}$-Werte der Siedekurve erhält man aus

$$\Delta \bar{H} = \int_{273}^{T_s} ((1 - x')\, C_{p_1} + x'\, C_{p_2})\, dT, \qquad (90)$$

wobei sich das Integral bis zur Siedetemperatur der betreffenden Mischung erstreckt; C_{p_1} und C_{p_2} sind die partiellen Molwärmen der beiden Komponenten. Verhält sich das Gemisch angenähert ideal, so kann man die Molwärme der reinen Stoffe benutzen und in der Regel auch ihre T-Abhängigkeit vernachlässigen. Die Punkte der Kondensationskurve liegen jeweils um den Betrag der mittleren molaren Verdampfungswärme $\bar{L}$ [Gl. (67)] senkrecht über den entsprechenden Punkten der Siedekurve, doch sind die beiden Phasen nicht im Gleichgewicht, da Zusammensetzung von Dampf und Flüssigkeit natürlich verschieden sind. Nur im Fall der reinen Komponenten und azeotroper Gemische ist der senkrechte Abstand beider Kurven unmittelbar gleich der (mittleren) molaren Verdampfungswärme, hier verlaufen also die Konnoden in der Ordinate bzw. parallel zu ihr. Im übrigen ergibt sich die mittlere molare Verdampfungswärme durch den Ordinatenabstand koexistierender Phasenpunkte. Die differentiellen molaren Verdampfungswärmen L_1 und L_2, die nach (68) die differentiellen Mischungswärmen enthalten, kann man etwa nach den S. 243 angegebenen Methoden ermitteln und so die beiden Kurven des Diagramms aus den üblichen Siedediagrammen ableiten.

Diese $\Delta \bar{H}\, x'$-Diagramme eignen sich speziell zur Verfolgung der Vorgänge in Rektifizierkolonnen, d. h. man kann auf Grund des im heterogenen Gebiet wieder gültigen Hebelgesetzes (II, 71) unter gegebenen Betriebsbedingungen der Kolonne das Rücklaufverhältnis sowie Wärme- und Stoffbilanz für jeden Querschnitt der Säule unmittelbar aus dem Diagramm entnehmen, worauf hier im einzelnen nicht eingegangen werden kann (vgl. *23, 147, 185, 192, 319*).

C. Zweistoffsysteme mit Mischungslücke.

Dreiphasengleichgewichte zwischen zwei beschränkt mischbaren Flüssigkeiten und ihrem koexistierenden Dampf zeigen eine Reihe von Eigenschaften, die eine gesonderte Betrachtung erfordern. Wir besprechen im folgenden die wichtigsten Zustandsdiagramme und verweisen im übrigen auf die ausführlichen früheren Darstellungen (*161, 245, 316*).

Die $\bar{F} V\, x$-Fläche besitzt in diesem Fall drei verschiedene Falten, die je einem Paar der drei Phasen zugehören. Alle Punkte der $\bar{F}$-Fläche innerhalb dieser Falten entsprechen auch hier labilen bzw. metastabilen

Zuständen, die durch Spinodalkurven voneinander getrennt sind. Eine auf der $\overline{F}$-Fläche abrollende Tangentialebene liefert je zwei zusammengehörende Konnodalkurven, nur in einer einzigen Lage besitzt die Tangentialebene gleichzeitig drei Berührungspunkte mit der $\overline{F}$-Fläche; diese entsprechen dem Dreiphasengleichgewicht.

Die Projektion der Berührungspunkte mit den zugehörigen Konnoden auf die $\overline{V}x$-Grundfläche liefert $\overline{V}x$-*Diagramme*, wie sie in Abb. 85a und

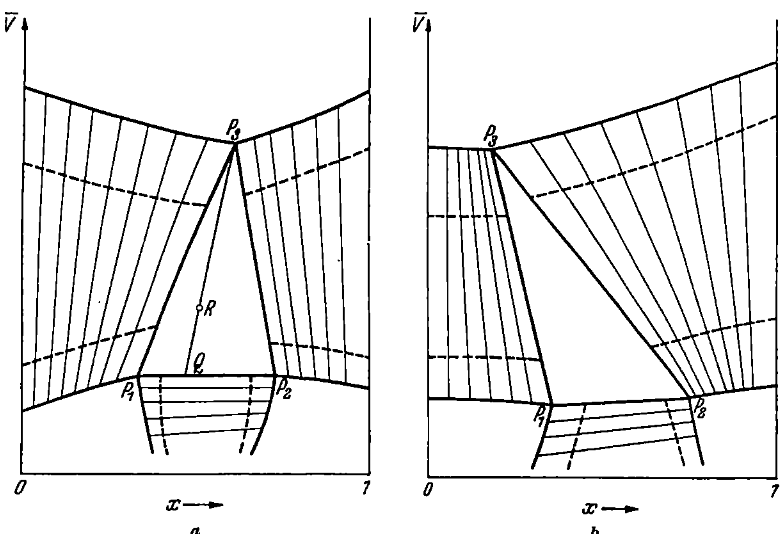

Abb. 85a u. b. $\overline{V}x$-Diagramm binärer Mischungen mit Mischungslücke.

85b schematisch wiedergegeben sind. Ein charakteristischer Unterschied der beiden Diagramme besteht darin, daß in 85a die Zusammensetzung P_3 des Dampfes im Dreiphasengebiet *zwischen* den Molenbrüchen der beiden flüssigen Phasen P_1 und P_2 liegt, in 85b jedoch *außerhalb* derselben, ein Unterschied, auf den schon S. 198 hingewiesen wurde, und auf den wir bei den px-Diagrammen nochmals zurückkommen (S. 261 ff.). Aus den Diagrammen läßt sich Zusammensetzung und Mengenverhältnis der verschiedenen Phasen entnehmen.

In Abb. 85a zerfällt ein Gemisch der Bruttozusammensetzung R und des zugehörigen mittleren Molvolumens $\overline{V}_R$ innerhalb des heterogenen Gebietes in die drei Phasen, deren Zusammensetzung und mittleres Molvolumen durch die Eckpunkte P_1, P_2 und P_3 des Dreiecks gegeben sind, und es gilt

$$\overline{V}_R = \frac{n'}{n' + n'' + n'''}\,\overline{V}' + \frac{n''}{n' + n'' + n'''}\,\overline{V}'' + \frac{n'''}{n' + n'' + n'''}\,\overline{V}''', \qquad (91)$$

wenn man mit n', n'' und n''' die Gesamtmolzahl in den einzelnen Phasen bezeichnet. Für den Punkt Q auf der Dreiecksseite $P_1 P_2$, auf der nur die beiden flüssigen Phasen ' und '' vorhanden sind, gilt analog

$$\bar{V}_Q = \frac{n'}{n' + n''}\,\bar{V}' + \frac{n''}{n' + n''}\,\bar{V}''$$

oder

$$\frac{n'}{n''} = \frac{\bar{V}'' - V_Q}{\bar{V}_Q - \bar{V}'} = \frac{Q\,P_2}{Q\,P_1}\,.$$

(92)

Das gleiche Molzahlverhältnis n'/n'' besitzen alle Punkte innerhalb des Dreiecks $P_1P_2P_3$, die auf der Verbindungsgeraden zwischen Q und P_3 liegen, also auch der Punkt R. Letztere teilt die Strecke $Q\,P_3$ im Verhältnis

$$\frac{R\,Q}{R\,P_3} = \frac{\bar{V}_R - \bar{V}_Q}{\bar{V}''' - \bar{V}_R}\,,$$

(93)

wie man unmittelbar geometrisch abliest. Andererseits folgt aus (91) und (92)

$$\frac{n'''}{n' + n''} = \frac{\bar{V}_R}{\bar{V}''' - \bar{V}_R} - \frac{1}{\bar{V}''' - V_R}\left(\frac{n'}{n' + n''}\,\bar{V}' + \frac{n''}{n' + n''}\,\bar{V}''\right) = \frac{\bar{V}_R - \bar{V}_Q}{\bar{V}''' - \bar{V}_R}\,,$$

so daß auch das Streckenverhältnis

$$\frac{R\,Q}{R\,P_3} = \frac{n'''}{n' + n''}\,.$$

(94)

Mittels (92) und (94) lassen sich demnach die Mengenverhältnisse in den drei Phasen aus den Streckenabschnitten der Geraden $P_1\,P_2$ und $P_3\,Q$ geometrisch ermitteln.

Durch Temperaturerhöhung zieht sich auch hier die $\bar{V}x$-Grenzkurve zusammen, und es hängt von dem betrachteten System ab, welches der drei Phasenpaare zuerst einen kritischen Punkt erreicht. Entweder können zuerst die beiden flüssigen Phasen identisch werden (kritischer Mischungspunkt), oder es wird zuerst der kritische Punkt der einen Flüssigkeit erreicht, so daß sich die Dampf-Flüssigkeits-Grenzkurve auf einer Seite von der Volumenachse ablöst.

Die *px-Isothermen* im Dreiphasengebiet zeichnen sich dadurch aus, daß sowohl der Gesamtdruck wie die Partialdrucke konstant bleiben, und daß der Dampf solange konstante Zusammensetzung besitzt, bis eine der koexistenten flüssigen Phasen vollständig aufgebraucht ist. Man spricht deshalb auch häufig (wenn auch unberechtigt[1]) von *hetero-azeotropen* Gemischen. Dies folgt unmittelbar aus der allgemeinen Gleichgewichtsbedingung (II, 51), nach der

$$\mu_i'' = \mu_i' \quad \text{bzw.} \quad a_i'' = a_i' \quad \text{oder} \quad p_i'' = p_i'.$$

(95)

Dampfdruck und Zusammensetzung des Dampfes sind demnach von den relativen Mengen der Flüssigkeiten und damit auch vom Volumen unabhängig. Dieses Ergebnis wurde schon S. 51 aus der verallgemeinerten CLAUSIUS-CLAPEYRONschen Gleichung für univariante Systeme abgeleitet.

---

[1] Daß diese Bezeichnung nicht glücklich ist, geht daraus hervor, daß der Dampfdruck bei konstantem T bzw. der Siedepunkt bei konstantem p keineswegs immer einen Maximum- oder Minimumwert darstellt (vgl. S. 263).

Bei den px-Isothermen kommt der schon mehrfach erwähnte charakteristische Unterschied der Diagramme, je nachdem die Zusammensetzung des Dampfes *zwischen* den Molenbrüchen der flüssigen Phasen oder *außerhalb* derselben liegt, besonders deutlich zum Ausdruck. Der erste Fall ist in Abb. 86 schematisch dargestellt (Beispiel: Anilin — Wasser). Bei 100° C ist in der anilinreichen Phase $x'_{H_2O} = 0{,}284$, in der wasserreichen Phase $x''_{H_2O} = 0{,}988$, die Zusammensetzung des koexistenten Dampfes liegt dazwischen mit $x'''_{H_2O} = 0{,}954$. Da im Dampfdruckdiagramm die px'''-Kurve stets unterhalb der px'- bzw. der px''-Kurven verlaufen muß, besitzt der *Dreiphasendruck* notwendigerweise einen Maximalwert.

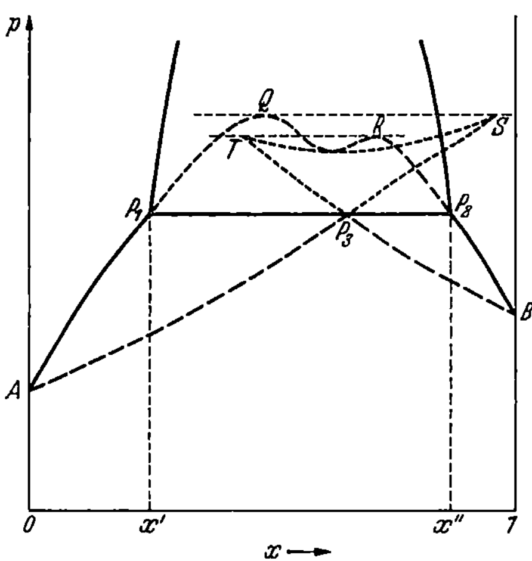

Abb. 86. Dampfdruckdiagramm binärer Systeme mit Mischungslücke (Dampfzusammensetzung zwischen denen der flüssigen Phasen).

Extrapoliert man Siede- und Kondensationskurve an Hand der Koexistenzgleichungen (II, 156) in das Gebiet der metastabilen und labilen Zustände zwischen den beiden Löslichkeitsgrenzen P_1 und P_2 (analog zum VAN DER WAALSschen pV-Diagramm in Abb. 62), so erhält man die fein gestrichelten Kurvenzüge. Zwischen P_1 und Q bzw. P_2 und R ist das System metastabil, zwischen Q und R dagegen instabil; entsprechendes gilt für die Kondensationskurve in den Bereichen zwischen $P_3 S$ und $P_3 T$ bzw. zwischen S und T. Metastabiles und instabiles Gebiet werden in den $\overline{V}x$-Diagrammen durch die Spinodalkurve getrennt (vgl. Abb. 85), für die nach S. 30 die Bedingung gilt $(\partial^2 \overline{G}/\partial x^2) = 0$. Setzt man dies in die Gl. (II, 156a) ein, so wird für $(\partial^2 \overline{G}'/\partial x'^2) = 0$ auch $(\partial p/\partial x') = 0$ (Punkt Q) und für $(\partial^2 \overline{G}''/\partial x''^2) = 0$ auch $(\partial p/\partial x'') = 0$ (Punkt R), d. h. es treten zwei Maxima in der Siedekurve auf. Dagegen ist $(\partial p/\partial x''')$, die Neigung der Kondensationskurve an den gleichen Punkten Q und R, nicht gleich Null, wie es bei azeotropen homogenen Mischungen der Fall war. Das Verhalten der Kondensationskurve in diesen Punkten läßt sich ebenfalls aus den beiden Gln. (II, 156a und b) entnehmen, wobei x'' durch x''', die Zusammensetzung der Dampfphase, zu ersetzen ist. Division beider Gleichungen führt zu

$$\frac{\partial x'''}{\partial x'} = \frac{x'\,(V_2''' - V_2') + (1 - x')\,(V_1''' - V_1')}{x'''\,(V_2'' - V_2') + (1 - x''')\,(V_1'' - V_1')} \cdot \frac{\dfrac{\partial^2 \overline{G}'}{\partial x'^2}}{\dfrac{\partial^2 \overline{G}'''}{\partial x'''^2}}$$

und zu einer analogen Gleichung für $\dfrac{\partial x'''}{\partial x''}$. Im stabilen und metastabilen Gebiet sind alle Ausdrücke der rechten Seite positiv, d. h. dx''' und dx' bzw. dx''' und dx'' haben das gleiche Vorzeichen. Im Punkt Q und R kehrt jedoch $(\partial^2 \overline{G}/\partial x^2)'$ bzw. $(\partial^2 \overline{G}/\partial x^2)''$ sein Vorzeichen um, d. h. dx''' und dx' bzw. dx''' und dx''

bekommen verschiedenes Vorzeichen, was für die $p\,x'''$-Kurve bedeutet, daß diese in sich zurückläuft (Punkte S und T). In dem zwischen Q und R gelegenen Minimum der Siedekurve berührt sie die Kondensationskurve, wie es bei azeotropen Gemischen der Fall ist.

Auf der dem Dreiphasengleichgewicht entsprechenden horizontalen Geraden $P_1\,P_2\,P_3$ enden die drei doppelten Konnodalkurven, die sich bereits in dem zugehörigen $\overline{V}\,x$-Diagramm der Abb. 85a vorfinden, wo das Dreiphasendreieck $P_1\,P_3\,P_2$ der Geraden in Abb. 86 entspricht. In dem gezeichneten Fall verengt sich die Mischungslücke der flüssigen Phasen mit zunehmendem Druck, es kann aber auch umgekehrt sein, worauf schon hingewiesen wurde. Setzt man der reinen Komponente 1 steigende Mengen des Stoffes 2 zu, so bildet sich zunächst eine homogene Mischung, und der Dampfdruck ändert sich längs der Kurve $A\,P_1$. Die Zusammensetzung der koexistenten Dampfphase ist durch die Kurve $A\,P_3$ gegeben, d. h. der Dampf ist stets reicher an Stoff 2 als die Flüssigkeit. Ist der Dreiphasendruck im Punkt P_3 erreicht, so tritt die zweite flüssige Phase der Zusammensetzung x'' des Punktes P_2 auf, und bei weiterer Zugabe der Komponente 2 verschiebt sich lediglich das Mengenverhältnis der beiden flüssigen Phasen nach dem Hebelgesetz (vgl. S. 26). Überschreitet die Zusammensetzung der Gesamtflüssigkeit den Wert x'', so verschwindet die erste flüssige Phase, die Mischung wird homogen, der Dampfdruck nimmt längs der Kurve P_2B ab, und der Dampf besitzt einen geringeren Gehalt der Komponente 2 als die Flüssigkeit.

Liegt die Zusammensetzung des Dampfes x''' *außerhalb* der Werte x' und x'' der koexistenten flüssigen Phasen, so können drei verschiedene Formen des Dampfdruckdiagramms auftreten, die in Abb. 87a bis c schematisch wiedergegeben sind. In 87a liegt der Dreiphasendruck zwischen den Dampfdrucken der reinen Komponenten (Beispiel: Nicotin-Wasser), in 87b existiert außerhalb des Dreiphasendrucks noch ein Maximumdruck (Beispiel: Wasser-Phenol), in 87c entsprechend ein Minimumdruck (Beispiel: HCl-Wasser). Die letztgenannten Fälle sind sehr selten und deshalb von geringerer praktischer Bedeutung. In 87a ist wieder die theoretische Siede- und Kondensationskurve im metastabilen und labilen Gebiet gestrichelt dargestellt. Für sie gelten analoge Überlegungen, wie sie zu Abb. 86 angestellt wurden. Der Geraden $P_1\,P_2\,P_3$ des Dreiphasengleichgewichts entspricht in dem zugehörigen $\overline{V}\,x$-Diagramm der Abb. 85b das Dreiphasendreieck, auf dem die drei Konnodalkurvenpaare enden.

Aus der für homogene Mischungen abgeleiteten Bedingung, daß Partialdruckkurven stets steigen bzw. fallen müssen, d. h. keine Extrempunkte aufweisen können, folgt, daß der Gesamtdruck p nicht größer werden kann als die *Summe* $p_{01} + p_{02}$ der reinen Komponenten, auch wenn er als Dreiphasendruck (in Abb. 86) oder als Maximumdruck (in

Abb. 87 b) größer ist als die Dampfdrucke der beiden Komponenten. Für die Extremwerte im homogenen Gebiet (Abb. 87 b und 87 c) gelten natürlich die früher abgeleiteten Bedingungen.

Insgesamt entnimmt man den Abb. 86 und 87 das wichtige Ergebnis, daß der Dreiphasendruck nur dann der höchste aller bei gegebener Temperatur möglichen Dampfdrucke des binären Systems ist, wenn die Dampfdruckzusammensetzung *zwischen* den Zusammensetzungen der koexistierenden flüssigen Phasen liegt. Entsprechend hat unter dieser Bedingung bei gegebenem Druck die Siedetemperatur im Dreiphasengebiet einen Minimalwert.

Die *Siede (Tx)-Diagramme* binärer Gemische mit Mischungslücke ergeben sich auch hier durch einfache Umkehrung der Dampfdruckdiagramme. Solange die beiden flüssigen Phasen vorhanden sind, bleibt Siedetemperatur und Zusammensetzung des Dampfes konstant, und es ändert sich lediglich das Mengenverhältnis der beiden flüssigen Phasen, wobei eine oder beide Komponenten, je nachdem ob es sich um die Abb. 86 oder Abb. 87 entsprechenden Diagramme handelt, ausgetauscht werden, so daß das Verteilungsgleichgewicht ständig erhalten bleibt. Ist eine der flüssigen Phasen verbraucht, so verhält sich die andere bei weiterer Destillation wie jedes homogene Gemisch, d. h. Siedetemperatur und Zusammensetzung beider Phasen ändern sich kontinuierlich.

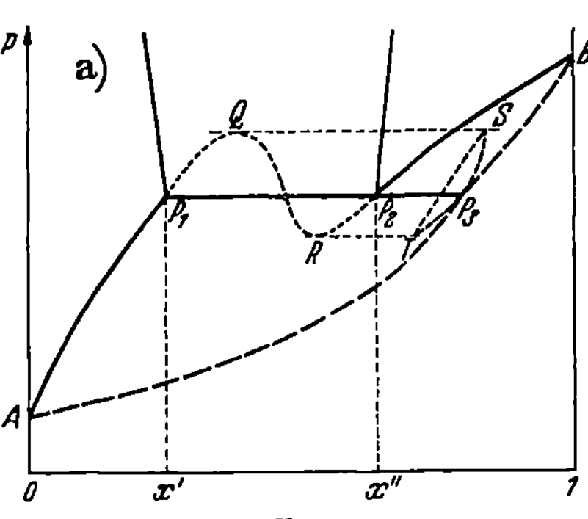
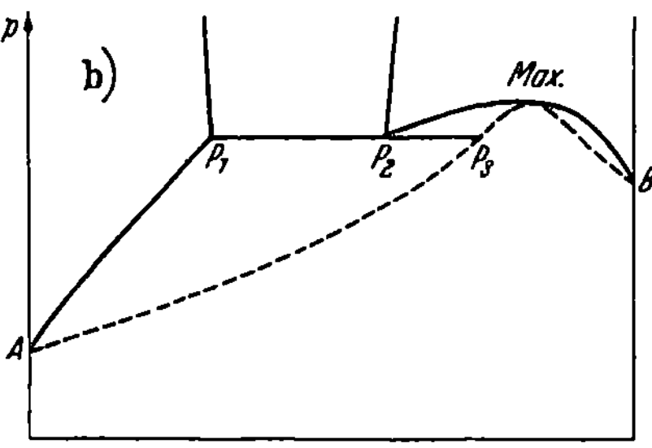
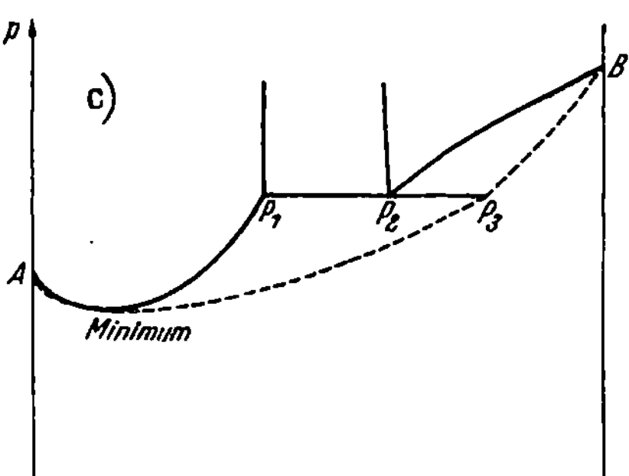

Abb. 87 a—c. Dampfdruckdiagramm binärer Systeme mit Mischungslücke (Dampfzusammensetzung außerhalb der Zusammensetzungen der flüssigen Phasen).

Wir betrachten schließlich noch den Fall, daß die beiden Komponenten vollständig unmischbar sind (Beispiel: Quecksilber—Wasser). Wie schon auf S. 192 bemerkt wurde, ist zwar eine vollständige

Unmischbarkeit zweier Flüssigkeiten thermodynamisch ausgeschlossen, dagegen sind natürlich die Fälle häufig, daß die gegenseitige Löslichkeit so gering ist, daß man von einer *praktisch* vollständigen Unmischbarkeit sprechen kann. Das bedeutet, daß die im Gleichgewicht befindlichen flüssigen Phasen äußerst verdünnte, d. h. praktisch ideale Lösungen der jeweiligen anderen Komponente darstellen, in denen die Aktivität der gelösten Komponente durch den Molenbruch ersetzt werden kann. Für diesen Fall lassen sich die Differentialgleichungen (II, 156) der Dampfdruckkurven wesentlich vereinfachen. Ersetzt man analog zu (15) $(\partial^2 \overline{G}/\partial x^2)'$ durch $R\,T/x'\,(1 - x')$, vernachlässigt das Molvolumen der flüssigen gegenüber dem der ebenfalls als ideal angenommenen gasförmigen Phase, so daß $V_0'' = V_0' = V''$, und ersetzt schließlich nach dem idealen Gasgesetz $R\,T/V''$ durch p, so wird aus (II, 156) analog zu (29)

$$\frac{1}{p} \cdot \frac{\partial p}{\partial x'} = \frac{x'' - x'}{x'\,(1 - x')} \tag{96a}$$

$$\frac{1}{p}\,\frac{\partial p}{\partial x''} = \frac{x'' - x'}{x''\,(1 - x'')} \;. \tag{96b}$$

Die letzte Gleichung gibt die Beziehung zwischen Druck und Zusammensetzung des Dampfes an. Für die an der Komponente 1 reiche flüssige Phase gilt, wenn $x' \to 0$

$$\int_{p_{01}}^{p} d \ln p = \int_{0}^{x''} \frac{d x''}{1 - x''}$$

oder
$$p\,(1 - x'') = p_{01}. \tag{97}$$

Das bedeutet, daß der Partialdruck des Stoffes 1 über der Mischung gleich dem Dampfdruck über dem reinen Stoff 1 ist. Entsprechend wird für die an der Komponente 2 reiche flüssige Phase, wenn $(1 - x') \to 0$

$$\int_{p_{02}}^{p} d \ln p = - \int_{1}^{x''} \frac{d x''}{x''} \quad \text{oder} \quad p\,x'' = p_{02}. \tag{98}$$

Addition beider Gleichungen ergibt

$$p = p_{01} + p_{02}, \tag{99}$$

d. h. der Dreiphasendruck ist in diesem Fall gleich der Summe der Dampfdrucke der beiden reinen Komponenten.

Auf dieser Gleichung beruht die „*Wasserdampfdestillation*" organischer in Wasser unlöslicher Stoffe. So geht z. B. ein Benzol (2)-Wasser-(1)-Gemisch bei einem äußeren Druck von 765 mm bei 69° C über. Bei dieser Temperatur ist $p_{01} = 225$ mm, $p_{02} = 540$ mm, im Gleichgewichtsdampf befinden sich demnach nach (97) bzw. (98) $x'' = 70$ Mol-% Benzol und $(1 - x'') = 30$ Mol-% Wasser, oder nach Gl. (I, 8) auf Gewichtsprozente umgerechnet 91 Gew.-% Benzol und 9 Gew.-% Wasser.

D. Dreistoffsysteme ohne Mischungslücke.

1. Verdampfungs- und Kondensationskurven.

Die wichtigsten Methoden zur graphischen Darstellung von Dampf-
und Flüssigkeitsgleichgewichten binärer Systeme sind das isotherme
Dampfdruck $(p\,x)$-Diagramm und das isobare Siede $(T\,x)$-Diagramm.
Sie liefern *Kurven*, aus denen man den Druck bzw. die Siedetemperatur
als Funktion der Zusammensetzung von Flüssigkeit und koexistentem
Dampf ablesen kann. In analoger Weise konstruiert man bei den entsprechenden ternären Gleichgewichten isotherme Dampfdruck $(p\,x_1\,x_2)$-
Diagramme und isobare Siede $(T\,x_1\,x_2)$-Diagramme, indem man den
Dampfdruck oder die Siedetemperatur senkrecht zum GIBBSschen Dreieck aufträgt. Man erhält so jeweils eine isotherme bzw. eine isobare
Flüssigkeits*fläche* und eine isotherme bzw. isobare Dampf*fläche*, je nachdem man p bzw. T über der Zusammensetzung der Flüssigkeit oder über
der Zusammensetzung des Dampfes aufträgt. Die isotherme Flüssig-
keits- und Dampffläche eines idealen ternären Systems wurde bereits
in Abb. 9 dargestellt; bei nichtidealen Systemen ist auch die Flüssigkeitsfläche keine Ebene mehr, sondern ebenfalls eine gekrümmte Fläche.
Die Schnittkurven dieser Flächen mit den Prismenseiten stellen wieder
die Dampfdruck- bzw. Siedediagramme der drei binären Gemische dar.
Über den drei Eckpunkten und bei binären azeotropen Punkten fallen
Dampffläche und Flüssigkeitsfläche zusammen, ebenso berühren sie sich
in ternären azeotropen Punkten. Im übrigen stellen je zwei Punkte
der beiden Flächen koexistente Phasen dar, die man sich durch Konnoden verbunden denken kann.

Zur Vereinfachung der räumlichen graphischen Darstellung denkt
man sich eine Reihe isobarer Schnittebenen im $p\,x_1\,x_2$-Diagramm bei
vorgegebener Temperatur bzw. isothermer Schnittebenen im $T\,x_1\,x_2$-
Diagramm bei vorgegebenem Druck parallel zur Dreiecksfläche gelegt
und ihre Schnittkurven mit Dampf- und Flüssigkeitsfläche auf das Dar-
stellungsdreieck projiziert. Man erhält so eine Reihe von zusammengehörigen Kurvenpaaren, die man als *Verdampfungs-* und *Kondensationskurven* bezeichnet, und die auch schon in Abb. 9 angedeutet sind.
Je ein solches Kurvenpaar gehört zu einem bestimmten Druck und einer
bestimmten Temperatur, es gibt somit eine einfache Unendlichkeit
flüssiger ternärer Gemische, die sich mit je einer zugehörigen Dampfphase im Gleichgewicht befinden. Diese einander zugeordneten Punkte
der beiden Kurven sind wieder durch Konnoden verbunden, die die
Projektionen der horizontalen Konnoden zwischen zusammengehörigen
Punkten der Dampf- und Flüssigkeitsfläche darstellen. Zwischen beiden
Kurven ist demnach das System instabil bzw. metastabil und zerfällt
in die beiden koexistenten Phasen.

Wie schon früher erwähnt wurde (vgl. S. 33), lassen sich derartige zusammengehörige Kurvenpaare auch als die auf die Dreiecksebene projizierten Konnodalkurven einer Fläche mit Falte auffassen. Trägt man die mittlere freie Enthalpie $\bar{G}$ bzw. die zugehörige freie Mischungsenthalpie $\Delta \bar{G} = R T \sum_i x_i \ln a_i$ bei konstantem p und T über dem Gibbsschen Dreieck auf, so besitzt die entstehende $\Delta \bar{G}$-Fläche bei einer einzigen stabilen Phase eine beutelförmige Gestalt und ist nach der Stabilitätsbedingung (II, 96 u. 97) überall konvex-konvex gegen die Dreiecksebene. Ebenso folgt aus (II, 70), daß die $\Delta \bar{G}$-Fläche nicht nur an den Ecken des Prismas, sondern auch an den Seiten mit unendlicher Tangente einmünden muß, da man z. B. Gemische aus A und B kleinen Mengen C gegenüber ebenso als Lösungsmittel auffassen kann, wie die reinen Komponenten A und B selbst[1]. Im Zweiphasengebiet durchdringen sich die $\Delta \bar{G}$-Flächen der beiden Phasen gegenseitig, so daß man eine gemeinsame Berührungsebene anlegen kann, deren Spurlinien beim Abrollen auf den $\Delta \bar{G}$-Flächen die Konnodalkurven darstellen. Ihre Projektion auf die Dreiecksebene liefert die oben definierten Verdampfungs- und Kondensationskurven. Die Form und Lage dieser Kurven hängt ebenso wie die Gestalt der Dampf- und Flüssigkeitsfläche von der Form der Dampfdruck- bzw. Siedepunktskurven der drei zugehörigen binären Systeme und weiterhin davon ab, ob im ternären System azeotrope Gemische auftreten oder nicht. Die verschiedenen Möglichkeiten sind eingehend von Schreinemakers (270) untersucht worden. Einige charakteristische Fälle unter den zahlreichen möglichen sind in Abb. 88a bis d zusammengestellt[2]. Dabei handelt es sich um Verdampfungs- und Kondensationsbänder bei konstanter Temperatur und verschiedenem, jedoch für jedes Kurvenpaar konstantem Druck.

Die verschiedenen in Abb. 88 dargestellten Fälle bedürfen kaum einer ins Einzelne gehenden Erläuterung. 88a stellt den einfachen Fall dar, wo in den binären Gemischen kein Extrem-Dampfdruck vorkommt, und wo $p_{0A} < p_{0B} < p_{0C}$. Der Streifen des heterogenen Gebietes wandert mit zunehmendem Druck von der Stelle des niedrigsten Drucks p_{0A} zur Stelle des höchsten Druckes p_{0C}. Unterhalb von p_{0A} ist das System vollkommen gasförmig, oberhalb von p_{0C} vollkommen flüssig. Für den jeweils gegebenen konstanten Druck ist die Fläche zwischen A und der Verdampfungskurve das Existenzgebiet homogener flüssiger, die Fläche zwischen der Kondensationskurve und C das Existenzgebiet homogener gasförmiger Phasen, zwischen beiden Kurven ist das System metastabil bzw. instabil und zerfällt in zwei koexistente Phasen. Das metastabile und instabile Gebiet ließe sich auch hier durch zwei zwischen Verdampfungs- und Kondensationskurve liegende spinodale Kurven abgrenzen.

In Abb. 88b ist der Fall wiedergegeben, daß in dem binären System BC ein azeotropes Gemisch mit Maximumdampfdruck vorliegt, und

---

Dadurch unterscheiden sich die $\Delta \bar{G}$-Flächen von den Dampf- und Flüssigkeitsflächen der Abb. 9, die sowohl an den Ecken wie an den Seiten des Prismas mit endlicher Tangente einmünden.

[2] Weitere Einzelheiten siehe bei Roozeboom (245) und Kuenen (161).

daß $p_{0A} < p_{0B} < p_{0C} < p_{az}$. Dann wandert in analoger Weise das heterogene Band zwischen Verdampfungs- und Kondensationskurve mit wachsendem p von der Stelle des kleinsten Drucks p_{0A} bis zur Stelle des größten Druckes p_{az} ; bei noch höheren Drucken ist das System wieder vollkommen flüssig.

Abb. 88c stellt den Fall dar, daß $p_{0A} < p_{0B} < p_{az} < p_{0C}$, so daß unterhalb von p_{az} zwei getrennte, von A bzw. B ausgehende Bänder exi-

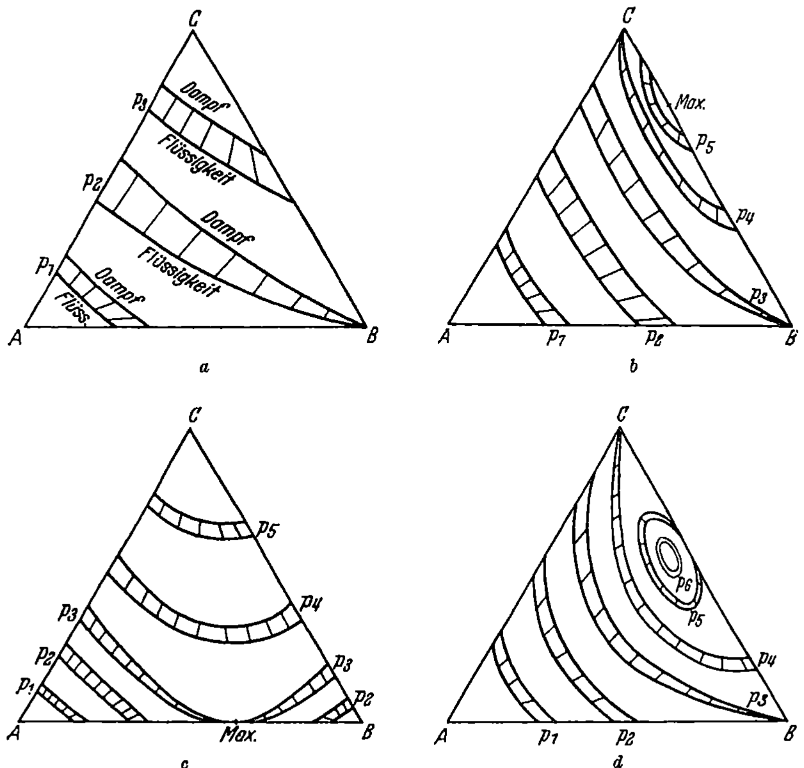

Abb. 88 a, b, c u. d. Verdampfungs- und Kondensationskurven von homogenen Dreistoffsystemen bei konstanter Temperatur und verschiedenen Drucken als Parameter.

stieren, die bei p_{az} verschmelzen und sich mit weiter zunehmendem Druck gegen C bewegen.

Besitzt das System außerdem einen ternären azeotropen Punkt mit maximalem Dampfdruck, so daß $p_{0A} < p_{0B} < p_{0C} < p_{az\ bin} < p_{az\ tern}$, so löst sich das heterogene Band bei Drucken oberhalb von $p_{az\ bin}$ von den Koordinatenachsen los und bildet geschlossene ringförmige Flächen, die sich mit weiter steigendem Druck zusammenziehen und bei $p_{az\ tern}$ zu einem Punkt zusammenfallen, in dem sich Siedefläche und Kondensationsfläche gerade berühren. Dasselbe tritt auch ein, wenn zwei oder drei binäre azeotrope Maxima vorliegen, wobei Kurventypen auftreten, die sich aus einer Kombination von (88c) und (88d) ergeben. Analoges gilt, wenn Azeotrope mit Minimumdampfdruck vorhanden sind, mit dem Unterschied, daß sich die heterogenen Bänder dann mit steigendem Druck in umgekehrter Richtung bewegen, so daß diese Fälle nicht im einzelnen betrachtet werden brauchen.

Im *kritischen Gebiet* treten auch hier ähnliche Erscheinungen auf, wie sie schon beim $\overline{V}\,x$- oder $p\,x$-Diagramm binärer Systeme beschrieben wurden (vgl. Abb. 67 u. 71). Mit zunehmender Temperatur zieht sich die Falte der $\varDelta\,\overline{G}$-Fläche mehr und mehr zusammen, die beiden Zweige

Abb. 89a u. b. Kritische Kurven erster und zweiter Ordnung in ternären Systemen. $T_{A\,k} > T_{B\,k} > T_{C\,k}.$ a) $T_{A\,k} > T > T_{B\,k}$ b) $T_{B\,k} > T > T_{C\,k}.$

der Konnodalkurve nähern sich einander und fallen schließlich in einem Punkt zusammen. In diesem Gebiet kann sich demnach das heterogene Band zwischen Verdampfungs- und Kondensationskurve bei konstantem T und steigendem Druck entweder von einer Dreiecksseite ablösen oder auch irgendwo in der Mitte in zwei geschlossene Schleifen aufspalten. Von den zahlreichen Fällen (*161*) ist in Abb. 89 der einfachste schematisch dargestellt, daß die binären Gemische keine Extrempunkte besitzen. Es ist angenommen, daß die kritischen Temperaturen der reinen Komponenten der Ungleichung $T_{A\,k} > T_{B\,k} > T_{C\,k}$ gehorchen. Liegt die gewählte konstante Temperatur zwischen $T_{A\,k}$ und $T_{B\,k}$, so löst sich die Konnodalkurve von der Seite AB des Dreiecks ab und wandert mit zunehmendem Druck gegen die AB-Seite. Der kritische Punkt C der Schleife durchläuft dabei eine „kritische Kurve erster Ordnung", die dem kritischen Punkt erster Ordnung in Abb. 71 beim binären System entspricht. Außerdem gibt es in Analogie zum kritischen Punkt zweiter Ordnung C' (vgl. S. 238) bei binären Systemen hier eine „kritische Kurve zweiter Ordnung", die die verschiedenen Konnodalschleifen eben berührt. Die zwischen beiden kritischen Kurven liegenden Gemische zeigen auch hier die Erscheinung der retrograden Kondensation (vgl. S. 228).

Liegt die gewählte konstante Temperatur zwischen T_{Bk} und T_{Ck}, so löst sich die Konnodalkurve bei einem bestimmten Druck von der Seite BC des Dreiecks ab, im übrigen bleiben die Erscheinungen analog.

2. Koexistenzgleichung der Flüssigkeits- und Dampffläche.

Die Differentialgleichungen der isothermen und isobaren Flüssigkeits- bzw. Dampffläche ergeben sich unmittelbar aus den Koexistenzgleichungen (II, 170 bzw. 171) ternärer Systeme, wenn man einmal $dT = 0$ und einmal $dp = 0$ setzt. Wie schon S. 53 gezeigt wurde, gilt auch für ternäre Systeme die erste KONOWALOWsche Regel, d. h. bei gleicher Zusammensetzung beider Phasen ($x_1'' = x_1'$ und $x_2'' = x_2'$), hat der Dampfdruck bzw. die Siedetemperatur einen Extremwert [$(\partial p/\partial x_1')$ $= (\partial p/\partial x_2') = 0$ bzw. $(\partial T/\partial x_1') = (\partial T/\partial x_2') = 0$]. Da es sich hier um Extremwerte einer Fläche handelt (zwei unabhängige Variable), kann ein solcher azeotroper Punkt ein Maximum, ein Minimum oder ein Sattelpunkt sein. Wie ebenfalls schon S. 53 erwähnt ist, sinkt auch bei ternären Systemen der Dampfdruck der Flüssigkeit monoton ab, wenn man den Dampf laufend entfernt (einfache Destillation). Gleichung (II, 174) bedeutet, daß bei Druckerhöhung oder -erniedrigung Verdampfungskurve und Kondensationskurve in den Abb. 88 einander stets nachlaufen. Dagegen lassen sich, wie ebenfalls schon betont wurde, die zweite und dritte KONOWALOWsche Regel nicht ohne weiteres auf ternäre Systeme übertragen.

Man übersieht dies leichter, wenn man auch in diesem Fall, wie bei binären Dampfdruckgleichgewichten, die *Aktivitätskoeffizienten* bzw. die *relativen Flüchtigkeiten* in die Koexistenzgleichungen (II, 171) einführt (100). Betrachten wir wieder die Molenbrüche der Komponenten 1 und 2 als die unabhängigen Variablen, so daß $x_3' = 1 - x_1' - x_2'$ und $x_3'' = 1 - x_1'' - x_2''$, und setzen voraus, daß partielle Änderungen dieser Variablen stets auf Kosten der Komponente 3 stattfinden, so gilt nach (II, 30)

$$\left(\frac{\partial^2 \bar{G}}{\partial x_1^2}\right)' = \frac{\partial \mu_1}{\partial x_1'} - \frac{\partial \mu_3}{\partial x_1'} \; ; \qquad \left(\frac{\partial^2 G}{\partial x_2^2}\right)' = \frac{\partial \mu_2}{\partial x_2'} - \frac{\partial \mu_3}{\partial x_2'} \; ;$$

$$\left(\frac{\partial^2 \bar{G}}{\partial x_1 \partial x_2}\right)' = \left(\frac{\partial^2 \bar{G}}{\partial x_2 \partial x_1}\right)' = \frac{\partial \mu_1}{\partial x_2'} - \frac{\partial \mu_3}{\partial x_2'} = \frac{\partial \mu_2}{\partial x_1'} - \frac{\partial \mu_3}{\partial x_1'} \; . \tag{100}$$

Mit der Zerlegung der chemischen Potentiale nach (II, 16 u. 20)

$$\mu_i = \mu_i + RT \ln x_i + RT \ln f_i$$

folgt analog zu (V, 6)

$$\left(\frac{\partial^2 \bar{G}}{\partial x_1^2}\right)' = R\,T\left[\frac{1 - x_2'}{x_1'\,(1 - x_1' - x_2')} + \frac{\partial \ln (f_1/f_3)}{\partial x_1'}\right] \tag{101a}$$

$$\left(\frac{\partial^2 \bar{G}}{\partial x_2^2}\right)' = R\,T\left[\frac{1 - x_1'}{x_2'\,(1 - x_1' - x_2')} + \frac{\partial \ln (f_2/f_3)}{\partial x_2'}\right] \tag{101b}$$

$$\left(\frac{\partial^2 \bar{G}}{\partial x_1\,\partial x_2}\right)' = \left(\frac{\partial^2 \bar{G}}{\partial x_2\,\partial x_1}\right)' = R\,T\left[\frac{1}{1 - x_1' - x_2'} + \frac{\partial \ln (f_1/f_3)}{\partial x_2'}\right]$$

$$= R\,T\left[\frac{1}{1 - x_1' - x_2'} + \frac{\partial \ln (f_2/f_3)}{\partial x_1'}\right]. \tag{101c}$$

Die relativen Flüchtigkeiten werden analog zu (25) folgendermaßen definiert:

$$\alpha_{13} \equiv \frac{x_1''\,(1 - x_1' - x_2')}{x_1'\,(1 - x_1'' - x_2'')} = \frac{f_1\,p_{01}}{f_3\,p_{03}} \tag{102a}$$

$$\alpha_{23} \equiv \frac{x_2''\,(1 - x_1' - x_2')}{x_2'\,(1 - x_1'' - x_2'')} = \frac{f_2\,p_{02}}{f_3\,p_{03}}\;; \quad \alpha_{12} = \frac{\alpha_{13}}{\alpha_{23}}. \tag{102b}$$

Daraus folgt

$$\frac{\partial \ln (f_i/f_k)}{\partial x_j} = \frac{\partial \ln \alpha_{ik}}{\partial x_j}. \tag{103}$$

Um zu übersehen, wie sich der Dampfdruck bzw. der Siedepunkt einer ternären Mischung bei Zugabe einer Komponente (z. B. der Komponente 1) ändert, muß man noch in Gl. (II, 171 a) $d\,x_2'$ durch $d\,x_1'$ ausdrücken. Gibt man die Komponente 1 zu, so bleibt das Verhältnis $x_2'/(1 - x_1' - x_2')$ konstant, d. h. der Punkt im GIBBSschen Dreieck, der die Zusammensetzung der ternären Mischung darstellt, bewegt sich auf der Geraden $A\,X$ (Abb. 2b):

$$\frac{x_2'}{1 - x_1' - x_2'} = \frac{x_0}{1 - x_0}. \tag{104}$$

x_0 bedeutet den Molenbruch der Komponente 2 in dem binären Gemisch von 2 und 3 (in Abb. 2b die Strecke $B\,X$). Aus (104) ergibt sich

$$x_2' = (1 - x_1')\,x_0; \quad d\,x_2' = -\,x_0\,d\,x_1'. \tag{105}$$

Setzt man die Gln. (101) und (103) bis (105) in die Koexistenzgleichung (II, 171 a) ein, so erhält man

$$\frac{1}{R\,T}\,(V_0'\,dp - S_0'\,dT) = \left[(x_1'' - x_1')\left(\frac{1}{x_1'\,(1 - x_1')} + \frac{\partial \ln \alpha_{13}}{\partial x_1'} - x_0\,\frac{\partial \ln \alpha_{23}}{\partial x_1'}\right)\right.$$

$$\left. + (x_2'' - x_2')\left(\frac{\partial \ln \alpha_{23}}{\partial x_1'} - x_0\,\frac{\partial \ln \alpha_{23}}{\partial x_2'}\right)\right] d\,x_1'. \tag{106}$$

Aus dieser Gleichung ergibt sich die isotherme Dampfdruckänderung $(\partial p/\partial x_1')_T$ bzw. die isobare Siedepunktsänderung $(\partial T/\partial x_1')_p$ bei Zugabe der Komponente 1 zu einem ternären Gemisch gegebener Zusammensetzung. V_0' und S_0' sind auch hier bei genügendem Abstand vom kritischen Gebiet stets positiv, wie aus (II, 172) hervorgeht, dagegen läßt sich über das Vorzeichen der eckigen Klammer keine Voraussage machen, weil die Ableitungen von α_{13} und α_{23} nach x_1' und x_2' sowohl positiv wie negativ sein können, und ihre Absolutbeträge ebenfalls nur experimentell zugänglich sind. Das Vorzeichen von $(\partial p/\partial x_1')_T$ und $(x_1'' - x_1')$ kann deshalb auch verschieden sein im Gegensatz zum Verhalten binärer Systeme, d. h. die zweite Konowalowsche Regel gilt nicht[1], außer bei idealen Gemischen, für die α_{13} und α_{23} konstant und ihre Ableitungen deshalb Null sind. Für letztere geht (106), indem man gleichzeitig analog zu (28) $V_0' = V'' = RT/p$ setzt, über in

$$\frac{1}{p}\left(\frac{\partial p}{\partial x_1'}\right)_T = \frac{x_1'' - x_1'}{x_1'\,(1 - x_1')}, \qquad (107)$$

hier ist also die zweite Konowalowsche Regel gültig.

Für die *Dampffläche* ergibt eine analoge Rechnung, falls man für den Dampf das ideale Gasgesetz als gültig annimmt

$$\frac{1}{RT}\,(V_0''\,dp - S_0''\,dT) = \frac{x_1'' - x_1'}{x_1''\,(1 - x_1'')}\,dx_1'', \qquad (108)$$

und für konstante Temperatur

$$\frac{1}{p}\left(\frac{\partial p}{\partial x_1''}\right)_T = \frac{x_1'' - x_1'}{x_1''\,(1 - x_1'')}. \qquad (109)$$

was der Gl. (29b) bei binären Systemen entspricht. Für *ideale* Gemische gilt also auch die dritte Konowalowsche Regel, d. h. $(\partial p/\partial x_1')$ und $(\partial p/\partial x_1'')$ haben das gleiche Vorzeichen.

Man kann ferner in der allgemeinen Koexistenzgleichung (II, 171a) die Molenbrüche x_1'' und x_2'' eliminieren und gelangt so zu einer Beziehung, die der Gl. (29) für binäre Systeme entspricht (*100*). Aus den Gln. (102) erhält man

$$\frac{x_1'' - x_1'}{x_1'} = \frac{(1 - x_1')\,(\alpha_{13} - 1) - x_2'\,(\alpha_{23} - 1)}{1 + x_1'\,(\alpha_{13} - 1) + x_2'\,(\alpha_{23} - 1)} \qquad (110a)$$

$$\frac{x_2'' - x_2'}{x_2'} = \frac{(1 - x_2')\,(\alpha_{23} - 1) - x_1'\,(\alpha_{23} - 1)}{1 + x_1'\,(\alpha_{13} - 1) + x_2'\,(\alpha_{23} - 1)}. \qquad (110b)$$

Setzt man dies nebst den Gln. (101) in die Koexistenzgleichung (II, 171a) ein, so erhält man

$$\frac{1}{RT}\,(V_0'\,dp - S_0'\,dT)$$

$$= \frac{(\alpha_{13} - 1)\left[1 + x_1'(1 - x_1')\dfrac{\partial \ln \alpha_{13}}{\partial x_1'} - x_1' x_2'\dfrac{\partial \ln \alpha_{23}}{\partial x_2'}\right] + (\alpha_{23} - 1)\left[x_2'(1 - x_2')\dfrac{\partial \ln \alpha_{13}}{\partial x_2'} - x_1' x_2'\dfrac{\partial \ln \alpha_{13}}{\partial x_1'}\right]}{1 + x_1'\,(\alpha_{13} - 1) + x_2'\,(\alpha_{23} - 1)}\,dx_1'$$

$$+ \frac{(\alpha_{13} - 1)\left[x_1'(1 - x_1')\dfrac{\partial \ln \alpha_{23}}{\partial x_1'} - x_1' x_2'\dfrac{\partial \ln \alpha_{23}}{\partial x_2'}\right] + (\alpha_{23} - 1)\left[1 + x_2'(1 - x_2')\dfrac{\partial \ln \alpha_{23}}{\partial x_2'} - x_1' x_2'\dfrac{\partial \ln \alpha_{23}}{\partial x_1'}\right]}{1 + x_1'\,(\alpha_{13} - 1) + x_2'\,(\alpha_{23} - 1)}\,dx_2'. \qquad (111a)$$

---

[1] Wie Reinders und Minjer (*242*) beobachtet haben, fällt tatsächlich der Siedepunkt des *Destillats* bei der „einfachen Destillation" (vgl. S. 280) eines heterogenen Gemisches Wasser-Aceton-Chloroform in einem bestimmten Konzentrationsbereich. Mit dem Fallen des Siedepunkts des Destillats bei der Rektifikation (vgl. S. 312) steht dies nicht in unmittelbarem Zusammenhang.

Mit $dT = 0$ bzw. $dp = 0$ ergibt sich die Differentialgleichung der isothermen bzw. der isobaren *Flüssigkeitsfläche*. Für ideale Systeme, für die α_{13} und α_{23} konstant sind, vereinfacht sich (111a) zu

$$\frac{1}{RT}\,(V_0'\,dp - S_0'\,dT)$$
$$= \frac{\alpha_{13} - 1}{1 + x_1'(\alpha_{13} - 1) + x_2'(\alpha_{23} - 1)}\,dx_1' + \frac{\alpha_{23} - 1}{1 + x_1'(\alpha_{13} - 1) + x_2'(\alpha_{23} - 1)}\,dx_2', \tag{112}$$

was bei konstanter Temperatur ($dT = 0$) mit (107) identisch ist, wie man leicht nachrechnet.

Um die Differentialgleichung der isothermen bzw. isobaren *Dampffläche* abzuleiten, muß man analog in (II, 171 b) die Molenbrüche x_1' und x_2' eliminieren und erhält entsprechend den Gln. (110)

$$\frac{x_1'' - x_1'}{x_1''} = \frac{\left(\dfrac{1}{\alpha_{13}} - 1\right)(x_1'' - 1) + x_2''\left(\dfrac{1}{\alpha_{23}} - 1\right)}{1 + x_2''\left(\dfrac{1}{\alpha_{13}} - 1\right) + x_2''\left(\dfrac{1}{\alpha_{23}} - 1\right)} \tag{113a}$$

$$\frac{x_2'' - x_2'}{x_2''} = \frac{\left(\dfrac{1}{\alpha_{23}} - 1\right)(x_2'' - 1) + x_1''\left(\dfrac{1}{\alpha_{23}} - 1\right)}{1 + x_1''\left(\dfrac{1}{\alpha_{13}} - 1\right) + x_2''\left(\dfrac{1}{\alpha_{23}} - 1\right)}. \tag{113b}$$

Damit ergibt sich aus der Koexistenzgleichung (II, 171 b) bei idealer Dampfphase

$$\frac{1}{RT}\,(V_0''\,dp - S_0''\,dT) = \frac{\alpha_{13} - 1}{\alpha_{13} + x_1''(1 - \alpha_{13}) + x_2''\left(\dfrac{\alpha_{13}}{\alpha_{23}} - \alpha_{13}\right)} \cdot dx_1''$$
$$+ \frac{\alpha_{23} - 1}{\alpha_{23} + x_1''\left(\dfrac{\alpha_{23}}{\alpha_{13}} - \alpha_{23}\right) + x_2''(1 - \alpha_{23})}\,dx_2''. \tag{111b}$$

Mit $dT = 0$ bzw. $dp = 0$ ist dies die Differentialgleichung der isothermen bzw. isobaren *Dampffläche*; (111b) ist mit (108) identisch.

Setzt man $dp = 0$ und $dT = 0$, so erhält man aus (111a) die Differentialgleichung der *Verdampfungskurven* (vgl. S. 265), aus der entsprechenden Gl. (111b) für die Dampffläche die Differentialgleichung der *Kondensationskurven*. Für ein ideales ternäres Gemisch ergibt sich die Gleichung der Verdampfungskurven aus (112a) zu

$$\left(\frac{\partial x_2'}{\partial x_1'}\right)_{p,\,T} = \frac{\alpha_{13} - 1}{1 - \alpha_{23}} = \frac{p_{01} - p_{03}}{p_{03} - p_{02}}, \tag{114a}$$

die Gleichung der Kondensationskurven aus (111b) zu

$$\left(\frac{\partial x_2''}{\partial x_1''}\right)_{p,\,T} = \frac{1 - \dfrac{1}{\alpha_{23}}}{1 - \dfrac{1}{\alpha_{13}}} = \frac{p_{01}(p_{02} - p_{03})}{p_{02}(p_{03} - p_{01})}. \tag{114b}$$

Da bei idealen Gemischen die relativen Flüchtigkeiten konzentrationsunabhängig sind, sind die Verdampfungs- und Kondensationskurven Geraden, wie schon aus Abb. 9 hervorgeht.

Mit Hilfe der Gl. (111a) lassen sich die Eigenschaften der Flüssigkeitsfläche in analoger Weise für einzelne Punkte untersuchen wie die Eigenschaften der Dampfdruckkurve binärer Systeme (S. 233 ff.). In der Umgebung der Eckpunkte des GIBBSschen Dreiecks gelten die Gesetze der idealen verdünnten Lösungen, sie sind z. B. für die Komponente 3 als „Lösungsmittel" durch die Gln. (III, 110) gegeben. Aus ihnen und den Gln. (102) ergibt sich für die Grenzwerte der relativen Flüchtigkeiten

$$\lim_{x_3' \to 1} \alpha_{13} = \frac{k_{13}}{p_{03}} \equiv \alpha_{13}^{(0)} \; ; \quad \lim_{x_3' \to 1} \alpha_{23} = \frac{k_{23}}{p_{03}} \equiv \alpha_{23}^{(0)} \tag{115}$$

Für den gleichen Punkt ($x_1' \to 0$; $x_2' \to 0$; $1 - x_1' - x_2' \to 1$) folgt aus (111a)

$$\frac{1}{RT}(V_0' \, dp - S_0' \, dT) = (\alpha_{13}^{(0)} - 1)\, dx_1' + (\alpha_{23}^{(0)} - 1)\, dx_2'. \tag{116}$$

Setzt man analog zu (28) und (71)

$$\frac{RT}{V_0'} = \frac{RT}{v'' - v'} \cong \frac{RT}{v''} = p = p_{03} \tag{117}$$

und

$$\frac{S_0'}{RT} = \frac{S'' - S'}{RT_3} = \frac{L_3}{RT_3^2}, \tag{118}$$

wobei L_3 und T_3 Verdampfungswärme und Siedepunkt der Komponente 3 bedeuten, so erhält man aus (116) für die Grenzneigungen der Flüssigkeitsfläche in den Prismenseiten, d. h. für die Steigungen der Dampfdruck- bzw. Siedekurven der binären Gemische 1,3 und 2,3 im Eckpunkt 3 [identisch mit (32) und (73) für das binäre Gemisch 1,2]:

$$\lim_{x_3' \to 1} \left(\frac{\partial p}{\partial x_1'}\right) = p_{03}(\alpha_{13}^{(0)} - 1) \; ; \quad \lim_{x_3' \to 1} \left(\frac{\partial p}{\partial x_2'}\right) = p_{03}(\alpha_{23}^{(0)} - 1) \tag{119}$$

$$\lim_{x_3' \to 1} \left(\frac{\partial T}{\partial x_1'}\right) = \frac{RT_3^2}{L_3}(1 - \alpha_{13}^{(0)}); \quad \lim_{x_3' \to 1} \left(\frac{\partial T}{\partial x_2'}\right) = \frac{RT_3^2}{L_3}(1 - \alpha_{23}^{(0)}). \tag{120}$$

Für einen *binären azeotropen Punkt* im System 1,3 (z. B. im Punkt M in Abb. 2b) gilt $x_2' = 0$; $x_1' = x_{az}$; $\alpha_{13} = 1$; $\alpha_{23} = \alpha_{23}^{(az)}$. Damit erhält man aus (111a)

$$\frac{1}{RT}(V_0' \, dp - S_0' \, dT) = \left(\alpha_{23}^{(az)} - 1\right) dx_2'.$$

Mit den zu (117) und (118) analogen Vereinfachungen wird

$$\left(\frac{\partial p}{\partial x_2'}\right)_{az} = p_{az}\left(\alpha_{23}^{(az)} - 1\right) \tag{121}$$

$$\left(\frac{\partial T}{\partial x_2'}\right)_{az} = \frac{RT_{az}^2}{L_{az}}\left(1 - \alpha_{23}^{(az)}\right), \tag{122}$$

worin $\bar{L}_{az}$ die mittlere molare Verdampfungswärme des azeotropen Gemisches bei der Extremtemperatur T_{az} darstellt. Die Gln. (121) und (122) geben die Grenzneigungen der Flüssigkeitsfläche im azeotropen Punkt des binären Gemisches 1,3 an (in Abb. 2b die Grenzneigungen im Punkt M einer Schnittkurve, die die Flüssigkeitsfläche mit einer auf PM senkrecht stehenden Ebene erzeugt).

3. Ternäre azeotrope Punkte.

Ein ternärer azeotroper Punkt M in einem Dampf-Flüssigkeitsgleichgewicht ist dadurch gekennzeichnet, daß die isotherme Dampf- und Flüssigkeitsfläche im $p\,x_1\,x_2$-Diagramm sich in M berühren; das gleiche

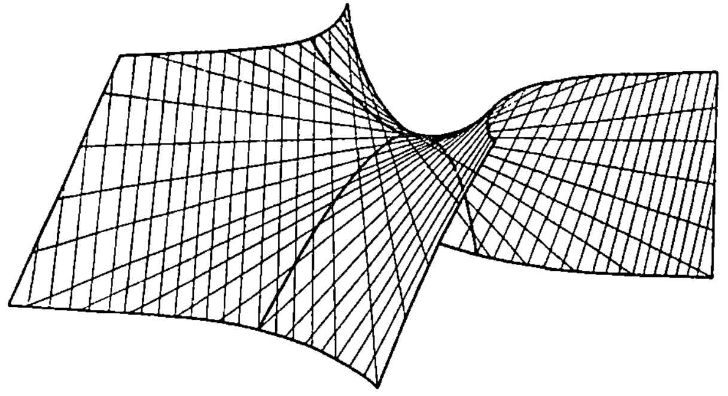

Abb. 90. Beispiel einer Sattelfläche.

gilt für die isobare Dampf- und Flüssigkeitsfläche im $T x_1 x_2$-Diagramm. Einem Maximum in den Dampfdruckflächen entspricht ein Minimum in den Siedeflächen und umgekehrt, analog wie bei den entsprechenden Kurven in binären Systemen. Außerdem kann es sich bei einem solchen Extrempunkt noch um einen sog. Sattelpunkt handeln; das Beispiel einer Sattelfläche ist in Abb. 90 wiedergegeben.

Experimentell sind sowohl ternäre Siedepunktsminima bzw. Dampfdruckmaxima wie (einige wenige) Sattelpunkte gefunden worden[1], für ternäre Siedepunktsmaxima bzw. Dampfdruckminima gibt es bisher kein Beispiel. Ferner hat sich gezeigt, daß aus binären azeotropen Punkten nicht ohne weiteres auf das Vorhandensein eines ternären Extrempunktes geschlossen werden kann (69). So zeigen selbst Systeme mit drei binären Siedepunktsminima keineswegs immer auch ein ternäres Minimum. Wegen der Wichtigkeit azeotroper Punkte für die Rektifikation (vgl. S. 321 ff.) ist es deshalb von Bedeutung, daß sich die Bedingungen für das Auftreten ternärer Extrempunkte in ähnlicher

---

[1] Zusammenstellungen von Daten über azeotrope Punkte in binären und ternären Systemen geben LÉCAT (173) und HORSLEY (121).

Weise thermodynamisch ableiten lassen wie in Kapitel V die Bedingungen für das Auftreten geschlossener Mischungslücken bzw. kritischer Punkte zweiter Ordnung (vgl. S. 215).

In ternären Extrempunkten sind die Zusammensetzungen von Dampf und Flüssigkeit identisch, d. h. es gilt $x_1' = x_1''$ und $x_2' = x_2''$. Daraus folgt für die durch (102) definierten relativen Flüchtigkeiten in solchen Punkten

$$\alpha_{13} = 1; \quad \alpha_{23} = 1, \tag{123}$$

und mittels der Koexistenzgleichung (111a)

$$\left(\frac{\partial p}{\partial x_1'}\right)_T = \left(\frac{\partial p}{\partial x_2'}\right)_T = 0 \quad \text{bzw.} \quad \left(\frac{\partial T}{\partial x_1'}\right)_p = \left(\frac{\partial T}{\partial x_2'}\right)_p = 0 \,. \tag{124}$$

Ein allgemeines Kriterium, ob es sich z. B. bei einem Dampfdruckextremwert um ein Maximum, ein Minimum oder einen Sattelpunkt handelt, könnte demnach durch die zweiten Ableitungen nach x_1' und x_2' gewonnen werden. Eine elegantere Methode hat neuerdings HAASE (*101*) angegeben. Sie beruht darauf, das Verhältnis p/p_M in der unmittelbaren Umgebung des Extrempunktes als Funktion der Molenbrüche und der Aktivitätskoeffizienten bzw. der relativen Flüchtigkeiten darzustellen. Ist überall $(p/p_M) > 1$, so liegt ein Minimum, ist überall $(p/p_M) < 1$, so liegt ein Maximum, ist p/p_M teils > 1, teils < 1, so liegt ein Sattelpunkt vor.

Der Gesamtdruck der ternären Mischung läßt sich nach (III, 86) berechnen aus

$$p_i = p\, x_i'' = p_{0i}\, x_i'\, f_i.$$

Für $i = 3$ folgt z. B.
$$p = \frac{1 - x_1' - x_2'}{1 - x_1'' - x_2''}\, p_{03}\, f_3. \tag{125}$$

Einführung der relativen Flüchtigkeiten mittels (102) ergibt

$$\frac{1 - x_1' - x_2'}{1 - x_1'' - x_2''} = 1 + x_1'\,(\alpha_{13} - 1) + x_2'\,(\alpha_{23} - 1). \tag{126}$$

Um auch f_3 durch die relativen Flüchtigkeiten auszudrücken, setzt man nach (II, 41)

$$x_1' \ln f_1 + x_2' \ln f_2 + (1 - x_1' - x_2') \ln f_3 = \frac{\Delta \bar{G}^E}{RT} \equiv \varphi. \tag{127}$$

Aus (127) und (102) folgt

$$\ln f_3 = \varphi - x_1' \ln \alpha_{13} - x_2' \ln \alpha_{23} + x_1' \ln \frac{p_{01}}{p_{03}} + x_2' \ln \frac{p_{02}}{p_{03}}$$
$$= \varphi - x_1' \ln \frac{f_1}{f_3} - x_2' \ln \frac{f_2}{f_3} \,. \tag{128}$$

Setzt man (126) und (128) in (125) ein, so wird
$$\ln p = \ln\left[1 + x_1'\,(\alpha_{13} - 1) + x_2'\,(\alpha_{23} - 1)\right] - x_1' \ln \alpha_{13} - x_2' \ln \alpha_{23} + \psi, \tag{129}$$

worin
$$\psi \equiv \varphi + x_1' \ln p_{01} + x_2' \ln p_{02} + (1 - x_1' - x_2') \ln p_{03}. \tag{130}$$

Für $\alpha_{13} = \alpha_{23} = 1$, d. h. im Extrempunkt wird nach (129)

$$\ln p_M = \psi_M, \tag{131}$$

wenn ψ_M der Wert für ψ bei $x'_1 = x'_{1M}$ und $x'_2 = x'_{2M}$ ist. Aus (129) und (131) ergibt sich bereits das gewünschte Verhältnis p/p_M. Man kann dieses noch vereinfachen, indem man für die unmittelbare Umgebung des azeotropen Punktes, wo $\alpha_{13} \cong 1$ und $\alpha_{23} \cong 1$, näherungsweise setzt

$$\alpha_{13} - 1 \cong \ln \alpha_{13} \quad \text{und} \quad \alpha_{23} - 1 \cong \ln \alpha_{23}.$$

Damit vereinfacht sich (129) zu

$$\ln p = \ln [1 + x'_1 \ln \alpha_{13} + x'_2 \ln \alpha_{23}] - x'_1 \ln \alpha_{13} - x'_2 \ln \alpha_{23} + \psi$$
$$\cong x'_1 \ln \alpha_{13} + x'_2 \ln \alpha_{23} - x'_1 \ln \alpha_{13} - x'_2 \ln \alpha_{23} + \psi = \psi, \tag{132}$$

und man erhält aus (131) und (132) für die unmittelbare Umgebung des azeotropen Punktes

$$\ln \frac{p}{p_M} = \psi - \psi_M. \tag{133}$$

Entwickelt man ψ in eine TAYLORsche Reihe und bricht nach dem zweiten Gliede ab, so wird

$$\psi = \psi_M + (x'_1 - x'_{1M}) \frac{\partial \psi_M}{\partial x'_1} + (x'_2 - x'_{2M}) \frac{\partial \psi_M}{\partial x'_2} \tag{134}$$
$$+ \frac{1}{2} \left[(x'_1 - x'_{1M})^2 \frac{\partial^2 \psi_M}{\partial x'^2_1} + 2 (x'_1 - x'_{1M})(x'_2 - x'_{2M}) \frac{\partial^2 \psi_M}{\partial x'_1 \partial x'_2} + (x'_2 - x'_{2M})^2 \frac{\partial^2 \psi_M}{\partial x'^2_2} \right]$$

Die Ableitungen von ψ ergeben sich aus (130) zu

$$\frac{\partial \psi}{\partial x'_1} = \frac{\partial \varphi}{\partial x'_1} + \ln \frac{p_{01}}{p_{03}}; \quad \frac{\partial \psi}{\partial x'_2} = \frac{\partial \varphi}{\partial x'_2} + \ln \frac{p_{02}}{p_{03}}; \tag{135}$$

$$\frac{\partial^2 \psi}{\partial x'^2_1} = \frac{\partial^2 \varphi}{\partial x'^2_1}; \quad \frac{\partial^2 \psi}{\partial x'^2_2} = \frac{\partial^2 \varphi}{\partial x'^2_2}; \quad \frac{\partial^2 \psi}{\partial x'_1 \partial x'_2} = \frac{\partial^2 \varphi}{\partial x'_1 \partial x'_2}. \tag{136}$$

Mit der GIBBS-DUHEMschen Gleichung (II, 22) ergibt sich aus (127) und (102)

$$\frac{\partial \varphi}{\partial x'_1} = \ln \frac{f_1}{f_3} = \ln \alpha_{13} - \ln \frac{p_{01}}{p_{03}}; \quad \frac{\partial \varphi}{\partial x'_2} = \ln \frac{f_2}{f_3} = \ln \alpha_{23} - \ln \frac{p_{02}}{p_{03}}; \tag{137}$$

$$\frac{\partial^2 \varphi}{\partial x'^2_1} = \frac{\partial \ln \alpha_{13}}{\partial x'_1} \equiv \beta; \quad \frac{\partial^2 \varphi}{\partial x'^2_2} = \frac{\partial \ln \alpha_{23}}{\partial x'_2} \equiv \gamma; \quad \frac{\partial^2 \varphi}{\partial x'_1 \partial x'_2} = \frac{\partial \ln \alpha_{13}}{\partial x'^2_2} \equiv \delta. \tag{138}$$

Daraus folgt für den azeotropen Punkt M ($\alpha_{13} = \alpha_{23} = 1$):

$$\frac{\partial \psi_M}{\partial x'_1} = \ln \alpha_{13} = 0; \quad \frac{\partial \psi_M}{\partial x'_2} = \ln \alpha_{23} = 0,$$

so daß aus (133) und (134) sich ergibt

$$\ln \frac{p}{p_M} = \frac{1}{2} \left[(x'_1 - x'_{1M})^2 \beta_M + 2 (x'_1 - x'_{1M})(x'_2 - x'_{2M}) \delta_M + (x'_2 - x'_{2M})^2 \gamma_M \right]. \tag{139}$$

Die Größen β_M, γ_M und δ_M sind durch die Konzentrationsabhängigkeit der relativen Flüchtigkeiten bzw. der darin steckenden Aktivitätskoeffizienten beim Extrempunkt gegeben.

Aus (139) erhält man die Bedingungen für ein *Dampfdruckmaximum* ($p < p_M$):

$$\beta_M < 0; \quad \gamma_M < 0; \quad \beta_M \gamma_M > \delta^2_M \tag{140}$$

ein *Dampfdruckminimum* ($p > p_M$):

$$\beta_M > 0; \quad \gamma_M > 0; \quad \beta_M \gamma_M > \delta^2_M \tag{141}$$

einen *Sattelpunkt* ($p < p_M$ und $p > p_M$):

$$\beta_M \, \gamma_M < \delta_M^2 \, . \tag{142}$$

Eine zum GIBBSschen Dreieck parallele Ebene konstanten Drucks im Abstand p_M berührt die Dampfdruckfläche der Flüssigkeit im azeotropen Punkt. Legt man in unmittelbarer Nähe eine zweite parallele Ebene im Abstand p, so schneidet diese die Dampfdruckfläche in einer Kurve, für die p/p_M konstant ist, und die als *Indikatrix* der Dampfdruckfläche bezeichnet wird. Im Falle eines Maximums oder Minimums ist die Indikatrix eine Ellipse, wie aus Gl. (139) mit den Bedingungen (140) und (141) hervorgeht; im Falle eines Sattelpunktes ist die Indikatrix eine Hyperbel mit M als Mittelpunkt, wie man auch leicht aus Abb. 90 abliest.

Zur Voraussage, ob ein ternärer azeotroper Punkt in einem gegebenen Gemisch auftritt, muß man analog wie bei binären Systemen (S. 235) einen Ansatz für die Aktivitätskoeffizienten machen. Lassen sich letztere durch den der vereinfachten MARGULESschen Gleichung entsprechenden Ansatz (IV, 133) darstellen, so erhält man für die relativen Flüchtigkeiten nach (102) beim azeotropen Punkt

$$\alpha_{13} = \frac{p_{01} f_1}{p_{03} f_3} = \frac{p_{01}}{p_{03}} \cdot 10^{[A_{13}(1 - 2x'_{1M} - x'_{2M}) + (A_{12} - A_{23}) x'_{2M}]} = 1$$

$$\alpha_{23} = \frac{p_{02} f_2}{p_{03} f_3} = \frac{p_{02}}{p_{03}} \cdot 10^{[A_{23}(1 - x'_{1M} - 2x'_{2M}) + (A_{12} - A_{12}) x'_{1M}]} = 1 \, . \tag{143}$$

Daraus errechnen sich die Molenbrüche x'_{1M} und x'_{2M} für einen ternären azeotropen Punkt zu

$$x'_{1M} = \frac{(A_{12} - A_{13} - A_{23}) \, [\log(p_{03}/p_{02}) - A_{23}] + 2A_{23} \, [\log(p_{03}/p_{01}) - A_{12}]}{(A_{12} - A_{13} - A_{23})^2 - 4 A_{13} A_{23}}$$

$$x'_{2M} = \frac{(A_{12} - A_{13} - A_{23}) \, [\log(p_{03}/p_{01}) - A_{13}] + 2A_{13} \, [\log(p_{03}/p_{02}) - A_{23}]}{(A_{12} - A_{13} - A_{23})^2 - 4 A_{13} A_{23}} \, . \tag{144}$$

Erhält man für x'_{1M} und x'_{2M} Werte zwischen 0 und 1, deren Summe kleiner als 1 ist, so existiert bei der betreffenden Temperatur ein ternärer azeotroper Punkt, vorausgesetzt, daß der Ansatz (IV, 133) zur Darstellung der f-Werte genügt. Aus (138) und (143) erhält man weiter die unter Benutzung dieses Ansatzes notwendigen Bedingungen für die Unterscheidung zwischen einem Dampfdruckmaximum, einem Minimum und einem Sattelpunkt. Es wird

$$\beta = -2A_{13}; \quad \gamma = -2A_{23}; \quad \delta = A_{12} - A_{13} - A_{23}. \tag{145}$$

Setzt man dies in die Gln. (140) bis (142) ein, so ergeben sich die Bedingungen für ein *Maximum*:

$$A_{13} > 0; \quad A_{23} > 0; \quad 4 A_{13} A_{23} > (A_{12} - A_{13} - A_{23})^2 \tag{146}$$

ein *Minimum:*

$$A_{13} < 0; \quad A_{23} < 0; \quad 4 A_{13} A_{23} > (A_{12} - A_{13} - A_{23})^2 \tag{147}$$

einen *Sattelpunkt:*

$$4\,A_{13}\,A_{23} < (A_{12} - A_{13} - A_{23})^2. \tag{148}$$

Da die Indizierung der Komponenten willkürlich ist, müssen diese Bedingungen offenbar auch gelten, wenn man A_{12} mit A_{13} oder A_{12} mit A_{23} vertauscht, was bedeutet: Nur wenn *alle* A_{ik} positiv sind (alle drei binären Gemische zeigen positive Abweichungen vom Raoultschen Gesetz), kann der Extremwert ein Dampfdruckmaximum sein; nur wenn *alle* A_{ik} negativ sind (alle drei binären Gemische zeigen negative Abweichungen vom Raoultschen Gesetz), kann der Extremwert ein Dampfdruckminimum sein; haben die A_{ik} verschiedene Vorzeichen, kann ein auftretender ternärer Extremwert nur ein Sattelpunkt sein. Da, wie schon mehrfach erwähnt, negative Abweichungen vom Raoultschen Gesetz sehr viel seltener sind als positive, ist es verständlich, daß bisher keine ternären Dampfdruckminima bzw. Siedepunktsmaxima beobachtet wurden.

Wie diese Überlegungen zeigen, ist die Existenz eines ternären Dampfdruckmaximums nicht an die Bedingung geknüpft, daß in den binären Systemen azeotrope Maxima vorhanden sind, sondern es genügt, daß in allen drei binären Systemen die Aktivitätskoeffizienten > 1 sind. Umgekehrt ist selbst das Auftreten dreier binärer azeotroper Maxima kein hinreichender Grund für die Existenz eines ternären Maximums, wie früher häufig geglaubt wurde.

Von den etwa 100 bisher untersuchten ternären Systemen[1] besitzt mehr als die Hälfte keinen ternären Extrempunkt, obwohl der größte Teil der zugehörigen binären Systeme Siedepunktsminima zeigt. Die gefundenen ternären Extrempunkte[2] sind durchweg Siedepunktsminima, nur im System Methanol-Aceton-Chloroform (2 binäre Siedepunktsminima, 1 binäres Maximum) *(69, 170)* wurde mit Sicherheit ein Sattelpunkt festgestellt. Sind die Aktivitätskoeffizienten der drei binären Systeme aus Partialdruckmessungen bekannt und lassen sie sich durch (IV, 133) mit genügender Näherung wiedergeben, so kann man mittels (144) voraussagen, ob im ternären System ein Extrempunkt auftritt oder nicht. Ist dies der Fall, so kann man mittels (146) bis (148) entscheiden, ob es sich um ein Dampfdruckmaximum, -minimum oder einen Sattelpunkt handelt. Da die A_{ik} in der Regel temperaturabhängig sind, sind isotherme Partialdruckmessungen in den binären Systemen wesentlich zuverlässiger als isobare Siedepunktsmessungen, worauf schon mehrmals hingewiesen wurde (vgl. S. 130). Stehen nur letztere zur Verfügung, so sind die f-Werte am besten nach den früher beschriebenen

---

[1] Nicht hierher gehören die sog. „heterogenen ternären Azeotrope", d. h. ternäre Systeme mit Mischungslücke (vgl. dazu S. 290 ff.).

[2] Diese sind fast ausschließlich durch Rektifikation der betreffenden Gemische (vgl. S. 305 ff.) und nicht durch Gleichgewichtsmessungen ermittelt worden.

Methoden auf eine mittlere Temperatur zu reduzieren. Ist lediglich die Zusammensetzung azeotroper binärer Gemische aus den gesammelten Tabellen (*121, 173*) bekannt, so kann man die Konstanten A_{ik} aus Gl. (60) berechnen.

Der Wert dieses einfachen Verfahrens zur Vorausberechnung ternärer azeotroper Punkte wird allerdings stark eingeschränkt durch die Tatsache, daß die Aktivitätskoeffizienten ternärer Systeme sich nur äußerst selten durch (IV, 133), d. h. mit Hilfe der Konstanten A_{ik} der zugehörigen binären Systeme darstellen lassen werden. Man muß dann die Rechnung unter Benutzung erweiterter Ansätze wie z. B. (IV, 154) oder (IV, 162) wiederholen, wobei allerdings auch ternäre Konstanten aus Messungen am ternären System notwendig werden, und die Berechnungen selbst entsprechend mühsamer sind.

Wie weit das geschilderte einfache Verfahren brauchbar ist, geht aus einer Zusammenstellung von HAASE (*101*) hervor, die in Tab. 18 wiedergegeben ist. Für die angegebenen Systeme sind alle notwendigen experimentellen Unterlagen vorhanden, so daß Messungen und Berechnungen verglichen werden können. In der Tabelle bedeuten: „Min." ein ternäres Siedepunktsminimum, ein Strich (—), daß kein ternärer

Tabelle 18. *Vorausberechnung ternärer azeotroper Punkte.*

System (Indizierung der Komponenten nach ihrer Reihenfolge)	Art des Extremums der Siedefläche		Konzentrationen und Temperatur des ternären azeotropen Gemischs							
			berechnet				experimentell			
	ber.	exp.	x_1	x_2	x_3	°C	x_1	x_2	x_3	°C
1. Pentan—2-Methyl-2-buten—Diäthyläther	—	—				30				
2. Benzol-Cyclohexan-Methanol.	Min.	—	0,20	0,21	0,59	50				
3. Benzol-Cyclohexan—n-Propanol	Min.	Min.	0,37	0,50	0,13	70				< 74
4. Cyclohexan-Methanol-Aceton	Min.	Min.	0,24	0,16	0,60	50	0,28	0,29	0,43	
5. Cyclohexan-Methanol-Methylacetat .	Min.	Min.	0,13	0,32	0,55	50	0,24	0,35	0,41	50,8
6. n-Hexan—Äthanol—Chloroform	Min.	Min.	0,64	0,03	0,33	58				58,3
7. Schwefelkohlenstoff-Aceton-Methylacetat	—	—				40				
8. Aceton-Methanol-Methylacetat . . .	Min.	Min.	0,35	0,21	0,44	50				53,9
9. Aceton-Methanol-Chloroform	S.-P.	S.-P.	0,13	0,47	0,40	58	0,32	0,45	0,23	57,5
10. Aceton-Chloroform-Isopropyläther . .	—	—				60				

azeotroper Punkt vorhanden ist, t die Temperatur, für die die Rechnung durchgeführt wurde, t_M die gefundene Siedetemperatur des Azeotrops. Die experimentellen Konzentrationsangaben stammen aus isobaren Bestimmungen bei 760 mm Hg.

Wie die Tabelle zeigt, ist nur beim System 2 ein qualitativer Widerspruch zwischen Messung und Beobachtung vorhanden. Die quantitative Übereinstimmung zwischen den berechneten und den beobachteten Molenbrüchen des Extremwertes, soweit letztere zur Verfügung stehen, ist nicht besonders gut, jedoch ist dies auch kaum zu erwarten, da der einfache MARGULESsche Ansatz (IV, 49) für binäre Systeme, an denen polare Komponenten beteiligt sind, eine außerordentlich rohe Näherung darstellt (vgl. S. 170). Für eine quantitative Prüfung sind deshalb sowohl weitere sorgfältige Messungen wie u. U. eine Verfeinerung der Rechnung unter Benutzung erweiterter Ansätze für die Aktivitätskoeffizienten notwendig.

4. Gleichgewichtsdiagramme.

Auch bei ternären Systemen kann man das Dampf-Flüssigkeitsgleichgewicht in Form eines *Gleichgewichtsdiagramms* graphisch darstellen, indem man lediglich die Zusammensetzungen der koexistenten Phasen in das GIBBSsche Dreieck einträgt und auf die Kenntnis der Dampfdrucke und Siedepunkte verzichtet, analog wie dies bei den Abb. 79 u. 80 der Fall ist. Man erhält so anstelle einer Schar von zusammengehörigen Verdampfungs- und Kondensationskurven (S. 265) ein System sog. *Destillations-* und *Dampflinien*, wobei erstere die *Richtung*, letztere die *Länge* der Konnoden für koexistente Phasen festlegen, ohne daß man jedoch dem Diagramm Angaben über Gleichgewichtsdrucke oder -temperaturen entnehmen kann.

a) Destillationslinien.

Die von SCHREINEMAKERS (*270*) eingeführten *Destillationslinien* geben an, wie sich die Zusammensetzung einer ternären Flüssigkeit ändert, wenn man den im Gleichgewicht befindlichen Dampf kontinuierlich entfernt, ohne daß durch partielle Kondensation ein Rückfluß stattfindet. Man spricht in diesem Fall von „*einfacher Destillation*". Man kann sich den Verlauf der Destillationslinien leicht mit Hilfe der isobaren bzw. isothermen Verdampfungs- und Kondensationskurven konstruieren. In Abb. 91 seien die ausgezogenen Kurven eine Schar isobarer Verdampfungskurven bei nah benachbarten Temperaturen ($T_1 < T_2 < T_3 < T_4$), die gestrichelten Kurven die zugehörigen Kondensationskurven. Koexistierende Phasen sind durch Konnoden miteinander verbunden. Eine Flüssigkeit der Zusammensetzung a' entwickelt also bei der einfachen Destillation zunächst einen Dampf der Zusammensetzung a'' und ändert dadurch ihre Zusammensetzung in Richtung der nach rückwärts verlängerten Geraden $a''\,a'$ (vgl. S. 7). Hat sie etwa die Zusammensetzung b' erreicht, so ist sie mit dem Dampf b'' im Gleichgewicht, durch dessen Entzug sie ihre Zusammensetzung in Richtung $b''\,b'$ ändert usw. Man übersieht, daß beim Grenzübergang, d. h. bei kontinuierlicher einfacher Destillation sich die Zusammensetzung der Flüssigkeit längs einer kontinuierlichen Kurve bewegen wird, deren Tangenten in jedem Punkt die Konnoden mit der jeweils koexistierenden Dampfphase darstellen. Die Destillationslinien sind also die Enveloppen der Konnoden. Die zugehörigen Dampflinien geben die Zusammensetzung des mit jeder Flüssigkeit im Gleichgewicht befindlichen Dampfes an, die von ihnen abgeschnittenen Tangentenstücke sind die Konnoden.

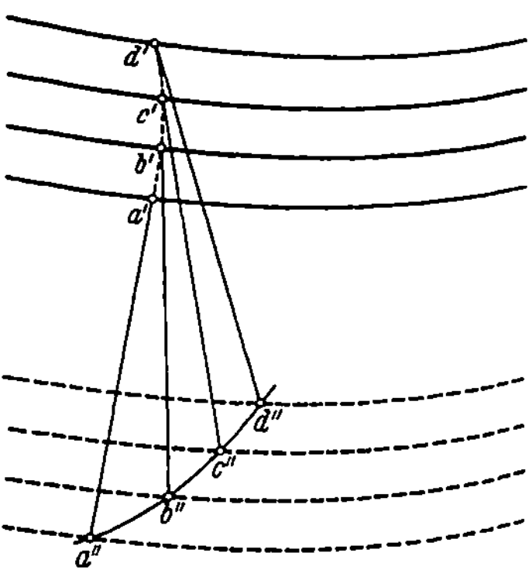

Abb. 91. Zur Konstruktion von Destillations- und Dampflinien.

Die Differentialgleichung der Destillationslinien ist die schon S. 53 abgeleitete Gleichung

$$\frac{d\,x_1'}{d\,x_2'} = \frac{x_1'' - x_1'}{x_2'' - x_2'}. \tag{149}$$

In Abb. 92 stellen $A\,P\,B$ den Verlauf einer Destillationslinie, $A\,Q\,B$ den der zugehörigen Dampflinie dar, $P\,Q$ ist eine Konnode. Aus der Abbildung folgt unmittelbar, daß $Q\,R = x_2'' - x_2'$ und $P\,R = -(x_1' - x_1'')$. Die Neigung der Destillationslinie im Punkt P, also $d\,x_1'/d\,x_2'$, d. h. die Richtung der Konnode $P\,Q$ ist gegeben durch das Verhältnis $P\,R/Q\,R$, wie es Gl. (149) verlangt.

Setzt man (149) in die Koexistenzgleichung (II, 171) ein, so erhält man die ebenfalls schon früher abgeleitete Gleichung (S. 53)

$$V_0'\,dp - S_0'\,dT = \frac{d\,x_1'}{x_1'' - x_1'}\left[(x_1'' - x_1')^2\left(\frac{\partial^2 \overline{G}}{\partial x_1^2}\right)'\right.$$
$$\left. + 2\,(x_1'' - x_1')\,(x_2'' - x_2')\left(\frac{\partial^2 \overline{G}}{\partial x_1\,\partial x_2}\right)' + (x_2'' - x_2')^2\left(\frac{\partial^2 \overline{G}}{\partial x_2^2}\right)'\right], \tag{150}$$

bei der V_0', S_0' und die eckige Klammer stets positiv sind. Aus (II, 173) folgt ferner, daß bei der einfachen Destillation $d\,x_1'/(x_1'' - x_1') = d\,n/n$ stets negativ sein muß, was bedeutet, daß die Destillationslinien bei konstanter Temperatur immer im Sinne abnehmenden Drucks, bei konstantem Druck stets im Sinne steigender Temperatur verlaufen.

Eliminiert man mittels der Gln. (110) unter Einführung der relativen Flüchtigkeiten (102) die Molenbrüche x_1'' und x_2'' der Dampfphase (98), so erhält man aus (149)

$$\frac{d\,x_1'}{d\,x_2'} = \frac{x_1'\,[(1-x_1')\,(\alpha_{13}-1) - x_2'\,(\alpha_{23}-1)]}{x_2'\,[(1-x_2')\,(\alpha_{23}-1) - x_1'\,(\alpha_{13}-1)]}\,. \tag{151}$$

Damit wird die Neigung der Destillationslinien ebenfalls von den Aktivitätskoeffizienten und ihrem Konzentrationsgang abhängig. Mit Hilfe

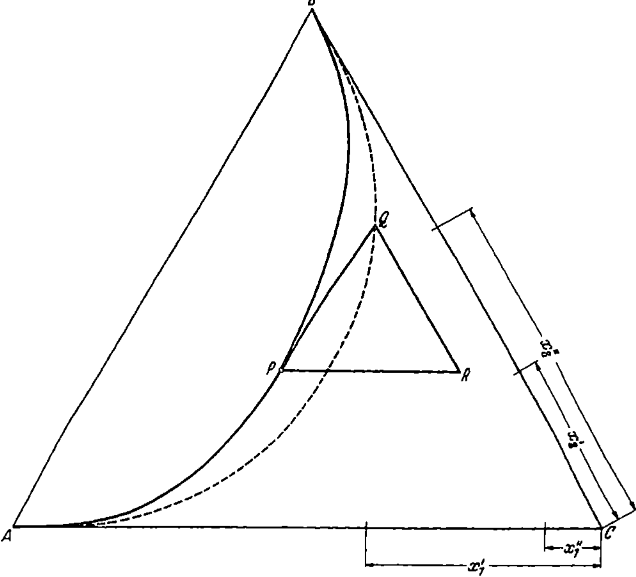

Abb. 92. Zur Differentialgleichung der Destillationslinien.

dieser Gleichungen kann man den Verlauf der Destillationslinien, der je nach Form und Lage der früher diskutierten Verdampfungs- und Kondensationskurven in mannigfaltigster Weise variieren kann, untersuchen. Derartige Untersuchungen sind schon früher von LORENTZ und SCHREINEMAKERS (179), von VAN DALFSEN (45) und von REINDERS und DE MINJER (241) angestellt und neuerdings von HAASE (98) wieder aufgenommen worden.

Zunächst ist festzustellen, daß sich Destillationslinien niemals schneiden können. Dies folgt daraus, daß dem Schnittpunkt zwei Tangenten und damit zwei Dämpfe verschiedener Zusammensetzung entsprechen würden, die mit derselben Flüssigkeit im Gleichgewicht sein müßten, was thermodynamisch unmöglich ist. Destillationslinien sind demnach „unüberschreitbare Linien", was der Erfahrung entspricht, daß die einfache Destillation einer Flüssigkeit bestimmter Zusammensetzung immer denselben Verlauf nimmt. Alle auf der gleichen

Destillationslinie liegenden Gemische liefern deshalb den gleichen Rückstand. Man versieht die Destillationslinien gewöhnlich mit Pfeilen, die bei isobarer Destillation die Richtung steigender Temperatur, bei isothermer Destillation die Richtung fallenden Druckes angibt, im Einklang mit Gl. (150). In den folgenden Abbildungen, die sich auf isobare Destillation beziehen, geben somit die Pfeile die Richtung steigender Temperatur an.

Der Verlauf der Destillationslinien in der Nähe der Dreiecksseiten ergibt sich aus (151), wenn man x_1' bzw. x_2' gegen Null gehen läßt:

$$\lim_{x_1'\to 0}\frac{d\,x_1'}{d\,x_2'}=0; \quad \lim_{x_1'\to 0}\frac{d\,x_1'}{d\,x_2'}=\infty. \tag{152}$$

Das bedeutet, daß Destillationslinien, die in unmittelbarer Nähe einer Dreiecksseite verlaufen (falls eine der Komponenten in sehr geringer Menge vorhanden ist), diesen parallel sind, wie schon daraus hervorgeht, daß die Destillationslinien der binären Gemische die Dreiecksseiten selbst sind.

Um die früher abgeleiteten Gleichungen unmittelbar verwenden zu können, untersuchen wir im folgenden den Verlauf der Destillationslinien in der Nähe des Eckpunktes C ($x_1' = 0$; $x_2' = 0$; $x_3' = 1 - x_1' - x_2' = 1$) genauer. Da die Indizierung der Komponenten willkürlich ist, kann jeder beliebige Eckpunkt der folgenden Abbildungen mit C identifiziert werden, wenn man Rechnung und graphische Darstellung vergleichen will. Für die Umgebung von C ($x_1' \to 0$, $x_2' \to 0$) folgt aus (151) in erster Näherung

$$\frac{d\,x_1'}{x_1'} = \frac{d\,x_2'}{x_2'}\,\frac{\alpha_{13}^{(0)} - 1}{\alpha_{23}^{(0)} - 1}. \tag{153}$$

$\alpha_{13}^{(0)}$ und $\alpha_{23}^{(0)}$ sind demnach die durch (115) definierten Grenzwerte der relativen Flüchtigkeiten für $x_3' \to 1$. Die Integration ergibt

$$x_1' = C\,x_2'^{(\alpha_{13}^{(0)} - 1)/(\alpha_{23}^{(0)} - 1)}. \tag{154}$$

Die Integrationskonstante C ist für jede Kurve der Schar verschieden. Aus (154) erhält man

$$\frac{d\,x_1'}{d\,x_2'} = C\,\frac{\alpha_{13}^{(0)} - 1}{\alpha_{23}^{(0)} - 1}\,x_2'^{(\alpha_{13}^{(0)} - \alpha_{23}^{(0)})/(\alpha_{23}^{(0)} - 1)} \tag{155}$$

Gl. (155) ist die Differentialgleichung der Destillationslinien in der unmittelbaren Umgebung eines Eckpunktes des Dreiecks. Je nachdem die relativen Flüchtigkeiten größer oder kleiner als 1 sind, gibt es drei mögliche Fälle:

1. $$\alpha_{13}^{(0)} > 1; \quad \alpha_{23}^{(0)} > 1.$$

Das bedeutet nach (115) $k_{13} > p_{03}$ und $k_{23} > p_{03}$, wobei k_{12} und k_{23} die auf Komponente 1 bzw. 2 bezügliche HENRYsche Konstante ist; die vom Eckpunkt ausgehenden binären isothermen Dampfdruckkurven der

Gemische 1,3 und 2,3 steigen bzw. die zugehörigen isobaren Siedekurven fallen.

Dann folgt aus (154), daß für $x_2' = 0$ auch $x_1' = 0$, und aus (155)

a) $\qquad\qquad d\,x_1'/d\,x_2' = 0$ für $\alpha_{13}^{(0)} > \alpha_{23}^{(0)}$;

b) $\qquad\qquad d\,x_1'/d\,x_2' = \infty$ für $\alpha_{13}^{(C)} < \alpha_{23}^{(0)}$.

Die beiden Möglichkeiten a) und b) sind in Abb. 93a anschaulich gemacht. Es wird die Dreiecksseite berührt, bei der $\alpha_{ik}^{(0)}$ den kleineren Wert hat. Da weiterhin die Grenzwerte $\alpha_{13}^{(0)}$ und $\alpha_{23}^{(0)}$ der relativen

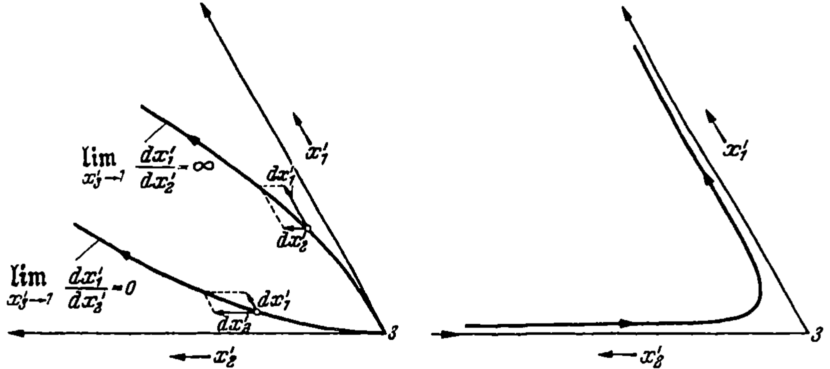

Abb. 93a u. b.   Verlauf der Destillationslinien an den Eckpunkten des GIBBSschen Dreiecks.

Flüchtigkeiten nach den Gln. (119) und (120) auch in die Steigungen der Dampfdruck- bzw. Siedekurven der binären Gemische 1,3 und 2,3 im Eckpunkt 3 eingehen, kann man dieses Ergebnis auch so formulieren: Wenn $\alpha_{13}^{(0)} > 1$ und $\alpha_{23}^{(0)} > 1$, berühren die Destillationslinien im isothermen Fall diejenige Dreiecksseite, bei der die Steigung $(\partial p/\partial x')_T$ der dort beginnenden Dampfdruckkurve kleiner ist, im isobaren Fall diejenige Seite, bei der die (negative) Steigung $(\partial T/\partial x_1')_p$ der dort beginnenden Siedekurve den kleineren absoluten Betrag besitzt.

2. $\qquad\qquad \alpha_{13}^{(0)} < 1;\; \alpha_{23}^{(0)} < 1.$

Hier ist nach (115) $k_{13} < p_{03}$ und $k_{23} < p_{03}$, was bedeutet, daß die binären isothermen Dampfdruckkurven fallen bzw. die isobaren Siedekurven steigen, die Richtung der Destillationslinien ist also umgekehrt wie in Abb. 93a.

Dann folgt aus (154), daß für $x_2' = 0$ auch $x_1' = 0$, und aus (155)

a) $\qquad\qquad d\,x_1'/d\,x_2' = 0$ für $\alpha_{13}^{(0)} < \alpha_{23}^{(0)}$;

b) $\qquad\qquad d\,x_1'/d\,x_2' = \infty$ für $\alpha_{13}^{(0)} > \alpha_{23}^{(0)}$.

In diesem Fall wird diejenige Seite von den Destillationslinien berührt, bei der $\alpha_{ik}^{(0)}$ den größeren Wert hat, bei der also nach (119) und (120) die Steigung der dort beginnenden Dampfdruck- bzw. Siedekurve den kleineren absoluten Betrag besitzt. In beiden Fällen ist also das Ergebnis das gleiche: In der Umgebung eines Eckpunktes, von dem zwei steigende oder zwei fallende *binäre* Dampfdruck- bzw. Siedepunktskurven ausgehen, berühren die Destillationslinien stets diejenige Dreiecksseite, bei der die Anfangssteigung dieser Kurven den kleineren Betrag hat.

3. $$\alpha_{13}^{(0)} > 1; \ \alpha_{23}^{(0)} < 1 \quad \text{oder} \quad \alpha_{13}^{(0)} < 1; \ \alpha_{23}^{(0)} > 1.$$

Dann ist nach (115) $k_{13} > p_{03}$ und $k_{23} < p_{03}$ oder umgekehrt; vom Eckpunkt geht eine steigende und eine fallende binäre Dampfdruck- bzw. Siedekurve aus.

Aus (154) folgt, daß für $x_2' = 0$ jetzt $x_1' = \infty$ und für $x_1' = 0$ entsprechend $x_2' = \infty$ wird. Das bedeutet, daß die Destillationslinien in der Nähe eines solchen Eckpunktes einen hyperbelartigen Verlauf mit den Dreiecksseiten als Asymptoten haben, wie es in Abb. 93b angedeutet ist. Abb. 94 zeigt schematisch das Destillationslinienfeld für ein ternäres Gemisch ohne azeotropen Punkt. Die drei diskutierten Fälle sind an den drei Ecken des Dreiecks realisiert.

Für einen *binären azeotropen Punkt M* im System 1,3 gilt (vgl. S. 273)

$$x_2' = 0; \ x_1' = x_M; \ \alpha_{23} = \alpha_{23}^{(M)}; \ \alpha_{13} = 1.$$

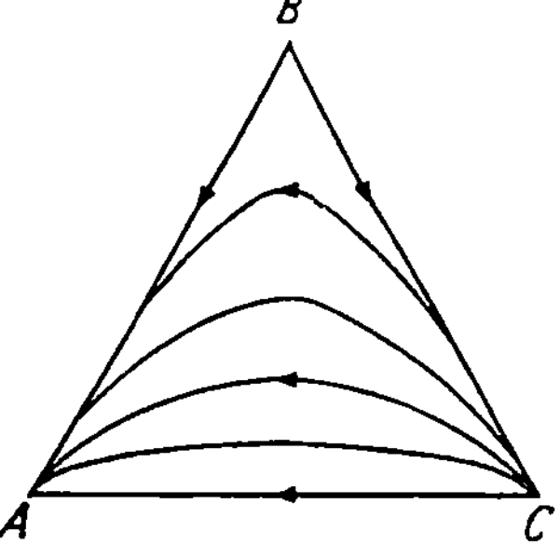

Abb. 94. Destillationslinienfeld für ein System ohne azeotropen Punkt. $T_A > T_B > T_C$.

In unmittelbarer Umgebung von M kann man schreiben, wenn ζ und η kleine Größen bedeuten:

$$x_1' = x_M' + \zeta; \ x_2' = \eta. \tag{156}$$

und

$$\alpha_{13} - 1 \cong \ln \alpha_{13} \cong \zeta \frac{\partial \ln \alpha_{13}}{\partial x_1'} + \eta \frac{\partial \ln \alpha_{13}}{\partial x_2'} \equiv \zeta \beta_M + \eta \delta_M, \tag{157}$$

indem man $\ln \alpha_{13}$ in eine Reihe entwickelt, nach dem ersten Gliede abbricht und die Substitutionen (138) einführt. Mit $d x_1' = d \zeta$ und $d x_2' = d \eta$ erhält man so in erster Näherung aus (151) eine Differentialgleichung der Destillationslinien in der Nähe eines binären azeotropen Punktes:

$$\frac{d \zeta}{d \eta} = \frac{\beta_M \, x_M' (1 - x_M')}{\alpha_{23}^{(M)} - 1} \cdot \frac{\zeta}{\eta} + \frac{\delta_M \, x_M' (1 - x_M') - x_M' (\alpha_{23}^{(M)} - 1)}{\alpha_{23}^{(M)} - 1} \equiv m \frac{\zeta}{\eta} + n. \tag{158}$$

Die Integration von (158) liefert, falls $m \neq 1$:

$$\zeta = C \, \eta^m - \frac{n}{m-1} \, \eta \tag{159}$$

falls $m = 1$:

$$\frac{d\zeta}{d\eta} = m \, C \, \eta^{m-1} - \frac{n}{m-1} \, , \tag{160}$$

$$\zeta = n \, \eta \, \ln(\overset{*}{C} \eta) \tag{161}$$

$$\frac{d\zeta}{d\eta} = n \, [1 + \ln(\overset{*}{C}\eta)]. \tag{162}$$

Ist die Integrationskonstante $C = 0$, so ergibt sich aus (159)

$$\zeta = - \frac{n}{m-1} \, \eta \, . \tag{163}$$

Das ist die Gleichung einer Geraden; schließt man den Sonderfall $m = 1$ aus, so bedeutet dies, daß es stets eine ausgezeichnete Destillationslinie gibt, die in der Nähe des azeotropen Punktes geradlinig verläuft, wie man aus den Abb. 95 entnimmt. Diese ausgezeichnete Linie sei mit MN bezeichnet.

Ist $C \neq 0$, so gibt (159) und (161) den Verlauf der übrigen Destillationslinien in der Umgebung von M an. Dabei sind folgende Fälle zu unterscheiden, ähnlich wie bei der Diskussion des Verlaufs in der Nähe der Eckpunkte:

A) $m > 0$.

a) Ist $m > 1$, so ergibt (160): $\lim\limits_{\eta \to 0} \dfrac{d\zeta}{d\eta} = - \dfrac{n}{m-1} \, .$

In diesem Fall wird die ausgezeichnete Gerade MN von den Destillationslinien berührt, wie aus (163) hervorgeht (vgl. Abb. 95f).

b) Ist $m < 1$, so liefert (160): $\lim\limits_{\eta \to 0} \dfrac{d\zeta}{d\eta} = \mp \infty.$

Die Destillationslinien berühren die Dreiecksseite AC, auf der das binäre Azeotrop liegt (Abb. 95a bei Mi; 95c bei Ma; 95f bei Ma).

c) Für den Sonderfall, daß $m = 1$, gelten die Gln. (161) und (162); die ausgezeichnete Linie ($\overset{*}{C} = 0$) fällt mit der Dreiecksseite AC zusammen.

B) $m < 0$.

Aus (159) folgt: $\lim\limits_{\eta \to 0} \zeta = \mp \infty$; $\lim\limits_{\eta \to \infty} \zeta = - \dfrac{n}{m-1} \, \eta \, .$

Das entspricht dem Fall 3 für die Eckpunkte, d. h. die Destillationslinien verlaufen hyperbelartig mit MA und MN bzw. mit MC und MN als Asymptoten (Abb. 95b und 95d). In diesem Fall bezeichnet man die ausgezeichnete Linie MN als *Grenzlinie*, weil durch sie das Destillationslinienfeld in zwei getrennte Bündel aufgeteilt wird. In den vorher behandelten Fällen gehen alle Destillationslinien vom gleichen Punkt aus und enden im gleichen Punkt, in diesem Fall verteilen sie sich auf drei Punkte.

Man kann nun leicht weiter mit Hilfe von (158) untersuchen, welche Bedingungen die Größen β_M und $\alpha_{23}^{(M)}$ erfüllen müssen, damit die beiden

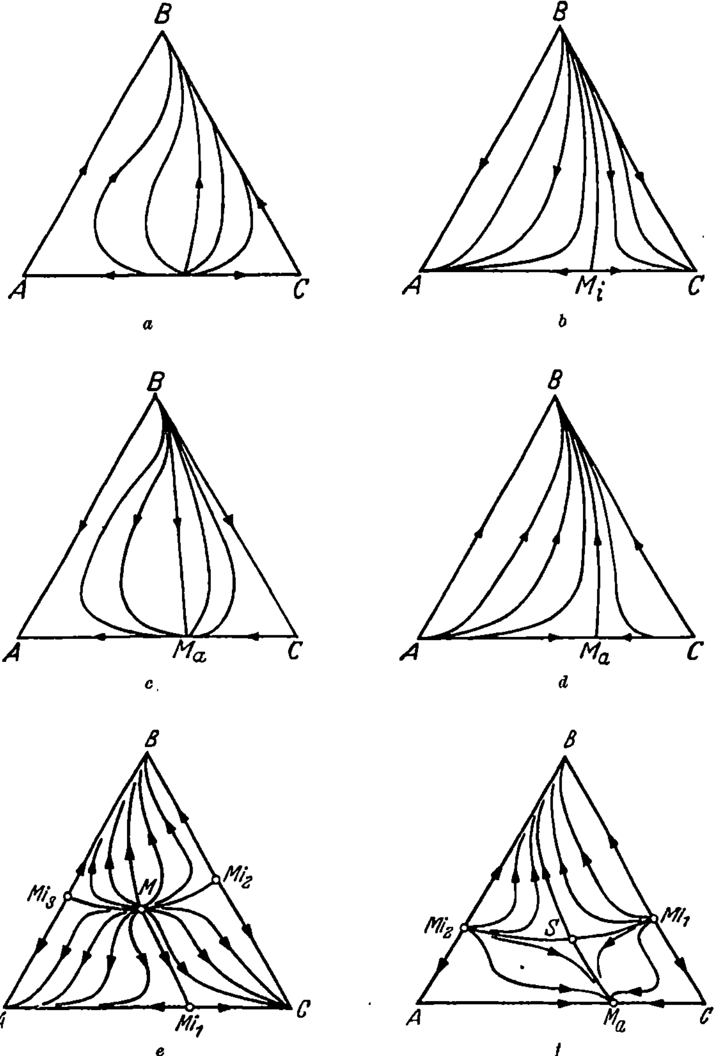

Abb. 95a—f. Destillationslinienfelder für ternäre Gemische (schematisch). a) Ein binäres azeotropes Siedepunktsminimum; $B > A$ und C; b) ein binäres azeotropes Minimum; A und $C > Mi > B$; c) ein binäres azeotropes Maximum; $Ma > A$ und $C > B$; d) ein binäres azeotropes Maximum; $B > Ma > A$ und C; e) drei binäre azeotrope Minima und ein ternäres azeotropes Minimum; f) zwei binäre azeotrope Minima, ein binäres azeotropes Maximum und ein ternärer azeotroper Sattelpunkt.

geschilderten Fälle ($m > 0$ und $m < 0$) eintreten. Beispielsweise ist $m < 0$, wenn

entweder $\qquad \beta_M > 0$ und $\alpha_{23}^{(M)} < 1$

oder $\qquad \beta_M < 0$ und $\alpha_{23}^{(M)} > 1$

ist. Nach (54) bedeutet für das binäre Gemisch $A\,C$: $\beta_M \equiv \dfrac{\partial \ln \alpha_{13}^{(M)}}{\partial x_1'} > 0$ ein Dampfdruckminimum bzw. ein Siedepunktsmaximum, $\beta_M < 0$ das Umgekehrte.

$\alpha_{23}^{(M)} < 1$ bedeutet nach (121) bzw. (122), daß $(\partial p/\partial x_2')_M < 0$ bzw. $(\partial T/\partial x_2')_M > 0$ und vice versa. Der Fall B ist demnach bei isobarer einfacher Destillation dann zu erwarten, wenn entweder ein binäres Siedepunktsmaximum dem Eckpunkt gegenüber liegt, der der Komponente mit dem höchsten Siedepunkt entspricht (Abb. 95 d), oder wenn ein binäres Siedepunktsminimum dem Eckpunkt gegenüber liegt, der der Komponente mit dem niedrigsten Siedepunkt entspricht (Abb. 95 b).

Der Fall A tritt ein nach (158), wenn

entweder $\qquad \beta_M > 0$ und $\alpha_{23}^{(M)} > 0$

oder $\qquad \beta_M < 0$ und $\alpha_{23}^{(M)} < 0$.

Welcher der Unterfälle von A auftritt, hängt noch von den Absolutwerten von β_M, $\alpha_{23}^{(M)}$ und x_M' ab, so daß allgemein Regeln nicht aufgestellt werden können, auch dann nicht, wenn man etwa für die relativen Flüchtigkeiten den speziellen Ansatz (143) einführt (*98*).

Für *ternäre azeotrope Punkte* setzt man analog zu (156) und (157) in der Umgebung dieses Punktes

$$x_1' = x_{1M}' + \zeta; \quad x_2' = x_{2M}' + \eta$$

und

$$\alpha_{13} - 1 \cong \ln \alpha_{13} = \beta_M\,\zeta + \delta_M\,\eta; \quad \alpha_{23} - 1 \cong \ln \alpha_{23} = \delta_M\,\zeta + \gamma_M\,\eta$$

und führt die Untersuchung in gleicher Weise durch (*45, 101*), indem man die Bedingungen (140) bis (142) für das Auftreten eines Dampfdruckmaximums, -minimums oder eines Sattelpunktes heranzieht. Das Ergebnis dieser Rechnung ist folgendes:

Es gibt bei jedem ternären azeotropen Punkt M zwei ausgezeichnete Destillationslinien, die sich in M schneiden und in der Nähe von M geradlinig verlaufen (Abb. 95 e und 95 f). Liegt ein Maximum oder Minimum der Dampfdruck- bzw. der Siedefläche vor, so wird eine dieser ausgezeichneten Linien von allen übrigen in der Nähe von M berührt. Im Falle eines Sattelpunktes verlaufen alle übrigen Destillationslinien in der Umgebung von M hyperbelartig mit den geraden Stücken der ausgezeichneten Linien als Asymptoten. Im Fall ternärer azeotroper Punkte gibt es also mehr als zwei „Destillationsfelder", beispielsweise in

Abb. 95e drei, entsprechend den drei Grenzlinien, die vom ternären azeotropen Minimum ausgehen, in Abb. 95f vier, entsprechend den beiden sich im ternären Punkt schneidenden Grenzlinien.

In Abb. 95a bis 95f ist eine Reihe von Destillationslinienfeldern für verschiedene ternäre Gemische schematisch dargestellt. Soweit bisher Gleichgewichtsmessungen vorliegen, sind die theoretischen Voraussagen bestätigt worden. Das von REINDERS und MINJER (*241*) und EWELL und WELCH (*69*) untersuchte System Aceton (A)-Benzol (B)-Chloroform (C) entspricht der Abb. 95d, das von LANG (*170*) und EWELL und WELCH (*69*) untersuchte System Aceton (A)-Methanol (B)-Chloroform (C) der Abb. 95f, das von EWELL und WELCH (*69*) untersuchte System Aceton (A)-Methylenchlorid (B)-Chloroform (C) der Abb. 95c. Weitere Messungen liegen z. B. vor an den Systemen
n-Butan—1-Butylen—Furfurol (*39*),
Methanol-Methylacetat-Wasser (*42*),
Tetrachlorkohlenstoff-Äthylacetat-Monochlorbenzol (*45*),
Methyläthylketon—n-Heptan—Toluol (*292*),
Methanol-Aceton-Methylenchlorid (*69*),
Isopropyläther-Aceton-Chloroform (*69*),
Aceton—Chloroform—Methyl-Isobutylketon (*136*),
Heptan-Methanol-Toluol (*11*),
Methanol-Methylacetat-Äthylacetat (*25*).

b) Dampflinien.

Zur Vervollständigung des Gleichgewichtsdiagramms ternärer Systeme gehören weiter die Dampflinien, wie sie S. 280 definiert wurden. In Abb. 92 stellt die Kurve AQB die zur Destillationslinie APB gehörende Dampflinie dar. Der Verlauf der Dampflinien läßt sich qualitativ leicht übersehen. Da die Konnoden Tangenten der Destillationslinien sind, müssen die Dampflinien stets auf der konvexen Seite der Destillationslinien verlaufen und ebenfalls in den Eckpunkten des Dreiecks bzw. in azeotropen Punkten beginnen bzw. enden, denn nur dort haben Flüssigkeit und Dampf gleiche Zusammensetzung. Da die Dampflinie stets auf der konvexen Seite der Destillationslinie verläuft, müssen beide sich schneiden, wenn letztere einen Wendepunkt besitzt. Analytisch bedeutet dies, daß $d x_1'^2/d x_2'^2 = 0$.

Aus (149) folgt

$$\frac{d x_1'^2}{d x_2'^2} = \frac{d x_2''}{d x_2'} \frac{(d x_1''/d x_2'') - (d x_1'/d x_2')}{x_2'' - x_2'}.$$

(164)

Dies wird gleich Null, wenn $d x_1''/d x_2'' = d x_1'/d x_2'$, was besagt, daß im Wendepunkt Destillations- und Dampflinie die gleiche Tangente besitzen.

Nach dem HENRYschen Gesetz folgt aus (102) und (115)

$$\lim_{x_1'=x_4'=0} \frac{x_1''}{x_1'} = \alpha_{13}^{(0)}; \qquad \lim_{x_1'=x_4'=0} \frac{x_2''}{x_2'} = \alpha_{23}^{(0)}.$$

Setzt man dies in (154) ein, so erhält man

$$x_1'' = \overset{*}{C}\, x_2''{}^{(\alpha_{13}^{(0)}-1)/(\alpha_{23}^{(0)}-1)}, \tag{165}$$

d. h. die Dampflinien verhalten sich in der Umgebung der Eckpunkte des Dreiecks analog wie die Destillationslinien.

Setzt man für die Umgebung eines binären azeotropen Punktes analog zu (156)

$$x_1'' = x_M'' + \zeta'' \quad \text{und} \quad x_2'' = \eta'',$$

so kann man zeigen (179), daß ζ und ζ'' sowie η und η'' von derselben Ordnung gegen Null gehen, daß also

$$\zeta'' = c\,\zeta \quad \text{und} \quad \eta'' = \overset{*}{c}\,\eta,$$

wobei c und $\overset{*}{c}$ endliche Konstanten sind. Daher bleibt die Form der Gln. (159) bis (162) erhalten, wenn man ζ und η durch ζ'' und η'' ersetzt, was bedeutet, daß auch in der Nähe binärer azeotroper Punkte Dampf- und Destillationslinien sich analog verhalten. Dasselbe gilt auch für ternäre azeotrope Punkte, so daß man qualitativ die Dampflinien jeweils in die Destillationslinienfelder einzeichnen kann.

E. Dreistoffsysteme mit Mischungslücken.

Die Verdampfungs- und Kondensationskurven der Abb. 88 einer homogenen ternären Flüssigkeit bei konstantem p und T können, wie S. 266 dargelegt wurde, als die Projektionen der Konnodalkurven auf die Dreiecksebene aufgefaßt werden, die man durch Abrollen einer Doppelberührungsebene auf den sich durchdringenden $\overline{G}$-Flächen von Dampf und Flüssigkeit erhält. Besitzt nun die $\overline{G}$-Fläche der Flüssigkeit ihrerseits eine Falte, was einem Zerfall in zwei flüssige koexistente Phasen entspricht, so kann man bei gegebenem Druck und gegebener Temperatur an beide $\overline{G}$-Flächen eine gemeinsame Tangentialebene anlegen, die drei Berührungspunkte aufweist, analog wie beim Zerfall der Flüssigkeit allein (ohne Dampfphase) in drei koexistente flüssige Phasen (Abb. 58). Den Verdampfungs- und Kondensations*kurven* der homogenen Flüssigkeit entsprechen demnach drei *Punkte* des Dampfdruckgleichgewichtes einer ternären Flüssigkeit im Entmischungsgebiet.

Ändert man Temperatur oder Druck, so verschiebt sich natürlich die Lage der drei Punkte auf Grund des Phasengesetzes, da das Dreiphasensystem bei gegebenem p und T keine Freiheiten mehr besitzt, die Zusammensetzung der drei Phasen sich also bei Änderung von p

oder T ebenfalls ändern muß. Variiert man etwa bei konstanter Temperatur den Druck und trägt die jeweilige Zusammensetzung der drei koexistenten Phasen im GIBBSschen Dreieck ein, so erhält man drei Kurven. Zwei davon stellen offenbar die beiden Zweige der *Entmischungskurve* der Flüssigkeit dar, die dritte, die sog. „*Dampfkurve*", gibt die jeweilige Zusammensetzung des zugehörigen Dampfes an. Dieses Zustandsdiagramm entspricht also völlig dem der Abb. 50 eines binären Systems mit Mischungslücke. Praktisch wird die Entmischungskurve von den Konnodalkurven z. B. der Abb. 54 kaum abweichen, da der variable Druck das Gleichgewicht der kondensierten Phasen kaum merklich beeinflußt; würde man dagegen den Druck konstant halten und die Temperatur variieren, so werden diese Abweichungen zwischen Entmischungskurve und Konnodalkurve im allgemeinen sehr groß sein. Die Zusammensetzung des Dampfes kann innerhalb oder außerhalb der Entmischungskurve liegen, wie wir es ebenfalls schon von den binären Systemen mit Mischungslücke kennen (vgl. die Abb. 86 u. 87 oder 85), oder auch teils innerhalb teils außerhalb derselben verlaufen.

Entsprechend den zahlreichen Formen von Mischungslücken in ternären Systemen (Abb. 54 bis 57) gibt es eine große Mannigfaltigkeit von solchen Dampfdruckdiagrammen, die ebenfalls von SCHREINEMAKERS (*99, 161, 269*) eingehend untersucht worden sind. Hier soll nur der am häufigsten vorkommende Typ, der der Abb. 54 entspricht, im einzelnen besprochen werden, er liegt z. B. im System Aceton (A)-Phenol (B)-Wasser (C) unterhalb von 68° C vor, dessen Löslichkeitsdiagramm in Abhängigkeit von der Temperatur bereits in Abb. 59 dargestellt ist. Das Dampfdruckdiagramm ist schematisch in Abb. 96 wiedergegeben, T sei also als konstant angenommen.

Das Diagramm gleicht in der Form durchaus dem Diagramm der Abb. 58, das den Zerfall einer ternären Flüssigkeit in drei koexistente flüssige Phasen bei konstantem p und T darstellt. Wie schon erwähnt, sind die beiden Zweige EP und DQ der Entmischungskurve keine Konnodalkurven im strengen Sinn, da der Druck für jede der Konnoden ein anderer ist, weichen, aber nur äußerst wenig von einer solchen ab. JHNRK′ ist die „Dampfkurve", sie liegt hier außerhalb der Entmischungskurve. FGH, LMN, PQR sind also die Zusammensetzungen der drei koexistenten Phasen bei drei verschiedenen Sättigungsdrucken, entsprechend den drei Berührungspunkten der gemeinsamen Tangentialebene an die $\bar{G}$-Flächen. Der zu jedem Flüssigkeitspaar gehörige Dampf ist durch eine gestrichelte Gerade mit der betreffenden Konnode verbunden. Zur kritischen Flüssigkeit K gehört der Dampf der Zusammensetzung K'.

Für das Dreiphasensystem PQR sind außerdem die Verdampfungs- und Kondensationskurven im homogenen Gebiet der Mischung eingezeichnet, und zwar sind SP und QU die Verdampfungs-, TR und RV die Kondensationskurven (entsprechend der Abb. 88), zwischen beiden einige Konnoden der Gleichgewichte homogene Flüssigkeit — Dampf. Bei der vorgegebenen Temperatur und dem zugehörigen Sättigungsdruck zerfällt die Dreiecksfläche in drei Gebiete. Unterhalb des gebrochenen Kurvenzuges $SPQU$ sind alle Gemische flüssig, wobei innerhalb der Mischungslücke $EPQD$ das System in zwei flüssige Phasen zerfällt; oberhalb des Kurvenzuges TRV sind alle Gemische dampfförmig; innerhalb des Gebietes $SPQUVRT$ tritt ein Zerfall in Dampf und Flüssigkeit ein, und zwar in die beiden Flüssigkeiten P und Q und den Dampf R, wenn die Bruttozusammensetzung innerhalb des Dreiecks PQR liegt, in eine homogene Flüssigkeit längs SP oder QU und den zugehörigen Dampf längs TR oder RV, wenn die Bruttozusammensetzung außerhalb des Dreiecks PQR liegt.

In dem genannten System Aceton (A)-Phenol (B)-Wasser (C) nimmt der Druck bei konstanter Temperatur von J bis K' monoton zu, der dem

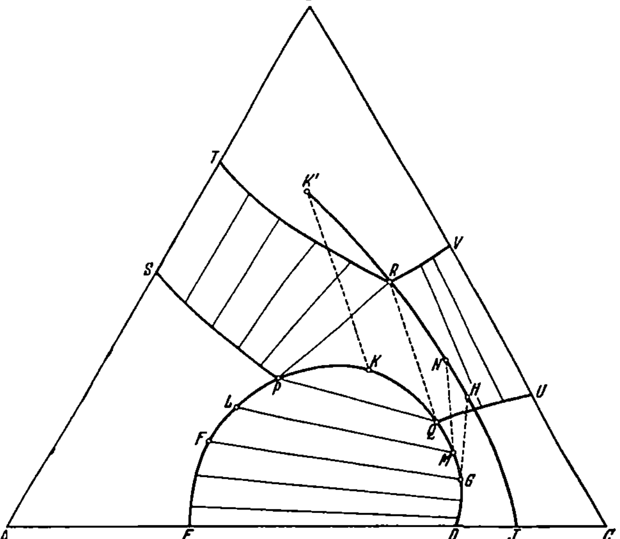

Abb. 96. Dampfdruckdiagramm eines ternären Systems mit Mischungslücke [Aceton (A) — Phenol (B) — Wasser (C) bei konstanter Temperatur].

binären System $E + D + J$ entsprechende Dampfdruck ist ein Minimum, der dem kritischen Punkt $K + K'$ entsprechende Dampfdruck ist ein Maximum. Daß die jeweils zusammengehörenden Punkte FGH oder PQR usw., die den koexistenten Phasen entsprechen, die in Abb. 96 gezeichnete relative Lage zueinander haben müssen, bei der die Zusammensetzung des Dampfes gegenüber der zugehörigen Konnode auf der Seite höheren Druckes liegt, hat ebenfalls SCHREINEMAKERS (269) bewiesen. In Abb. 97a ist ein Stück der Entmischungskurve und der Dampfkurve nochmals gesondert gezeichnet. F und G stellen die Zusammensetzungen der beiden Flüssigkeiten, H die des koexistenten Dampfes dar. Denkt man sich jetzt die Dampfphase gegenüber den flüssigen Phasen abgesperrt und erniedrigt mittels eines Stempels den Druck um einen geringen Betrag, so bildet sich neuer Dampf, der eine andere Zusammensetzung besitzt, wodurch sich die Zusammensetzungen der beiden flüssigen

Phasen ebenfalls ändern müssen. Die drei neuen koexistenten Phasen seien F', G' und H'. War die mittlere Zusammensetzung der beiden flüssigen Phasen ursprünglich durch den Punkt Z gegeben (so daß ihr Molzahlverhältnis nach dem Hebelgesetz durch das Verhältnis ZF/ZG bestimmt war), so müssen die drei neuen Phasen so zueinander liegen, daß Z sich innerhalb des Dreiecks $F'\,G'\,H'$ befindet, denn diese drei Phasen haben sich ja aus einem Gemisch der mittleren Zusammensetzung Z gebildet. Das ist nur möglich, wenn H' oberhalb der Konnode $F'\,G'$, also nach der Seite höheren Druckes zu liegt. Dieselbe Überlegung

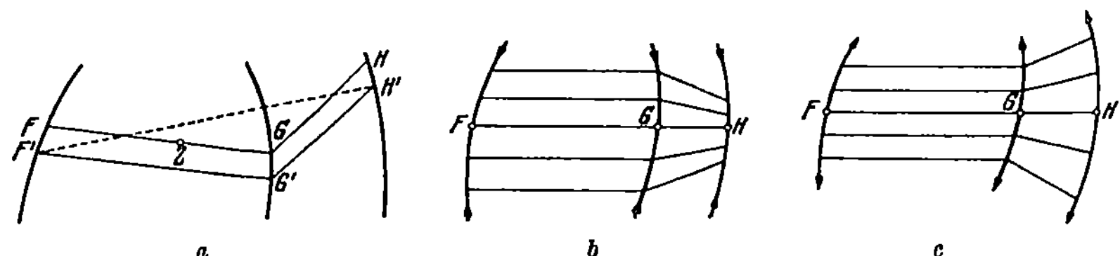

a   b   c

Abb. 97a, b u. c. Relative Lage der Phasenpunkte im Dreiphasengebiet ternärer Dampfdruckgleichgewichte.

gilt für beliebige koexistente Punkte, was bedeutet, daß bei gegebener Temperatur der Druck monoton von J bis K' ansteigen muß.

Würde man das Diagramm 96 nicht auf konstante Temperatur, sondern auf konstanten Druck beziehen, so liegt der Dampfdruck stets auf derjenigen Seite der Konnode, auf der die Temperatur den niedrigeren Wert besitzt, d. h. die Temperatur nimmt in diesem Fall von J bis K' monoton ab.

Aus dieser Überlegung folgt außerdem, daß der Dampfdruck (bzw. der Siedepunkt) im Dreiphasengebiet offenbar einen Extremwert haben muß, wenn die drei Punkte, die den koexistenten Phasen entsprechen, auf einer Geraden liegen. In der Abb. 97 b ist der Fall eines Dampfdruckmaximums, in Abb. 97 c der Fall eines Dampfdruckminimums bei konstanter Temperatur dargestellt, die Pfeile geben die Richtung steigenden Druckes an. Man sieht, daß auch in diesen Fällen die Zusammensetzung des Dampfes stets auf derjenigen Seite der zugehörigen Konnode liegt, auf der der Druck zunimmt. Die ausgezeichnete Lage der drei Phasenpunkte auf einer Geraden bedeutet, daß die Dampfphase H eine solche Zusammensetzung hat, daß die flüssige Phase G aus der flüssigen Phase F und dem Dampf gebildet werden kann [$\bar{x}\,F +$ $+ (1 - \bar{x})\,H \to G$, wobei die Molenbrüche $\bar{x}$ bzw. $(1 - \bar{x})$ sich auf ein Mol der jeweiligen Mischung beziehen]. Würde die Dampfphase *zwischen* den Entmischungskurven liegen, was wie erwähnt, ebenso gut vorkommen kann, so würde der Dampf aus beiden flüssigen Phasen gemeinsam entstehen können [$\bar{x}\,F + (1 - \bar{x})\,G \to H$]. In beiden Fällen kann also eine sog. *Phasenreaktion* stattfinden, wie schon auf S. 51 erwähnt wurde, bei der schließlich eine der flüssigen Phasen verbraucht wird, wenn man bei konstanter Temperatur und konstantem Extremdruck destilliert, wobei auch die Zusammensetzung des Dampfes konstant bleibt. Derartige ausgezeichnete Gemische verhalten sich demnach analog wie ein azeotropes Gemisch mit zwei oder ein ternäres Gemisch mit drei flüssigen Phasen, für die die verallgemeinerte CLAUSIUS-CLAPEYRONsche Gleichung die Temperaturabhängigkeit des Dampfdruckes angibt. Die allgemeine Theorie dieser sog. „indifferenten Zustände" hat DEFAY entwickelt (vgl. *99, 229*).

Ein Dampfdruckextremum kann schließlich noch auftreten, wenn die Zusammensetzung zweier koexistenter Phasen identisch wird, also beim kritischen Punkt K, wie oben schon festgestellt wurde, oder wenn sich das System in einem Druck- und Temperaturgebiet befindet, in dem der kritische Punkt Flüssigkeit-Dampf einer der beiden koexistenten Flüssigkeiten liegt.

Die *Gleichgewichtsbedingungen* des Dreiphasensystems sind in Analogie zu den Gln. (II, 98 u. 99) gegeben durch:

$$\left(\frac{\partial \bar{G}}{\partial x_1}\right)'_{p,\,T} = \left(\frac{\partial \bar{G}}{\partial x_1}\right)''_{p,\,T} = \left(\frac{\partial \bar{G}}{\partial x_1}\right)'''_{p,\,T}; \quad \left(\frac{\partial \bar{G}}{\partial x_2}\right)'_{p,\,T} = \left(\frac{\partial \bar{G}}{\partial x_2}\right)''_{p,\,T} = \left(\frac{\partial \bar{G}}{\partial x_2}\right)'''_{p,\,T} \tag{166a}$$

$$\left(\bar{G} - x_1\frac{\partial \bar{G}}{\partial x_1} - x_2\frac{\partial \bar{G}}{\partial x_2}\right)' = \left(\bar{G} - x_1\frac{\partial \bar{G}}{\partial x_1} - x_2\frac{\partial \bar{G}}{\partial x_2}\right)'' = \left(\bar{G} - x_1\frac{\partial \bar{G}}{\partial x_1} - x_2\frac{\partial \bar{G}}{\partial x_2}\right)'''. \tag{166b}$$

Auf Grund der gemeinsamen Tangentialebene müssen die Koordinaten x_1 und x_2 der koexistierenden drei Phasenpunkte diesen sechs Gleichungen genügen. Die Lage dieser drei Punkte ist, wie wir sahen, noch druck- bzw. temperaturabhängig. Halten wir, wie oben, z. B. die Temperatur konstant, so ergeben sich die *Differentialgleichungen* der beiden Entmischungskurven und der Dampfkurve, deren Projektionen auf die Dreiecksfläche in Abb. 96 die Kurven EFK, DGK und JHK' darstellen, wieder aus den Koexistenzgleichungen (II, 171a) und (II, 171b), indem man $dT = 0$ setzt. Betrachten wir die $'''$-Phase als die Dampfphase, so wird für das Gleichgewicht zwischen den beiden flüssigen Phasen

$$''V_0\, dp = \left[(x_1'' - x_1')\left(\frac{\partial^2 \bar{G}}{\partial x_1^2}\right)' + (x_2'' - x_2')\left(\frac{\partial^2 \bar{G}}{\partial x_1 \partial x_2}\right)'\right] d x_1'$$
$$+ \left[(x_1'' - x_1')\left(\frac{\partial^2 \bar{G}}{\partial x_1 \partial x_2}\right)' + (x_2'' - x_2')\left(\frac{\partial^2 \bar{G}}{\partial x_2^2}\right)'\right] d x_2', \tag{167}$$

für das gleichzeitige Gleichgewicht zwischen der flüssigen $'$-Phase und der Dampfphase

$$'''V_0\, dp = \left[(x_1''' - x_1')\left(\frac{\partial^2 \bar{G}}{\partial x_1^2}\right)' + (x_2''' - x_2')\left(\frac{\partial^2 \bar{G}}{\partial x_1 \partial x_2}\right)'\right] d x_1'$$
$$+ \left[(x_1''' - x_1')\left(\frac{\partial^2 \bar{G}}{\partial x_1 \partial x_2}\right)' + (x_2''' - x_2')\left(\frac{\partial^2 \bar{G}}{\partial x_2^2}\right)'\right] d x_2'. \tag{168}$$

Analoge Gleichungen für die Variablen p, x_1'', x_2'' bzw. p, x_1''', x_2''' erhält man in der üblichen Weise. $''V_0'$ ist durch (II, 172) gegeben, $'''V_0'$

ebenfalls, wenn man die zweifach gestrichenen Größen durch dreifach gestrichene ersetzt. Eliminiert man nun $d\,x_1'$ oder $d\,x_2'$ aus den beiden Gleichungen und setzt außerdem $dp = 0$, so erhält man offenbar die Punkte der Entmischungskurven und der Dampfkurve, für die der Dampfdruck einen Extremwert besitzt. Nach einigen Umrechnungen ergibt sich

$$[(x_1''' - x_1')(x_2'' - x_2') - (x_1'' - x_1')(x_2''' - x_2')]\left[\frac{\partial^2 \bar{G}}{\partial x_1'^2}\frac{\partial^2 \bar{G}}{\partial x_2'^2} - \left(\frac{\partial^2 \bar{G}}{\partial x_1' \partial x_2'}\right)^2\right] = 0 \,. \quad (169)$$

Die Gleichung ist erfüllt, wenn entweder

$$\frac{\partial^2 \bar{G}}{\partial x_1'^2}\cdot\frac{\partial^2 \bar{G}}{\partial x_2'^2} - \left(\frac{\partial^2 \bar{G}}{\partial x_1' \partial x_2'}\right)^2 = 0\,, \quad (170)$$

oder

$$\frac{x_2''' - x_2'}{x_1''' - x_1'} = \frac{x_2'' - x_2'}{x_1'' - x_1'}\,. \quad (171)$$

Im ersten Fall liegt ein kritischer Punkt vor (K' bzw. K in Abb. 96), denn (170) gilt nach (II, 100) für die Spinodalkurve, die die Entmischungskurve nur im kritischen Punkt berührt. Im zweiten Fall müssen die Zusammensetzungen der drei koexistenten Phasen auf einer Geraden liegen (Abb. 97 b oder 97 c), d. h. (171) ist der analytische Ausdruck für das Dampfdruckextremum im Dreiphasengebiet, das sich aus den obigen Betrachtungen ergab.

Einer besonderen Betrachtung bedarf die isotherme bzw. isobare *Flüssigkeits-* und *Dampffläche* eines heterogenen ternären Systems. Während im homogenen Gebiet sich die beiden Flächen nur in den Eckpunkten und in azeotropen Punkten berühren, wo Flüssigkeit und Dampf die gleiche Zusammensetzung haben (vgl. S. 265), besitzen zwei koexistente Flüssigkeiten z. B. bei konstantem Druck die gleiche Siedetemperatur, sie liegen also im $T\,x_1'\,x_2'$-Diagramm auf einer zur Dreiecksfläche parallelen Geraden, da alle zwischen den beiden Flüssigkeiten liegenden Gemische instabil sind und in die betreffenden flüssigen Phasen zerfallen. Die isobare Flüssigkeitsfläche ist also im Entmischungsgebiet eine sog. Regelfläche, die durch Verschiebung einer horizontalen Geraden im Raum entsteht. Im binären System mit Mischungslücke wird die Grenzkurve dieser Fläche durch die horizontalen Geraden $P_1\,P_2$ dargestellt, wie sie für den isothermen Fall in den Abb. 86 und 87 gezeichnet ist. Daraus folgt, daß die Flüssigkeitsfläche mit einem Knick vom heterogenen ins homogene Gebiet übergehen muß.

Die mit den beiden Flüssigkeiten koexistenten Dampfpunkte liegen auf einer Raumkurve, deren Projektion auf die Dreiecksebene die „Dampfkurve" (in Abb. 96 die Kurve $J\,K'$) ergibt. Diese Raumkurve ist die Schnittkurve der beiden die Siedefläche des Dampfes bildenden Teilflächen, die zu den beiden diesseits und jenseits der Regelfläche liegenden Siedeflächen der homogenen Flüssigkeiten gehören. (Im Grenzfall des binären Systems mit Mischungslücke endet diese Raumkurve in den Punkten P_3 der Abb. 86 und 87 bzw. z. B. im Punkt J der Abb. 96, die Teilsiedeflächen des Dampfes schneiden die auf den Dreiecksseiten senkrecht stehenden Prismenseiten in den Kurven AP_3 und BP_3 der Abb. 86 und 87.) Der mit zwei Flüssigkeiten koexistente Dampf ergibt sich als Schnittpunkt einer durch die Verbindungsgerade der Flüssigkeitspunkte gelegten Horizontalebene mit dieser Raumkurve (Die Punkte FGH, LMN, PQR usw. in der Projektion der Abb. 96 liegen also jeweils auf einer Horizontalebene im $T x_1' x_2'$-Diagramm.) Hat der Siedepunkt im Dreiphasengebiet ein Maximum oder Minimum, so berührt die räumliche Dampfkurve die Regelfläche oder deren Verlängerung, da Flüssigkeitspunkte und Dampfpunkt in diesem Fall auf einer Geraden liegen müssen wie im binären System (Abb. 86 u. 87). Wie S. 293 gezeigt wurde, liegen sie dann auch in der Projektionsabbildung auf einer Geraden (Abb. 97 b u. 97 c).

Wie diese Betrachtung zeigt, handelt es sich bei diesen Maxima oder Minima der Siedetemperatur bzw. im isothermen Fall des Dampfdruckes nicht um Extrempunkte in den Siede- bzw. Dampfdruck*flächen*, sondern um Extrempunkte auf den räumlichen Koexistenz*kurven* der drei Phasen, die man sich am einfachsten vorstellen kann, wenn man sich die Siede- und Kondensationskurven in den binären Systemen mit Mischungslücke (Abb. 86 u. 87) in den Raum hinein fortgesetzt denkt: es sind die Durchdringungskurven dieser Flächen mit der Regelfläche bzw. untereinander, ihre Projektionen auf die Dreiecksebene sind die Entmischungskurven und die Dampfkurve z. B. in Abb. 96. Diese Siedepunkts- (oder Dampfdruck)-Maxima oder Minima sind also ebensowenig als „azeotrope Punkte" zu bezeichnen wie die entsprechenden konstanten Dreiphasendrucke oder -temperaturen in heterogenen binären Systemen (vgl. S. 260). Die meisten der in der Literatur angegebenen „ternären azeotropen Punkte" (*121, 173*) sind solche Siedepunktsminima im heterogenen Gebiet.

Dagegen kann im heterogenen binären System der Dreiphasendruck trotzdem der höchste im gesamten System vorkommende Dampfdruck (bei konstantem T) bzw. die zugehörige Temperatur die niedrigste überhaupt vorkommende Siedetemperatur (bei konstantem p) sein, wie der Fall der Abb. 86 zeigt, und zwar dann, wenn die Zusammensetzung des Dampfes zwischen den Zusammensetzungen der beiden koexistenten flüssigen Phasen liegt (vgl. S. 261). Dagegen kommt der umgekehrte Fall nicht vor, d. h. der Dreiphasendruck kann nicht der niedrigste im gesamten System auftretende Dampfdruck und die zugehörige Temperatur nicht die höchste vorkommende Siedetemperatur sein, wie aus der Abb. 87 hervorgeht. Wie SCHREINEMAKERS (vgl. *245, 99*) auf Grund allgemeiner thermodynamischer Betrachtungen zeigen konnte, gilt das vollkommen Analoge auch für ternäre heterogene Systeme: *Ein Minimum des Siedepunktes im heterogenen Gebiet kann nur dann der tiefste Siedepunkt des gesamten Systems sein, wenn die Dampfzusammensetzung zwischen den Zusammensetzungen der beiden flüssigen Phasen liegt. Ein Maximum des Siedepunktes im heterogenen Gebiet kann niemals der höchste Siedepunkt des gesamten ternären Systems sein.*

Ein bekanntes Beispiel für den Fall eines heterogenen Siedepunktsminimums, das gleichzeitig dem tiefsten Siedepunkt des ganzen Systems entspricht, ist das System Äthanol-Benzol-Wasser (*6*); weitere Beispiele sind: Wasser-Äthanol-Trichloräthylen (*242*) und zahlreiche andere.

Ein Maximum im Dreiphasengebiet zeigt das neuerdings untersuchte System (*242*) Ameisensäure—m-Xylol—Wasser (97,5° C bei 760 mm Druck), während Wasser—m-Xylol ein Minimum bei 92,0° C, Ameisensäure—m-Xylol ein Minimum bei 92,8° C aufweisen. Dagegen gibt es im Gesamtsystem noch höhere Siedepunkte, nämlich die reinen Komponenten H_2O (100° C), Ameisensäure (100,6° C), m-Xylol (139,4° C) und ein azeotropes Maximum im homogenen binären System Wasser-Ameisensäure (107,2° C).

Ein interessantes Beispiel ist das ebenfalls von REINDERS und DE MINJER (*242*) untersuchte heterogene System Wasser-Aceton-Chloroform mit einer Mischungslücke im binären System Wasser-Chloroform. Es zeigt im Dreiphasengebiet sowohl ein Maximum (60,4° C) wie ein Minimum (60,24° C) des Siedepunktes. Dagegen ist hier das Minimum weder der tiefste im System vorkommende Siedepunkt (das binäre Gemisch H_2O-$CHCl_3$ siedet bei 56,1° C) noch selbstverständlich der höchste beobachtete Siedepunkt.

Die Frage, ob es sinnvoll ist, auch bei heterogenen ternären Systemen *Destillationslinien* zu untersuchen, ist von REINDERS und DE MINJER (*241*) sowie von HAASE (*99*) diskutiert worden. Wir bezeichnen die beiden flüssigen Phasen mit ′ bzw. ″, die Dampfphase mit ‴. Die eine Flüssigkeit möge n'-Mole, die andere n''-Mole enthalten, und es sei

$$n' + n'' \equiv n$$

die Gesamtmolzahl der beiden koexistenten flüssigen Phasen. Dann können wir für jede Komponente i einen mittleren oder Bruttomolenbruch definieren durch

$$\frac{n' x_i' + n'' x_i''}{n} = \overset{*}{x}_i \, . \tag{172}$$

Entfernt man nun durch „einfache Destillation" dn-Mole des Gleichgewichtsdampfes, so führt eine völlig analoge Rechnung auf Grund des Satzes von der Erhaltung der Masse, wie sie auf S. 53 durchgeführt wurde, zu der Gl. (II, 173 bzw. VI, 149) entsprechenden Beziehung

$$\frac{d\,\overset{*}{x}_1}{d\,\overset{*}{x}_2} = \frac{x_1''' - \overset{*}{x}_1}{x_2''' - \overset{*}{x}_2} \, , \tag{173}$$

wie sie für homogene ternäre Systeme gilt. Das bedeutet, daß man auch im heterogenen Gebiet ternärer Systeme Destillationslinien zur

Darstellung des Gleichgewichtes Dampf-Flüssigkeit benutzen kann. Sie geben wieder die Änderung der (Brutto)-Zusammensetzung der Flüssigkeiten bei der einfachen Destillation an und verlaufen deshalb zwischen den Entmischungskurven.

Wir betrachten an Hand der schematischen Abb. 98 den Fall, daß die Zusammensetzung des Dampfes teils außerhalb, teils innerhalb der Entmischungskurve liegt. [Ein solches System ist Wasser-Aceton-Chloroform (242).] Die Punkte P auf den Konnoden stellen jeweils

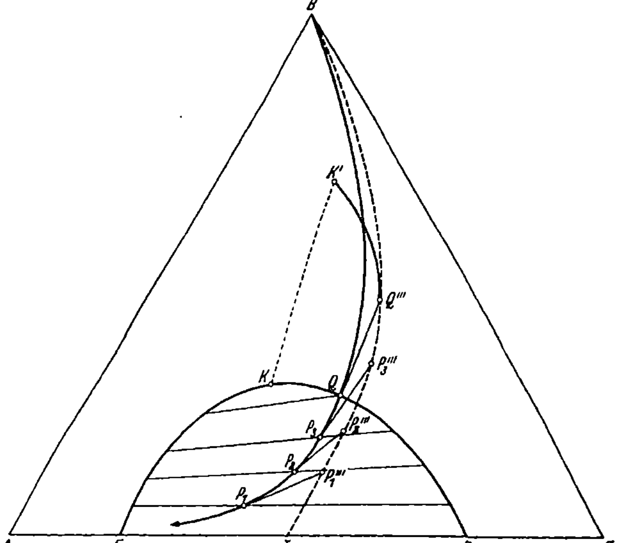

Abb. 98. Destillations- und Dampflinien in ternären Systemen mit Mischungslücke.

die Bruttozusammensetzung zweier koexistenter flüssiger Phasen dar, deren Molzahlverhältnis nach dem Hebelgesetz durch die Konnodenabschnitte gegeben ist. Die Zusammensetzung der jeweils zugehörigen Dämpfe sei durch die Punkte P''' dargestellt, sie liegen auf der S. 291 definierten Dampfkurve. Ist nun Gl. (173) die Differentialgleichung der Destillationslinien im heterogenen Gebiet, so müssen die Tangenten an diese Linien in jedem Punkt P die Geraden sein, die P mit dem zugehörigen Dampfpunkt P''' verbinden. Die Destillationslinien sind also die Enveloppen der Geraden PP''', wie sie im homogenen Gebiet die Enveloppen der Konnoden waren. Das bedeutet weiterhin, daß es im heterogenen Gebiet nur eine einzige „Dampflinie" gibt, auf der sämtliche Punkte P''' liegen; sie ist mit der früher betrachteten „Dampfkurve" identisch. Die Destillationslinie schneidet die Entmischungskurve bei Q, der zugehörige Dampfpunkt Q''' liegt ebenfalls noch auf der Dampfkurve. Oberhalb von Q beginnt das homogene Gebiet, und die zur Destillationslinie gehörige „Dampflinie" muß sich von der zum heterogenen Gebiet gehörigen „Dampfkurve" trennen, die analog zu Abb. 96 bis zum kritischen Punkt K' weiterläuft. Beide Kurven sind kontinuierlich und gehen deshalb bei Q''' tangential ineinander über. Die Dampflinie endet zusammen mit der Destillationslinie im Eckpunkt des Dreiecks.

Liegen die Punkte P auf der gleichen Konnode, so entsprechen sie Mischungen mit verschiedener Bruttozusammensetzung, die aber sämtlich in die gleichen beiden koexistenten flüssigen Phasen zerfallen und zum gleichen Dampfpunkt gehören. In Abb. 99 ist ein solcher Fall schematisch gezeichnet. Da die Destillationslinien wieder die PP'''-Geraden berühren müssen, haben sie in jedem Punkt P eine andere Richtung, die durch den Pfeil angedeutet ist[1]. Das Destillationslinienfeld entspricht also durchaus dem der Abb. 95b, bei dem vorausgesetzt

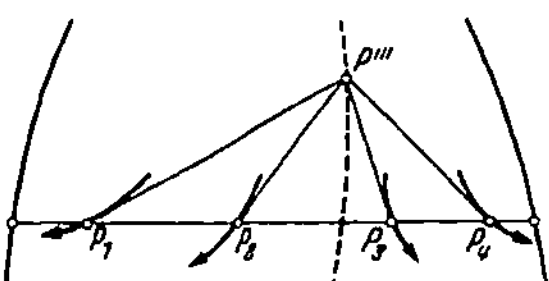

Abb. 99. Destillationslinien für Punkte auf der gleichen Konnode.

war, daß die Siedetemperatur des azeotropen Minimums niedriger lag als die von A und C, aber höher als die von B. Die Destillationslinien verlaufen also auch hier bei isobarer einfacher Destillation in Richtung steigender Temperatur. Die der „Grenzlinie" bei homogenen Gemischen des Typs Abb. 95b entsprechende Destillationslinie tritt auch hier auf, sie verläuft nicht asymptotisch wie alle übrigen gegen die Eckpunkte A und C, sondern schneidet die Dreiecksseite AC in dem Punkt, in dem die Bruttozusammensetzung der beiden Flüssigkeiten mit der Zusammensetzung des Dampfes identisch ist, also im Anfangspunkt J der „Dampfkurve". Dieser entspricht einem Extrempunkt im heterogenen Gebiet, wie früher ausführlich begründet wurde, und wie auch aus Abb. 86 unmittelbar hervorgeht. Das bedeutet, wieder analog zum Verhalten der Destillationslinien im homogenen Gebiet, daß die Grenz-Destillationslinie in der Nähe eines heterogenen Extrempunktes eine Gerade sein muß. Die übrigen Destillationslinien verlaufen in der Nähe eines solchen Punktes ebenfalls analog wie bei homogenen Systemen, in dem gezeichneten Fall hyperbelartig mit der Seite AJ bzw. CJ und der Grenzlinie als Asymptoten. Ein Maximum oder Minimum im ternären heterogenen Gebiet entspricht einem azeotropen Punkt im homogenen System, das Destillationslinienfeld wird denen der Abb. 95e und 95f ähnlich sein.

Wie diese Überlegungen zeigen, unterscheiden sich die Destillationslinienfelder nicht prinzipiell für homogene und heterogene ternäre Systeme. Sie können deshalb im heterogenen Fall das Gleichgewichts-

---

[1] Das folgt auch aus Gl. (173), da $\overset{*}{x}_1$ und $\overset{*}{x}_2$ nach (172) noch von dem Molzahlverhältnis n'/n bzw. n''/n abhängen.

diagramm nicht vollkommen ersetzen, da die Entmischungskurven mit den Konnoden fehlen, und deshalb die Zusammensetzung koexistenter flüssiger Phasen nicht aus dem Destillationslinienfeld und der zugehörigen Dampfkurve entnommen werden kann. Die Destillationslinien in Systemen mit Mischungslücken haben deshalb geringere Bedeutung als in homogenen Systemen.

VII. Trennung von Flüssigkeitsgemischen.

A. Rektifikation.

Schon die S. 280 definierte „einfache Destillation", bei der der jeweilige Gleichgewichtsdampf einer flüssigen Mischphase kontinuierlich entfernt wird, bewirkt eine teilweise Trennung der Komponenten, da Dampf und Flüssigkeit außer in azeotropen Punkten verschiedene Zusammensetzung haben, die tiefer siedenden Bestandteile im Dampf angereichert sind. Wenn man den Gleichgewichtsdampf kondensiert und in getrennten Teilen (Fraktionen) auffängt, spricht man von „fraktionierter Destillation".

Um eine möglichst weitgehende oder vollständige Trennung der Komponenten in *einem* Arbeitsgang zu erzielen, hat man die Rektifiziertechnik entwickelt. Die Rektifikation besteht grundsätzlich darin, daß der von der siedenden Flüssigkeit aufsteigende Dampf teilweise kondensiert und als sog. „Rücklauf" in einer Kolonne dem neu nachströmenden Dampf entgegengeführt wird. Da aufsteigender Dampf und herabfließender Rücklauf nicht im Gleichgewicht sind, findet längs der Kolonne ein ständiger Stoff- und Wärmeaustausch statt, der um so intensiver ist, je inniger die gegenseitige Durchdringung der beiden Phasen ist. Um die Berührungsoberfläche der beiden Phasen zu vergrößern, benutzt man verschiedene Einrichtungen (Austauschböden, Füllkörper, Drehbänder usw.). Auf die Rektifiziertechnik und die Einzelheiten dieses Wärme- und Stoffaustausches gehen wir nicht ein und verweisen auf die zahlreichen neueren Darstellungen dieses Gebietes (*23, 147, 150, 162, 185, 319*). Dagegen interessiert im Zusammenhange dieses Buches die Frage, wie sich unter gegebenen Betriebsbedingungen die Zusammensetzung des Blaseninhaltes (Destillationsrückstand) und die Zusammensetzung des Destillats während einer Rektifikation ändern, und zwar im Hinblick auf die früher in Kapitel VI behandelte Theorie der „Destillations- und Dampflinien" bei der „einfachen Destillation" von Mehrstoffgemischen. Die zur Behandlung dieser Frage notwendigen Grundlagen für das Verständnis des Rektifiziervorganges seien im folgenden Abschnitt kurz zusammengestellt.

1. Allgemeine Gesetze der Rektifikation.

Zunächst ist zu untersuchen, welche Beziehungen bestehen zwischen den Konzentrationen des aufsteigenden Dampfes und denen des herabfließenden Rücklaufes in jedem Querschnitt der Kolonne. Durch ein Querschnittselement mögen in der Zeiteinheit m''-Mole Dampf nach oben und m'-Mole Rücklauf nach unten strömen. Nimmt man der Einfachheit halber in erster Näherung an, daß die mittlere molare Verdampfungswärme des Gemisches von der Zusammensetzung unabhängig ist, und daß die Kolonne adiabatisch arbeitet, d. h. daß längs der Kolonne kein Wärmeaustausch mit der Umgebung stattfindet, so wird im stationären Zustand bei dem erwähnten Stoffaustausch zwischen den beiden Phasen ebenso viel Dampf kondensiert wie Flüssigkeit verdampft werden, so daß für jedes Querschnittselement gilt

$$d\,m' = d\,m'' = 0. \tag{1}$$

Dampf- und Flüssigkeitsmenge bleiben demnach in der gesamten Kolonne konstant.

Aus der Massenbilanz für jede einzelne Komponente i der Mischung folgt weiter (analog wie S. 53):

$$(m' + d\,m')\,(x_i' + d\,x_i') - m'\,x_i' = (m'' + d\,m'')\,(x_i'' + d\,x_i'') - m''\,x_i''$$

oder unter Vernachlässigung von Größen zweiter Ordnung und mit Berücksichtigung von (1)

$$m''\,d\,x_i'' - m'\,d\,x_i' = (x_i' - x_i'')\,d\,m' = 0$$

oder

$$m'\,d\,x_i' = m''\,d\,x_i''. \tag{2}$$

Das ist die allgemeine Differentialgleichung für den Stoffaustausch in jedem Querschnitt der Kolonne. Integriert man über einen endlichen Konzentrationsbereich, z. B. zwischen einem beliebigen Querschnitt und dem Kopf der Kolonne (Index $^{(0)}$), so erhält man

$$\frac{x_i'' - x_i''^{(0)}}{x_i' - x_i'^{(0)}} = \frac{m'}{m''} = \frac{v}{v + 1}, \tag{3}$$

wenn man mit

$$v \equiv \frac{m'}{m'' - m'} \tag{4}$$

das „*Rücklaufverhältnis*" bezeichnet, das somit unter gegebenen Bedingungen im stationären Zustand eine Konstante darstellt. Am Kopf der Kolonne, wo der Dampf vollständig kondensiert wird, ist

$$x_i''^{(0)} = x_i'^{(0)},$$

so daß man Gl. (3) in der Form schreiben kann

$$x_i'' = \frac{v}{v + 1}\,x_i' + \frac{1}{v + 1}\,x_i'^{(0)}. \tag{5}$$

$x_i'^{(0)}$ ist die Konzentration des übergehenden Destillats an der Komponente i, ist also im stationären Zustand konstant, so daß Gl. (5) eine Gerade darstellt, die man als „*Austauschgerade*" bezeichnet. In Abb. 100 ist die Austauschgerade AB für ein binäres System ohne Extrempunkt in das Gleichgewichtsdiagramm (vgl. S. 249 ff.) eingezeichnet, wobei x den Molenbruch der flüchtigeren Komponente darstellt; $x'^{(0)}/(v + 1)$ ist der Ordinatenabschnitt, $v/(v + 1)$ die Neigung der Geraden. Sie schneidet die Diagonale des Diagramms ($x'' = x'$), wenn $x' = x'^{(0)}$, d. h. der Schnittpunkt B der Austauschgeraden mit der Diagonalen gibt die Zusammensetzung des übergehenden Destillats an. Letztere hängt ebenso wie die Neigung der Geraden von dem Rücklaufverhältnis v ab. Läßt man das gesamte Kondensat in die Kolonne zurückfließen, so ist $m' = m''$ und $v = \infty$. Dann wird für jede Komponente i nach Gl. (5) $x_i'' = x'$, die Austauschgerade fällt mit

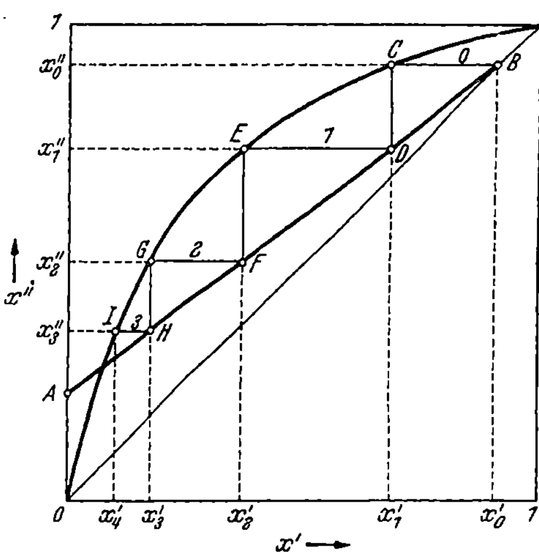

Abb. 100. Zusammensetzung von Dampf und Flüssigkeit in der Rektifiziersäule.

der Diagonalen des Diagramms zusammen. In Worten heißt das: *Bei totalem Rücklauf haben Dampf und Flüssigkeit in jedem Querschnitt der Kolonne gleiche Zusammensetzung.*

Bei Kolonnen mit einzelnen Sieb- und Glockenböden, bei denen nicht jedes Querschnittelement dem anderen gleichwertig ist, gilt Gl. (5) ebenfalls, wenn man unter x_i' den Molenbruch des zwischen zwei Böden herabfließenden Rücklaufs und unter x_i'' den diesem Rücklauf entgegenströmenden Dampf versteht, der von dem darunter liegenden Boden aufsteigt. Wäre der Wärme- und Stoffaustausch auf jedem Boden der Kolonne ideal (sog. theoretischer Boden), so würde die vom Boden abfließende Flüssigkeit mit dem vom gleichen Boden aufsteigenden Dampf im Gleichgewicht sein[1]. Man übersieht dies an Hand der Abb. 100 für ein binäres System. Der vom obersten Boden 0 aufsteigende Dampf, der im Kühler vollständig kondensiert wird, hat die Zusammensetzung x_0'' des Punktes B, die gleiche Zusammensetzung x_0' hat auch der auf den obersten Boden zurückfließende Rücklauf. Der vom obersten Boden

---

[1] Tatsächlich ist die Zahl der realen Böden stets größer als die der theoretischen. Bei Füllkörperkolonnen nennt man die Rohrlänge, die in ihrer Trennwirkung einem theoretischen Boden äquivalent ist, den „Bodenwert".

abfließende Rücklauf steht mit dem übergehenden Dampf im Gleichgewicht, der zugehörige Punkt C liegt also auf der Gleichgewichtskurve, und die vom obersten Boden 0 abfließende Flüssigkeit hat die Zusammensetzung x_1'. Der ihr vom Boden 1 entgegenströmende Dampf entspricht wieder einem Punkt D auf der Austauschgeraden, seine Zusammensetzung ist nach Gl. (5) durch x_1'' gegeben. Dieser Dampf ist im Phasengleichgewicht mit dem vom Boden 1 abfließenden Rücklauf, dessen Zusammensetzung x_2' auf der Gleichgewichtskurve liegen muß (Punkt E) usw. Entspricht etwa x_4' der Zusammensetzung des Blaseninhalts, so kann man die Anzahl n der theoretischen Böden ermitteln, indem man von B ausgehend eine Treppenkurve zwischen der Gleichgewichtskurve und der Austauschgeraden zeichnet, die sich bis zur Zusammensetzung x' des Blaseninhalts erstreckt.

Die Zahl n der notwendigen theoretischen Böden, um bei gegebener Blasenzusammensetzung und gegebenem Rücklaufverhältnis die maximal mögliche Trennwirkung zu erzielen, hängt offenbar von der Krümmung der Gleichgewichtskurve ab, denn je stärker diese ist, um so weniger Treppenstufen braucht man in der Abb. 100, um von B bis J zu gelangen. Die Krümmung der Gleichgewichtskurve hängt ihrerseits nach S. 251 von der relativen Flüchtigkeit α ab, es muß danach also ein Zusammenhang zwischen Trennwirkung einer Kolonne, theoretischer Bodenzahl und relativer Flüchtigkeit existieren, der für die Rektifikation maßgebend ist.

Dieser Zusammenhang ergibt sich auf folgende Weise (*103*): Wir betrachten den Fall einer *diskontinuierlichen*[1] *isobaren* Rektifikation, bei der nach einmaliger Füllung der Blase das anfallende Destillat laufend am Kopf der Kolonne entnommen wird. Bei gegebenen Bedingungen von Bodenzahl n und Rücklaufverhältnis v gehört zu jeder Flüssigkeit in der Blase auch ein Destillat bestimmter Zusammensetzung. Vernachlässigt man den Inhalt der Kolonne als klein gegenüber dem Inhalt der Blase, so kann man die Änderung der Zusammensetzung in der Blase während der Rektifikation durch Differentialgleichungen darstellen, die derjenigen der Destillationslinien von ternären Systemen analog sind und sich in analoger Weise aus der Massenbilanz ergeben. Für ein Dreistoffgemisch gilt danach analog zu (VI, 149)

$$\frac{d\,x_1'^{(n)}}{d\,x_2'^{(n)}} = \frac{x_1'^{(0)} - x_1'^{(n)}}{x_2'^{(0)} - x_2'^{(n)}} \, . \tag{6}$$

---

[1] Führt man das zu trennende Gemisch irgendwo in der Mitte der Kolonne laufend zu, wobei es in analoger Weise in den schwerer flüchtigen Ablauf und das leichter flüchtige Destillat zerlegt wird, so spricht man von kontinuierlicher Rektifikation. Der Ablauf wird aus der Blase, das Destillat am Kopf der Kolonne stetig entnommen.

$x_i'^{(n)}$ bedeutet den Molenbruch der Komponente i auf dem n-ten Boden, d. h. in der Blase, $x_i'^{(0)}$ den Molenbruch auf dem nullten Boden, d. h. im Destillat. Den Zusammenhang zwischen Konzentration in der Blase und Konzentration im Destillat kann man formal in analoger Weise darstellen, wie den Zusammenhang zwischen Konzentration in der Flüssigkeit und Konzentration im Dampf bei der einfachen Destillation [Gl. (VI, 102)], nämlich durch

$$\frac{x_1'^{(0)}}{1 - x_1'^{(0)} - x_2'^{(0)}} = A_{12} \frac{x_1'^{(n)}}{1 - x_1'^{(n)} - x_2'^{(n)}} \; ;$$
$$\frac{x_2'^{(0)}}{1 - x_1'^{(0)} - x_2'^{(0)}} = A_{23} \frac{x_2'^{(n)}}{1 - x_1'^{(n)} - x_2'^{(n)}} \; . \tag{7}$$

Die den relativen Flüchtigkeiten α_{13} und α_{23} entsprechenden Größen A_{13} und A_{23} werden als „*Anreicherungen*" bezeichnet, sie hängen bei gegebenem Druck außer von den zugehörigen relativen Flüchtigkeiten noch von den Rektifikationsbedingungen, d. h. vom Rücklaufverhältnis ab, wie man leicht einsieht. Für Mehrstoffgemische gelten dieselben Gleichungen; bei z Komponenten gibt es $(z - 2)$-Gleichungen der Form (6) und $(z - 1)$-Gleichungen der Form (7), wobei man die A_{iz} stets auf die Komponente z bezieht, deren Molenbruch $x_z = 1 - \sum\limits_{1}^{z-1} x_i$ durch die unabhängigen Molenbrüche aller übrigen Komponenten festgelegt ist (bei Dreistoffsystemen also auf die Komponente 3).

Auf die Rechnung, die zur Verknüpfung der „Anreicherungen" A_{iz} mit den „relativen Flüchtigkeiten" α_{iz} führt (*103*), gehen wir im einzelnen nicht ein. Für totalen Rücklauf ergibt sich

$$A_{iz} = \alpha_{iz}^{(1)} \cdot \alpha_{iz}^{(2)} \ldots \alpha_{iz}^{(n)} \, , \tag{8}$$

worin

$$\alpha_{iz}^{(k)} \equiv \frac{x_i''^{(k)} \cdot x_z'^{(k)}}{x_i'^{(k)} \cdot x_z''^{(k)}} \, , \tag{9}$$

die relative Flüchtigkeit auf dem k-ten Boden, durch die Molenbrüche x_i und x_z des von diesem Boden aufsteigenden Dampfes und der von ihm herabfließenden Flüssigkeit gegeben ist, die voraussetzungsgemäß miteinander im Gleichgewicht sind. Für teilweisen Rücklauf kommt zu jedem $\alpha_{iz}^{(k)}$ noch ein Faktor $f_{iz}^{(k-1,\,k)}$ hinzu, der außer den Konzentrationen noch das Rücklaufverhältnis v enthält. Das Ergebnis der Rechnung läßt sich in der folgenden Aussage zusammenfassen: *Die Anreicherung A_{iz} der Komponente i ist dann größer bzw. kleiner als 1, wenn alle relativen Flüchtigkeiten $\alpha_{iz}^{(k)}$ $(k = 1, 2, 3 \ldots n)$ dieser Komponente größer bzw. kleiner als 1 sind.*

Weiter kann man ableiten: Eine in bezug auf $z-1$ Komponenten unendlich verdünnte Lösung $(x_i'^{(n)} \to 0 \; (i = 1, 2, \ldots z-1); \; x_z'^{(n)} \to 1)$ ergibt bei der Rektifikation mit endlicher Bodenzahl als Destillat ebenfalls eine in bezug auf die gleichen Komponenten unendlich verdünnte Lösung. Das bedeutet, daß die Anreicherungen A_{iz} für $x_z'^{(n)} \to 1$ bei endlicher Bodenzahl endliche Grenzwerte besitzen, analog wie dies nach (VI, 115) auch für die relative Flüchtigkeit α_{iz} der Fall ist.

2. Rektifikations- und Destillationslinien ternärer Systeme.

Das Dampf-Flüssigkeitsgleichgewicht jedes ternären Systems kann, wie früher beschrieben wurde, durch ein Destillations- und ein Dampflinienfeld im GIBBSschen Dreieck dargestellt werden. Gleichzeitig geben Destillations- und Dampflinien an, wie sich bei der „einfachen Destillation" die Zusammensetzung der Flüssigkeit und des koexistierenden Dampfes ändert. In Analogie zu den Destillations- und Dampflinien bei der einfachen Destillation hat man *Rektifikationslinien* und *Destillatlinien* definiert, die die Änderung der Zusammensetzung von Blaseninhalt und übergehendem Destillat bei der Rektifikation angeben. Auch in diesem Fall gehört zu jedem Punkt $(x_1'^{(n)}, x_2'^{(n)})$ einer Rektifikationslinie ein Punkt $(x_1'^{(0)}, x_2'^{(0)})$ einer Destillatlinie. Die beide zusammengehörigen Punkte verbindende Strecke entspricht den Konnoden im Gleichgewichtsdiagramm, sie muß nach Gl. (6), die der Gl. (VI, 149) formal entspricht, tangential zur Rektifikationslinie verlaufen (vgl. auch Abb. 92), letztere ist also wieder die umhüllende Kurve dieser Strecken, analog wie die Destillationslinie die umhüllende Kurve der Konnoden ist. Daraus folgt auch sofort, daß die Destillatlinien ebenfalls auf der konvexen Seite der Rektifikationslinien verlaufen müssen, das Rektifikations- und Destillatlinienfeld hat also eine sehr weitgehende Ähnlichkeit mit dem Destillations- und Dampflinienfeld.

Die Rektifikationslinienfelder sind für die verschiedenen Typen von ternären Systemen im Vergleich zu den entsprechenden Destillationslinienfeldern sehr eingehend von REINDERS und DE MINJER (*241*) und neuerdings von HAASE und LANG (*103, 171*) diskutiert worden. Erstere nehmen einen idealisierten Verlauf der Rektifikation an: es sollen nacheinander als Destillate nur reine Komponenten bzw. azeotrope Gemische auftreten, wobei sich jedesmal die Temperatur am Kopf der Kolonne sprungweise ändert. Da nun nach S. 7 die Zusammensetzung einer ternären Mischung sich längs einer Geraden ändert, wenn man einen reinen Stoff (Eckpunkte des Dreiecks) oder eine binäre Mischung konstanter Zusammensetzung (binäre Azeotrope) aus der Mischung entfernt, müssen die Rektifikationslinien unter dieser idealisierenden Annahme Geraden sein. Tatsächlich können jedoch, wie die Betrachtungen auf S. 302 zeigen, bei der Rektifikation reine Stoffe oder azeotrope Gemische nur bei totalem Rücklauf oder unendlicher Bodenzahl als Destillat auftreten, und REINDERS und DE MINJER weisen deshalb auch ausdrücklich darauf hin, daß die Rektifikationslinien in Wirklichkeit bei der Annäherung an eine Dreiecksseite umbiegen müssen, und daß deshalb die übergehenden Destillate sich nicht sprungweise, sondern in einem gewissen Bereich kontinuierlich ändern werden. Unter Voraussetzung eines solchen kontinuierlich veränderlichen Destillats konnten HAASE und LANG für den Verlauf der Rektifikationslinien eine Reihe von Gesetzmäßigkeiten aufstellen, mit deren Hilfe sich die experimentellen Ergebnisse bei der Rektifikation komplizierter ternärer Systeme, die bisher zum Teil unverständlich waren, zwanglos deuten ließen.

Aus der Differentialgleichung (6) für die Rektifikationslinien kann man die Molenbrüche $x'^{(0)}$ des Destillats mit Hilfe von (7) eliminieren und erhält in Analogie zu Gl. (VI, 151), indem man noch der Einfachheit halber $x'^{(n)}$ durch x' ersetzt:

$$\frac{d\,x_1'}{d\,x_2'} = \frac{x_1'\,[(1 - x_1')\,(A_{13} - 1) - x_2'\,(A_{23} - 1)]}{x_2'\,[(1 - x_2')\,(A_{23} - 1) - x_1'\,(A_{13} - 1)]} \cdot \tag{10}$$

Mit Hilfe dieser Gleichung kann man den Verlauf der Rektifikationslinien in analoger Weise in der Umgebung ausgezeichneter Punkte (Eckpunkte, binäre azeotrope Punkte) untersuchen, wie den Verlauf der Destillationslinien mit Hilfe von Gl. (VI, 151) *(103)*. In beiden Fällen hängt das Verhalten dieser Linien von den gleichen Größenbeziehungen zwischen α_{13} und α_{23} bzw. zwischen A_{13} und A_{23} in der Nähe der ausgezeichneten Punkte ab (vgl. S. 283 ff.). Das Ergebnis dieser Untersuchung läßt sich folgendermaßen zusammenfassen:

Destillationslinien, Dampflinien, Rektifikationslinien und Destillatlinien haben gemeinsame Anfangs- und Endpunkte. Bei *unendlicher Bodenzahl* beginnen die Rektifikationslinien in *Eckpunkten* als Geraden, was bedeutet, daß in diesem Bereich bei der Rektifikation die betreffende reine Komponente übergehen würde; in der Nähe von Eckpunkten, bei denen sie enden oder vorbeilaufen, verhalten sie sich wie die zugehörigen Destillationslinien. Letzteres gilt für alle Eckpunkte bei *endlicher Bodenzahl.*

Für die Umgebung von *azeotropen Punkten* ergeben sich analoge Aussagen: Bei *unendlicher Bodenzahl* sind die Rektifikationslinien Geraden, falls sie in dem azeotropen Punkt beginnen, andernfalls verlaufen sie in gleicher Weise wie die zugehörigen Destillationslinien. Bei *endlicher Bodenzahl* gilt letzteres allgemein.

Die letzte Aussage bedeutet, daß bei Vorhandensein einer Destillationsgrenzlinie* (vgl. S. 286) auch eine *Rektifikationsgrenzlinie* auftreten muß, die die Schar der Rektifikationslinien in zwei getrennte Bündel aufteilt, so daß zwei oder bei ternären azeotropen Punkten mehrere Rektifikationslinienfelder entstehen (vgl. S. 288). Die Gleichung dieser ausgezeichneten Linien ist analog zu (VI, 163) gegeben durch

$$\zeta = - \frac{\nu}{\mu - 1}\,\eta, \qquad (11)$$

wobei ν und μ die zu n und m in (VI, 158) analoge Bedeutung haben:

$$\nu \equiv \frac{D_M\,x'_M\,(1 - x'_M) - x'_M\,(A_M - 1)}{A_M - 1}$$

$$\mu \equiv \frac{B_M\,x'_M\,(1 - x'_M)}{A_M - 1} \qquad (12)$$

$$\text{mit} \quad B_M \equiv \left(\frac{\partial \ln A_{13}}{\partial x'_1}\right)_M \quad \text{und} \quad D_M \equiv \left(\frac{\partial \ln A_{13}}{\partial x'_2}\right)_M.$$

Im Fall der Destillationsgrenzlinie war (VI, 163) die Gleichung einer Geraden, deren Neigung durch $n/(m - 1)$ in der Umgebung des azeotropen Punktes festgelegt war. Im Fall der Rektifikationsgrenzlinie hängen die Größen A_M, B_M und D_M noch vom Rücklaufverhältnis v und von der Bodenzahl n ab (vgl. S. 302), *die Neigung dieser Grenzlinie wird also im allgemeinen nicht mit der Neigung der Destillationsgrenzlinie übereinstimmen und bei gegebenem Rücklaufverhältnis sich noch mit der Bodenzahl der Kolonne ändern.*

Beginnt die Rektifikationsgrenzlinie im Ursprungspunkt einer Schar von Rektifikationslinien (Abb. 101c u. d), so verläuft sie bei unendlicher Bodenzahl nach den gefundenen Gesetzmäßigkeiten im Anfang gerade; eine solche Grenzlinie wird als „*Rektifikationsgrenzlinie erster Art*" bezeichnet[1]. Beginnt die Grenzlinie nicht im gleichen Ursprung wie die übrigen Rektifikationslinien (Abb. 101e), so verläuft sie stets gekrümmt und wird „Rektifikationsgrenzlinie zweiter Art" genannt[2]. Sie kann nur auftreten, wenn die Destillationslinien von wenigstens zwei Punkten ausgehen.

In Abb. 101 sind die Destillationslinienfelder (links) von Abb. 94 u. 95 nochmals mit den jeweils zugehörigen Rektifikationslinienfeldern (rechts) für einige ausgewählte Fälle schematisch wiedergegeben. Die Bodenzahl ist als unendlich angenommen.

111a stellt den einfachsten Fall eines Systems ohne azeotropen Punkt dar. Man sieht, daß die Rektifikationslinien aus den Destillationslinien hervorgehen, indem man letztere von ihrem Ursprungspunkt aus streckt. Sie verlaufen nach den oben angegebenen Regeln (bei unendlicher Bodenzahl) bei C gerade und biegen erst in der Nähe der Seite $A\,B$ um. Die Pfeile geben die Richtung an, in der sich die Zusammensetzung

---

[1] Reinders und de Minjer (*241*) bezeichneten sie als „gerade Grenzlinie".
[2] Nach Reinders und Minjer (*241*) „gekrümmte Grenzlinie".

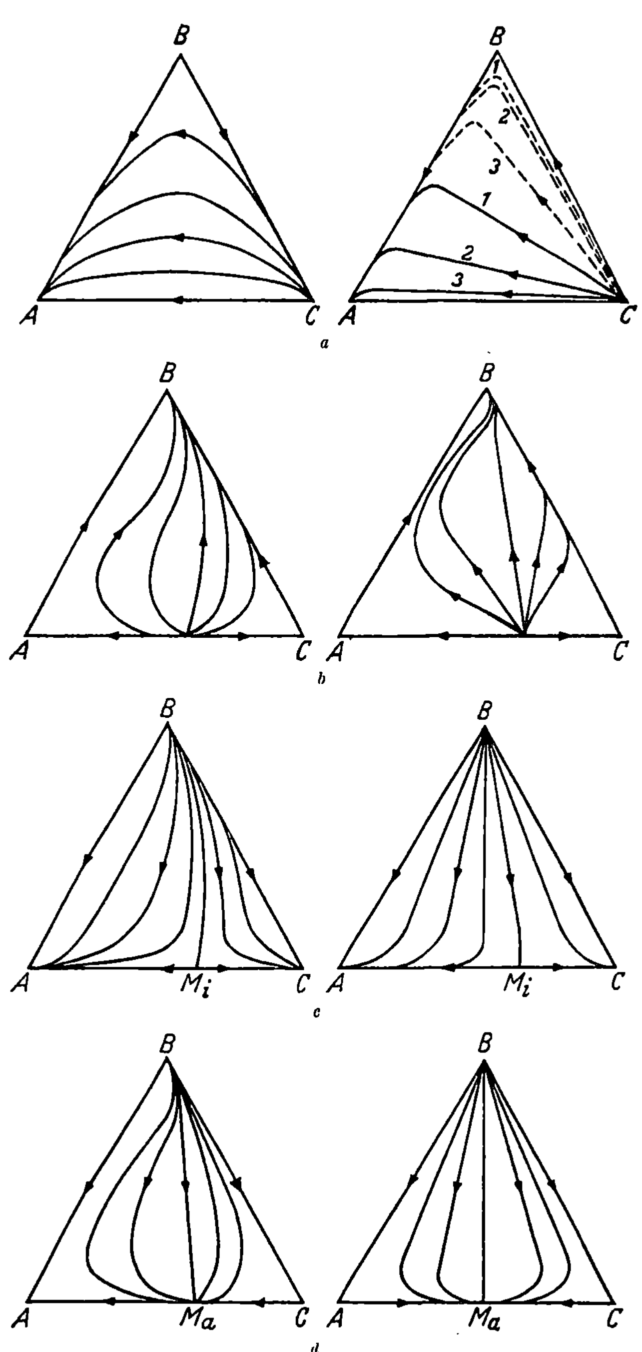

B
A
C
a
B
A
C
b
B
A
M_i
C
c
B
A
M_a
C
d

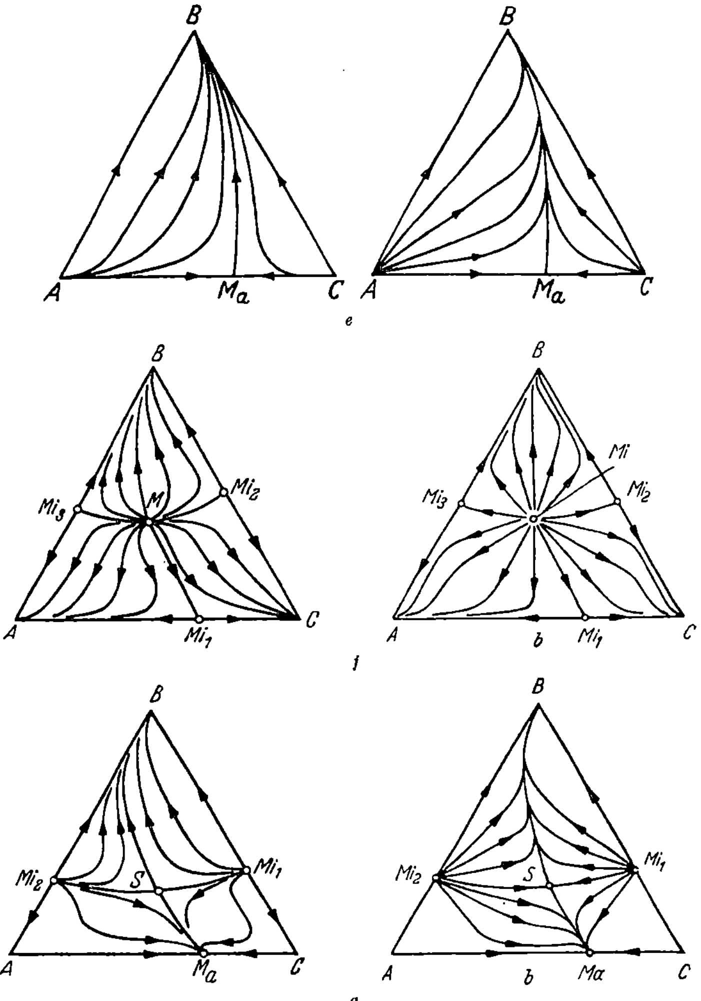

Abb. 101 a—g. Rektifikationslinienfelder für ternäre Gemische (schematisch). a) System ohne azeotropen Punkt; A > B > C; b) System mit binärem Minimum; B > A und C > Mi; c) System mit binärem Minimum; A und C > Mi > B; d) System mit binärem Maximum; Ma > A und C > B; e) System mit binärem Maximum; B > Ma > A und C; f) System mit drei binären Minima und einem ternären Minimum; g) System mit zwei binären Minima, einem binären Maximum und einem Sattelpunkt.

des Blaseninhalts während der Rektifikation ändert. Die zu den drei gezeichneten Rektifikationslinien gehörigen Destillatlinien sind gestrichelt eingezeichnet, sie liegen wie erwähnt auf der konvexen Seite der Rektifikationslinien. Solange letztere gerade sind, besteht das Destillat aus reinem C. Gelangt die Zusammensetzung des Blaseninhalts in den Bereich, wo sich die Rektifikationslinien krümmen, so durchläuft das Destillat (entsprechend dem jeweiligen Schnittpunkt der Tangente) alle Zusammensetzungen längs der Destillatlinie von C gegen B und A, und schließlich geht praktisch reines B über, wenn die Destillatlinie sich asymptotisch der Seite AB nähert. Selbst bei unendlicher Bodenzahl erhält man eine kontinuierliche Änderung des Destillats, keine diskontinuierlichen Fraktionen, die sich sprungweise ändern, wie man früher annahm. Daß in diesem Fall trotzdem weitgehend reine Fraktionen erhalten werden, liegt daran, daß die Rektifikationslinien erst unmittelbar vor der Seite AB umbiegen.

In 101 b ist das binäre azeotrope Minimum die tiefstsiedende Mischung des Systems, sämtliche Destillations- und Rektifikationslinien gehen von ihm aus. Letztere verlaufen in der Nähe von Mi als Geraden, in der Nähe von A und C wie die Destillationslinien hyperbelartig und enden gemeinsam asymptotisch zur Seite BC in B. Die (nicht eingezeichneten) Destillatlinien laufen von Mi aus nahe der Seite AC gegen A bzw. C, biegen dann um und verlaufen weiter nahe an AB bzw. CB asymptotisch gegen B.

In 101 c liegt dem binären azeotropen Minimum der Eckpunkt mit dem tiefsten Siedepunkt des Systems gegenüber, bei Mi biegen die Destillationslinien mit Ausnahme der ausgezeichneten Grenzlinie hyperbelartig nach beiden Seiten um. Nach den angegebenen Regeln muß in diesem Fall eine *Rektifikationsgrenzlinie erster Art* auftreten, da sämtliche Rektifikationslinien vom gleichen Punkt B ausgehen. Sie verläuft in der Nähe von B ebenfalls gerade und fällt nicht mit der Destillationsgrenzlinie zusammen[1].

Abb. 101 d entspricht der vorangehenden mit dem Unterschiede, daß hier ein binäres Maximum vorliegt, es gibt wieder zwei Felder, die durch die Grenzlinie erster Art getrennt sind. In beiden Abb. 101 c und 101 d gehen die Rektifikationslinien aus den Destillationslinien durch Streckung der letzteren bei B hervor.

Das Destillationslinienfeld in Abb. 101 e ist bis auf die Richtung das gleiche wie in Abb. 101 c. Da hier jedoch die Rektifikationsgrenzlinie nicht im Ursprungspunkt der übrigen Rektifikationslinien beginnt und deshalb nicht gerade verläuft, handelt es sich um eine Grenzlinie zweiter Art. Sie verursacht wie eine Dreiecksseite in den vorangehenden Typen eine scharfe Richtungsänderung aller übrigen Rektifikationslinien und ruft deshalb besondere Erscheinungen bei der Rektifikation solcher Systeme hervor, worauf gleich noch einzugehen ist (vgl. S. 311 ff).

Auch für Systeme mit ternären azeotropen Punkten kann man die Rektifikationslinienfelder leicht konstruieren, wenn man die für binäre

---

[1] Diese Grenzlinien haben, worauf HAASE (*98*) noch ausdrücklich hinweist, nichts mit „Graten" oder „Tälern" in der Siedefläche zu tun, wie früher angenommen wurde (*69, 241*).

azeotrope Punkte gefundenen Regeln sinngemäß überträgt. In Abb. 101 f
und 101 g sind auf diese Weise die den Abb. 95 e u. 95 f entsprechenden
Rektifikationslinienfelder dargestellt. Auch hier erhält man die Rektifikationslinien aus den Destillationslinien, indem man letztere vom Ursprungspunkt aus streckt. In Abb. 101 f existieren 3 Rektifikationsgrenzlinien erster Art, in Abb. 101 g 2 Rektifikationsgrenzlinien erster
und 2 zweiter Art.

Die hier dargelegte allgemeine Theorie der Rektifikationslinienfelder
wurde entwickelt an Hand der schon erwähnten Untersuchungen von
REINDERS und DE MINJER sowie von EWELL und WELCH über die Rektifikation einer Reihe von ternären Gemischen, unter denen die beiden
Systeme Benzol-Aceton-Chloroform und
Methanol-Aceton-Chloroform besonderes
Interesse erregten. Bei letzterem wurde
das erste experimentelle Beispiel für die
Existenz eines ternären azeotropen Sattelpunktes gefunden (69). Außerdem wurde
bei beiden Systemen beobachtet, daß die
am Kopf der Kolonne gemessene Siedetemperatur des Destillats im Verlauf der
Rektifikation nicht ansteigt, wie es normalerweise der Fall ist, sondern zwischendurch in charakteristischer Weise fällt.
Als Beispiel ist in Abb. 102 die Siedetemperatur im Kopf der Kolonne bei der Rektifikation eines Gemisches
von 16% Methanol, 24% Aceton und 60% Chloroform als Funktion
des übergegangenen Destillatvolumens aufgetragen.

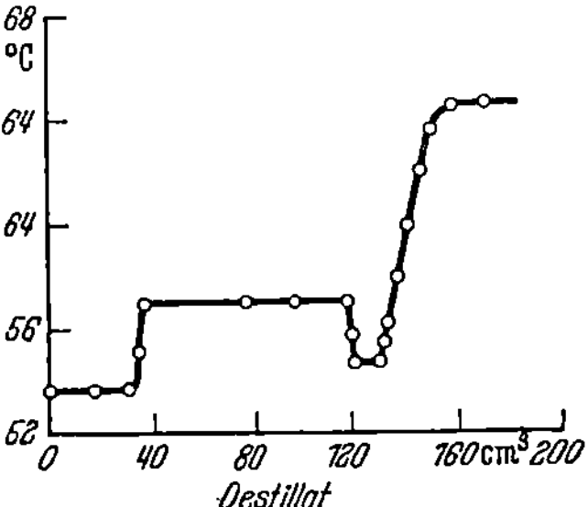

Abb. 102. Fallen der Siedetemperatur
des Destillats bei der Rektifikation
eines Gemisches von 16% CH₃OH,
24% (CH₃)₂CO und 60% CHCl₃.

Die entwickelte Theorie ist imstande, dieses außergewöhnliche Verhalten befriedigend zu deuten. Aus Abb. 103 läßt sich z. B. der Verlauf
derartiger Rektifikationen an Hand der Rektifikations- und Destillatlinien des Systems Aceton (A)-Benzol (B)-Chloroform (C), das dem Typ
der Abb. 101 e mit einer Rektifikationsgrenzlinie zweiter Art entspricht,
ablesen. In Abb. 103 a liegt die Ausgangsmischung auf der Acetonseite,
in 103 b auf der Chloroformseite der Grenzlinie. Die Destillatlinie ist
gestrichelt eingezeichnet, dazu einige Tangenten, die zusammengehörige
Punkte der beiden Linien verbinden. Die Pfeile geben an, wie sich die
Zusammensetzung des Blaseninhalts und die Zusammensetzung des Destillats im Verlauf der Rektifikation ändern. In Abb. 103 c sind schließlich
noch die Isothermen der Flüssigkeitssiedefläche (Verdampfungskurven
nach S. 265) bei konstantem Druck für ein System dieses Typs schematisch dargestellt; die Temperatur nimmt im Sinne steigender Zahlen zu.

Im Fall a geht zunächst praktisch reines Aceton über, die Rektifikationslinie verläuft gerade, bis sie sich entsprechend Abb. 101 e bei der Annäherung an die Rektifikationsgrenzlinie zu krümmen beginnt und dieser weiter folgt. Die Konstruktion der Tangenten an die Rektifikationslinie zeigt, daß die Destillatlinie die Rektifikationsgrenzlinie von der konkaven Seite her überschreiten muß, d. h. es treten auch Destillate aus dem Felde jenseits der Grenzlinie auf. Wie weiter der Vergleich mit der Lage der Siedeisothermen in Abb. 103c zeigt, durchläuft die Destillatlinie dabei ein Gebiet fallender Temperatur, das durch Kreuze gekennzeichnet ist, im Einklang mit den experimentellen Beobachtungen.

Im Fall *b* der Rektifikation einer Mischung, deren Zusammensetzung auf der Chloroformseite der Grenzlinie liegt, verläuft die Rektifikations-

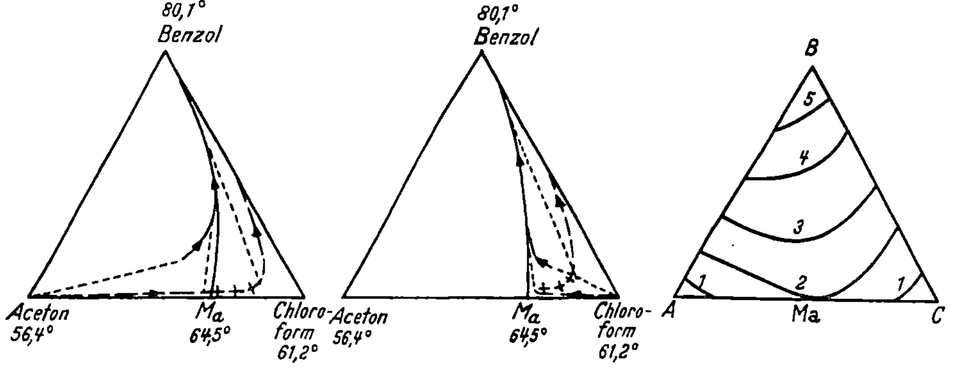

Abb. 103a—c. a u. b Rektifikationsverlauf verschiedener Gemische von Aceton-Benzol-Chloroform an Hand der Rektifikations- und Destillatlinien. c Verlauf der Siedeisothermen (Verdampfungskurven) bei konstantem Druck für ein System des Typs Aceton — Benzol — Chloroform.

linie zunächst ebenfalls gerade, und es geht praktisch reines Chloroform über. Da sie sich in diesem Fall von der konvexen Seite her der Grenzlinie nähert, dann umbiegt und dem Verlauf der Grenzlinie folgt, muß sie offenbar einen Wendepunkt besitzen. Die Konstruktion der Tangenten ergibt dann, daß die zugehörige Destillatlinie einen Umkehrpunkt besitzt und eine enge Schleife beschreibt, wie es in Abb. 103b angedeutet ist. Auch hier fällt demnach die Siedetemperatur des Destillats in einem bestimmten Gebiet, dagegen wird die Rektifikationsgrenzlinie nicht von der Destillatlinie überschritten, obwohl auch dies nicht prinzipiell ausgeschlossen ist.

In vollkommen analoger Weise läßt sich der Rektifikationsverlauf im System Methanol-Aceton-Chloroform übersehen, wie neuerdings Lang (*170, 171*) durch Erweiterung und Diskussion der Untersuchungen von Ewell und Welch (*69*) zeigen konnte.

Die Tatsache, daß bei ternären Systemen die Siedetemperatur des Destillats sowohl im Verlauf einer einfachen Destillation wie einer

Rektifikation auch sinken kann, was bei binären Systemen auf Grund der KONOWALOWschen Sätze (S. 48) ausgeschlossen ist, zeigt umgekehrt, daß die KONOWALOWschen Gesetze sich nicht auf Mehrstoffgemische übertragen lassen, worauf schon mehrfach hingewiesen wurde (vgl. S. 32, 271). Die einzige. Analogie zwischen Zweistoff- und Mehrstoffgemischen besteht darin, daß bei der einfachen isobaren Destillation die Siedetemperatur des *Rückstandes* ständig steigen muß, was bedeutet, daß die Destillationslinien stets im Sinne steigender Temperatur verlaufen. Dies folgt unmittelbar aus den Stabilitätsbedingungen (vgl. S. 283). Bei der Rektifikation, bei der kein Gleichgewichtszustand, sondern ein stationärer Zustand vorliegt, ist auch dieser Satz nicht mehr thermodynamisch begründet, so daß es denkbar ist, daß bei der Rektifikation ternärer Systeme nicht nur die Siedetemperatur des Destillats, sondern auch die des Rückstandes zeitweilig absinken könnte, obwohl ein solcher Fall bisher nicht beobachtet wurde.   Dagegen haben REINDERS und DE MINJER *(242)* [vgl. auch *(99)*] beobachtet, daß es im heterogenen System Wasser-Aceton-Chloroform Gemische bestimmter Zusammensetzung gibt, bei denen während der Rektifikation auch der Siedepunkt des Rückstandes zeitweilig sinkt.   Der Grund ist der, daß in diesem System u. a. ein heterogenes Siedepunktsminimum existiert, das jedoch nicht die niedrigste Temperatur des gesamten Systems darstellt (vgl. S. 297).   Die Rektifikationslinien im heterogenen Gebiet, die ja die sich ändernde Zusammensetzung des Blaseninhalts angeben, durchlaufen dann einen Bereich fallender Temperatur, und erst wenn die zum heterogenen Siedepunktsminimum gehörende Konnode überschritten ist, kann der Siedepunkt in der Blase wieder steigen.

<h1 style="text-align:center">3. Abhängigkeit
des azeotropen Gleichgewichts von Druck bzw. Temperatur.</h1>

Azeotrope Gemische lassen sich durch normale Rektifikation nicht trennen, da Dampf und Flüssigkeit die gleiche Zusammensetzung haben. Da sich jedoch die Zusammensetzung des azeotropen Gemisches mit dem Druck ändert, und in manchen Fällen das Azeotrop bei einem bestimmten Druck vollständig verschwindet, gelingt die Trennung zuweilen, indem man das Gemisch bei anderen Drucken rektifiziert[1]. Allgemein lassen sich über die Druck- und Temperaturabhängigkeit azeotroper Punkte thermodynamisch begründete Aussagen machen, auf die wir im folgenden kurz eingehen wollen.

Unter der Bedingung, daß das azeotrope Gleichgewicht erhalten bleibt ($x'' = x'$), besitzt ein binäres zweiphasiges System nur noch eine

---

[1] Hierauf beruhen z. B. Verfahren zur Entwässerung von Äthanol [vgl. *(287)*] oder Acetonitril *(213)*.

Freiheit, d. h. es handelt sich um ein univariantes Gleichgewicht. Ändert man demnach z. B. den Druck, so ändert sich gleichzeitig Temperatur und Zusammensetzung des Azeotrops, die Gleichgewichtsverschiebung ist also durch zwei Beziehungen zwischen den drei Variablen p, T und x' bzw. x'' vollständig gegeben. Für die *Temperaturabhängigkeit des Extremdrucks p_{az}* kann man unmittelbar die Gl. (VI, 75) bzw. (VI, 77) verwenden

$$\left(\frac{\partial \ln p}{\partial T}\right)_{az} = \frac{x'' L_2 + (1 - x'') L_1}{R T^2} \equiv \frac{\bar{L}}{R T^2} \, , \tag{13}$$

in der lediglich die Voraussetzung steckt, daß die partiellen Molvolumina der flüssigen Phase gegenüber denen der Gasphase vernachlässigt werden können, und daß für den Dampf das ideale Gasgesetz gilt. L_1 und L_2 sind die differentiellen molaren Verdampfungswärmen der beiden Komponenten.

Die Abhängigkeit der *azeotropen Zusammensetzung von der Temperatur* läßt sich nach REDLICH und SCHUTZ (240) [vgl. auch (146)] am einfachsten ableiten, wenn man auch hier die relative Flüchtigkeit einführt, die durch Gl. (VI, 25) definiert ist:

$$\alpha \equiv \frac{f_2 p_{02}}{f_1 p_{01}} = \frac{x'' (1 - x')}{x' (1 - x'')} \cdot \tag{14}$$

Im azeotropen Punkt ist $\alpha = 1$, so daß jede Zustandsänderung unter Aufrechterhaltung des azeotropen Gleichgewichts sich in der Form schreiben läßt

$$(d\,\alpha)_{az} = \left(\frac{\partial \alpha}{\partial T}\right)_{p,x'} d T + \left(\frac{\partial \alpha}{\partial p}\right)_{T,x'} d p + \left(\frac{\partial \alpha}{\partial x'}\right)_{p,T} d x' = 0, \tag{15}$$

oder

$$\left(\frac{d\alpha}{dT}\right)_{az} = \left(\frac{\partial \alpha}{\partial T}\right)_{p,x'} + \left(\frac{\partial \alpha}{\partial p}\right)_{T,x'}\left(\frac{dp}{dT}\right)_{az} + \left(\frac{\partial \alpha}{\partial x'}\right)_{p,T}\left(\frac{dx'}{dT}\right)_{az} = 0. \tag{16}$$

Für die einzelnen in (16) vorkommenden partiellen Differentialquotienten ergeben sich aus (14) folgende Ausdrücke: Mit (III, 168) und (VI, 68) erhält man

$$\left(\frac{\partial \ln \alpha}{\partial T}\right)_{p,x'} = \left(\frac{\partial \ln (f_2/f_1)}{\partial T}\right)_{p,x'} + \left(\frac{\partial \ln (p_{02}/p_{01})}{\partial T}\right)$$
$$= - \frac{\Delta H_2 - \Delta H_1}{R T^2} + \frac{L_2 - L_1}{R T^2} = \frac{L_2 - L_1}{R T^2} \cdot \tag{17}$$

Mit (III, 172)

$$\left(\frac{\partial \ln \alpha}{\partial p}\right)_{T,x'} = \left(\frac{\partial \ln (f_2/f_1)}{\partial p}\right)_{T,x'} = \frac{(V_2' - V_2') - (V_1' - V_1')}{R T} \equiv \frac{\Delta V_2' - \Delta V_1'}{R T} \cdot \tag{18}$$

Die Differenzen $\Delta V_1'$ und $\Delta V_2'$ sind sehr klein, so daß, wie schon mehrfach erwähnt, die Druckabhängigkeit der relativen Flüchtigkeit praktisch vernachlässigt werden kann. Damit fällt der zweite Summand in (16) ebenfalls weg, und wir erhalten

$$\frac{L_2 - L_1}{R\,T^2} + \left(\frac{\partial \ln \alpha}{\partial x'}\right)_{p,\,T} \left(\frac{d\,x'}{d\,T}\right)_{az} = 0\,,$$

oder

$$\left(\frac{d\,x'}{d\,T}\right)_{az} = -\,\frac{L_2 - L_1}{R\,T^2}\;\frac{1}{(\partial \ln \alpha/\partial x')_{p,\,T}}\,. \tag{19}$$

Gl. (19) gibt die Temperaturabhängigkeit des azeotropen Punktes an. Eine entsprechende Gleichung für die Druckabhängigkeit folgt unmittelbar aus (19) und (13):

$$\left(\frac{d\,x'}{d\,p}\right)_{az} = -\,\frac{1}{p_{az}}\,\frac{L_2 - L_1}{L}\cdot\frac{1}{(\partial \ln \alpha/\partial x')_{p,\,T}}\,. \tag{20}$$

Die Verschiebung eines azeotropen Punktes mit p bzw. T ist demnach in erster Linie von dem Ausdruck $(\partial \ln \alpha/\partial x')_{p,\,T}$ abhängig. Für ideale Gemische ist $(\partial \ln \alpha/\partial x') = 0$, was bedeutet, daß keine azeotropen Punkte auftreten können. Liegt ein Dampfdruckmaximum vor, so ist vor dem azeotropen Punkt $\alpha > 1$, hinter dem azeotropen Punkt $\alpha < 1$, d. h. $(\partial \ln \alpha/\partial x') < 0$; liegt ein Dampfdruckminimum vor, so ist umgekehrt $(\partial \ln \alpha/\partial x') > 0$. Daraus folgt die schon von WREWSKY (330) angegebene Regel:

Bei einem Dampfdruckmaximum nimmt durch Temperaturerhöhung im azeotropen Gemisch die Konzentration derjenigen Komponente zu, die die größere Verdampfungswärme besitzt, bei einem Dampfdruckminimum die Konzentration derjenigen Komponente, die die kleinere Verdampfungswärme besitzt[1].

Die abgeleiteten Gln. (19) und (20) lassen sich unschwer auf *ternäre Systeme* übertragen. Da hier die beiden relativen Flüchtigkeiten α_{13} und α_{23} nach Gl. (VI, 102) im azeotropen Punkt gleich 1 werden, muß man von *zwei* vollständigen Differentialen der Form (15) ausgehen und erhält entsprechend jeweils zwei Gleichungen des Typs (19) und (20), in die die Differenzen $(L_1 - L_3)$ und $(L_2 - L_3)$ sowie die durch (VI, 138) definierten partiellen Differentialquotienten β, γ und δ eingehen, die die Konzentrationsabhängigkeit der relativen Flüchtigkeiten angeben.

Die Integration von (19) bzw. (20) zwischen den Grenzen $x' = 0$ und $x' = 1$ liefert ein begrenztes Temperatur- bzw. Druckintervall für das azeotrope Gleichgewicht (vorausgesetzt, daß im ganzen Intervall $L_1 \neq L_2$), was bedeutet, daß außerhalb dieses Intervalls das Azeotrop verschwindet, und das Gemisch durch Rektifikation trennbar wird.

---

[1] Eine ähnliche Regel wurde bereits S. 249 für nichtazeotrope Gemische konstanter Zusammensetzung abgeleitet.

Solche Fälle sind mehrfach beobachtet worden; z. B. verschwindet das Azeotrop des Systems Aceton-Methanol unterhalb 200 mm Hg und oberhalb 15000 mm Hg (*207*). Wie groß das p- oder T-Intervall für das azeotrope Gleichgewicht ist, hängt noch von der Differenz $(L_2 - L_1)$ in Gl. (19) und (20) ab; je kleiner dieselbe ist, um so größer wird das Intervall.

Für eine quantitative Auswertung der Gln. (13), (19) und (20) fehlt es in der Regel an den notwendigen Meßdaten, man kann aber den Verlauf z. B. der x'_{az} T-Kurve näherungsweise voraussagen, indem man für die Verdampfungswärmen und für $(\partial \ln \alpha / \partial x')$ bestimmte Annahmen macht. Z. B. wird für annähernd „reguläre" Mischungen nach (IV, 49) bzw. (VI, 43)

$$\log (f_2/f_1) = A\,(1 - 2\,x') \quad \text{und} \quad \partial \log (f_2/f_1)/\partial x' = -\,2\,A, \qquad (21)$$

wo A eine T-unabhängige Konstante darstellt.

Schreibt man Gl. (19) in der Form

$$\left(\frac{d\,x'}{d\,(1/T)} \right)_{az} = \frac{L_2 - L_1}{R} \cdot \frac{1}{(\partial \ln \alpha / \partial x')_{p,T}} \,,$$

und führt Gl. (21) ein, so sieht man, daß x'_{az} gegen $1/T$ aufgetragen eine Gerade ergeben sollte, sofern die differentiellen molaren Verdampfungswärmen in dem betrachteten Temperaturbereich genügend konstant sind. Sind letztere sowie die Zusammensetzung des Azeotrops bei einer Temperatur bekannt, so kann man x'_{az} näherungsweise auf andere Temperaturen extrapolieren.

Einen weiteren Anhaltspunkt über die T-Abhängigkeit des azeotropen Gleichgewichts gewinnt man mit Hilfe der sog. „isobaren Temperatur" und der TROUTONschen Regel (*240*). Nach letzterer sind die Verdampfungsentropien L/T für verschiedene reine „nichtassoziierende" Flüssigkeiten gleich bei gleichem Dampfdruck, also z. B. beim Normalsiedepunkt; das bedeutet nach (VI, 1), daß sich die Dampfdruckkurven mit zunehmender Temperatur asymptotisch einander nähern sollten. Tatsächlich findet man jedoch häufig auch bei nichtassoziierenden Flüssigkeiten, daß sich die Dampfdruckkurven schneiden. Für diesen Fall ist $p_{01} = p_{02}$, die zugehörige Temperatur wird als „isobare Temperatur" bezeichnet. Bei dieser muß demnach die px'-Kurve der Mischung notwendig einen Extrempunkt besitzen, da ihre Endpunkte den gleichen Ordinatenwert haben. Bei der „isobaren Temperatur" bildet also jedes Gemisch ein Azeotrop, oder umgekehrt formuliert, *das Temperaturintervall des Azeotrops schließt stets die isobare Temperatur ein.*

Sind die Abweichungen von der TROUTONschen Regel für zwei Flüssigkeiten gering, so ist der Winkel zwischen den sich schneidenden Dampfdruckkurven klein. In der Nähe der isobaren Temperatur ist deshalb die Differenz $(L_2 - L_1)$ sehr klein, was bedeutet, daß die Steigung der Kurve sehr steil wird. Kleine Werte von $(L_2 - L_1)$ und steiler Anstieg der Tx'_{az}-Kurve ist auch bei hohen Temperaturen zu erwarten, da die Verdampfungswärmen beim kritischen Punkt verschwinden. Allerdings werden die abgeleiteten Gleichungen bei Annäherung an das kritische Gebiet ungültig, da dann die darin stehenden Voraussetzungen nicht mehr zutreffen. Auf Grund solcher Überlegungen kann man den Verlauf der Tx'_{az}-Kurven näherungsweise abschätzen. In Abb. 104 sind sie für eine Reihe von binären Gemischen nach REDLICH und SCHUTZ (*240*) wiedergegeben. Die isobare Temperatur ist jeweils durch einen Pfeil markiert. Man sieht, daß die Kurven für Flüssigkeiten, bei denen die TROUTONsche Regel annähernd gilt (C_6H_6— C_6H_{12}), sehr steil verlaufen. Das ist auch der Fall, wenn die Ab

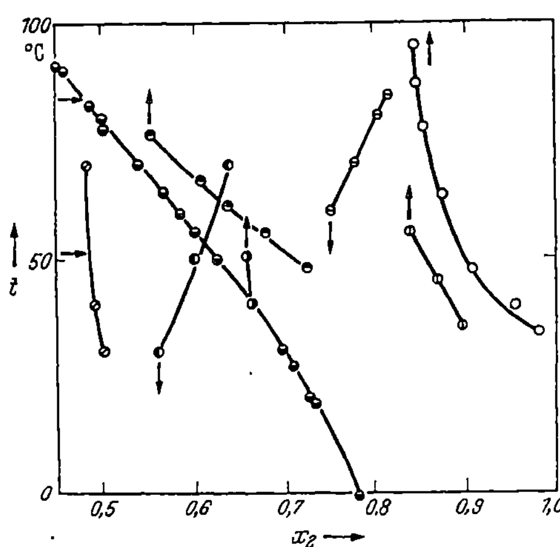

Abb. 104. Azeotrope Temperatur als Funktion der azeotropen Zusammensetzung.

	System	Isobare Temperatur
○	Wasser — Äthanol	hoch
◑	Äthanol — Chloroform	hoch
◐	Methanol — Äthylacetat.	hoch
◓	Äthylacetat — Tetrachlorkohlenstoff .	84° C
◒	Äthanol — Äthylacetat	84° C
⊘	Benzol — Cyclohexan	51,8° C
◑	Heptan — Äthanol	—2° C
⊖	Toluol — Äthanol.	tief

weichungen von der TROUTONschen Regel zwar groß, aber für beide Komponenten etwa gleich sind (zwei assoziierende Stoffe wie H_2O—C_2H_5OH). Mit zunehmender Temperatur werden die Kurven wie zu erwarten steiler. Bei Mischungen aus einer nichtassoziierenden und einer assoziierenden Flüssigkeit sind die Neigungen der Tx'_{az}-Kurven endlich und können gegebenenfalls bis $x' = 0$ bzw. $x' = 1$ extrapoliert werden, woraus sich ergibt, bei welcher Temperatur der azeotrope Punkt etwa verschwinden wird.

Ein genaueres graphisches Verfahren zur Ermittlung der Temperaturabhängigkeit des azeotropen Gleichgewichtes haben CARLSON und COLBURN (*35*) angegeben. Nach (14) gilt für den azeotropen Punkt ($\alpha = 1$): $f_1/f_2 = p_{02}/p_{01}$. Trägt man p_{02}/p_{01} als Funktion der Temperatur und im gleichen Diagramm f_1/f_2 als Funktion der Zusammensetzung x' der Mischung auf, so geben Punkte gleicher Ordinate auf beiden Kurven zusammengehörige Werte von T_{az} und x'_{az} an. Dabei wird vorausgesetzt, daß die (f_1/f_2)-Werte, die man aus Gleichgewichtsmessungen ermittelt und etwa durch die MARGULESsche oder VAN LAARsche Gleichung darstellt, in dem betrachteten Temperaturbereich praktisch T-unabhängig sind, weswegen dieses Verfahren zur Extrapolation auf höhere oder tiefere Temperaturen nur mit Vorbehalt verwendbar ist. In Abb. 105 ist dieses Verfahren am System Äthanol-Äthylacetat, für das auch Messungen der azeotropen Zusammensetzung in Abhängigkeit von T vorliegen (193), dargestellt. Die (f_1/f_2)-Werte wurden mit Hilfe der VAN LAARschen Gleichung (IV, 56) ($A = 0{,}39$; $B = 0{,}374$) berechnet. Die Abweichungen zwischen den aus dem Diagramm entnommenen und den gemessenen x'_{az}-Werten betragen nur wenige Prozente.

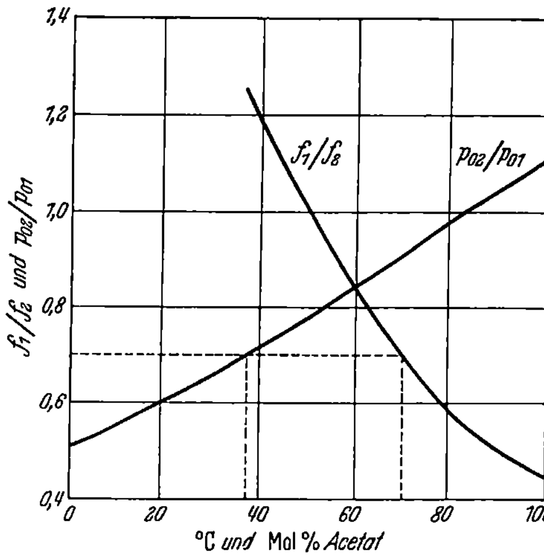

Abb. 105. Temperatureinfluß auf die Zusammensetzung des Azeotrops im System Äthanol—Äthylacetat.

Außer den thermodynamisch begründeten Gln. (19) und (20) gibt es eine ganze Reihe von empirischen Beziehungen, mit deren Hilfe sich die Zusammensetzung im azeotropen Punkt als Funktion von p und T mehr oder weniger gut darstellen läßt. Beispielsweise hat sich in vielen Fällen die einfache Gleichung

$$\log x'_{az} = A - B\,t \tag{22}$$

recht gut bewährt (280), worin A und B empirische Konstanten und t die Temperatur in Celsiusgraden bedeuten. Für das System Methanol-Benzol ergibt sich aus experimentellen Daten (121, 173) im Bereich zwischen 26 und 149° C

$$\log x'_{az,\,Meth.} = - 0{,}2892 + 0{,}001315\,t.$$

Die Temperatur, bei der das Azeotrop verschwindet ($x'_{az} = 1$) errechnet sich daraus zu 220° C.

Das Temperaturintervall des Azeotrops läßt sich auch ohne Kenntnis der $x'_{az}T$-Kurve allein aus der Temperaturabhängigkeit des Extremdrucks nach Gl. (13) näherungsweise ermitteln, wenn man voraussetzt, daß die mittlere molare Verdampfungswärme angenähert konstant ist. Letzteres erfordert allerdings, daß nicht nur L_1 und L_2 genügend temperaturunabhängig sind, sondern daß sie auch von ähnlicher Größe sind, da sich sonst der Mittelwert $\overline{L}$ mit der Zusammensetzung des Azeotrops ebenfalls ändert. Nur unter diesen Bedingungen ist zu erwarten, daß $\log p_{az}$ gegen $1/T$ aufgetragen in einem größeren Bereich eine Gerade ergibt. Empirisch findet man (*176, 227*), daß dies tatsächlich in relativ vielen Fällen zutrifft; besser noch verwendet man die schon erwähnte halbempirische Gl. (VI, 3) von Cox oder das Verfahren von Othmer (*215*), nach welchem analog zu Gl. (VI, 4)

$$\log p_{az} = \frac{\overline{L}}{L_i} \log p_{0i} + \text{Const} .\qquad(23)$$

der Logarithmus des Extremdrucks eine lineare Funktion des Logarithmus des Dampfdrucks einer geeigneten Bezugssubstanz sein soll, da in diesem Fall sich wenigstens die T-Abhängigkeiten von $\overline{L}$ und L teilweise kompensieren (vgl. S. 97).

Konstruiert man eines dieser Diagramme für das azeotrope Gemisch und die beiden reinen Komponenten, so erhält man drei Geraden. Dort,

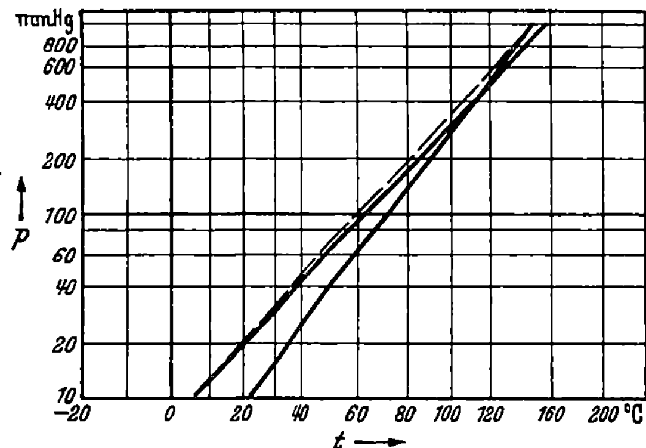

Abb. 106. Dampfdruckkurven ($\log p - 1/T$) von Methanol, Aceton und dem Azeotrop Methanol—Aceton (ausgezogene Geraden entsprechen den reinen Stoffen).

wo die Gerade des Azeotrops die beiden andern schneidet ($p_{az} = p_{01}$ bzw. $p_{az} = p_{02}$), liegen offenbar die Grenzen des azeotropen Bereichs. In Abb. 106 ist dies für das schon erwähnte Beispiel des Systems Aceton-Methanol gezeigt (*207*). Liegen diese Grenzen innerhalb des Zustandsgebietes der Flüssigkeit (d. h. oberhalb des Krystallisations- und unterhalb des kritischen Gebietes), so kann man außerhalb derselben das Gemisch durch Rektifikation trennen. Zum Beispiel ergeben sich für das System Methanol-Benzol bzw. für reines Methanol folgende experimentell ermittelte Gleichungen nach Cox (*280*):

$$\log p_{az} \;\; = 7{,}6258 - 1362/(t + 230)$$

$$\log p_{Meth.} = 7{,}8942 - 1478/(t + 230) .$$

Daraus ergibt sich die Temperatur, bei der das Azeotrop verschwindet, zu 202° C in recht guter Übereinstimmung mit dem aus Gl. (22) errechneten Wert.

Auf Grund der Druck- bzw. Temperaturabhängigkeit des azeotropen Gleichgewichtes kann man durch Rektifikation des Gemisches bei zwei verschiedenen Drucken auch eine vollständige Trennung erzielen, ohne daß das Azeotrop verschwindet (147). Man übersieht dies sofort an Hand des schematischen Gleichgewichtsdiagramms der Abb. 107. Das Gemisch habe die Ausgangszusammensetzung x'_M an der leichter flüchtigen Komponente. Die Rektifikation bei niedrigem Druck liefert die Komponente B als Rückstand und das Azeotrop A_1 als Destillat. Rektifiziert man letzteres bei höherem Druck weiter, so erhält man reines C als Destillat und das Azeotrop A_2 als Rückstand, das seinerseits wieder durch Rektifikation bei niedrigem Druck in B und

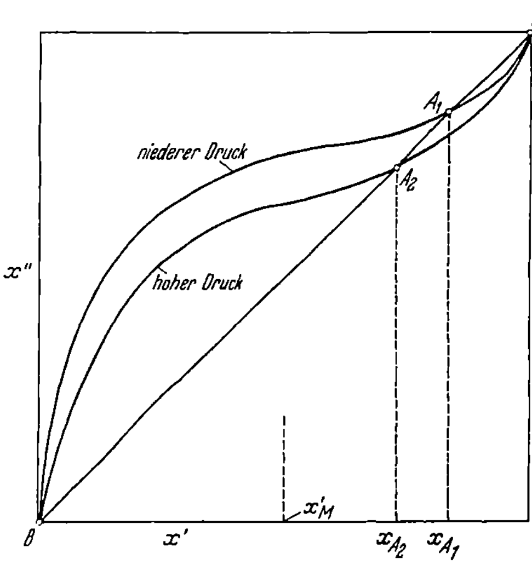

Abb. 107. Gleichgewichtskurven eines binären Gemisches mit druckabhängigem Siedepunktsminimum.

A_1 zerlegt werden kann usw. Auf diese Weise kann ein kontinuierlich zufließendes Gemisch trotz des azeotropen Gleichgewichtes in die reinen Komponenten getrennt werden.

Handelt es sich um *Systeme mit Mischungslücke*, bei denen die Siedetemperatur im Dreiphasengebiet unterhalb der kritischen Mischungstemperatur liegt, so ist eine Trennung der beiden Komponenten durch Rektifikation stets möglich. Rektifiziert man etwa in einem Gemisch mit maximalem Dreiphasendruck bzw. minimalem zugehörigen Siedepunkt (Abb. 86, S. 261) eine Ausgangsmischung, deren Zusammensetzung zwischen 0 und x' liegt, so bleibt in der Blase die reine Komponente A zurück, und am Kopf der Kolonne geht ein Gemisch über, dessen Zusammensetzung dem Punkt P_3 entspricht. Dieses zerfällt bei der Kondensation in die beiden koexistenten flüssigen Phasen P_1 und P_2, die bei weiterer Abkühlung sich weiter entmischen und in einem Abscheider getrennt werden können. Man erhält so zwei Phasen, deren Zusammensetzung zwischen 0 und x' bzw. zwischen x'' und 1 liegt. Erstere geht in die Kolonne zurück, letztere wird in einer zweiten

Kolonne in die reine Komponente *B* und wiederum ein Gemisch der mittleren Zusammensetzung P_3 getrennt, das nach Kondensation und Kühlung ebenfalls dem Abscheider zugeführt wird. Bei kontinuierlichem Betrieb kann man so die beiden reinen Komponenten aus den Blasen der beiden Kolonnen abziehen. Auf diese Weise konnte z. B. eine wäßrige Lösung von 2 Gew.-% Furfurol mit einer Ausbeute von 99% in reines wasserfreies Furfurol und furfurolfreies Wasser getrennt werden (*10*). Liegt die Zusammensetzung des Dampfes außerhalb der Molenbrüche der beiden flüssigen Phasen (vgl. S. 263), so ist nach Abb. 87 eine vollständige Trennung der beiden Komponenten natürlich in den Fällen *b* und *c* nicht möglich, da hier außerhalb der Mischungslücke noch ein echtes Azeotrop vorhanden ist.

4. Azeotrope Destillation.

Die vollständige Trennung eines azeotropen binären Gemisches auf Grund der Druck- bzw. Temperaturabhängigkeit des azeotropen Gleichgewichtes wird praktisch im allgemeinen auf Ausnahmefälle beschränkt sein, da die technische Durchführung in der Regel auf große Schwierigkeiten stößt. In den letzten Jahren sind deshalb zwei neue Methoden entwickelt worden, die die Trennung der beiden Komponenten durch Rektifikation in Gegenwart einer dritten Zusatzkomponente ermöglichen und die unter der Bezeichung „azeotrope Destillation" und „extraktive Destillation" in der Praxis große Bedeutung erlangt haben. Das älteste und bekannteste Beispiel dieser Art ist die Entwässerung des Äthanols durch Zusatz von Benzol nach YOUNG (*6, 331*), jedoch ist dieses Beispiel zur Diskussion dieser Methoden nicht so gut geeignet, da es sich um ein heterogenes System handelt. Wir besprechen deshalb die „azeotrope Destillation" am Beispiel des homogenen Systems Methanol-Aceton, das bei 54,6° C ein Siedepunktsminimum besitzt (86 Mol-% Aceton) und das sich durch Zusatz von Methylenchlorid vollständig trennen läßt (*68, 69*). Weitere Beispiele siehe bei (*87, 224, 312*).

Das Prinzip der „azeotropen Destillation" ergibt sich unmittelbar aus der Betrachtung des Rektifikationslinienfeldes des ternären Systems, das schematisch in Abb. 108 dargestellt ist. Die Pfeile bezeichnen wieder die Richtung, in der sich die Zusammensetzung des Blaseninhalts bei der diskontinuierlichen Rektifikation ändert. Um aus einem Gemisch der Zusammensetzung *P* reines Aceton zu gewinnen, setzt man der Mischung soviel Methylenchlorid zu, daß man den Punkt *Q* erreicht. Da Methylenchlorid mit Methanol ein bei 39,2° siedendes Azeotrop bildet, und die Rektifikationslinien alle von diesem am tiefsten liegenden Minimum ausgehen, wird bei der Rektifikation eines ternären Gemisches der Zusammensetzung *Q* im wesentlichen das binäre Azeotrop Methanol-Methylenchlorid übergehen, und praktisch reines Aceton als Rückstand bleiben, weil die zugehörige Rektifikationslinie praktisch geradlinig verläuft. Will man das Minimumazeotrop Methanol-Aceton selbst trennen, so muß Methylenchlorid zugegeben werden, bis der Punkt R erreicht ist, dann verläuft die Rektifikation analog.

Das Wesentliche der „azeotropen Destillation" besteht demnach darin, daß die Zusatzkomponente ein binäres Minimumazeotrop mit *einer*

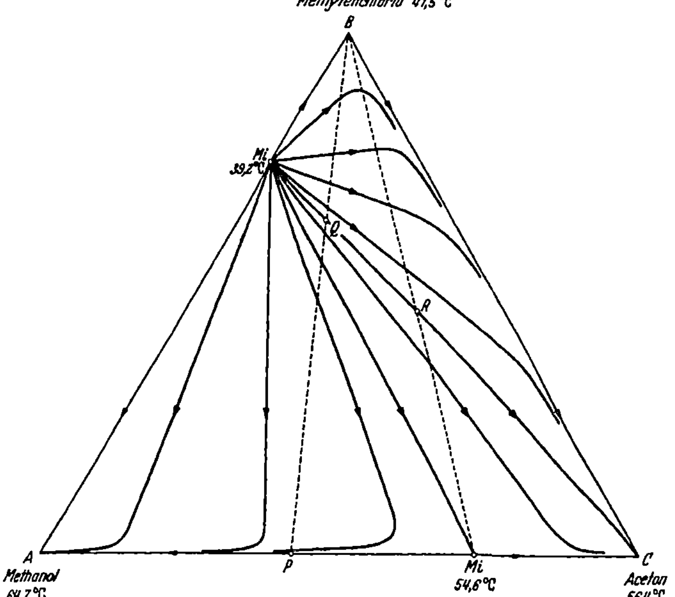

Abb. 108. Rektifikationslinienfeld des Systems Methanol (A), Methylenchlorid (B), Aceton (C).

der zu trennenden Komponenten bildet, das genügend tiefer siedet als das ursprüngliche Azeotrop. Außerdem besteht die Möglichkeit, daß die Zusatzkomponente ein ternäres Minimumazeotrop mit beiden zu trennenden Komponenten bildet, das genügend tiefer siedet als das binäre Azeotrop. In diesem Fall ist außerdem notwendig, daß das Mengenverhältnis der zu trennenden Komponenten im ternären Azeotrop verschieden ist von dem im binären Azeotrop. Derartige Fälle haben jedoch keine große Bedeutung.

Für die praktische Anwendung dieses Verfahrens ist es weiter notwendig, daß sich auch das übergehende Azeotrop von A und B nachträglich trennen läßt, was im oben behandelten Fall etwa durch Zugabe von geringen Mengen Wassers möglich ist; dabei zerfällt das Azeotrop in zwei flüssige Phasen, die praktisch aus Methanol-Wasser und reinem Methylenchlorid bestehen, so daß letzteres erneut als Zusatzkomponente verwendet werden kann. Noch besser ist es natürlich, wenn das übergehende Azeotrop sich bei der Kondensation bzw. bei nachträglicher Abkühlung von selbst entmischt, und die Zusatzkomponente in einer der Phasen so stark angereichert ist, daß diese wieder als Zusatz benutzt werden kann. Häufig wird es sich in solchen Fällen nicht um ein homogenes Azeotrop, sondern um ein heterogenes System mit minimalem Siedepunkt (vgl. Abb. 86) handeln, was die Brauchbarkeit des Verfahrens natürlich nicht beeinträchtigt. Auch wenn es sich nicht um die Trennung eines azeotropen Gemisches, sondern um die Trennung zweier Komponenten mit nah benachbarten Siedepunkten (Beispiel: Toluol-Benzol oder Wasser-Essigsäure) handelt, ist die „azetrope Destillation" häufig der normalen Rektifikation vorzuziehen, worüber systematische Untersuchungen vorliegen (*16, 17, 312*).

Für die *Auswahl einer geeigneten Zusatzkomponente* in jedem gegebenen Fall lassen sich die früher angestellten Überlegungen über das Auftreten azeotroper Punkte heranziehen (vgl. S. 235). Ob die Zusatzkomponente mit einer der zu trennenden Komponenten ein azeotropes Gemisch bildet oder nicht, hängt einerseits von dem Verhältnis der Dampfdrucke bzw. Siedepunkte der reinen Stoffe und andererseits von der Größe der Abweichungen vom RAOULTschen Gesetz ab. Je größer bei gegebenem Dampfdruckverhältnis der reinen Stoffe die Abweichungen vom RAOULTschen Gesetz, d. h. die Aktivitätskoeffizienten sind, umso wahrscheinlicher ist die Bildung eines Azeotrops mit Siedepunktsminimum zwischen der Zusatzkomponente und der betreffenden anderen Komponente. Da für die „azeotrope Destillation" ein binäres Minimumazeotrop mit *einer* der zu trennenden Komponenten erforderlich ist, ist die Zusatzkomponente so auszuwählen, daß im binären Gemisch mit der einen Komponente möglichst große (positive), im binären Gemisch mit der anderen Komponente möglichst geringe oder sogar entgegengesetzte (negative) Abweichungen vom RAOULTschen Gesetz auftreten.

Positive Abweichungen vom RAOULTschen Gesetz werden nach den früheren Überlegungen immer dann beobachtet, wenn die Anziehungskräfte zwischen den artfremden Molekeln kleiner sind als die zwischen arteigenen Molekeln, während umgekehrt negative Abweichungen vom RAOULTschen Gesetz stärkere Anziehungskräfte zwischen den verschiedenen Molekelarten anzeigen. Auf Grund von Betrachtungen über die Häufigkeit von Azeotropen in binären Gemischen haben EWELL, HARRISON und BERG (*68*) die für die große Mehrzahl aller Fälle sich bewährende Theorie aufgestellt, daß es sich bei diesen Anziehungskräften im wesentlichen um *Wasserstoffbrückenbindungen* handelt, denen gegenüber andere zwischenmolekulare Wechselwirkungen wie Dipol- oder Induktionskräfte weit zurücktreten. Sind also die zwischen artfremden Molekeln gebildeten H-Brücken schwächer als die zwischen arteigenen,

21*

so zeigt das System positive Abweichungen vom RAOULTschen Gesetz und vice versa, sind sie etwa gleich stark, so verhalten sich die Mischungen angenähert ideal.

Auf Grund dieser Vorstellungen kann man die Flüssigkeiten in fünf Klassen einteilen, die sich durch Zahl und Stärke der H-Brücken unterscheiden, die zwischen den Molekeln wirksam sind. Indem man die beiden Komponenten eines zu trennenden Gemisches ihren H-Bindungsklassen zuordnet, kann man die voraussichtlichen Abweichungen vom idealen Verhalten jeder Komponente gegenüber Vertretern der anderen Klassen nach Richtung und Größe abschätzen und so geeignete Zusatzkomponenten ermitteln.

Klasse I. Molekeln, die fähig sind, ein dreidimensionales Netz starker H-Bindungen zu bilden (z. B. H_2O, mehrwertige Alkohole, Aminoalkohole, Oxysäuren, Polyphenole, Hydroxylamin usw.).

Klasse II. Molekeln, die sowohl aktive H-Atome wie elektronegative Atome mit freien Elektronenpaaren (O, N, F) enthalten (z. B. Alkohole, Säuren, Phenole, primäre und sekundäre Amine, Oxime, Nitroverbindungen und Nitrile mit α-ständigen H-Atomen, Ammoniak, Hydrazin, Fluor- und Cyanwasserstoff usw.).

Klasse III. Molekeln, die nur elektronegative Atome, dagegen keine aktiven H-Atome enthalten (z. B. Äther, Ketone, Aldehyde, Ester, tertiäre Amine, Pyridin, Nitroverbindungen und Nitrile ohne α-ständige H-Atome usw.).

Klasse IV. Molekeln mit aktiven H-Atomen, aber ohne elektronegative Atome (z. B. $CHCl_3$, CH_2Cl_2, CH_3CHCl_2, CH_2Cl-CH_2Cl, $CH_2Cl-CHCl_2$ usw.).

Klasse V. Molekeln, die unfähig sind, H-Bindungen einzugehen (z. B. Kohlenwasserstoffe, CS_2, CCl_4, Sulfide, Merkaptane, nichtmetallische Elemente usw.).

Eine ähnliche Klassifizierung der Flüssigkeiten läßt sich auf Grund ihrer *gegenseitigen Löslichkeit* durchführen (*76*), da auch diese weitestgehend von der Fähigkeit, H-Brücken zu bilden, abhängt. Die Brauchbarkeit einer Zusatzkomponente für die „azeotrope Destillation" läßt sich deshalb auch aus den kritischen Mischungstemperaturen mit den beiden zu trennenden Komponenten abschätzen, worauf wir nochmals zurückkommen. Eine allgemeine Übersicht über die bei Mischungen zu erwartenden Abweichungen vom RAOULTschen Gesetz gibt die folgende Tabelle.

Die Auswahl einer geeigneten Zusatzkomponente für die „azeotrope Destillation" an Hand dieser Tabelle sei am Beispiel des zu trennenden azeotropen Systems Wasser-Pyridin (*15*) erläutert: Wasser (I) und Pyridin (III) bilden miteinander schwächere H-Bindungen als Wassermolekeln unter sich, deshalb zeigen die beiden Stoffe in der Mischung positive Abweichungen vom RAOULTschen Gesetz und bilden ein bei 92° C siedendes Minimum-Azeotrop mit 54° Gew.-% Pyridin. Eine

Tabelle 19.

Klassen	Abweichungen	H-Bindungen
I + V II + V	} Stets positiv; I + V zeigen häufig Mischungslücken	H-Bindungen werden gelöst
III + IV	Stets negativ	H-Bindungen werden gebildet
I + IV II + IV	} Stets positiv; I + IV zeigen häufig Mischungslücken	H-Bindungen teils gelöst, teils gebildet; der erste Effekt überwiegt
I + I I + II I + III II + II II + III	} Gewöhnlich positiv, gelegentlich aber auch negativ und Bildung von Maximum-Azeotropen	H-Bindungen teils gelöst, teils gebildet
III + III III + V IV + IV IV + V V + V	} Quasi-ideale Systeme; keine oder schwache positive Abweichungen, selten Minimum-Azeotrope.	Keine H-Bindungen

geeignete Zusatzkomponente zur Dehydratisierung des Pyridins mittels „azeotroper Destillation" sollte folgende Eigenschaften besitzen:

1. Mit Wasser ein Minimum-Azeotrop bilden, das unterhalb von 92° C siedet.
2. Mit Pyridin kein Minimum-Azeotrop bilden.
3. Kein ternäres Azeotrop bilden.
4. Eine möglichst große Menge Wasser pro Mol Zusatzkomponente entfernen.
5. Bei Zimmertemperatur in Wasser weitgehend unlöslich sein, so daß sich das Kondensat bei der Abkühlung in zwei Phasen trennt, und die Zusatzkomponente jeweils zurückgewonnen wird.

Zahlreiche Flüssigkeiten der Klasse III und fast sämtliche Stoffe der Klasse IV und V, soweit sie geeignete Siedepunkte besitzen, erfüllen diese Forderungen, denn sie weisen starke Abweichungen vom RAOULTschen Gesetz in Gemischen mit Wasser, dagegen schwache oder keine positiven Abweichungen in Gemischen mit Pyridin auf. Eine Zusammenstellung geeigneter Zusatzkomponenten gibt Tab. 20.

Tabelle 20. *Geeignete Zusatzkomponenten zur Dehydratisierung von Pyridin mittels „azeotroper Destillation".*

Klasse	Zusatzkomponente	Siedepunkt °C $p = 1$ atm	Siedepunkts-Minimum des Azeotrops mit H_2O: °C	Teile der Zusatzkomponente zur Entfernung von 1 Teil H_2O	Löslichkeit in 100 Teilen H_2O
III	Isobutylformiat	98,2	80,4	11,8	1,0
	Äthylpropionat	99	81,2	9,0	2,4
	Methylbutyrat	102	82,7	7,7	1,5
	Äthylisobutyrat	111,7	85,2	5,6	gering
	Diisobutyläther	122,2	88,6	3,4	gering
	Amylformiat	132	91,6	2,5	gering
IV	Äthylenchlorid	83	72	11	0,9
	1,2-Dichlorpropan	96,8	78	7,4	0,3
V	Benzol	80,2	69,3	10,2	0,1
	Toluol	110,7	84,1	6,4	unlöslich

Wie aus der Tabelle hervorgeht, liegt der Siedepunkt des neugebildeten Azeotrops umso tiefer unter dem Siedepunkt des Pyridin-Wasser-Azeotrops (92° C), je tiefer der Siedepunkt der reinen Zusatzkomponente ist, die Trennung durch Rektifikation ist deshalb schon mit Kolonnen relativ geringer Bodenzahl möglich. Dem steht der Nachteil gegenüber, daß das übergehende Azeotrop einen relativ geringen Anteil an Wasser enthält[1], daß also die notwendige Menge der Zusatzkomponente sehr groß ist, was hohe Heizungskosten und große Kolonnenkapazität erfordert. Liegt die Siedetemperatur der reinen Zusatzkomponente wesentlich höher als die des Wassers, so ist es umgekehrt, die Siedepunktsdifferenz der beiden Azeotrope ist gering, dafür aber der Gehalt des Wassers im übergehenden Azeotrop hoch. In der Praxis wird häufig ein Kompromiß in der Erfüllung dieser beiden Forderungen die besten Resultate liefern.

Liegt nicht genügend experimentelles Material vor, so gelingt es häufig auf Grund empirischer Beziehungen, aus Siedepunkt und Zusammensetzung eines azeotropen Gemisches die entsprechenden Daten für andere Gemische vorauszuberechnen, die aus einer der beiden Komponenten und anderen ähnlichen Stoffen, z. B. Gliedern einer homologen Reihe der zweiten Komponente bestehen. Die meist benutzte graphische Methode dieser Art stammt von MAIR, GLASGOW und ROSSINI (*180*), sie ist am Beispiel der Systeme Benzol-gesättigte Kohlenwasserstoffe (*182*) in Abb. 109 dargestellt. Man trägt die Siedepunkte der azeotropen Gemische von Benzol mit verschiedenen Kohlenwasserstoffen als Funktion ihrer Zusammensetzung auf und erhält eine glatte Kurve, lediglich die cyclischen gesättigten Kohlenwasserstoffe liegen auf einer parallelen (gestrichelten) Kurve. Zieht man weiter Verbindungslinien zwischen den auf der Ordinate eingetragenen Siedepunkten der reinen Kohlenwasserstoffe und ihren zugehörigen azeotropen Siedepunkten auf der Kurve, so erhält man eine Schar von Geraden, deren Neigung in charakteristischer Weise vom Siedepunkt des betreffenden reinen Stoffes und von seinem Verzweigungsgrad abhängt (z. B. geben n-Heptan und 2,2,4-Trimethylpentan verschiedene Neigungen). Umgekehrt kann man für einen gesättigten Kohlenwasserstoff derselben Reihe die Verbindungs-

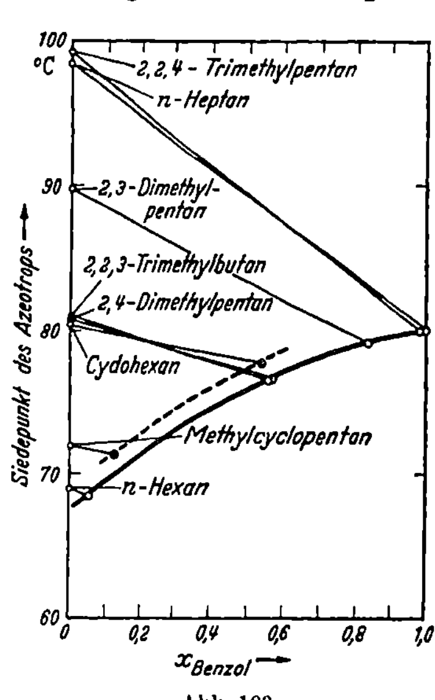

Abb. 109.
Siedepunkte und Zusammensetzung azeotroper Gemische von Benzol mit gesättigten Kohlenwasserstoffen.

---

[1] Trägt man im üblichen T x-Diagramm die Siedekurven der verschiedenen Gemische von Wasser einerseits und der Zusatzkomponente andererseits auf, so bewegt sich das Siedepunktsminimum des Azeotrops mit steigendem Siedepunkt der reinen Zusatzkomponente in Richtung auf $x_{H_2O} = 1$.

gerade mit einer aus dem Verzweigungsgrad abzuschätzenden Neigung konstruieren, ihr Schnittpunkt mit der Kurve ergibt dann Siedepunkt und Zusammensetzung des unbekannten Azeotrops mit Benzol mit guter Näherung.

Diese Methode zur Vorausbestimmung azeotroper Punkte verlangt natürlich, daß die Kurve, die die Siedepunkte der azeotropen Gemische als Funktion ihrer Zusammensetzung darstellt, mit genügender Sicherheit festgelegt ist, was bedeutet, daß bereits eine Reihe solcher Azeotrope bekannt sein muß, was nur selten der Fall sein dürfte. Um diesen Nachteil zu vermeiden, hat SKOLNIK (*279*) ein rechnerisches Verfahren angegeben, um azeotrope Punkte vorauszusagen. Er findet folgende empirische Beziehungen:

a) Für azeotrope Gemische aus einer Komponente 2 (z. B. Benzol) und verschiedenen Gliedern einer homologen Reihe (gesättigte Kohlenwasserstoffe) gilt die lineare Beziehung

$$\log x_{az} = A\,(273{,}1 + t_{az}) + B\,, \tag{24}$$

worin x_{az} die Molprozente der Komponente 2 in den azeotropen Gemischen, t_{az} die Siedetemperaturen der Azeotrope in °C und A und B Konstanten bedeuten, die z. B. für normale Paraffine, verzweigte Paraffine und alicyclische Kohlenwasserstoffe verschiedene Werte besitzen. Da die $\log x_{az}$, t_{az}-Gerade bei 100 Mol-% Benzol und $t = 80°$ C enden muß, genügt eine einzige Messung an einem der azeotropen Gemische, um die Gerade festzulegen.

b) Eine weitere lineare Beziehung ergibt sich empirisch zwischen den Siedepunkten der azeotropen Gemische und den Siedepunkten der reinen Stoffe der homologen Reihe:

$$\log\,(D - t_{az}) = E - F\,(273{,}1 + t)\,, \tag{25}$$

worin t_{az} die Siedetemperaturen der Azeotrope in °C, t die Siedetemperaturen z. B. der reinen Kohlenwasserstoffe und D, E und F Konstanten bedeuten, die für alle Kohlenwasserstoffe identisch sind. Die Gl. (24) und (25) liefern zusammen die gewünschte Beziehung zwischen den Siedepunkten t der reinen Kohlenwasserstoffe und den Zusammensetzungen x_{az} der Azeotrope mit Benzol.

In Abb. 110 ist die durch (25) dargestellte Gerade für reine gesättigte Kohlenwasserstoffe und ihre Azeotrope mit Benzol wiedergegeben. Die Konstante D wird durch ein Näherungsverfahren unter Einsetzen verschiedener Zahlenwerte ermittelt, bis man eine Gerade erhält; sie hat in diesem Fall den Wert 81,1 und Gl. (25) ergibt sich zu

$$\log\,(81{,}1 - t_{az}) = 14{,}11 - 0{,}03804\,(273{,}1 + t)\,. \tag{25a}$$

Gl. (24) lautet für Azeotrope von Benzol mit verzweigten Paraffinen

$$\log x_{az} = 0{,}07091\,(273{,}1 + t_{az}) - 23{,}05\,, \tag{24a}$$

die zugehörige Gerade ist in Abb. 111 wiedergegeben (Kurve I). Um
die unbekannten azeotropen Daten eines anderen Kohlenwasserstoffes
derselben Reihe mit Benzol zu ermitteln, entnimmt man mit Hilfe
seines Siedepunkts t aus Abb. 110 die Siedetemperatur t_{az} des Azeotrops und aus letzterer mit Hilfe der Abb. 111 die zugehörige Zusammensetzung x_{az}. Stehen genügend viele experimentelle Daten zur Verfügung, so kann man auch $\log x_{az}$ direkt gegen die Siedepunkte t der reinen Paraffine auftragen und erhält eine Kurve, wie sie als II in Abb. 111 eingetragen ist. Aus ihr lassen sich dann die unbekannten Zusammensetzungen weiterer Azeotrope der gleichen homologen Reihe unmittelbar ablesen. So siedet z. B. 2,2-Dimethylpentan bei 79,2° C. Kurve II in Abb. 111 liefert die Zusammensetzung seines Azeo-

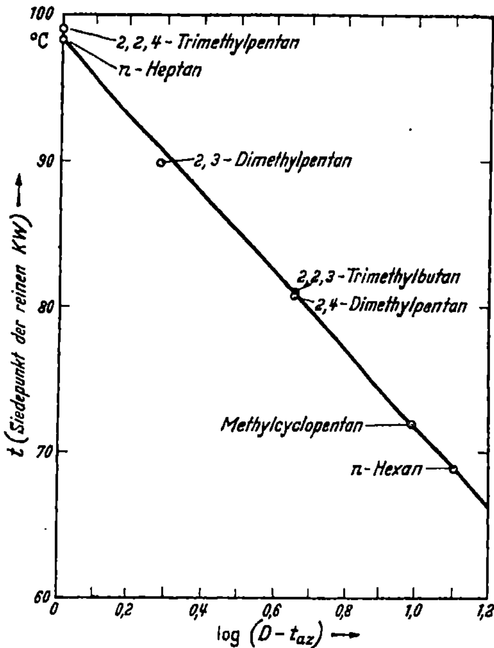

Abb. 110. Lineare Beziehung zwischen den Siedepunkten
reiner gesättigter Paraffine und den Siedepunkten ihrer
Azeotrope mit Benzol.

trops mit Benzol zu 50 Mol-% Benzol. Die Gerade I liefert für diese
Ordinate den Siedepunkt des Azeotrops zu 75,8° C. Spätere Messungen
ergaben 52,5 Mol-% bzw. 75,85° in guter Übereinstimmung mit den
vorausgesagten Werten.

Mit Hilfe der Gl. (25) läßt sich ferner abschätzen, in welchem *Bereich
einer homologen Reihe* die Bildung azeotroper Gemische zu erwarten ist.
Setzt man in (25a) für t_{az} den Siedepunkt des reinen Benzols ein, so
erhält man für t offenbar den maximal möglichen Siedepunkt eines gesättigten Paraffins, das eben noch zur Bildung eines Azeotrops mit
Benzol fähig ist, in diesem Fall 98° C. Umgekehrt ist der minimal mögliche Siedepunkt die Temperatur, bei der der Siedepunkt des Azeotrops
und des reinen Paraffins identisch werden (vgl. auch Anm. S. 326). Man
erhält ihn also, indem man in (25a) für t_{az} und t den gleichen Wert einsetzt, bis beide Seiten der Gleichung identisch werden, in diesem Fall
65° C. Dieser Siedepunktsbereich der Paraffine, die mit Benzol homogene Azeotrope bilden können, wird häufig als „azeotroper Effekt" des

Benzols bezeichnet. Ein relatives Maß dieses azeotropen Effekts bildet die Neigung A der durch (24) dargestellten Geraden. Beispielsweise ist der azeotrope Effekt des Äthanols gegenüber gesättigten Paraffinen etwa 3mal größer als der des Benzols, denn es kann noch Azeotrope

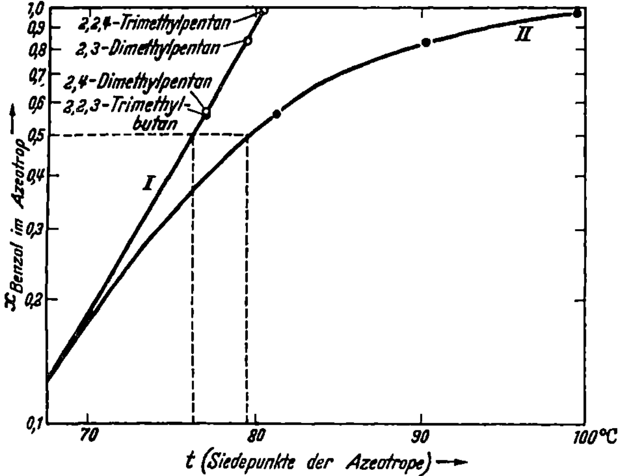

Abb. 111. Beziehungen zwischen Siedepunkten reiner verzweigter Paraffine und Zusammensetzungen ihrer Azeotrope mit Benzol (Kurve II), zwischen Zusammensetzung und Siedepunkt der Azeotrope (Kurve I).

bilden im Siedepunktsbereich zwischen 22° C und 126° C. Setzt man A für die Systeme „Benzol—gesättigte normale Paraffine" willkürlich gleich 1, so erhält man nach dieser Methode folgende „relative azeotrope Effekte":

Tabelle 21. *„Relative azeotrope Effekte" im Vergleich zu den Systemen „Benzol-gesättigte Normalparaffine".*

	A
Benzol-gesättigte Normalparaffine	1,00
Benzol-gesättigte cyclische Paraffine	1,05
Benzol-verzweigte gesättigte Paraffine	1,56
Benzol-primäre Alkohole	6,32
Benzol-sekundäre Alkohole	5,17
Benzol-tertiäre Alkohole	4,76
Äthanol-gesättigte Paraffine	4,39
Äthanol-gesättigte cyclische Paraffine	4,39
Äthanol-cyclische Monoolefine	4,02
Äthanol-cyclische Diolefine	4,28
Äthanol-aromatische Kohlenwasserstoffe	3,23
Äthanol-Olefine	3,95

Ähnliche empirische und halbempirische Zusammenhänge zwischen Siedepunkt und Zusammensetzungen azeotroper Gemische einerseits und Siedepunkten der reinen Komponenten andererseits sind noch von anderen Autoren aufgestellt worden (vgl. z. B. *120, 172, 190*), sie lassen sich in ähnlicher Weise benutzen, um azeotrope Daten vorauszusagen, sind aber der Methode von SKOLNIK im allgemeinen unterlegen, die sich mehrfach bewährt hat (*50, 52, 144, 183*).

5. Extraktive Destillation.

Bei der S. 321 erwähnten Trennung des Systems Methanol-Aceton mit Siedepunktsminimum durch „azeotrope Destillation" mittels Zusatz von Methylenchlorid erwies sich letzteres als die einzige bisher bekannte Verbindung, die ein Minimumazeotrop mit Methanol bildet, das tiefer siedet als das Methanol-Aceton-Azeotrop und doch mit Aceton kein Azeotrop bildet. In diesem Fall ist also die Auswahl eines geeigneten Zusatzstoffes für eine „azeotrope Destillation" sehr beschränkt. Tatsächlich stellt aber die „azeotrope Destillation" nur eine der Möglichkeiten dar, die sich für die Trennung eines azeotropen Gemisches in Gegenwart einer dritten Zusatzkomponente ergeben; ihr in vielen Fällen überlegen zeigt sich die sog. „extraktive Destillation", die einen wesentlich größeren und allgemeineren Anwendungsbereich besitzt, insbesondere auch deshalb, weil hier die Bedingung wegfällt, daß der Siedepunkt der Komponenten nicht allzu hoch über dem Siedepunkt der Komponente liegen darf, mit der sie ein Azeotrop mit Siedepunktsminimum bilden soll (vgl. S. 326).

Man übersieht das Prinzip der „extraktiven Destillation" am einfachsten an Hand einer graphischen Darstellung, die der von Abb. 81 für binäre Systeme entspricht. Man trägt in das GIBBSsche Dreieck die durch die Gln. (VI, 102) definierten relativen Flüchtigkeiten α_{13} und α_{23} ein, die man aus Gleichgewichtsmessungen im ternären System oder unter Benutzung der Aktivitätskoeffizienten z. B. nach Gl. (IV, 157) ermittelt hat. Man verbindet gleiche α-Werte durch Kurven und charakterisiert so das ternäre System durch zwei Scharen binärer relativer Flüchtigkeiten, da die dritte durch die beiden anderen festgelegt ist ($\alpha_{12} = \alpha_{13}/\alpha_{23}$). In Abb. 112 ist dies für das System Aceton (1)-Chloroform (2)-Methyl-Isobutylketon (3) nach neuen Messungen (*136*) geschehen. Das binäre System Aceton-Chloroform besitzt ein Siedepunktsmaximum bei $x_{Aceton} = 0,345$, läßt sich also durch Rektifikation nicht trennen. Die Zusatzkomponente Methyl-Isobutylketon bildet weder mit Aceton noch mit Chloroform ein Azeotrop, erniedrigt aber den Aktivitätskoeffizienten des Chloroforms sehr viel stärker als den des homologen Acetons, mit dem es angenähert ideale Mischungen bildet. Infolgedessen wächst die relative Flüchtigkeit α_{13} des Acetons gegenüber dem Chloroform bei Zusatz von Methyl-Isobutylketon stark an. Wie aus der Abbildung hervorgeht, ist das Azeotrop bei etwa 40 Mol-%

Zusatz bereits eliminiert, d. h. α_{13} ist dann bei allen Mischungsverhältnissen größer als 1. Bei etwa 70 Mol-% Zusatz ist bereits $\alpha_{13} \cong 1{,}7$ und größer, hier ist also eine Trennung durch Rektifikation ohne weiteres möglich.

Das diesem System entsprechende Rektifikationslinienfeld wird durch Abb. 101e dargestellt, die Rektifikation eines gegebenen ternären Gemisches wird also in ähnlicher Weise verlaufen wie es S. 311 an Hand der

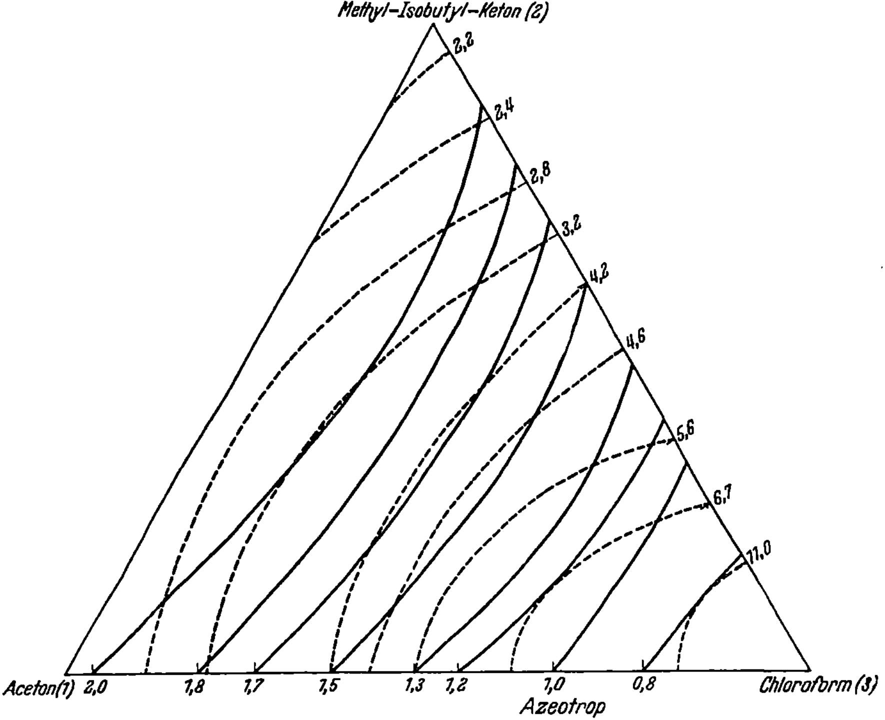

Abb. 112. Kurven konstanter relativer Flüchtigkeiten α_{13} und α_{23} für das System Aceton—Chloroform—Methyl-Isobutylketon nach isobaren Messungen.

Abb. 103 beschrieben wurde. Daraus folgt ebenso wie aus Abb. 112, daß zur vollständigen Trennung der beiden Komponenten Aceton und Chloroform eine geeignete Konzentration der Zusatzkomponente dauernd aufrecht erhalten werden muß, entsprechend einer horizontalen Geraden in Abb. 112. Es genügt hier also nicht, wie in Abb. 108, durch Zusatz einer dritten Komponente in das ternäre Feld mit günstiger relativer Flüchtigkeit α_{13} zu gelangen, sondern man muß die Zusatzkomponente während der Rektifikation dauernd im oberen Ende der Kolonne zulaufen lassen, so daß ihre Konzentration praktisch konstant bleibt.

Ähnlich wie aus dem Diagramm der konstanten relativen Flüchtigkeiten kann man die zur Eliminierung des Azeotrops notwendigen Konzentrationen der Zusatzkomponente auch aus dem Diagramm der Verdampfungskurven (vgl. S. 272) entnehmen, das für das oben genannte System in Abb. 113 wiedergegeben ist. Man sieht auch hier, wie sich das Siedemaximum des Systems Aceton-Chloroform mit steigendem Zusatz von Methyl-Isobutylketon nach kleineren Chloroformkonzentrationen zu verschiebt und bei etwa 40 Mol-% Zusatz verschwindet.

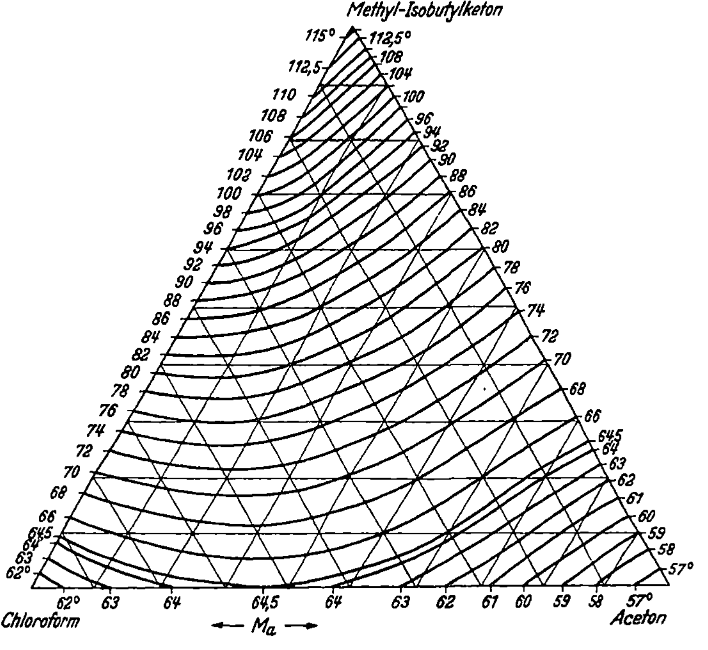

Abb. 113. „Verdampfungskurven" (Kurven konstanter Siedetemperatur) des Systems Aceton—Chloroform—Methyl-Isobutylketon bei 1 atm Druck.

In Abb. 114 ist schließlich das Gleichgewichtsdiagramm des binären Systems (Molenbruch Aceton im Dampf gegen Molenbruch Aceton in der Flüssigkeit auf Methyl-Isobutylketon-freier Basis) wiedergegeben. Die Zahlen an den einzelnen Kurven geben den Molenbruch der Zusatzkomponente als Parameter an. Ohne Zusatz schneidet die Gleichgewichtskurve die 45°-Gerade, entsprechend dem azeotropen Siedemaximum; bei $x_{Zusatz} \cong 0{,}3$ verschwindet das Azeotrop, bei noch größeren Zusätzen weicht die Gleichgewichtskurve genügend stark von der 45°-Geraden ab, daß Trennung der Komponenten durch Rektifikation möglich wird. Trägt man die relative Flüchtigkeit der zu trennenden Komponenten bei gegebener Konzentration als Funktion des Molenbruchs der

Zusatzkomponente auf, so erhält man Kurven, wie sie in Abb. 115 für das System Cyclohexan-Benzol unter Zusatz steigender Mengen von Anilin wiedergegeben sind (*153*).

Die extraktive Destillation ist vorwiegend zur Trennung nah benachbart siedender Kohlenwasserstoffe wie z. B. n-Heptan—Methylcyclohexan von GRISWOLD, COLBURN, DRICKAMER u. a. (*57, 82, 88, 90, 194*) als sog. *Distexverfahren* in die Praxis eingeführt worden, hat sich aber auch für eine ganze Reihe anderer Systeme bewährt. [Zusammenstellung neuerer Arbeiten über extraktive Destillation bei

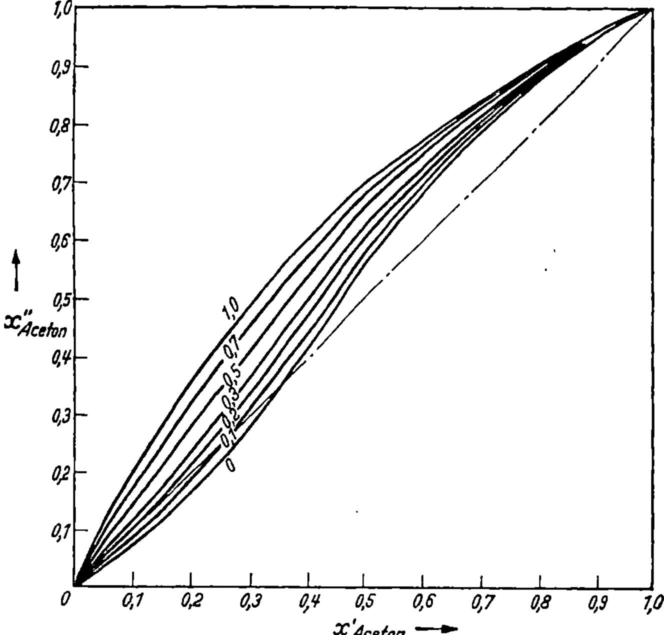

Abb. 114. Gleichgewichtsdiagramm (x''_{Aceton} als Funktion von x'_{Aceton}) bei Zusatz verschiedener Mengen Methyl-Isobutylketon als Parameter.

STAGE (*287*) und COLBURN (*38*).] Man verwendet ein kontinuierliches Rektifikationsverfahren, indem man etwa in der Mitte der Kolonne das zu trennende Gemisch, am Kopf der Kolonne die Zusatzkomponente in der gewünschten Menge laufend zuführt, so daß in der sog. „Extraktionszone" zwischen diesen beiden Zuführungen die Konzentration der Zusatzkomponente möglichst konstant bleibt aus den oben erwähnten Gründen. Am Kopf geht dann der Stoff mit der größeren relativen Flüchtigkeit (im obigen Beispiel das n-Heptan) praktisch rein über, während in der Blase ein Gemisch der Zusatzkomponente mit dem zweiten Stoff (z. B. Anilin-Methylcyclohexan) zurückbleibt. Dieses Gemisch wird in einer zweiten kontinuierlich arbeitenden Kolonne rektifiziert, wobei als Destillat im obigen Beispiel Methylcyclohexan und als Ablauf Anilin erhalten wird, das wieder in den Kreislauf der Distexkolonne zurückkehrt. Nach neuen Untersuchungen (*89*) läßt sich Anilin auch auf extraktivem Wege durch Zusatz von Wasser aus dem Gemisch mit Methylcyclohexan zurückgewinnen.

Für die *Auswahl geeigneter Zusatzkomponenten* sind folgende Forderungen zu berücksichtigen:

1. Wie bei der azeotropen Destillation muß die Zusatzkomponente im binären Gemisch mit einem der zu trennenden Stoffe möglichst große (positive), mit dem andern möglichst geringe oder auch entgegen gesetzte (negative) Abweichungen vom RAOULTschen Gesetz zeigen, damit die relative Flüchtigkeit der beiden möglichst stark geändert wird.

2. Die Zusatzkomponente darf mit keinem der beiden Stoffe ein azeotropes Gemisch bilden.

3. Ihr Siedepunkt muß sich von denen der beiden Stoffe genügend stark unterscheiden, damit sie sich nachträglich aus dem Rückstand der Distexkolonne leicht abtrennen läßt.

Um die erste Forderung zu erfüllen, kann man auch hier die Tab. 19 bzw. die Klasseneinteilung von S. 325 heranziehen und so von vornherein abschätzen, welche Verbindungsklassen sich grundsätzlich als Zusatzkomponenten in jedem einzelnen Fall eignen werden. Weitere Hinweise ergeben sich, da die Aktivitätskoeffizienten der zugehörigen binären Systeme nur selten zur Verfügung stehen werden, zuweilen aus bekannten oder leicht bestimmbaren Mischungswärmen der Zusatzkomponente mit den beiden zu trennenden Stoffen. Diese Möglichkeit

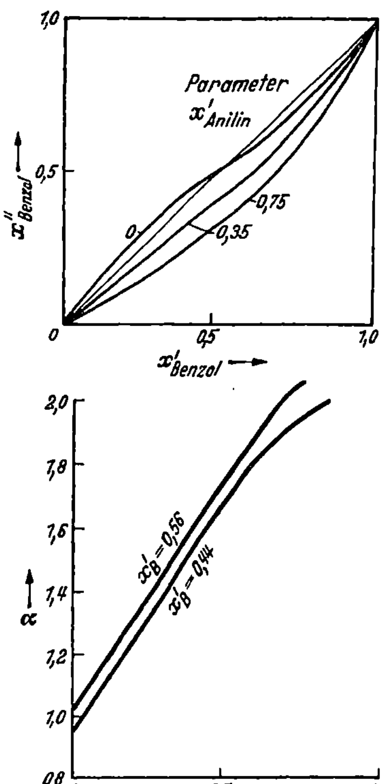

Abb. 115. Relative Flüchtigkeit von Cyclohexan in Benzol-Cyclohexan-Gemischen bei Zusatz von Anilin.

beruht auf dem durch Gl. (III, 152) gegebenen Zusammenhang zwischen dem Temperaturkoeffizienten von f und der differentiellen Mischungswärme. Besonders leicht zu übersehen sind die Verhältnisse wieder dann, wenn es sich um angenähert reguläre Mischungen handelt, für die sich die relative Flüchtigkeit nach (VI, 25) und (III, 136 u. 137) zu

$$\alpha = \frac{p_2\,(1-x)}{p_1\,x} = \frac{p_{02}}{p_{01}} \cdot \exp\left[\frac{\Delta H\,(1-2\,x)}{R\,T\,x\,(1-x)}\right] = \frac{p_{02}}{p_{01}} \cdot \exp\left[\frac{\Delta \bar{H}\,(x_1-x_2)}{R\,T\,x_1\,x_2}\right] \quad (26)$$

ergibt, worin $\Delta \bar{H}$ die integrale Mischungswärme bedeutet. Für ternäre Systeme (unter Zusatz eines dritten Stoffes) lautet die entsprechende

Gleichung nach Jost (132)[1]

$$\alpha_{21} = \frac{p_{02}}{p_{01}} \cdot \exp\left[\Delta \overline{H}_{12} \frac{x_1 - x_2}{x_1 x_2} + \frac{\Delta \overline{H}_{23}}{x_2} - \frac{\Delta \overline{H}_{13}}{x_1}\right] / RT. \tag{28}$$

Man kann demnach die Wirkung der Zusatzkomponente auf die relative Flüchtigkeit der zu trennenden Komponenten aus den integralen Mischungswärmen $\Delta \overline{H}_{23}$ und $\Delta \overline{H}_{13}$ abschätzen. Damit z. B. α_{21} größer wird, muß man nach Gl. (28) eine Zusatzkomponente suchen, die nach Möglichkeit mit dem Stoff 2 eine große positive (endotherme), mit dem Stoff 1 eine negative (exotherme) Mischungswärme aufweist. Qualitativ gilt dies auch dann, wenn es sich nicht um „reguläre" Mischungen handelt.

Da Systeme mit positiver Mischungswärme bei genügend niedriger Temperatur in zwei flüssige Phasen zerfallen, kann man die voraussichtliche Wirkung der Zusatzkomponente auch aus der kritischen Mischungstemperatur T_k abschätzen, die nach (V, 18) bei regulären Mischungen unmittelbar mit der maximalen integralen Mischungswärme (bei $x = 0{,}5$) zusammenhängt.

Aus $\alpha_{21} = f_2 p_{02}/f_1 p_{01}$ folgt weiter, daß die Zusatzkomponente zweckmäßig den Aktivitätskoeffizienten der tiefer siedenden Komponente erhöht, denn wenn z. B. $p_{02} > p_{01}$, so wird α günstiger, d. h. stärker von 1 verschieden, wenn auch $f_2 > f_1$. Zum Beispiel ist für das System Methanol (1)-Aceton (2) mit Minimumsiedepunkt $p_{02} > p_{01}$, man gibt deshalb als Zusatzkomponente am besten einen höhersiedenden Alkohol zu, der f_2 erhöht und f_1 praktisch unverändert läßt. Das System Chloroform (1)-Aceton (2) besitzt einen Maximumsiedepunkt, und es ist wieder $p_{02} > p_{01}$. Ein höhersiedendes Keton als Zusatz erniedrigt f_1 und läßt f_2 praktisch unverändert. In beiden Fällen geht praktisch reines Aceton bei der extraktiven Destillation über.

Über die Trennung von Kohlenwasserstoffen mittels extraktiver Destillation liegt, wie schon erwähnt, bereits ein ziemlich umfangreiches experimentelles Material vor. So ergibt sich z. B. $(70, 88)$, daß von Kohlenwasserstoffen etwa gleichen Molgewichts bei Zusatz polarer Stoffe wie Anilin, Phenol, Furfurol, Nitrobenzol usw. die Paraffine die höchsten Aktivitätskoeffizienten, Naphthene erheblich niedrigere und Aromaten die kleinsten Aktivitätskoeffizienten aufweisen. Olefine zeigen mit Anilin als Zusatz etwa die gleichen Aktivitätskoeffizienten wie Naphthene ähnlichen Molgewichts (91), so daß die Bedingungen für die Trennung von Paraffin-Olefin-Gemischen und Paraffin-Naphthen-Gemischen mit Anilin als Zusatz etwa die gleichen sind. Im allgemeinen sind die

---

[1] Man gelangt zu dieser Gleichung, wenn man für die integrale Mischungswärme des ternären Systems den zu (III, 131) analogen Ansatz

$$\Delta \overline{H} = A_{12} x_1 x_2 + A_{13} x_1 x_3 + A_{23} x_2 x_3 \tag{27}$$

macht, wie er auch für die freie Zusatzenthalpie in Gl. (IV, 132) schon verwendet wurde, da ja für reguläre Mischungen $\Delta \overline{H} = \Delta G^E$.

relativen Flüchtigkeiten der Kohlenwasserstoffe von ihrem Mengenverhältnis weitgehend unabhängig und werden von der Konzentration der Zusatzkomponente bestimmt. Eingehend untersucht wurde ferner die Wirksamkeit verschiedener polarer Zusatzstoffe auf die relative Flüchtigkeit von Naphthenen und Aromaten (Cyclohexan-Benzol; Methylcyclohexan-Toluol) in Abhängigkeit von der Dielektrizitätskonstanten bzw. dem Dipolmoment der Zusatzkomponente (312).

Häufig scheint es auch von Vorteil zu sein, *zwei* polare Zusatzkomponenten bei der extraktiven Destillation von Kohlenwasserstoffen zu verwenden, wie etwa Furfurol $+$ H_2O bei der Trennung von n-Butan und Butadien (31), oder Aceton $+$ H_2O bei der Trennung von n-Butan und 2-Buten (3) (vgl. auch S. 191). Wasser hat von allen Zusatzstoffen die beste Selektivität, d. h. die unterschiedlichste Wirkung auf die relative Flüchtigkeit der zu trennenden Kohlenwasserstoffe. Da jedoch Wasser und Kohlenwasserstoffe auch bei höheren Temperaturen praktisch unlöslich ineinander sind, setzt man z. B. Furfurol mit etwa 4—6 Gew.-% H_2O zu und erzielt so bei homogener Phase eine wesentlich bessere Trennwirkung als mit Furfurol allein. Auch in diesem Fall werden die Aktivitätskoeffizienten der Paraffine am stärksten erhöht, dann folgen die der Monoolefine, dann die der Diolefine.

Um die zweite Forderung von S. 334 zu erfüllen, d. h. im voraus zu entscheiden, ob eine sonst geeignete Zusatzkomponente kein Azeotrop mit einer der beiden zu trennenden Stoffe bildet, kann man die schon beschriebenen halbempirischen Verfahren benutzen, mit deren Hilfe sich azeotrope Punkte voraussagen lassen (vgl. S. 326 ff.), d. h. man stellt z. B. mit Hilfe der Gl. (25) den Bereich einer homologen Reihe von Stoffen fest, die mit einem der zu trennenden Stoffe azeotrope Gemische erwarten lassen. Wählt man dann als Zusatzkomponente ein Glied dieser Reihe, dessen Siedepunkt genügend weit oberhalb dieses Bereichs liegt, so wird es sich für die extraktive Destillation eignen.

Ein weiteres einfaches Kriterium dafür, daß eine auf Grund eines genügend hohen Siedepunktes ausgewählte Zusatzkomponente einer geeigneten Verbindungsklasse kein Azeotrop mit dem einen der zu trennenden Stoffe mehr bildet, läßt sich nach SCHEIBEL (259) auch aus den Aktivitätskoeffizienten der zu trennenden Stoffe gewinnen. Das Verfahren sei am Beispiel des Systems Äthanol-Äthylacetat geschildert, das ein Azeotrop mit Siedepunktsminimum bildet. Nach den früheren Überlegungen sollten sich demnach sowohl homologe Alkohole wie auch homologe Ester mit genügend hohem Siedepunkt als Zusatzkomponente für die extraktive Destillation eignen, denn erstere zeigen mit Äthanol praktisch keine, dagegen mit Äthylacetat große positive Abweichungen vom RAOULTschen Gesetz, letztere verhalten sich umgekehrt. Die Aktivitätskoeffizienten von Äthanol und Äthylacetat im binären Gemisch sind nach Partialdruckmessungen in Abb. 116 dargestellt, die Extrapolation der Kurven liefert

$$\lim_{x_{Ester} \to 0} f_{Ester} = 2{,}25 \quad \text{und} \quad \lim_{x_{\ddot{A}th.} \to 0} f_{\ddot{A}th.} = 2{,}23 \,,$$

d. h. die höchsten f-Werte liegen (wie in den meisten Fällen) bei kleinen Konzentrationen. Unter der Annahme, daß die $f\,x$-Kurven praktisch

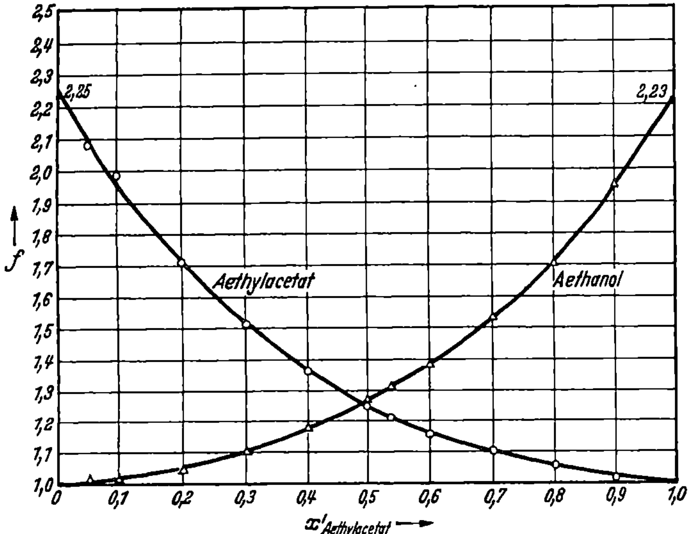

Abb. 116. Aktivitätskoeffizienten des binären Gemisches Äthanol-Äthylacetat mit Siedepunktsminimum.

ungeändert bleiben, wenn man als zweite Komponente ein höheres Glied der homologen Reihe wählt, kann man nun abschätzen, welche Glieder dieser Reihe kein Azeotrop mehr bilden werden. Ein Azeotrop bedeutet, daß die relative Flüchtigkeit durch den Wert 1 geht, daß also

$$p_{01}\, f_1 = p_{02}\, f_2 \;.$$

Ist z. B. der Stoff 1 der weniger flüchtige ($p_{01} < p_{02}$), so ist er im Gebiet kleiner x_1-Werte trotzdem im Dampf angereichert (vgl. Abb. 69), d. h. für dieses Gebiet gilt

$$p_{01}\, f_1 > p_{02}\, f_2 \;. \tag{29}$$

Das ist wegen $p_{01} < p_{02}$ nur möglich, wenn f_1 hohe Werte annimmt. Der maximale Wert von f_1 liegt aber nach Abb. 116 bei $x_2 = 1$, wo $p_{02} = 1$ atm. und $f_2 = 1$, so daß für diesen extremen Fall die Bedingung (29) lautet

$$p_{01} > \frac{1}{f_1} \;. \tag{30}$$

Ist also $p_{01} < \dfrac{1}{f_1}$ bei der Siedetemperatur des reinen Stoffes 2, so ist offenbar ein Azeotrop unmöglich. (30) ist also die Bedingung dafür, daß kein Azeotrop gebildet wird. Für das obige Beispiel (Abb. 116) bedeutet dies, daß alle Ester, deren Dampfdruck bei 78,3° C kleiner ist als 1/2,25 = 0,445, kein Azeotrop mehr mit Äthanol, und umgekehrt alle Alkohole, deren Dampfdruck bei 77,1°C kleiner ist als 1/2,23 = 0,450, kein Azeotrop mit Äthylacetat bilden können. Wählt man also einen Ester bzw. einen Alkohol als Zusatzkomponente, der wenigstens etwa 10° höher siedet als der Bedingung (30) entspricht, so wird dieser sicher für eine extraktive Destillation geeignet sein.

Die dritte, S. 334 erwähnte Forderung, daß sich die Zusatzkomponente nachträglich wieder leicht abtrennen lassen muß, damit sie in den Kreislauf der Distexkolonne zurückkehren kann, bedeutet, daß man in der Regel Stoffe relativ hohen Siedepunkts zusetzt. Besonders vorteilhaft wird das Verfahren natürlich dann, wenn sich der Destillationsrückstand in der Blase beim Abkühlen in zwei Phasen trennt, und die Zusatzkomponente in einer dieser Phasen so stark angereichert ist, daß man diese unmittelbar wieder verwenden kann. Es ist jedoch auch möglich, daß man relativ niedrig siedende Stoffe als Zusatzkomponente verwendet, wobei diese dann nicht oben, sondern unten in der Kolonne zugeführt werden müssen. Ein Beispiel ist die extraktiveDestillation von Äthanol-Wasser mit Hilfe von Äthyläther als Zusatzkomponente (216). Letzterer verschiebt die relative Flüchtigkeit so stark zu Gunsten des Wassers, daß ein Äther-Wasser-Gemisch übergeht, und praktisch reines Äthanol zurückbleibt. Das Äther-Wasser-Gemisch trennt sich bei der Kondensation in zwei Phasen, von denen die Ätherphase erneut als Zusatzkomponente verwendet werden kann. Um die zur Dehydratation des Äthanols notwendige Menge an Äther zu reduzieren, arbeitet man unter erhöhtem Druck, wodurch die relative Flüchtigkeit des Äthers erniedrigt wird.

Ein weiteres, in neuerer Zeit mehrfach angewandtes Verfahren, die relative Flüchtigkeit zweier zu trennenden Stoffe zu verändern, besteht darin, in dem Gemisch einen festen Stoff, insbesondere *anorganische Salze*, zu lösen. Dieses Verfahren wird sich daher in erster Linie für die Destillation wasserhaltiger Gemische eignen, da die spezifischen Hydratationswechselwirkungen zwischen Ionen und H_2O-Molekeln eine starke Erniedrigung des Wasserpartialdrucks und damit eine Herabsetzung des Aktivitätskoeffizienten von H_2O sowie eine Erhöhung des Aktivitätskoeffizienten der organischen Komponente bewirken wird. Untersuchungen z.B. derSystemeWasser-Äthanol(*133, 243, 296*),Wasser-Phenol (*22*), Wasser-Essigsäure (*80*) usw. haben dies bestätigt. So verändert sich z. B. die Zusammensetzung des azeotropen Phenol-Wasser-Gemischs bei

Normaldruck von 91 auf 84 Gew.-% H_2O, wenn man etwa 17% NaCl zugibt. Dieses Azeotrop zerfällt bei der Abkühlung in eine wasserarme und eine phenolarme Phase und kann so nach dem S. 320 beschriebenen Verfahren weiter getrennt werden. Die relative Flüchtigkeit von Essigsäure-Wasser, die im ganzen Mischungsbereich nur wenig von 1 abweicht, wird bereits durch Zusatz von etwa 8 Gew.-% $CaCl_2$ in ihrem Vorzeichen geändert, so daß Essigsäure die flüchtigere Komponente wird. Bei höheren Zusätzen (20 bis 30 Gew.-% $CaCl_2$) läßt sich das Gemisch durch extraktive Destillation leicht trennen, wenn man etwa in der Kolonne eine konzentrierte Salzlösung an geeigneter Stelle zufließen läßt. Ähnliches gilt für Äthanol-Wasser-Gemische.

Nach neuen Untersuchungen von FUCHS (73, 79) gelingt es schließlich in manchen Fällen auch, die relative Flüchtigkeit zweier Stoffe durch *spezifische Adsorption* des einen an einem geeigneten Füllkörpermaterial innerhalb der Kolonne so zu ändern, daß eine leichtere Trennung durch Rektifikation möglich wird (Beispiel: Essigsäure-Wasser). Allerdings genügt dazu die spezifische Adsorption allein nicht, da nach einiger Zeit Sättigung eintreten wird, man müßte deshalb die spezifische Adsorptionsfähigkeit ständig erneuern, entsprechend der Tatsache, daß man ja auch bei der extraktiven Destillation die Konzentration der Zusatzkomponente in der Distexkolonne ständig aufrecht erhalten muß. Es hat sich nun gezeigt, daß bei nicht zu hoher Belastung der Kolonne diese Erneuerung der adsorbierenden Oberfläche dadurch automatisch eintritt, daß die adsorbierte, an einem der zu trennenden Stoffe angereicherte Schicht unter dem Einfluß der Schwerkraft nach unten wandert und so als „Rücklauf" wirkt. Tatsächlich geht die Trennwirkung solcher Füllkörperkolonnen mit spezifischer Adsorptionsfähigkeit stark zurück, sobald die Kolonne in normaler Weise belastet wird, d. h. sobald der Rücklauf in Tropfenform von den einzelnen Füllkörpern abtropft.

B. Extraktion.

Unter Extraktion versteht man die Trennung eines flüssigen homogenen Gemisches bzw. einer homogenen Lösung mit Hilfe eines in diesem Gemisch nur wenig löslichen zweiten Lösungsmittels. Setzt sich die Lösung aus dem abzutrennenden Stoff S und dem Verdünnungsmittel Vd zusammen, und bezeichnet man das extrahierende Lösungsmittel mit L, so verteilt sich S bei der Extraktion auf die L- und die Vd-Phase. Im Gleichgewicht sind wieder nach (VI, 95) die Aktivitäten aller Komponenten in beiden Phasen gleich, d. h. es gilt auch

$$a_S^{(L)} = a_S^{(Vd)} , \qquad (31)$$

wenn man das chemische Potential μ_S beide Male auf die reine flüssige Phase als Standardzustand bezieht. Ist die Konzentration von S in beiden Phasen so gering, daß es sich um angenähert ideale verdünnte Lösungen handelt, so ist nach dem HENRYschen Gesetz (III, 92) bei gegebener Temperatur

$$p_S = k^{(L)} x_S^{(L)} = k^{(Vd)} x_S^{(Vd)},$$

oder

$$\frac{x_S^{(L)}}{x_S^{(Vd)}} \cong \frac{c_S^{(L)}}{c_S^{(Vd)}} = \frac{k^{(Vd)}}{k^{(L)}} \equiv \text{const}, \qquad (32)$$

wenn man in idealen.verdünnten Lösungen Molenbrüche und Volumenkonzentrationen einander proportional setzt. (32) stellt den bekannten NERNSTschen Verteilungssatz dar; dieser gilt streng nur im Bereich idealer verdünnter Lösungen und setzt außerdem voraus, daß sich der Stoff S in beiden Phasen im gleichen molekularen Zustand befindet. Ist S z. B. in L assoziiert

$$n\, S \rightleftharpoons S_n, \qquad (33)$$

und bedeutet β den Assoziationsgrad, so ist der Molenbruch des nicht assoziierten Anteils $x_S^{(L)} (1 - \beta)$, der des assoziierten Anteils $x_S^{(L)} \beta$, und nach dem Massenwirkungsgesetz gilt

$$\frac{x_S^{(L)} \beta}{\left[x_S^{(L)} (1 - \beta)\right]^n} = K_x. \qquad (34)$$

Dann gilt nach dem HENRYschen Gesetz, wenn nur die Einfachmoleküle praktisch einen Dampfdruck besitzen, unter Benutzung von (34)

$$p_S = k^{(L)} x_S^{(L)} (1 - \beta) = k \sqrt[n]{x_S^{(L)} \beta} = k^{(Vd)} x_S^{(Vd)}$$

oder

$$\frac{\sqrt[n]{x_S^{(L)} \beta}}{x_S^{(Vd)}} = \text{const}. \qquad (35)$$

Ist $\beta \cong 1$, d. h. liegt der Stoff S in L praktisch ausschließlich in Form von S_n vor, so lautet der NERNSTsche Verteilungssatz

$$\frac{\sqrt[n]{x_S^{(L)}}}{x_S^{(Vd)}} = \text{const}. \qquad (36)$$

Ist umgekehrt S in L teilweise dissoziiert (Dissoziationsgrad α), so ist der Molenbruch des undissoziierten Anteils $x_S^{(L)} (1 - \alpha)$, so daß nach HENRY

$$p_S = k^{(L)} x_S^{(L)} (1 - \alpha) = k^{(Vd)} x_S^{(Vd)},$$

oder

$$\frac{x_S^{(L)} (1 - \alpha)}{x_S^{(Vd)}} = \text{const}. \qquad (37)$$

Ist schließlich S in L praktisch vollständig assoziiert, in Vd teilweise dissoziiert, wie etwa Benzoesäure bei der Verteilung zwischen Benzol (L) und Wasser (Vd), so erhält man durch Kombination von (36) und (37)

$$\frac{\sqrt[n]{x_S^{(L)}}}{x_S^{(Vd)}(1-\alpha)} = \text{const}. \tag{38}$$

Bei der vielbenutzten sog. *Gegenstromverteilung*, bei der im Prinzip ein Stoffgemisch durch zwei ineinander weitgehend unlösliche Lösungsmittel im Gegenstrom extrahiert wird, arbeitet man bei so hohen Verdünnungen, daß man die Gültigkeit von (32) voraussetzen und die Verteilungskurven (Verteilung der zu trennenden Stoffe auf die verschiedenen Stufen der Apparatur) mit Hilfe des NERNSTschen Satzes berechnen kann [vgl. z. B. KARLSON und HECKER (*137*), STAMM (*289*)].

1. Systeme mit einer Mischungslücke.

a) Verteilungskurven.

Bei Extraktionen im technischen Maßstab ist die Konzentration von S meistens so groß, daß man nicht mehr mit dem NERNSTschen Verteilungssatz (32) rechnen darf. Trägt man $c_S^{(L)}$ gegen $c_S^{(Vd)}$ bzw. $x_S^{(L)}$ gegen $x_S^{(Vd)}$ auf, so erhält man keine Gerade, sondern eine Kurve, die als *Verteilungskurve* bezeichnet wird. $c_S^{(L)}/c_S^{(Vd)}$ bzw. $x_S^{(L)}/x_S^{(Vd)}$ heißt der *Verteilungskoeffizient* und ist konzentrationsabhängig. Auf Grund der Verteilungskurve bzw. der Verteilungskoeffizienten kann man entscheiden, ob L zur Extraktion von S aus Vd geeignet ist. Ist S mit L bzw. Vd in jedem Verhältnis mischbar, so ergibt sich in der GIBBSschen Dreiecksdarstellung das schon von Abb. 54 her bekannte Bild einer einfachen Mischungslücke der Abb. 117. Die gegenseitige Löslichkeit der beiden Flüssigkeitsphasen nimmt mit steigender Konzentration an S zu, bis schließlich die beiden Äste der Löslichkeitskurve sich im kritischen Punkt *K* zusammenschließen (vgl. S. 204). Zuweilen ist es vorteilhaft, anstelle der Dreieckskoordinaten rechtwinklige Koordinaten zu verwenden, z. B. trägt man nach JÄNECKE (*126*) %L/(%S + %Vd) für beide Phasen gegen %S/(%S + %Vd) auf (vgl. Abb. 118).

Die Konnoden verbinden in beiden Darstellungen koexistente Phasen. Sind die Konnoden bekannt (über ihre experimentelle Festlegung vgl. S. 204), so kann man aus den zusammengehörigen $x_S^{(L)}$ und $x_S^{(Vd)}$-Werten die Verteilungskurve konstruieren. Statt der Molenbrüche kann man natürlich auch die Gewichtsbrüche $g_S^{(L)}$ und $g_S^{(Vd)}$ verwenden, wie es in Abb. 119 geschehen ist. Die Verteilungskurve beginnt im Nullpunkt und endet im kritischen Mischungspunkt auf der 45°-Geraden (vgl. Kurve 3 in Abb. 119). Verläuft die Verteilungskurve oberhalb der 45°-Geraden, so löst sich S bevorzugt in der L-Phase, die Konnoden in Abb. 117 bzw. 118 fallen nach Vd hin ab. Liegt die Verteilungskurve unterhalb der 45°-Geraden,

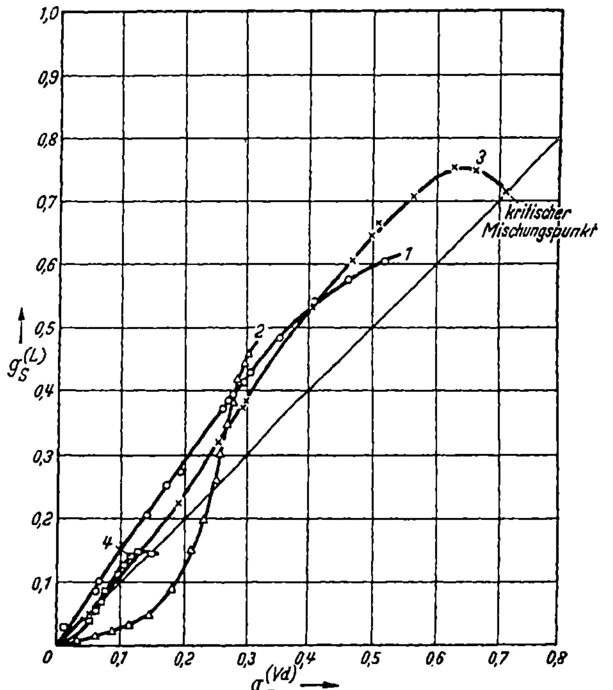

Abb. 117. Ternäres Flüssigkeitssystem mit einfacher Mischungslücke.

Abb. 118. Ternäres Flüssigkeitssystem mit einfacher Mischungslücke in JÄNECKE-Koordinaten.

so löst sich S besser in der Vd-Phase, die Konnoden fallen nach L hin ab. In Abb. 119 sind einige Verteilungskurven bei 25° C nach neueren

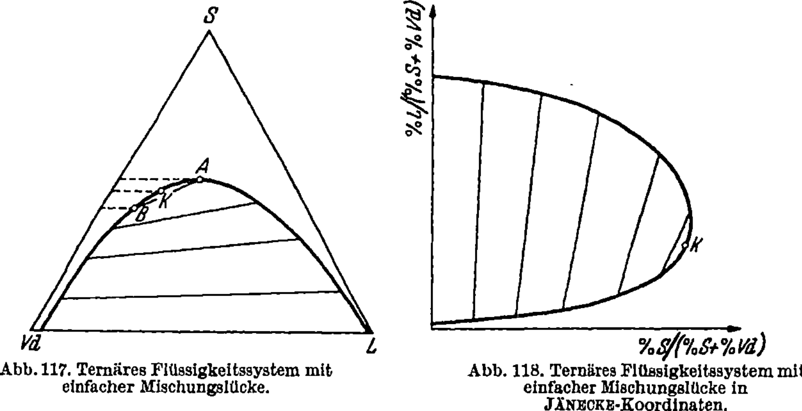

Abb. 119. Verteilungskurven bei 25° C. 1: $H_2O(Vd)$ — 1,1,2-Trichloräthan (L) — Aceton (S) (308); 2: $H_2O(Vd)$ — Benzol (L) — Isopropanol (S) (18); 3: $H_2O(Vd)$ — Benzol (L) — 1,4-Dioxan (S) (208); 4: $H_2O(Vd)$ — n-Butanol (L) — Äthanol (S) (18).

Messungen wiedergegeben. Bei der Kurve 2 wechselt der Verteilungs-koeffizient von Werten < 1 zu Werten > 1. Solche Systeme bezeichnet man als „solutrop" [vgl. SMITH (*281*), der eine Reihe solcher Systeme untersucht hat]. Liegt der kritische Mischungspunkt K nicht zufällig im Maximum der Löslichkeitskurve mit zur Dreiecksseite Vd-L par-alleler Tangente, so geht die Verteilungskurve durch ein Maximum[1].

Der Wert des Verteilungskoeffizienten $x_S^{(L)}/x_S^{(Vd)}$ kann durch Zu-sätze günstig beeinflußt werden. Zum Beispiel wird bei der Extraktion von Formaldehyd mit n-Amylalkohol oder Butylalkohol aus wäßriger Lösung der Verteilungskoeffizient durch Zusatz anorganischer Salze ($NaCl$, Na_2SO_4) erheblich verbessert (*130*). Umfassende Zusammen-stellungen ternärer Systeme mit Mischungslücke, für die Löslichkeits-kurven und wenigstens zwei Konnoden experimentell bestimmt wurden, findet man nebst Literaturangaben bei SMITH (*283*) und ELGIN (*62*).

Die *Temperaturabhängigkeit* der Löslichkeits- und Verteilungskurven kann sehr erheblich sein (vgl. S. 213), jedoch beobachtet man große Unterschiede. Zum Beispiel ändert sich im System n-Propanol-n-Pro-pylacetat-H_2O die Löslichkeitskurve beim Übergang von 20° auf 35° C praktisch nicht, während die Neigung der Konnoden merklich steiler wird. Beim System Toluol (L)-H_2O (Vd)-Diäthylamin (S) nimmt der Verteilungskoeffizient $x_S^{(L)}/x_S^{(Vd)}$ zwischen 20 und 58° C sehr stark zu.

b) Graphische und rechnerische Ermittlung von Konnoden.

Die S. 204 besprochene experimentelle Ermittlung der Löslichkeits-kurve und der Konnoden ist sehr mühsam, so daß insbesondere über letztere in der Regel nur spärliche Angaben vorhanden sind. Man hat deshalb eine Reihe teils graphischer, teils rechnerischer Verfahren aus-gearbeitet, um zwischen bekannten Konnoden verschiedener Neigung zu interpolieren.

Eine von OTHMER (*217*, vgl. auch *307*) angegebene graphische Methode ist in Abb. 120a schematisch dargestellt. $A_1 A_2$, $B_1 B_2$ und $C_1 C_2$ seien experimentell ermittelte Konnoden. Man zieht in A_1, $B_1 C_1$ und D_1 die Parallelen zur Dreiecksseite $S L$, in A_2, B_2, C_2 und D_2 die Parallelen zu $S Vd$ und verbindet die Schnittpunkte durch die sog. „Konjugations-linie" $A BCD$. Von dieser ausgehend kann man auf dem umgekehrten Weg neue Konnoden konstruieren. Die Konjugationslinie muß durch

---

[1] Aus Abb. 117 sieht man unmittelbar, daß $x_S^{(L)}$ im Punkt A größer ist als in K, und daß $x_S^{(Vd)}$ im Punkt B kleiner ist als in K; das bedeutet, daß die Ver-teilungskurve von K aus gegen die Ordinate hin zunächst ansteigen muß (Kurve 3 in Abb. 119). Da sie im Nullpunkt endet, muß sie ein Maximum überschreiten. Fallen die Konnoden gegen L ab, so kann man analog zeigen, daß $x_S^{(Vd)}$ ein Maxi-mum durchlaufen muß.

den kritischen Punkt K gehen, den man auf diese Weise angenähert bestimmen kann.

Zieht man durch A_1, B_1 und C_1 die Parallelen zur Seite Vd L, durch A_2, B_2 und C_2 die Parallelen zu Vd S (Abb. 120 b), so erhält man eine

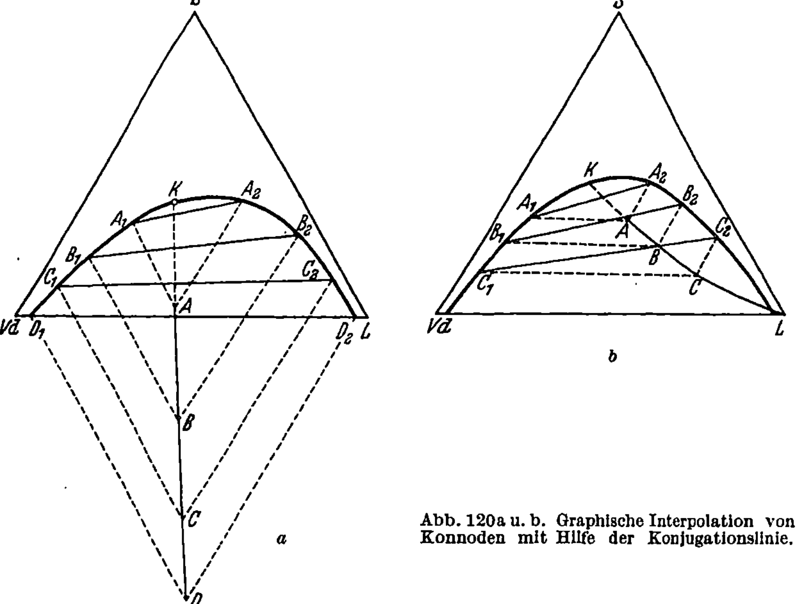

Abb. 120a u. b. Graphische Interpolation von Konnoden mit Hilfe der Konjugationslinie.

stärker gekrümmte Konjugationslinie (*276, 307*), so daß die Interpolation in diesem Fall weniger genau wird.

Rechnerische empirische Interpolationsgleichungen, mit deren Hilfe man aus einer einzigen bekannten Konnode die ganze Verteilungskurve berechnen kann, sind von verschiedenen Autoren entwickelt worden. Am bekanntesten ist die Gleichung von HAND (*106*), nach der

$$\frac{x_S^{(L)}}{x_L^{(L)}} = k \left(\frac{x_S^{(Vd)}}{x_{Vd}^{(Vd)}} \right)^n , \tag{39}$$

wobei k und n empirische Konstanten sind. Trägt man demnach $\log (x_S^{(L)}/x_L^{(L)})$ gegen $\log (x_S^{(Vd)}/x_{Vd}^{(Vd)})$ auf, so sollte man eine Gerade mit der Neigung n erhalten. Ist die Beziehung (39) erfüllt, so kann man auf diese Weise den kritischen Punkt K mit recht guter Genauigkeit ermitteln (*308*). Man trägt im gleichen Koordinatensystem (vgl. Abb. 121) die HANDsche Gerade und die Löslichkeitskurve in Form von $\log (x_S^{(L)}/x_L^{(L)})$ als Funktion von $\log (x_S^{(L)}/x_{Vd}^{(L)})$ (Kurve 1, entsprechend dem einen Ast der Löslichkeitskurve bis zum Punkt K) und von $\log (x_S^{(Vd)}/x_L^{(Vd)})$ als

Funktion von log $(x_S^{(Vd)}/x_{Vd}^{(Vd)})$ (Kurve 2, entsprechend dem zweiten Ast der Löslichkeitskurve) ein. Die Gerade und die beiden Teilkurven müssen sich im kritischen Punkt K schneiden, weil dort die L- und die Vd-Phase identisch werden, so daß in K gilt

$$\frac{x_S^{(L)}}{x_L^{(L)}} = \frac{x_S^{(Vd)}}{x_L^{(Vd)}} \quad \text{und} \quad \frac{x_S^{(Vd)}}{x_{Vd}^{(Vd)}} = \frac{x_S^{(L)}}{x_{Vd}^{(L)}} \,. \tag{40}$$

Nach CAMPBELL (*34*) erhält man Geraden, wenn man einfach log $x_S^{(L)}$ gegen log $x_S^{(Vd)}$ aufträgt, sofern man sich genügend weit vom kritischen Mischungspunkt entfernt befindet.

Trägt man für das System Toluol (L)-Wasser (Vd)-Essigsäure(S) nach BRANCKER und Mitarbeitern (*24*) $x_L^{(L)}$ gegen $x_{Vd}^{(Vd)}$ auf, so erhält man eine Kurve. Indem man die Maßskala der $x_{Vd}^{(Vd)}$-Achse empirisch variiert, gelingt es, eine Gerade zu erhalten. 33 andere Systeme lieferten im gleichen korrigierten Koordinatensystem ebenfalls Geraden.

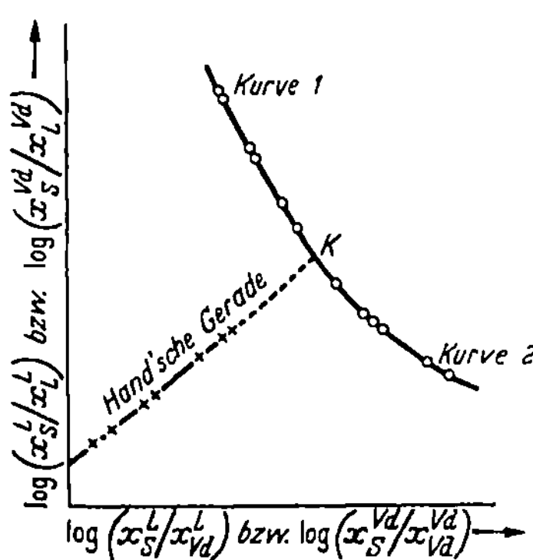

Abb. 121. Extrapolation des kritischen Mischungspunktes.

Nach BACHMANN (*4*) läßt sich die BRANCKERsche Darstellung analytisch ausdrücken durch

$$x_L^{(L)} = a + b \,\frac{x_L^{(L)}}{x_{Vd}^{(Vd)}}\,, \tag{41}$$

so daß man also beim Auftragen von $x_L^{(L)}$ gegen $x_L^{(L)}/x_{Vd}^{(Vd)}$ in normalen Koordinaten eine Gerade erhält.

Für die Systeme Äthylenglykol—n-Amylalkohol—H$_2$O und Äthylenglykol—n-Hexanol—H$_2$O lassen sich die experimentell gefundenen Löslichkeitsverhältnisse sowohl nach HAND, wie nach CAMPBELL und BACHMANN mit guter Näherung wiedergeben (*169*). Die Gültigkeit der HANDschen Gleichung wurde von TREYBAL (*307,308*) an 60 verschiedenen Systemen nachgewiesen. Verläuft die Löslichkeitskurve annähernd symmetrisch (Löslichkeit von L in Vd und Vd in L ähnlich groß für jedes x_S), so ist in Gl. (39) $n \cong 1$, so daß die Neigung der HANDschen Geraden etwa 45° beträgt (*5*).

Nach OTHMER (*219*) gilt

$$\log \frac{1 - x_L^{(L)}}{x_L^{(L)}} = k \cdot \log \frac{1 - x_{Vd}^{(L)}}{x_{Vd}^{(L)}} + k'\,, \tag{42}$$

und zwar auch noch dann, wenn L- und Vd-Phase erheblich ineinander löslich sind. Die Gleichung hat sich bei zahlreichen Systemen als brauchbar erwiesen (*220, 307*). Im allgemeinen gelten die HANDsche und die OTHMERsche Gleichung bis in die Nähe des kritischen Mischungspunktes, während die übrigen Gleichungen dort gewöhnlich versagen. Bei solutropen Systemen (S. 343) versagen alle diese empirischen Methoden.

c) Voraussagen auf Grund von Aktivitätskoeffizienten.

Da nach (VI, 95) die Aktivitäten aller Stoffe in den koexistenten Phasen gleich sein müssen, kann man bei Kenntnis der Aktivitätskoeffizienten im gesamten ternären System die Konnoden aus der experimentell ermittelten Löslichkeitskurve unmittelbar angeben. Da in der Regel die f_i-Werte in ternären Systemen nicht experimentell bestimmt sind, ist man meistens darauf angewiesen, sie nach den in Kapitel IV beschriebenen Methoden aus den f_i-Werten der zugehörigen drei binären Systeme zu errechnen und die dadurch bedingten Unsicherheiten in Kauf zu nehmen, falls nicht wenigstens einige gesicherte experimentelle Werte für das ternäre System vorliegen, die man zur Berechnung der „ternären Konstanten" z. B. in Gl. (IV, 156) verwenden kann. .

Sind durch Messung oder Rechnung einige Aktivitätswerte im ternären System bekannt, so verfährt man am besten folgendermaßen:

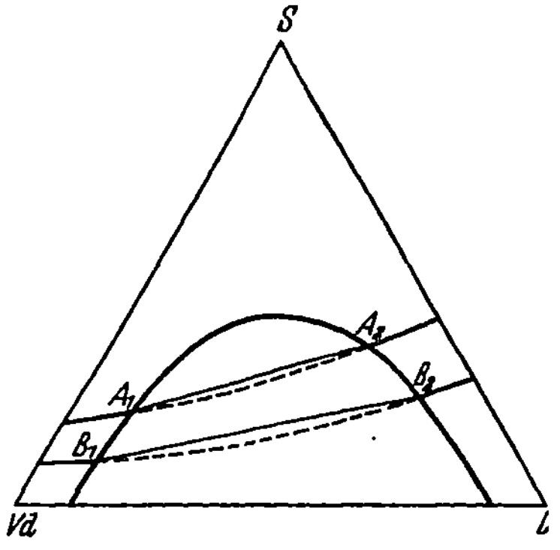

Man trägt die Löslichkeitskurve in das GIBBsches Dreieck ein und konstruiert aus den ermittelten Aktivitäten von S im binären $S\,Vd$- und $S\,L$-System sowie im homogenen ternären System Kurven konstanter a_S-Werte, analog wie etwa in Abb. 44. Wenn diese Kurven die Löslichkeitskurve in zwei Punkten schneiden, z. B. in A_1 und A_2 oder in B_1 und B_2 (Abb. 122), so sind die Geraden $A_1 A_2$ bzw. $B_1 B_2$ offenbar Konnoden koexistenter Phasen, während die gestrichelten (theoretischen) Kurven konstanter a_S-Werte für ein homogenes System ohne Entmischung gelten würden.

Abb. 122. Ermittlung der Konnoden aus Kurven konstanter a_S-Werte.

Sind nur die Aktivitätskoeffizienten in den binären Systemen bekannt, so lassen sich aus ihnen allein gewisse Schlüsse auf die Verteilungskurve ziehen, wenn die beiden Lösungsmittel L und Vd praktisch unlöslich ineinander sind, und wenn diese Unlöslichkeit auch bei Gegenwart beträchtlicher Mengen S erhalten bleibt. In diesem Fall kann man das Gesamtsystem wie zwei im Gleichgewicht miteinander befindliche binäre Systeme behandeln, und es interessiert wieder lediglich die Aktivität des gelösten Stoffes in diesen beiden Phasen.

Sind zwei Flüssigkeiten ineinander praktisch unlöslich, so zeigen sie außerordentlich große Abweichungen vom RAOULTschen Gesetz. Daher wird in der Regel auch der Aktivitätskoeffizient des gelösten Stoffes in den beiden Lösungsmitteln sehr verschiedene Werte besitzen. Trägt man nun nach HILDEBRAND (*115*) in das gleiche Koordinatensystem die Aktivitäten $a_{\mathrm{S}}^{(\mathrm{L})}$ im S, L-System und $a_{\mathrm{S}}^{(\mathrm{Vd})}$ im S, Vd-System gegen den Molenbruch x_{S} auf, so erhält man zwei Kurven (Abb. 123). Sofern sich L und Vd praktisch nicht ineinander lösen, sind die Aktivitäten a_{S} im ternären System mit den Aktivitäten a_{S} in den gleichkonzentrierten binären Systemen identisch. Man kann daher die zusammengehörigen $x_{\mathrm{S}}^{(\mathrm{L})}$- und $x_{\mathrm{S}}^{(\mathrm{Vd})}$-Werte unmittelbar aus der Abbildung ablesen.

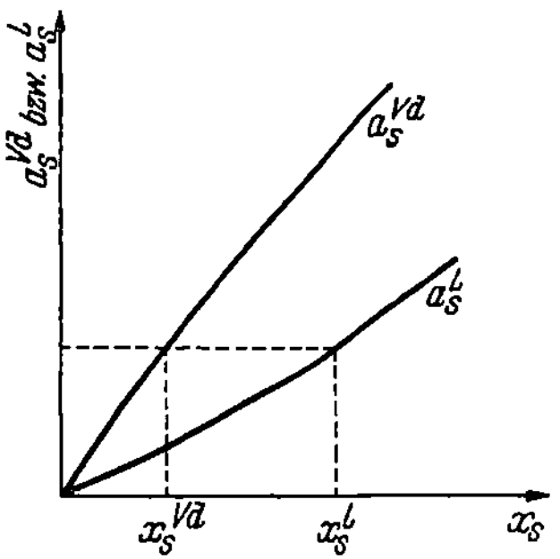

Abb. 123. Ermittlung der Verteilungskurve aus den Aktivitäten im binären S, Vd- und S, L-System (nach HILDEBRAND).

Sind L und Vd nur ohne Anwesenheit von S weitgehend unlöslich ineinander (d. h. nimmt ihre Mischbarkeit mit steigendem Gehalt an S merklich zu, wie es meistens der Fall ist), so kann man aus den Endwerten der Aktivitätskoeffizienten von S in den binären Systemen S Vd und SL die anfängliche Neigung der Verteilungskurve voraussagen (*306*). Diese Neigung ist ein erster Anhaltspunkt für die Brauchbarkeit eines Lösungsmittels für die Extraktion. Bezeichnet man die Endwerte der (log *f*)-Kurven von S in SL und S Vd mit A_{SL} bzw. A_{SVd} (vgl. S. 147), so gilt auch für die beiden Enden der Löslichkeitskurve annähernd

$$\lim_{x_{\mathrm{S}} \to 0} \log f_{\mathrm{S}}^{(\mathrm{L})} = A_{\mathrm{SL}} \quad \text{und} \quad \lim_{x_{\mathrm{S}} \to 0} \log f_{\mathrm{S}}^{(\mathrm{Vd})} = A_{\mathrm{SVd}}. \tag{43}$$

Da für die im Gleichgewicht befindlichen Phasen $a_{\mathrm{S}}^{(\mathrm{L})} = a_{\mathrm{S}}^{(\mathrm{Vd})}$, erhält man mit $a = f\,x$

$$\lim_{x_{\mathrm{S}} \to 0} \log \frac{x_{\mathrm{S}}^{(\mathrm{L})}}{x_{\mathrm{S}}^{(\mathrm{Vd})}} = A_{\mathrm{SVd}} - A_{\mathrm{SL}}. \tag{44}$$

Daraus ergibt sich für die Anfangsneigung tg β der Verteilungskurve

$$\log \operatorname{tg} \beta = \lim_{x_{\mathrm{S}} \to 0} \log \frac{x_{\mathrm{S}}^{(\mathrm{L})}}{x_{\mathrm{S}}^{(\mathrm{Vd})}} = A_{\mathrm{SVd}} - A_{\mathrm{SL}}. \tag{45}$$

Ist $A_{\mathrm{SVd}} > A_{\mathrm{SL}}$, so ist $\beta > 45°$, die Verteilungskurve liegt jedenfalls bei kleinen x_{S}-Werten oberhalb der 45°-Geraden. Macht man die häufig zulässige Annahme, daß in der HANDschen Gleichung (39) $n = 1$, so folgt (für $x_{\mathrm{L}}^{(\mathrm{L})} \to 1$ und $x_{\mathrm{Vd}}^{(\mathrm{Vd})} \to 1$):

$$\lim_{x_{\mathrm{S}} \to 0} \frac{x_{\mathrm{S}}^{(\mathrm{L})}}{x_{\mathrm{S}}^{(\mathrm{Vd})}} = k.$$

Mit (45) ergibt sich daraus für k

$$\log k = A_{S\,Vd} - A_{SL},\qquad(46)$$

so daß man aus der Löslichkeitskurve die Verteilungskurve nach (39) berechnen kann.

Stehen auf Grund von Verteilungskurven mehrere brauchbare Lösungsmittel L zur Extraktion einer gegebenen Lösung von S in Vd zur Verfügung, so empfiehlt es sich (*217, 220*), sog. „Konzentrationskurven" zu konstruieren, indem man $x_S^{(L)}/(x_S^{(L)} + x_{Vd}^{(L)})$ gegen $x_S^{(Vd)}/(x_S^{(Vd)} + x_{Vd}^{(Vd)})$ (also die Molenbrüche von S auf lösungsmittelfreier Basis) aufträgt. Je höher die Konzentrationskurve liegt, um so stärker wird S relativ zu Vd durch die Extraktion angereichert. In Abb. 124 sind als Beispiel die Konzentrationskurven für die Extraktion von Aceton aus Wasser mit Tetrachloräthan bzw. Methylisobutylketon dargestellt (*217*). Beide Lösungsmittel haben praktisch dieselbe Verteilungskurve, auf Grund der Konzentrationskurven ist aber Tetrachloräthan vorzuziehen.

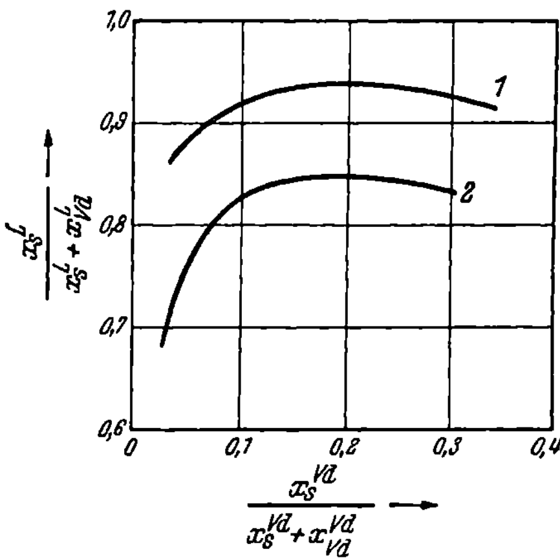

Abb. 124. Konzentrationskurven in den Systemen
1: Tetrachloräthan (L)—H$_2$O (Vd)—Aceton (S);
2: Methylisobutylketon (L)—H$_2$O(Vd)—Aceton (S).

2. Systeme mit zwei Mischungslücken.

Bei Systemen mit zwei Mischungslücken und entsprechend zwei getrennten Löslichkeitskurven (Abb. 125) kann man ebenso wie bei den bisher besprochenen Systemen mit einer Löslichkeitskurve die *Verteilungskurve* (Abb. 126) und die *Konzentrationskurve* (Abb. 127) konstruieren. Der Endpunkt A der Verteilungskurve gibt die gegenseitige Löslichkeit im *binären* System S L wieder. Die Verteilungskurve ist jedoch in diesem Fall von geringem Nutzen, denn sie gibt keinen Aufschluß über die Trennbarkeit von S und Vd durch Extraktion mit L. Die Konzentrationskurve dagegen besagt, daß die Konzentration von S relativ zu Vd in der L-Phase über die ganze Mischungslücke größer als in der Vd-Phase ist. Man entnimmt dies auch schon der immer gleichgerichteten Neigung der Konnoden in Abb. 125 in bezug auf die gestrichelten von L ausgehenden Geraden, auf denen das Verhältnis x_{Vd}/x_S konstant ist. Ein Maß für diese Neigung ist die *Selektivität* oder *relative Löslichkeit* β, die analog zur relativen Flüchtigkeit α (vgl. S. 136) definiert ist durch[1]

$$\beta \equiv \frac{x_{\mathrm{S}}^{(\mathrm{L})}/\,x_{\mathrm{Vd}}^{(\mathrm{L})}}{x_{\mathrm{S}}^{(\mathrm{Vd})}/\,x_{\mathrm{Vd}}^{(\mathrm{Vd})}}\,. \tag{47}$$

Sie wird in erster Linie zur Beurteilung eines Extraktionsmittels in solchen Systemen herangezogen. Gehen die verlängerten Konnoden durch L, so ist $\beta = 1$, sind sie relativ zu den von L ausgehenden Geraden

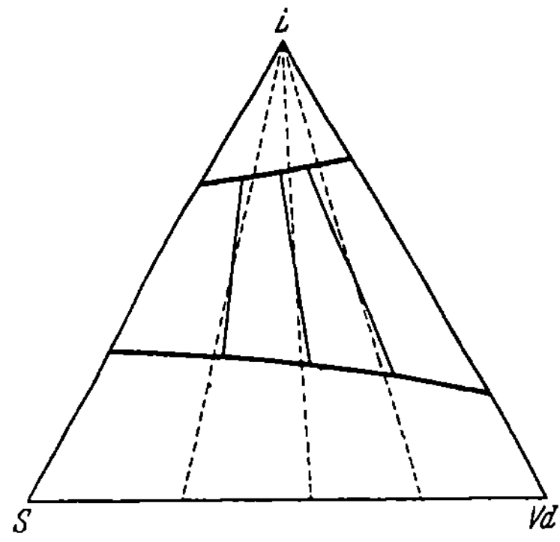

Abb. 125. Ternäres Flüssigkeitssystem mit
2 Mischungslücken.

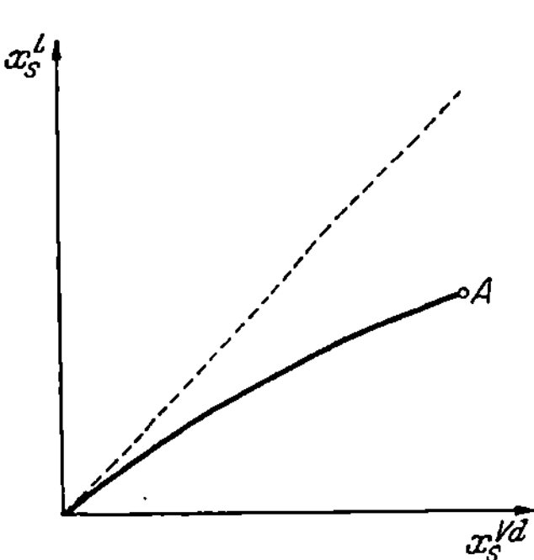

Abb. 126. Verteilungskurve in einem System
mit 2 Mischungslücken.

nach links geneigt, so ist $\beta > 1$, sind sie nach rechts geneigt, ist $\beta < 1$. Eine Trennung von S und Vd durch Extraktion mit L ist immer dann möglich, wenn β über den ganzen Konzentrationsbereich größer (oder kleiner) als 1 ist.

Da die Aktivitäten in den im Gleichgewicht befindlichen Phasen gleich sein müssen, ist

$$x_{\mathrm{S}}^{(\mathrm{L})}\,f_{\mathrm{S}}^{(\mathrm{L})} = x_{\mathrm{S}}^{(\mathrm{Vd})}\,f_{\mathrm{S}}^{(\mathrm{Vd})}$$

$$x_{\mathrm{Vd}}^{(\mathrm{L})}\,f_{\mathrm{Vd}}^{(\mathrm{L})} = x_{\mathrm{Vd}}^{(\mathrm{Vd})}\,f_{\mathrm{Vd}}^{(\mathrm{Vd})}\,.$$

Anstelle von (47) kann man deshalb auch schreiben

$$\beta = \frac{f_{\mathrm{S}}^{(\mathrm{Vd})}/\,f_{\mathrm{Vd}}^{(\mathrm{Vd})}}{f_{\mathrm{S}}^{(\mathrm{L})}/\,f_{\mathrm{Vd}}^{(\mathrm{L})}}\,. \tag{48}$$

Bisher sind nur wenig Systeme mit zwei Mischungslücken untersucht worden (*49, 123, 214, 314*). Sie bestehen sämtlich aus zwei Kohlenwasserstoffen und einem Lösungsmittel. Zum Beispiel ist im System Methylcyclohexan—n-Heptan—Anilin (L) (*314*) β im ganzen Entmischungsbereich weitgehend konstant (β variiert zwischen 1,7 und 2,0). Dies gilt

---

[1] Über thermodynamische Beziehungen zwischen α und β vgl. Hibshman (*117*).

nach Brown (*29*) auch für das System Cyclohexan—n-Heptan—Anilin (L) (*123*) und Methylcyclohexan—n-Hexan—Anilin (L) (*49*), jedoch ist diese Regel nicht allgemein gültig.

Die Bachmannsche Gleichung (41) kann bei richtiger Wahl der Molenbrüche auch auf Systeme mit zwei Mischungslücken angewendet werden (*29*). Im System Cetan-Cyclohexan-Anilin (L) erhält man z. B. eine Gerade, wenn man $x_{\text{Cetan}}^{(KW)}/x_L^{(L)}$ gegen $x_{\text{Cenat}}^{(KW)}$ aufträgt. Bei dem geringen experimentellen Material an Messungen in Systemen mit zwei Mischungslücken ist es vorläufig nicht möglich, derartige Regeln auf ihre allgemeine Brauchbarkeit nachzuprüfen.

Man kann ferner zwei Stoffe S_1 und S_2 auch mit *zwei* Lösungsmitteln L_1 und L_2 extrahieren, wobei L_1 und L_2 möglichst wenig ineinander löslich sein sollen.

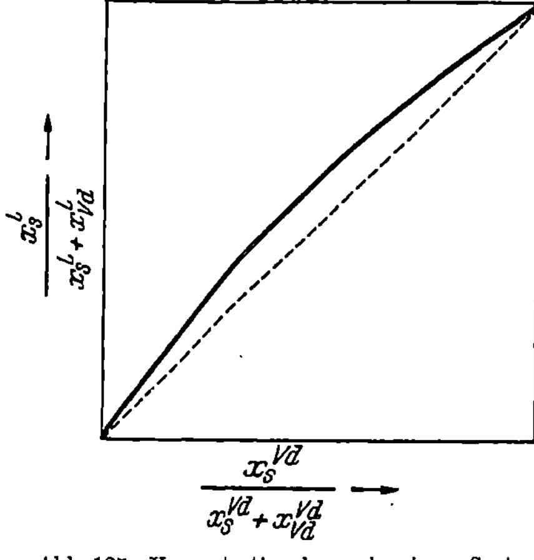

Abb. 127. Konzentrationskurve in einem System mit 2 Mischungslücken.

Man muß deshalb auch die Konzentration der zu extrahierenden Stoffe niedrig halten, d. h. mit viel L_1 und L_2 arbeiten, damit die gegenseitige Löslichkeit von L_1 und L_2 nicht zu sehr anwächst. Die Selektivität β ist hier definiert durch

$$\beta \equiv \frac{x_{S_1}^{(L_1)}/x_{L_2}^{(L_1)}}{x_{S_1}^{(L_2)}/x_{S_2}^{(L_2)}},$$

sie muß wieder von 1 verschieden sein. Die Methode wurde ursprünglich von Jantzen (*128*) entwickelt. In (49) kann man ebenso wie in (47) die Aktivitätskoeffizienten einführen:

$$\beta = \frac{f_{S_1}^{(L_2)}/f_{S_2}^{(L_2)}}{f_{S_1}^{(L_1)}/f_{S_2}^{(L_1)}}.\tag{50}$$

Eine Abschätzung der Aktivitätskoeffizienten in quaternären Systemen ist allerdings nur unter vereinfachenden Annahmen möglich (vgl. auch S. 191).

3. Auswahl des Lösungsmittels.

Für die *Auswahl eines geeigneten Lösungsmittels* zur Extraktion gelten ähnliche Gesichtspunkte wie bei der Auswahl einer Zusatzkomponente zur azeotropen oder extraktiven Destillation. Das Extraktionsmittel L soll gegenüber dem gelösten Stoff S möglichst starke, gegenüber dem

Verdünnungsmittel Vd möglichst geringe zwischenmolekulare Wechselwirkungskräfte besitzen, so daß sich die S. 325 besprochene Klasseneinteilung der Flüssigkeiten nach ihrem Vermögen zur Wasserstoffbrückenbindung auch bei der Suche nach geeigneten Extraktionsmitteln bewährt. So sollte z. B. zur Extraktion von Methyläthylketon (Klasse III) aus Wasser (Klasse I) ein Stoff der Klasse IV geeignet sein, denn zwischen Molekeln der Klassen III und IV sind stärkere Anziehungskräfte wirksam als zwischen Molekeln der Klassen I und IV. Tatsächlich haben sich für diesen Fall chlorierte Kohlenwasserstoffe (Trichloräthan u. a.) als gute Extraktionsmittel erwiesen (*204*).

Ein rohes Maß für die Brauchbarkeit eines Lösungsmittels ist auch hier seine *kritische Lösungstemperatur* mit dem zu extrahierenden Stoff und mit dem Verdünnungsmittel (vgl. S. 335); erstere muß möglichst tief, letztere möglichst hoch liegen. Dabei ist allerdings zu berücksichtigen (vgl. S. 199), daß die Mischungswärme stark temperaturabhängig sein kann, und daß die Löslichkeitskurven binärer Systeme (vgl. Abb. 51) meistens unsymmetrisch sind. Einigermaßen zuverlässig sind die kritischen Lösungstemperaturen deshalb nur bei annähernd „regulären" Mischungen (*61*); (vgl. auch S. 197). In einer neueren Literaturzusammenstellung (*75*) sind die kritischen Lösungstemperaturen von Kohlenwasserstoffen mit verschiedenen als Extraktionsmittel in Frage kommenden Flüssigkeiten angegeben, wobei auch der Einfluß von Substituenten in beiden Komponenten systematisch untersucht wurde. Besonders Anilin hat sich häufig als selektives Extraktionsmittel bewährt (vgl. auch *56, 118*). Eine Gegenüberstellung von Daten (*217*), die aus Verteilungsmessungen einerseits und kritischen Lösungstemperaturen andererseits ermittelt wurden, zeigt, daß man aus den letzteren im allgemeinen qualitativ richtige Schlüsse ziehen kann.

Weitere Forderungen, die an ein gutes Extraktionsmittel gestellt werden müssen, sind etwa die folgenden: Es muß sich leicht vom extrahierten Stoff S abtrennen lassen. Gewöhnlich braucht man relativ zu S große Lösungsmittelmengen zur Extraktion. Es ist daher für eine Trennung durch Rektifikation billiger, wenn man S von L abdestillieren kann d. h. wenn S leichter flüchtig ist als L. Die Dichte der L- und der Vd-Phase muß genügend verschieden sein, damit die Phasen sich rasch trennen. L- und Vd-Phase dürfen vor allem keine stabilen Emulsionen bilden, d. h. die Grenzflächenspannung zwischen beiden muß genügend groß sein. Andererseits darf sie nicht zu groß sein, da sonst keine genügend gute Durchmischung der beiden Phasen möglich ist.

4. Verschiedene Extraktionsverfahren.

Zur Unterscheidung der verschiedenen, in der Praxis gebräuchlichen Extraktionsverfahren kann man die Analogie zu den Destillationsverfahren heranziehen (*307*). Bei Destillationsprozessen stellt man durch Zuführung von Wärme zwei Phasen her, in denen die relative Konzentration der beiden Stoffe verschieden ist, und trennt dann diese Phasen (durch Entfernung und Kondensation des Dampfes) voneinander. Bei Extraktionsprozessen bildet man durch Zugabe eines möglichst wenig löslichen Extraktionsmittels ebenfalls zwei Phasen, auf die sich die zu trennenden Stoffe verschieden verteilen, und trennt diese Phasen nachträglich wieder voneinander. Die bei der Destillation üblichen Verfahren haben demnach ihre vollkommene Analogie bei der Extraktion. Auf die wichtigsten dieser Verfahren gehen wir hier kurz ein, eine ausführliche Darstellung gibt z. B. TREYBAL (*307*).

Dem „theoretischen Boden" einer Destillationskolonne (vgl. S. 302) entspricht bei der Extraktion die „*ideale Stufe*". Sie ist dadurch charakterisiert, daß jeder Kontakt der beiden flüssigen Phasen so eng ist, und so lange dauert, daß sich Gleichgewicht einstellt. Diese stufenweise Extraktion kann in verschiedener Weise durchgeführt werden, je nach der Anordnung der Stufen. Man unterscheidet:

1. *Differentielle Extraktion.* Dabei wird eine gegebene Menge der zu trennenden Mischung nacheinander mit sehr kleinen (differentiellen) Mengen des Lösungsmittels extrahiert, und jedesmal der sog. „Extrakt" von dem „Raffinat" abgetrennt. Diese Methode entspricht der „fraktionierten Destillation" und hat keine große praktische Bedeutung.

2. *Mehrfache Gleichstromextraktion.* Die Mischung wird in mehreren Stufen mit frischem Extraktionsmittel versetzt, was bei unendlicher Zahl von Stufen der differentiellen Extraktion entspricht. Das Verfahren kann sowohl diskontinuierlich wie kontinuierlich durchgeführt werden.

3. *Mehrfache Gegenstromextraktion.* Diese Methode benutzt eine Reihe kaskadenförmig angeordneter Stufen, wobei Lösung und Extraktionsmittel an entgegengesetzten Enden der Kaskade eintreten, d. h. „Extrakt" und „Raffinat" bewegen sich in entgegengesetzter Richtung; sie arbeitet naturgemäß kontinuierlich.

4. *Mehrfache Gegenstromextraktion mit Rückfluß.* Dieses Verfahren entspricht weitgehend der Rektifikation. Das zu trennende Gemisch wird etwa in der Mitte, das Extraktionsmittel an einem Ende der Kaskade zugeführt. „Extrakt" und Raffinat fließen im Gegenstrom, wobei Rückfluß an einem oder an beiden Enden der Kaskade vorgesehen werden kann.

a) Mehrstufige Gleichstromextraktion.

Im folgenden ist stets angenommen, daß „ideale" Extraktionsstufen vorliegen, daß also bei jedem Kontakt Gleichgewicht erreicht wird. Bei der Gleichstromextraktion von *Systemen mit einer Mischungslücke* wird ein aus S und Vd bestehendes Gemisch F durch intensives Schütteln mit L extrahiert. Nach Trennung der Phasen wird die Vd-Phase (das Raffinat R_1) erneut mit L durchgeschüttelt. Man setzt die Extraktion nach diesem Prinzip solange fort, bis der gewünschte Extraktionsgrad erreicht ist (vgl. Abb. 128). Die Extrakte E_1, E_2 E_3 usw. werden gewöhnlich gemeinsam aufgearbeitet.

Im einfachsten Fall ist bei relativ kleinen Konzentrationen von S das Lösungsmittel in der Vd-Phase und das Verdünnungsmittel in der

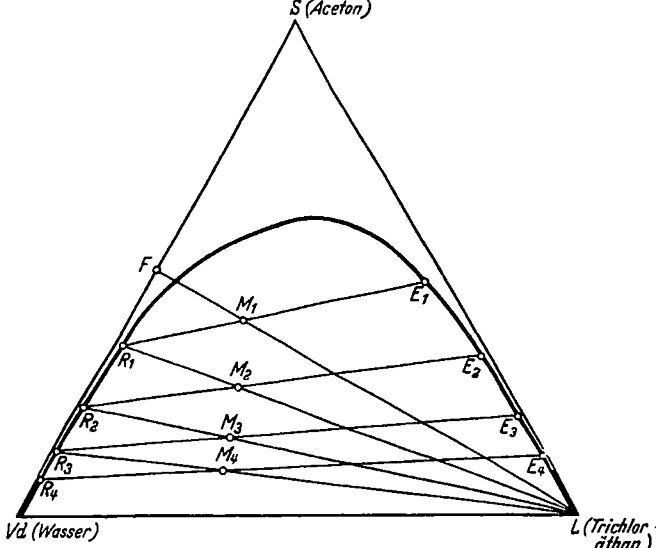

Abb. 128. Mehrstufige Gleichstromextraktion von Aceton (S) aus Wasser (Vd) mittels Trichloräthan (L).

L-Phase praktisch unlöslich. Geht man von einem Gemisch F aus m Molen Vd mit y_0 Molen S pro Mol Vd aus und extrahiert es mit n Molen L, so ergibt sich aus der Massenbilanz

$$m\,y_0 = n\,z_1 + m\,y_1, \tag{51}$$

wenn die L-Phase nach der Extraktion z_1 Mole S pro Mol L und die Vd-Phase noch y_1 Mole S pro Mol Vd enthält. Trägt man die Verteilungskurve so auf, daß man anstelle der Molenbrüche $x_S^{(L)}$ und $x_S^{(Vd)}$ die oben definierten y und z verwendet (bei kleinen Molenbrüchen decken sich beide Kurven praktisch), so kann man y_1 und z_1 graphisch ermitteln (vgl. Abb. 129). Aus Gl. (51) ergibt sich

$$z_1/(y_0 - y_1) = m/n.$$

Zieht man demnach von y_0 aus eine Gerade mit der Neigung $- m/n$, so schneidet sie die Kurve in einem Punkt, der z_1 und y_1 entspricht,

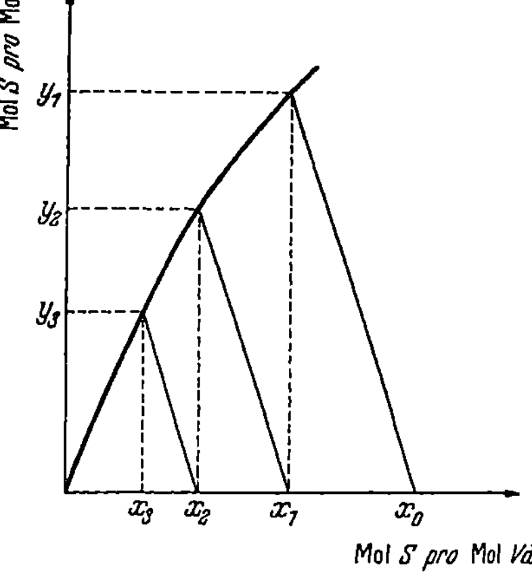

Abb. 129. Graphische Verfolgung einer mehrstufigen Gleichstromextraktion.

wie man unmittelbar der Abbildung entnimmt. Extrahiert man das Raffinat R_1 in der zweiten Stufe wieder mit n Molen L, so erhält man analog z_2 und y_2 usw. Man kann also aus Abb. 129 ablesen, wieviel Stufen man braucht, um eine bestimmte Konzentration y im Raffinat zu erreichen. Gehorcht die Verteilung dem idealen NERNSTschen Verteilungssatz (32) mit $z/y = k$, so ergibt sich für die Konzentration y_i von S im Raffinat R_i nach i Extraktionsstufen (311)

$$y_i = \frac{y_0}{\left(k\,\dfrac{n}{m} + 1\right)^i}, \qquad (52)$$

wobei vorausgesetzt ist, daß man in jeder Stufe gleiche Mengen n des Lösungsmittels L benutzt.

Aus (52) folgt, daß bei gegebener Gesamtmenge des Lösungsmittels L die extrahierte Menge von S um so größer, d. h. y_i um so kleiner sein muß, je größer i ist. Außerdem ist gleichmäßige Verteilung von L auf die einzelnen Stufen wirkungsvoller als ungleichmäßige (311). Jedoch hat es keinen Sinn, die Zahl der Stufen unbegrenzt zu erhöhen, denn bei gegebener Gesamtmenge n_0 von L nähert sich mit wachsendem i die Konzentration y_i des Raffinats nicht der Grenze Null, sondern es wird (66)

$$\lim_{i \to \infty} \frac{y_i}{y_0} = e^{-k n_0 / m} . \qquad (53)$$

Im allgemeinen werden bei gegebener Gesamtmenge n_0 von L wenigstens 94% der maximal möglichen Extraktion bereits mit 5 Stufen erreicht (66, 275).

Kann man die gegenseitige Löslichkeit von L und Vd nicht vernachlässigen, so muß man zur Verfolgung der stufenweisen Extraktion das Dreieckdiagramm heranziehen. Wird eine Mischung F (Abb. 130) mit L extrahiert, so ergibt sich die mittlere Zusammensetzung M beider Phasen aus den angewandten Mengen von F und L (vgl. S. 7). Aus der Konnode durch M erhält man die Zusammensetzung und die Menge des Extraktes E und des Raffinats R. Die relative Anreicherung von S/Vd im Extrakt durch eine solche einstufige Extraktion kann man direkt ablesen, wenn man LE bis zum Schnitt mit VdS in G verlängert. G ist die Zusammensetzung des Rückstandes nach Entfernung des Lösungsmittels aus dem Extrakt E. Entsprechend gibt H die Zusammensetzung des lösungsmittelfreien Raffinats an. Bei mehreren Stufen wird entsprechend aus der Menge von R und der neuen Lösungsmittelmenge die Mischung M', und an Hand der Konnode durch M' Zusammensetzung und Menge des zweiten Extraktes E' und des zweiten Raffinats R' ermittelt usw.

Bei *Systemen mit zwei Mischungslücken* kann man bei Kenntnis der Konnoden den Gang der Extraktion auf ganz analoge Weise verfolgen

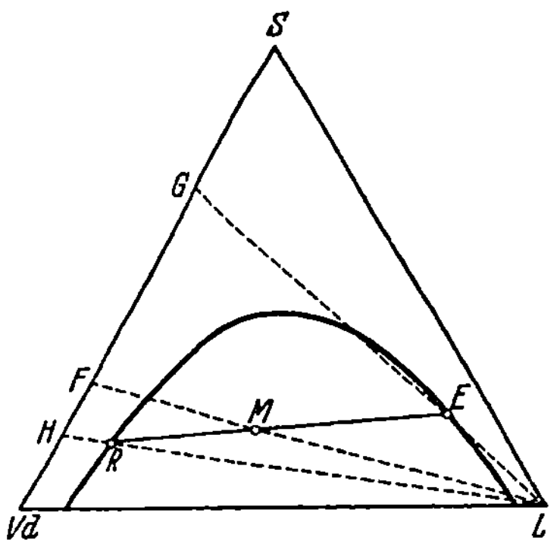

Abb. 130. Einstufige Extraktion bei relativ hoher gegenseitiger Löslichkeit von L und Vd.

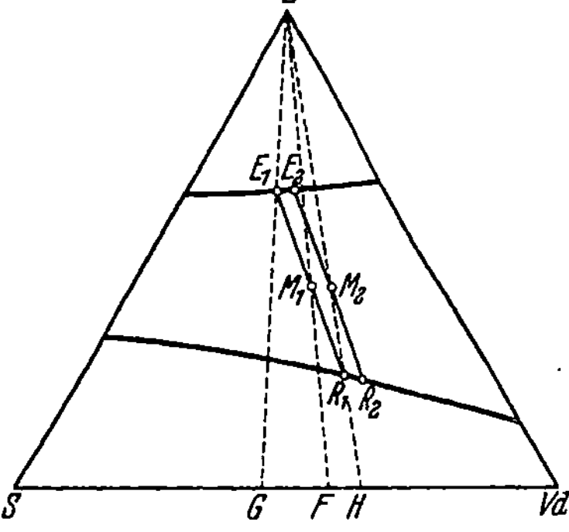

Abb. 131. Zweistufige Gleichstromextraktion in einem System mit 2 Mischungslücken.

(vgl. Abb. 131). F ist das Ausgangsgemisch, M_1 gibt die mittlere Zusammensetzung der Gesamtmischung aus F und der ersten zugefügten Lösungsmittelmenge (L), E_1 und R_1 die Zusammensetzung des ersten Extraktes bzw. Raffinates an. Letzteres wird mit einer zweiten Menge Lösungsmittel gemischt (mittlere Zusammensetzung M_2), M_2 trennt sich in E_2 und R_2 usw. G und H geben die Zusammensetzung von E_1 und R_1 nach Abtrennung des Lösungsmittels an. In dem in Abb. 131 dargestellten Beispiel wird S im Extrakt und Vd im Raffinat angereichert.

b) Gegenstromextraktion.

Bei der Gegenstromextraktion läßt man die zu extrahierende Lösung F und das Lösungsmittel L gegeneinander strömen, entweder stufenweise oder kontinuierlich. Eine stufenweise Gegenstromextraktion ist in Abb. 132 schematisch dargestellt. Die L-Phase ist in diesem Fall spezifisch leichter als die Vd-Phase. Das Ausgangsgemisch wird in der ersten Stufe mit Extrakt E_2, der schon relativ angereichert an dem zu extrahierenden Stoff S ist, geschüttelt. Nach Trennung der Phasen erhält man den endgültigen Extrakt E_1 und das Raffinat R_1. Letzteres wird in der zweiten Stufe mit E_3 geschüttelt, nach Trennung der Phasen geht der Extrakt E_2 zur ersten Stufe, das Raffinat R_2 zur dritten Stufe, in der es mit frischem Lösungsmittel extrahiert wird. Man erhält so den Extrakt E_3, der in die zweite Stufe geht und das endgültige Raffinat R_3. Im ternären Diagramm entspricht der Abb. 132 die Abb. 133.

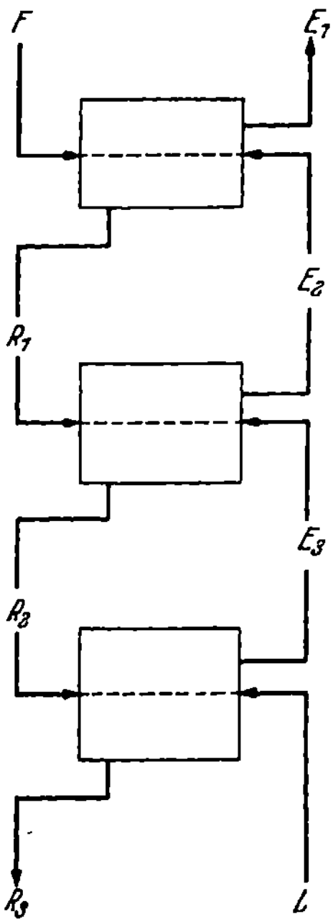

Ist L die insgesamt aufgewendete Menge Lösungsmittelmenge und F die extrahierte Menge des Ausgangsgemisches, so gilt (vgl. Abb. 132 u. 133):

$$F + L = E_1 + R_3 = M.$$

Dafür kann man auch schreiben

$$F - E_1 = R_3 - L = Q.$$

Das bedeutet geometrisch, daß die Verlängerungen von FE_1 und R_3L sich in Q schneiden (124). Dieselben Überlegungen gelten für jede einzelne Stufe, es ist also

$$F + E_2 = R_1 + E_1 \quad \text{oder} \quad F - E_1 = R_1 - E_2 = Q$$
$$R_1 + E_3 = R_2 + E_2 \quad \text{oder} \quad R_1 - E_2 = R_2 - E_3 = Q$$
$$R_2 + L = R_3 + E_3 \quad \text{oder} \quad R_2 - E_3 = R_3 - L = Q.$$

Alle Geraden FE_1, R_1E_2, R_2E_3 und R_3L müssen durch den Punkt Q gehen. Die Lage des Punktes Q hängt von der Menge F und L sowie von der Neigung der Konnoden ab, er kann sich auch auf der L-Seite befinden.

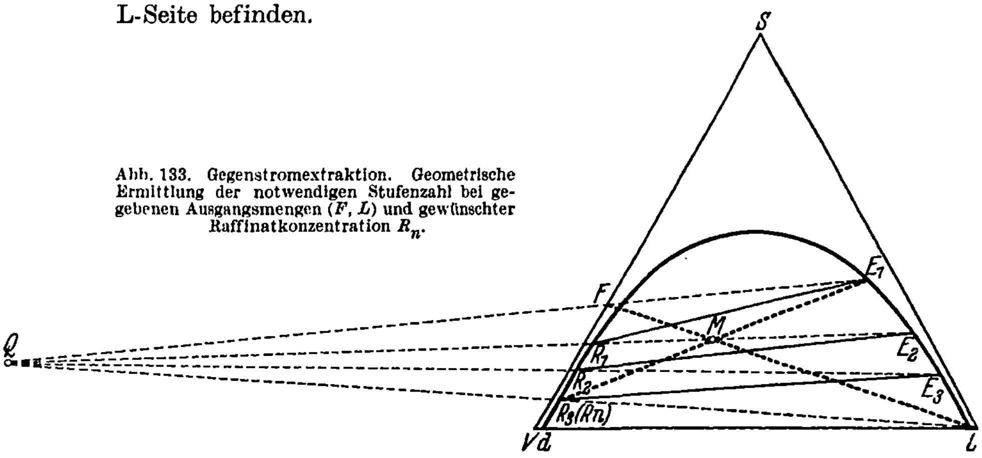

Abb. 132. Dreistufige Gegenstromextraktion.

Abb. 133. Gegenstromextraktion. Geometrische Ermittlung der notwendigen Stufenzahl bei gegebenen Ausgangsmengen (F, L) und gewünschter Raffinatkonzentration R_n.

Die notwendige *Stufenzahl* läßt sich mit Hilfe des „Operationspunktes" Q, der Löslichkeitskurven und der Konnoden geometrisch

leicht ermitteln, wenn man aus einer gegebenen Menge der Ausgangslösung F bei gegebener Menge des Extraktionsmittels L ein Raffinat
der Zusammensetzung R_n zu erhalten wünscht. Aus $F + L$ (vgl. Abb. 133)
ergibt sich nach der Mischungsregel die mittlere Zusammensetzung M,
die Verlängerung der Geraden $R_n M$ schneidet die Löslichkeitskurve in E_1
(Menge E_1/Menge $R_n = R_n M / M E_1$ nach dem Hebelgesetz). Man er-

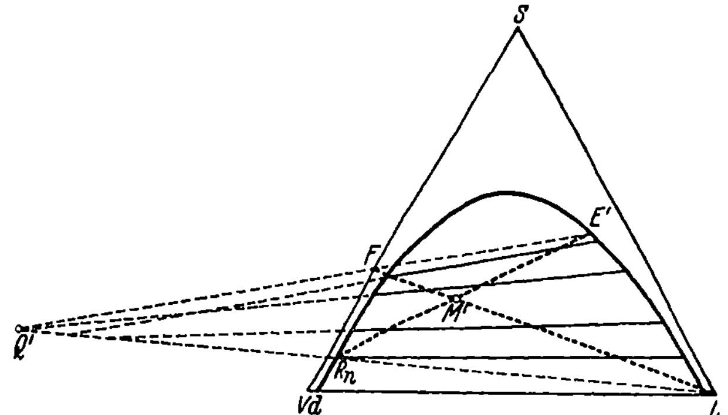

Abb. 134. Ermittlung der minimalen Lösungsmittelmenge.

mittelt Q durch Verlängerung von $E_1 F$ und $L R_n$, zieht durch E_1 die
Konnode nach R_1, die Verlängerung von $Q R_1$ schneidet die Löslichkeitskurve in E_2, dann zieht man durch E_2 die Konnode nach R_2
usw., bis man die gewünschte Zusammensetzung R_n erreicht (in dem
skizzierten Beispiel braucht man drei Stufen).

Die *maximale Extraktkonzentration*, die man bei dem Gegenstrom-
verfahren erreichen und auch bei Verwendung von sehr viel Lösungsmittel nicht überschreiten kann, liegt offenbar auf der Konnode durch F
im Punkt E' (vgl. Abb. 134). Die notwendige Stufenzahl, um E' zu
erreichen, ist unendlich. Andererseits darf auch $R_n L$ nicht mit einer
Konnode zusammenfallen, sonst wird die Stufenzahl auf der Lösungsmittelseite unendlich.

Die *minimal notwendige Lösungsmittelmenge* ermittelt man folgendermaßen: Der Operationspunkt Q darf nicht auf einer verlängerten Konnode $E_i R_i$ liegen, denn da $E_i R_{i-1}$ und $E_{i+1} R_i$ durch Q gehen müssen
(s. o.), würden $E_i R_i$, $E_{i+1} R_{i+1}$ und $E_{i-1} R_{i-1}$ zusammenfallen, von
der Stufe i zu den benachbarten Stufen fände also keine Konzentrations-
änderung statt. Die minimale Grenze für die aufzuwendende Lösungsmittelmenge bei gewünschtem Endraffinat R_n kann man daher ermitteln,
indem man $L R_n$ verlängert und die Konnoden bis zum Schnitt mit der
Verlängerung durchzieht (vgl. Abb. 134). Aus dem entferntesten Schnittpunkt, z. B. Q', ergibt sich die minimal notwendige Lösungsmittelmenge
L' folgendermaßen: $Q'F$ schneidet die Löslichkeitskurve in E'; $E' R_n$

und FL schneiden sich in M'; $L' = F \cdot FM'/M'L$, wenn F die Menge Ausgangslösung ist.

In Verbindung mit Abb. 133 kann man auch rechtwinkelige Koordinaten zur Bestimmung der notwendigen Stufenzahl verwenden (*313*) (vgl. Abb. 135). Man trägt zunächst die Verteilungskurve ein (vgl. S. 341) (anstelle von $x_S^{(Vd)}$ und $x_S^{(L)}$ treten hier die $x_S^{(R)}$ und $x_S^{(E)}$-Werte) und konstruiert die „Operationslinie", in der $x_S^{(E_{n+1})}$ gegen $x_S^{(R_n)}$ aufgetragen wird: Zunächst ermittelt man im GIBBSschen Dreieck (Abb. 135a) aus der Ausgangslösung F, der Lösungsmittelmenge L und dem gewünschten Endraffinat R_n den Endextrakt E_1 und den Operationspunkt Q (vgl oben); dadurch sind zwei Punkte der Operationslinie gegeben ($x_S^{(E_{n+1})}/x_S^{(R_n)}$ und $x_S^{(E_1)}/x_S^{(R_0)}$, wobei $x_S^{(E_{n+1})}$ bzw. $x_S^{(R_0)}$ durch den zweiten Schnittpunkt der Ge-

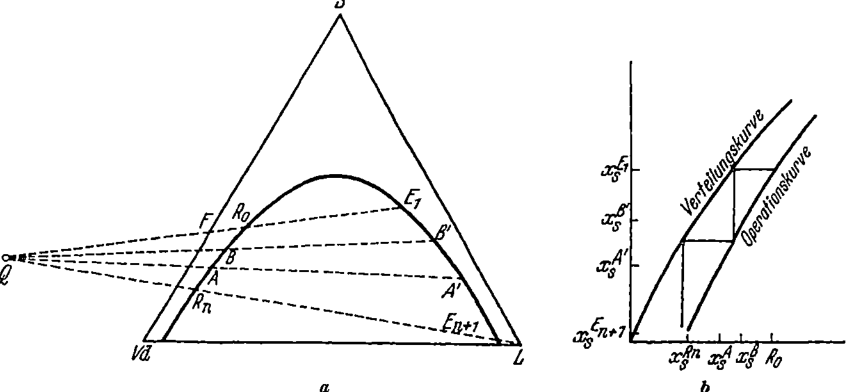

Abb. 135 a u. b. Ermittlung der Stufenzahl mit Hilfe der Operationslinie.

raden QR_n bzw. der Geraden QE_1 mit der Löslichkeitskurve festgelegt sind). Weitere Punkte der Operationslinie erhält man sehr einfach, wenn man in Abb. 135a beliebige Geraden durch Q zieht und die x_S-Werte der Schnittpunkte A, A' und B, B' mit der Löslichkeitskurve entsprechend in Abb. 135b einträgt. (Die Geraden brauchen natürlich nicht mit den Stufenlinien $R_i\, E_{i+1}$ zusammenzufallen.) Die Anzahl der notwendigen Stufen kann in Abb. 136b aus der Treppenkonstruktion zwischen der Operationslinie und der Verteilungskurve abgelesen werden (bei dem skizzierten Beispiel zwei Stufen). Das Verfahren ist gegenüber dem in Abb. 133 vorzuziehen, wenn viele Stufen notwendig sind.

c) Gegenstromextraktion mit Rückfluß.

Man kann einen an S höher konzentrierten Extrakt, als der Grenzkonzentration E' in Abb. 134 entspricht, erzielen, wenn man auf der Extraktseite der Kaskade mit Rückfluß arbeitet (*125, 246, 299*). Es ergibt sich folgendes Bild (vgl. Abb. 136a und b): Aus dem Endextrakt, z. B. E_2' wird das Lösungsmittel abgetrennt. Ein Teil des Konzentrates M' (das konzentrierter als das Konzentrat M aus E_1 bei rückflußloser Extraktion ist) wird abgezogen, der Rest fließt in die Apparatur zurück und wird mit E_1' extrahiert, wobei man als Extrakt E_2' und als Raffinat R_2' erhält. R_2' wird mit E_1 extrahiert, beide trennen sich in E_1' und R_1'. Letzteres wird mit F zu F' gemischt, das mit E_2 extrahiert wird, nach der Trennung erhält man E_1 und R_1; R_1 wird mit E_3 extrahiert usw.

Auch am Raffinatende kann man einen Teil des Endraffinats in die Apparatur zurückführen (vgl. Abb. 136b). Man arbeitet nur einen

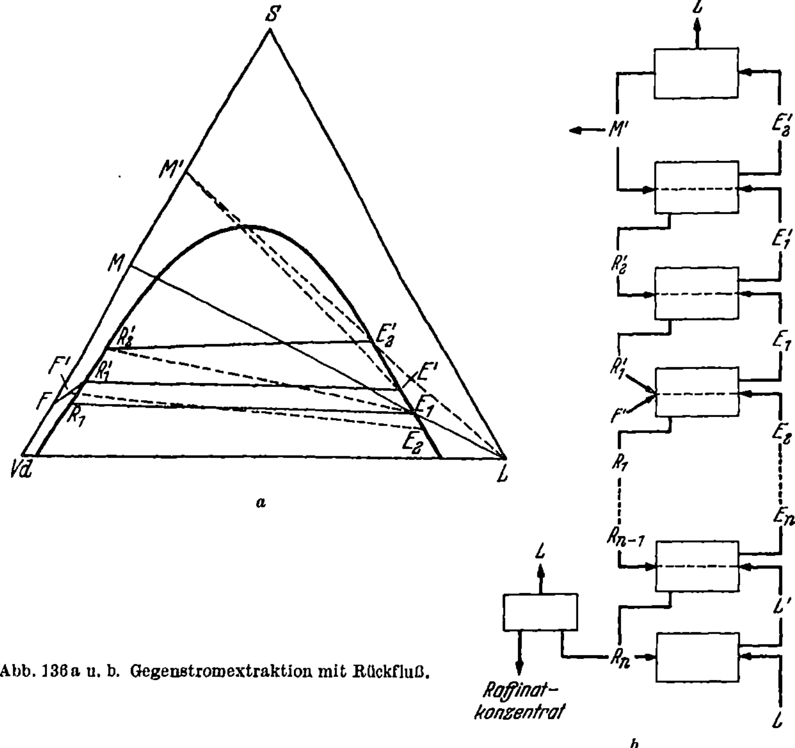

Abb. 136a u. b. Gegenstromextraktion mit Rückfluß.

Teil des Raffinats R_n auf Vd-Konzentrat auf und mischt den Rest mit L zu L', wobei L' auf der Lösungsmittelseite im homogenen Gebiet liegen muß. Mit L' extrahiert man R_{n-1} und trennt in E_n und R_n usw. Man erhält bei gleicher Gesamtlösungsmittelmenge ein an Vd konzentrierteres Endraffinat als ohne Rückfluß [nähere Angaben über dieses Verfahren bei TREYBAL (307)].

Man kann der Abb. 136a entnehmen, daß das Verfahren nur in bestimmten Fällen möglich ist, denn nach Abtrennung des Lösungsmittels aus E_2' muß die Zusammensetzung des Konzentrats M' derart sein, daß $M' E_1'$ die Konnode $R_2' E_2'$ schneidet.

Bei *Systemen mit zwei Mischungslücken* kann bei Anwendung der Gegenstromextraktion mit Rückfluß eine praktisch vollständige Trennung von S und Vd erreicht werden, wenn die Selektivität β im Bereich des ganzen Entmischungsbereichs größer (oder kleiner) als 1 ist. So läßt sich z. B. n-Heptan und Methylcyclohexan durch kontinuierliche Gegenstromextraktion mit Anilin unter Rückfluß eines Teiles des Methylcyclohexan-Konzentrats (*262*) sehr weitgehend voneinander trennen (vgl. Abb. 137).

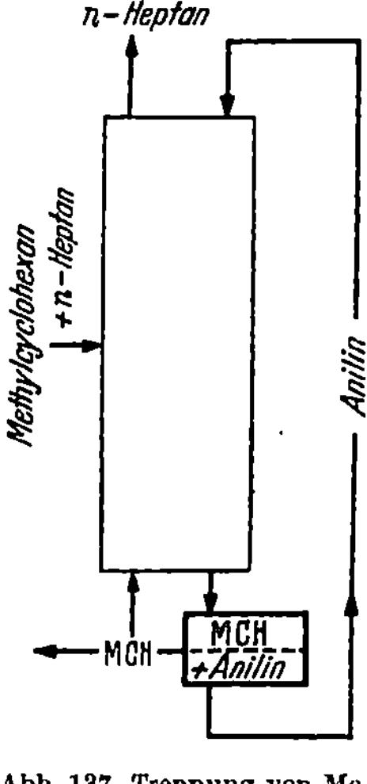

Abb. 137. Trennung von Methylcyclohexan und n-Heptan durch Gegenstromextraktion mit Anilin unter Rückfluß eines Teiles des Methylcyclohexankonzentrates.

d) Technische Durchführung der Verfahren.

Bei *stufenweiser Extraktion* werden die beipen Phasen in einem geeigneten (am besten zylindrischen) Gefäß möglichst innig vermischt, am besten durch Rühren. Dabei ist darauf zu achten, daß keine Trennung der Phasen durch Zentrifugalkräfte eintritt, und daß sich die Phasen auch nicht übereinander absetzen auf Grund ihrer verschiedenen Dichte. Der Rührer muß deshalb sowohl eine vertikale wie eine radiale Bewegung der Flüssigkeiten bewirken. Der Dispersionsgrad hängt bei gegebener Mechanik noch von den Eigenschaften der flüssigen Phasen, z. B. ihren Dichten, Viskositäten, Grenzflächenspannungen und schließlich auch von ihrem Mengenverhältnis ab. Die Phasentrennung findet gewöhnlich im gleichen Gefäß statt. Man kann die Durchmischung auch in kontinuierlich durchflossenen Mischern vornehmen und braucht dann natürlich gesonderte Entmischungsgefäße (*307*).

Bei *kontinuierlicher Gegenstromextraktion* läßt man die beiden Phasen gegeneinander strömen, wobei die eine Phase gewöhnlich in der anderen Tröpfchen bildet. Die Austauschgeschwindigkeit hängt — wie bei der Rektifikation — von der *Diffusionsgeschwindigkeit* der Komponenten ab (*244*). Sie ist etwa 4—5 Zehnerpotenzen kleiner als die Diffusionsgeschwindigkeit im Dampf, die bei der Rektifikation für die Austauschgeschwindigkeit maßgebend ist. Es müssen deshalb möglichst dünne Flüssigkeitsschichten aneinander vorbeigeführt werden. Läßt man die eine Phase in Form von Tröpfchen in der anderen aufsteigen oder absinken, so ist die Steig- bzw. Sinkgeschwindigkeit bei gegebener Dichtedifferenz und Viskosität dem Quadrat des Tröpfchenradius proportional. Bei zu starker Dispersion treten andererseits leicht Stauungen auf.

Die einfachste Apparatur zur kontinuierlichen Gegenstromextraktion ist ein vertikaler Turm, der mit der schwereren Phase gefüllt wird, und in den von oben her immer neue schwere Flüssigkeit durch einen Verteiler zuströmt (Abb. 138), während die leichte Phase von unten ebenfalls durch einen Verteiler zugeführt wird. Die Höhe A des Abflusses der schwereren Flüssigkeit ist bei gegebenen Dichten und gegebenen Strömungsverhältnissen ausschlaggebend dafür, ob die leichte Flüssigkeit als Tröpfchen in der schwereren aufsteigt oder (wenn A z. B. nach A_1 gesenkt wird) ob die schwere Phase als Tröpfchen in der leichten absinkt. Bei einer Mittelstellung A_2 hat man im oberen Teil des Turmes

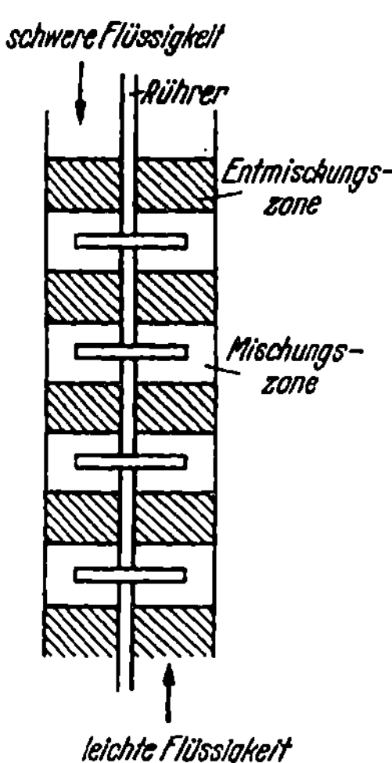

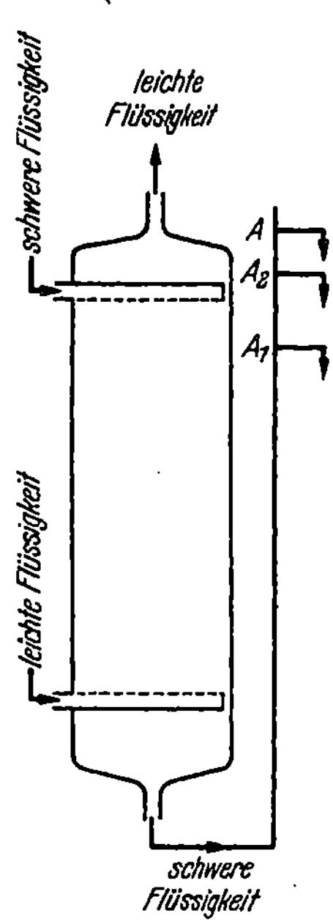

Abb. 138. Ausschnitt aus einer Extraktionskolonne nach Scheibel.

Abb. 139. Kontinuierliche Gegenstromextraktion.

schwere Tröpfchen in der leichten Flüssigkeit und im unteren Teil leichte Tröpfchen in der schweren Flüssigkeit.

Um den Kontakt der Phasen zu verbessern, hat man eine Reihe von Vorrichtungen entwickelt (*262, 278, 307*), z. B. Füllung des Turmes mit Füllkörpern, Einbau von Siebböden usw. Eine Extraktionskolonne im Laboratoriumsmaßstab mit abwechselnden Mischungs- und Entmischungszonen zeigt die schematische Abb. 139 (*258*). Die Entmischungszonen sind mit großmaschigen Drahtpackungen gefüllt, in den Mischungszonen läuft ein Rührer. Verwendet man zur Extraktion zwei ineinander unlösliche Lösungsmittel (vgl. S. 347), so läßt man zweckmäßig das zu trennende Gemisch in der Mitte der Kolonne, das leichte Lösungsmittel unten, das schwere oben zulaufen. Auch die Wirksamkeit einer Gegenstromextraktion hängt in hohem Maß von den Eigenschaften der beiden Phasen (Dichte, Viscosität, Grenzflächenspannung, Diffusionsgeschwindigkeit) ab, so daß eine für ein System brauchbare Kolonne nicht notwendig auch für ein anderes System geeignet sein muß.

Temperaturveränderungen beeinflussen die Extraktion in doppelter Hinsicht: Das Gleichgewicht zwischen den beiden Phasen kann sich verschieben (vgl. S. 207), und die eben besprochenen Eigenschaften der Flüssigkeiten hängen von der Temperatur ab.

Einen Überblick über großtechnisch betriebene Extraktionsanlagen geben MORELLO und POFFENBERGER (*197*), die Berechnung von Extraktionsanlagen wird von TREYBAL (*307*) und SIGWART (*278*) behandelt. Großtechnisch durchgeführt wird vor allem die Extraktion aromatischer, naphtenischer und asphaltischer Bestandteile aus rohen Mineralölen, z. B. mit flüssigem SO_2, Furfurol oder Phenol, ferner die Raffination von Schmierölen sowie tierischer und pflanzlicher Fette und Öle mit verschiedenen Lösungsmitteln. Antibiotika, Vitamine, Hormone und andere biologisch aktive Stoffe werden nach dem Prinzip der Gegenstromverteilung aus sehr verdünnten Lösungen gewonnen.

Wichtig ist z. B. die Entwässerung von Äthanol durch Gegenstromextraktion mit Methyl-n-amylketon, das bevorzugt den Alkohol löst, und mit Glykol, das bevorzugt das Wasser löst. Verwendet man anstelle von Methyl-n-amylketon Xylol als Lösungsmittel, so erhält man einen wasserfreien, mit etwa 2 Vol.-% Xylol denaturierten Äthylalkohol.

Autorenverzeichnis.

1. ADAM, N. K., u. E. A. GUGGENHEIM: Proc. Roy. Soc. (Lond.) A **139**, 231 (1933).
2. AROYAN, H. J., u. D. L. KATZ: Industr. Engin. Chem. **43**, 185 (1951).
3. ATKINS, G. T., u. C. M. BOYER: Chem. Engrs. Progr. **45**, 553 (1949).
4. BACHMANN, J.: J. Physic. Chem. **44**, 446 (1940); Industr. Engin. Chem. Anal. Ed. **12**, 38 (1940).
5. BANCROFT, W. D., u. S. S. HUBARD: J. Amer. Chem. Soc. **64**, 347 (1942).
6. BARBAUDY, J.: Diss. Paris 1925.
7. BARBER, E. J., u. G. H. CADY: J. Amer. Chem. Soc. **73**, 4247, 4250 (1951).
8. BEATTIE, J. A., u. O. C. BRIDGEMAN: J. Amer. Chem. Soc. **49**, 1665 (1927); **50**, 3133, 3155 (1928); **52**, 6 (1930); **59**, 1587 (1937); **61**, 26 (1939); **64**, 548 (1942); Z. Physik **62**, 95 (1930).
9. BEATTIE, J. A., u. O. C. BRIDGEMAN: Proc. Amer. Acad. Sci. **63**, 229 (1928).
10. BELCK, L.: Chem. Ing. Techn. **23**, 90 (1951).
11. BENEDICT, M., C. A. JOHNSON, E. SALOMON u. L. C. RUBIN: Trans. Amer. Inst. Chem. Eng. **41**, 371 (1945).
12. BENEDICT, M., G. B. WEBB u. L. C. RUBIN: J. Chem. Physics **8**, 334 (1940).
13. BENEDICT, M., G. B. WEBB u. L. C. RUBIN: J. Chem. Physics **10**, 747 (1942).
14. BERG, C., u. A. C. McKINNIS: Industr. Engin. Chem. **40**, 1309 (1948).
15. BERG, L., J. M. HARRISON u. C. W. MONTGOMERY: Industr. Engin. Chem. **37**, 585 (1945).
16. BERG, L., J. M. HARRISON u. C. W. MONTGOMERY: Industr. Engin. Chem. **38**, 1149 (1946).
17. BERG, L., u. J. M. HARRISON: Chem. Engrs. Progr. **43**, 487 (1947).
18. BERNDT, R. J., u. C. C. LYNCH: J. Amer. Chem. Soc. **66**, 282 (1944).
19. BERTHELOT, D.: C. r. Acad. Sci. (Paris) **126**, 1703, 1857 (1898).
20. BERTHELOT, D.: Arch. néerl. **5**, 417 (1900).
21. BIRON, E.: J. Russ. Phys. Chem. Soc. **44**, 1264 (1912).
22. BOGART, M. J. P., u. A. S. BRUNJES: Chem. Engrs. Progr. **44**, 95 (1948).
23. BOŠNJAKOVIČ, F.: Technische Thermodynamik, 2. Aufl. Dresden u. Leipzig 1951.
24. BRANCKER, A. V., T. G. HUNTER u. A. W. NASH: Industr. Engin. Chem. Anal. Ed. **12**, 35 (1940).
25. BREDIG, G., u. R. BAYER: Z. physik. Chem., Cohn-Festband, S. 15ff (1927).
26. BROENSTED, J. N., u. J. KREFOED: Danske Vidensk. Selsk. mat. fys. Medd. **22**, Nr. 17, 1 (1946).
27. BROWN, I., u. A. H. EWALD: Austral. J. Sci. Res. (A) **3**, 306 (1950).
28. BROWN, I., u. A. H. EWALD: Austral. J. Sci. Res. (A) **4**, 198 (1951).
29. BROWN, T. F.: Industr. Engin. Chem. **40**, 103 (1948).
30. BUCHHOLZ-MEISENHEIMER, H., u. G. KORTÜM: Angew. Chem. **63**, 163 (1951).
31. BUELL, C. K., u. R. G. BOATRIGHT: Industr. Engin. Chem. **39**, 695 (1947).
32. BUTLER, J. A. V., u. P. HARROWER: Trans. Faraday Soc. **33**, 171 (1937).
33. CALINGAERT, G., u. D. S. DAVIS: Industr. Engin. Chem. **17**, 1287 (1925).
34. CAMPBELL, J. A.: Industr. Engin. Chem. **36**, 1158 (1944).
35. CARLSON, H. C., u. A. P. COLBURN: Industr. Engin. Chem. **34**, 581 (1942).
36. CAUBET, F.: Z. physik. Chem. **40**, 257, 284 (1902).
37. CLARK, A. M.: Trans. Faraday Soc. **41**, 718 (1945).
38. COLBURN, A. P.: Azeotropic and extractive distillation, Madison (Wis.) 1948.

39. Colburn, A. P., J. A. Gerster u. T. S. Mertes: Industr. Engin. Chem. 39, 797 (1947).
40. Colburn, A. P., u. E. M. Schoenborn: Trans. Amer. Inst. Chem. Eng. 41, 421 (1945).
41. Cox, E. R.: Industr. Engin. Chem. 15, 592 (1923).
42. Crawford, A. G., G. Edwards u. D. S. Lindsay: J. Chem. Soc. London 1949, 1034.
43. Crützen, J. L., R. Haase u. L. Sieg: Z. Naturforsch. 5a, 600 (1950).
44. Cummings, L. W. T.: Industr. Engin. Chem. 23, 900 (1931).
45. van Dalfsen, B. M.: Diss. Amsterdam 1906.
46. Darken, L. S.: J. Amer. Chem. Soc. 72, 2909 (1950).
47. Darmois, E.: L'état liquide de la matière, Paris 1943.
48. Darmois, E.: Bull. Soc. chim. France 17, 1 (1950).
49. Darwent, D. de B., u. C. A. Winkler: J. Physic. Chem. 47, 442 (1943).
50. Denyer, R. L., F. A. Fidler u. R. A. Lowry: Industr. Engin. Chem. 41, 2727 (1949).
51. Denzler, C. G.: J. Physic. Chem. 49, 358 (1945).
52. Desty, D. H., u. F. A. Fidler: Industr. Engin. Chem. 43, 905 (1951).
53. Dieterici, C.: Ann. Physik 69, 685 (1899).
54. Dolezalek, F.: Z. physik. Chem. 64, 727 (1908).
55. Dolezalek, F., u. A. Schulze: Z. physik. Chem. 83, 45 (1913).
56. Drew, D. A., u. A. N. Hixson: Trans. Amer. Inst. Chem. Eng. 40, 675 (1944).
57. Drickamer, H. G., G. G. Brown u. R. R. White: Trans. Amer. Inst. Chem. Eng. 41, 555 (1945).
58. Dunken, H.: Z. physik. Chem. (B) 53, 264 (1943).
59. Ebert, L., u. H. Tschamler: Mh. Chem. 80, 473 (1949).
60. Ebert, L., u. Mitarb.: Mh. Chem. 80, 731 (1949); 81, 551, 562 (1950); 82, 63 (1951).
61. Elgin, J. C.: Industr. Engin. Chem. 39, 23 (1947).
62. Elgin, J. C.: Industr. Engin. Chem. 40, 53 (1948).
63. Eucken, A.: Lehrbuch der chemischen Physik, Leipzig 1943.
64. Eucken, A.: Z. Elektrochem. 52, 255 (1948).
65. Evans, T. W.: Industr. Engin. Chem. Anal. Ed. 6, 408 (1934).
66. Evans, T. W.: Industr. Engin. Chem. 26, 439 (1934).
67. Ewan, T.: Z. physik. Chem. 31, 22 (1899).
68. Ewell, R. H., J. M. Harrison u. L. Berg: Industr. Engin. Chem. 36, 871 (1944).
69. Ewell, R. H., u. L. M. Welch: Industr. Engin. Chem. 37, 1224 (1945).
70. Fenske, M. R., C. S. Carlson u. D. Quiggle: Industr. Engin. Chem. 39, 1322 (1947).
71. Flory, P. J.: J. Chem. Physics 9, 660 (1941); 10, 51 (1942).
72. Fontell, N.: Soc. Scient. Finn. Comm. Phys. Math. 8, 15 (1935).
73. Forsythe, W. L., u. Mitarb.: Industr. Engin. Chem. 39, 714 (1947).
74. Frahm, H.: Diss. Würzburg 1938.
75. Francis, A. W.: Industr. Engin. Chem. 36, 764 (1944).
76. Francis, A. W.: Industr. Engin. Chem. 36, 1096 (1944).
77. Fredenhagen, K.: Z. Elektrochem. 48, 136 (1942).
78. Fredenhagen, K., u. E. Tramitz: Kolloid-Z. 99, 52 (1942).
79. Fuchs, O.: Chem. Ing. Techn. 23, 537 (1951). Chem. Fabrik 11, 401 (1938).
80. Garwin, L., u. K. E. Hutchison: Industr. Engin. Chem. 42, 727 (1950).
81. Gee, G. u. Mitarb.: Trans. Faraday Soc. 38, 147, 276, 418 (1942); 40, 463, 468 (1944); 41, 340 (1945); 42, 507 (1946).

82. GERSTER, J. A., T. S. MERTES u. A. P. COLBURN: Industr. Engin. Chem. **39**, 797 (1947).

83. GIBBS, J. W.: Scientific Papers, London, New York, Bombay 1906.

84. GILLESPIE, D. T. C.: Industr. Engin. Chem. Anal. Ed. **18**, 575 (1946).

85. GILMONT, R. u. Mitarb.: Industr. Engin. Chem. **42**, 120 (1950).

86. GINELL, R., u. H. SILVERMAN: J. Amer. Chem. Soc. **73**, 1596 (1951).

87. GRISWOLD, J., u. R. H. BOWDEN: Industr. Engin. Chem. **38**, 509 (1946).

88. GRISWOLD, J., u. Mitarb.: Industr. Engin. Chem. **38**, 65, 170 (1946).

89. GRISWOLD, J., JU-NAM-CHEW u. M. E. KLECKA: Industr. Engin. Chem. **42**, 1246 (1950).

90. GRISWOLD, J., u. J. W. MORRIS: Industr. Engin. Chem. **41**, 331 (1949).

91. GRISWOLD, J., u. J. E. WALKEY: Industr. Engin. Chem. **41**, 621 (1949).

92. GUGGENHEIM, E. A.: Trans. Faraday Soc. **33**, 151 (1937).

93. GUGGENHEIM, E. A.: Proc. Roy. Soc. A **183**, 203, 213 (1944).

94. GUGGENHEIM, E. A.: Thermodynamics, North Holland Publ. Comp. Amsterdam 1949.

95. GUGGENHEIM, E. A.: Mixtures, Oxford 1902.

96. HAASE, R.: Z. Naturforsch. 2a, 492 (1947); 3a, 285 (1948).

97. HAASE, R.: Z. Naturforsch. 3a, 323 (1948).

98. HAASE, R.: Z. Naturforsch. 4a, 342 (1949).

99. HAASE, R.: Z. Naturforsch. 5a, 109 (1950).

100. HAASE, R.: Z. physik. Chem. **194**, 217, 237 (1950).

101. HAASE, R.: Z. physik. Chem. **195**, 362 (1950).

102. HAASE, R.: Z. Elektrochem. **55**, 29 (1951).

103. HAASE, R., u. H. LANG: Chem. Ing. Techn. **23**, 313 (1951).

104. HAASE, R., u. A. MÜNSTER: Z. physik. Chem. **194**, 253 (1950).

105. HADDEN, ST. T.: Chem. Ing. Progr. **44**, 37, 135 (1948).

106. HAND, D. B.: J. Physic. Chem. **34**, 1961 (1930).

107. HANSON, G. H., u. G. G. BROWN: Industr. Engin. Chem. **37**, 821 (1945).

108. HARMS, H.: Z. physik. Chem. (B) **53**, 280 (1943).

109. HERZFELD, K. F., u. W. HEITLER: Z. Elektrochem. **31**, 536 (1925).

110. HILDEBRAND, J. H.: J. Amer. Chem. Soc. **51**, 66 (1929).

111. HILDEBRAND, J. H.: J. Chem. Physics 7, 233 (1939).

112. HILDEBRAND, J. H.: J. Chem. Physics 15, 225 (1947).

113. HILDEBRAND, J. H. u. Mitarb.: Phys. Rev. **31**, 135 (1928); **34**, 649, 984 (1929); J. Amer. Chem. Soc. **54**, 3592 (1932).

114. HILDEBRAND, J. H., u. E. J. SALSTRÖM: J. Amer. Chem. Soc. **54**, 4257 (1932).

115. HILDEBRAND, J. H., u. R. L. SCOTT: Solubility of Non-Electrolytes, 3. Aufl. 1950.

116. HILL, A. E.: J. Amer. Chem. Soc. **44**, 1163, 1186 (1922); **47**, 2702 (1925).

117. HIBSHMAN, H. J.: Industr. Engin. Chem. **41**, 1366 (1949).

118. HIXSON, A. N., u. J. B. BOCHELMANN: Trans. Amer. Inst. Chem. Eng. **38**, 891 (1942).

119. HOFFMANN, E. G.: Z. physik. Chem. B **53**, 179 (1943).

120. HORSLEY, L. H.: Analytical Chem. **19**, 603 (1947).

121. HORSLEY, L. H.: Analytical Chem. **19**, 508 (1947); 21, 831 (1949).

122. HUBER, A.: Mh. Chem. **82**, 500 (1951).

123. HUNTER, T. G., u. T. F. BROWN: Industr. Engin. Chem. **39**, 1343 (1947).

124. HUNTER, T. G., u. A. W. NASH: J. Soc. Chem. Ind. **53**, 95 T (1934).

125. HUNTER, T. G., u. A. W. NASH: Industr. Engin. Chem. **27**, 836 (1935).

126. JÄNECKE, E.: Z. anorg. Chem. **51**, 132 (1906).

127. JÄNECKE, E.: Z. physik. Chem. A **164**, 401 (1933).

128. JANTZEN, E.: Das fraktionierte Destillieren und das fraktionierte Verteilen als Methode zur Trennung von Stoffgemischen. Dechema Monographie, Bd. 5. Berlin: Verlag Chemie 1932.

129. JOFFE, J.: Industr. Engin. Chem. 40, 1738 (1948).

130. JOHNSON, H. G., u. E. L. PIRET: Industr. Engin. Chem. 40, 743 (1948).

131. JONES, C. A., E. M. SCHOENBORN u. A. P. COLBURN: Industr. Engin. Chem. 35, 666 (1943).

132. JOST, W.: Z. Naturforsch. 1, 576 (1946).

133. JOST, W.: Chem. Ing. Techn. 23, 64 (1951).

134. JU CHIN CHU, W. D. ROBINSON u. D. P. DOLL: Chem. Engng. 57, 108 (1950).

135. KAMKE, D.: Z. physik. Chem. 199, 35 (1952).

136. KARR, A. E., u. Mitarbeiter: Ind. Eng. Chem. 43, 961 (1951).

137. KARLSON, P., u. E. HECKER: Z. Naturforsch. 5b, 237 (1950).

138. KATZ, D. L., u. G. G. BROWN: Industr. Engin. Chem. 25, 1373 (1933).

139. KATZ, D. L., u. K. H. HACHMUTH: Industr. Engin. Chem. 29, 1072 (1937).

140. KATZ, D. L., u. F. KURATA: Industr. Engin. Chem. 32, 817 (1940).

141. KAY, W. B.: Industr. Engin. Chem. 30, 459 (1938).

142. KAY, W. B.: Industr. Engin. Chem. 32, 353 (1942).

143. KEMPTER, H., u. R. MECKE: Z. physik. Chem. (B) 46, 229 (1940).

144. KIEFFER, W. F., u. C. E. GRABIEL: Industr. Engin. Chem. 43, 973 (1951).

145. KIREJEW, V.: Acta physicochim. USSR 13, 454, 531, 552 (1940).

146. KIREJEW, V. A.: Acta physicochim. USSR 14, Nr. 3 (1941).

147. KIRSCHBAUM, E.: Destillier- und Rektifiziertechnik, 2. Aufl. Berlin 1950.

148. KOHLER, F.: Mh. Chem. 82, 913 (1951).

149. KOHNSTAMM, PH.: Thermodynamik der Gemische, Handbuch der Physik X. Berlin 1926.

150. KOHRT, H. U.: Angew. Chem. B 20, 117 (1948). Chem. Ing. Techn. 21, 384 (1949).

151. KONOWALOW, D.: Wiedemanns Ann. 14, 48 (1881).

152. KORTEWEG, D. J.: Sitzgsber. Akad. Wiss. Wien 98, 1154 (1889).

153. KORTÜM, G.: Chem. Ztg. 74, 151, 165 (1950).

154. KORTÜM, G.: Angew. Chem. 64, 4 (1952).

155. KORTÜM, G., u. M. KORTÜM-SEILER: Z. Naturforsch. 5a, 544 (1950).

156. KORTÜM, G., D. MOEGLING u. F. WOERNER: Chem. Ing. Techn. 22, 453 (1950).

157. KRETSCHMER, C. B., u. R. WIEBE: J. Amer. Chem. Soc. 71, 1793, 3176 (1949).

158. KRITSCHEWSKY, I., u. J. KASARNOWSKY: Z. anorg. Chem. 218, 49 (1934); 220, 67 (1934).

159. KUENEN, J. P.: Z. physik. Chem. 11, 38 (1893); 24, 667 (1897).

160. KUENEN, J. P.: Philosophic. Mag. (5) 40, 173 (1895); 44, 174 (1897).

161. KUENEN, J. P.: Theorie der Verdampfung und Verflüssigung von Gemischen. Leipzig 1906.

162. KUHN, W.: Helvet. chim. Acta 25, 252 (1942); 26, 1693 (1943).

163. KUHN, W., u. P. MASSINI: Helvet. chim. Acta 33, 737 (1950).

164. VAN LAAR, J. J.: Z. physik. Chem. 72, 723 (1910); 83, 599 (1913). Z. anorg. Chem. 145, 239 (1925).

165. VAN LAAR, J. J.: Z. physik. Chem. A 137, 421 (1928).

166. VAN LAAR, J. J.: Die Thermodynamik einheitlicher Stoffe und binärer Gemische, Groningen 1935.

167. VAN LAAR, J. J., u. R. LORENZ: Z. anorg. Chem. 146, 42 (1925).

168. LACHER, J. R., u. R. E. HUNT: J. Amer. Chem. Soc. 63, 1752 (1941).

169. LADDHA, G. S., u. J. M. SMITH: Industr. Engin. Chem. 40, 494 (1948).

170. LANG, H.: Z. physik. Chem. 196, 278 (1950).

171. LANG, H.: Z. Elektrochem. **54**, 438 (1950).
172. LÉCAT, M.: Z. anorg. Chem. **186**, 119 (1930).
173. LÉCAT, M.: Tables azéotropiques, Bruxelles 1949.
174. LEVY, R. M.: Industr. Engin. Chem. **33**, 928 (1941).
175. LEWIS, G. N., u. M. RANDALL: Thermodynamik. Übersetzung von O. REDLICH, Wien 1927.
176. LICHT, W., u. C. G. DENZLER: Chem. Eng. Progr. **44**, 627 (1948).
177. LIPPINCOTT, S. B., u. M. M. LYMAN: Industr. Engin. Chem. **38**, 320 (1946).
178. LONDON, F.: Z. physik. Chem. (B) **11**, 222 (1930).
179. LORENTZ, H. A., u. F. A. H. SCHREINEMAKERS: Z. physik. Chem. **36**, 433 (1901).
180. MAIR, B. J., A. R. GLASGOW u. F. D. ROSSINI: J. Res. Natl. Bur. Standards **27**, 39 (1941).
181. MARGULES, M.: Sitzgsber. Akad. Wiss. Wien **104**, 1243 (1895).
182. MARSCHNER, R. F., u. W. P. CROPPER: Industr. Engin. Chem. **38**, 262 (1946).
183. MARSCHNER, R. F., u. W. P. CROPPER: Industr. Engin. Chem. **41**, 1357 (1949).
184. MATHOT, V.: Bull. Soc. chim. belg. **59**, 111 (1950).
185. MATZ, W.: Die Thermodynamik des Wärme- und Stoffaustausches in der Verfahrenstechnik, Frankfurt 1949.
186. MATZ, W.: Chem. Ing. Techn. **23**, 161 (1951).
187. McCURDY, J. L., u. D. L. KATZ: Industr. Engin. Chem. **36**, 674 (1944).
188. MECKE, R.: Z. Elektrochem. **52**, 107 (1948).
189. MEIJERING, J. L.: Philips Res. Rep. **5**, 333 (1950); **6**, 183 (1951).
190. MEISSNER, H. P., u. S. H. GREENFELD: Industr. Engin. Chem. **40**, 438 (1948).
191. MEISSNER, H. P., u. E. M. REDDING: Industr. Engin. Chem. **34**, 521 (1942).
192. MERKEL, F.: Arch. Wärmewirtsch. **10**, 13 (1929).
193. MERRIMAN, R. W.: J. Chem. Soc. (Lond.) **103**, 1801 (1913).
194. MERTES, T. S., u. A. P. COLBURN: Industr. Engin. Chem. **39**, 787 (1947).
195. MILLER, W. L., u. R. H. McPHERSON: J. Physic. Chem. **12**, 706 (1908).
196. MORELLO, V. S., u. R. B. BECKMANN: Industr. Engin. Chem. **42**, 1078 (1950).
197. MORELLO, V. S., u. N. POFFENBERGER: Industr. Engin. Chem. **42**, 1021 (1950).
198. MÜNSTER, A.: Z. Naturforsch. **3a**, 158 (1948).
199. MÜNSTER, A.: Z. physik. Chem. **195**, 67 (1950).
200. MÜNSTER, A.: Trans. Faraday Soc. **46**, 165 (1950).
201. MÜNSTER, A.: Z. Elektrochem. **54**, 443 (1950).
202. MÜNSTER, A.: Z. physik. Chem. **196**, 106 (1950).
203. MUSIL, A., u. E. SCHRAMKE: Acta phys. Austr. **3**, 309 (1950).
204. NEWMANN, M., R. E. TREYBAL u. C. B. HAYWORTH: Industr. Engin. Chem. **41**, 2039 (1949).
205. NIINI, A.: Ann. Acad. Sci. fenn. **55**, 8 (1940).
206. NOWOTNY, H., u. A. F. ORLICEK: Mh. Chem. **81**, 791 (1950).
207. NUTTING, H. S., u. L. H. HORSLEY: Industr. Engin. Chem. Anal. Ed. **19**, 602 (1947).
208. OLSEN, A. L., u. E. R. WASHBURN: J. Amer. Chem. Soc. **57**, 303 (1935).
209. ORLICEK, A. F.: Österr. Chem.-Ztg. **50**, 86 (1949).
210. OTHMER, D. F.: Industr. Engin. Chem. **20**, 743 (1928); **35**, 614 (1943); **38**, 751 (1946).
211. OTHMER, D. F.: Analytical Chem. **20**, 763 (1948).
212. OTHMER, D. F., u. R. GILMONT: Industr. Engin. Chem. **40**, 2118 (1948).
213. OTHMER, D. F., u. S. JOSEFOWITZ: Industr. Engin. Chem. **39**, 1175 (1947).
214. OTHMER, D. F., u. P. E. TOBIAS: Industr. Engin. Chem. **34**, 690 (1942).
215. OTHMER, D. F., u. E. H. TEN EYCK jr.: Industr. Engin. Chem. **41**, 2897 (1949).
216. OTHMER, D. F., u. T. O. WENTWORTH: Industr. Engin. Chem. **32**, 1588 (1940).

217. Othmer, D. F., R. E. White u. E. Trueger: Industr. Engin. Chem. 33, 1240 (1941).
218. Othmer, D. F. u. Mitarb.: Industr. Engin. Chem. 32, 841 (1940); 36, 858 (1944); 37, 299 (1945).
219. Othmer, D. F. u. Mitarb.: Industr. Engin. Chem. 34, 693 (1942).
220. Othmer, D. F. u. Mitarb.: Industr. Engin. Chem. 37, 890 (1945).
221. Othmer, D. F. u. Mitarb.: Industr. Engin. Chem. 42, 120 (1950).
222. Otto, J.: Handbuch Experimentelle Physik Bd. VIII, 2 (1929).
223. Peel, J. B., W. M. Magdin u. H. V. Briscol: J. Physic. Chem. 32, 285 (1928).
224. Poffenberger, N. u. Mitarb.: Trans. Amer. Inst. Chem. Eng. 42, 815 (1946).
225. Porter, A. W.: Trans. Faraday Soc. 16, 336 (1920); 18, 19 (1922).
226. Prahl, W. H.: Industr. Engin. Chem. 43, 1767 (1951).
227. Prigogine, I.: Bull. Soc. chim. belg. 52, 95 (1943).
228. Prigogine, I.: Bull. Soc. chim. belg. 52, 115 (1943).
229. Prigogine, I., u. R. Defay: Thermodynamique chimique, Liége 1946.
230. Prigogine, I., V. Mathot u. A. Desmyter: Bull. Soc. chim. belg. 58, 547 (1949).
231. Randall, M., u. B. Longtin: Industr. Engin. Chem. 30, 1063, 1188, 1311 (1938); 31, 908, 1295 (1939); 32, 125 (1940).
232. Raoult, F.: C. r. Acad. Sci. (Paris) 104, 1430 (1887). Z. physik. Chem. 2, 353 (1888).
233. Reamer, H. H., B. H. Sage u. W. N. Lacey: Industr. Engin. Chem. 43, 1436 (1951).
234. Reamer, H., u. Mitarb.: Industr. Engin. Chem. 36, 88, 282, 956 (1944).
235. Redlich, O., u. A. T. Kister: J. Chem. Physics 15, 849 (1947).
236. Redlich, O., u. A. T. Kister: Industr. Engin. Chem. 40, 341 (1948).
237. Redlich, O., u. A. T. Kister: Industr. Engin. Chem. 40, 345 (1948).
238. Redlich, O., u. A. T. Kister: J. Amer. Chem. Soc. 71, 505 (1949).
239. Redlich, O., u. J. N. S. Kwong: Chem. Rev. 44, 233 (1949).
240. Redlich, O., u. P. W. Schutz: J. Amer. Chem. Soc. 66, 1007 (1944).
241. Reinders, W., u. C. H. de Minjer: Rec. Trav. chim. Pays-Bas 59, 207, 369, 392 (1940).
242. Reinders, W., u. C. H. de Minjer: Rec. Trav. chim. Pays-Bas 66, 552, 564, 573 (1947).
243. Rieder, R. M., u. A. R. Thompson: Industr. Engin. Chem. 42, 379 (1950).
244. Rometsch, R.: Helvet. chim. Acta 33, 184 (1950).
245. Roozeboom, H. W. B.: Die heterogenen Gleichgewichte, Braunschweig 1911—1918.
246. Saal, R. N. J., u. W. J. D. van Dijck: World Petroleum Congr., London 1933, Proc. 2, 352.
247. Sage, B. H. u. Mitarb.: Industr. Engin. Chem. 34, 1108 (1942).
248. Sayre, E. V.: J. Amer. Chem. Soc. 71, 3284 (1949).
249. Scatchard, G.: Chem. Rev. 8, 321 (1931).
250. Scatchard, G.: Trans. Faraday Soc. 33, 160 (1937).
251. Scatchard, G.: J. Amer. Chem. Soc. 62, 2426 (1940).
252. Scatchard, G., u. W. J. Hamer: J. Amer. Chem. Soc. 57, 1805 (1935).
253. Scatchard, G., u. S. S. Prentiss: J. Amer. Chem. Soc. 56, 1486 (1934).
254. Scatchard, G., u. C. L. Raymond: J. Amer. Chem. Soc. 60, 1278 (1938).
255. Scatchard, G., C. L. Raymond u. H. H. Gilmann: J. Amer. Chem. Soc. 60, 1275 (1938).
256. Scatchard, G., S. E. Wood u. J. M. Mochel: J. Physic. Chem. 43, 119 (1939).
257. Scatchard, G., S. E. Wood u. J. M. Mochel: J. Amer. Chem. Soc. 62, 712 (1940).

258. Scheibel, E. G.: Chem. Eng. Progr. **44**, 771 (1948).
259. Scheibel, E. G.: Chem. Eng. Progr. **44**, 927 (1948).
260. Scheibel, E. G.: Industr. Engin. Chem. **41**, 1076 (1949).
261. Scheibel, E. G.: Industr. Engin. Chem. **42**, 1497 (1950).
262. Scheibel, E. G., u. A. J. Frey: In B. E. Kirk u. D. F. Othmer, Encyclopedia of Chemikal Technology, Bd. 6, S. 130, New York 1951,
263. Scheibel, E. G., u. D. Friedland: Industr. Engin. Chem. **39**, 1329 (1947).
264. Schmidt, G. C.: Z. Physik. Chem. **121**, 221 (1926).
265. Schmidt, G. C.: Z. physik. Chem. **121**, 247 (1926).
266. Schottky, W., H. Ulich u. C. Wagner: Thermodynamik, Berlin 1929.
267. Schreinemakers, F. A. H.: Z. physik. Chem. **29**, 577; **30**, 460 (1899).
268. Schreinemakers, F. A. H.: Z. physik. Chem. **33**, 84 (1900).
269. Schreinemakers, F. A. H.: Z. physik. Chem. **35**, 459 (1900); **36**, 710 (1901); **37**, 129 (1901); **38**, 227 (1901); **39**, 485 (1902); **40**, 440 (1902); **41**, 331 (1902).
270. Schreinemakers, F. A. H.: Z. physik. Chem. **36**, 257, 413 (1901).
271. Schulze, A.: Verh. dtsch. physik. Ges. **14**, 189 (1912).
272. Schulze, W.: Z. physik. Chem. **197**, 63 (1951).
273. Schulze, W.: Z. physik. Chem. **197**, 105 (1951).
274. Scott, R. L.: J. Chem. Physics **17**, 268, 279 (1949).
275. Sharefkin, I. G., u. I. M. Wolfe: J. Chem. Educat. **21**, 449 (1944).
276. Sherwood, T. K.: Absorption and Extraction. New York: McGraw-Hill Book Comp. Inc. 1937.
277. Sieg, L.: Chem. Ing. Techn. **5**, 112 (1951).
278. Sigwart, K.: In Ullmann's Encyclopädie der technischen Chemie, 3. Aufl. S. 409. München-Berlin: Urban und Schwarzenberg 1951.
279. Skolnik, H.: Industr. Engin. Chem. **40**, 442 (1948).
280. Skolnik, H.: Industr. Engin. Chem. **43**, 172 (1951).
281. Smith, A. S.: Industr. Engin. Chem. **42**, 1206 (1950).
282. Smith, J. C.: Industr. Engin. Chem. **34**, 234 (1942).
283. Smith, J. C.: Industr. Engin. Chem. **41**, 2932 (1949).
284. Smith, R. H., u. K. M. Watson: Industr. Engin. Chem. **29**, 1408 (1937).
285. Smith, T. E., u. R. F. Bonner: Industr. Engin. Chem. **42**, 896 (1950).
286. Souders, M., C. W. Selheimer u. G. G. Brown: Industr. Engin. Chem. **24**, 517 (1932).
287. Stage, H.: Erdöl u. Kohle **3**, 377, 478 (1950).
288. Stage, H., u. I. S. Baumgarten: Öl u. Kohle **126**, 31 (1944).
289. Stamm, W., u. H. M. Rauen: Chem. Ing. Techn. **21**, 259 (1949).
290. Staveley, L. A. K., u. B. Spice: J. Chem. Soc. (Lond.) **1952**, 406.
291. Staveley, L. A. K., u. W. T. Tupman: J. chem. Soc. (Lond.) **1950**, 3597.
292. Steinhauser, H. H., u. R. R. White: Industr. Engin. Chem. **41**, 2912 (1949).
293. Storonkin, A.: Acta physicochim. USSR **13**, 505 (1940).
294. Stull, D. R.: Industr. Engin. Chem. **39**, 517, 540, 1684 (1947).
295. Sun, K. H., u. A. Silverman: Industr. Engin. Chem. **34**, 682, 872 (1942).
296. Sunier, A. A., u. C. Rosenblum: Industr. Engin. Chem. Anal. Ed. **2**, 109 (1930).
297. Tadayon, J.: Analytical Chem. **23**, 1184 (1951).
298. Taylor, S. F.: J. Physic. Chem. **1**, 461 (1897).
299. Thiele, E. W.: Industr. Engin. Chem. **27**, 392 (1935).
300. Thomson, G. W.: Chem. Rev. **48**, 1 (1946).
301. Timmermanns, J.: Z. physik. Chem. **58**, 129 (1907).
302. Timmermanns, J.: Physico-chemical Constants of pure organic Compounds, Amsterdam 1950.

303. TOMPA, H.: J. Chem. Physics 16, 292 (1948).
304. TOMPA, H.: Trans. Faraday Soc. 45, 101 (1949).
305. TOMPA, H.: Trans. Faraday Soc. 45, 1142 (1949).
306. TREYBAL, R. E.: Industr. Engin. Chem. 36, 875 (1944).
307. TREYBAL, R. E.: Liquid Extraction, New York, Toronto, London: Mc Graw-Hill Book Comp. Inc. 1951
308. TREYBAL, R. E., L. D. WEBER u. J. F. DALEY: Industr. Engin. Chem. 88, 817 (1946).
309. TRIESCHMANN, H. G.: Z. physik. Chem. (B) 29, 328 (1935).
310. TSCHAMLER, H.: Mh. Chem. 79, 162, 223, 233, 243, 408 (1949).
311. UNDERWOOD, A. J. V.: Ind. Chemist 10, 128 (1934). J. Soc. Chem. Ind. 47, 805 T (1928).
312. UPDIKE, O. L., W. M. LANGDON u. D. B. KEYES: Trans. Amer. Inst. Chem. Eng. 41, 717 (1945).
313. VARTERESSIAN, K. A., u. M. R. FENSKE: Industr. Engin. Chem. 28, 1353 (1936).
314. VARTERESSIAN, K. A., u. M. R. FENSKE: Industr. Engin. Chem. 29, 271 (1937).
315. VAN DER WAALS, J. D.: Z. physik. Chem. 5, 133 (1890).
316. VAN DER WAALS, J. D., u. PH. KOHNSTAMM: Lehrbuch der Thermostatik, 3. Aufl. Leipzig 1928.
317. VAN DER WAALS, J. H., u. J. J. HERMANS: Rec. Trav. chim. Pays-Bas 69, 949, 971 (1950).
318. WALL, F. T., u. G. S. STENT: J. Chem. Physics 17, 1112 (1949).
319. WEISSBERGER, A.: Distillation, Technique of organic Chemistry, Vol. IV. New York 1951.
320. WELTY, F., J. A. GERSTER u. A. P. COLBURN: Industr. Engin. Chem. 43, 162 (1951).
321. WOHL, K.: Z. physik. Chem. (B) 2, 77 (1929).
322. WOHL, K.: Trans. Amer. Inst. Chem. Eng. 42, 215 (1946).
323. WOLF, K. L.: Theoretische Chemie, 2. Aufl. Leipzig 1948.
324. WOLF, K. L., H. DUNKEN u. K. MERKEL: Z. physik. Chem. B 46, 287 (1940).
325. WOLF, K. L., H. FRAHM u. H. HARMS: Z. physik. Chem. (B) 36, 237 (1937).
326. WOLF, K. L., u. G. METZGER: Liebigs Ann. 563, 157 (1948).
327. WOLF, K. L., u. R. WOLFF: Z. angew. Chem. 61, 191 (1949).
328. WOOD, S. E.: J. Amer. Chem. Soc. 68, 1957, 1960, 1963 (1946).
329. WOOD, S. E.: Industr. Engin. Chem. 42, 660 (1950).
330. WREWSKY, M. S.: Z. physik. Chem. 83, 551 (1913).
331. YOUNG, S.: J. Chem. Soc. 81, 707, 742, 761 (1902).
332. VON ZAWIDZKI, J.: Z. physik. Chem. 35, 129 (1900).

Sachverzeichnis.

Aceton-Benzol-Chloroform, Rektifikationsverlauf verschiedener Gemische 312

Aceton—Chloroform—Methyl-Isobutyl-keton-Mischungen, relative Flüchtigkeiten im Gibbsschen Dreieck 331

Aceton-Phenol-Wasser, Dampfdruckdiagramm bei konstanter Temperatur 292

Aceton-Wasser-Gemische, Extraktion mittels Trichloräthan 353

Aceton-Wasser, Siedediagramm 137

Aktivitätskoeffizienten aus Löslichkeitsdaten binärer Systeme 200

—, Bestimmung in flüssigen Mischphasen 60

— binärer Systeme 129 ff.

— — —, Ansätze von Benedict 154

— — —, Ansatz von Gilmont 158

— — —, — von Margules 146

— — —, — von Redlich und Kister 155

— — —, — von Scatchard-Hamer 149

— — —, — von van Laar 148

— — —, Ansätze von Wohl 150

— — —, Bedingungen für das Auftreten von Extremwerten oder Wendepunkten 166

— — — im Gebiet des Henryschen Grenzgesetzes 173

— — —, Reihenentwicklungen 144 ff.

— — —, Vergleich der log f-Werte nach Margules, van Laar und Scatchard-Hamer 150

—, Definition 14

— des Systems Äthanol-Äthylacetat 237

— — — Benzol-Cyclohexan nach Margules und van Laar aus Gesamtdruckmessungen 164

— — — Methanol-Äthanol-Wasser durch lineare Interpolation aus den Aktivitätskoeffizienten der binären Systeme 183

— — — Methyläthylketon-Toluol aus isobaren Messungen 132

— — — Wasser-Äthanol aus Siedepunktsmessungen 174

— — — Wasser-Dioxan nach Siedepunktsmessungen bei 760 mm Druck 168

Aktivitätskoeffizienten, Druckabhängigkeit 99

—, experimentelle Bestimmung 15

— f_i und $f_{i\,\infty}$ 74, 76

— im ternären System Methyläthylketon—n-Heptan—Toluol nach verschiedenen Näherungsformeln 189

— in athermischen Mischungen 81

— — regulären Mischungen 87, 89

— — — — aus Komponenten ungleichen Molvolumens 90

—, physikalische Interpretation 105 ff.

— quaternärer Systeme nach Colburn 191

—, Reduktion auf eine mittlere Temperatur 130

—, Temperaturabhängigkeit 93 ff

— ternärer Systeme, Ansatz von Redlich und Kister 182

— — —, Berechnung aus dem Gesamtdruck 185 ff

— — —, Reihenentwicklungen 176 ff

— unpolarer Stoffe aus der Dispersionswechselwirkung 125

— von Alkoholen aus mittleren Zähligkeiten und analytischen Molenbrüchen 116

— — 1-Buten in Furfurol bei verschiedenen Temperaturen 95

— — Wasser-Äthanol-Mischungen nach dem Ansatz von Redlich und Kister 175

— — Wasser und Essigsäure in binären Gemischen als Funktion von log $p_0\,H_2O$ bei gleichen Temperaturen 98

— zur Ermittlung von Konnoden in ternären Systemen mit Mischungslücke 346 ff

Alkohole, Kettenassoziation 110

Anreicherung, Definition 304

Assoziation einer Mischungskomponente 108 ff

— mit wiederholbarem Schritt 112

—, Nachweis mittels spektroskopischer und kryoskopischer Methoden 110

—, stöchiometrische 105

Assoziationsfunktion nach Redlich und Kister 118

Assoziationskonstanten nach dem Massenwirkungsgesetz 109

Assoziationsterm in Reihenentwicklungen für log (f_2/f_1) 157
Äthan—n-Heptan, Isosteren im kritischen Gebiet 247
Äthanol-Äthylacetat, Temperaturabhängigkeit des Azeotrops 318
Äthanol-Benzol-Wasser, lineare Interpolation der log f-Werte 184
Äthanol-Entwässerung durch Gegenstromextraktion mit Methyl-n-amylketon oder Glykol oder Xylol 362
Äthanol—n-Heptan, Partialdruckkurven durch graphische Integration der Duhem-Margulesschen Gleichung 141
—, Versagen der Margulesschen Gleichung 170
Äthanol-Wasser-Dioxan, lineare Interpolation der log f-Werte 184
Äthylbenzol-Xylol, Aktivitätskoeffizienten nach der vereinfachten Margulesschen Gleichung 160
Athermische Mischungen 79 ff
Ausdehnungskoeffizient, thermischer, Definition 1
Austauschgerade 302
Azeotrope Destillation 321 ff
Azeotroper Effekt des Benzols 328/329
Azeotrope Effekte, relative, im Vergleich zu den Systemen „Benzolgesättigte Normalparaffine" 329
— Gemische in Abhängigkeit von Druck und Temperatur 313
— —, Vx-Diagramm 228
Azeotropes Gleichgewicht, Temperaturabhängigkeit, graphisches Verfahren nach Carlson und Colburn 317
Azeotrope Mischungen, Partialdrucke aus dem Gesamtdruck durch graphische Methoden 142
Azeotroper Punkt, Bedingungsgleichungen für binäre Systeme 235
Azeotrope Punkte in ternären Systemen 274
— —, rechnerische Vorausbestimmung nach Skolnik 327
— —, Vorausbestimmung auf Grund der Aktivitätskoeffizienten nach Scheibel 336
— Zusammensetzung, Druckabhängigkeit 315
— —, Temperaturabhängigkeit 314
— —, —, graphisches Verfahren nach Othmer 319

Bachmannsche Gleichung bei Systemen mit zwei Mischungslücken 350
— — zur Interpolation von Konnoden 345

Beattie und Bridgemansche Zustandsgleichung 65, 68
Bedingungen des kritischen Punktes 31
Bedingungen des „währenden Gleichgewichtes" 35
Benedictscher Ansatz für log f in Dreistoffsystemen 181
Benedictsche Ansätze zur Darstellung der Mischungseffekte 154, 177
Benzol-CCl_4, Mischungseffekte 90
Benzol-CCl_4-, Zusatzmischungsentropien 103
Benzol-Cyclohexan, Aktivitätskoeffizienten nach der Margulesschen Gleichung 166
— — — — vereinfachten Margulesschen Gleichung 162
— — — — Margulesschen und der van Laarschen Gleichung aus Gesamtdruckmessungen 164
—, Mischungswärme durch Dispersionswechselwirkung 125
—, thermodynamische Mischungseffekte 103
Benzol-Cyclohexan-Mischungen, mittleres Molvolumen 100
—, Zusatzmischungsentropien 103
Benzol-gesättigte Kohlenwasserstoffe, graphische Ermittlung azeotroper Punkte nach Mair, Glasgow und Rossini 326
Benzol-n-Hexan, Mischungswärme durch Dispersionswechselwirkung 125
Benzol-Toluol, relative Dampfdruckgeraden 242
Berthelotsche Zustandsgleichung 64
Bezugszustand 14, 43, 74
Bildung azeotroper Gemische in homologen Reihen mit einer Zusatzkomponente 328
Binäre Mischungen mit Mischungslücke, px-Diagramm 261
— — — —, Tx-Diagramm 263
— — — —, Vx-Diagramm 259
Boden, theoretischer 302
Bodenwert 302
n-Butan—2-Buten, Trennung durch extraktive Destillation unter Zusatz von Furfurol und Wasser 336

Cailletet und Mathiassche Regel 205
Charakteristische Variable 10, 34
Chemisches Potential bei Phasengleichgewicht 21
— —, Definition 11
— — in athermischen Mischungen 81, 82

Chemisches Potential in idealen Gasmischungen 62
— — — — Mischungen 55
— — — realen Gasmischungen 62
— — — regulären Mischungen 88
— —, Zunahme mit der Molzahl 32
Chlorex-Methylcyclohexan, experimentelle und nach Margules berechnete
(log f-)Werte 172
Chloroform-Aceton-Mischungen, Orientierungseffekte 108
—, Partialdrucke und Gleichgewichtskonstante der Verbindungsbildung
107
Clausius-Clapeyronsche Gleichung 37
— —, Ermittlung von Verdampfungswärmen 241
— — für binäre Systeme konstanter
Zusammensetzung 248
— —, graphisches Verfahren zur Extrapolation von Dampfdruckmessungen 97, 218
— — in reduzierten Einheiten 217
— —, verallgemeinerte 49 ff
— — zur Verknüpfung von Dampf-
druckdaten 244
CO_2-SO_2-Gemische verschiedener Zusammensetzung im kritischen Gebiet,
pT-Diagramm 245
Cyclohexan-CCl_4-Mischungen, Zusatzmischungsentropien 103

Dampfdrucke athermischer Mischungen
82
Dampfdrucke binärer idealer Gemische
57
— koexistenter Flüssigkeiten 49
— reiner Flüssigkeiten 37 ff
Dampfdruck-Temperatur-Nomogramme
218
Dampfdruck ternärer Flüssigkeiten 52
— — idealer Gemische 58
Dampfdruckdiagramm binärer Systeme
mit Mischungslücke 261, 263
— eines ternären Systems mit Mischungslücke bei konstanter Temperatur 292
—, isothermes nichtidealer binärer Gemische 230
— von Wasser-Äthanol-Mischungen 75
Dampfdruckgeraden, logarithmische,
von Kohlenwasserstoffen mit Hexan
als Bezugssubstanz 218
—, relative von Benzol-Toluol-Gemischen mit Benzol als Bezugssubstanz
242
— und Kondensationskurven idealer
Gemische· bei konstantem T und
p_{02}/p_{01} 232

Dampfdruckgleichung reiner Stoffe
nach Cox 217
Dampfdruckisothermen binärer Ge-
mische im kritischen Gebiet 239
Dampfdruckkurve des Systems Wasser-
Isobutylalkohol 198
— reiner Stoffe 217
Dampfdruckkurven, isotherme, binärer
Mischungen, Differentialgleichun-
gen 47, 232
Dampfdruckmessungen, dynamische
und statische 58
Dampffläche, isotherme und isobare, in
heterogenen ternären Systemen 295
Dampf-Flüssigkeitsgleichgewichte 216 ff.
Dampflinien 289 ff.
— in ternären Systemen mit Mischungslücke 298
Destillation, einfache 300
—, fraktionierte 300
— von Mehrstoffgemischen 300
Destillationsgrenzlinie 286
Destillationslinien 280 ff.
Destillationslinien in heterogenen ter-
nären Systemen 297
— ternärer Systeme 305
Destillationslinienfelder ternärer Ge-
mische, graphische Darstellung 287
Destillatlinien 305
— in ternären Gemischen 309
Dichloräthylen-Toluol, Siedepunkts-
messungen bei 760 mm Druck 60
Dielektrizitätskonstanten bzw. Dipol-
momente von Zusatzkomponenten
zur extraktiven Destillation 336
Dietericische Zustandsgleichung 64
Differentielle Mischungsentropie 44
— Mischungswärme 44
Dispersionswechselwirkung in Mischun-
gen 121 ff.
Distexverfahren 333
Dreieckskoordinaten zur Darstellung
der Zusammensetzung ternärer
Systeme 6
Dreiphasengleichgewichte in binären
Systemen 49, 258
— — ternären Systemen 9
Dreistoffsysteme, Ansätze für log f 176
—, Dreiphasengleichgewichte 9
—, graphische Darstellungen 8
— mit Mischungslücken 203 ff., 290 ff.
— ohne Mischungslücke 265 ff.
—, Stabilitätsbedingungen 32
—, Zweiphasengleichgewichte 8
Druck, innerer, von Flüssigkeiten 73
Druckabhängigkeit von Aktivitäts-
koeffizienten 99
Duhem-Margulessche Gleichung 15

Duhem-Margulessche Gleichung in Drei-Stoff-Systemen, graphische Integration 143
— —, graphische Integrationsverfahren 140
— —, numerische Integration 138

Einermoleküle in reinem Methanol, Äthanol und Propanol 114
Einfache Destillation 280
Einstoffsysteme, FV-Diagramm oberhalb und unterhalb der kritischen Temperatur 221
—, Gp-Diagramm unterhalb der kritischen Temperatur 223
—, pT-Diagramm 217 ff.
—, pV-Diagramm 219 ff.
—, pVT-Diagramm 1
—, VT-Diagramm in der Umgebung des kritischen Punktes 222
Enthalpie von koexistierenden Phasen, graphische Darstellung 256
Entmischungsbedingungen in Zweistoffsystemen 191 ff.
Entropie, molare, gesättigten Dampfes als Funktion von T 39
Essigsäure-Benzol-Mischungen, Assoziation durch H-Brücken 110
Essigsäure-Wasser, Trennung durch spezifische Adsorption 339
—, Trennung durch Zusatz von $CaCl_2$ oder HCl 339
Extensive Eigenschaften 4, 11
Extraktion, Temperaturabhängigkeit 362
— von Flüssigkeiten 339 ff.
Extraktionskolonne nach Scheibel 361
Extraktionsverfahren, technische Durchführung 360 ff.
—, Theorie 351
Extraktive Destillation 330 ff.
— —, Auswahl von Zusatzkomponenten 333, 335, 336, 338
— — von Äthanol-Wasser mit Äthyläther als Zusatzkomponente 338
Extraktkonzentration, maximale bei Gegenstromextraktion 357
Extremdruck, Temperaturabhängigkeit 314
Extremwerte in ternären Gemischen, Analyse nach Haase 275

Faltenpunkte 30, 33
Flüssigkeitsfläche, isotherme und isobare, in heterogenen ternären Systemen 295
Freie Mischungsenthalpie, Beitrag der Dispersionswechselwirkung 124
— molare Mischungsenthalpie 18
— — Zusatzenthalpie 19

Fugazitäten 15, 62 ff.
— athermischer Mischungen 82
—, Beziehung zu Aktivitäten 71
— der Systeme C_6H_6—C_6H_{12}, C_6H_{12}—CCl_4 und C_6H_6—CCl_4 bei verschiedenen Temperaturen 103
— in flüssigen Phasen 71
— regulärer Mischungen 88
Fugazitäten reiner Flüssigkeiten, Definition 254
— — Gase 66
Fugazitätskoeffizient 69, 70
—, Definition 62
Fugazitätskorrekturen für n-Heptan, Methanol, Toluol bei 760 mm Druck und verschiedenen Temperaturen 133
Fugazitätsregel von Lewis 70
Fundamentalgleichungen 10

Gegenstromextraktion, geometrische Ermittlung der notwendigen Stufenzahl 356
— mit Rückfluß 358 ff.
—, stufenweise und kontinuierliche 355 ff.
Gegenstromverteilung, Berechnung der Verteilungskurven nach dem Nernstschen Satz 341
Gewichtsbruch, Definition 3
Gibbssche Dreieckskoordinaten 7, 203
— Gleichungen 12, 16, 137
Gibbs-Duhemsche Gleichungen für Phasengleichgewicht 36, 49
— — — ternäre Systeme 139
— —, graphische Integration 130
— —, Prüfung experimenteller Aktivitätskoeffizienten 129 ff.
— —, spezielle 13
— —, Umformung auf unmittelbare Meßgrößen 135
Gibbs-Helmholtzsche Gleichung 44
— —, Anwendung auf Entmischungsvorgänge 191
— — für reguläre Mischungen 86
Gibbs-Konowalowsche Regeln 48
Gittermodell von Flüssigkeiten 80, 85, 86, 121
Gleichgewichte, stabile, metastabile, instabile 22
Gleichgewichtsbedingungen für abgeschlossene Systeme 20
— — nicht abgeschlossene Systeme 21
— — Phasengleichgewichte 21, 35
— höherer Ordnung 21
Gleichgewichtsdiagramm des Systems Aceton-Chloroform bei Zusatz verschiedener Mengen Methyl-Isobutyl-keton als Parameter 333

Gleichgewichtsdiagramme binärer
  Systeme 249 ff.
— ternärer Systeme 280 ff.
Gleichgewichtskonstanten in angenähert idealen Gemischen 253
— von Kohlenwasserstoffen in Rohölgemischen 255
Gleichgewichtskurven binärer Gemische
  für konstanten Druck 251
— idealer binärer Gemische bei konstanter Temperatur 250
— im kritischen Gebiet bei konstanter
  Temperatur 253
— nichtidealer binärer Gemische bei
  konstanter Temperatur 251
Gleichstromextraktion in Systemen mit
  zwei Mischungslücken 355
—, mehrstufige 352 ff.

Handsche Gleichung zur Interpolation
  von Konnoden 344
H-Bindungsklassen 324
Hebelgesetz 26, 30, 205, 226
Henrysches Gesetz 74 ff., 76, 88, 340
— — in Mehrstoffgemischen 79
— Konstante, Druckabhängigkeit 78
— —, Temperaturabhängigkeit 78
n-Heptan—Benzol-Mischungen, thermodynamische Mischungseffekte 104
n-Heptan—Cyclohexan, Mischungseffekte 85
n-Heptan—n-Hexadekan, Mischungseffekte 83
Heteroazeotrope Gemische 260
n-Hexan—Benzol-Mischungen, mittleres
  Molvolumen 100
n-Hexan—Benzol-Mischungen, Prüfung
  der Siedekurve auf thermodynamische Konsistenz 137

Ideale Mischungen 54 ff.
— —, Gruppeneinteilung 61
— Stufe der Extraktion 352
— verdünnte Lösungen 74 ff.
Indikatrix von Dampfdruckflächen
  277
Instabile Gleichgewichte 22
Integrale Mischungswärme und kriti-
  scher Entmischungspunkt 195
— Mischungswärmen in ternären
  Systemen 335
— molare Lösungswärmen von Ätha-
  nol, Aceton und Benzol in Cyclo-
  hexan 118
Intensive Eigenschaften 4, 11, 16
— —, Konstanz bei Phasenreaktionen
  50
Interpolationsgleichungen zur Berech-
  nung von Verteilungskurven 344

Interpolationsverfahren, lineare, zur
  Ermittlung von log f-Werten in
  ternären Systemen nach Colburn
  183
—, nichtlineare, zur Ermittlung von
  log f-Werten in ternären Systemen
  nach Scheibel 184
Isobare Temperatur, Definition 316
Isosteren binärer Systeme im kritischen
  Gebiet 248

Jänecke, Koordinaten zur Darstellung
  von Mischungslücken in ternären
  Systemen 341
Jodlösungen, violette 90

Kettenassoziation, gleichmäßige, von
  Phenol in CCl_4 112
—, von Alkoholen 110
Klasseneinteilung der Flüssigkeiten auf
  Grund gegenseitiger Löslichkeit 324
— — — nach ihrer Fähigkeit zur H-
  Brückenbildung 324
Koexistenzgleichungen binärer Systeme
  (Variable $\bar{V}$, T, x) 42
— — — nach van der Waals (Variable
  p, T, x) 40, 248
— für das Zweiphasengleichgewicht
  35 ff.
— — — — regulärer Mischungen
  196
— ternärer Systeme 51 ff.
— von Flüssigkeits- und Dampffläche
  in ternären Systemen 269 ff.
Kohlenwasserstoffe, Trennung mittels
  extraktiver Destillation 335
Kompressibilität, Definition 1
Kompressibilitätsfaktor, partieller,
  molarer 69
— von Äthan als Funktion von p 65
— — CH_4—CO_2-Gemischen 68
Kondensationsdruck binärer Systeme
  als Funktion der Temperatur 248
Kondensationskurven, Differentialgleichung in ternären Systemen
  272
— homogener Dreistoffsysteme bei
  konstanter Temperatur, graphische
  Darstellung 267
— in ternären Gemischen 265
Konjugationslinie zur Interpolation von
  Konnoden 344
Konnodalkurven 196, 203
—, Definition 29
—, geschlossene, im $\bar{V}x$-Diagramm im
  kritischen Gebiet 229
— im $\bar{V}x$-Diagramm binärer Systeme
  225
Konnoden, Definition 9, 204

Konnoden, graphische Interpolations-
methode von Othmer 343
—, — und rechnerische Ermittlung
343 ff.
Konowalowsche Regeln bei Mehrstoffgemischen 48, 52, 53, 233, 238
— —, Gültigkeit in ternären Systemen
269, 271
Konvergenzdruck, Definition 256
Konvergenzdruck-Regel 256
Konzentrationskurven in ternären Systemen mit einer Mischungslücke
348
— — — — mit zwei Mischungslücken 348
Kritischer Entmischungspunkt 30
— —, Bedingungsgleichungen 209 ff.
— — in regulären Mischungen 194
— —, unterer und oberer 199
Kritische Kurven 268
— Kurve erster und zweiter Ordnung
im Dampfdruckdiagramm binärer
Systeme 240
— — im pT-Diagramm binärer
Gemische 246
— — in ternären Systemen beschränkter Mischbarkeit 208, 215
Kritischer Mischungspunkt 341
— —, Ermittlung mittels der Handschen Gleichung 344
— — in Dreistoffsystemen 205
Kritische Mischungstemperatur, Be-
deutung für die Auswahl von Ex-
traktionsmitteln 351
— —, Definition 195
— Mischungstemperaturen von Kohlen-
wasserstoffen mit Methanol bzw.
Benzylalkohol 198
— — — — in regulären ternären
Systemen 213
— — zweiter Ordnung 208
— — — — in Dampfdruckdiagram-
men binärer Systeme 238
Kritische Punkte zweiter Ordnung im
pT-Diagramm binärer Gemische 246
— — — — in regulären ternären
Systemen 215
Kritische Temperatur reiner Stoffe 220
Krümmung von Dampfdruckkurven 236
— — $\bar{G}x$-Kurven in binären Systemen
27

Löslichkeit beschränkt mischbarer Flüssigkeiten als Funktion von p 46
— — — — als Funktion von T 44
— fester Stoffe als Funktion von T,
42 ff.
— von Jod in Cyclohexan-Methylbutyläther-Mischungen 107

Löslichkeitsdiagramm des Systems
Wasser-Nicotin 200
Löslichkeitsdiagramme verschiedenen
Typs in Dreistoffsystemen 203 ff.
Löslichkeitskurve 45
Löslichkeitskurven, analytische Bestimmung 204
— beschränkt mischbarer regulärer
Lösungen 197
—, geschlossene 200, 206
— in binären Systemen 196 ff.
—, synthetische Bestimmungsmethode
197
— von Kohlenwasserstoffen in Methanol und Benzylalkohol 199
Lösungsmittelauswahl zur Extraktion
350 ff.
Lösungsmittelmenge, minimale bei
Gegenstromextraktion 357
Lösungswärme, erste 43, 44
—, letzte 43
Lösungswärmen, integrale molare, verschiedener Stoffe in Cyclohexan 118
Lösungswärmen, integrale von Äthanol
in Cyclohexan; Konzentrationsabhängigkeit 119
— von $CaSO_4 \cdot 2\,H_2O$ in Wasser 44

Margulesscher Ansatz für log f in Zwei-
stoffsystemen 145 ff.
Margulessche Gleichung, Ermittlung der
Konstanten aus Partialdrucken 166
— —, — — Konstanten nach Carl-
son und Colburn 164
— —, — — Konstanten nach Levy
163
— — für ternäre Systeme 179
— —, Prüfung am System 1-Buten—
Furfurol 167
— —, Unzulänglichkeit zur Darstellung
von Mischungswärmen 170, 202
— —, vereinfachte 146, 193
— — —, Bedingungen für azeotrope
Punkte 235
— —, —, Ermittlung der Konstanten
aus azeotropen Punkten 162
— —, —, — der Konstanten nach Redlich und Kister 161
— und van Laarsche Gleichung,
Brauchbarkeit in ternären Systemen
180
Metastabile Gleichgewichte 22
Methan—n-Pentan, Isosteren in der Darstellung nach Othmer 248
Methanol-Aceton, Dampfdruckkurve
des Azeotrops 319
Methanol-Aceton, Trennung
durch azeotrope Destillation
321

Methanol-Äthanol-Wasser, log f-Werte
    durch lineare Interpolationsverfah-
    ren 183
Methanol-Benzol, Temperaturabhängig-
    keit des Azeotrops 318
Methanol-Tetrachlorkohlenstoff, Anteil
    monomerer Methanol-Molekeln 117
Methyläthylketon—n-Heptan-Toluol,
    Berechnung der Aktivitätskoeffi-
    zienten aus dem Gesamtdruck 186
—, Kurven konstanter f-Werte nach
    Scheibel-Friedland 190
—, log f-Werte nach verschiedenen
    Näherungsformeln 187
Methyläthylketon-Toluol, (log f), x-Kur-
    ven 132
Mischungen, athermische 80
—, ideale 54ff.
—, irreguläre 92ff.
—, reguläre 85
—, streng reguläre 91
Mischungseffekte des Systems Benzol-
    Tetrachlorkohlenstoff 90
— — — Cyclohexan—n-Heptan 85
— — — n-Heptan—n-Hexadekan 83
— — — Methanol-Tetrachlorkohlen-
    stoff 128
— — — Triäthylmethan—n-Octan 85
— — — 2,2,4-Trimethylpentan—n-
    Hexadekan 84
— — — Wasser-Äthanol 128
—, empirische Gesetzmäßigkeiten 125ff.
— idealer binärer Systeme 55
—, symmetrische 126
—, unsymmetrische 128, 198
Mischungsenthalpie und Mischungs-
    energie, freie molare bei Volumen-
    änderungen 104
Mischungsentropie athermischer
    Mischungen 82, 83
Mischungslücke in Zweistoffsystemen
    258
Mischungslücken, ternäre 207
Mischungswärmen, differentielle 18
— — aus den Neigungen relativer
    logarithmischer Dampfdruckgeraden
    243
—, — regulärer Mischungen 89
—, — und T-Abhängigkeit von Aktivi-
    tätskoeffizienten 130
— — zweier beschränkt mischbarer
    Flüssigkeiten als Funktion des Mo-
    lenbruchs 46
—, integrale 18, 19
—, —, angenähert idealer Gemische 60
—, —, binärer Systeme, Darstellung
    mit der Margulesschen Gleichung
    171

Mischungswärmen, integrale, binärer
    Systeme, Darstellung mit mehrglie-
    derigen Ansätzen nach Margules 172
—, positive unpolarer Flüssigkeiten
    122
— regulärer Mischungen 87
— — — aus Komponenten ungleichen
    Molvolumens 90
—, Temperaturabhängigkeit 120
— von Wasser mit Methanol, Äthanol
    und Propanol 128
Mittlere molare Zustandsfunktionen 16
— Zähligkeit aliphatischer Alkohole
    113
— Zähligkeit reiner Alkohole 113
— Zähligkeit von Kettenassoziaten aus
    kryoskopischen Messungen 117
— — — — aus spektroskopischen
    Messungen 117
Molekülverbindungen, stöchiometrische
    105
Molenbruch, Definition 3
Molenbrüche, analytische und wahre
    111
Molliersche Diagramme 256ff.
Molvolumen gesättigten Dampfes als
    Funktion von T 38
—, mittleres 4
—, partielles in idealen verdünnten
    Lösungen 77
—, partielles, realer Gase 68
—, reiner Flüssigkeiten, empirische
    Formel 134
Molwärme gesättigten Dampfes 39

Nernstscher Verteilungssatz 340
Normierung der Aktivitäten 74
Nutzarbeit, maximale 20

Operationslinie zur Ermittlung der Stu-
    fenzahl bei Extraktionsverfahren
    358
Operationspunkt bei Gegenstromextrak-
    tion 356
Ordinatenabschnitte, Methode zur Be-
    stimmung partieller molarer Größen
    17
Orientierung, gegenseitige, der Molekeln
    106
—, kooperative 121
— von Benzolmolekülen 121
Orientierungseffekte in Mischungen
    120ff.
— im System $CHCl_3$-$(CH_3)_2CO$ 108
Othmersche Umlaufmethode zur Dampf-
    druckmessung 59

Paraffin-Naphthen-Gemische, Trennung
    durch extraktive Destillation 335

Paraffin-Olefin-Gemische, Trennung durch extraktive Destillation 335
Partialdrucke, Berechnung aus dem Gesamtdruck 137 ff.
Partialdrucke im System Äthanol-Benzol unter Berücksichtigung der Kettenassoziation des Äthanols 115
Partialdruckkurven, Berechnung aus dem Gesamtdruck mittels der vereinfachten Margulesschen Gleichung 159 ff.
—, Berechnung aus dem Gesamtdruck mittels der Margulesschen oder der van Laarschen Gleichung 162 ff.
—, graphische Bestimmung aus der Gesamtdruckkurve bei azeotropen Gemischen 142
Partielle molare Größen, graphische Ermittlung nach Roozeboom 16
— — — idealer binärer Mischphasen 55
— Molvolumina realer Gase 69
Phasen, stabile, metastabile, labile 22, 27, 33
Phasengleichgewichte beschränkt mischbarer Flüssigkeiten 44 ff.
Phasenreaktion 50, 54
— in ternären heterogenen Gemischen 293
Porterscher Ansatz zur Darstellung symmetrischer Mischungseffekte 126, 147

Raoultsches Gesetz 56
— —, Abweichungen, Abhängigkeit von p und T 72
— — bei realem Verhalten des Dampfes 71
— —, Beziehung zum inneren Druck von Flüssigkeiten 72 ff.
— —, Geltungsbereich bei idealen verdünnten Lösungen 76
— — Gültigkeit für beide Komponenten einer idealen Mischung 60
— — in Mischungen verschieden großer Moleküle 79, 83
— —, positive und negative Abweichungen 75, 105
— — und Verbindungsbildung der Komponenten 107
Raumbeanspruchung, molare von Benzol, Aceton, Äthanol in Hexan 120
Reale Gase, pVT-Diagramm 1
Redlichsche Zustandsgleichung 64
Reguläre Mischungen 85 ff., 146
— —, Bedingungen für Phasenzerfall 193

Reguläre Mischungen, Klasseneinteilung nach Vorzeichen der Margulesschen Konstanten 211
— —, Löslichkeitskurven 196
— —, symmetrische ax-Kurven im 2-Phasengebiet 195
— ternäre Mischungen, relative Flüchtigkeiten 334
Rektifikation 300 ff.
—, diskontinuierliche 303
—, kontinuierliche 303
Rektifikationsgrenzlinie 306
Rektifikationsgrenzlinie erster und zweiter Art 307
— bei endlicher und unendlicher Bodenzahl 306
Rektifikationslinien, Differentialgleichung 303
— ternärer Systeme 305
Rektifikationslinienfelder für ternäre Gemische, graphische Darstellung 308, 309
Relative Flüchtigkeit 136, 193
— —, Änderung durch spezifische Adsorption einer Komponente 339
— —, Ansatz nach Gilmont 158
— —, Definition 156
— —, Einführung in die Koexistenzgleichungen 233, 244
— —, graphische Darstellung im Gibbsschen Dreieck 330
— — idealer Mischungen 231
— — in quaternären Systemen 191
— — — ternären Systemen, Reihenentwicklungen 181
— — von Cyclohexan in Benzol-Cyclohexan-Gemischen bei Zusatz von Anilin 334
— — — Naphthenen und Aromaten unter Zusatz polarer Komponenten 336
— —, Voraussagen azeotroper Punkte 237
— — zu trennender Stoffe unter dem Einfluß anorganischer Salze 338
— Löslichkeit, Definition 349
— — in Systemen mit zwei Mischungslücken 350
Retrograde Kondensation 228, 239
— — in ternären Systemen 269
— Verdampfung 228, 239
Rücklauf 300
Rücklaufverhältnis, Definition 301

Sattelpunkte in ternären Gemischen 274
Scatchardscher Ansatz für log f in Dreistoffsystemen 179
— — — — in Zweistoffsystemen 149

Siedediagramm des Systems CCl_4-$SnCl_4$, aus Dampfdrucken berechnet 241
— idealer Mischungen 241
Siedediagramme, Berechnung aus isothermen Dampfdruckmessungen 244
— binärer Gemische mit Mischungslücke 263
— von Zweistoffsystemen 240
Siededruck binärer Systeme als Funktion der Temperatur 248
Siedepunkte reiner gesättigter Paraffine, Beziehung zu den Siedepunkten ihrer Azeotrope mit Benzol 328
— und Zusammensetzung azeotroper Gemische von Benzol mit gesättigten Kohlenwasserstoffen 326
Siedepunktskurven, isobare, binärer Mischungen, Differentialgleichungen 48, 244
Spannungskoeffizient, Definition 1
Spannungskoeffizient von flüssigen Gemischen 73
Spannungskoeffizienten von Flüssigkeiten 74
Spektroskopischer Nachweis der Kettenassoziation von Alkoholen 110
Spinodalkurve, Definition 30
—, Gleichung 33, 209
—, — bei regulären Mischungen 210
— im $\bar{V}x$-Diagramm binärer Systeme 225
—, Temperaturabhängigkeit bei ternären Systemen beschränkter Mischbarkeit 213
Stabile Gleichgewichte 22
Stabilitätsbedingungen für binäre Phasen 25ff.
— — reine Phasen, 22ff.
— — — homogene Phasen 25
— in Drei- und Mehrstoffsystemen 32ff.
Standardpotential 74
Standardzustand 14
Stöchiometrische Verbindungen in Mischungen 106ff.
Streng reguläre Mischung 91, 154
— — Mischung bei bevorzugter Orientierung 108
Stufenzahl-Ermittlung mit Hilfe der Operationslinie 358
Synthetische Methode zur Bestimmung von Löslichkeitskurven 197

Temperaturabhängigkeit der Konstanten der van Laarschen Gleichung 169
— von Aktivitätskoeffizienten, empirische Beziehungen 96, 169
— — —, graphisches Verfahren 97

Temperaturkoeffizient der Volumenänderungen beim Mischen unpolarer Stoffe 100
Ternäre azeotrope Punkte 274ff.
— — —, Vorausberechnung, Zusammenstellung 279
Ternäres Flüssigkeitssystem mit einfacher Mischungslücke in Jänecke-Koordinaten 342
Thermodynamische Konsistenz des Siedediagramms von Aceton-Wasser 137
— — — — von n-Hexan—Benzol 137
— — von Aktivitätskoeffizienten 132
Toluol—2,2,4-Trimethylpentan, log (f_2/f_1) als Funktion von x nach Redlich und Kister 156
Trennung von Flüssigkeitsgemischen durch Extraktion 339ff.
— — Mehrstoffgemischen mit Extrempunkten 320
Troutonsche Regel 316

Univariante Systeme 51, 54

Van Laarscher Ansatz für log f in Dreistoffsystemen 177
— — — — in Zweistoffsystemen 148
Gleichung, Ermittlung der Konstanten aus Löslichkeitsmessungen 200
— —, — — Konstanten aus Partialdrucken 166
— —, — — Konstanten nach Carlson und Colburn 164
— —, Temperaturabhängigkeit der Konstanten 169
Van der Waalssche Gleichung 219
— — für Zweistoffsysteme 224
— Moleküle, Dispersionswechselwirkung 124
— Zustandsgleichung 63, 73, 148
Verdampfungsentropie 37
Verdampfungsentropien unpolarer Flüssigkeiten 100
Verdampfungsgleichgewicht binärer Mischungen 46ff.
Verdampfungskurven des Systems Aceton—Chloroform—Methyl-Isobutylketon bei 1 atm Druck 332
—, Differentialgleichung in ternären Systemen 272
— homogener Dreistoffsysteme bei konstanter Temperatur, graphische Darstellung 267
— in ternären Gemischen 265
Verdampfungswärme, äußere, molare 48
—, differentielle molare 97, 243

Verdampfungswärme, differentielle molare, aus Mischphasen 50
—, idealer verdünnter Lösungen 78
—, mittlere molare 242
—, — — in binären Gemischen 258
— von Wasser, T-Abhängigkeit 97
Verdünnungsentropie idealer verdünnter Lösungen 78
Verdünnungsvolumen idealer verdünnter Lösungen 78
Verdünnungswärme, differentielle 93
— idealer verdünnter Lösungen 78
Vereinfachte Margulessche Gleichung 146, 193
— — Gleichung, Bedingungen für azeotrope Punkte 235
— — —, Ermittlung der Konstanten aus azeotropen Punkten 162
— — —, — der Konstanten nach Redlich und Kister 161
Verteilungskoeffizient, Beeinflussung durch anorganische Salze 343
—, Definition 341
Verteilungskurven 341 ff.
— aus den Aktivitäten in den beiden binären Systemen nach Hildebrand 347
—, Berechnung nach Hand 344
— in ternären Systemen mit zwei Mischungslücken 348
—, Temperaturabhängigkeit 343
— verschiedener ternärer Systeme 342
Vierphasengleichgewichte 9
Vierstoffsysteme, Tetraederkoordinaten 7
Virialkoeffizient, mittlerer 66
—, —, nach Redlich 67
—, —, nach van der Waals 67
— von Gasmischungen 66
—, zweiter, nach verschiedenen Zustandsgleichungen 64, 65, 65, 66
Virialkoeffizienten, Definition 63
Volumenänderungen bei angenähert idealen Gemischen 60
— beim Mischen unpolarer Stoffe 99
— und Aktivitätskoeffizienten beim Mischen 105
Volumenaufweitung und endotherme Mischungswärme 104
Volumenbruch 81
—, Definition 3
Volumenbrüche, generalisierte 151
Volumeneffekte, Einfluß von Assoziationen 120

Währendes Gleichgewicht 35
Wärmekapazität, mittlere molare, des Systems Chloroform-Äthyläther bei verschiedenen Temperaturen 94
Wärmekapazität, partielle molare 93

Wasser-Äthanol, Aktivitätskoeffizienten aus Siedepunktsmessungen bei 760 mm Druck 174
—, Anwendung des Redlichschen Ansatzes 174 ff.
Wasser-Äthanol-Partialdruckkurven bei 25° C 75
Wasserstoff-Bindungsklassen 324
Wasserstoffbrückenbindungen als Ursache der Abweichungen vom Raoultschen Gesetz 323
Wasserdampf, Molwärme von gesättigtem 39
Wasserdampfdestillation 264
Wasser-Dioxan, Aktivitätskoeffizienten nach Margules und van Laar 168
—, relative Flüchtigkeit 252
Wasser-Essigsäure-Mischungen, Trennung durch azeotrope Destillation 323
Wasser-Isobutylalkohol, Löslichkeitskurven 197
Wasser-Phenol-Aceton, Löslichkeitsdiagramm als Funktion der Temperatur 207
Wasser-Phenol, extraktive Destillation unter Zusatz von NaCl 338
Wasser-Pyridin-Mischungen, Trennung durch azeotrope Destillation 324
Wohlsche Ansätze zur Darstellung der Mischungseffekte 151, 176

Zähligkeit, mittlere, von Assoziaten 111
Zusatzeffekte, symmetrische und unsymmetrische 127
Zusatzenthalpie, freie molare 19, 80
—, — — in regulären Mischungen 88
Zusatzentropien bei konstantem Druck bzw. konstantem Volumen 100
— — den binären Systemen C_6H_6—C_6H_{12}, C_6H_{12}—CCl_4, C_6H_6—CCl_4 103
Zusatzentropie, positive, bei Mischungen unpolarer Stoffe 92
Zusatzkomponenten, Auswahl für azeotrope Destillation 323
—, — — extraktive Destillation 333, 335, 336, 338
— zur Dehydratisierung von Pyridin mittels azeotroper Destillation 325
Zusatzmischungsentropie 19, 80
— durch Dispersionswechselwirkung 122
Zusatzmischungsentropie, positive, durch Orientierungseffekte 121
Zustandsfläche $\overline{F}\overline{V}x$ 28
Zustandsfläche, $\overline{G}x_1x_2$ 32
—, binärer homogener Gemische 4

Zustandsfläche realer Gase 1
— ternärer Systeme 8
Zustandsfunktionen 10
Zustandsgleichungen für gasförmige und flüssige Gemische 69
—, thermische, realer Gase 63
Zustandsgrößen idealer binärer Mischphasen 55
—, mittlere molare 15ff.
—, thermodynamische, im Gebiet idealer verdünnter Lösungen 77
Zweiphasengleichgewichte in binären Systemen 5
— — ternären Systemen 8
Zweistoffsysteme, Ansätze für log f 145
Zweistoffsysteme, Gleichgewichtsdiagramm 249
—, graphische Darstellungen 4
—, Klassifizierung nach der Symmetrie der Mischungseffekte 125
— mit Mischungslücke 191ff., 258ff.
—, pT-Diagramme 245
—, pV-Isothermen 224ff.
—, px-Isothermen 230ff.
—, Stabilitätsbedingungen 25
—, Tx-Isobaren 240ff.
—, vollständig unmischbare 263
—, $\bar{V}x$-Diagramm in der Nähe der kritischen Temperatur 227
—, — mit Maximum- und Minimum-Dampfdruck 228
—, $\bar{V}x$-Isothermen 224ff.

Anleitungen für die chemische Laboratoriumspraxis

Erster Band: Chemische Spektralanalyse. Eine Anleitung zur Erlernung und Ausführung von Spektralanalysen im chemischen Laboratorium. Von Professor Dr. **W. Seith,** Buldern über Dülmen, und Dr. **K. Ruthardt,** Hanau. Vierte, verbesserte Auflage. Mit 106 Abbildungen im Text und einer Tafel. VII, 173 Seiten. 1949. DM 16.50

Zweiter Band: Kolorimetrie und Spektralphotometrie. Eine Anleitung zur Ausführung von Absorptions-, Fluoreszenz- und Trübungsmessungen an Lösungen. Von **Gustav Kortüm.** Zweite, verbesserte Auflage. Mit 97 Abbildungen im Text. VI, 236 Seiten. 1948. DM 16.50

Aus den Besprechungen: Die Anleitungen für die chemische Laboratoriumspraxis erfreuen sich in den Laboratorien der Hochschulen und der Industrie eines sehr guten Rufes. Es ist deshalb begrüßenswert, wenn der oben genannte Band in zweiter Auflage erscheint. Er behandelt die optischen Meßmethoden in der Chemie, die subjektiven und objektiven kolorimetrischen und spektralphotometrischen Verfahren. Neben der Darlegung der Grundlagen der Verfahren wird ihrer zweckmäßigen Anwendung gebührend Beachtung geschenkt. In der Darstellung und Behandlung des Stoffes spürt man die sichere Hand des mit dem Meßvorgang aus eigener Erfahrung vertrauten Forschers, dessen Führung man sich ohne Bedenken anvertrauen kann. „Zeitschrift für Metallkunde"

Vierter Band: Polarographisches Praktikum. Von Professor **J. Heyrovský.** Mit 90 Abbildungen im Text. VI, 118 Seiten. 1948. DM 8.40

Fünfter Band: Der Raman-Effekt und seine analytische Anwendung. Von Dr. **Walter Otting,** Max-Planck-Institut für medizinische Forschung, Heidelberg, Institut für Chemie. Mit 33 Abbildungen. VI, 161 Seiten. 1952. DM 12.60

Die Behandlung und Reindarstellung von Gasen. Ein Hilfsbuch zur

Einführung in das Arbeiten mit Gasen für Chemiker, Physiker und Industrielaboratorien. Von Dr. **Alfons Klemenc,** o. Professor an der Technischen Hochschule und Privatdozent an der Universität Wien. Zweite, vermehrte Auflage. Mit 104 Textabbildungen. X, 258 Seiten. 1948. Steif geheftet DM 26.—

„... Der erste Teil des Buches beschäftigt sich mit den allgemeinen Methoden der Darstellung der fraktionellen Destillation und Reinigung von Gasen. Neben einer umfassenden Beschreibung der gebräuchlichen Apparate werden die theoretischen Grundlagen als wesentliche Voraussetzung für das Verständnis der Eigenheit dieser Prozesse und der Gasanalyse betrachtet. Der zweite Teil umfaßt spezielle Darstellungs- und Reinigungsmethoden ... Das Buch behandelt im einzelnen mehr als achtzig verschiedene Gase." „Chemical Age, London"

Inhaltsübersicht: Teil I: Gasherstellung. — Reinheitsgrad, Begriff und Feststellung. — Reinigungsmethoden ohne Kondensation. — Reinigungsmethoden mit Kondensation. — Herstellung tiefer Temperaturen. — Das allgemeine Gerät zur Reinigung und Behandlung von Gasen. — Gase in Stahlflaschen. — Teil II behandelt im einzelnen mehr als achtzig verschiedene Gase.

Anorganische Chemie auf physikalisch-chemischer Grundlage.

Von Dr. phil. **Alfons Klemenc,** o. Professor an der Technischen Hochschule und Privatdozent an der Universität Wien. Mit 117 Textabbildungen. XIX, 430 Seiten. 1951. Ganzleinen DM 24.—